数字电路与数字电子技术

（第 2 版）

岳 怡 主编

西北工業大學出版社

【内容简介】 本书是根据国家教育部制定的高等工业学校脉冲与数字电路、数字电子技术基础课程教学基本要求编写的。

全书共十一章，主要内容有绪论、惰性电路和晶体管开关、逻辑门电路、数制与编码、逻辑函数及其简化、组合逻辑电路、集成触发器、时序逻辑电路、脉冲电路、存储器和可编程器件，在系统可编程技术及其器件原理与应用、数/模与模/数转换器。各章末均有习题；书末列有附录，特别对集成电路型号命名方法，二进制逻辑单元图形符号做了说明。

本书可作为高等院校无线电技术、电子工程、计算机技术、自动控制等专业的技术基础课教材，也可供有关专科学校和工程技术人员参考。

图书在版编目（CIP）数据

数字电路与数字电子技术/岳怡主编．—西安：西北工业大学出版社，2004.7（2019.12 重印）

ISBN 978-7-5612-1265-3

Ⅰ．数…　Ⅱ．岳…　Ⅲ．数字电路-电子技术-高等学校-教材　Ⅳ．TN79

中国版本图书馆 CIP 数据核字（2000）第 31713 号

出版发行：西北工业大学出版社
通信地址：西安市友谊西路 127 号，邮编 710072　电话：（029）88493844
印 刷 者：兴平博闻印务有限公司
开　　本：787 mm×1 092 mm　1/16
印　　张：25.625
字　　数：620 千字
版　　次：2004 年 8 月第 2 版　2019 年 12 月第 9 次印刷
定　　价：45.00 元

第 2 版前言

本书是根据国家教育部制定的脉冲与数字电路、数字电子技术基础课程教学的基本要求并考虑到数字技术和微电子技术的飞速发展，各种通用的、专用的用户可编程器件不断涌现，中、大规模集成电路已得到广泛应用而进行编写的。

在选材上，本书注重基础知识，介绍今后相当长的时期仍然行之有效的基本理论和方法，同时又力求反映近年来数字技术的新发展和新应用，介绍新器件、新技术。

数字电路与数字电子技术是一门重要的专业基础课，本书侧重阐明基本物理概念，电路的工作原理和分析、设计方法，力求做到深入浅出，便于自学。为了加深对概念的理解，学以致用，书中附有大量实例，每章之后附有习题，以巩固所学知识。

全书共分十一章。第一章主要介绍晶体管的开关特性。第二章逻辑门电路，作为数字电路的基础器件主要介绍了 TTL，CMOS 及 ECL 门电路。第三章数制与编码及第四章逻辑函数及其简化是数字电路的理论基础。第五章组合逻辑电路主要讨论组合逻辑电路的分析、设计方法及常用的组合逻辑电路，并突出了用中规模集成组件分析、设计组合逻辑电路的方法。第六章集成触发器主要介绍各种触发器的逻辑特性及使用中应注意的问题。第七章时序逻辑电路主要介绍时序逻辑电路的分析和设计方法及常用的时序逻辑功能部件。突出了用中规模集成组件分析、设计时序电路的方法。第八章脉冲电路主要介绍了用门电路组成的脉冲电路及集成脉冲电路。第九章介绍存储器和可编程器件。第十章为在系统可编程技术及其器件的原理与应用，主要介绍可编程器件及在系统可编程器件及用该器件进行逻辑设计的方法。第十一章介绍数字和模拟信号之间相互转换的电路。

通过本书的学习，读者可掌握数字电路及基本脉冲电路的原理和分析方法，能对常见的小、中、大规模集成电路进行分析、设计和应用，并能初步掌握用可编程器件及在系统可编程器件设计数字系统的方法。

本书采用国家标准 GB4728.12—85《电气用图形符号——二进制逻辑单元》所规定的逻辑符号。它与国际电工委员会 IEC617—12（1983）的图形符号一致，正在国内外普及。

本书第一版经三年使用后在二版中基础部分仍保持第一版特色。第九章、第十章作了较全面修改。在第十章中随着系统可编程器件的不断发展将 Lattice 公司的 ispLSI 系列器件改为 Aleera 公司的采用先进 CMOSEEPROM 技术制造的 MAX 7000 器件。

本书由岳怡、于海勋教授、陈志武、薛建安副教授合作编写。岳怡教授任主编，负责全书的统稿与定稿。其中第一至四章由陈志武编写，第五、七章由薛建安编写，第六、第八章由于海勋编写，第九至十一章由岳怡编写。

本教材由西北工业大学齐才教授审稿，在编写过程中得到西北工业大学电子信息学院1系全体教师的帮助和支持，并提出许多宝贵意见，编者在此致以诚挚的谢意。

由于编者水平所限，书中难免有不妥之处，恳请读者批评指正。

编者

2004年4月

第 1 版前言

本书是根据国家教育部制定的脉冲与数字电路、数字电子技术基础课程教学的基本要求并考虑到数字技术和微电子技术的飞速发展，各种通用的、专用的用户可编程器件不断涌现，中、大规模集成电路已得到广泛应用而进行编写的。

在选材上，本书注重基础知识，介绍今后相当长的时期仍然行之有效的基本理论和方法，同时又力求反映近年来数字技术的新发展和新应用，介绍新器件、新技术。

数字电路与数字电子技术是一门重要的专业基础课，本书侧重阐明基本物理概念，电路的工作原理和分析、设计方法，力求做到深入浅出，便于自学。为了加深对概念的理解，学以致用，书中附有大量实例，每章之后附有习题，以巩固所学知识。

全书共分十一章。第一章主要介绍晶体管的开关特性。第二章逻辑门电路。作为数字电路的基础器件主要介绍了 TTL，CMOS 及 ECL 门电路。第三章数制与编码及第四章逻辑函数及其简化是数字电路的理论基础。第五章组合逻辑电路主要讨论组合逻辑电路的分析、设计方法及常用的组合逻辑电路，并突出了用中规模集成组件分析、设计组合逻辑电路的方法。第六章集成触发器主要介绍各种触发器的逻辑特性及使用中应注意的问题。第七章时序逻辑电路主要介绍时序逻辑电路的分析及设计方法及常用的时序逻辑功能部件。突出了用中规模集成组件分析、设计时序电路的方法。第八章脉冲电路主要介绍了用门电路组成的脉冲电路及集成脉冲电路。第九章介绍存储器和可编程器件。第十章为在系统编程技术及其器件的原理与应用，主要介绍可编程器件及在系统可编程器件及用该器件进行逻辑设计的方法。第十一章介绍数字和模拟信号之间相互转换的电路。

通过本书的学习读者可掌握数字电路及基本脉冲电路的原理和分析方法，能对常见的小、中、大规模集成电路进行分析、设计和应用，并能初步掌握用可编程器件及在系统可编程器件设计数字系统的方法。

本书采用国家标准 GB4728.12—85《电气用图形符号——二进制逻辑单元》所规定的逻辑符号。它与国际电工委员会 IEC617—12（1983）的图形符号一致，正在国内外普及。

本书由岳怡教授、于海勋、陈志武副教授合作编写。岳怡教授任主编，负责全书的统稿与定稿。其中第一至五章由陈志武编写，第六至八章由余海勋编写，第九至十一章由岳怡编写。

本教材由西北工业大学齐才教授审稿，在编写过程中得到西北工业大学604教研室全体教师的帮助和支持，并提出许多宝贵意见，编者在此致以诚挚的谢意。

由于编者水平所限，书中难免有不妥之处，恳请读者批评指正。

编　者

2000年5月

目　录

绪　论

数字电路与数字电子技术广泛地应用于电视、雷达、通信、电子计算机、自动控制、航天等科学技术各个领域。因此，“数字电路与数字电子技术”已成为高等院校无线电技术、电子工程、计算机技术、自动控制等专业的主要技术基础课之一。

一、脉冲和脉冲电路

1. 脉冲的定义

脉冲(pulse)这个词包含着脉动和短促的意思。狭义地说，脉冲信号是指一种持续时间极短的电压或电流波。从广义上讲，通常把一切非正弦波都统称为脉冲信号。各种常见的脉冲波形如图 0.1 所示。

图 0.1 所示的波形，乍看起来，似乎各不相同。但如果对它们进行仔细分析，就会发现这些波形有一个共同特点，就是整个波形是由若干个暂态过程段所组成。我们知道，要得到暂态过程，电路必须包含两个主要组成部分：一个是开关部分，另一个是惰性电路部分。开关用来破坏电路的稳态，使之产生暂态过程，而惰性电路则用来控制暂态过程的形状和变化的快慢。

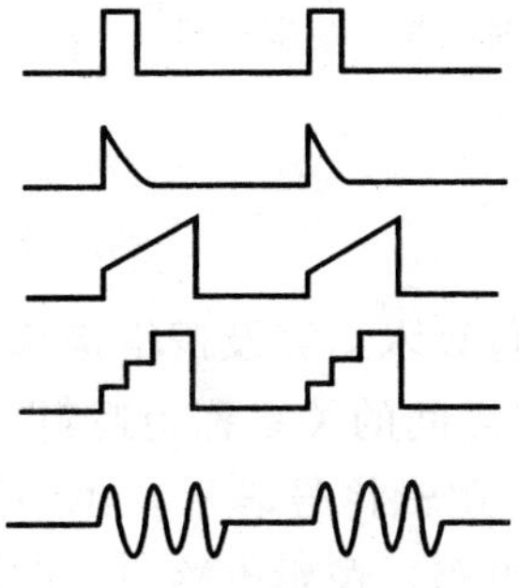

图 0.1　各种脉冲波形

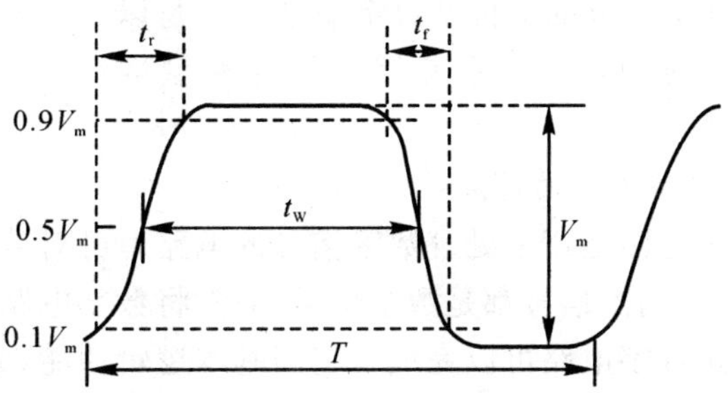

图 0.2　实际的矩形脉冲波形

2. 脉冲波形的主要参数

最常见的脉冲波形是方波和矩形波，理想的方波和矩形波突变部分是瞬时的，不占用时间。但实际上，脉冲电压从零值跃升到最大值，或从最大值下降到零值时，都需要经历一定时间。图 0.2 所示为矩形脉冲信号的实际波形图。图中，V_m 是脉冲信号的幅度；t_r 是脉冲信号的上升时间，又称前沿，它是指脉冲信号由 $0.1\ V_m$ 上升至 $0.9\ V_m$ 所经历的时间；t_f 是脉冲信号的下降时间，又称后沿，它是指脉冲信号由 $0.9\ V_m$ 下降至 $0.1\ V_m$ 所经历的时间；T 为脉冲信号的周期；t_W 是脉冲信号持续时间，又称脉宽，它是指脉冲信号从上升至 $0.5\ V_m$ 处至下降到 $0.5\ V_m$

之间的时间间隔。在一个周期中，$(T-t_W)$ 称为脉冲休止期。

3. 脉冲电路

脉冲电路是各种波形脉冲的产生以及脉冲波形间相互变换的电路。脉冲电路可以用分立晶体管、场效应管作为开关和 RC 或 RL 电路构成，也可以由集成门电路或集成运算放大器和 RC 充放电电路构成。常用的有脉冲波形的产生、变换、整形等电路，如双稳态触发器、单稳态触发器、自激多谐振荡器等。这些电路也可以做为数字系统中的时钟产生电路和定时电路。

二、数字信号和数字电路

1. 数字信号的表示方法

在自然界中存在许多物理量。例如温度、压力、时间等，一般都具有连续变化的特点，这种连续变化的物理量被称为模拟量。把表示模拟量的信号叫做模拟信号。

还有一种物理量，它们在时间上和数值上是不连续的，它们的变化总是发生在一系列离散的瞬间。它们的数值大小和每次的增减变化都是某一最小单位的整数倍，而小于这个最小量单位的数值是没有物理意义的。例如，工厂中生产的产品的个数。产品只能在一些离散的瞬间完成，而产品的个数也只能一个单位一个单位地增减。这一类物理量叫做数字量。把表示数字量的信号叫做数字信号。工作在数字信号下的电路叫做数字电路。

在数字电路中只有 0，1 两种数值组成的数字信号。一个 0 或一个 1 通常称为 1 比特，有时也将一个 0 或一个 1 的持续时间称为一拍。对于 0 和 1 可以用开关的通断、电位的高低、脉冲的有无来表示。如图 0.3 中(a) 为数字信号 1101110010；(b) 是以高电平表示 1，低电平表示 0 的电位型数字信号；(c) 是以有脉冲表示 1，无脉冲表示 0 的脉冲型数字信号。

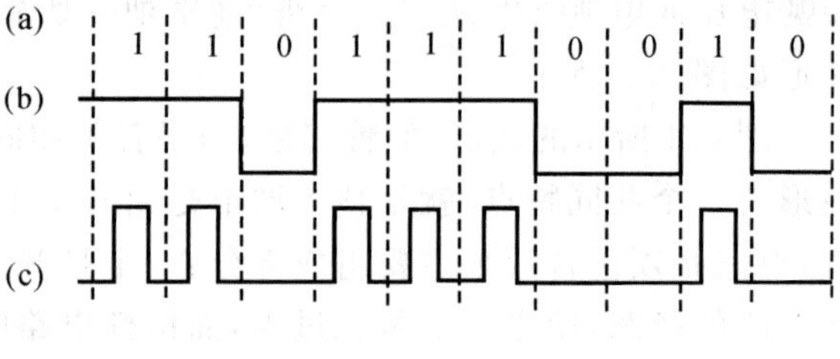

图 0.3　数字信号

2. 数字电路的特点

数字电路是用来处理数字信号的电路。可对数字信号进行算术运算及逻辑运算。数字电路的输入、输出信号都是数字信号，通常将数字电路输入、输出之间的关系称为逻辑关系。

一定数字电路可以完成一定的基本逻辑功能，并用相应的逻辑符号表示。由一系列的逻辑符号及它们之间的连线所构成的电路图称为逻辑图或逻辑电路。逻辑电路只反映数字电路或设备的逻辑功能，而不反映电气性能及参数等。所以，对数字电路的分析和设计需要考虑两方面的问题，一方面是电气性能，另一方面是逻辑功能。

由于数字信号只需要用两个不同状态来分别表示 0 和 1 即可，所以在电路上很容易实现。

(1) 用晶体三极管饱和状态表示 0，截止状态表示 1。

(2) 用数字集成电路：数字电路的基本单元比较简单，对元件的要求不严格，只要能区分 0 和 1 就够了，这样就能在一块硅片上把众多的基本单元制作在一起。

对基本数字集成电路中的集成逻辑门、集成触发器重点讨论其电气性能。对于较复杂的数字电路，侧重于逻辑功能的分析和设计。

逻辑电路的分析和设计完全不同于模拟电路的分析和设计，由于逻辑电路的输入和输出信号只有0和1两种取值，所以可用“逻辑代数”这一数学工具来加以描述。常用真值表、卡诺图、特征方程和状态转换图等方法来分析和设计逻辑电路。

三、数字电路的应用

目前，数字电路的应用已极为广泛。在数字通信系统中，在图像及电视信号处理中都可以用若干个0和1编制成各种代码，分别代表不同的信息含义；在自动控制中，可以利用数字电路的逻辑功能，设计出各种各样的数字控制装置；在测量仪表中，可以利用数字电路对测量信号进行处理，并将测试结果用十进制数码显示出来；尤其在数字电子计算机中，可以利用数字电路实现各种功能的数字信息的处理。数字电子计算机已渗透到国民经济和人民生活的各个领域，并在许多方面产生了根本性的变革。

必须指出，数字电路只能对数字信号进行处理，它的输入和输出均为数字信号，而大量的物理量几乎都是模拟信号。因此，首先必须将模拟信号转换成为数字信号才可送给数字电路进行处理，而且还要把数字结果再转换成模拟信号。完成将模拟信号转换成相应数字信号的电路称为模／数转换电路；完成将数字信号转换成相应模拟信号的电路称为数／模转换电路。

应该说明的是，随着中、大规模集成电路的飞速发展，其成本不断降低，大量使用通用中、大规模功能模块已势在必行。因此，逻辑设计方法在不断发展。此外，数字电路的概念也在发生变化，例如，在单片计算机中，已将元器件制造技术、电路设计技术、系统构成技术等融为一体，元器件、电路、系统的概念已趋于模糊了。数字电路和设备随着新技术的发展也在不断变化，其类型层出不穷，所以数字技术是一门发展很快的学科。本书仅介绍数字电路与数字电子技术的基础。

数字电路与数字电子技术是一门实践性很强的技术基础课，除要掌握基本原理、基本方法以外，更要灵活运用。因此，在学习中要完成一定数量的习题和配有一定的实验。只有这样才能掌握本课程基本内容，掌握分析问题的基本方法，培养灵活地解决实际问题的能力。

第一章　晶体管开关

在脉冲与数字电路中，晶体管经常被作为开关使用。这时晶体管一般工作于开关工作状态，其开关特性表现在导通与截止两种不同状态之间的转换过程。

第一节　晶体二极管开关及应用电路

一、晶体二极管开关特性

开关元件的作用是能把电路接通和截断。接通就是要元件呈现很小的电阻，最好接近于短路；截断就是要元件呈现很大的电阻，最好接近于开路。我们知道，晶体二极管正向运用时的电阻很小，反向运用时接近于开路，用它作开关元件是合适的。

1. 开关等效电路

二极管的伏安特性如图 1.1.1 所示。在脉冲数字电路中的二极管常工作在开关状态：或者截止，或者充分导通。硅二极管在导通时，伏安特性曲线的斜率很陡（见图 1.1.1(a)），正向压降在 0.7 V 左右，这时硅二极管可以看成是一个 0.7 V 的恒压源（见图 1.1.2(a)）。而锗二极管的正向伏安特性变化缓慢，管子的正向压降随正向电流的增加而增加，可用一个电阻 R_D 来表示正向导通的二极管（见图 1.1.2(b)）。

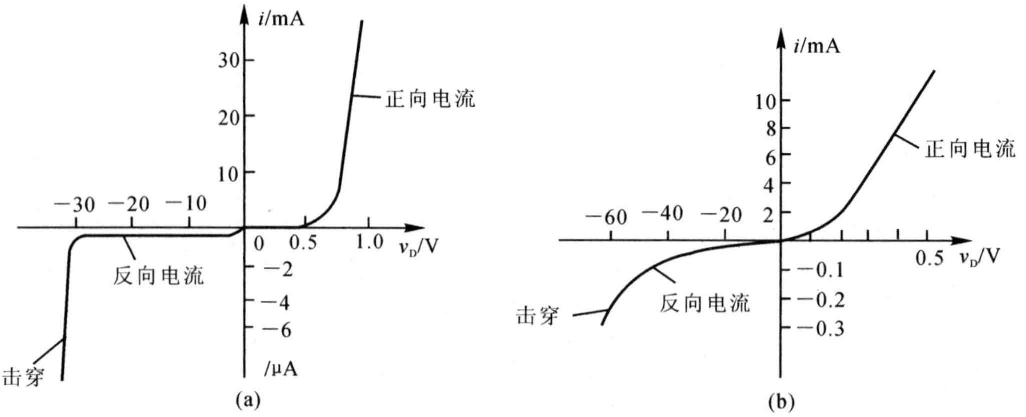

图 1.1.1　二极管的伏安特性

(a) 硅二极管；(b) 锗二极管

在截止时，硅二极管反向电流很小，一般在 1 μA 以下，可认为反向运用时的硅二极管是一个断开的开关(见图 1.1.2(b))。锗二极管反向电流较大，一般在 0.01 ～ 0.3 mA，通常用恒流源代表反向偏置锗二极管，此恒流源 I_0 的大小等于锗二极管的反向电流值(见图 1.1.2(b))。

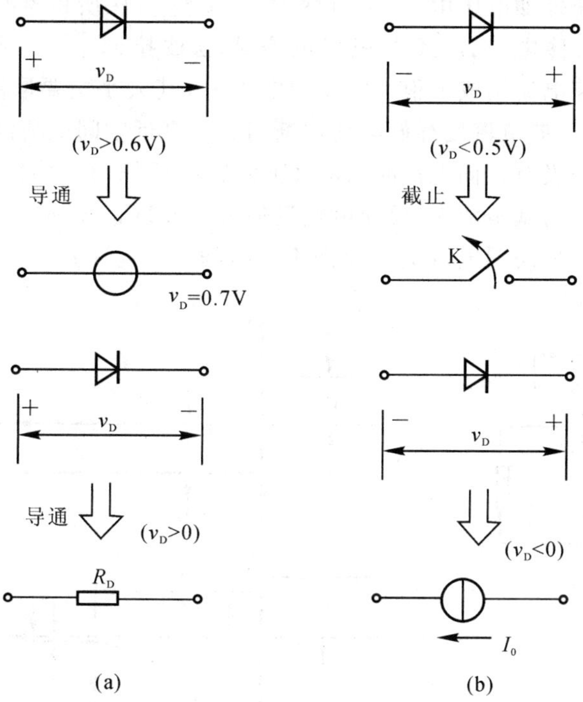

图 1.1.2　二极管等效电路

(a) 导通等效电路；(b) 截止等效电路

在很多情况下可把硅二极管和锗二极管都视为理想的开关，即用一个理想开关来等效：截止时认为开路；导通时认为短路(见图 1.1.3)。

图 1.1.3　简化的二极管等效电路

(a) 正向导通时；(b) 反向截止时

2. 二极管的反向恢复时间

二极管由导通变为截止状态是不能瞬时完成的。在图 1.1.4(a) 电路中，当输入电压 v_I 为 $+V_F$ 时，二极管导通，正向电流 $i_F = \dfrac{V_F - v_{DF}}{R_L}$，这里 v_{DF} 是二极管的正向压降。输入电压 v_I 由 $+V_F$ 下跳到 $-V_R$ 的瞬间，反向电流 i_R 还是很大的，约等于 $-\dfrac{V_R}{R_L}$(见图 1.1.4(b))，此时二极管仍然导通，其两端仍有很小的正向压降。只有经过一段时间 t_R 之后，二极管电流才近似等于反向漏电流 I_0。t_R 称为二极管反向恢复时间。t_R 由存储时间 t_s 和下降时间 t_f 两部分组成。下面讨论形成反向恢复时间的原因。

在正向导通时，p－n结两边的载流子不断地向对方扩散，不仅使空间电荷区变窄，而且在对方区域中有相当数量的存储：在p区存储有电子，在n区存储有空穴（见图1.1.5）。正是由于这些存储电荷的存在，使外加电压由$+V_F$跳变到$-V_R$时，p区所积累的大量电子被反向电场拉回n区，形成电子漂移电流；n区中积累的空穴也被拉回p区，形成空穴漂移电流（见图1.1.6），这两个漂移电流构成了很大的反向电流i_R，其大小主要取决于电路参数，在t_s期间它大约为$-V_R/R_L$。反向电流使存储电荷逐渐消失。靠近空间电荷区的存储电荷消失得较快，当空间电荷区边界处没有存储电荷时，v_D由正偏转向反偏，存储时间t_s结束。此后，反向电流开始减小，当存储电荷基本消失，反向电流近似为$-0.1V_R/R_L$时，下降时间t_f结束。此后，二极管电流逐渐减小到反向漏电流I_0。反向恢复时间$t_R=t_s+t_f$。

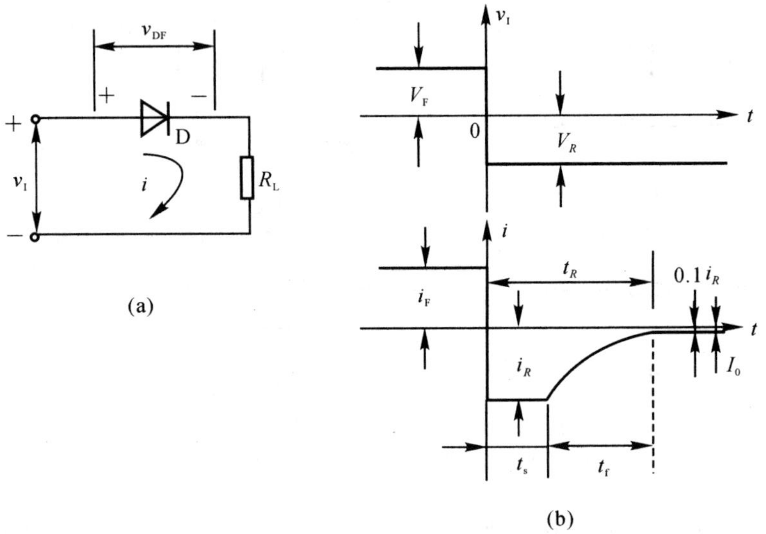

图1.1.4 二极管的反向恢复时间

(a) 电路图； (b) 波形图

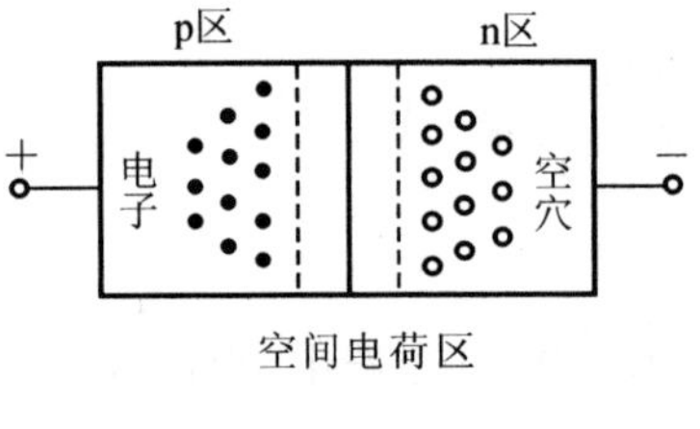

图1.1.5 二极管存储电荷的分布

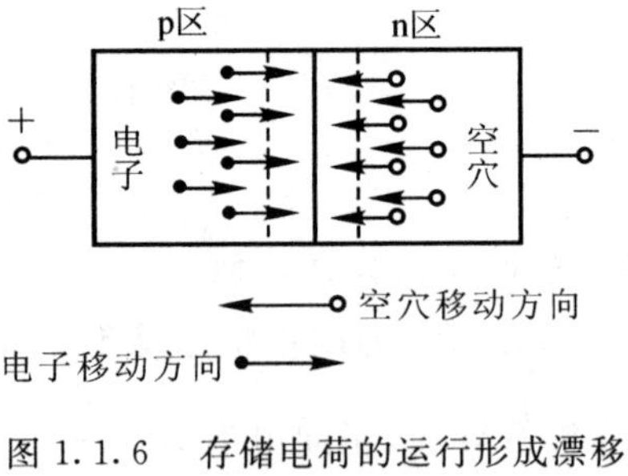

图1.1.6 存储电荷的运行形成漂移电流

t_R和管子本身特性有关，并且和运用情况有关。显然，正向电流i_F越大，存储电荷越多，反向恢复时间t_R越长；反向电压$|V_R|$越大，存储电荷消失得越快，反向恢复时间越短。此外，二极管由截止转为导通时，存储电荷由少变多也需要一定时间，不过它比t_R短得多，可以忽略。

3. 二极管开关参数

二极管开关运用的主要参数如下：

(1) 最大正向电流：二极管正向电流的最大容许值。

(2) 正向压降：二极管工作在一定正向电流下的正向压降。一般锗管为 0.3 ～ 0.5 V；硅管约为 0.7 V。

(3) 反向击穿电压：在一定的反向电压下，二极管的反向电流很小，当反向电压达到反向击穿电压时，管子的反向电流将随反向电压的增加而急剧增加(见图 1.1.1)。通常，将管子的反向电流增加到 100 μA 时所对应的反向电压值定义为反向击穿电压。器件手册有时给出反向工作电压的最大允许值，即最高反向工作电压，它的数值比击穿电压小一些。

(4) 反向电流：最高反向工作电压下的反向电流值。一般锗管为几十微安，硅管小于 1 μA。温度升高 10℃，反向电流几乎增加一倍。

(5) 反向恢复时间：在一定负载上，一定的正、反向电流条件下测定的反向恢复时间，一般为几纳秒。

二、二极管限幅器及钳位器

在脉冲与数字电路中，限幅器及钳位器是两种常用的简单电路。利用二极管的开关特性可以构成二极管限幅器及钳位器。

1. 二极管限幅器

(1) 限幅器的用途。所谓限幅就是当输入信号电压在一定范围内变化时，输出电压成比例地改变，而在超出该范围时，输出电压就几乎不变。这相当于把一定范围以外的输入波形削去，所以限幅又叫削波。根据削去的部位，限幅还可分上限幅(上部被削去)、下限幅(下部被削去)和双向限幅(削去两头，留下中间)。

限幅在脉冲、数字设备里应用很广，下面举变换、整形和选择为例加以说明。图 1.1.7(a) 和(b) 都是用双向限幅将图中的阴影部分削去，可以看出，前者把正弦波“变换”为近似方波；后者把不整齐的方波“整形”为方整的方波。图 1.1.7(c) 是采用下限幅，把振幅超过一定数值的脉冲信号选择出来。

(2) 二极管限幅器的原理。利用二极管的截止和导电，可以完成限幅作用，图 1.1.8 是下限幅的一个例子。设限幅电阻 R 远大于二极管的内阻，而外加信号又远大于二极管的起始电压，因此作近似计算时，可认为二极管导电时相当于短路。当输入电压为正时，二极管导电，输出电压近似等于输入电压；当输入电压为负时，二极管截止，相当于开路，输出电压为零。因此，输出电压和输入电压的关系式为

$$v_O = \begin{cases} v_I & (\text{当 } v_I \geqslant 0) \\ 0 & (\text{当 } v_I < 0) \end{cases} \tag{1.1.1}$$

当 v_I 为正弦波时，其输出波形如图 1.1.8(b) 所示。

图 1.1.8(a) 电路中的二极管 D 和输出端串联，称为串联限幅器。不难看出，利用图 1.1.9 所示的并联限幅器，也能得到同样的结果，它是利用二极管导电将输出近似短路而达到限幅的目的。若把图 1.1.8 和图 1.1.9 电路中二极管倒接，便能变下限幅为上限幅。

如果要得到双向限幅，一般要有两个二极管。图 1.1.10(a) 是串联双向限幅器的例子，图中 $V_2 > V_1$，在串联双向限幅中，要注意其中后一级对前一级的影响。从图 1.1.10(a) 电路中可

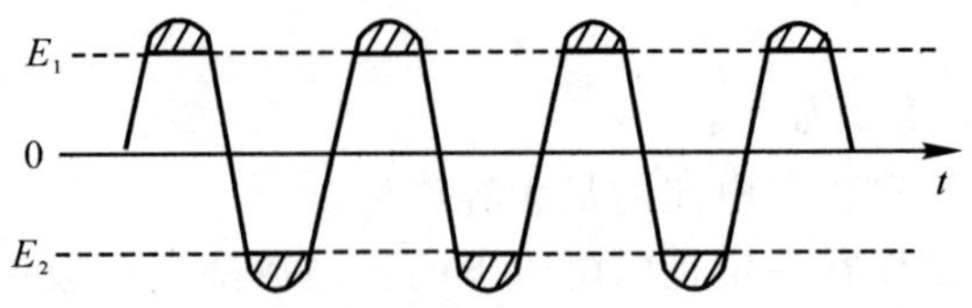

(a)

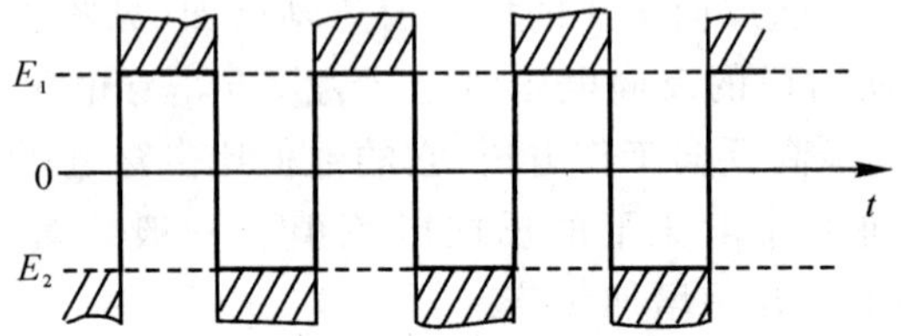

(b)

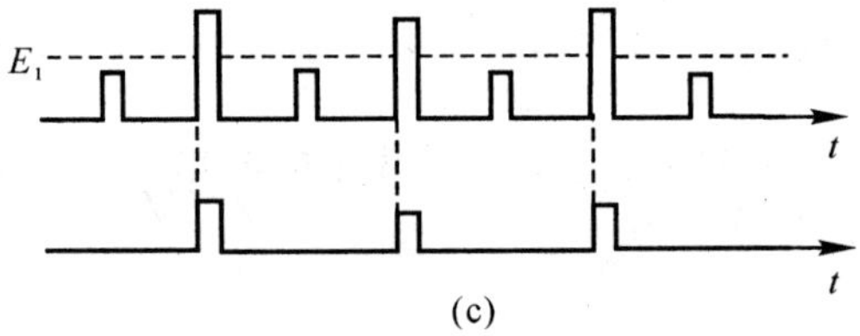

(c)

图 1.1.7　限幅应用举例

(a) 变换；(b) 整形；(c) 选择

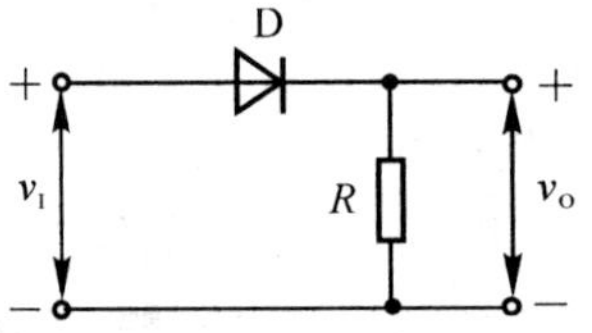

(a)

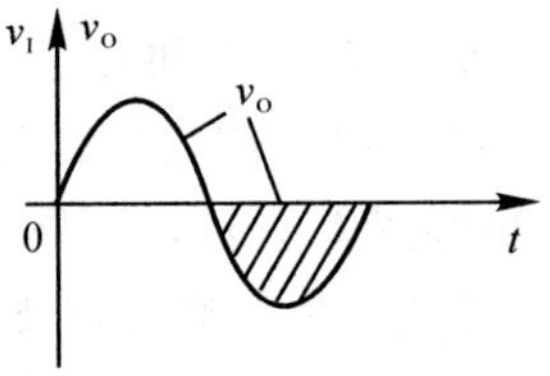

(b)

图 1.1.8　二极管串联限幅器

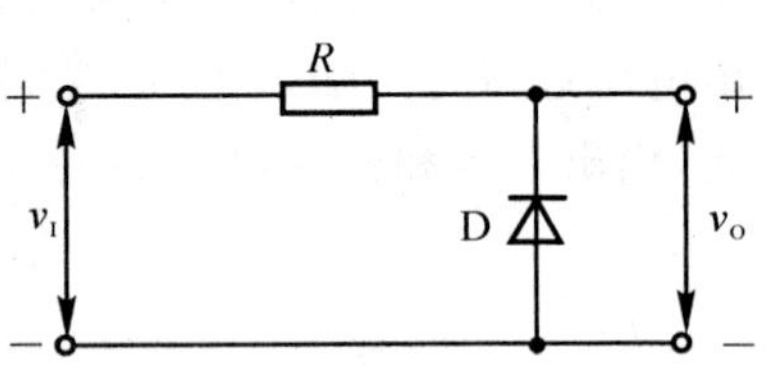

图 1.1.9　二极管并联限幅器

以看出，在输入端不加信号时，由于 $V_2 > V_1$，二极管 D_2 是导电的，回路电流在 R_1 上生成一定的压降，使 A 点的电位 V_A 为

$$V_A = V_1 + \frac{V_2 - V_1}{R_1 + R_2} R_1 \qquad (1.1.2)$$

因此输入电压只有大于 V_A 时二极管 D_1 才会导电，相当于把下限幅电平从 V_1 提高到 V_A。而上限幅电平仍为 V_2。因此 V_2 和 V_A 分别为两个二极管导电或截止的分界，所以可用 V_2 和 V_A 为界限把输入电压分为三个区域，如图 1.1.10(b) 所示，每个区域中二极管的状态，以及相应的输出电压 v_O 的值均标在图中。

图 1.1.10(a) 的双向限幅器实际是由两个串联限幅器合并而成。很容易联想到，用两级并联限幅也能组成双向限幅器，电路图如图 1.1.11(a) 所示。图中 $V_1 > V_2$，用限幅电平 V_1 和 V_2

为界限把输入电压分成三个区域，每个区域中二极管的状态及输出 v_O 的值如图 1.1.11(b)所示。

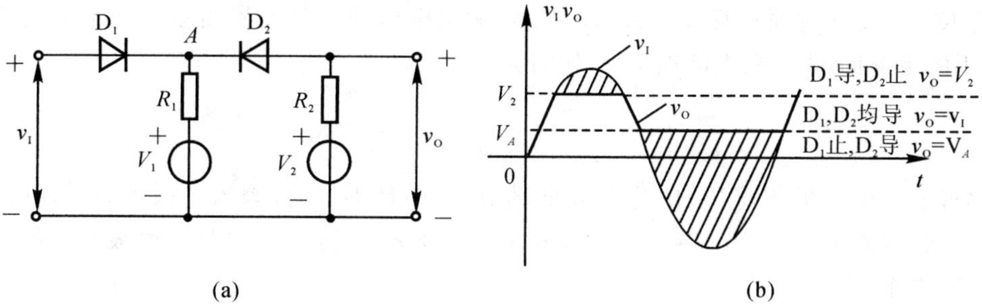

图 1.1.10　串联双向限幅器

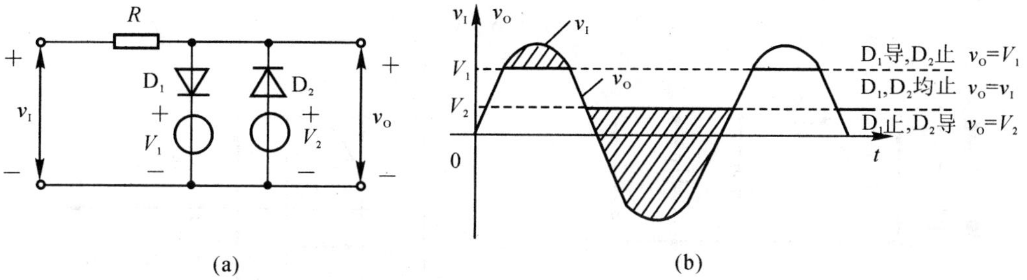

图 1.1.11　并联双向限幅器

(3) 二极管限幅器的惰性。前面对二极管限幅器的分析没有考虑二极管的开关惰性和寄生电容的影响，其结果只适用于低速工作的场合。如果工作速度很高，上述影响是不能忽略的。

为了使二极管限幅器能作高速运动，首先必须选用合适的开关二极管，它的反向恢复时间要远小于工作周期。

如果已经选用了合适的二极管，其开关惰性和结电容的影响可以忽略不计。但输出端的寄生电容(包括接线电容和下级输入电容)往往会对波形有较大影响，特别是电阻 R 取得过大时，影响会更加严重。

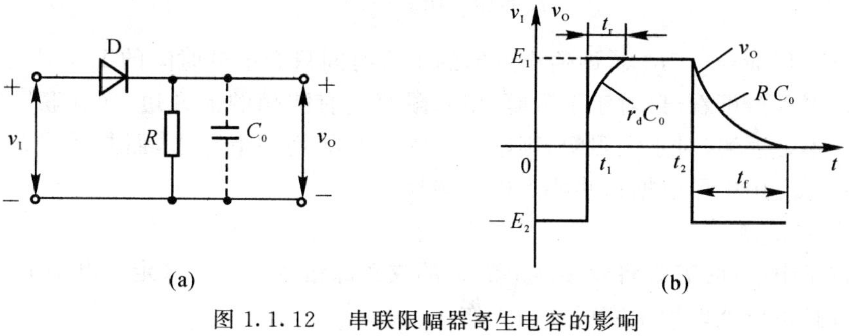

图 1.1.12　串联限幅器寄生电容的影响

下面先讨论串联限幅器寄生电容的影响。如图 1.1.12 所示，设输入 v_I 为一理想方波，在时间 t_1 以前，$v_I = -E_2$，二极管 D 截止，输出电压 $v_O = 0$，在 $t = t_1$ 时，v_I 从 $-E_2$ 跃变到 $+E_1$，二极管 D 导电，$+E_1$ 通过二极管的内阻 r_d 对寄生电容 C_0 充电，充电时常数 $\tau=r_dC_0$ 比较小，所以输出电压上升较快。在 $t=t_2$ 时，v_I 又跃变到 $-E_2$，二极管 D 截止，C_0 通过电阻 R 放电，放电时常数为 RC_0。由于通常电阻 R 比 r_d 大得多，输出电压的下降要慢得多。从上面的说明可知，输出电压的上升时间 t_r 和下降时间 t_f 分别为

$$t_r=2.3r_dC_0$$
$$t_f=2.3RC_0$$

为了改善输出电压的下降边，应将 R 取小，但 R 太小是不行的，因为二极管 D 导通时，输入电压通过二极管内阻 r_d 的分压加到输出端，R 通常应比 r_d 大得多。因此这种限幅器的下降边要比上升边差很多。

下面再来研究并联限幅器寄生电容的影响。如图 1.1.13(b) 所示，在时间 t_1 之前，$v_I=-E_2$，二极管 D 导电，输出电压 $v_O=0$。当 $t=t_1$ 时输入电压跃变到 $+E_1$，二极管 D 截止，输入电压通过 R 对 C_0 充电，输出电压的上升时间为

$$t_r=2.3\ RC_0$$

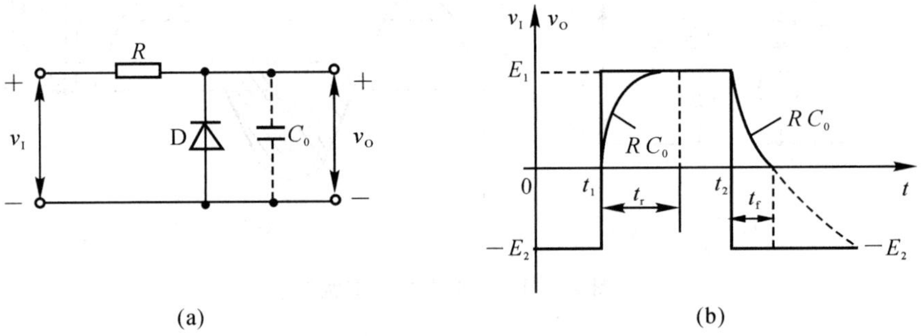

图 1.1.13　并联限幅器寄生电容的影响

当 $t=t_2$ 时，输入电压又回到 $-E_2$，由于电容电压不能突变，二极管 D 仍然截止，输出电压从 $+E_1$ 以时常数 RC_0 趋向 $-E_2$，以时间 t_2 为起点，可列出 v_O 的表示式

$$v_O=-E_2+(E_2+E_1)e^{-\frac{t}{RC_0}} \tag{1.1.2}$$

当 v_O 下降到低于零时，二极管立即导电，把电压限制在零。所以令式(1.1.2) 中 $v_O=0$，可求出下降时间 t_f 为

$$t_f=RC_0\ln\frac{E_1+E_2}{E_2} \tag{1.1.3}$$

若 $E_1=E_2$，则 $t_f=0.7RC_0$，即输出波形的下降时间只有上升时间的 1/3 弱。

比较两种限幅器可看出：对于下限幅，串联限幅具有陡峭的上升边，而并联限幅的下降边要稍好一些。不难理解，对于上限幅，则串联限幅具有陡峭的下降边，而并联限幅的上升边要稍好一些。实际应用中可根据这些特点进行选择。

2. 二极管钳位器

在脉冲技术中，有时需要将脉冲波形的顶部或底部钳定在某一选定的电平上，通常称为波形钳位。二极管钳位器即用来完成这一工作。

图 1.1.14(a) 所示是将脉冲波形顶部钳位于零电平的钳位器。假若钳位器的输入电压 v_I 为矩形脉冲序列，如图 1.1.14(b) 所示，下面讨论钳位器是如何把矩形脉冲序列顶部钳位于零电平的。

如图 1.1.14(b) 所示，在时间 t_1 以前，各个电压都等于零。在 $t=t_1$ 时，第一个方波到来，v_I 跃变到 E，这时二极管 D 导电，以很小的时常数 r_dC 对电容 C 充电，v_C 很快从零充到 E，而输出电压 v_O 则在 t_1 时上跳到 E，然后很快回到零。

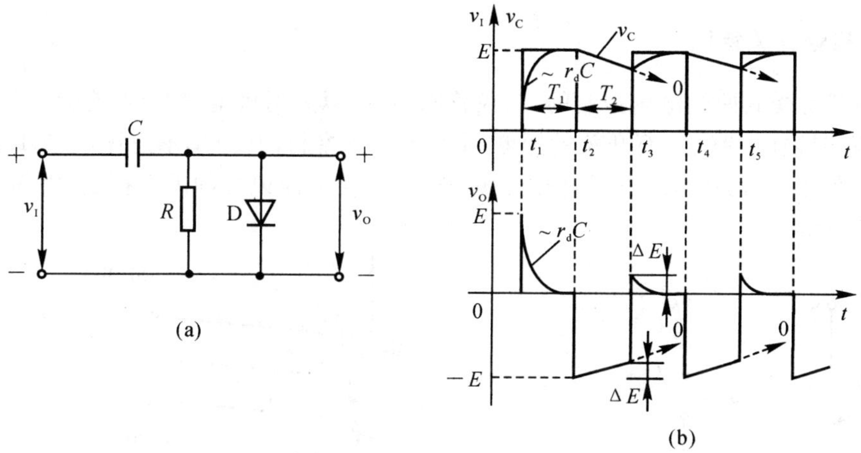

图 1.1.14　二极管顶部钳位器

当 $t=t_2$ 时，正方波过去，v_I 从 E 下跳到零。由于 v_C 不能突变，输出电压 v_O 也下跳同样数值，即由零下跳到 $-E$，二极管 D 截止。这时电容 C 经电阻 R 放电，由于时常数 RC 很大，v_C 和 v_O 只变化很少一点，第二个正方波又到来。当 $t=t_3$ 时，v_I 又从零跃变到 E，v_O 也上跳同样的数值，但现在 v_O 是从相当大的负压上跳的，上跳后只是稍大于零。这时二极管再次导电，v_C 很快充到 E，v_O 很快回到零。以后将重复上述过程。

上面的讨论表明，顶部钳位器是利用二极管导电时的小时常数将电容电压很快充到输入电压的正峰值，而在输入电压变小时，它又利用二极管截止时的大时常数保持电容电压近似不变。由于电容电压保持在输入电压的正峰值，输出电压的顶部当然就钳位于零。

从图 1.1.14(b) 中 v_O 的波形可以看出，波形的失真主要是顶部出现小的尖峰 ΔE。ΔE 就是电容 C 在方波间歇期 T_1 内由于放电而减小的电压。在 T_1 期间电容 C 的放电电流 i 近似等于 E/R。所以 ΔE 为

$$\Delta E \approx \frac{i}{C}T_1 = \frac{E}{RC}T_1 \tag{1.1.4}$$

式(1.1.4) 表明，只要把 RC 取得足够大，就可使 ΔE 很小。例如 $T_1=1\,000\ \mu s$，取 $R=1\ M\Omega$，$C=0.1\ \mu F$，即 $RC=100\ ms$，这时 ΔE 只有 E 的 1/100。

上面介绍的是顶部钳位器，如果要得到底部钳位，只要把其中的二极管倒接就可以了。

如果要求钳位的电平不等于零，而为某一电位 E_0，这时只须将原来接地的地方改到电源 E_0(见图 1.1.15)。这两种电路的工作原理与上面介绍的顶部钳位器完全相同，这里不再重复。

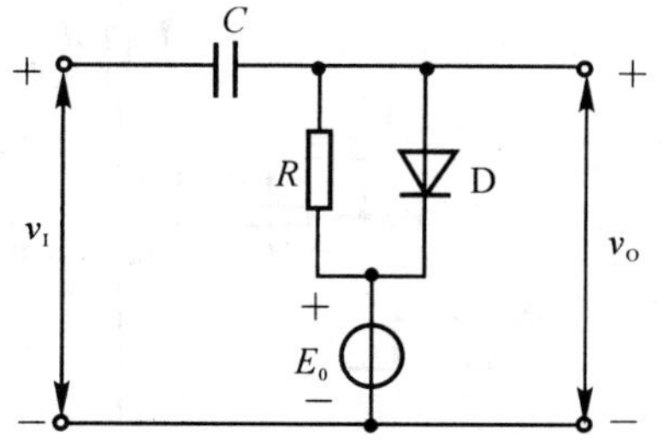

图 1.1.15　顶部钳位于 E_0 的电路

第二节　晶体三极管开关及应用电路

一、晶体三极管开关特性

二极管的通断是受其两端电压控制的，三极管则不然，以共射极电路为例，它是用集、射两极作为开关的两端接在电路里，而开关的通断则受其基极控制，其简单示意图如图 1.2.1 所示。由于基极不在开关回路中，即三极管开关的通断受开关回路以外的因素控制，因而它的用途比二极管广泛得多。

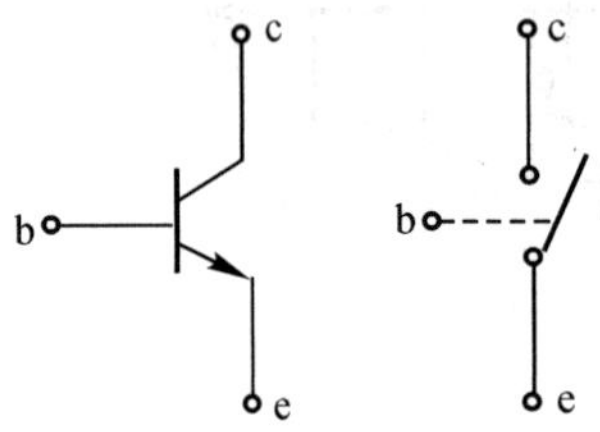

图 1.2.1　三极管开关的简单示意图

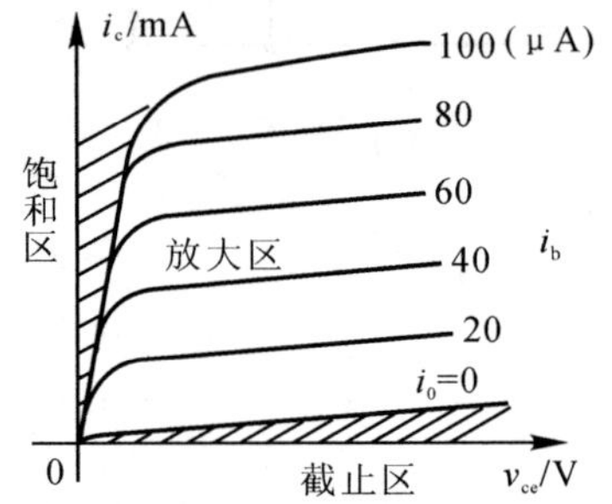

图 1.2.2　晶体管三个工作区

1. 三极管的三种工作状态

三极管的共发射极电路的输出特性如图 1.2.2 所示。它有三个工作区：截止区、放大区和饱和区。图 1.2.3 是共发射极路。根据 V_{CC} 和 R_c 的值可在输出特性上画一条负载线（见图 1.2.4）：当 $v_I<0$ 时，管子截止，工作在特性曲线的 A 点；当 $i_b=60\ \mu\text{A}$ 时，若管子的 $\beta=50$，则 $i_c=\beta i_b\approx 3\ \text{mA}$，管子处于临界饱和，工作在特性曲线的 B 点。因为在图 1.2.3 电路中 i_c 的最大值为 $V_{CC}/R_c=3\ \text{mA}$，所以当 $i_b>60\ \mu\text{A}$ 时，i_c 几乎不变，管子进入饱和区。我们把处于临界饱和时间基流记为 I_{bs}，饱和的集电极电流记为 I_{cs}。在图 1.2.3 电路中，$I_{cs}=V_{CC}/R_c$，$I_{bs}=I_{cs}/\beta=V_{CC}/(\beta R_c)$。判断管子是否进入饱和区，就看 i_b 是否大于 I_{bs}，大得越多，饱和越深。

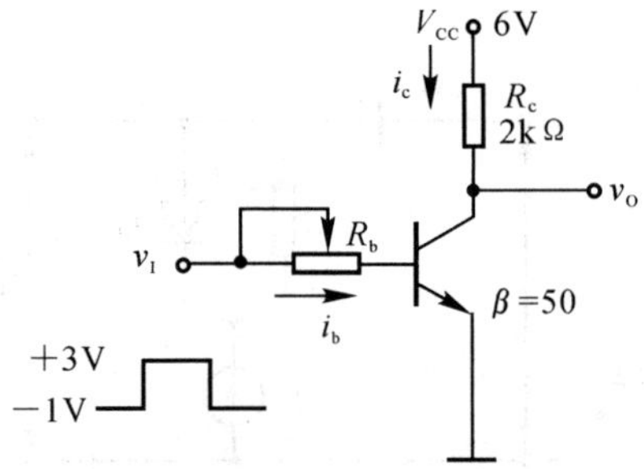

图 1.2.3　共发射极电路

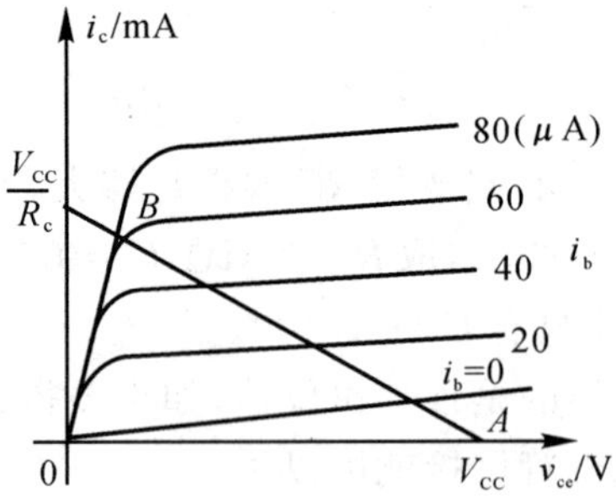

图 1.2.4　负载线

现以图 1.2.3 电路为例，对三极管的三种工作状态小结如下。

(1) 截止状态：

条件　$v_b\leqslant v_e$，$v_b<v_c$，两个 p－n 结均为反向偏置。

特点　$i_b \approx 0$，$i_c \approx 0$，$v_c = V_{CC}$。

(2) 放大状态：

条件　发射结正向偏置，$v_b > v_e$；集电结反向偏置，$v_b < v_c$。

特点　管子有放大能力，$i_c = \beta i_b$ 与 R_c，V_{CC} 基本上无关。

(3) 饱和状态：

条件　基极电流足够大，$i_b \geqslant I_{bs} = I_{cs}/\beta$。

特点　发射结和集电结均处于正向偏置。i_c 近似于等于 $I_{cs} = V_{CC}/R_c$。通常饱和压降 V_{ces} 很小，约为 0.3 V，这时管子内阻 r_{ces} 很小，仅几欧到几十欧。

三极管截止时，两个结都处于反向偏置，反向电流又很小，这时管子的等效电路如图 1.2.5 所示，e，b，c 三个电极之间开路。

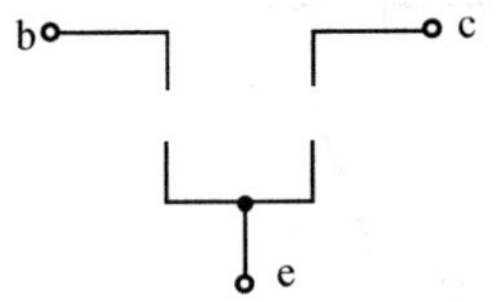

图 1.2.5　三极管截止时的等效电路

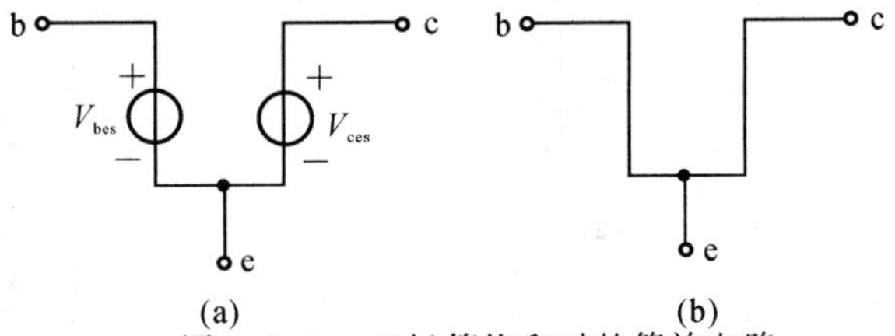

图 1.2.6　三极管饱和时的等效电路

(a) 考虑管压降；(b) 不考虑管压降

三极管饱和时，两个 p-n 结均处于正向偏置，结间有一个很小的压降，其等效电路如图 1.2.6(a) 所示。如果忽略晶体管的结压降，则等效电路可简化为图 1.2.6(b) 所示电路，三极管的三个电极之间如同短路一样。

2. 三极管的开关惰性

三极管作为开关运用时，饱和和截止两种工作状态的相互转换不可能在瞬间完成，如同二极管一样，在三极管的开关过程中晶体管内部存在着电荷建立和消失的过程。图 1.2.7(a) 所示的电路的工作波形见图 1.2.7(b)，该图中给出了 4 个时间参数。

(1) 延迟时间 t_d：从输入正脉冲作用的瞬间开始到集电极电流 i_c 上升到 0.1 I_{cmax} 所需时间。这里 I_{cmax} 为集电极电流的最大值，若三极管导通后处于饱和工作状态，I_{cmax} 就是 I_{cs}。

(2) 上升时间 t_r：集电极电流 i_c 从 $0.1I_{cmax}$ 上升到 $0.9I_{cmax}$ 所需时间。

(3) 存储时间 t_s：从输入正脉冲结束的时刻算起到 i_c 下降到 $0.9I_{cmax}$ 所需时间。

(4) 下降时间 t_f：集电极电流 i_c 从 $0.9I_{cmax}$ 下降到 $0.1I_{cmax}$ 所需时间。

由上述定义看出，t_d，t_r，t_s 和 t_f 这 4 个时间参数都是以集电极电流的变化情况来测定的。通常 t_d 较小，t_s 随饱和深度而变化。当饱和较深时，与 t_d，t_r 和 t_f 相比，t_s 时间最长，成为影响工作速度的主要因素。t_d 和 t_r 之和称为开启时间 t_{on}，t_s 和 t_f 之和称为关闭时间 t_{off}，即

$$t_{on} = t_d + t_r$$

$$t_{off} = t_s + t_f$$

开关时间形成的原因如下。

(1) 延迟时间 t_d：当输入信号由 $-V_{b1}$ 跳变到 $+V_{b2}$ 时，晶体管由截止状态向导通状态转化。发射结由反向偏置转向正向偏置，伴随着发射结的偏置变化，发射结的结电容不断充电。当发射结的偏压从 $-V_{b1}$ 上升到 +0.5 V 左右时，发射极开始向基区发射电子，电子逐渐到达集

电极，形成集电极电流 i_c，这个过程所需时间即为延迟时间 t_d。

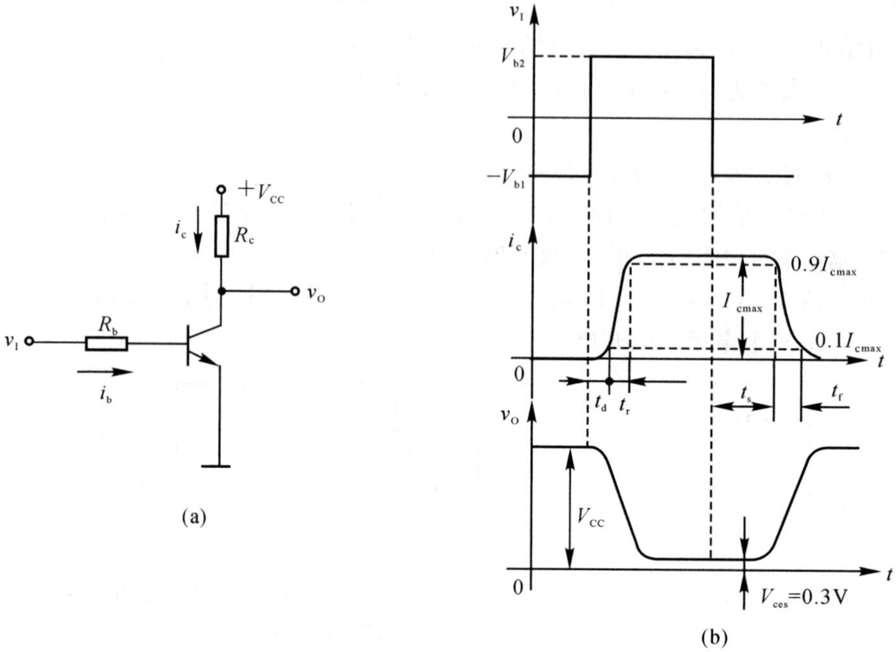

图 1.2.7 三极管的开关时间

(a) 电路图；(b) 波形图

显然，截止时反向偏压越负，在转为正向偏置时，结电容的充电时间越长，t_d 越长。同理，正向驱动能力越大(即 $+V_{b2}$ 大，i_b 大)，则 t_d 越短。

(2) 上升时间 t_r：在延迟时间后，发射区不断向基区注入电子，电子在基区积累，并且向集电区扩散，形成集电极电流 i_c，电子浓度在基区不断增加，i_c 也逐渐加大。i_c 与电子在基区分布的变化率成正比，如在图 1.2.8 中，随着基区的电子浓度曲线由 ① 向 ②，③，④ 不断增加时，i_c 随之增加。到曲线 ④ 时，集电极电流达到饱和值 I_{cs}。上升时间 t_r 就是基区中电子电荷积累所需时间。

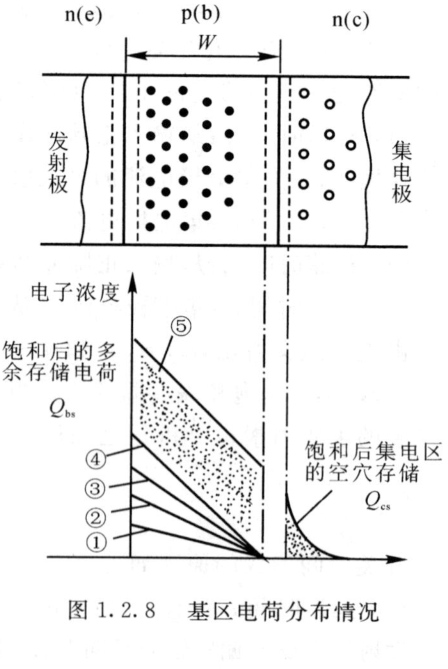

图 1.2.8 基区电荷分布情况

在基区中电子积累的同时，也有相等数量空穴积累，以保证基区的电中性条件。空穴的积累由 i_b 决定，因而电子的积累也好似由 i_b 建立的。i_b 越大，上升时间 t_r 越短。

(3) 存储时间 t_s：当晶体管工作在饱和区时，$i_b > i_{bs}$，集电极不能收集从发射区注入到基区的全部电子，过剩的电子就在基区中不断积累(如图 1.2.8 所示)，增加了 Q_{bs} 部分的电子。同时在集电区有空穴的存储 i_{bs}。

当输入信号由 $+V_{b2}$ 跳回到 $-V_{b1}$ 时，Q_{bs} 不能立即消散。只要 Q_{bs} 没有消失，i_c 就维持 I_{cs} 不变，晶体管仍处于饱和状态。随着 Q_{bs} 减少，晶体管的饱和深度变浅。当 Q_{bs} 全部消失，基区电子分布回到图 1.2.8 的曲线 ④ 时，晶体管开始脱离饱和。Q_{bs} 消失所需的时间就是存储时间。在该时间内，集电区存储电荷 i_{bs} 也将消失。

显然，晶体管饱和越浅，Q_{bs} 越少，t_s 时间越短。反向基流 $-i_b$ 的饱和值越大，基区电荷消失得越快，t_s 时间也越短。

(4) 下降时间 t_f：晶体管由导通转向截止的过程中，基区电子浓度越来越小，如图 1.2.8 中的曲线由 ④ 逐步转向 ③，②，①，集电极电流 i_c 越来越小，逐渐变化到 0，这一过程所需的时间就是下降时间。显然，反向基流 $-i_b$ 的绝对值越大，t_f 时间越短。

下降时间结束后，虽然集电极电流已基本下降到 0，但晶体管内部的变化还在继续进行，发射结的结电容还要放电，结电压 v_{be} 从 $+0.5$ V 下降到 $-V_{b1}$ 时，反向基流 $-i_b$ 下降到 0，晶体管的状态才恢复到开启以前的截止状态。

3. 加速电容的作用

上面提到各段开关时间与正向基流(也称驱动电流)、反向基流(也称驱散电流)之间的关系。实际电路里这两个电流应怎样选取呢？若把正向基流 i_b 取大，t_r 虽可减小，但由于加深了饱和，t_s 会增大。把反向基流 $-i_b$ 取大，t_s 和 t_f 可以减小，但又会使 t_d 增加。由此可见，这两个电流值的选取对各段开关时间是有矛盾的。

利用前面的分析，在电路上采取适当的措施，可使上述矛盾得到较好的解决。我们知道，驱动电流可以加速 i_c 的建立，但在 i_c 达到 V_{CC}/R_c 后，它的作用只是加深饱和，反会使 t_s 增大。因此，理想的驱动电流不应当是常数，而应前大(加速建立)后小(不过分饱和)。对驱散电流也一样，起驱散作用时电流应大一些。利用加速电容可以做到这一点。

图 1.2.9(a) 是接有加速电容 C_1 的电路，其中 R_S 是信号源内阻，它不可能被加速电容所跨接。为便于说明问题，设输入信号的负压为零。

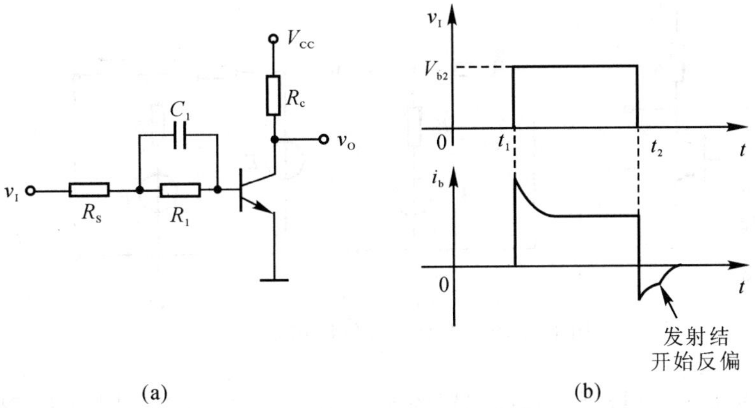

图 1.2.9　加速电容的作用

当输入电压从零跃变到 V_{b2} 时，由于电容 C_1 的电压不能突变，i_b 从零变到 V_{b2}/R_S。随着电容 C_1 上电压的建立，i_b 逐渐减小，最后小到 $V_{b2}/(R_S+R_1)$，其时常数为 $C_1(R_1 \mathbin{/\mkern-6mu/} R_S)$。这样的 i_b(见图 1.2.9(b)) 有利于驱动而不增加存储。当输入电压从 V_{b2} 回到零时，电容 C_1 上建立了电压 $V_{b2}R_1/(R_S+R_1)$ 将通过基极放电而形成驱散电流，其起始值为 $V_{b2}R_1/(R_S+R_1)R_S$，然后以同样的时常数趋于零。当基区存储的载流子消散到发射结开始成为反向后，发射结的负压的建立也会使 i_b 减小，反向 i_b 的实际波形如图 1.2.9(b) 所示，它有利于存储载流子的驱散，又不会增大延迟时间。

加速电容 C_1 的数值应当如何选取呢？C_1 太小，则时常数也小，大电流存在的时间过短，作用不大。C_1 太大了，则可能在输入方波结束时，i_b 还没有达到稳定而持有较大的数值，起不到减小存储的作用。实验表明，C_1 按下列数值选取比较合适：

低频管	$f_\alpha \leqslant 2 \sim 3$ MHz	$C_1 = 500 \sim 2\,000$ pF
开关管	5 MHz $\leqslant f_\alpha \leqslant 20$ MHz	$C_1 = 50 \sim 200$ pF
	$f_\alpha \geqslant 50$ MHz	$C_1 = 10 \sim 50$ pF

其中 f_α 是共基极电流放大系数的截止频率。

实际上，C_1 值的大小还和 R_1，R_S 有关，并且三极管开关所应用的场合不同，对 C_1 的要求也会有些差异。因此上述数值只供选择 C_1 时参考。最好是根据电路的要求，用实验在上面提供的范围内确定出合适的数值。一般地说，R_1 和 R_S 大些，电容 C_1 则应选小一些。

二、晶体三极管反相器

利用晶体三极管做开关，最常用、最基本的电路是晶体三极管反相器电路。

1. 反相器工作原理

反相器是能将控制输入信号变反的电路，即它使输出电压 v_O 与输入电压 v_I 反向。它是组成各种脉冲单元电路及数字电路的最基本、最重要的电路。

图 1.2.10(a) 所示是一个具有加速电容 C_1 的晶体三极管反相器。图 1.2.10(a) 中 R_c 是集电极负载，也可以是被控元件，如继电器、电磁铁等。基极电阻 R_1，R_2 及外加偏压 $-V_{BB}$ 构成偏置电路，与输入电压 v_I 共同决定晶体三极管的工作状态，保证晶体三极管可靠地工作于截止或饱和状态。

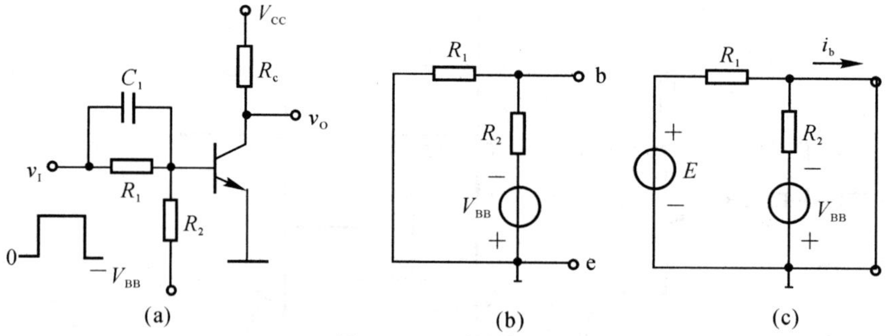

图 1.2.10　晶体三极管反相器

设 v_I 是一个开关方波，直接耦合到反相器的输入端。方波的低电位即前级三极管的饱和压降约为 0.3 V，可近似看为 0 V，高电位通常为几伏到十几伏。在开关方波的作用下，倒相器应可靠地截止或饱和。这是依靠选择适当的电阻值来保证的。

当 $v_I = 0$ V 时，从图 1.2.10(b) 三极管基极回路的等效电路可算出 $v_{be} = -V_{BB}R_1/(R_1 + R_2)$，三极管截止，一般令这个负压为 1 V 左右，即

$$v_{be} = -\frac{V_{BB}R_1}{R_1 + R_2} \leqslant -1\ \text{V} \qquad (1.2.1)$$

当 $v_I = E$ 时，设三极管饱和导通，其基极回路的等效电路如图 1.2.10(c) 所示，在电路中应用了基射间饱和压降 $V_{bes}=0$ V 的近似条件，由图 1.2.10(c) 可得

$$i_b = \frac{E}{R_1} - \frac{V_{BB}}{R_2} \tag{1.2.2}$$

为保证三极管工作在饱和状态，i_b 应大于临界饱和基流 $I_{bs} = I_{cs}/\beta = V_{CC}/\beta R_c$。令 $i_b \geqslant I_{bs}$，可得

$$\frac{E}{R_1} - \frac{V_{BB}}{R_2} \geqslant \frac{V_{CC}}{\beta_N R_c} \tag{1.2.3}$$

考虑到 β 值的不均一性，上述关系应在 β_N 时仍成立。在式(1.2.1) 和式(1.2.3) 中，只有 R_1 和 R_2 是待定的，所以将这两式联立求解就可确定 R_1 和 R_2 的值。

举个数字例子，设 $V_{CC}=E=12$ V，$V_{BB}=6$ V，$R_c=1$ kΩ，$\beta_N=20$，则从上两式中求出 $R_1 \leqslant 18$ kΩ，$R_2=90$ kΩ。

倒相器是饱和开关，其优点为：

(1) 输出振幅大。由于饱和时集电极电压近似于零。输出方波振幅近似等于电源电压。

(2) 三极管功耗小。三极管导电时即使流过较大的电流，但由于饱和压降很小，其功耗很小，只有几毫瓦。但工作频率较高时，应考虑转换过程功耗。一般也只有几十毫瓦。

(3) 对管子特性均一性要求低。三极管的电流放大倍数 β 差别很大，但用作饱和开关时，只要满足式(1.2.3) 即可，要求较低。

反相器的基本功能是将输入信号反相后输出，因此对反相器的基本要求是使信号的极性反相，但应保持波形无畸变。然而由于晶体三极管本身存在开关时间，以及电路中分布电容或负载电容的影响，使反相器的输出波形完全没有畸变是不可能的，只能采取措施使这种畸变尽可能减小到容许的范围之内。

提高反相器开关速度和减少波形畸变的常用方法之一是采用加速电容。利用加速电容可缩短开关时间 t_{on} 及 t_{off}。

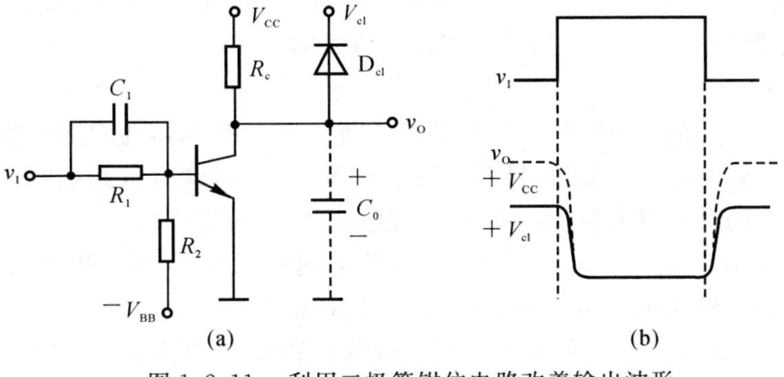

图 1.2.11　利用二极管钳位电路改善输出波形

提高反相器开关速度和减少波形畸变常用的另一种方法是采用二极管钳位电路，图 1.2.11(a) 所示便是具有二极管钳位电路的反相器。图中 D_{cl} 是钳位二极管，电压 V_{cl} 是钳位电平。一般 $V_{cl} < V_{CC}$，C_0 是输出端分布电容与负载电容之和。

现在来讨论二极管 D_{cl} 的钳位作用以及改善反相器输出波形的原理。

当输入电压 v_I 为低电平时，晶体三极管截止，输出电压 v_O 为高电平，使二极管 D_{cl} 导通。由

于 D_{cl} 的正向导通电压很小，所以输出电压 v_O 被钳制在电压 V_{cl}，即 $v_O=V_{cl}$。这时即使负载有所变化，v_O 仍钳制在 V_{cl} 并不改变，所以这个电路有稳定的输出高电平的作用。这时电容 C_0 也被充电至 V_{cl}，极性如图 1.2.11(a) 所示。

当输入电压 v_I 从低电平跳变为高电平时，晶体三极管由截止到饱和，电容 C_0 通过三极管放电，输出电压 v_O 按指数规律下降。C_0 通过三极管放电的时常数 $\tau_1=r_{ces}C_0$，其中 r_{ces} 为晶体三极管饱和电阻，一般很小，所以放电很快，v_O 迅速下降。输出电压 v_O 的下降沿是较陡峭的，由于 v_O 的下降沿陡峭，二极管钳位电路对 v_O 下降沿的改善较小。v_O 的波形如图 1.2.11(b) 所示，图中虚线是无二极管钳位电路时的输出电压 v_O 波形。

当输入电压 v_I 从高电平跳变为低电平时，晶体三极管由饱和变为截止。同样，由于 C_0 的存在，v_O 不能突变，随着 V_{CC} 通过 R_c 对 C_0 不断充电而按指数规律上升。C_0 的充电时常数 $\tau_2=R_cC_0$，一般由于 $R_c \geqslant r_{ces}$，所以 $\tau_2 \gg \tau_1$，充电较慢，v_O 缓慢上升，这说明输出电容 C_0 对输出波形上升沿的影响比对下降沿的影响严重得多。加入二极管钳位电路，也正是为了减小这种影响。因为随着 C_0 的不断充电，v_O 逐步上升，当 $v_O \geqslant V_{cl}$ 时，二极管 D_{cl} 导通，使 v_O 被钳位于 V_{cl}。v_O 的波形如图 1.2.11(b) 所示。

我们知道，*RC* 电路电容电压是按指数规律变化的，起始部分上升速度较快，且近于直线上升。随着电容电压的升高，充电速度减小，电压上升也逐渐缓慢。采用二极管钳位电路，正是充分利用电压变化的起始部分，这就使得电压的上升沿变得相当陡直，大大改善了输出波形的上升沿。

根据图 1.2.11(a) 的电路可求出 v_O 的上升时间 t_r。当 v_I 由高电平跳变到低电平时，三极管由饱和变为截止。这时 $v_O(0^+)=0\ \text{V}$，$v_O(\infty)=V_{CC}$，D_{cl} 截止，$\tau_2=R_cC_0$，但一旦 v_O 上升到 $v_O \geqslant V_{cl}$ 时，D_{cl} 导电。v_O 被钳在 V_{cl} 上，上升时间 t_r 为

$$t_r=R_cC_0\ln\frac{V_{CC}}{V_{CC}-V_{cl}}=R_cC_0\ln\frac{n}{n-1} \qquad (1.2.4)$$

式中 $n=V_{CC}/V_{cl}$。在 $\tau_2=R_cC_0$ 一定的情况下 n 取值越大，上升时间 t_r 越小。实际工作中常选 $n=3\sim5$。若选取 $n=4$，则 $t_r=0.23\,\tau_2$，而不采用钳位二极管 D_{cl} 时上升时间 $t_r=2.3\tau_2$，所以，采用二极管钳位电路可以使上升时间缩短到无钳位时的 1/10 左右。

2. 反相器的带负载能力

反相器带负载一般有两种情况，一种是负载电流 i_O 流进反相器的叫灌流负载，记为 i_{OI}；另一种是负载电流 i_O 从反相器流出的叫拉流负载，记为 i_{OP}。所谓带负载能力是指反向器正常工作条件下，所允许的最大灌电流 I_{OIM} 和最大拉电流 I_{OPM} 的数值。

(1) 反相器带灌流负载能力。反相器正常工作于两种状态，一是饱和状态，输出电压 $v_O=0.3\ \text{V}$；一是截止状态，输出电压 $v_O=V_{cl}$。下面分别讨论。

① 三极管饱和时带灌流负载的能力。当三极管饱和时，由图 1.2.12 可见，钳位二极管 D_{cl} 截止，$i_{D_{cl}}=0$，此时流入晶体三极管集电极的电流

$$i_c=i_{R_c}+i_{OI} \qquad (1.2.5)$$

当灌入电流 i_{OI} 增加时，i_c 也随之增加，这样会使晶体三极管的饱和深度减小。所以，在晶体三极管饱和时允许的最大灌流 I_{OIM} 以不破坏晶体三极管的饱和状态为先决条件。晶体三极管的饱和条件为

$$i_b \geqslant \frac{i_c}{\beta} \qquad (1.2.6)$$

为了保证晶体三极管饱和，必须满足

$$i_{R_c} + i_{OI} \leqslant \beta i_b \tag{1.2.7}$$

其中 $i_{R_c} = V_{CC}/R_c$，因此

$$I_{OIM} \leqslant \beta i_b - \frac{V_{CC}}{R_c} \tag{1.2.8}$$

由上述分析可见，提高饱和时带灌流负载能力的关键在于加大晶体三极管的饱和深度，即加大 i_b 值或减小 i_{R_c} 值。i_b 越大，i_{R_c} 越小，带灌流负载能力越强。当然 i_c 会随着 i_{OI} 的增加而增加，其最大值不能超过晶体三极管的最大额定电流 I_{CM}，也就是说，必须满足

$$i_{R_c} + i_{OI} < I_{CM} \tag{1.2.9}$$

即

$$I_{OIM} < I_{CM} - V_{CC}/R_c \tag{1.2.10}$$

② 三极管截止时带灌流负载的能力。晶体三极管截止时，$i_c = 0$，钳位二极管 D_{cl} 导通。此时 $i_{D_{cl}} = i_{R_c} + i_{OI}$，所以随着 i_{OI} 的增加，$i_{D_{cl}}$ 增加，只要 $i_{D_{cl}}$ 的值不超过钳位二极管 D_{cl} 所允许的最大电流值，就可以正常工作。

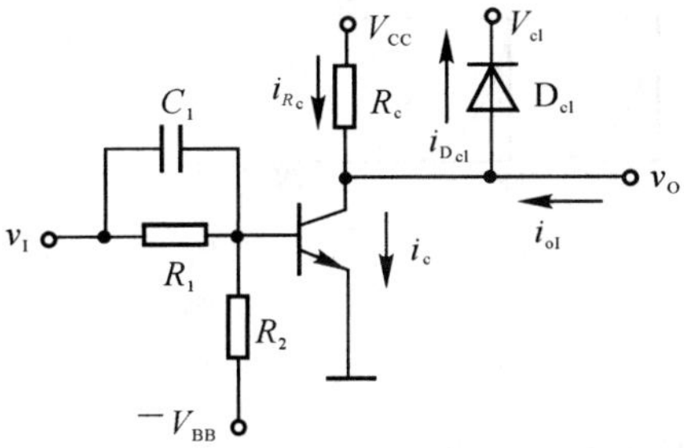

图 1.2.12

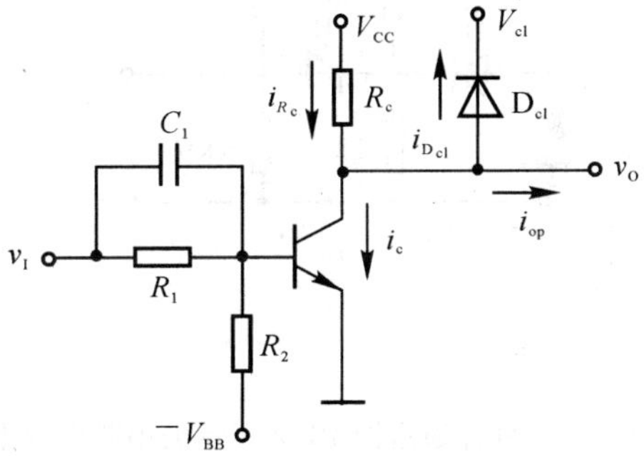

图 1.2.13

(2) 反相器带拉流负载的能力：

① 三极管饱和时带拉流负载的能力。当晶体三极管饱和时，钳位二极管 D_{cl} 截止，$i_{D_{cl}} = 0$。由图 1.2.13 可见，此时 $i_{op} = i_{R_c} - i_c$，其中 $i_{R_c} = V_{CC}/R_c$。因此，当 i_{op} 增加时，i_c 就会减小，这对晶体管的饱和有利，使饱和深度加深。所以

$$I_{OPM} \leqslant i_{R_c} = \frac{V_{CC}}{R_c} \tag{1.2.11}$$

② 三极管截止时带拉流负载的能力。当三极管截止时，$i_c = 0$，钳位二极管 D_{cl} 导电。由图 1.2.13 可见

$$i_{R_c} = i_{D_{cl}} + i_{op} \tag{1.2.12}$$

其中

$$i_{R_c} = \frac{V_{CC} - V_{cl}}{R_c} \tag{1.2.13}$$

当 i_{op} 增加时，$i_{D_{cl}}$ 就要下降，$i_{D_{cl}}$ 最小为 0，因此允许拉电流以钳位二极管不失去钳位作用为条件。所以

$$I_{OPM} \leqslant \frac{V_{CC} - V_{cl}}{R_c} \tag{1.2.14}$$

习 题 一

1. 有一串联双向限幅电路，如图 P1.1 所示，如果输入信号为幅度为 15 V 的正弦波电压，请画出输出电压 v_O 的波形。

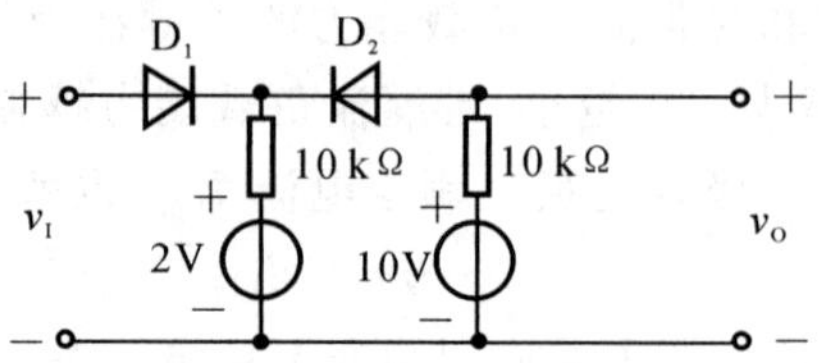

图 P1.1

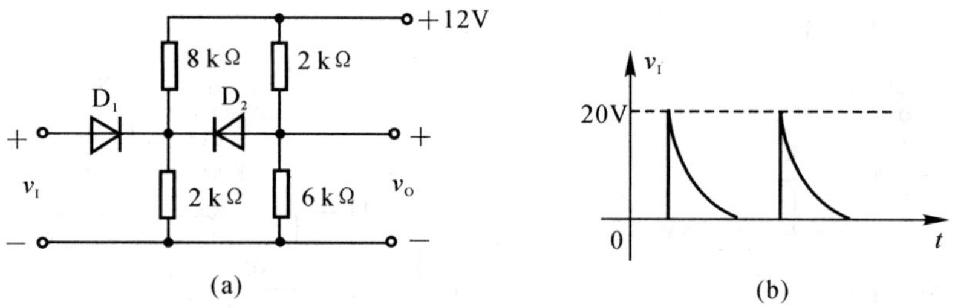

图 P1.2

2. 有一尖顶脉冲通过图 P1.2 所示的串联限幅电路，画出其输出电压 v_O 的波形。

3. 有一幅度为 10 V 的正弦波电压通过如图 P1.3 所示的限幅电路，画出其输出电压 v_O 的波形。

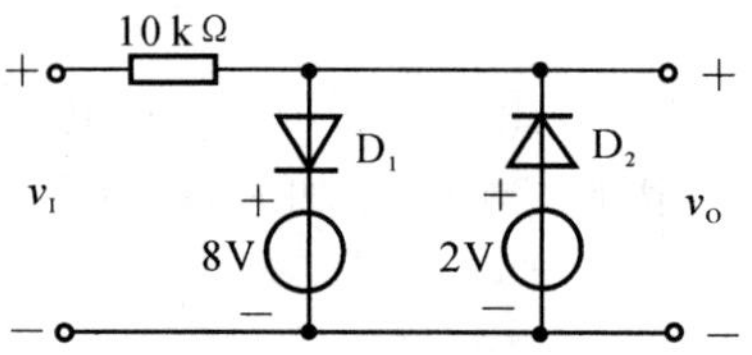

图 P1.3

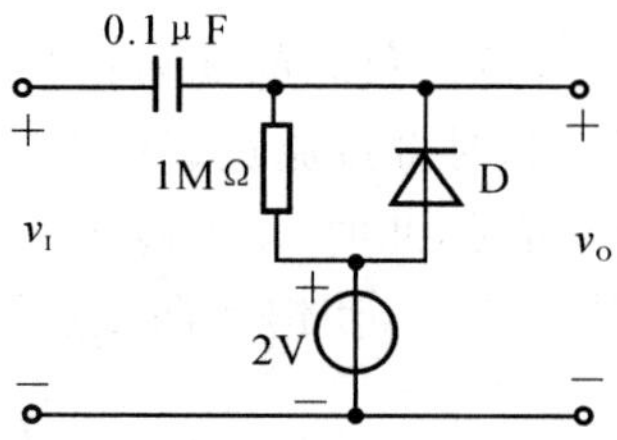

图 P1.4

4. 幅度为 5 V，周期为 2 ms 的方波通过如图 P1.4 所示的电路，画出其输出波形（$r_D \approx 100\ \Omega$）。

5. 在图 P1.5 所示电路中，设 $R_1 \ll R_2$，$V = 10$ V，试对应输入电压 v_I 画出输出电压 v_O 的波形。

6. 在图 P1.6 所示电路中，设 $RC \gg \tau$，画出下列两种情况下的输出波形：

(1) v_I 的幅度 $V_{IM} > V_{REF}$；

(2) v_I 的幅度 $V_{IM} < V_{REF}$。

7. 试判断图 P1.7 所示的电路中，晶体管工作在什么状态。

8. 电路如图 P1.8 所示，设二极管正向压降为 0.7 V（忽略其内阻），分别计算开关 K 接通与断开两种情况下 A 点的电位，以及二极管 D_2 中流过的电流。

9. 核算图 P1.9 所示反相器在输入信号作用下晶体三极管的工作状态，并画出输出波形（设晶体三极管 $\beta \geq 40$，输出分布电容 $C_0 = 150$ pF）。

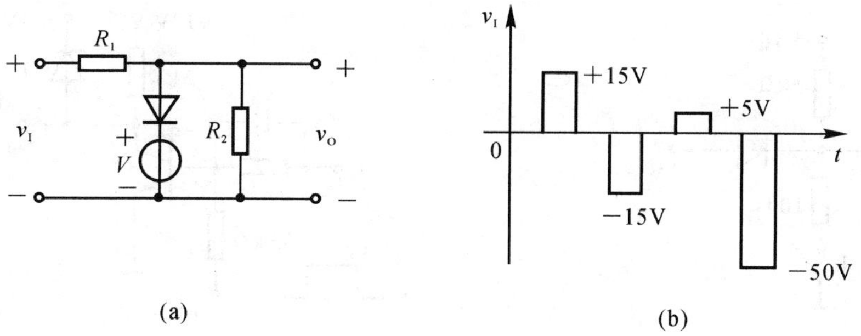

图　P1.5

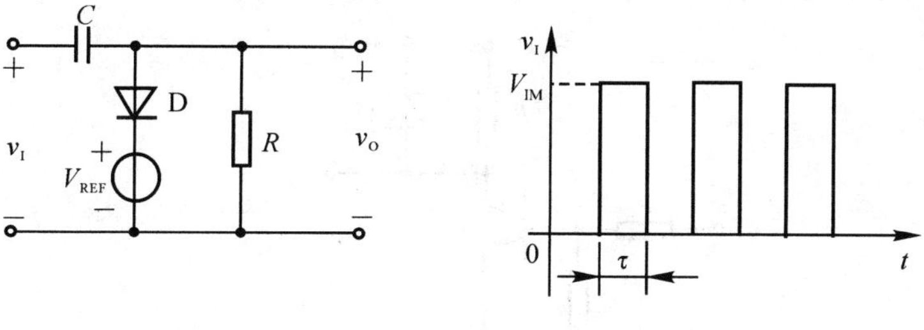

图　P1.6

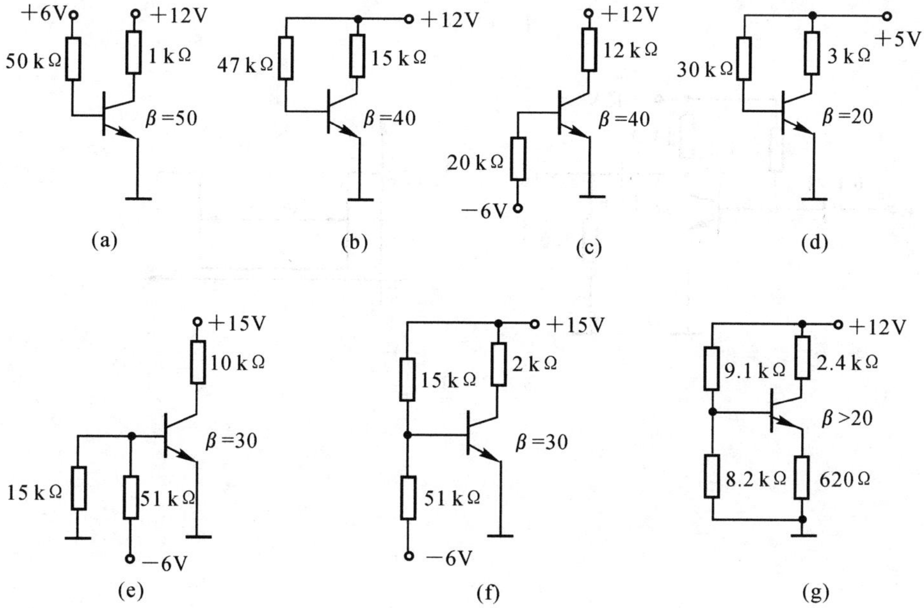

图　P1.7

10. 在图 P1.10 所示反相器中，如果晶体三极管的 $\beta=30$，最大额定电流 $I_{CM}=30$ mA，$R_1=1.5$ kΩ，$R_2=10$ kΩ，$R_c=1$ kΩ，$V_{CC}=10$ V，$V_{BB}=10$ V，$V_{cl}=3$ V，输入信号 v_I 高电平为3.5 V，低电平为0.3 V，试求：

（1）允许最大的灌流负载电流是多少？

（2）允许最大的拉流负载电流是多少？

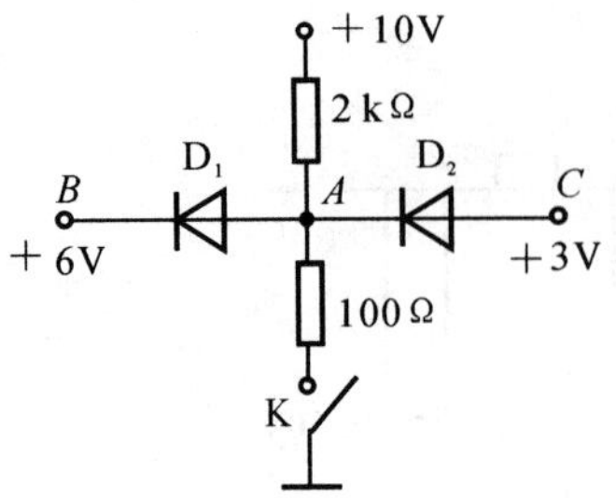

图　P1.8

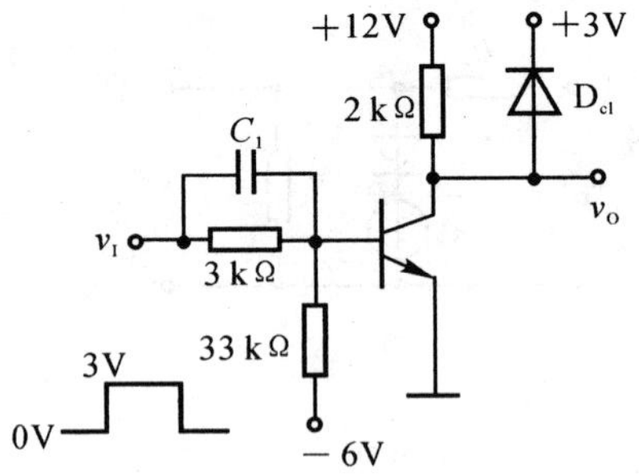

图　P1.9

11. 请画出在输入信号 v_I 的作用下，图 P1.11 所示反相器的输出波形，并标出波形的幅度。

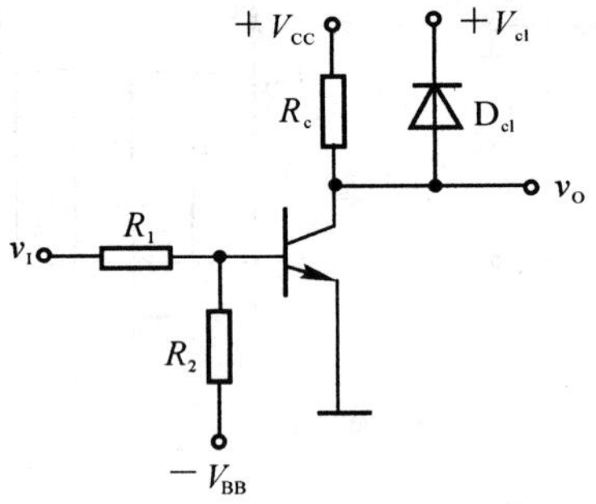

图　P1.10

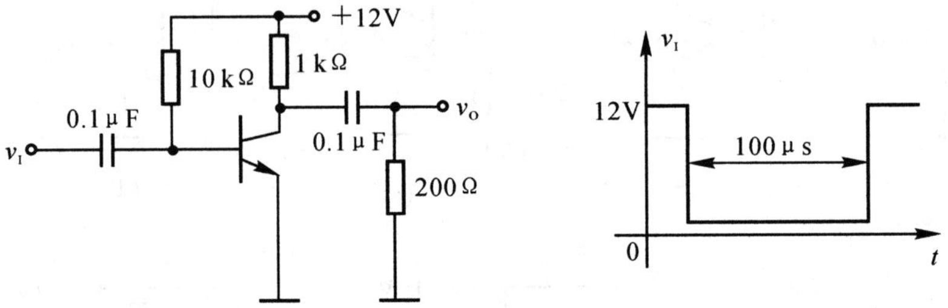

图　P1.11

第二章　逻辑门电路

用来实现基本逻辑关系的电子电路通称为逻辑门电路。

本章简单介绍分立元件门电路。在说明有关概念和方法的基础上，着重介绍双极型集成门和MOS集成门。在双极型集成门中，TTL门是重点，TTL与非门是典型；在MOS集成门中，CMOS门是重点，CMOS反相器是典型。

第一节　分立元件门电路

分立元件门电路是集成门电路发展的基础。在数学电路中，所谓"门"就是实现一些基本逻辑关系的电路，最基本的逻辑关系可归结为与、或、非三种，所以最基本的逻辑门是与门、或门和非门。

一、三种基本逻辑关系及基本逻辑门电路

1."与"运算及与门

(1) 逻辑与的概念。若决定某一件事的所有条件都成立，这件事就发生，否则这件事就不发生，这样的逻辑关系称"逻辑与"或"逻辑乘"或"与"运算。

我们用图2.1.1的开关来说明。图中开关A和开关B是相串联的。这个电路灯亮的条件是开关A"与"开关B都接通；换句话说，只要开关A或开关B中有一个不接通，则灯就不亮。假设开关合上为"1"，打开为"0"；灯亮为"1"，灯不亮为"0"。这样前面两句话可用下面4个式子来描述：

$$\left.\begin{array}{l}0\cdot 0=0\\0\cdot 1=0\\1\cdot 0=0\\1\cdot 1=1\end{array}\right\}F=A\cdot B$$

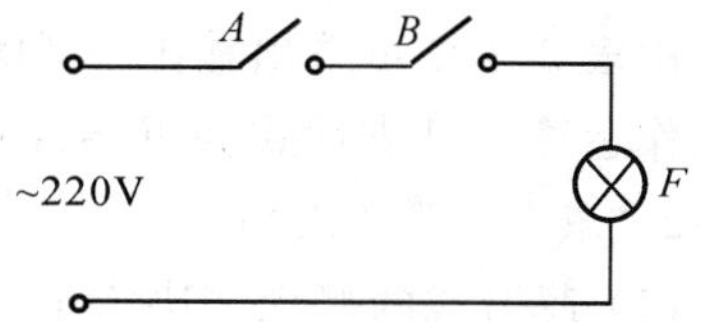

图2.1.1　串联开关电路

把这4个真值式合并，写成代数式就是

$$F=A\cdot B \tag{2.1.1}$$

这里的"·"号表示"与"的意思(有些文献用"∧""∩""&"等符号表示)。为了书写方便，式中的"·"号可以不写，即写为$F=AB$。上面4个真值式就是"与"运算的定义。

F和A,B的真值关系也可用表格方式给出，这种表称为逻辑真值表，简称真值表，逻辑与的真值表如表2.1.1所示。当然，如果上述电路变为三个串联开关A,B,C,则有

$$F = A \cdot B \cdot C \tag{2.1.2}$$

以此类推，式(2.1.2)对于 n 个变量也成立。

表 2.1.1

A	B	F
0	0	0
0	1	0
1	0	0
1	1	1

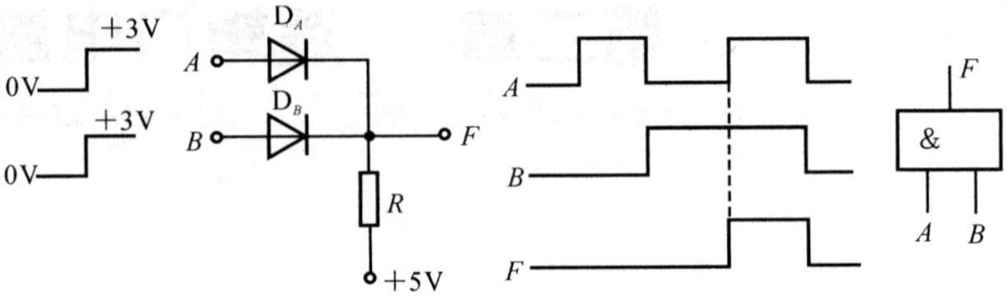

(a) (b) (c)

图 2.1.2 二极管与门及其工作波形

(2) 与门。实现逻辑与运算的电路称为“与门”。图 2.1.2(a) 所示是一个由二极管构成的与门电路。A，B 为输入端，F 为输出端。在此着重分析 F 和 A，B 之间的逻辑关系，假设二极管的正向电阻为零，反向电阻为无穷大。当 A，B 输入信号中，只要有一个(或一个以上) 为低电平0 V 时，其对应的二极管导通，输出 F 就被钳在低电平 0 V 上，输入信号为高电平＋3 V的对应二极管截止。只有 A，B 输入均为高电平＋3 V时 D_A，D_B 均导通，输出 F 被钳位在高电平＋3 V上。假设输入信号高电平＋3 V表示“1”，低电平 0 V表示“0”。根据电子线路的知识不难看出，输入 A，B 和输出 F 间电压真值的关系如表 2.1.2 所示。

表 2.1.2

A		B		F	
电压 /V	真值	电压 /V	真值	电压 /V	真值
0	0	0	0	0	0
0	0	＋3	1	0	0
＋3	1	0	0	0	0
＋3	1	＋3	1	＋3	1

由表 2.1.2 可看出输出 F 和输入 A，B 之间符合逻辑与的关系，因此该电路能完成逻辑与的操作运算。其表达式为 $F = A \cdot B$。其工作波形图及逻辑符号如图 2.1.2(b)，(c) 所示。

2.“或”运算及或门

(1) 逻辑或的概念。决定某一件事的条件中只要有一个或一个以上成立，这件事就发生，否则就不发生。这样的逻辑关系称为“逻辑或”或者“或”运算。

我们用图 2.1.3 的开关电路来说明。图中有两个并联的开关 A，B 及一个电灯。对于这个电路我们要讨论的是灯亮(用 F 表示) 的条件是什么。

不难看出，灯亮的条件是开关 A 或者开关 B 接通。换句话说，只有当开关 A，B 都不接通，灯才不亮。假设开关合上为“1”，打开为“0”；灯亮为“1”，灯不亮为“0”。这样前面两句话可用下面 4 个式子来描述：

$$\left.\begin{aligned}0+0=0\\0+1=1\\1+0=1\\1+1=1\end{aligned}\right\} F=A+B$$

把这 4 个真值式合并写成代数式为

$$F=A+B \tag{2.1.3}$$

这里的"+"号应读为"或"(有些文献用"∨""∪""≥1"表示"或"),所以 $F=A+B$ 包含的 4 个真值式就是"或"的基本定义。逻辑或的真值表如表 2.1.3 所示。当然,如果上述电路变为 3 个并联开关 A,B,C,则有

$$F=A+B+C \tag{2.1.4}$$

以此类推,式(2.1.4)对于 n 个变量也成立。

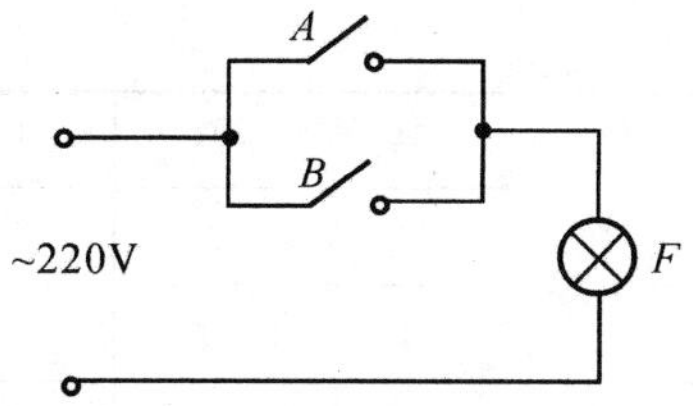

图 2.1.3　并联开关电路

表　2.1.3

A	B	F
0	0	0
0	1	1
1	0	1
1	1	1

(2) 或门。实现逻辑或运算的电路叫或门。图 2.1.4(a) 所示是一种用二极管构成的或门电路,A,B 是输入端,F 是输出端。在和与门电路同样假设的条件下,我们不难得到 F 和 A,B 的电压及真值表关系如表 2.1.4 所示。

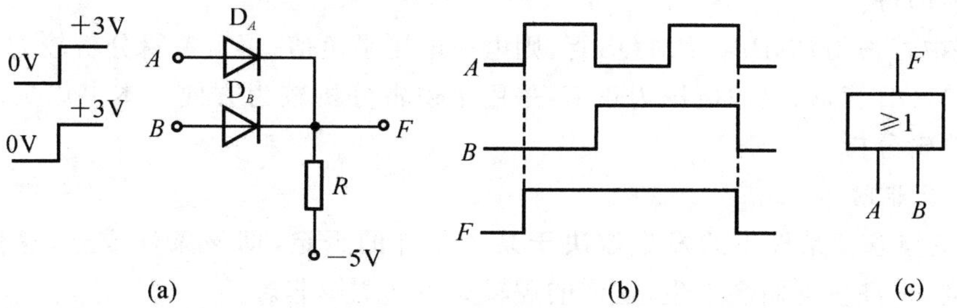

图 2.1.4　二极管或门及其工作波形

表　2.1.4

A		B		F	
电压 /V	真值	电压 /V	真值	电压 /V	真值
0	0	0	0	0	0
0	0	+3	1	+3	1
+3	1	0	0	+3	1
+3	1	+3	1	+3	1

从表 2.1.4 看出，输出 F 和输入 A，B 之间符合逻辑或的关系，因此该电路能完成逻辑或的操作运算。其表达式为 $F=A+B$，其工作波形图及逻辑符号如图 2.1.4(b)，(c) 所示。

3. 正逻辑和负逻辑

在数字电路中，经常用符号"1"和"0"表示高电平和低电平，在这种规定下的逻辑关系叫做正逻辑。如果反过来用"0"表示高电平，"1"表示低电平，在这种规定下的逻辑关系叫做负逻辑。对于同一个电路，从正逻辑和负逻辑的不同角度去分析它的逻辑关系会得到截然不同的结果。例如对于图 2.1.2(a) 的电路图，按输入电平的高低和相应输出电平的高低，可得电平表如表 2.1.5(a) 所示。若用正逻辑进行分析，即 +3 V 用"1"表示，0 V 用"0"表示，得出真值表如表 2.1.5(b) 所示，$F=A\cdot B$，该电路是与门。但若用负逻辑进行分析，即 +3 V 用"0"表示，0 V 用"1"表示，得出真值表如表 2.1.5(c) 所示，$F=A+B$，该电路是或门。由此可以看出，正与门和负或门在功能上所给出的结果是一样的，正与和负或是同一逻辑门的两种不同的名称。依此类推，正逻辑下的或门为负逻辑下的与门。

表 2.1.5

A/V	B/V	F/V
0	0	0
0	+3	0
+3	0	0
+3	+3	+3

(a)

A	B	F
0	0	0
0	1	0
1	0	0
1	1	1

(b)

A	B	F
1	1	1
1	0	1
0	1	1
0	0	0

(c)

由于正、负逻辑之间存在着简单的对偶性，要把一种逻辑变换为另一种逻辑，只要把 0 和 1 对换，与和或对换即可。

在数字电路中若采用 PNP 管、PMOS 管，则电源电压是负值，用负逻辑分析较为方便。若采用 NPN 管、NMOS 管，则电源电压为正值，采用正逻辑分析较为方便。本书以后若不加说明，一律采用正逻辑分析。

4."非"运算及非门

(1) 逻辑非的概念。某件事的发生取决于某个条件的否定，即该条件成立，这件事不发生；该条件不成立，这件事反而会发生，这样的逻辑关系称逻辑非。

如图 2.1.5 所示，开关 A 闭合，灯熄灭；开关 A 断开，灯亮。若按前面同样的逻辑规定，F 和 A 的真值表如表 2.1.6 所示，其逻辑表达式为 $F=\overline{A}$，式中 A 上面的横线表示逻辑非，读作"A 非"。

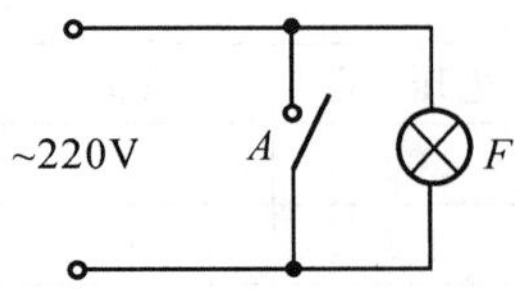

图 2.1.5　逻辑非举例

表　2.1.6

A	F
0	1
1	0

(2) 非门。非门就是反相器，由晶体三极管构成的非门如图 2.1.6(a) 所示，A 为输入端，F 为输出端，不难得到 F 和 A 的电压及真值表关系如表 2.1.7 所示，从表中可看出 $F=\overline{A}$。

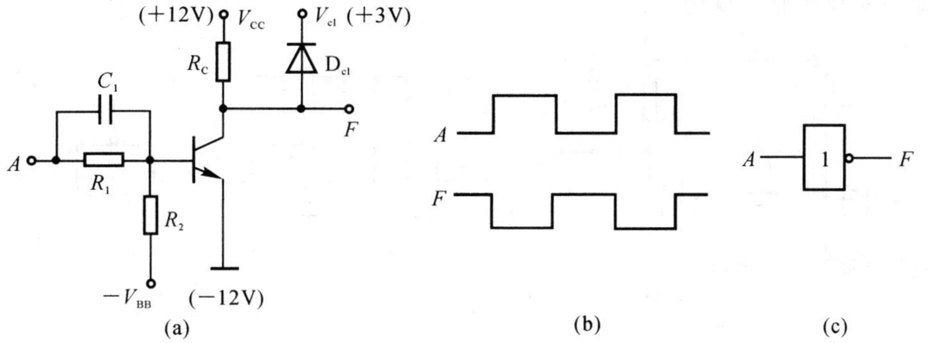

图 2.1.6　非门电路及其波形

表　2.1.7

A		F	
电压 /V	真值	电压 /V	真值
0	0	+3	1
+3	1	0	0

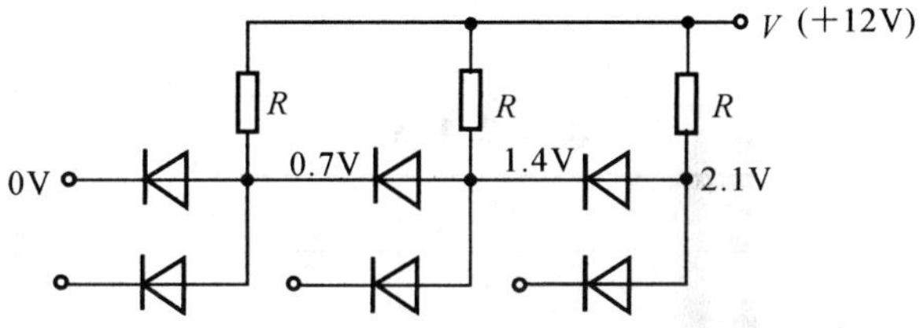

图 2.1.7　多级与门连接造成输出电平偏移

二、与非门和或非门

二极管门电路存在着电平偏移。如图 2.1.7 所示。当三级与门串接使用时，每级的输出电平总比输入电平高出一个二极管的正向压降 V_D(锗管 V_D 为 0.3 V 左右，硅管为 0.7 V 左右)。如果第一级输入低电平为 0 V，则经过三级与门的移位，到第三级输出的低电平已达到 2.1 V 了。这个低电平和第一级的低电平 0 V 相差很大。电平的偏移将导致逻辑功能的紊乱。而且二极管门电路的带负载能力和抗干扰能力都比较差，所以很少直接应用。而非门 —— 反相器 —— 的优点恰好是没有电平偏移，带负载能力和抗干扰能力强，因而把二极管门和三极管反相器连接起来形成与非门和或非门。

1. 与非门

图 2.1.8(a) 所示电路由虚线左边的二极管与门和右边的非门组成。根据与门的工作原理，只有在所有的输入端都为高电平时，才能输出高电平，此高电平加在反相器输入端，使晶体三极管饱和，于是在集电极输出低电平。在任何一个输入端为低电平时，与门输出的低电平使反相器截止，于是输出端为高电平。从电平关系看，与非门有“全高出低”，“一低出高”的规律，其逻辑表达式为 $F=\overline{A\cdot B}$，其工作波形和逻辑符号如图 2.1.8(b)，(c) 所示，电路的真值表如表 2.1.8 所示，可以看出该电路实现与非逻辑功能。

2. 或非门

或非门电路如图 2.1.9(a) 所示。它是由二极管或门和非门组合而成。从或门和非门的性质可推出：当其输入端 A，B 全为低电平时，则输出端为高电平；当输入端有一个为高电平时，则输出为低电平。从电平关系看，或非门有“全低出高”，“一高出低”的规律，其逻辑表达式为 $F=\overline{A+B}$，其工作波形和逻辑符号如图 2.1.9(b)，(c) 所示。电路的真值表如表 2.1.9 所示，可看出该电路实现或非逻辑功能。

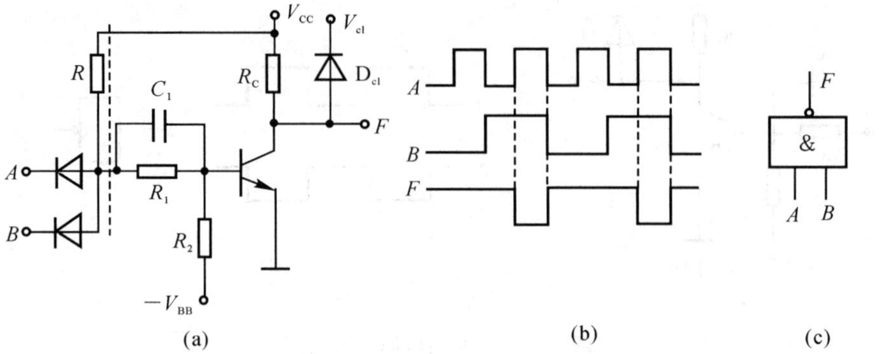

图 2.1.8　与非门电路及工作波形

表　2.1.8

A	B	F
0	0	1
0	1	1
1	0	1
1	1	0

表　2.1.9

A	B	F
0	0	1
0	1	0
1	0	0
1	1	0

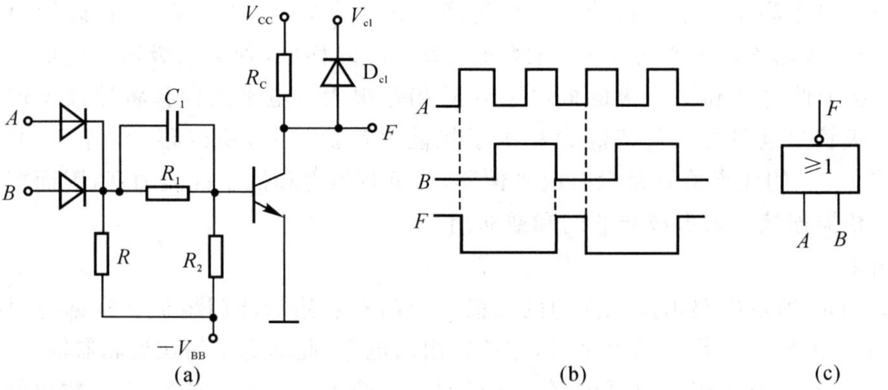

图 2.1.9　或非门电路及工作波形

第二节　*TTL* 集成逻辑门

早期的双极型集成逻辑门采用的是二极管 - 三极管的电路(DTL) 形式，由于其速度较慢,以后便发展成晶体管-晶体管电路(TTL)形式。目前国产的TTL电路有CT1000系列(称为通用标准系列,相当于国际上的SN54/74系列)、CT2000系列(称为高速系列,相当于国际上的SN54H/74H系列)、CT3000系列(称为肖特基系列,相当于国际上的SN54S/74S系列)和CT4000系列(称为低功耗肖特基系列,相当于国际上的SN54LS/74LS系列),为简化书写,常将"CT"简写为T,将C省略。

一、二极管-晶体管逻辑门电路(DTL)

基本DTL与非门是由分立元件与非门演变而来的,如图2.2.1所示,该电路由三部分组成:

(1) 由输入二极管 D_1, D_2, D_3 和电阻 R_A 构成的与门。

(2) 串联二极管 D_4, D_5 为电平移位二极管。

(3) 晶体管T和电阻 R_C,R_B 构成非门。

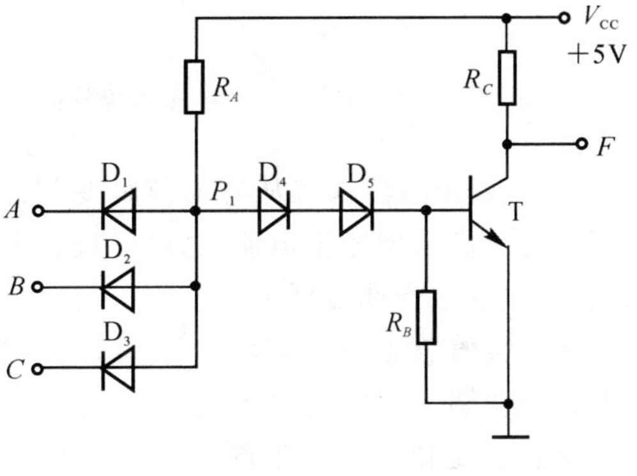

图2.2.1 基本DTL与非门

不难理解,该电路具有与非逻辑功能。假设各二极管的结电压均为0.7 V,当输入信号 A,B,C 中有一个或一个以上为低电平(设为0.3 V)时,$V_{P1}=1$ V,不可能使 D_4, D_5 和 V_{be} 同时导电,则三极管截止,输出为高电平。当输入信号 A,B,C 全部为高电平(设为+3.6 V)时,$V_{P1}\geqslant 2.1$ V,使 D_4, D_5 和 V_{be} 同时导电,晶体管饱和,输出为低电平。

DTL门电路的缺点是工作速度低。当输入信号由低电位跳变到高电位时,电流通过 R_A 和二极管 D_4, D_5 流入三极管的基极,这个驱动电流是比较大的,使三极管很快由截止到饱和。但输入由高电位变到低电位时,电阻 R_A 里的电流流向输入端,三极管的反向驱散电流为 R_B 里的小电流。由于没有大的反向驱散电流,三极管由饱和到截止的过程就比较长,使DTL与非门电路的工作速度低,一般在100 ns左右。

二、晶体管-晶体管逻辑门电路(TTL)

前面介绍的DTL与非门能完成与非的逻辑功能,缺点是工作速度不够高。TTL与非门就是为了提高工作速度而产生的。

TTL与非门和DTL与非门的主要区别在于用多射极管门代替了二极管门,并采用了推拉式的输出级。为此,我们首先研究多射极管的工作原理和特点,了解它能提高工作速度的原因以及存在的实际问题,然后再介绍具体电路。

1. *多射极管的工作原理和特点*

多射极管的结构示意图和它的符号如图2.2.2(a)所示。它和一般晶体三极管的结构基本相同,只是发射极有多个(图中画了三个),用做门的输入端。

为便于比较多射极管门和二极管门,我们把二极管门的几个输入二极管以及一个移位二极管 D_4 画出,如图2.2.2(b)所示。

比较图2.2.2的两种形式,可以看出它们都是"背靠背"的p-n结,所不同的是后者的p区是分开的，或者说 p 区很宽，两边 p－n 结相互没有影响；前者的 p 区(基区)很窄，两边 p－n 结之间有很大影响。它们的区别类似于一般“背靠背”连接二极管和三极管的区别。多射极管就是利用这两边 p－n 结的相互影响来提高与非门的工作速度的。

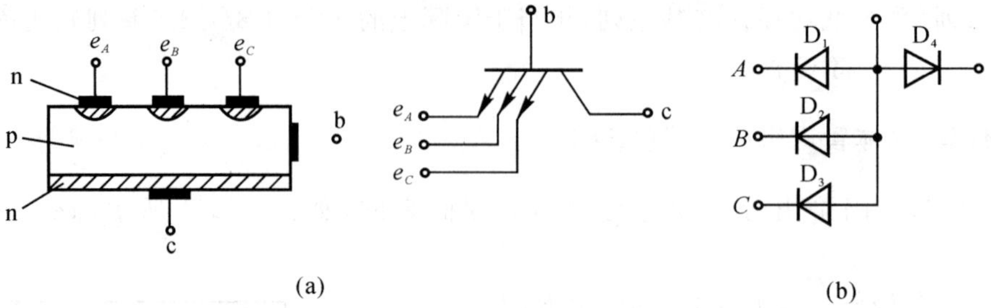

图 2.2.2　多射极管的结构示意图及其和二极管与门的比较

DTL 与非门输入端从高电位跳变到低电位，三极管由饱和导通转变成截止的过程里，输入端不能提供反向驱散电流，这时三极管基区存储的载流子就消散的相当慢，因而开关惰性比较大，电路的工作速度低。

多射极管就不一样，我们可以用图 2.2.3 的原理电路来说明输入端由高电平变到低电平，三极管由饱和到截止的变化过程。如图 2.2.3 所示，当输入的一端变成低电平时，多射极管的基极电流 i_{b1} 将流向该输入端。由于这个管子的放大作用会产生相当大的集电极电流 i_{c1}(这是二极管门所没有的)。图 2.2.3 表明，多射极管 T_1 的集电极电流就等于 T_2 管的反向基流，也就是使三极管 T_2 截止的驱散电流，在这样的大驱散电流作用下，三极管会很快截止。多射极管缩短开关惰性的作用就在于此。

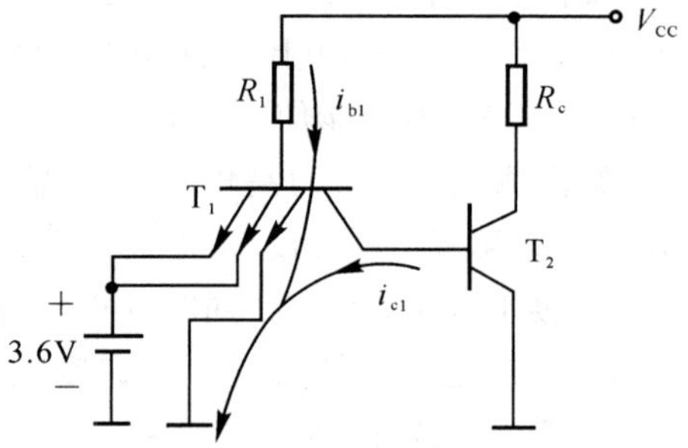

图 2.2.3　利用多射级管减小开关惰性的说明

T_2 管从导通变成截止后，T_2 管的 $i_{b2} \approx 0$，使得 T_1 管的集电极电流 $i_{c1} \approx 0$。T_1 管由于有相当大的基流，而集电极电流近似于 0，所以工作在深饱和状态，集-射极间的饱和压降很小，只有几毫伏。因而可看做这时 T_1 管的集电极和发射极的电压近似相等。

上面所述为用多射极管门代替二极管门带来的好处，这是它的主流方面。而它也带来一些问题，虽然是非主流的，但也应当搞清楚，从而在实际应用中注意这些问题。

在 DTL 与非门电路里，当所有输入都为高电平时，输入二极管是截止的，输入端只有很小的漏电流(二极管的反向电流)。多射极管则不一样，射极为高电平使这个管子基-射结为反偏，基极电流流向集电极。这时多射极管处于倒向运用的工作状态，即把实际的集电极用做发射极，实际的发射极用做集电极。从图 2.2.2(a) 的结构图可以看出，实际集电结注入到基区的电子向发射结方向扩散，有一部分电子被发射结接收而成为发射极电流(电流方向从输入端流入)。由于基区的自建场对反向扩散的电子来说是减速场，而且发射结的面积很小，所以从集电结向发射结方向扩散的电子绝大部分在基区复合而成为基极电流，只有极少一部分到达各个发射结而成为各发射极的电流。为了衡量这个电流的大小常采用倒向运放电流放大系数 β_I，它表示从所有发射极流入的电流与基极电流之比，此值通常小于 0.2。

由于上述原因,当输入端均为高电平时,多射极管的发射极电流为 $\beta_I i_{b1}$,一般称为输入漏电流 I_{IH}。

多射极管还有另外一种效应。从图 2.2.2(a) 的结构示意图可以看出,两个发射极通过基区也会构成 n－p－n 的三极管,称为寄生三极管效应。当一些输入端为高电平,而另一些为低电平时,它们之间会形成寄生三极管电流,图 2.2.4 所示为两个发射极为低电平、一个发射极为高电平时的情况,这时基极电流流向低电平的发射极,而高电平的发射极相当于寄生三极管的“集电极”,它们的电流关系可以用交叉电流放大系数 β_j 来表示。若基极电流为 i_{b1},则高电平发射极的电流为 $\beta_j i_{b1}$(称为交叉漏电流),应当指出寄生三极管由于两个发射极间的间隔比一般三极管基区宽度宽很多,所以 β_j 值也很小,约在 0.05 以下。

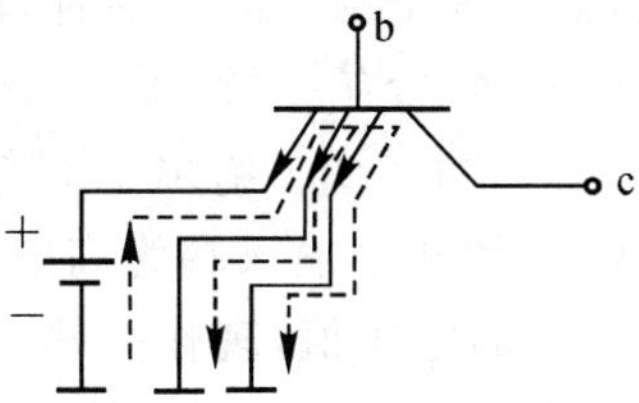

图 2.2.4　寄生三极管效应

在输入端有的接高电平,有的接低电平的情况下,接高电平的输入端既有交叉漏电流又有漏电流存在,总漏电流为 $(\beta_i + \beta_j) i_{b1}$。

在数字系统中,高电平输入端的漏电流是前级门电路的拉电流负载电流,因此,漏电流太大将会造成前级输出高电平的下降。

2. TTL 与非门电路工作原理

为了提高 TTL 与非门的驱动负载的能力,在图 2.2.3 所示电路的基础上再增加一级推拉式的输出电路。图 2.2.5 给出了典型的 TTL 与非门电路(CT54/74 系列),图中多射极晶体管 T_1 和电阻 R_1 构成电路的输入级,输入信号通过发射结实现与逻辑;T_2 和电阻 R_2,R_3 组成中间级,从 T_2 的集电极和发射极同时输出两个相位相反的信号,作为 T_3 和 T_4 输出级的驱动信号;T_3,D_4,T_4 和 R_4 构成推拉式输出级。图 2.2.5 中输入端的钳位二极管,其作用是抑制输入端出现的负脉冲干扰,从而起到保护多射极晶体管的作用。下面分析电路的工作原理。

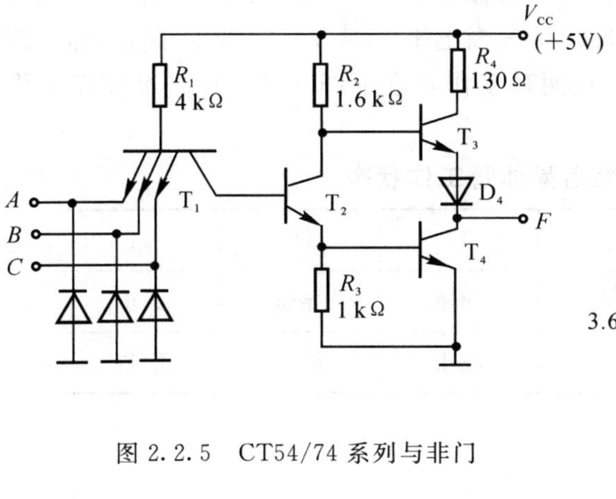

图 2.2.5　CT54/74 系列与非门

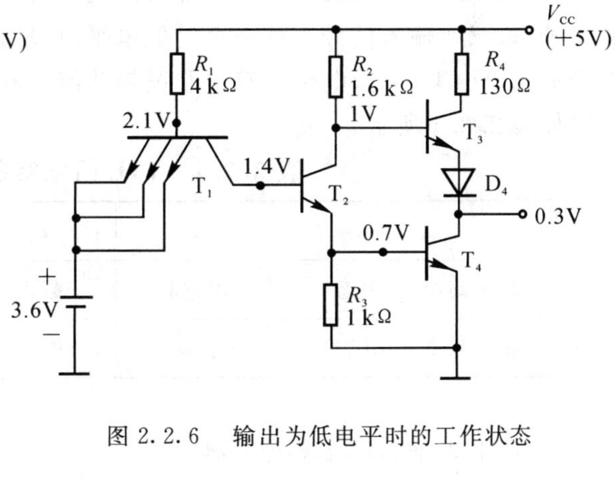

图 2.2.6　输出为低电平时的工作状态

(1) 输入全部为高电平 V_{IH}(3.6 V)。图 2.2.6 给出了输入全部为高电平时,电路中各点的电压值,现作一些分析。

当输入信号 A,B,C 全部为高电平(3.6 V)时,T_1 的集电结和 T_2,T_4 管的发射结正向偏置而导通。假设每一个 p－n 结导通压降均为 0.7 V,则 T_1 的基极电位被钳在 2.1 V 左右。这时 T_1 的集电极电位为 1.4 V 左右,因此 T_1 处于发射结反偏,集电结正偏的倒向运用工作状态。

T_2 处于饱和导通，$V_{ce2}=0.3$ V，T_2 的集电极电位 $v_{c2}=V_{ce2}+v_{be4}=0.3$ V$+0.7$ V$=1$ V，它不能同时驱动 T_3，D_4，所以 T_3，D_4 截止，T_2 的发射极向 T_4 提供足够的基流，使 T_4 处于饱和，因此输出 v_O 为低电平。

$$v_O=V_{OL}=V_{ce4}\approx 0.3 \text{ V} \quad (2.2.1)$$

总之，当输入全部为高电平时，输出为低电平。

(2) 输入有一个或几个为低电平 V_{IL} (0.3 V)。图 2.2.7 给出了 C 输入端为低电平 0.3 V，其他几个输入端为高电平 3.6 V 时，电路中各点的电压值，现作一些分析。当 C 输入端为低电平 0.3 V 时，T_1 的基极和低电平发射极之间，有一个导通压降 v_{be1} 约为 0.7 V，所以 T_1 的基极电位 v_{b1} 约为 1 V。这时 T_2，T_4 均截止，T_2 基极反向电流即为 T_1 的集电极电流，其值很小，因此 T_1 处于深饱和，$V_{ce1}\approx 0.1$ V，T_1 的集电极电位约为

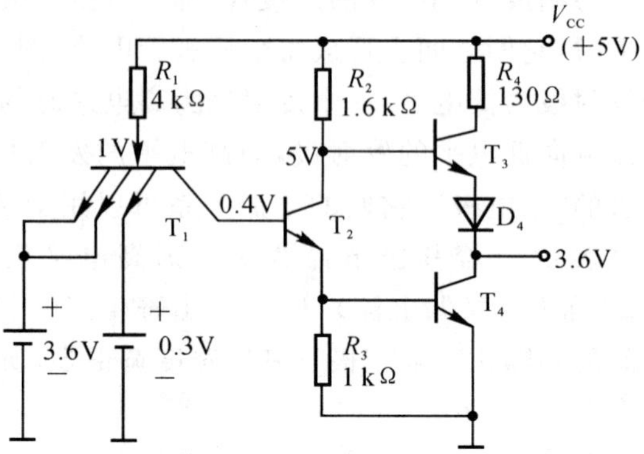

图 2.2.7　输出为高电平时的工作状态

$$v_{c1}=V_{1L}+V_{ce1}=0.3 \text{ V}+0.1 \text{ V}=0.4 \text{ V}$$

由于 T_2 截止，V_{CC} 经 R_2 驱动 T_3 和 D_4，使 T_3 和 D_4 导通。T_3 的发射结导通压降及 D_4 的导通压降约为 0.7 V，因此输出电压 v_O 为

$$v_O=V_{CC}-i_{b3}R_2-v_{be3}-v_{D4}$$

由于 i_{b3} 很小，可以忽略不计，则

$$v_O=V_{CC}-v_{be3}-v_{D4}=5 \text{ V}-0.7 \text{ V}-0.7 \text{ V}=3.6 \text{ V} \quad (2.2.2)$$

输出为高电平。

综上所述，只有当输入信号全部为高电平时，输出为低电平(0.3 V)，这时 T_4 饱和，称电路处于开态；只要输入信号中有一个是低电平时，输出即为高电平(3.6 V)，这时 T_4 截止，称电路处于关态。由上可见，电路具有与非逻辑功能。在两种工作状态下图 2.2.5 中各晶体管工作情况如表 2.2.1 所示。

表 2.2.1　TTL 门电路各晶体管工作状态

	T_1	T_2	T_3	D_4	T_4
输出高电平(关态)	深饱和	截止	导通	导通	截止
输出低电平(开态)	倒向运用	饱和	截止	截止	饱和

3. TTL 与非门的主要外特性

为了更合理地使用集成电路，必须了解其特性。TTL 与非门主要外特性有电压传输特性、输入特性、输出特性、速度特性等。通过讨论这些外特性，可知道 TTL 与非门的一些主要参数。

(1) 电压传输特性 $v_O=f(v_I)$。电压传输特性是指输出电压随输入电压变化的关系曲线。

如图 2.2.8(a) 所示测试电路，在 TTL 与非门一个输入端加可变的输入电压 v_I，其余输入端接高电平 +5 V，测量输出电压 v_O 和相应输入电压 v_I，就可得出如图 2.2.8(b) 所示的电压

传输特性曲线 $v_O = f(v_I)$。

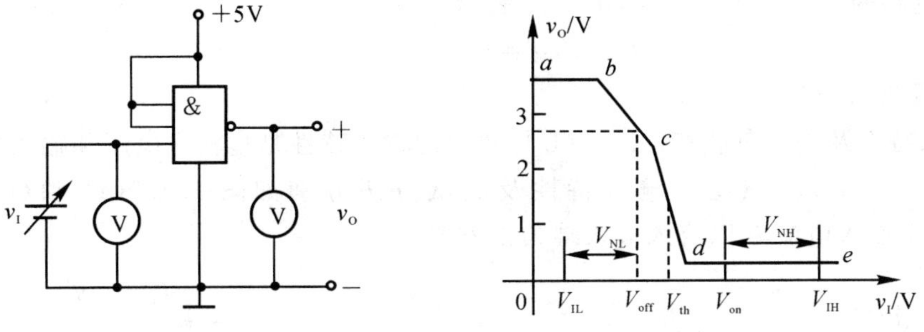

图 2.2.8　TTL 与非门测试电路及电压传输特性

(a) 测试电路；(b) 电压传输特性

在曲线 *ab* 段，因为 $v_I < 0.6$ V，T_1 深饱和，T_2 和 T_4 截止，T_3 和 D_4 导通，输出高电平 $v_O = 3.6$ V，电路处于关态。这一段称作特性曲线的截止区。

在曲线 *bc* 段里 $v_I \approx 0.6 \sim 1.3$ V。此时 T_1 仍处于正向饱和导通，$V_{ce1} < 0.1$ V，$v_{c1} = V_{ce1} + v_I$，即 $0.7\ \text{V} \leqslant v_{c1} < 1.4$ V。这时 T_2 导通，但 T_4 仍截止，而且因为 T_2 处在放大区，所以 v_{c2} 和 v_O 随 v_I 的升高而线性地下降。这一段称为特性曲线的线性区。

在曲线 *cd* 段里 $v_I > 1.3$ V 以后，T_4 开始导通，输出电压 v_O 急剧下降。在这一段里，随着 v_I 增加，v_{c2} 急剧下降，T_3，D_4 趋向截止，T_4 趋向饱和，电路状态由关态转为开态。这一段称为转折区。

在曲线 *de* 段里随着 v_I 的继续增加，T_1 进入倒向运用，T_3，D_4 截止，T_2，T_4 进入饱和，输出低电平近似为 0.3 V，电路进入到稳定的开态。这一段称为饱和区。

从电压传输特性曲线可以反映出 TTL 与非门的几个主要特性参数：

① 输出高电平 V_{OH} 和输出低电平 V_{OL}。在电压传输特性曲线截止区的输出电压为 V_{OH}，饱和区的输出电压为 V_{OL}，可看出 $V_{OH} = 3.6$ V，$V_{OL} = 0.3$ V。

② 开门电平 V_{on}、关门电平 V_{off} 及阈值电平 V_{th}。由于器件制造中的差异，输出高电平和输出低电平略有不同。通常规定一个额定值。TTL 与非门额定高电平为 3 V，额定低电平为 0.35 V，任何一个与非门只要满足 $V_{OH} \geqslant 3$ V，$V_{OL} \leqslant 0.35$ V，这两个参数就认为是合格的。

关门电平 V_{off} 是指在保证输出为额定高电平(3 V) 的 90%(2.7 V) 的条件下，允许输入低电平的最高值，一般 $V_{off} \geqslant 0.8$ V。

开门电平 V_{on} 是指在保证输出为额定低电平(0.35 V) 条件下，允许输入高电平的最低值。一般 $V_{on} \leqslant 1.8$ V。

阈值电平 V_{th} 是转折区的中点对应的输入电压。一般 $V_{th} = 1.4$ V。

③ 抗干扰能力。在集成电路中，常以噪声容限的数值来定量地说明门电路的抗干扰能力。

在输入信号为低电平时，电路应处于稳定的关系，输出为高电平。如果这时输入端引入一个正向干扰，当它叠加在输入低电平上，使总和超过 V_{off} 时，就不能保证输出为高电平。所以在输入低电平时，在保证输出仍是高电平的条件下，所允许的最大正向干扰幅度就是该电路的低电平噪声容限，用 V_{NL} 表示。

$$V_{NL} = V_{off} - V_{IL} \tag{2.2.3}$$

同理，当输入为高电平 V_{IH} 时，在保证输出低电平的前提下，输入端所允许的最大负向干扰幅度就是电路的高电平噪声容限，用 V_{NH} 表示

$$V_{NH} = V_{IH} - V_{on} \tag{2.2.4}$$

以上参数见图 2.2.8(b) 中所示。

(2) 输入特性及输入负载特性。TTL与非门的输入特性是指输入电压和输入电流之间的关系曲线，$i_I = f(v_I)$。典型的输入特性及测试方法分别如图 2.2.9(a) 和 (b) 所示，在图 2.2.9(a) 中输入电流 i_I 以流入输入端为正方向。

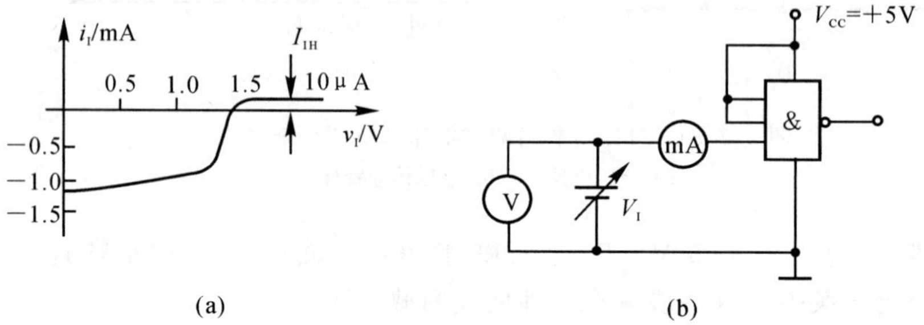

图 2.2.9　TTL 非门输入特性及测试电路

当 $v_I < 0.6$ V 时，T_2，T_4 截止，T_1 处于深饱和，因此

$$i_I = \frac{V_{CC} - V_{be1} - v_I}{R_1} \tag{2.2.5}$$

当 $v_I = 0$ V 时，

$$i_I = \frac{V_{CC} - V_{be1}}{R_1} = \frac{5\ \text{V} - 0.7\ \text{V}}{4\ \text{k}\Omega} = 1.07\ \text{mA}$$

我们把 $v_I = 0$ V 时的电流叫做输入短路电流 I_{IS}。以后随 v_I 的增加，i_I 减小，当 $0.6\ \text{V} < v_I < 1.3$ V 时，T_2 导通，T_4 仍截止，i_{B1} 将有一部分被 T_1 的集电结分流，但这部分分流值很小，因此认为 i_I 曲线斜率不变。当 $1.3\ \text{V} \leqslant v_I \leqslant 1.5$ V 时，T_2，T_4 均导电，$v_{b1} = 2.1$ V，T_1 工作在倒向运用，i_I 的电流方向发生变化，从流出输入端变为流入输入端，这时的 i_I 为 10 μA 左右，称为输入漏电流 I_{IH}。

在具体使用门电路时，经常会遇到输入端通过一个电阻接地的情况，输入负载特性就是 $v_I = f(R_I)$ 的关系曲线，v_I 是由 T_1 基极电流流过 R_I 时产生的压降。TTL 与非门输入负载特性及测试方法如图 2.2.10(a)，(b) 所示。

由图 2.2.10(a) 可知，由于输入电流流过 R_I，所以 $v_I = i_I R_I$，随着 R_I 的加大，v_I 也将上升，由图 2.2.10(c) 可知

$$v_I = \frac{V_{CC} - V_{be1}}{R_1 + R_I} R_I \tag{2.2.6}$$

这就表明，在 $R_I \ll R_1$ 的条件下，v_I 几乎与 R_I 成正比，但在 v_I 上升到 1.4 V 后，由于 T_2，T_4 的发射结均导通而将 v_{b1} 钳在 2.1 V 左右。此后 R_I 增加 v_I 不再升高。从前面的讨论可知调节 R_I 的大小也可控制与非门的开门与关门。在 $R_I \ll R_1$ 条件下令 v_I 小于 V_{off}，则

$$v_I = \frac{V_{CC} - V_{be1}}{R_1 + R_I} R_I \leqslant V_{off}$$

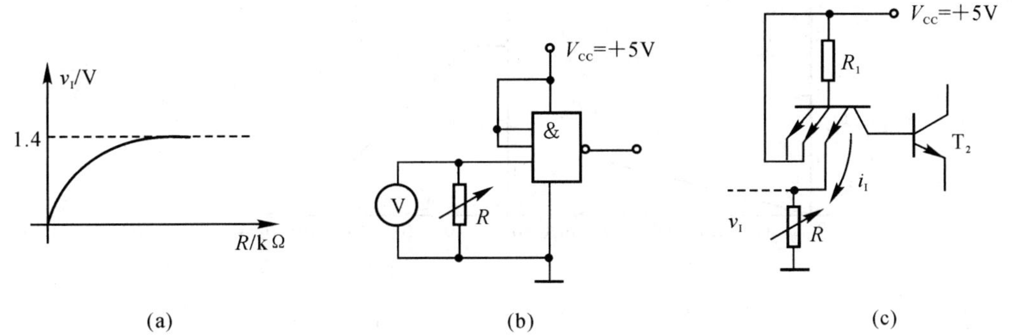

图 2.2.10　TTL 与非门输入负载特性及测试电路

设 $V_{off}=0.8$ V，$R_1=4$ kΩ，则 $R_I \leqslant 0.91$ kΩ，我们把满足上述要求的电阻称为关门电阻 R_{off}。只要 $R_I \leqslant R_{off}$，则与非门就处于关态，即与非门输出高电平。

若把 R_I 值加大，则 v_I 值随着增加。当 $v_I \geqslant 1.4$ V 时，与非门处于开态，输出为低电位，这时的电阻 R_I 称为开门电阻 R_{on}，即令 $v_I \geqslant 1.4$ V。

$$\frac{V_{CC}-V_{be1}}{R_1+R_I}R_I \geqslant 1.4 \text{ V}$$

可算出 $R_I \geqslant 2.5$ kΩ。我们把满足上述要求的电阻称为开门电阻 R_{on}。只要 $R_I \geqslant R_{on}$，则与非门就处于开态，即输出低电平。应当指出开门电阻 R_{on} 的计算是比较粗略的，为使与非门可靠的开门，则电阻值应取得更大一些。

在使用 TTL 与非门时，如果输入信号数比输入端数少，就会有多余输入端。多余输入端若处于悬空状态就相当于接了 $R_I=\infty$ 的电阻，即相当于接高电位，对电路的逻辑功能无影响。但为了避免多余输入端拾取干扰，一般将多余输入端接高电平，或者与有用输入端并接。如图 2.2.11 所示。

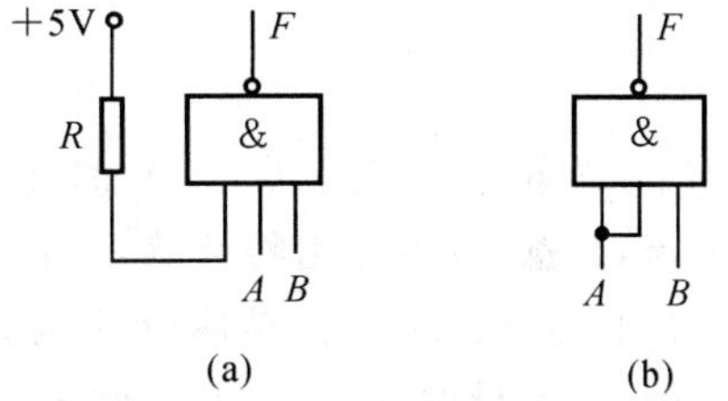

图 2.2.11　多余输入端的连接

(3) 输出特性。TTL 与非门的输出特性反映了输出电压 v_O 和输出电流 i_O 的关系，如图 2.2.12 所示，其中输出电流规定灌入电流为正方向。

① 与非门处于开态时：这时 T_4 饱和，负载电流为灌入电流。当灌入电流增加时，T_4 的饱和程度要减轻，输出低电平随灌入电流增加而略有增加，如图 2.2.12(a) 中 0A 段所示。输出电阻约在 10 ~ 20 Ω。灌入电流受到 T_4 饱和程度的限制。若使 T_4 脱离饱和而进入放大，则随着灌入电流的增大，使输出低电平增加较大，如图中 AB 段所示。在正常工作时，不允许工作于 AB 段。

② 与非门处于关态时：此时 T_4 截止，T_3，D_4 导通。这时负载电流为拉电流。输出电阻为 100 Ω 左右。当拉电流增加时，输出高电平将减小。

由输出特性可以计算出在保证 TTL 与非门处于关态或开态时允许最大拉电流和灌电流的大小。

在采用 TTL 与非门构成脉冲电路时，其输出电路可以用如图 2.2.13 所示的等效电路。

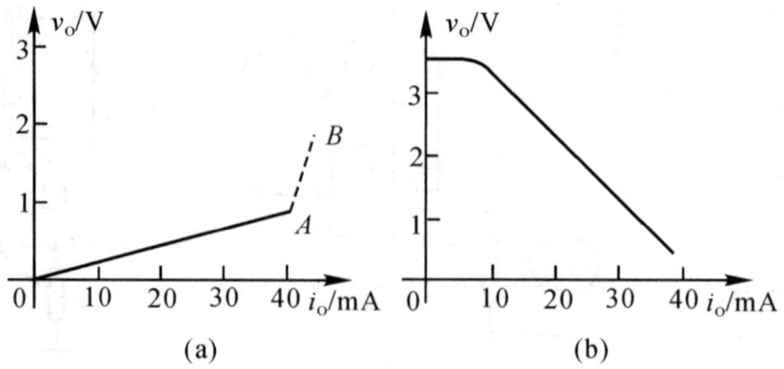

图 2.2.12　TTL 与非门输出特性

(a) 开态时；(b) 关态时

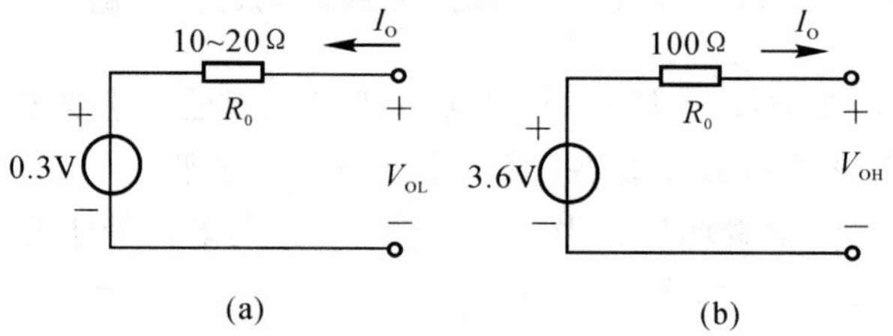

图 2.2.13　TTL 与非门等效输出电路

(a) 开态时；(b) 关态时

根据 TTL 与非门的输入特性和输出特性，可以确定它带负载的能力。门电路的负载能力用扇出系数 N_O 来表示。扇出系数 N_O 表示输出端最多能带同类门的个数。扇出系数为 TTL 与非门规定了最大的负载容限：

$$N_O = \frac{I_{Omax}}{I_{IS}} \tag{2.2.7}$$

其中 I_{Omax} 为 V_{OL} 不大于 0.35 V 时允许灌入的最大灌入负载电流，I_{IS} 为 TTL 与非门的输入短路电流，I_{Omax} 可由输出特性确定，I_{IS} 可由输入特性确定。

(4) 平均延迟时间。晶体管作为开关应用时，存在着延迟时间 t_d，存储时间 t_s，上升时间 t_r 和下降时间 t_f。在集成门电路中由于晶体管开关时间的影响，使得输出和输入之间存在延迟。即存在导通延迟时间 t_{PHL} 和截止延迟时间 t_{PLH}，如图 2.2.14 所示。平均延迟时间为它们的平均值，即

$$t_{pd} = \frac{1}{2}(t_{PHL} + t_{PLH}) \tag{2.2.8}$$

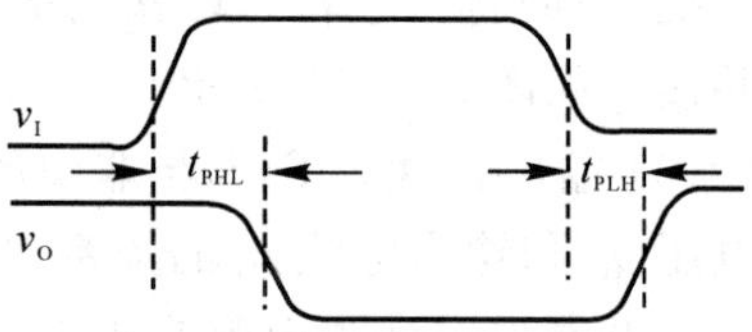

图 2.2.14　延迟时间

平均延迟时间大小反映了 TTL 门的开关特性，主要说明其工作速度。

(5) 电源特性——平均功耗和动态尖峰电流。TTL 与非门工作于开态和关态时，电源电流值是不同的，在开态时 T_1 集电结和 T_2，T_4 导通，则可分别求出流过 R_1 和 R_2 的电流

$$I_{R_1} = \frac{V_{CC} - V_{b1}}{R_1} = \frac{5\ V - 2.1\ V}{4\ k\Omega} \approx 0.725\ mA$$

$$I_{R_2} = \frac{V_{CC} - V_{ce2} - V_{be4}}{R_2} \approx \frac{5\ V - 0.3\ V - 0.7\ V}{1.6\ k\Omega} = 2.5\ mA$$

电源供给的总电流为

$$I_{EL} = I_{R_1} + I_{R_2} \approx 3.225 \text{ mA}$$

导通功耗为

$$P_L = I_{EL} V_{CC} = 16.125 \text{ mW}$$

由于此时未接负载，所以 P_L 称为空载导通功耗。

在关态时的空载功耗称为空载截止功耗。这时 T_1 处于深饱和，T_2，T_4 截止，T_3，D_4 导通，如果忽略 T_3 基极电流，此时电源供给的电流主要是 T_1 的基极电流。即

$$I_{R_1} = \frac{V_{CC} - V_{be1} - V_{IL}}{R_1} = \frac{5\text{ V} - 0.7\text{ V} - 0.3\text{ V}}{4\text{ k}\Omega} = 1\text{ mA}$$

$$I_{EH} = I_{R1}$$

空载截止功耗为

$$P_H = I_{EH} V_{CC} \approx 5 \text{ mW}$$

平均功耗为

$$\overline{P} = \frac{1}{2}(P_L + P_H) \approx 10.6 \text{ mW}$$

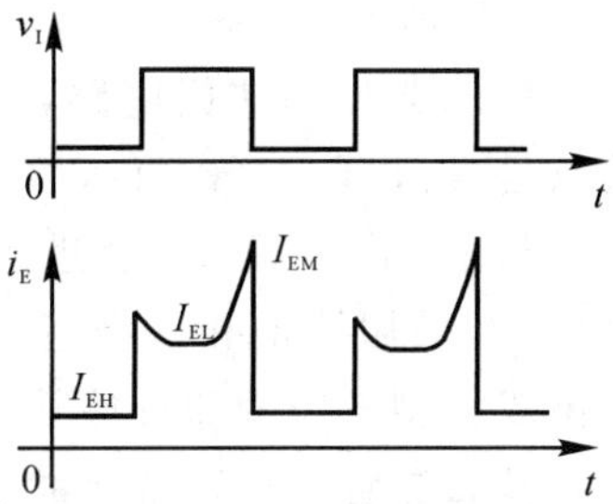

图 2.2.15　电源动态尖峰电流

应当指出，当输入电压由高电平变为低电平时，在电路由开态转向关态过程中，会出现 T_1，T_2，T_3，D_4，T_4 同时处于导通的瞬间状态，此时电源电流出现瞬时最大值，约为 $I_{EM} = 31.52$ mA，其电源电流的近似波形如图 2.2.15 所示。这个动态的尖峰电流，使电源电流在一个工作周期中平均电流加大。因此，在计算一个数字系统的电源容量时，不可忽略动态尖峰电流的影响。显然，门电路翻转过程中产生的动态功耗会随着工作频率的升高而加大。所以 TTL 与非门在高频工作时，不可忽略动态尖峰电流对电源平均电流的影响。

三、TTL 电路的改进系列

为了提高工作速度，降低功耗，继上述 T1000 系列之后，又相继研制生产了 T2000，T3000，T4000 三种改进系列，现将各改进系列的特点分述如下。

1. T2000 系列(CT54H/74H 系列)

图 2.2.16 是 T2000 系列与非门的典型电路，为了提高电路的开关速度，减小延迟时间，在电路结构上采取两个改进措施。一是在输出级采用了达林顿结构，T_3，T_4 复合管取代了原来的 T_3，D_4；二是将所有电阻的阻值普遍降低了将近一倍。

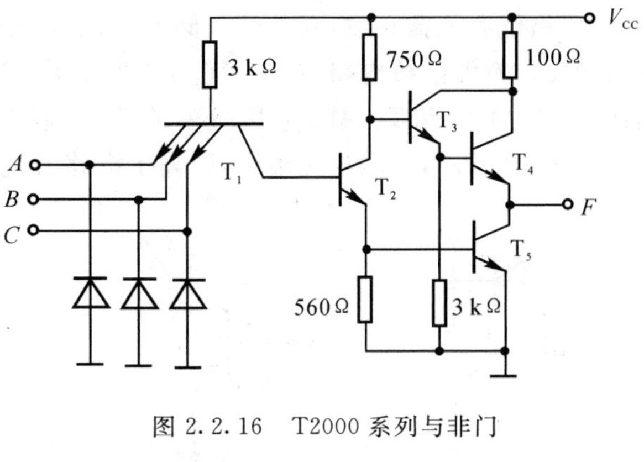

图 2.2.16　T2000 系列与非门

采用达林顿结构进一步减小了电路的输出电阻，从而提高了带拉电流负载的能力，加速对负载电容的充电速度。所以电阻值的减小，大大提高了三极管的开关速度。因此，T2000 系列与非门的平均延迟时间约为 T1000 系列与非门的 1/2，达 6 ns 左右。

减小电阻值的不利影响是增加了电路的静态功耗。T2000 系列门电路的电源平均电流约

为 T1000 系列门的电路的两倍。可见 T2000 系列工作速度的提高是用增加功耗的代价换取的。

性能较好的理想门电路应该工作速度快、功耗小。因此，通常用功耗和传输延迟时间的乘积（简称功耗-延迟积或 pd 积）来评价门电路的性能优劣。T1000 系列和 T2000 系列的 pd 积差不多。

2. T3000 系列（CT54S/74S 系列）

T1000 系列和 T2000 系列都属于饱和型的逻辑门，即电路中的几只晶体管在导通时几乎都处于饱和状态。三极管工作在深度饱和是产生延迟时间的主要原因。倘若能使三极管避免进入饱和状态，那么延迟时间将能大幅度减小。

T3000 系列采用了抗饱和电路，从而提高了工作速度。图 2.2.17 所示为 T3000 系列的典型与非门电路，电路的第一个特点是 T_1，T_2，T_3，T_5，T_6 均采用抗饱和三极管，由于 T_4 不会进入饱和状态，所以没有采用抗饱和三极管。抗饱和三极管由双极型三极管和肖特基二极管组成。肖特基二极管（SBD）是借助于金属铝和 n 型硅的接触势垒产生整流作用。它具有两个特点：一是正向压降较小，约为 0.1 ～ 0.3 V；二是本身没有电荷存储作用，开关速度快。把肖特基二极管并接在三极管的 b 和 c 两个电极上，如图 2.2.18(a) 所示。当三极管 b－c 结接入正向偏置时，SBD 导通，把 b－c 正向电压钳在 0.3 V 左右，同时 SBD 将三极管基极的过驱动电流分流至集电极，有效地避免了三极管进入深饱和状态而工作在临界饱和状态，从而大大提高了工作速度。

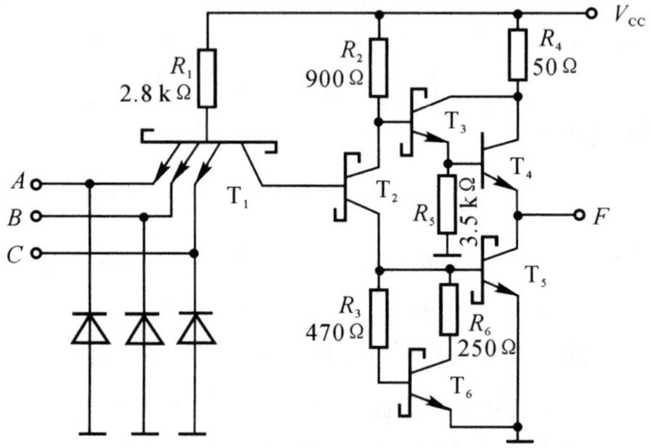

图 2.2.17　T3000 系列与非门

第二个特点是用 T_6，R_3，R_6 组成的有源泄放电路代替 T1000 及 T2000 系列与非门电路中的电阻 R_3，通过 T_6 分流一部分 I_{b5}，使 T_5 不进入深度饱和，有利于 T_5 由饱和到截止过渡；且当 T_5 管由饱和变截止时，其基区存储电荷也可通过 T_6 泄放，加速 T_5 截止过程，从而提高了电路的速度。有源泄放电路的另一优点是改善了电压传输特性，由于 T_6 的存在，输入电压必须达到 1.4 V 后 T_2 和 T_5 同时导电，不存在 T_2 导通 T_5 截止的情况，因此有较好的电压传输特性，如图 2.2.19 所示，它的过渡很窄，提高了电路的抗干扰能力。

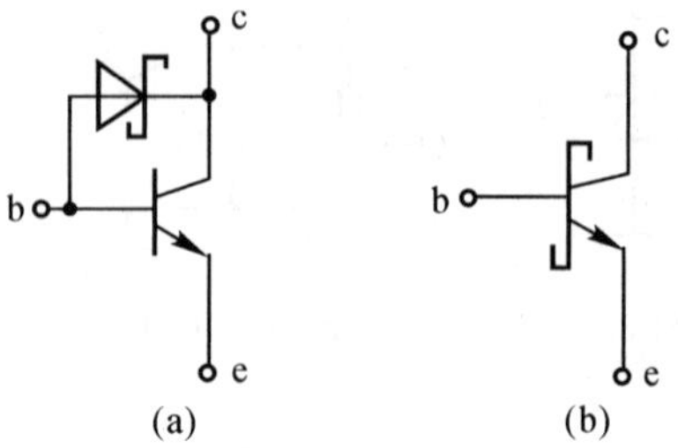

图 2.2.18　抗饱和晶体管

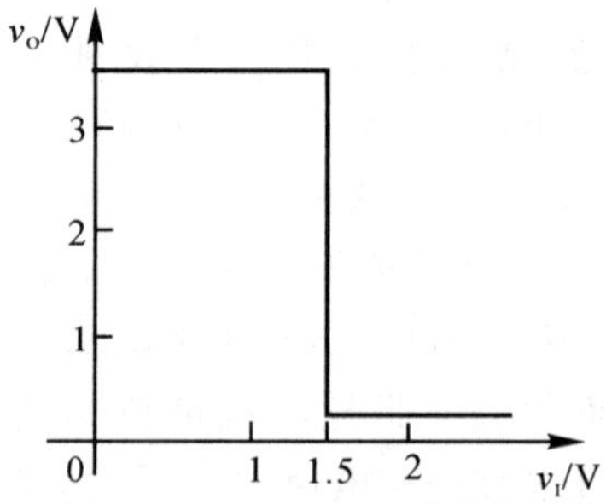

图 2.2.19　T3000 系列电压传输特性

T3000 系列与非门又称肖特基 TTL 门，其平均延迟时间约为 3 ns，静态平均功耗约为

19 mW，它的 pd 积较 T1000 及 T2000 系列有了改善。

3. T4000 系列（CT54LS/74LS 系列）

T4000 系列又称低功耗肖特基系列，其与非门的典型电路如图 2.2.20 所示。图中各电阻的阻值较大，因而功耗较低，约为2 mW。输入级为二极管与门。二极管 D_3 在 T_3 管由饱和变截止期间导通（这时 T_3 管因发射结反偏而截止），构成了 T_4 管基区电荷的泄放通路，使 T_4 管迅速截止。二极管 D_4 在与非门输出电位由高向低变化过程中导通，外部负载电流可通过 D_4 流到 T_2 管，以增加 T_5 管的正向基流，使 T_5 管迅速饱和，低功耗肖特基 TTL 门的传输延时约为 9 ns，功耗为 2 mW，pd 积较小，约为 18 pJ（皮焦尔），低功耗肖特基 TTL 电路是目前应用较广泛的一种电路。

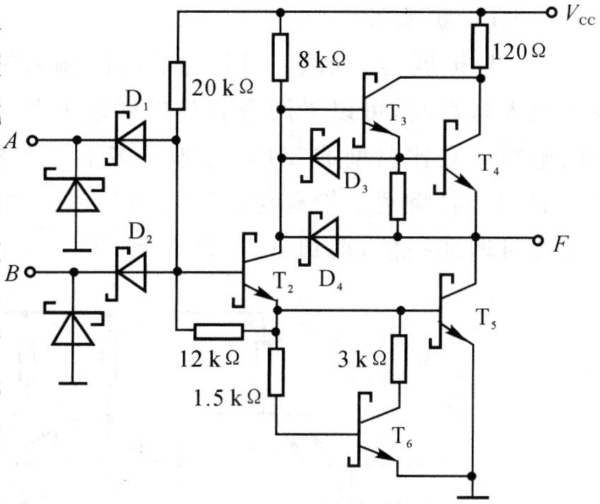

图 2.2.20 T4000 系列 TTL 电路

4. 改进的肖特基 TTL（AS 系列、F 系列）

改进的肖特基 TTL 是一种目前性能较好的 TTL 电路，基传输延迟为 2 ns，功耗为4 mW（不到肖特基 TTL 功耗的 1/4）pd 积为 8 pJ。改进的肖特基 TTL 与非门电路图如图 2.2.21 所示。图中 D_9 为变容二极管。D_9，D_{10}，D_{11} 和 T_7 组成的网络可提高电路的工作速度，在输出由低电平转向高电平时，T_7 管瞬时导通，构成了 T_5 管基区电荷的泄放通路，D_{12} 用来消除输出引线在输出端造成的负的尖峰脉冲。

AS 系列除在电路上做了上述改动外，更主要的是在制造工艺上进行了改进，使器件达到了高性能。

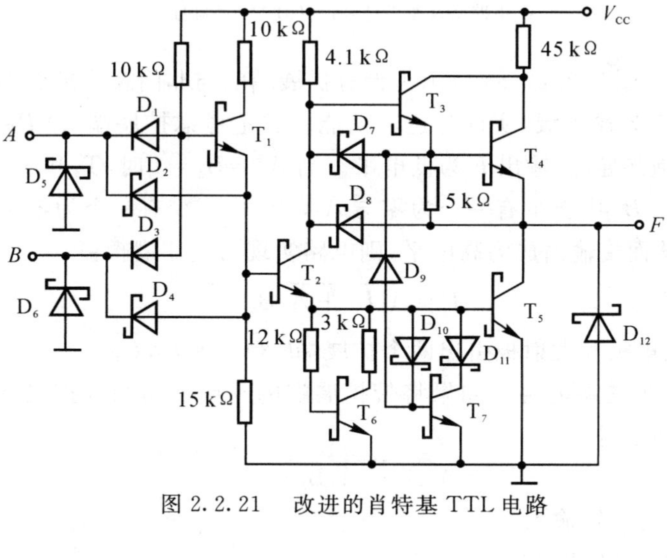

图 2.2.21 改进的肖特基 TTL 电路

四、TTL 扩展器、集电极开路门及三态门

前面对 TTL 与非门进行了详细的讨论。在 TTL 电路中，除与非门外，还有与门、非门、或门、或非门、与或非门、异或门等集成门电路。它们的特性与 TTL 与非门相似，我们就不一一讨

论了。

下面要讨论的是 TTL 门逻辑功能扩展的问题。对逻辑门的一个基本要求就是希望一种逻辑门的功能可以扩展,以适应不同的工作和满足不同功能的要求。

1. TTL 扩展器

(1) 与扩展器。基本 TTL 与非门的输入端是有限的,在应用中当需要的输入端数超过器件的扇入系数时,可以采用带有与扩展端的与非器件并接。图 2.2.22 所示为带与扩展端的与非门电路。它比典型的 TTL 与非门多了一个扩展端 EXP,该扩展端引自 T_1 的集电极,称为与扩展端。若将两个带有与扩展端的与非门的与扩展端连在一起,如图 2.2.22(b) 所示,则输入端数目增加一倍,得到 $F_1=F_2=\overline{A_1B_1\cdot A_2B_2}$

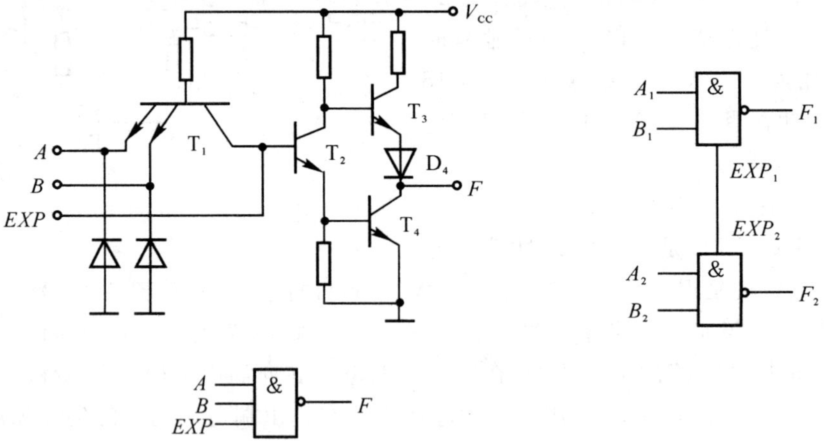

(a) (b)

图 2.2.22 带与扩展端的与非门

(a) 电路图及逻辑符号; (b) 两个门相连

(2) 与或扩展器。图 2.2.23(a) 所示为带有扩展端的与非门及或扩展端电路,(b) 为其逻辑符号,图中 T_1 和 T_1' 为输入级,实现与逻辑功能。若不考虑扩展端 EXP_E,$\overline{EXP_C}$,当 $A_1=B_1=1$ 时,T_2 和 T_4 饱和导电,输出 F 为低电平。当 $A_2=B_2=1$ 时,T_2' 和 T_4 饱和导电,输出 F 也为低电平,只有 A_1,B_1 中至少有一个为零与 A_2,B_2 中至少有一个为零时,T_2 与 T_2' 同时截止,T_4 才不会导通,从而使输出成为高电平,则电路实现与或非逻辑:

$$F=\overline{A_1B_1+A_2B_2}$$

从 T_2 及 T_2' 的集电极和发射极引出两个扩展端 $\overline{EXP_C}$ 和 $\overline{EXP_E}$。

T_1'' 和 T_2'' 构成或扩展端电路。如果将带扩展端的与或非门和或扩展端电路的对应端相连,如图 2.2.23(b) 所示,则

$$F=\overline{A_1B_1+A_2B_2+A_3B_3}$$

将原来两组输入扩大为三组输入。

2. 集电极开路的 TTL 与非门(OC 门)

在使用分立元件逻辑门时,输出端是可以直接相连的。图 2.2.24 所示为两个反相器(非门)的输出端直接相连的情况。当输入端 A 或者 B 处于高电平时,F 输出为低电平,只有 A 与 B 都处于低电平时,F 点才输出高电平。因此,输出与输入的逻辑关系为

$$F=\overline{A}\cdot\overline{B}$$

这就是说，两个逻辑门输出端相连，可以实现两输出相与的功能，称为线与。

此外根据前面的讨论，图 2.2.24 所示的电路也符合或非的关系，即

$$F=\overline{A+B}$$

由此可见逻辑门输出端若直接相连后可以扩展逻辑门的功能，实现的方法也简便，在数字逻辑电路中常常用到。

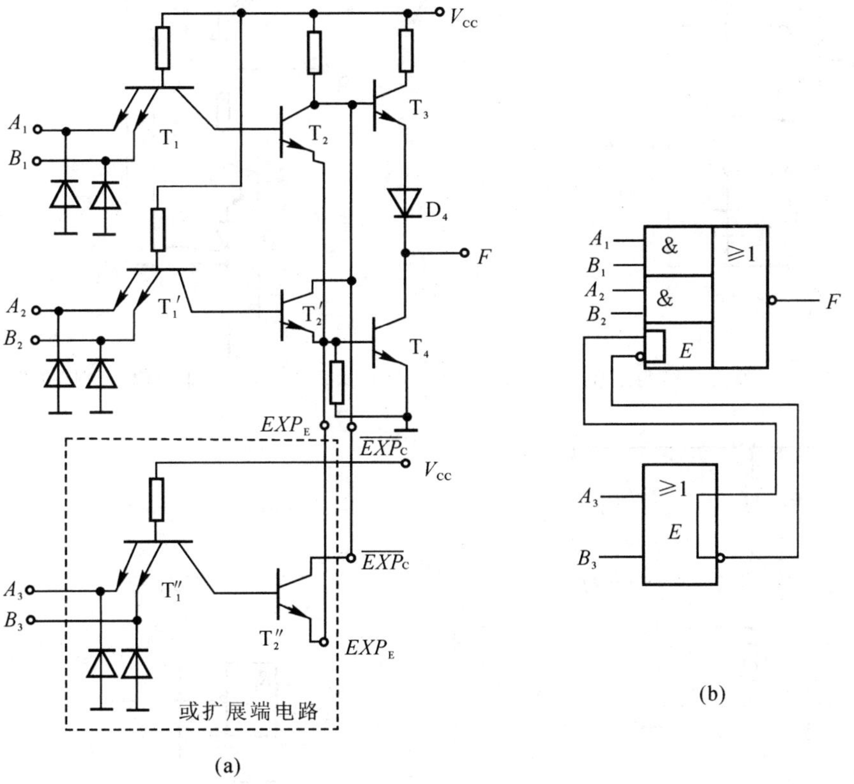

图 2.2.23　与或非门和或扩展端电路及其连接

(a) 与或非门和或扩展端电路；(b) 逻辑符号

TTL 与非门采用了推拉式的输出级，是不能将两个门的输出端直接并接的。如图 2.2.25 所示的连接中，若 F_1 输出为高电平，F_2 输出为低电平，因为推拉式输出级不论门电路处于开态还是关态，都呈现低阻抗，因而将有一个很大的负载电流流过两个输出级。这个相当大的电流远远超过正常工作电流，甚至会损坏门电路。因此这种接法是不允许的，要引起充分注意。

为使 TTL 门能实现线与的功能，把输出级改为集电极开路的结构，制成集电极开路门，简称 OC 门。

图 2.2.26 为 OC 门电路结构和逻辑符号。OC 门与典型 TTL 门电路的差别在于取消了 T_3，D_4 的输出电路，而在使用时外接一个电阻 R_L 和外接电源 V。只要电阻 R_L 和电源 V 的数值选择适当，就能保证输出的高、低电平符合要求，输出三极管 T_4 的负载电流又不过大。

图 2.2.27 所示为 2 个 OC 门并联使用的情况，其输出 $F=\overline{AB}\cdot\overline{CD}=\overline{AB+CD}$。

集电极开路门也常用于驱动高电压，大电流的负载。

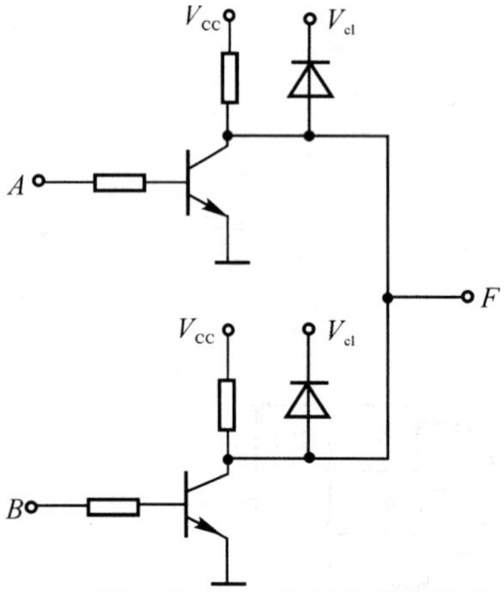

图 2.2.24　非门的线与连接

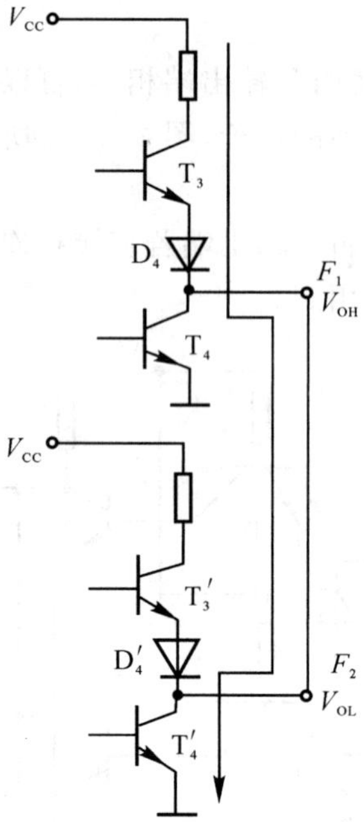

图 2.2.25　两个与非门输出直接并联的情况

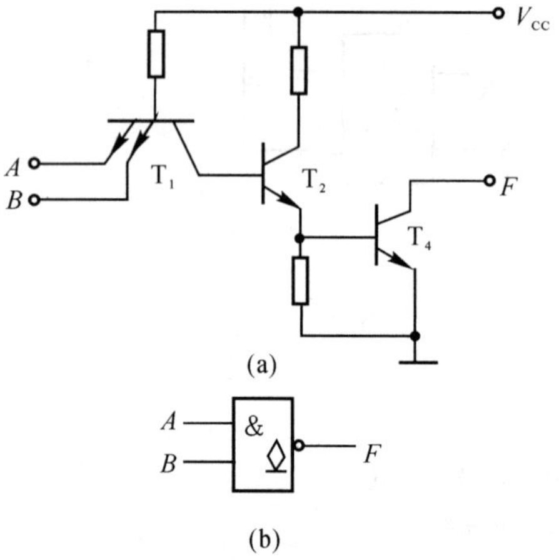

图 2.2.26　集电极开路与非门及逻辑符号

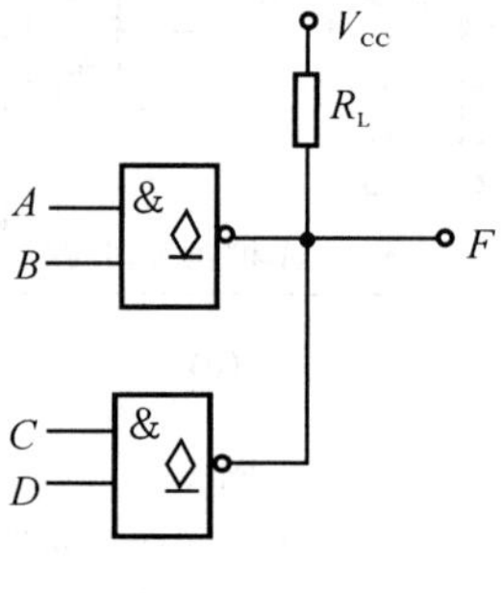

图 2.2.27　两个 OC 门并联使用

3. 三态 TTL 门

普通 TTL 门的输出只能有两种状态:逻辑 0 和逻辑 1,这两种状态都是低阻输出。三态 TTL 门与一般与非门不同,它的输出端除了可以出现高电平(逻辑 1),低电平(逻辑 0) 外还可以出现第三种状态 —— 高阻状态,这时输出端相当于悬空。

三态输出门(简称三态门) 是在普通门电路基础上增加控制端和控制电路构成的。

图 2.2.28 所示为三态门的电路和逻辑符号。这个电路中当 $EN=0$ 时,P 点为低电位,它是多射极管 T_1 的一个输入信号。因此,T_2, T_4 截止。同时,由于 P 点是低电位,二极管 D 导通,使 T_2 的集电极电位被钳位在 1 V 左右,T_3, D_4 也处于截止状态。因此,当 $EN=0$ 时输出级 T_3, D_4, T_4 均截止,输出呈现高阻状态。当 $EN=1$ 时,P 点为高电位,二极管 D 截止,这时电路

实现正常的与非功能,即 $F=\overline{AB}$。电路输出由输入信号 A,B 决定,可能输出高电平,也可能输出低电平。在电路中 EN 称做三态使能端,当 $EN=0$,呈现高阻态;当 $EN=1$,电路实现正常与非功能,叫做 EN 高电平有效,其逻辑符如图 2.2.28(b) 或(d) 所示,(b) 为国标符号,(d) 为常用逻辑符号。如果在图 2.2.28(a) 电路中,EN 控制电路少一个非门,则 $EN=0$ 为正常工作,$EN=1$ 为高阻状态,叫做 EN 低电平有效,其逻辑符号如图 2.2.28 中(c) 或(e) 所示,其中(c) 为国标符号,(e) 为常用逻辑符号。

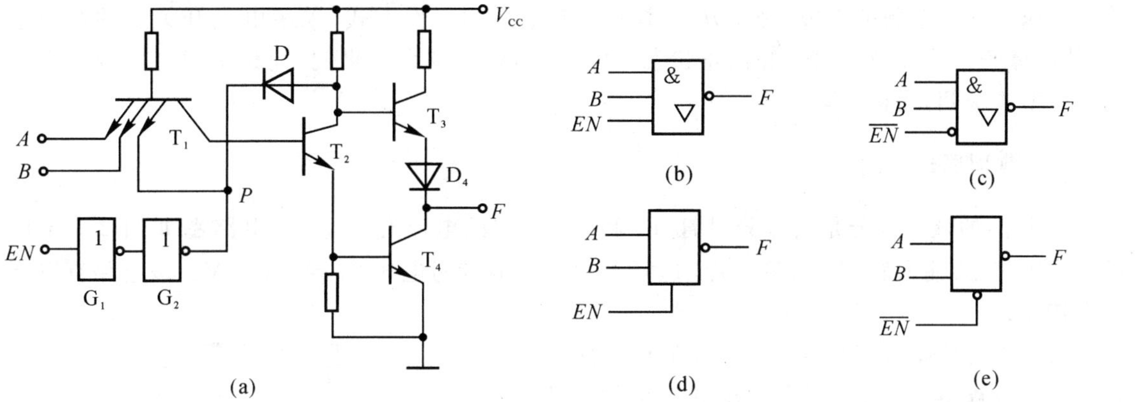

图 2.2.28　三态门电路及逻辑符号

在数字系统中,为减少输出连线,经常在一条数据总线上分时传送若干门电路的输出信号,利用三态门可以实现这种总线结构,如图 2.2.29 所示,只要控制各个门的 EN 端,轮流定时地使各个 EN 端为 1,并且在任何时刻仅有一个 EN 端为 1。这样就可以把各个门的输出信号轮流传输到总线上。

利用三态门还可以实现数据的双向传输。如图 2.2.30 所示,其中门 G_1 和门 G_2 为三态反相器,门 G_1 高电平有效,门 G_2 低电平有效。当 $EN=1$ 时,D_0 经门 G_1 反相送到数据总线,门 G_2 呈高阻态;当 $EN=0$ 时,数据总线中的数据 D_1 由门 G_2 反相后输出,而门 G_1 呈高阻态。

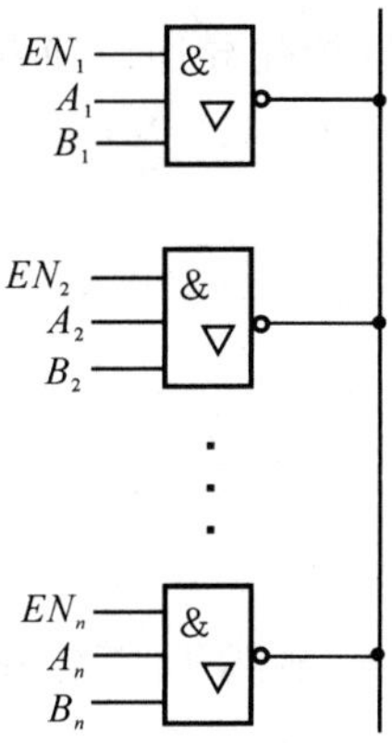

图 2.2.29　三态门接成总线结构

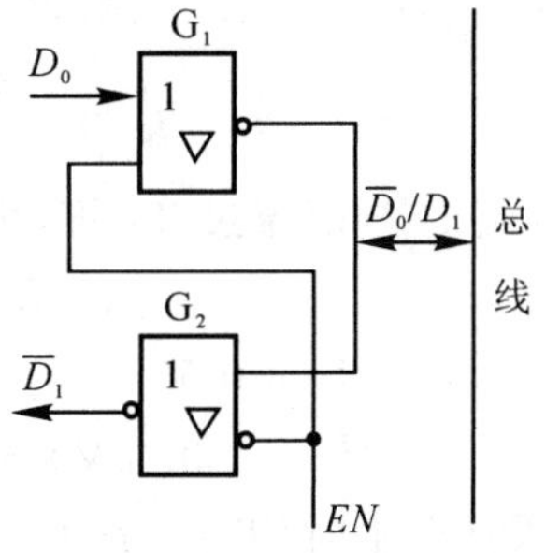

图 2.2.30　用三态门实现数据双向传输

第三节　发射极耦合逻辑(*ECL*)门

在前面讨论的TTL电路中，晶体管工作在饱和、截止两种状态。由于工作在饱和状态，晶体管有少数载流子的存储效应，限制了传输延迟时间的进一步缩短。虽然采用了浅饱和、抗饱和、有源泄放电路等措施来减少存储时间，但仍不适用于开关速度要求更高的场合。要使电路的开关速度有一个新的突破，必须从根本上改变电路的工作方式，采用电流开关型的逻辑电路，使晶体管工作在放大状态和截止状态，这就是发射极耦合逻辑门，简称ECL门，或叫做电流开关型逻辑门，简称CML门。

一、典型原理电路

ECL门的核心部分是由差分对管 T_1 和 T_2 组成的电流开关电路，电路图如图2.3.1所示。图中 T_1 为输入管，T_2 为参考管，T_2 的基极上加有参考电压 $V_R=-1.2$ V。该电路有以下三个特点。

(1) 开关晶体管工作在放大区、截止区两种状态。因此在导通时，基区中不出现多余的存储电荷，使存储时间可以减少到零。

(2) 使晶体管按共基极方式工作，因而频率响应高，充分发挥晶体管内在最佳性能，从而使开关时间大大减小。

(3) 输入和输出电压的摆幅小，仅0.8 V，且集电极负载电阻较小，减少了对负载电容及其他分布电容的充放电时间，进一步提高了电路的开关速度。

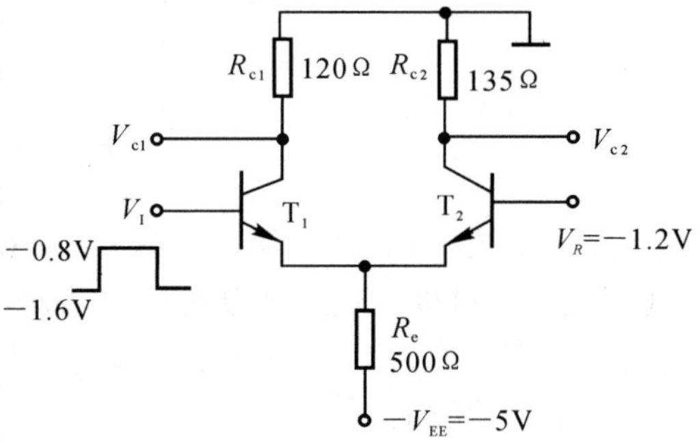

图2.3.1　ECL原理电路

图2.3.1所示为ECL原理电路图。其工作原理如下：从图中可看出输入信号 V_I 加在 T_1 的基极，且输入信号低电平 $V_{IL}=-1.6$ V，输入信号高电平 $V_{IH}=-0.8$ V。

当 $V_{IL}=-1.6$ V时，由于 $V_R=-1.2$ V，所以 $V_{b2}>V_{b1}$，T_2 管抢先导通。使发射极电压 $V_e=V_R-V_{b2e}=-1.2\text{ V}-0.7\text{ V}=-1.9$ V。故 $V_{b1e}=-1.6\text{ V}-(-1.9\text{ V})=0.3$ V，不足以使 T_1 导通，故 T_1 截止。流过电阻 R_e 的电流为

$$I_e=\frac{5\text{ V}-1.9\text{ V}}{500\text{ k}\Omega}=6.2\text{ mA}$$

由于 T_1 截止，电流 I_e 全部流过 T_2 管，由于 $I_{c2}=\alpha I_e=I_e$，所以

$$V_{c2}=-I_{c2}R_{c2}\approx-0.8\text{ V}$$

$$V_{c1}=0\text{ V}$$

此时 $V_{b2}-V_{c2}=-1.2\text{ V}-(-0.8\text{ V})=-0.4$ V，T_2 的集电结反偏，显然 T_2 工作在放大区。综上所述，当输入低电平时，T_1 管截止，T_2 管放大导通。

当 $V_{IH}=-0.8$ V时，因为 $V_{b1}>V_{b2}$，则 T_1 管抢先导通。

$$V_e=V_{b1}-V_{b1e}=-0.8-0.8=-1.6\text{ V}$$

$$V_{b2e}=V_{b2}-V_e=-1.2-(1.5)=0.3\text{ V}$$

所以 T_2 截止，这时

$$I_e = \frac{5\ \text{V} - 1.5\ \text{V}}{500\ \text{k}\Omega} = 7\ \text{mA}$$

$$V_{c1} \approx - I_{c1}R_{c1} \approx - 0.8\ \text{V} \qquad V_{c1} = V_{b1}$$

所以 T_1 工作在放大区的边缘($V_{c1} - V_{b1} = 0$ V)。由于 T_2 截止，故 $I_{c2} = 0$，$V_{c2} \neq 0$ V，由此可见，当输入为高电平时，T_1 管导通，T_2 管截止。

从以上分析可见，当 V_I 由低变高(－1.0 V 变到－0.8 V)时，V_{c1} 从高到低(0 V 变到－0.8 V)，V_{c2} 从低到高(－0.8 V 变到 0 V)。因此 V_{c1} 和 V_{c2} 是两个极性相反的输出。必须指出，输出的逻辑摆幅(高、低电平之差)虽然和输入信号的逻辑摆幅相同，但输入、输出的高低电平值是不一致的，所以不能直接用这种电路驱动同类型的电路。

为了解决输出高、低电平和输入信号高、低电平不一致的矛盾，对图 2.3.1 所示电路的输出做些改进，使输出高、低电平均向下偏移 0.8 V 即可。图 2.3.2 就是改进后的电路，图中在 T_1，T_2 的两个输出端各加一级射极输出器，并使它们的 be 结正向压降都做成 0.8 V。这样就满足了输入和输出电平一致的要求。同时，由于射极输出器的输出阻抗很小，使得电路的负载能力也得以提高。

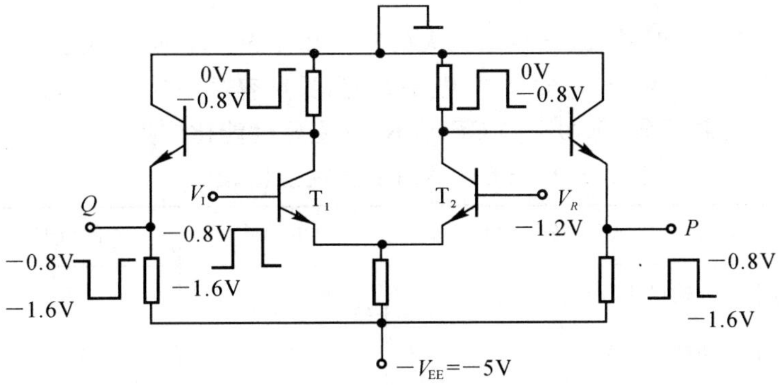

图 2.3.2　ECL 改进电路

二、ECL 门的实际电路

ECL 门电路的实际电路如图 2.3.3 所示。

图 2.3.3 中 T_1，T_2 起电流开关的作用，它们有着相同的集电极电阻 R_c 以及公共的发射极电阻 R_e。T_1 的基极接在－1.2 V 的参考电压上。此参考电压由射极输出器 T_0 供给。通过选择 T_0 基极回路的电阻 R_1 和 R_2 的比值，使 M 点的电位为－0.5 V，再加上 T_0 发射结的压降，便可得到 T_1 基极的参考电压为－1.2 V。T_2，T_3，T_4 三个输入晶体管的集电极并联在一起，发射极并联在一起，因此只要 A,B，C 三个输入信号中有一个或几个输入为高电平(－0.8 V)时，都会使 T_1 截止，P 点输出高电平(－0.8 V)；只有 A,B,C 三个输入信号全部都是低电平(－1.6 V)时，T_1 才导通，P 点输出低电平(－1.6 V)。因此 P 输出与 A,B,C 输入之间关系为

$$P = A + B + C$$

而 Q 输出与 P 输出互补，即 $Q = \overline{P}$，因此

$$Q = \overline{A + B + C}$$

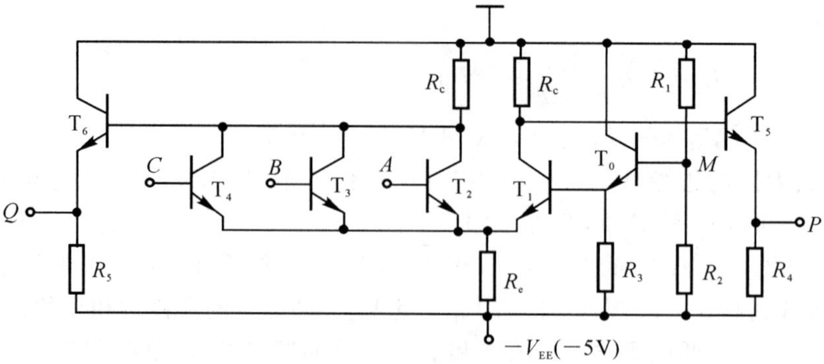

图 2.3.3　ECL 门电路

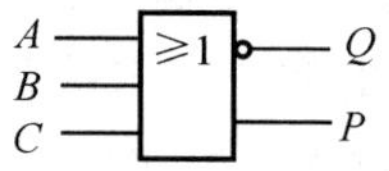

图 2.3.4　ECL 门逻辑符号

本电路可实现或/或非的逻辑功能。电路互补输出。对应的逻辑符号如图 2.3.4 所示。

在图 2.3.3 中，T_6 和 T_5 管如前所述起电平转移作用，便于各门之间电位相互配合。此外 T_6，T_5 管的加入也提高了扇出能力(达 50 以上)。

ECL 门的优点是传输延时短，缺点是功耗大(25～40 mW)，逻辑摆幅小(0.8 V)；高电位为－0.8 V，低电位为－1.6 V，不能与 TTL 电平兼容，噪声容限小(0.3 V)，抗干扰性能差。

目前国产 ECL 系列主要有 CE10K 和 CE100K，其主要性能比较见表 2.3.1。

表 2.3.1　ECL 系列主要性能比较

参　　数	CE10K	CE100K
每门平均传输延迟/ns	2	0.75
每门平均功耗/mW	2.5	40
边沿速度/ns	2	0.7
最高工作频率/MHz	160	550

第四节　MOS 逻辑门

前面介绍的 TTL 和 ECL 集成逻辑门是以双极型晶体管为基础的双极型集成电路。本节讨论以金属氧化物半导体场效应晶体管为基础的集成电路，简称 MOS 集成电路。我们知道，场效应晶体管是一种利用半导体电场效应进行工作的器件，即是一种电压控制的半导体器件。在 MOS 管中流动着的载流子只可能是电子或空穴的一种，不可能是两种载流子同时流动，而且电流不通过 PN 结，因此常将 MOS 电路称为单极型集成电路。

MOS 管按其沟道和工作类型可分成四种：① n 沟道增强型；② n 沟道耗尽型；③ p 沟道增强型；④ p 沟道耗尽型。表 2.4.1 列出了四种 MOS 管的区别。

表 2.4.1　各种场效应管的特点

	基片材料	漏源材料	导电沟道类型	阈电压	栅极工作电压 v_{GS}	漏源工作电压 v_{DS}	其他特点	符　　号
p 沟道增强型	n 型	p 型	空穴	V_{th} 负（V_{th} 为开启电压）	负	负	易做，速度慢	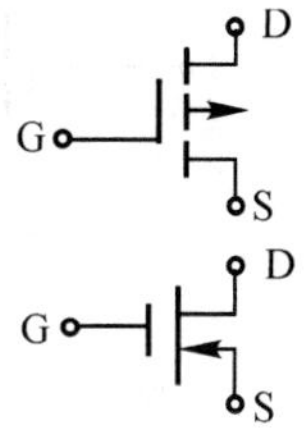
n 沟道增强型	p 型	n 型	电子	V_{th} 正（V_{th} 为开启电压）	正	正	载流子为电子，电子迁移率高，故速度快	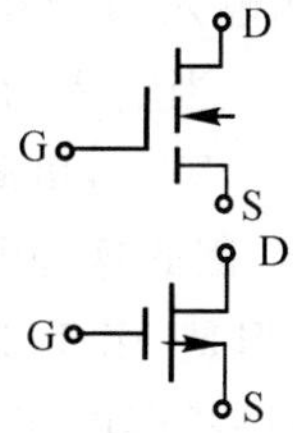
p 沟道耗尽型	n 型	p 型	空穴	V_{off} 正（V_{off} 为夹断电压）			实际中很难制造	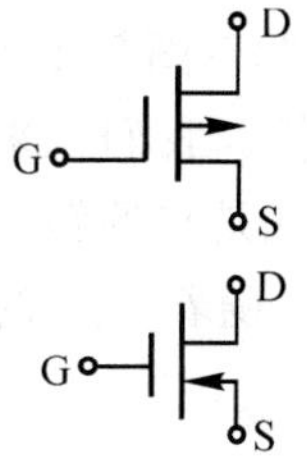
n 沟道耗尽型	p 型	n 型	电子	V_{off} 负（V_{off} 为夹断电压）	零、正负均可	正	速度较快，可在零栅压下工作	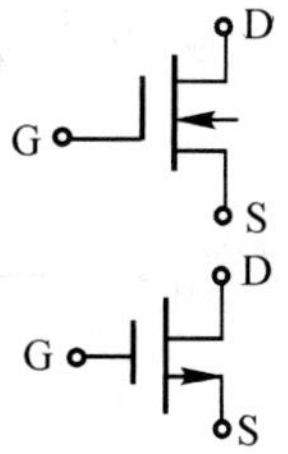

MOS 逻辑门电路主要分为 NMOS，PMOS，CMOS 三大类，现介绍如下。

一、NMOS 逻辑门电路

1. NMOS 倒相器（非门）

倒相器是构成 MOS 逻辑门的基础，因此，我们先来介绍它的工作原理。

（1）电阻负载倒相器。图 2.4.1 所示为 NMOS 倒相器电路，其中 T 为 n 沟道增强型 MOS 管，它的漏极 D 经电阻 R_D 接到正电源 V_{DD}，栅极 G 作为逻辑输入端。V_{DD} 一般取 5 ～ 10 V。NMOS 管的开启电压 V_{th} 一般为 0.5 ～ 2 V，为了便于具体分析，设 $V_{DD}=+5$ V，$V_{th}=1.5$ V，$R_D=25$ kΩ。

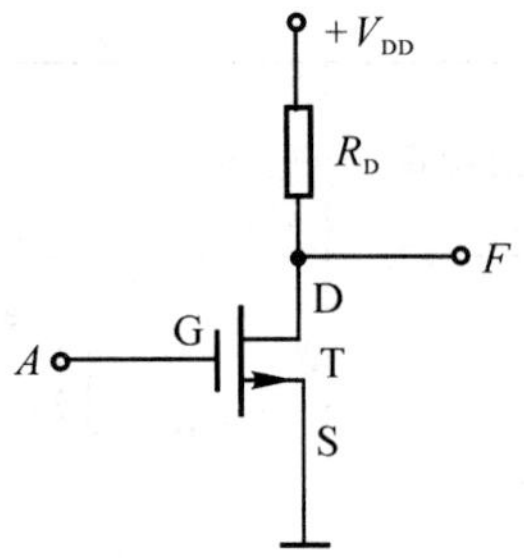

图 2.4.1 NMOS 倒相器

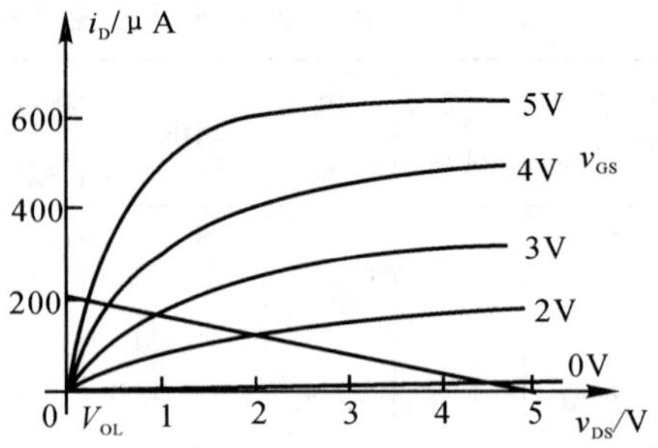

图 2.4.2 NMOS 倒相器输出特性

当输入 A 为低电平 0 V 时，因 $v_{GS} < V_{th}$，T 截止，输出电压等于 V_{DD}，即输出 F 为高电平 +5 V。当输入为高电平 +5 V 时，因 $v_{GS} > V_{th}$，T 导通，其工作点为 MOS 管输出特性曲线($v_{GS}=5$ V)与负载线的交点，如图 2.4.2 所示，此时输出为接近 0 V 的低电平(一般为 0.3 V 左右)。因此这种电路是能实现逻辑“非”功能的。由图 2.4.2 可见，R_D 越大，输出低电平越接近 0 V。但是，由于要制作几十千欧的扩散电阻，占用硅片面积大，对提高集成度不利。因此在 MOS 倒相器的实际电路中，总是以一个栅、漏相连的 MOS 管来代替这个高阻值负载电阻。

(2) MOS 管负载倒相器。MOS 管负载倒相器如图 2.4.3 所示。图中栅、漏极连在一起的 T_2 管起着图 2.4.1 中负载电阻 R_D 的作用，所以被称为负载管。起倒相作用的 T_1 管，通常称为驱动管。我们先来介绍负载管的伏安特性，由于它的栅极和漏极连接在一起，它的伏安特性实际上就是它的转移特性，$v_{GS}-i_{D2}$ 关系如图 2.4.4 所示。当 $v_{GS} < V_{th2}$ 时，$i_{D2}=0$，当 $v_{GS2} > V_{th2}$ 时，i_{D2} 随着 v_{GS2} 的增加而增加(但不成正比关系)，也就是负载管起到了非线性电阻的作用。

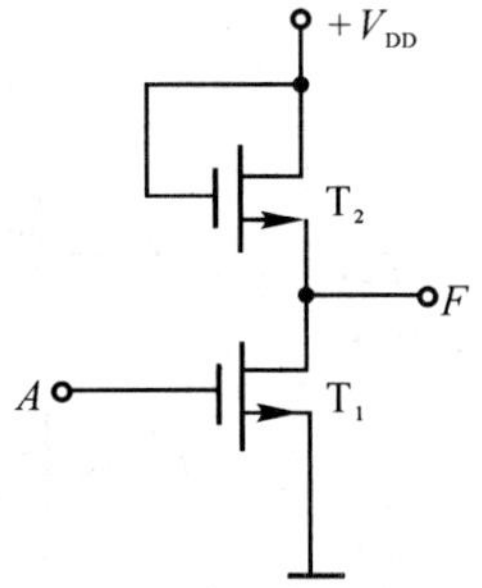

图 2.4.3 MOS 管负载倒相器

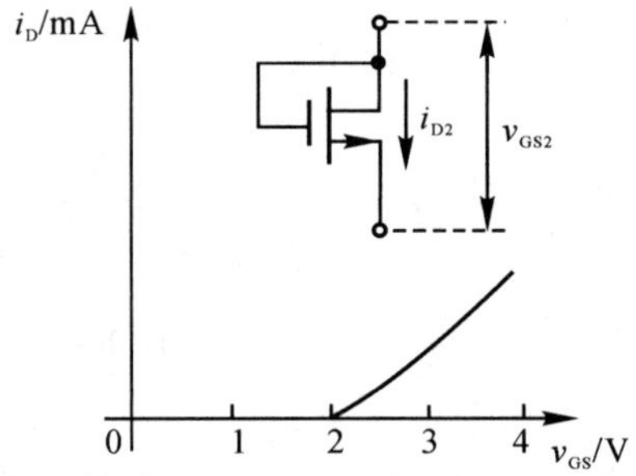

图 2.4.4 栅漏极相连的 T_2 管伏安特性

MOS 管负载倒相器的工作原理如下：从图 2.4.5 可知，当输入为低电平 0 V 时，T_1 截止，其中只有纳安数量级的漏电流，即此时 T_1 的输出特性曲线几乎和电压轴重合，因此，它与 T_2 的伏安特性曲线(负载线)交于 A 点。此时的输出电压为 $V_{DD}-V_{th2}$。设 $V_{th2}=2$ V，则此时输出电压为 5 V−2 V=3 V；当输入为高电平 3 V 时，因 $v_{GS1} > V_{th1}$，T_1 导电，其输出特性曲线与负载线交于 B 点，这时输出为接近于 0 V 的低电平。由此可知，只要 T_2 管的导通电阻 $r_{D2} \gg r_{D1}$，那么这个电路是能很好实现倒相器功能的，即 $F=\overline{A}$。

(3) NMOS 倒相器性能。我们主要从抗干扰能力，负载能力，功耗及工作速度几个方面来说明。

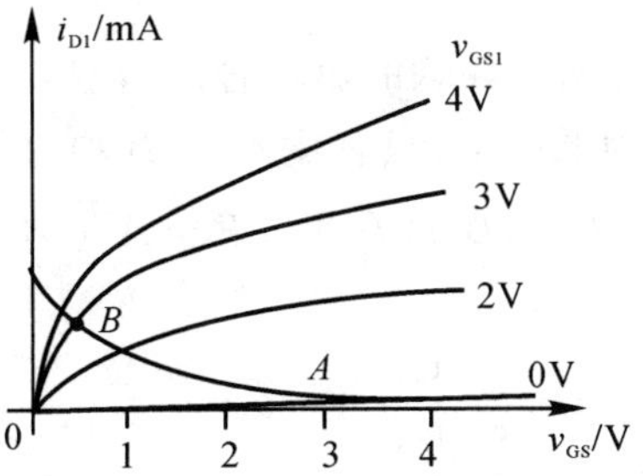

图 2.4.5　MOS管负载倒相器特性分析

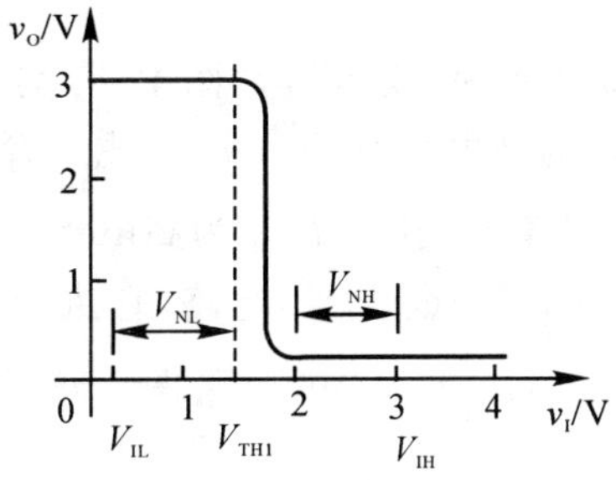

图 2.4.6　NMOS倒相器电压传输特性

① 抗干扰能力。图 2.4.6 所示为NMOS倒相器的电压传输特性。从图可见，它的输入低电平噪声容限接近于 T_1 的开启电压 V_{th1}，即 $V_{NL}=1.5$ V。它的输入高电平噪声容限 $V_{NH}=1$ V，大致与 TTL 电路相近。但进一步提高 NMOS 管的开启电压以及采用较高的电源电压，就可提高其抗干扰能力。

② 负载能力。负载管的导通电阻 r_{D2} 较大，一般为几十千欧，因而在输出为高电平时，其输出阻抗较高，但由于下一级的输入是MOS管的栅极，其输入阻抗更高(10^{10} Ω以上)，几乎不取负载电流，因此这种 MOS 倒相器的负载能力是很强的。

③ 功耗。当输入为低电平时，T_1 截止，T_2 导通，电源电流几乎为零，因此静态功耗为零。当输入为高电平时，T_1，T_2 均导通，但由于 T_2 的导通电阻 r_{D2} 一般为几十千欧，是比较大的，故电源电流很小，一般为 100 ～ 200 μA，所以其静态功耗在 1 mW 以下。

④ 工作速度。MOS 管的延迟时间由负载电容及可得到的充放电电流大小决定。当输入由高电平变为低电平时，V_{DD} 经 T_2 对 C_L 充电，由于 T_2 的导通电阻 r_{D2} 为几十千欧，所以充电电流很小，一般为几百微安；而且输入由低电平变为高电平时 C_L 通过 T_1 放电，如图 2.4.7 所示，T_1 提供的放电电流为几毫安，若 C_L 为 100 pF，则可求出平均延迟时间 $t_{pd}=550$ ns。由此可见，NMOS 倒相器的速度比 TTL 的要低一至两个数量级。

2. NMOS 逻辑门

在倒相器基础上稍加些改变就可以组成各种基本逻辑门。

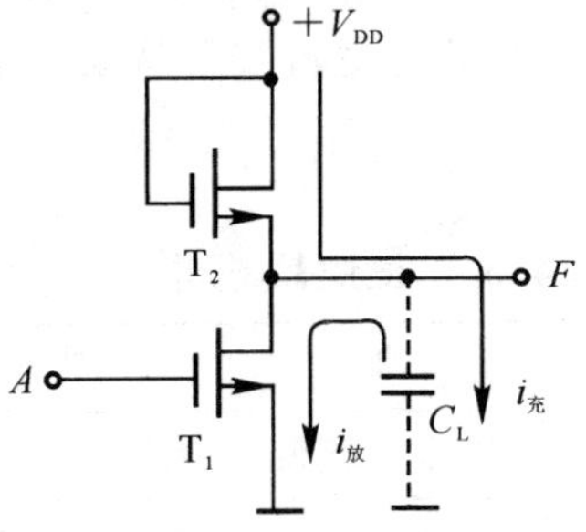

图 2.4.7　倒相器负载电容充、放电过程

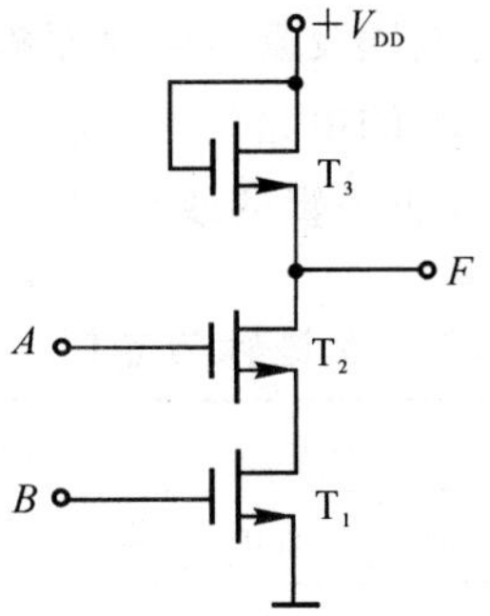

图 2.4.8　NMOS与非门

图 2.4.8 所示为“与非”门，这里 T_3 是负载管，T_1，T_2 为两个串联的驱动管。当输入 A，B 中有一个为低电平时，相应的驱动管截止，T_1-T_2 支路断开，输出 F 为高电平；仅当输入 A，B 均为高电平时，T_1，T_2 均导通，输出 F 才为低电平。所以输出 F 与输入 A，B 的逻辑关系为

$F=\overline{AB}$。

图 2.4.9 所示为"或非"门，图中 T_3 为负载管，T_1，T_2 为两个并联的驱动管。当输入端 A 或 B 或二者均为高电平时，T_1 或 T_2 或二者均导通，输出 F 为低电平；只有输入 A，B 均为低电平时，T_1，T_2 均截止，输出 F 才为高电平。所以输出 F 与输入 A，B 的关系为 $F=\overline{A+B}$。

图 2.4.10 为"与或非"门电路，它执行的逻辑功能为

$$F=\overline{AB+CD}$$

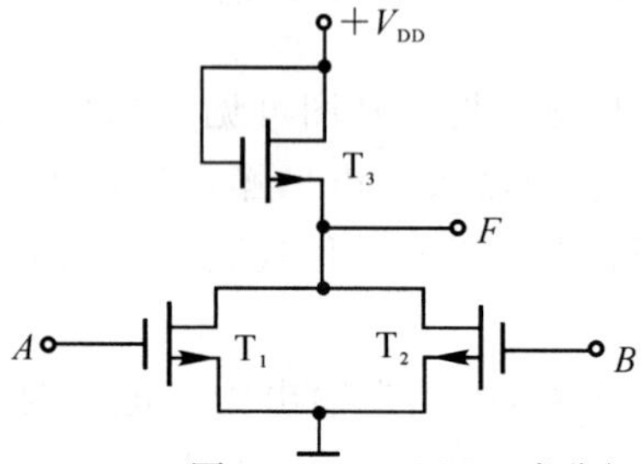

图 2.4.9　NMOS 或非门

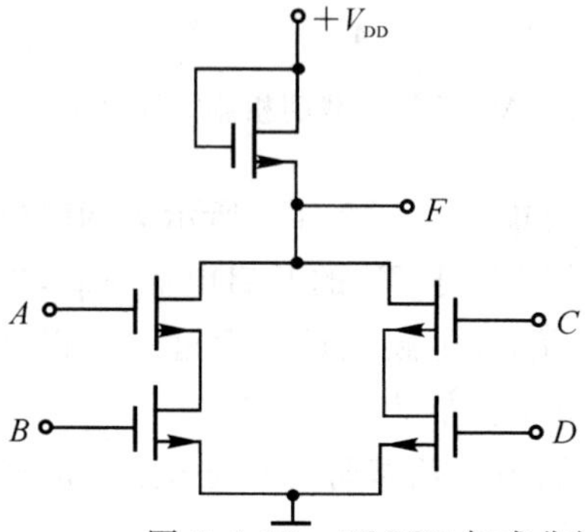

图 2.4.10　NMOS 与或非门

二、PMOS 逻辑门电路

在 PMOS 集成电路中电源为 $-V_{DD}$，所以一般用负逻辑进行分析。

1. PMOS 倒相器

图 2.4.11 所示为 PMOS 倒相器。从图中可看出，它与 NMOS 倒相器电路形式完全相同，只是电源电压为 $-V_{DD}$，其驱动管 T_1 和负载管 T_2 均是增强型 PMOS 管。若输入信号的高电平为 0 V，低电平为 −5 V，用负逻辑进行分析，则 0 V 为逻辑"0"，−5 V 为逻辑"1"，不难得出 $F=\overline{A}$。

2. PMOS 逻辑门

(1) PMOS 与非门。图 2.4.12 为负逻辑的 PMOS 与非门，用负逻辑进行分析可得出输出 F 与输入 AB 之间电压及真值的关系如表 2.4.2 所示。从中可以看出，若用负逻辑分析则 $F=\overline{AB}$。如果图 2.4.12 的电路用正逻辑分析，即 0 V 为逻辑"1"，−5 V 为逻辑"0"，从表 2.4.3 可看出 $F=\overline{A+B}$，即正逻辑的或非门。

表 2.4.2　负逻辑与非门

A		B		F	
电压	真值	电压	真值	电压	真值
−5 V	1	−5 V	1	0 V	0
−5 V	1	0 V	0	−5 V	1
0 V	0	−5 V	1	−5 V	1
0 V	0	0 V	0	−5 V	1

表 2.4.3　正逻辑或非门

A		B		F	
电压	真值	电压	真值	电压	真值
−5 V	0	−5 V	0	0 V	1
−5 V	0	0 V	1	−5 V	0
0 V	1	−5 V	0	−5 V	0
0 V	1	0 V	1	−5 V	0

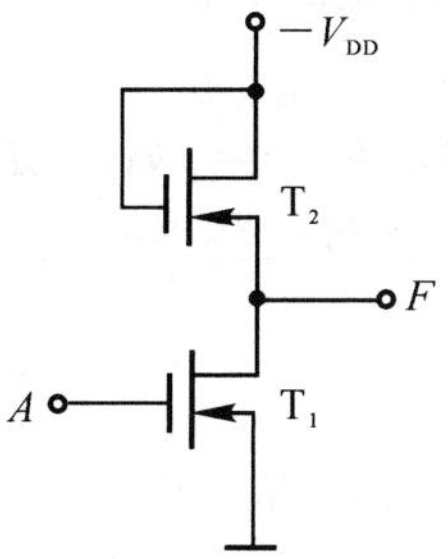

图 2.4.11　PMOS 倒相器

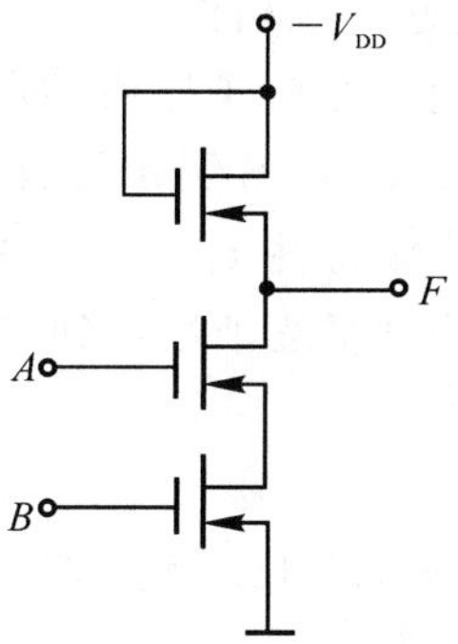

图 2.4.12　负逻辑与非门

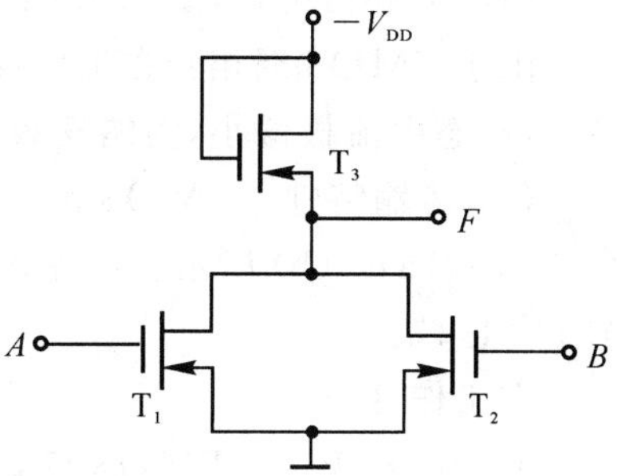

图 2.4.13　负逻辑或非门

（2）PMOS或非门。图2.4.13所示为负逻辑的PMOS或非门，用和与非门同样的分析方法可得出图 2.4.13 是负逻辑的或非门，也是正逻辑的与非门。由此可见，PMOS 集成电路用负逻辑进行分析就和 NMOS 集成电路用正逻辑进行分析所得电路形式是一样的。

三、CMOS 逻辑电路

一般的 NMOS，PMOS 电路都存在两个问题，一是由于负载管一直是导通的，因而当输入信号使驱动管导通时，电源与地之间就存在一条通路，具有静态电流，所以电路功耗较大。另一问题是为保证输出低电平接近地电位，负载管的导通电阻必须远远大于驱动管的导通电阻，即 $r_{D2} \gg r_{D1}$，但这又使驱动管截止过程中负载电容 C_L 充电很慢（见图 2.4.7），影响了电路工作速度。

互补集成电路 ——CMOS—— 较好地解决了这两个问题。

1. CMOS 倒相器

（1）电路形式。CMOS倒相器由一个 p 沟道增强型 MOS 管和一个 n 沟道增强型 MOS 管串联而成。通常以 p 沟道管作为负载管，n 沟道 MOS 管作为输入管。如图 2.4.14 所示。PMOS 管的衬底和源极连在一起接电源 V_{DD}。NMOS 管的衬底和源极连在一起接地。两只管子的栅极并接在一起，作为倒相器的输入端；漏极串接起来，作为输出端。它们的开启电压 $V_{thP} < 0$，$V_{thN} > 0$，通常为了保证电路正常工作，要求：

$$V_{DD} > |V_{thP}| + V_{thN}$$

即要求电源电压要大于两管开启电压之和。

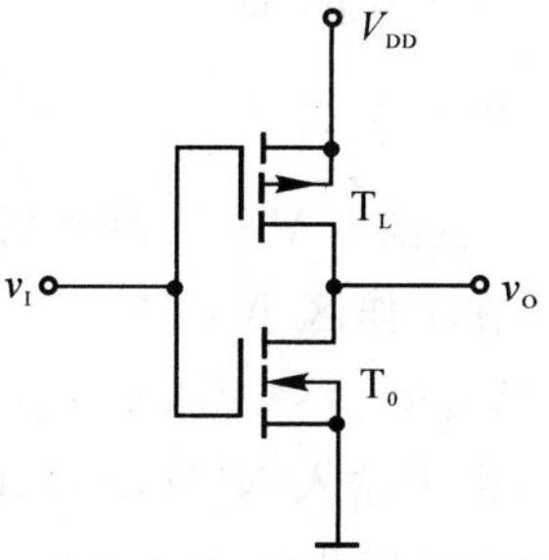

图 2.4.14　CMOS 倒相器

（2）工作原理。设 $V_{thP} = -2.5$ V；$V_{thN} = 2.0$ V，根据使电路正常工作的条件可知电源电压 V_{DD} 应取 +5 V。

若输入 v_I 为低电平 0 V 时，输入 NMOS 管的 $v_{GSN} = v_I = 0$ V，小于 V_{thN}，所以截止，等效一个很大的截止电阻，约为 $10^9 \sim 10^{12}\ \Omega$。同时 PMOS 负载管的 $v_{GSP} = v_I - V_{DD} = 0\ \text{V} - 5\ \text{V} = -5$ V，所以，$|v_{GSP}| > |V_{thP}|$，负载管导通，等效较小的导通电阻约为 $10^3\ \Omega$，因此输出电压 $v_O = V_{DD} = +5$ V。

当输入 v_I 为高电平 +5 V 时，输入 NMOS 管的 $v_{GSN} = v_I = +5\ \text{V} > U_{thN}$，所以导通；同时 PMOS 负载管的 $v_{GSP} = v_I - V_{DD} = 5\ \text{V} - 5\ \text{V} = 0$ V，所以 $|V_{GSP}| < |V_{thP}|$，负载管截止，输出电压 v_O 近似等于 0 V。

由以上分析可知，图 2.4.14 所示电路起了倒相作用。

由于 CMOS 倒相器在工作过程中只有一个管子导通，而另一个管子是截止的。两管轮流导电，静态电流极微小，为纳安数量级，这是 CMOS 倒相器的重要特点。

(3) 传输特性。CMOS 倒相器电压传输特性 $v_O = f(v_I)$ 和电流传输特性 $i_O = f(v_I)$ 如图 2.4.15(a)，(b) 所示。当输入信号 v_I 由 0 V 逐渐增加到 V_{DD} 时，电压、电流传输特性分为 5 个工作区域：

在工作区 Ⅰ：

$0 < v_I < V_{thN}$。PMOS 负载管 T_2 导通，NMOS 输入管 T_0 截止，$v_O = V_{DD}$，$i_D = 0$。

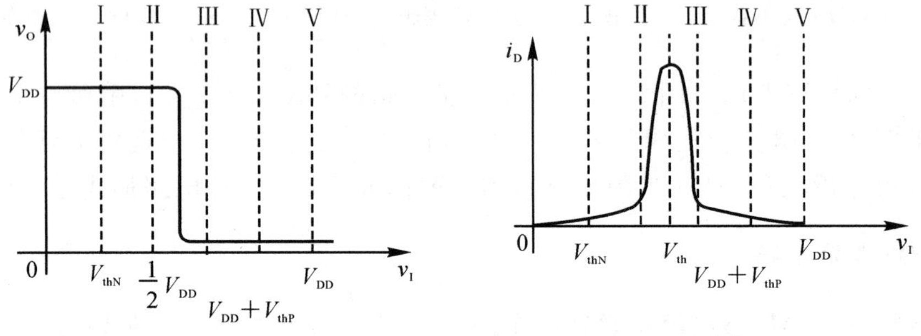

图 2.4.15 CMOS 倒相器传输特性

(a) 电压传输特性；(b) 电流传输特性

在工作区 Ⅱ：

$V_{thN} < v_I < V_{th}\left(= \frac{1}{2}V_{DD}\right)$，$T_0$，$T_L$ 均导通，但 NMOS 输入管 T_0 处于饱和区，PMOS 负载管 T_L 处于非饱和区，此时 $v_O \approx V_{DD}$，负载管非饱和区工作电流也极小。

在工作区 Ⅲ：

v_I 在 $V_{th}\left(= \frac{1}{2}V_{DD}\right)$ 附近，PMOS，NMOS 均处于饱和导电，这是一个急剧变化区，输出电压 v_O 急剧由 V_{DD} 下降到低电位，由于两管饱和会产生一个较大的电流 i_D。

在工作区 Ⅳ：

$V_{th} < v_I < V_{DD} + V_{thP}$，此时 PMOS 管处于饱和区，而 NMOS 管处于非饱和区，此时 $v_O \approx$ 0 V，由于输入 NMOS 管处于非饱和区，所以电流 i_D 也很小。

在区工作区 Ⅴ：

$V_I > V_{DD} + V_{thP}$，此时负载管 T_L 截止，输入管 T_0 非饱和导电，所以 $v_O = 0$，$i_D = 0$。

由以上分析可以看出，CMOS 倒相器有如下特点：

① 静态功耗极低，仅几十纳瓦。在稳态时，CMOS 倒相器工作在工作区 Ⅰ 和工作区 Ⅴ，这时总有一个 MOS 管处于截止状态，流过的电流为极小的漏电流。只有在急剧翻转的第 Ⅲ 区，才有较大的电流，因此动态功耗会增大。所以 CMOS 倒相器在低频工作时，功耗极小。低功耗是 CMOS 的最大优点。

② 抗干扰能力较强。由于其阈值电平近似为$\frac{1}{2}V_{DD}$，在输入信号变化时，过渡变化陡峭。

所以低电平噪声容限和高电平噪声容限近似相等。而且随电源电压升高，抗干扰能力增强。

③ 电源利用率高。$V_{OH}=V_{DD}$，同时由于其阈值电压随 V_{DD} 变化而变化，所以允许 V_{DD} 可以在一个较宽的范围内变化。一般允许 V_{DD} 的变化范围为 $+3\sim+18$ V。

④ 输入阻抗高，带负载能力强。扇出系数 N_O 约达 50，扇出系数取决于负载电容的大小和传输延时的要求，CMOS 门的输出端不可以并联。

(4) 输入特性和输出特性：

① 输入特性。CMOS 电路的栅极和衬底之间有一层 SiO_2 绝缘薄层，称为栅氧化层。栅氧化层的击穿电压可达 $100\sim200$ V，但其直流电阻高达 $10^{12}\,\Omega$，因此很小的电量便可能在其上感生出强电场，造成氧化层永久性击穿。为保护栅氧化层不被击穿，在 CMOS 输入端都加有保护电路。如图 2.4.16 所示，D_1，D_2 均为双极型二极管，其正向导通压降约为 1 V，反向击穿电压约为 30 V。电阻 R 通常为 $1\sim3$ kΩ。C_1 和 C_2 为 T_P 和 T_N 栅极等效电容。

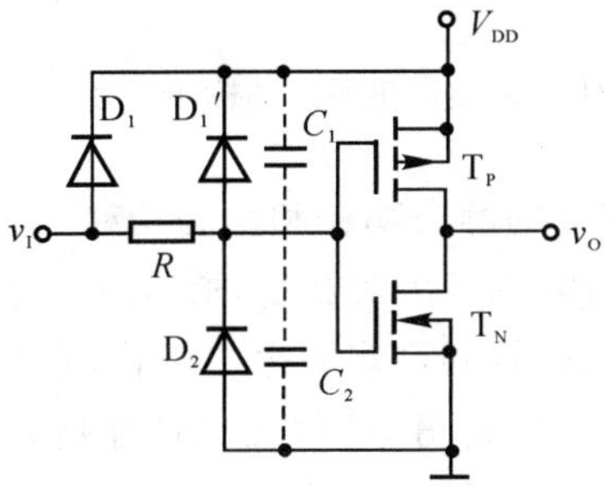

图 2.4.16 CMOS 输入保护电路

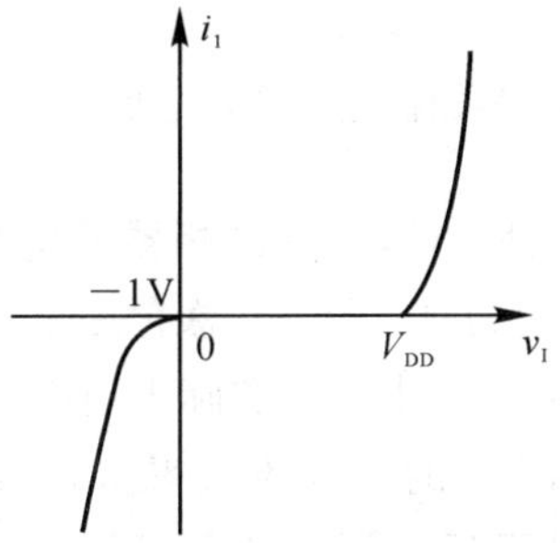

图 2.4.17 CMOS 倒相器输入特性

考虑了 CMOS 倒相器的输入保护电路后，它的输入特性如图 2.4.17 所示。在输入信号正常工作电压(即 $0<v_I\leqslant V_{DD}$)范围内，输入保护二极管均不导通，输入电流 $i_I=0$，当输入信号 $v_I>V_{DD}+V_D$(二极管正向导通压降)时，输入保护二极管 D_1 导通，i_I 迅速增大。当 $v_I<-V_D$ 时，保护二极管 D_2 导通，$|i_I|$ 随 $|v_I|$ 的增大而增大。

② 输出特性。当输入 v_I 为高电平时，负载管截止，输入管导通，因此负载电流 I_{OL} 灌入输入管，如图 2.4.18 所示。这样灌入的电流就是输入 n 沟道管的 i_{DS}，所以 $V_{OL}(v_{DSN})$ 与 $I_{OL}(i_{DSN})$ 的关系曲线和 n 沟道的漏极特性曲线一样，如图 2.4.19 所示。输出电阻的大小与 $v_{GSN}(v_I)$ 有关。v_I 越大，输出电阻越小，反相器带负载能力越强。

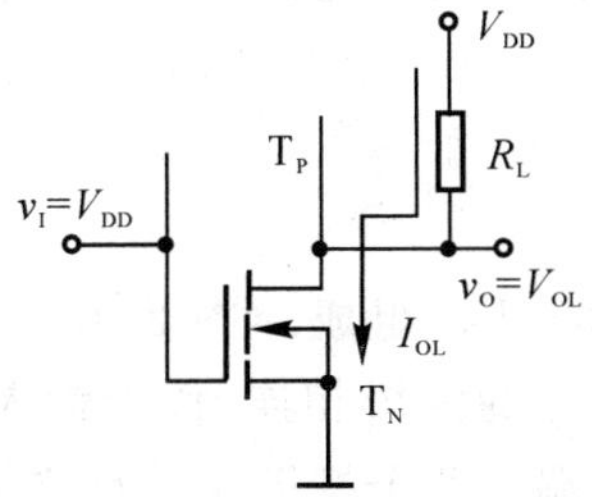

图 2.4.18 输出低电平等效电路

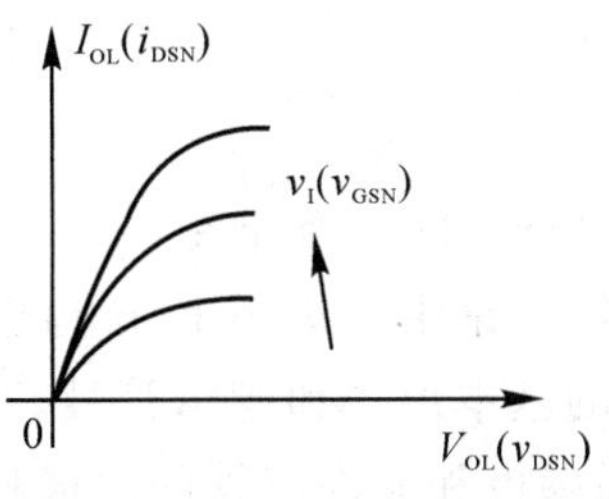

图 2.4.19 输出低电平时输出特性

当输入 v_I 为低电平($v_I=0$ V)时，负载管 T_P 导通，输入管 T_N 截止。因此负载电流是拉电

流，如图 2.4.20 所示，输出电压 $V_{OH}=V_{DD}-v_{DSP}$，拉电流 I_{OH} 即为 i_{SDP}，根据 p 沟道的漏极特性可得到图 2.4.21 所示曲线。图中左边实线部分为 I_{OH} 和 v_{DSP} 的关系曲线，右边虚线部分为 I_{OH} 与 $V_{OH}=V_{DD}-v_{SDP}$ 的曲线，也就是输出特性曲线。由曲线可见，$|v_{GSP}|$ 越大，负载电流的增加使 V_{OH} 下降越小，带拉电流负载能力就越大。

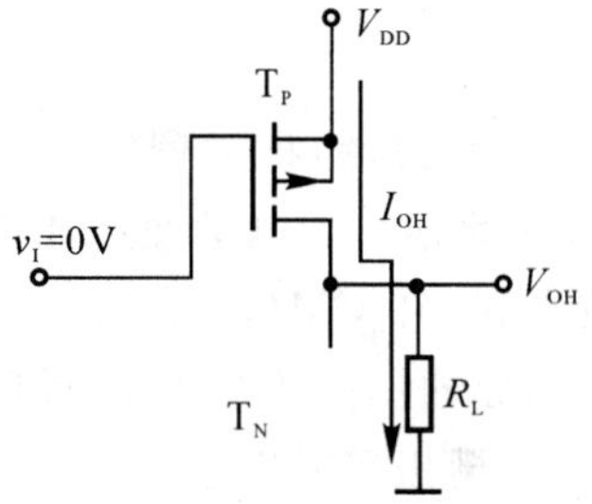

图 2.4.20　输出高电平等效电路

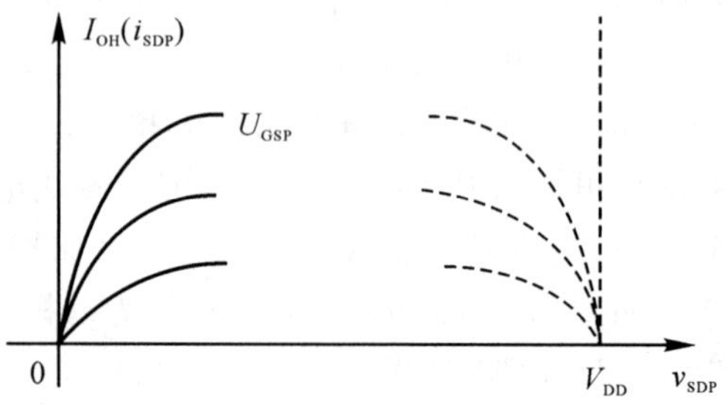

图 2.4.21　输出高电平时的输出特性

(5) 电源特性。CMOS 倒相器的电源特性包含它工作时的静态功耗和动态功耗。

在静态下，因为 T_P 和 T_N 总有一个截止，而截止时的漏电流又极其微小，所以这个电流产生的功耗可以忽略不计。但实际上，由于存在着输入保护二极管和许多寄生二极管，它们的反向漏电流比 T_P，T_N 的漏电流大得多，从而构成静态电流的主要部分，这些二极管都是 PN 结，一般在室温条件下反向漏电流不超过 1 μA。

因而，CMOS 倒相器的功耗主要取决于动态功耗，尤其在工作频率较高的情况下，动态功耗比静态功耗大得多。由图 2.4.15(b) 的电流传输性曲线可知，瞬时大电流主要产生在第 Ⅲ 工作区，也就是 T_P 和 T_N 短时间同时饱和导通的时候，这时产生瞬时导通功耗 P_T。此外，动态功耗还包含在状态发生变化时，对负载电容充、放电所消耗的功耗。

若 T_N 和 T_P 同时饱和导通时的瞬时电流为 i_T，持续时间为 Δt，则在一个周期内的平均值为

$$I_{TAN}=\frac{2}{T}\int_0^{\Delta t} i_T \mathrm{d}t$$

瞬时导通功耗为

$$P_T=V_{DD}I_{TAN}$$

对电容负载的充、放电电流为状态转换时的瞬时输出电流，若负载电容为 C_L，工作频率为 f，则

$$P_C=C_L f V_{DD}^2$$

2. CMOS 传输门(双向开关)

CMOS 传输门是由 p 沟道和 n 沟道增强型 MOS 管并联互补组成。图 2.4.22 所示为 CMOS 传输门的基本形式和逻辑符号。p 沟道的源极和 n 沟道的漏极相连，作为输入 / 输出端。p 沟道管的漏极和 n 沟道管的源极相连，作为输出 / 输入端。两个栅极受一对控制信号 C 和 $\bar{C}$ 控制。由于 MOS 器件的源和漏两个扩散区是对称的，所以信号可以双向传输。

当控制信号 $C=0$ V，$\bar{C}=V_{DD}$ 时，T_N，T_P 两个 MOS 管都截止。输出和输入之间呈现高阻抗，一般大于 10^9 Ω，所以传输门截止。

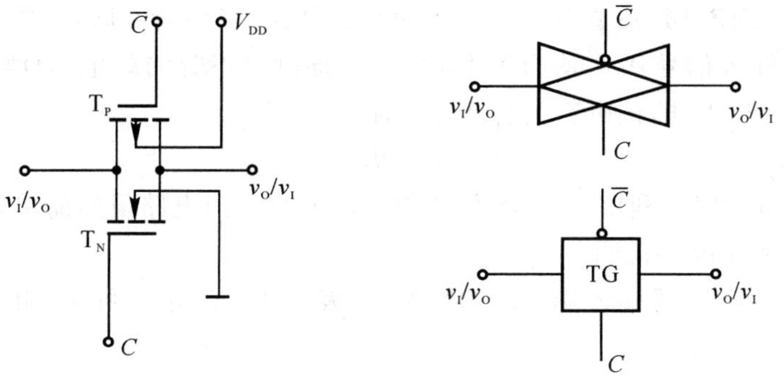

图 2.4.22　CMOS 传输门及其逻辑符号

当 $C=V_{DD}$，$\overline{C}=0$ V 时，如果 $0\leqslant v_I\leqslant V_{DD}-V_{thN}$，则 T_N 管导通；如果 $|V_{thP}|\leqslant v_I\leqslant V_{DD}$，则 T_P 导通。

因此当 v_I 在 0 V 到 V_{DD} 之间变化时，总有一个 MOS 管导通，使输出和输入之间呈低阻抗（$<10^3\ \Omega$），传输门导通。

CMOS 传输门和 CMOS 倒相器组合，可以构成多种复杂的逻辑电路，它们都是 CMOS 集成电路的基本单元。

3. 静态 CMOS 逻辑门电路

（1）与非门。利用 CMOS 倒相器构成的与非门电路如图 2.4.23 所示。其中包括两个 p 沟道 MOS 管和两个 n 沟道 MOS 管。两个 p 沟道 MOS 管相并联，两个 n 沟道 MOS 管相串联。

当 A，B 两个输入信号中有一个为 0 时，与该端相连的 n 沟道 MOS 管截止，p 沟道 MOS 管导通。由于两个 n 沟道 MOS 管串联，只要其中一个截止，输出端对地的电阻就非常大；两个相并联的 p 沟道 MOS 管只要其中一个导通，输出端和电源之间电阻就很小，因此输出端就输出高电平。只有两个输入信号 A 和 B 均为 1 时，两个 n 沟道 MOS 管均导通，两个 p 沟道 MOS 管均截止，这时输出为 0。因此，该电路具有与非功能。

$$F=\overline{AB}$$

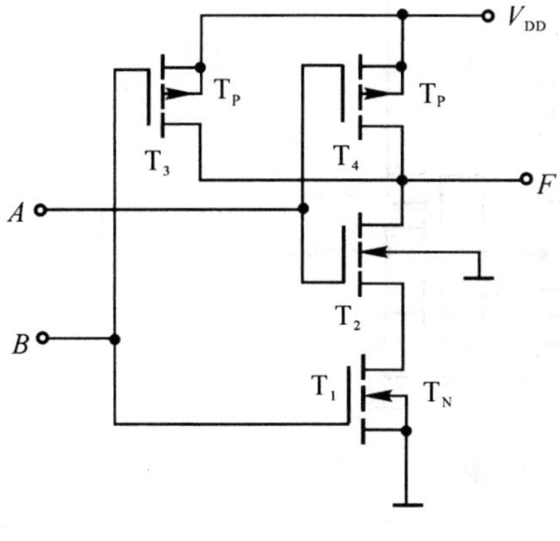

图 2.4.23　CMOS 与非门

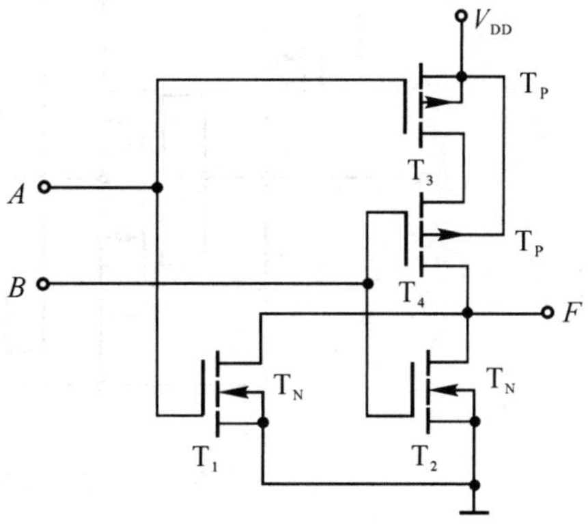

图 2.4.24　CMOS 或非门

（2）或非门。利用 CMOS 倒相器构成的或非门电路如图 2.4.24 所示。其中两个 n 沟道 MOS 管并联，两个 p 沟道 MOS 管串联。当 A，B 两个输入信号中有一个为 1 时，与该端相连的

n沟道MOS管导通，p沟道MOS管截止。由于两个n沟道MOS管并联，只要有一个导通，输出F就为0，只有两个输入信号A,B均为0时，两个N沟道MOS管均截止，而两个p沟道MOS管均导通，这时输出为1，因此，该电路具有或非功能。

$$F=\overline{A+B}$$

(3) 带缓冲级的与非门。利用CMOS倒相器构成的与非门电路虽然简单，但存在一些严重缺点，以图2.4.23所示电路说明。

首先，它的输出电阻R_O受输入端状态的影响，如表2.4.4所示。可见，由于状态不同，输出电阻相差四倍之多。

表 2.4.4

A	B	T_1	T_2	T_3	T_4	R_O
0	0	止	止	导	导	$R_O=R_{on3}\ /\!/\ R_{on4}=\frac{1}{2}R_{on}$
0	1	导	止	止	导	$R_O=R_{on4}=R_{on}$
1	0	止	导	导	止	$R_O=R_{on3}=R_{on}$
1	1	导	导	止	止	$R_O=R_{on1}+R_{on2}=2R_{on}$

第二，当输入端数目增多时，输出低电平也随着相应提高。因为在输出低电平时，所有的N沟道MOS管导通，输出低电平为各串联NMOS管导通压降之和，所以输入端数目越多，V_{OL}也越高，V_{OL}的升高使低电平噪声容限V_{NL}降低。

为了克服这些缺点，采用了带缓冲级的与非门电路，如图2.4.25所示，它是由在或非门输入、输出端加反相器构成。由图可知$F=\overline{\overline{\overline{A}+\overline{B}}}=\overline{AB}$。

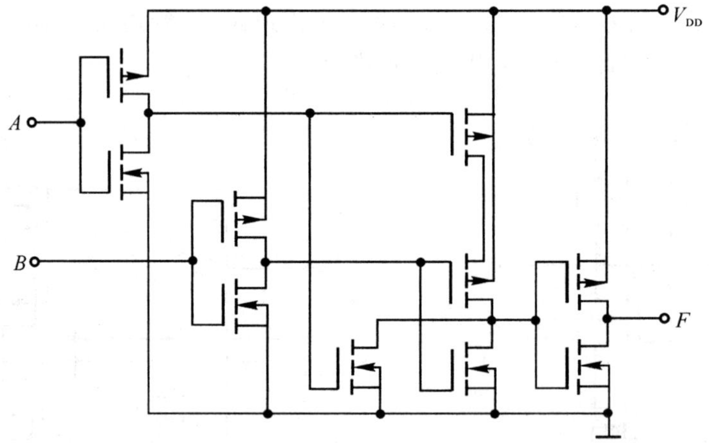

图2.4.25　带缓冲级的与非门电路

(4) 三态输出CMOS门。三态输出CMOS门是在普通门电路基础上，增加了控制端和控制电路构成。

CMOS三态门一般有三种形式，如图2.4.26(a)，(b)，(c)，(d)所示。

图2.4.26(a)是第一种电路结构形式。它是在反相器基础上增加一对p沟道T_P'和n沟道

T_N' MOS 管。当控制端$\overline{EN}=1$时，T_N' 和 T_P' 均截止，故输出呈高阻态；当控制端$\overline{EN}=0$时，T_N' 和 T_P' 同时导通，反相器正常工作，$F=\overline{A}$，所以这是$\overline{EN}$低电平有效的三态门。

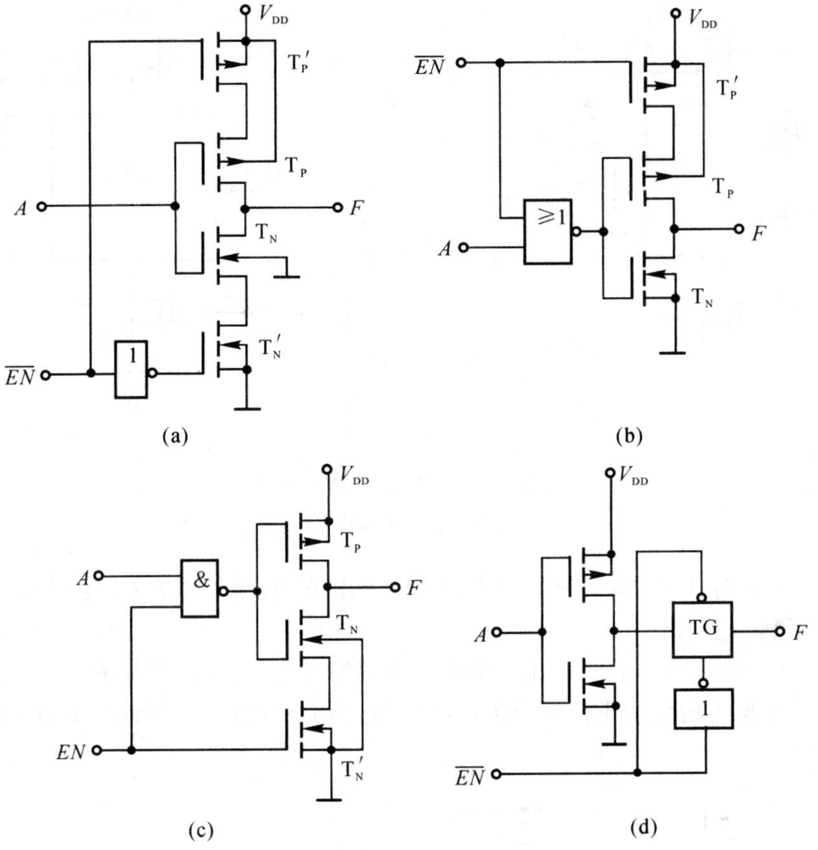

图 2.4.26　三态输出 CMOS 门

图 2.4.26(b)，(c) 是第二种电路结构形式。它是在反相器基础上增加一个控制门 T_P'（或 T_N'）和一个或非门（与非门）。在图 2.4.26(b) 所示电路中，$\overline{EN}=1$时，T_P' 截止，同时或非门输出为 0，使 T_N 截止，故输出呈高阻态。反之当$\overline{EN}=0$时，T_P' 导通，输出 $F=A$，在图 2.4.26(c) 所示电路中，当 $EN=0$，T_N' 截止，同时与非门输出为 1，使 T_P 截止，故输出呈高阻态。当 $EN=1$ 时，T_N' 导电，输出 $F=A$，所以图 2.4.26(b) 所示电路$\overline{EN}$低电平有效，图 2.4.26(c) 所示电路 EN 高电平有效。

图 2.4.26(d) 是第三种电路结构形式。它是在反相器基础上增加一级 CMOS 传输门，作为反相器的控制开关。当$\overline{EN}=1$时，传输门截止，输出呈高阻态；当$\overline{EN}=0$时，传输门导通，输出 $F=\overline{A}$。

4. 动态 CMOS 逻辑门电路

由于 MOS 管输入电阻的阻值大于 $10^{10}\,\Omega$，因而可以利用栅极的分布电容记忆信息，构成动态电路。动态电路的优点之一是电路简单，占芯片面积小。

(1) 基本的动态 CMOS 门电路。图 2.4.27(a) 所示为实现逻辑函数 $F=\overline{AB+C}$ 的动态 CMOS 电路。图 2.4.27(b) 为动态 CMOS 门电路的基本形式，主要组成是一个由 NMOS 管组成的 n 型逻辑块、一个预充管和一个求值管。下面说明预充管和求值管的作用，以及基本动态 CMOS 门电路的工作过程。

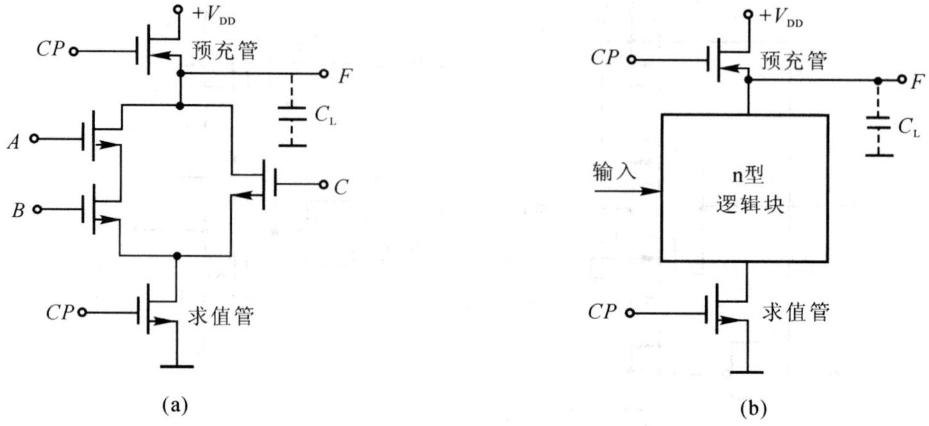

图 2.4.27　基本的动态 CMOS 门电路

(a) 电路图；(b) 简化电路图

在时钟 $CP=0$ 时，PMOS 预充管导电，NMOS 求值管截止，电容 C_L 通过预充管进行预充电，输出 F 预充到 $+V_{DD}$。

在 $CP=1$ 时，PMOS 预充管截止，NMOS 求值管导通。此时，根据输入信号的状态，决定电容 C_L 是通过 n 型逻辑块和求值管放电，还是维持预充的电压，使得输出 F 在 $CP=1$ 期间给出正确的逻辑结果。

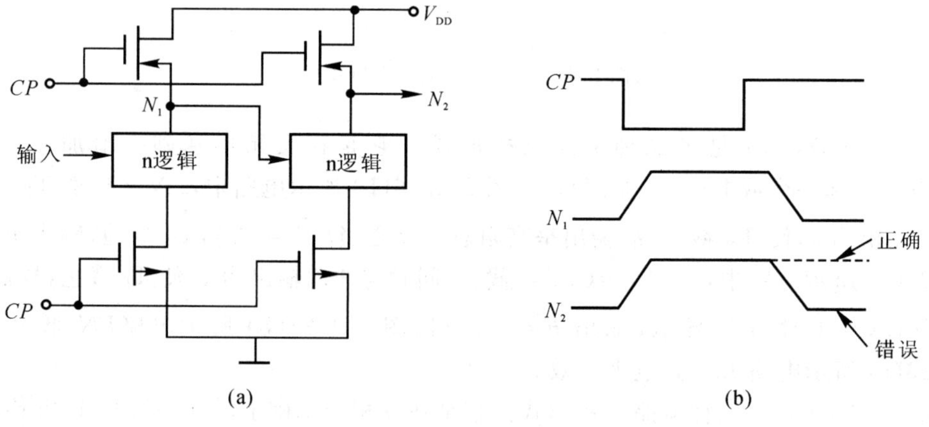

图 2.4.28　级联的动态 CMOS 门

(a) 电路图；(b) 波形图

应当指出图 2.4.27 电路不能直接进行级联。假如，在图 2.4.28(a) 级联的 CMOS 动态门中 $N_2=\overline{N_1}$，并根据输入状态所得的正确输出结果应是 $N_1=0$，$N_2=1$。可实际上，在 N_2 输出端给出了错误的逻辑 0 输出(见图 2.4.28(b))。这是因为，在 $CP=0$ 期间，两个门的输出 N_1 和 N_2 都被充电到 $+V_{DD}$。在 CP 由 0 变到 1 时，N_1 点要延迟一段时间才下降到 0 电位，因而，在这段时间内，N_2 点电位也下降。待 N_1 点下降到 0 时，N_2 点已不可能再恢复成 1 电位了。解决的办法之一是采用下面介绍的 CMOS 多米诺门电路(见图 2.4.29)。

(2) CMOS 多米诺门电路。在动态 CMOS 门上增加一个反相器输出级，构成 CMOS 多米诺门电路。

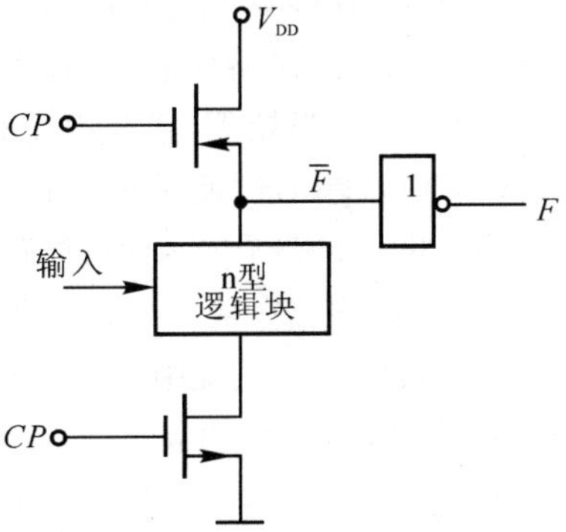

图 2.4.29 CMOS 多米诺逻辑

在 $CP=0$ 预充电期间，$\overline{F}$ 的分布电容被预充电到高电位，F 点为低电位。输出 F 送到下一级的 n 型逻辑块，使得在预充电期间下一级 n 型逻辑块的 NMOS 管处于截止状态。在 $CP=1$ 求值期间，$\overline{F}$ 点的分布电容根据输入信号的状态有条件地放电，F 点有条件地电位升高。因此在级联电路中，每一个多米诺逻辑门的输出只能有一次从低到高的电位变化，即使由于分布电容充、放电造成延时，也不会发生错误的动作。每一级进行状态求值，并引起下一级的求值，好像多米诺骨牌一个个地倒下去那样顺次地求值，故称之为多米诺逻辑。

(3) 改进的多米诺逻辑。图 2.4.29 所示的多米诺逻辑最大的问题是不能实现非的功能。采用交替排列 n 型和 p 型多诺米诺逻辑可解决这一问题(见图 2.4.30)。

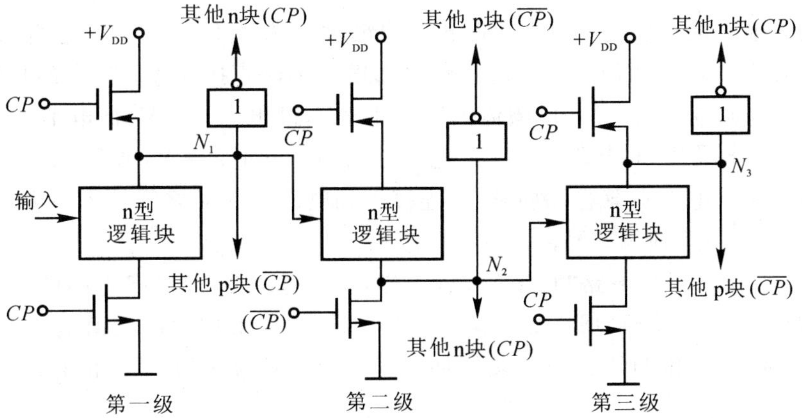

图 2.4.30 改进的多米诺逻辑

在图 2.4.30 电路中，在 $CP=0$ 时，第一级输出 N_1 通过 PMOS 管预充到高电位；第二级输出 N_2 通过 NMOS 管预充到低电位(实际为放电到地电位)；第三级输出 N_3 通过 PMOS 管预充到高电位。由于第二级由 p 型逻辑块构成，在预充电期间，N_1 为高电位，故第二级中的 PMOS 管都处于截止状态；同理，第三级由 n 型逻辑块组成，N_2 的低电位使第三级的 NMOS 管在预充电期间都截止。因此，可以进行级联。

在 $CP=1$ 期间，第一级的 NMOS 求值管导通，输出 N_1 有条件地下降到低电位；第二级的 PMOS 求值管导通。输出 N_2 有条件地上升到高电位；第三级的求值管导通，输出 N_3 有条件地下降到低电位。

最后应当指出，动态 MOS 电路的时钟可以是多相的，在此介绍的是单相时钟电路。

5. CMOS 器件的正确使用方法

(1) 输入电路的静电防护。虽然 CMOS 电路输入端已经设置了保护电路，但它所能承受的静电电压和脉冲功率均有一定限度。因此，在运输时最好使用金属屏蔽层作为包装材料。在组装、调试时，仪器仪表、工作台面及烙铁等均应有良好接地。不使用的多余输入端不能悬空，必须进行适当处理(接高电平或低电平，或与其他使用脚相连)。

(2) 输入端加过流保护。由于输入保护电路中钳位二极管电流容量有限，因此在可能出现大输入电流的场合必须加过流保护措施。如在输入端接有低电阻信号源时，或在输入端接有大电容时，均应在输入端接入保护电阻。

(3) 如果一个系统中由几个电源分别供电时，各电源开关顺序必须合理，启动时应先接通 CMOS 电路的电源，再接入信号源或负载电路；关闭时应先切断信号源和负载电路，再切断 CMOS 电源。

第五节　不同逻辑系列的配合问题

如果一个数字系统中采用不同的逻辑系列的器件，在它们相互连接时应注意两个问题。

一、逻辑电平的配合

TTL 电路的高电平最小值为 2.4 V；低电平的最大值为 0.8 V。ECL 电路的高电平为 −0.8 V，低电平为 −1.6 V。因此 TTL 电路和 ECL 电路不能直接相连，必须经过转接电路。

CMOS 电路在电源电压为 5 V 时，阈值电压为 2.5 V，高电平为 5 V，低电平为 0 V。因此 CMOS 电路可以直接驱动 TTL 电路，但 TTL 电路输出的高电平 2.4 V，低于 CMOS 门的阈值电压 2.5 V，两者的逻辑电平不兼容，故必须在连接处到电源 +5 V 之间接入一个几千欧的电阻，将连接处的电平“上拉”到 +5 V。

为使 CMOS 电路与 TTL 电路“直接”配合工作，可通过改变 CMOS 电路中的 NMOS 管和 PMOS 管的沟道尺寸，将 CMOS 电路的阈值电压下降到 TTL 电路的阈值电压 1.4 V，这样的 CMOS 电路有 SC 系列和 HCT 系列，其器件引脚亦和对应的 TTL 器件的相同。

二、驱动能力的配合

从电平配合上，CMOS 电路可驱动 TTL 电路，但是 CMOS 电路的输出功率较小，能带动 TTL 门的个数有限，甚至不能驱动输入电流大的 TTL 门。不同类型的 TTL 门相互驱动的负载个数也不同。

第六节　各种集成逻辑门性能比较

本章对几种常用的逻辑系列 TTL，ECL，NMOS，PMOS 和 CMOS 电路，特别是 TTL 和 CMOS 电路进行了较详细的讨论。逻辑电路在选用时应注意的主要参数有逻辑电平、噪声容限、工作速度和功耗。在表 2.6.1 中我们对各种集成逻辑门性能加以比较，以便大家更好地掌握和选择使用。

表 2.6.1　各种集成逻辑门性能比较

参数 \ 分类	双极型门电路		单极型门电路		
	TTL	ECL	NMOS	PMOS	CMOS
每门功耗 /mW	12 ~ 22	50 ~ 100	1.0 ~ 10	0.2 ~ 10	0.001 ~ 0.01（静态）
每门传输延迟 /ns	10 ~ 40	1 ~ 5	300 ~ 400	300	40
抗干扰能力	中	弱	较强	较强	强
扇出系数 N_O	5 ~ 12	25	20	20	> 50
逻辑摆幅 ΔV/V	3.3	0.8	3 ~ 10	3 ~ 11	$\approx V_{DD}$
电源电压 /V	5	−5.2	⩽ 15	−20 ~ −24	3 ~ 15
门电路基本形式	与非	或,或非	或非	或非	与非,或非

在这里应说明的是表2.6.1中列出的TTL和CMOS参数是一般的TTL门电路和CMOS门电路的参数,不是高速系列的参数。

习　题　二

1. 有一分立元件门电路如图 P2.1(a) 所示,各输入端的输入控制信号如图 P2.1(b) 所示。请对应图(b)画出输出电压 $v_O(F)$ 的波形。

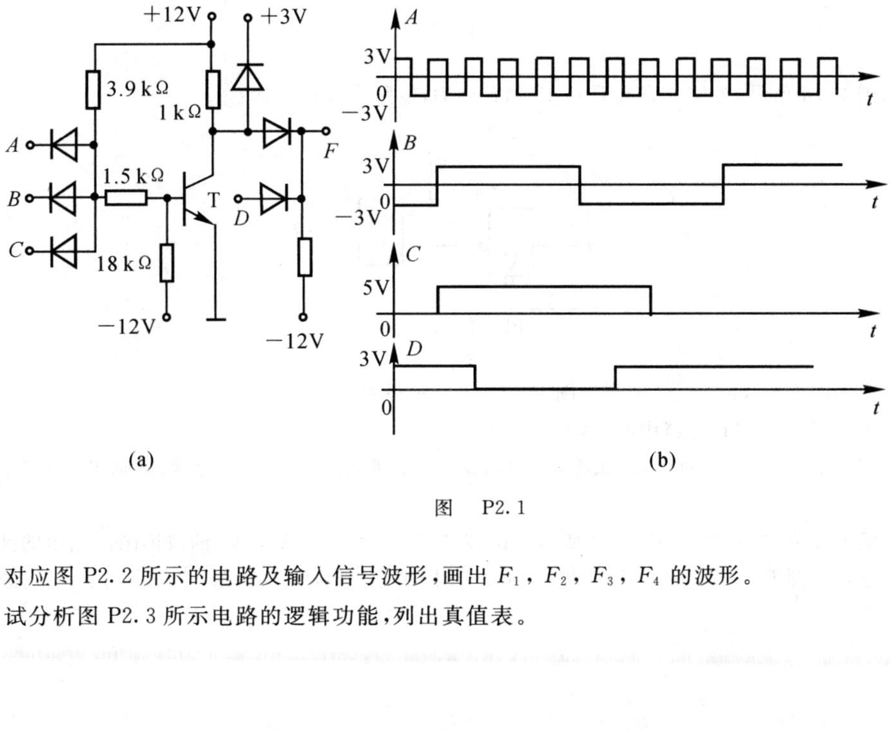

图　P2.1

2. 对应图 P2.2 所示的电路及输入信号波形,画出 F_1, F_2, F_3, F_4 的波形。

3. 试分析图 P2.3 所示电路的逻辑功能,列出真值表。

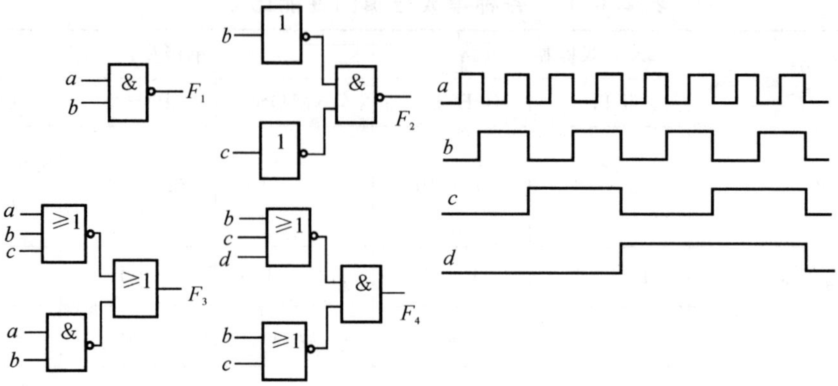

图　P2.2

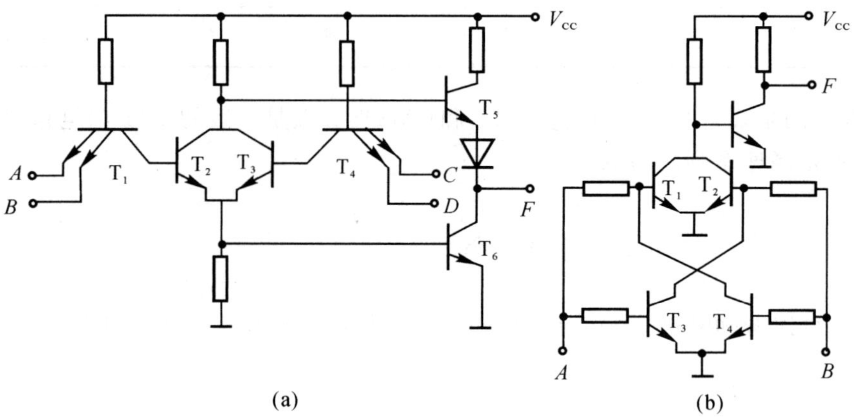

图　P2.3

4. 电路如图 P2.4 所示，为使其完成 $C=1$ 时，$F=\overline{B}$，电路应如何改动？

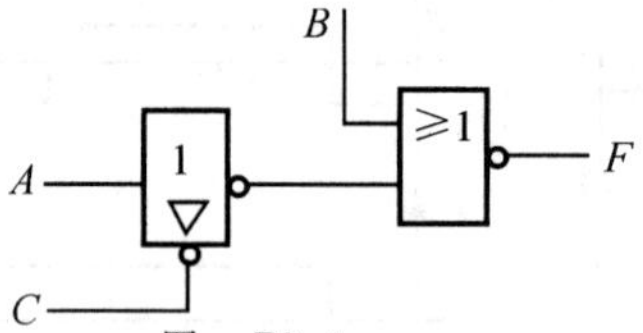

图　P2.4

5. 输入波形如图 P2.5(b) 所示，试画出图 P2.5(a) 所示逻辑门的输出波形。

6. 改正图 P2.6 所示 TTL 电路中的错误。

7. 电路如图 P2.7(a) ～ (f) 所示，已知输入信号 A，B 的波形如图 P2.7(g) 所示，试画出各个电路输出的电压波形。

8. 电路及输入波形如图 P2.8(a)，(b) 所示。试按 A,B,C 及 X_1，X_2，X_3 的波形画出输出的波形。

9. CMOS 电路如图 P2.9(a) 所示，已知输入 A,B 及控制端 C 的波形如图 P2.9(b) 所示，试画出 Q 端的波形。

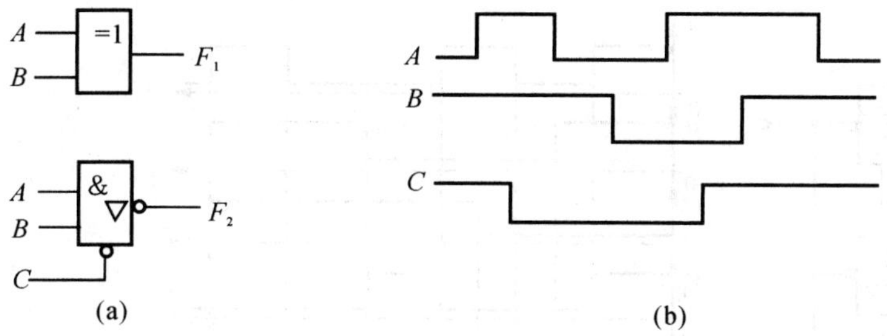

图　P2.5

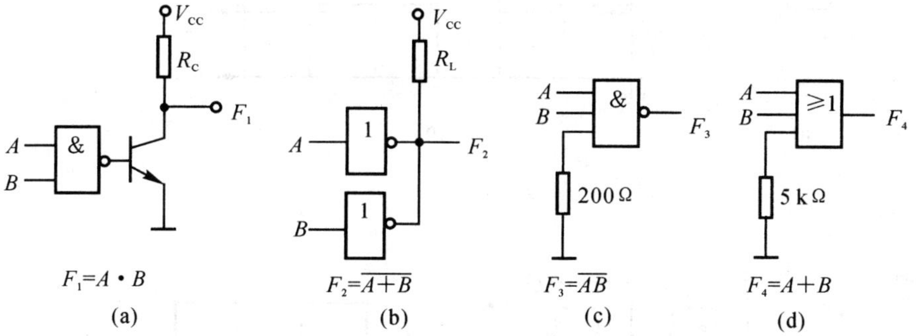

图　P2.6

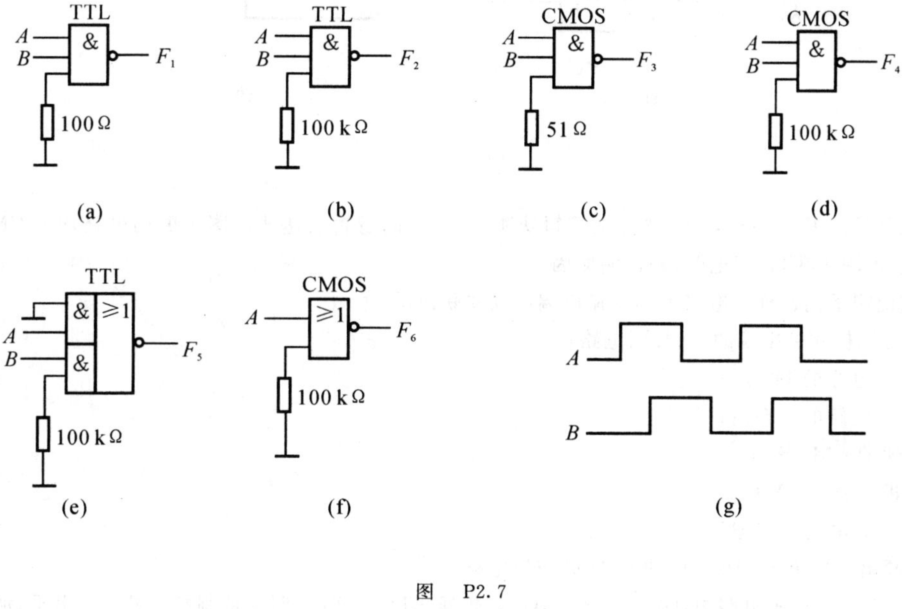

图　P2.7

10. 分析图 P2.10 所示各电路的逻辑功能。

11. 在CMOS门电路中，有时采用图 P2.11 所示的方法扩展输入端。试分析图 P2.11(a)，(b) 所示电路的逻辑功能，写出Y的逻辑表达式。假定$V_{DD}=10$ V，二极管的正向导通压降$V_D=0.7$ V。并说明这种扩展输入端的方法能否用于 TTL 电路及原因。

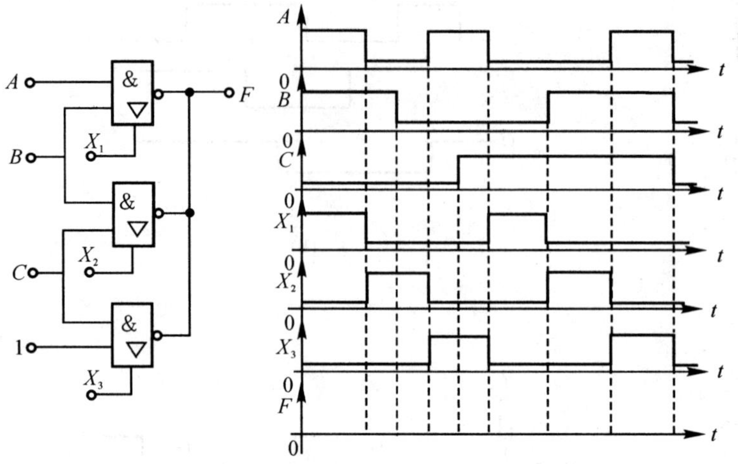

(a) (b)

图 P2.8

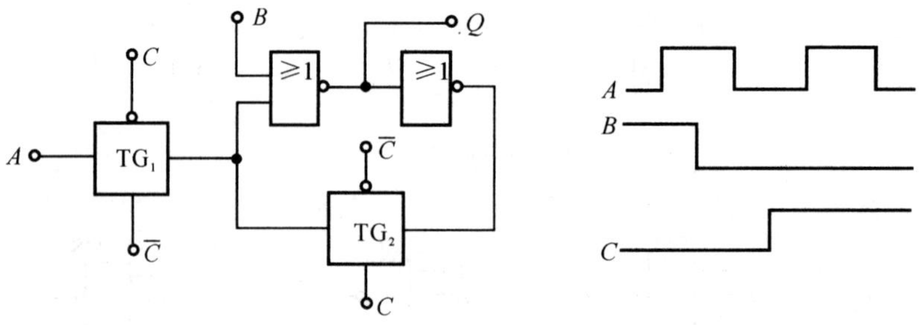

(a) (b)

图 P2.9

12. 试分析图 P2.12(a)，(b) 电路的逻辑功能，写出 Y 的逻辑表达式。图中的门电路均为 CMOS 门电路，本电路能否用于 TTL 门电路，并说明原因。

13. 试说明下列各种门电路中哪些输出端可以并联使用：

(1) 具有推拉式输出端的 TTL 门电路；

(2) TTL 电路的 OC 门；

(3) TTL 电路的三态门；

(4) 普通的 CMOS 门；

(5) 漏极开路的 CMOS 门；

(6) CMOS 电路的三态门。

14. 试画出完成 $F=\overline{AB}+C$ 的 CMOS 逻辑电路。

15. 如图 P2.13 所示电路中，G_1 是三态门，G_2 是普通 TTL 与非门，假定控制端 C 处于高电平，那么开关 K 合上和断开时，三态门的输出电位各为多少？而当控制端 C 处于低电平时，在 K 合上和断开两种情况下，三态门的输出电位又是多少？

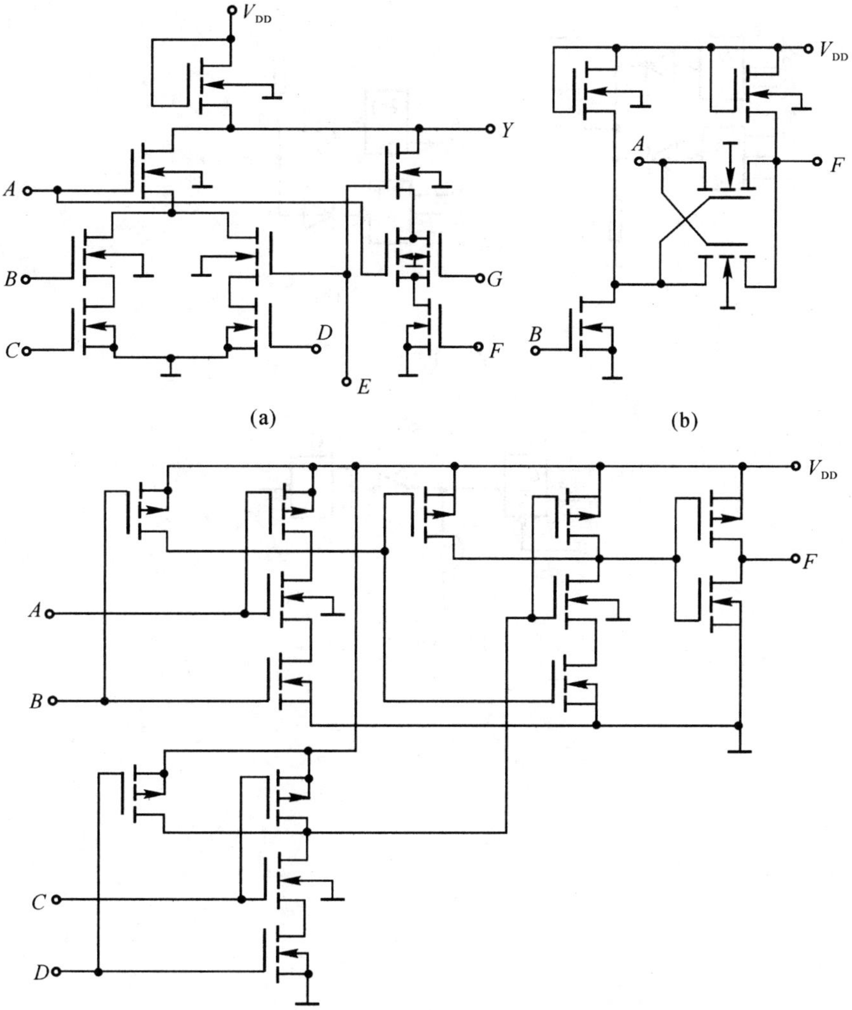
V_{DD}
Y
A
B
C
D
E
G
F
(a)
V_{DD}
A
F
B
(b)
V_{DD}
A
B
F
C
D
(c)

图 P2.10

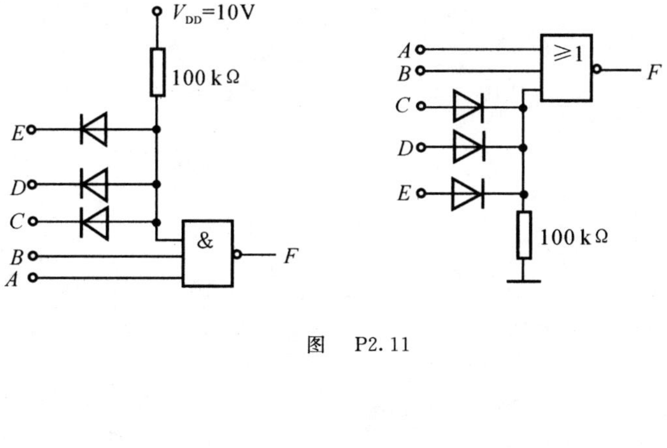
V_{DD}=10V
100 kΩ
E
D
C
B
A
&
F
A
B
≥1
F
C
D
E
100 kΩ

图 P2.11

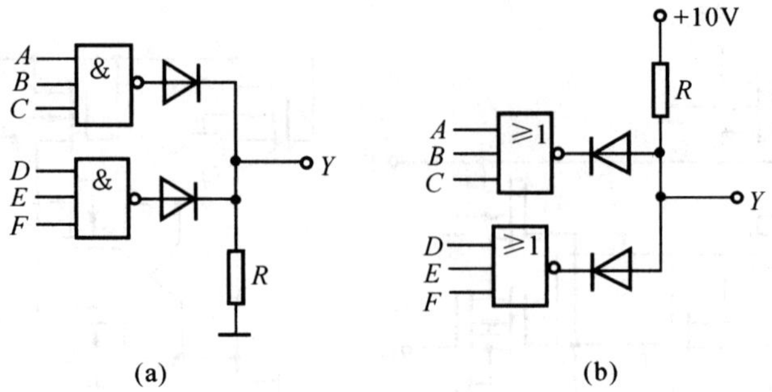

图　P2.12

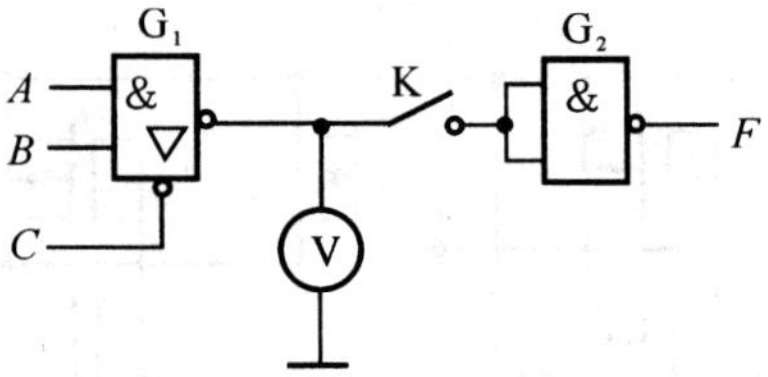

图　P2.13

第三章　数制与编码

计算机及数字设备中存在两种不同类型的运算 —— 逻辑运算和算术运算。逻辑运算实际上是用于实现某种控制功能，而算术运算则是对数据进行加工。算术运算的对象是数据，因此对数的基本特征和性质应有所了解。同时，数字设备采用二进制数，因此在数字设备中的数、字母、符号等都要以特定的二进制码来表示 —— 这就是二进制编码。所以本章将介绍一些数的基本知识及常用的编码。

第一节　进位计数制

一、十进制数

在十进制数中，采用了 0，1，2，3，4，5，6，7，8，9，十个有序数字和一个小数点符号“.”，将它们并列在一起即可表示一个十进制数。十进制数的特点是“逢十进一”“借一为十”。例如 567.4 共有四位，最左面为百位（5 代表 500），第二位为十位（6 代表 60），第三位为个位（7 代表 7），小数点右边第一位为十分位（4 代表 4/10）。可以看出，处于不同位置的数字有着不同的意义，或者说有着不同的权。于是有

$$(567.4)_{10} = 5 \times 10^2 + 6 \times 10^1 + 7 \times 10^0 + 4 \times 10^{-1}$$

式中的下角标 10 表示十进制，即以 10 为基数。上式左面的形式，称之为十进制数的位置记数法，或称并列表示法。上式右边的形式，称之为十进制数的多项式表示法，或称按权展开式。

任意一个十进制数 N 可表示为

$$N_{10} = (a_{n-1}a_{n-2}\cdots a_1a_0.a_{-1}a_{-2}\cdots a_{-m})_{10} = a_{n-1}10^{n-1} + a_{n-2}10^{n-2} + \cdots + a_1 10^1 + a_0 10^0 + a_{-1}10^{-1} + \cdots + a_{-m}10^{-m} = \sum_{i=-m}^{n-1} a_i \times 10^i$$

式中 n 为整数位，m 为小数位，a_i 是十进制中十个数字 0，1，2，3，4，5，6，7，8，9 中任何一个，记作

$$0 \leqslant a_i \leqslant 9$$

二、二进制数

在数字系统中常采用二进制数。在二进制数中，采用 0，1 两个有序数字和一个小数点符号，将它们并列在一起即可表示为一个二进制数。二进制数的特点是“逢二进一”“借一为二”。例如二进制数 $(1101.01)_2$ 可用下面形式表示：

$$(1101.01)_2 = 1\times 2^3 + 1\times 2^2 + 0\times 2^1 + 1\times 2^0 + 0\times 2^{-1} + 1\times 2^{-2}$$

其中的位权值为 2^3，2^2，2^1，2^0，2^{-1}，2^{-2}。

任意一个二进制数 N 可表示为

$$(N)_2 = (b_{n-1}b_{n-2}\cdots b_1b_0.b_{-1}b_{-2}\cdots b_{-m})_2 = b_{n-1}2^{n-1} + b_{n-2}2^{n-2} + \cdots + b_1 2^1 + b_0 2^0 + b_{-1}2^{-1} + \cdots + b_{-m}2^{-m} = \sum_{i=-m}^{n-1} b_i 2^i$$

式中 n 为整数位，m 为小位数，$0 \leqslant b_i \leqslant 1$，二进制数中基数为 2。

三、任意 *R* 进制数

对于一个基数为 $R(R \geqslant 2)$ 的 R 进制数计数制可用 $0,1,2,\cdots,R-1$ 个有序数字和“•”将它们并列在一起即可表示一个 R 进制数。R 进制数的特点是“逢 R 进一”“借一为 R”。任意一个 R 进制数 N 可表示为

$$(N)_R = C_{n-1}C_{n-2}\cdots C_1C_0.C_{-1}\cdots C_{-m} = C_{n-1}R^{n-1} + C_{n-2}R^{n-2} + \cdots + C_1R^1 + C_0R^0 + C_{-1}R^{-1} + \cdots + C_{-m}R^{-m} = \sum_{i=-m}^{n-1} C_iR^i$$

式中 n 为整数位，m 为小位数，$0 \leqslant C_i \leqslant R-1$。其中位权值为 R^{n-1}，R^{n-2}，$\cdots$，R^1，R^0，R^{-1}，$\cdots$，R^{-m}。

在 R 进制数中若取 $R=8$，则为八进制数，它是由 0,1,2,3,4,5,6,7 八个有序数字和“•”并列组成任意一个八进制数。其特点是“逢八进一”“借一为八”。若取 $R=16$，则为十六进制数，它是由 0,1,2,3,4,5,6,7,8,9,A,B,C,D,E,F 十六个有序数字和“•”并列组成任意一个十六进制数，其特点是“逢十六进一”“借一为十六”。其中 A,B,C,D,E,F 6 个符号依次表示 $10 \sim 15$。

八进制和十六进制数也是数字系统和计算机常用的二种进制数。

表 3.1.1 列出了几种进位制整数 $0 \sim 17$ 的数值。从这个表中不但可以看出这种数的进位特点，而且可以比较出这几种进位制数值的对应关系。例如

$$(15)_{10} = (1111)_2 = (120)_3 = (33)_4 = (17)_8 = (F)_{16}$$

表 3.1.1　数制表

$R=10$	$R=2$	$R=3$	$R=4$	$R=8$	$R=16$
0	0	0	0	0	0
1	1	1	1	1	1
2	2	2	2	2	2
3	11	10	3	3	3
4	100	11	10	4	4
5	101	12	11	5	5
6	110	20	12	6	6
7	111	21	13	7	7
8	1000	22	20	10	8
9	1001	100	21	11	9
10	1010	101	22	12	A

续 表

$R=10$	$R=2$	$R=3$	$R=4$	$R=8$	$R=16$
11	1011	102	23	13	B
12	1100	110	30	14	C
13	1101	111	31	15	D
14	1110	112	32	16	E
15	1111	120	33	17	F
16	10000	121	100	20	10
17	10001	122	101	21	11

第二节　数制转换

一个数从一种进位计数制表示法转换成另外一种进位计数制表示法，称为数制转换。

一、将 R 进制数转换为十进制数

将 R 进制数转换为十进制数可采用多项式替代法，即将 R 进制数按权展开，再在十进制的数制系统内进行计算，所得结果就是该 R 进制数的十进制数形式。

例 3.2.1　$N=(11010.11)_2=(?\ )_{10}$

解　按权展开

$$N=1\times 2^4+1\times 2^3\times 0\times 2^2+1\times 2^1+$$
$$0\times 2^0+1\times 2^{-1}+1\times 2^{-2}=(26.75)_{10}$$

例 3.2.2　$N=(137.504)_8=(?\ )_{10}$

解

$$N=1\times 8^2+3\times 8^1+7\times 8^0+5\times 8^{-1}+0\times 8^{-2}+4\times 8^{-3}=$$
$$64+24+7+0.625+0+0.007\,812\,5=(95.632\,812\,5)_{10}$$

例 3.2.3　$N=(12AF.B4)_{16}=(?\ )_{10}$

解

$$N=1\times 16^3+2\times 16^2+10\times 16^1+15\times 16^0+11\times 16^{-1}+4\times 16^{-2}=$$
$$4\,096+512+160+15+0.687\,5+0.015\,625=(4\,783.703\,125)_{10}$$

二、将十进制数转换成 R 进制数

将十进制数转换成 R 进制数可采用基数除乘法。即整数部分的转换采用基数除法，小数部分的转换采用基数乘法，然后再将转换结果合并起来。下面以十进制数转换成二进制数为例进行说明。

(1) 整数转换。采用基数除法。

设有一个十进制整数 $(N)_{10}$，将它表示成二进制的形式

$$(N)_{10}=b_{n-1}2^{n-1}+b_{n-2}2^{n-2}+\cdots+b_1 2^1+b_0 2^0$$

将 2 从前 $n-1$ 项括出，相当于除以 2，得

$$(N)_{10}=2(b_{n-1}2^{n-2}+b_{n-2}2^{n-3}+\cdots+b_1)+b_0=2A_1+b_0$$

式中 A_1 为除 2 后所得的商，b_0 为余数。可见余数 b_0 就是二进制数的最低位。把商 A_1 再除以 2 得

到余数 b_1 为二进制数的第二位，如此连续除 2 得

$$A_1 = 2A_2 + b_1$$
$$A_2 = 2A_3 + b_2$$
$$\cdots$$
$$A_i = 2A_{i+1} + b_i$$

一直进行到商为 0，余数为 b_{n-1} 为止。

例 3.2.4 $(53)_{10} = (?)_2$

解

除数	被除数/商		余数	
2	53			
2	26	—	1	(LSB)
2	13	—	0	↑
2	6	—	1	↑
2	3	—	0	↑
2	1	—	1	↑
	0	—	1	(MSB)

箭头表示由高位到低位的方向，所以 $(53)_{10} = (110101)_2$。同理，若将十进制数转换成八进制数，由于基数为 8，所以逐次除以 8 除余数即可。

例 3.2.5 $(53)_{10} = (?)_8$

解

除数	被除数/商		余数	
8	53			
8	6	—	5	↑
	0	—	6	

所以

$$(53)_{10} = (65)_8$$

(2) 小数转换。采用基数乘法。

设有一个十进制小数 $(N)_{10}$，将它表示成二进制的形式：

$$(N)_{10} = b_{-1}2^{-1} + b_{-2}2^{-2} + \cdots + b_{-m}2^{-m}$$

上式两边乘以 2，得

$$2(N)_{10} = b_{-1} + (b_{-2}2^{-1} + \cdots + b_{-m}2^{-m+1})$$

b_{-1} 为 0 或 1，而括号中数值则小于 1。连续乘以 2，可以得到 b_{-1}，b_{-2}，…，b_{-m}。直至最后乘积为 0 或达到一定的精度为止。

例 3.2.6 $(0.375)_{10} = (?)_2$

解

	0. 3 7 5	
×	2	
	(0). 7 5 0	$b_{-1} = 0$
×	2	
	(1). 5 0 0	$b_{-2} = 1$
×	2	
	(1). 0 0 0	$b_{-3} = 1$

所以$(0.375)_{10}=(0.011)_2$

例 3.2.7 $(0.39)_{10}=(?)_2$，要求精度达到0.1%。

解 由于要求精度达到0.1%，所以需要精确到二进制小数十位，即$1/2^{10}=1/1\,024$

$$
\begin{array}{llll}
 & 0. & 3\ 9 & \\
\times & & \ \ \ 2 & \\
 & (0). & 7\ 8 & b_{-1}=0 \\
\times & & \ \ \ 2 & \\
 & (1). & 5\ 6 & b_{-2}=1 \\
\times & & \ \ \ 2 & \\
 & (1). & 1\ 2 & b_{-3}=1 \\
\times & & \ \ \ 2 & \\
 & (0.) & 2\ 4 & b_{-4}=0 \\
\times & & \ \ \ 2 & \\
 & (0). & 4\ 8 & b_{-5}=0 \\
\times & & \ \ \ 2 & \\
 & (0). & 9\ 6 & b_{-6}=0 \\
\times & & \ \ \ 2 & \\
 & (1). & 9\ 2 & b_{-7}=1 \\
\times & & \ \ \ 2 & \\
 & (1). & 8\ 4 & b_{-8}=1 \\
\times & & \ \ \ 2 & \\
 & (1). & 6\ 8 & b_{-9}=1 \\
\times & & \ \ \ 2 & \\
 & (1). & 3\ 6 & b_{10}=1
\end{array}
$$

所以

$$(0.39)_{10}=(0.0110001111)_2$$

同理，若将十进制小数转换成八进制小数，由于基数为8，所以小数部分依次连续乘以8，取整数即可。

例 3.2.8 $(0.39)_{10}=(?)_8$，要求精确到0.01%。

解 由于$1/8^4=1/4\,096=0.02\%$，所以需要精确到八进制小数的四位。

$$
\begin{array}{llll}
 & 0. & 3\ 9 & \\
\times & & \ \ \ 8 & \\
 & (3). & 1\ 2 & c_{-1}=3 \\
\times & & \ \ \ 8 & \\
 & (0). & 9\ 6 & c_{-2}=0 \\
\times & & \ \ \ 8 & \\
 & (7). & 6\ 8 & c_{-3}=7 \\
\times & & \ \ \ 8 & \\
 & (5). & 4\ 4 & c_{-4}=5
\end{array}
$$

所以 $$(0.39)_{10}=(0.3075)_8$$

(3) 既有整数又有小数的十进制数 N 转换成 R 进制数。把一个带有整数和小数的十进制数转换成 R 进制数时，是将整数部分和小数部分分别进行转换，然后将结果合并起来。例如，将十进制数 $(53.375)_{10}$ 转换成二进制数，可按例 3.2.4 和例 3.2.6 分别转换，并将结果合并，得到

$$(53.375)_{10}=(110101.011)_2$$

三、任意两种进位制数之间的转换

任意两种进位制数之间的转换，一种方便的方法就是利用十进制作桥梁。

首先将 $(N)_\alpha$ 转换为 $(N)_{10}$。这可采用多项式替代法，在十进制中进行计算，然后将 $(N)_{10}$ 转换为 $(N)_\beta$，这可采用基数除乘法。

例 3.2.9 $(1023.231)_4=(?)_5$

解 第一步：采用多项式替代法把该数转换为十进制数

$$(1023.231)_4=1\times4^3+0\times4^2+2\times4^1+3\times4^0+2\times4^{-1}+3\times4^{-2}+1\times4^{-3}=(75.703125)_{10}$$

第二步：采用基数除乘法把该数从十进制数转换为五进制数。

整数部分

$$\begin{array}{r|rl} 5 & 75 & \\ 5 & 15 & —\ 0 \\ 5 & 3 & —\ 0 \\ & 0 & —\ 3 \end{array}$$

小数部分

$$\begin{array}{rl} & 0.\,703125 \\ \times & \qquad\quad 5 \\ \hline & (3).\,515625 \\ \times & \qquad\quad 5 \\ \hline & (2).\,578125 \end{array}$$

所以 $$(1023.231)_4=(300.32)_5$$

四、基数为 2^K 进位制数之间的转换

二进制数虽然在数字系统和计算机中获得广泛应用，但它有写起来很长的缺点。基数为 2^K 的进位制（K 为正整数）获得了广泛使用，因为它们具有与二进制转换特别直接、方便的优点。

二、八、十六进制之间的基数为 2^K 的关系，即

$$2^3=8^1 \qquad 2^4=16^1$$

所以一位八进制数可直接用三位二进制数代替，一位十六进制数可直接用四位二进制数代替。例如二进制数 $(100110.001100101)_2$ 与八进制数和十六进制数有如下关系：

二进制数	100	110.	001	100	101
八进制数	4	6.	1	4	5

所以 $$(100110.001100101)_2=(46.145)_8$$

二进制数	10	0110.	0011	0010	1000
十六进制数	2	6.	3	2	8

所以 $$(100110.001100101)_2=(26.328)_{16}$$

例 3.2.10 $(65.307)_8=(?)_2$

解 由于一位八进制数可用三位二进制数代替，因而可直接进行转换，即

$$(65.307)_8=(\underline{110}\ \underline{101}.\ \underline{011}\ \underline{000}\ \underline{111})_2$$

例 3.2.11 $(A2D.E)_{16}=(?\ )_2$

解 由于一位十六进制数可用四位二进制数代替，因而可直接进行转换，即

$$(A2D.E)_{16}=(\underline{1010}\ \underline{0010}\ \underline{1101}.\ \underline{1110})_2$$

例 3.2.12 $(BF.28A)_{16}=(?\ )_8$

解 十六进制数和八进制数之间的转换可以二进制为桥梁，先将十六进制数转换成二进制数，再将该二进制数转换成八进制数。

$$(BF.28A)_{16}=(\underline{1011}\ \underline{1111}.\ \underline{0010}\ \underline{1000}\ \underline{1010})_2=(277.1212)_8$$

所以 $$(BF.28A)_{16}=(277.1212)_8$$

反之，若将$(277.1212)_8$ 转换成十六进制数，则

$$(277.1212)_8=(\underline{010}\ \underline{111}\ \underline{111}.\ \underline{001}\ \underline{010}\ \underline{001}\ 010)_2=(BF.28A)_{16}$$

所以 $$(277.1212)_8=(BF.28A)_{16}$$

第三节 编 码

在数字系统中，任何数据和信息都是用代码表示的。在二进制中只有 0，1 两个数字符号，若有 n 位二进制数，则可有 2^n 种不同的组合，即可代表 2^n 种不同的信息。指定某一组合去代表某个给定的信息，这一过程就是编码，而将表示给定信息的这组符号叫做码或代码。由于指定是可以任意的，故存在多种多样的编码方案。本节将讨论几种常用的编码。

一、二-十进制(BCD)码

在数字系统中，十进制数除了转换成二进制数以外，还可把十进制数用代码表示。该码具有二进制数的形式(满足了计算机必须使用二进制的要求)，又具有十进制数的特点，它可以作为人与计算机联系时的一种中间表示。在某些情况下，计算机也可以对这种形式表示的数直接进行运算。

一位十进制数有 0 ～ 9 十个数码，必须用四位二进制数来表示，而四位二进制数有十六种组态，指定其中的任意 10 个组态来表示十进制数的十个数，其编码方案是很多的。共有

$$N=\frac{16!}{(16-10)!}=2.9\times10^{10}$$

种方案。BCD 码分为有权码和无权码两大类。

1. 有权 BCD 码

在有权 BCD 码中，每一个十进制数字均用一个四位二进制码来表示，这四位二进制码中的每一位均有固定权值。常见的有权 BCD 码如表 3.3.1 所示。

(1) 8421 码。8421BCD 码，它将十进制数的十个数字用 4 位二进制表示，每位都有固定的权，所以称为有权码。按照从左到右的顺序，各位的权分别是 2^3，2^2，2^1，2^0，即 8，4，2，1。设 8421 码四个数字符号为 $a_3a_2a_1a_0$，则代码表示的十进制数值为

$$8a_3+4a_2+2a_1+1a_0$$

例如在 8421 码中 1000 就代表

$$8\cdot1+4\cdot0+2\cdot0+1\cdot0=8$$

表 3.3.1 常见几种有权 BCD 码

权值 / 十进制数	8421	5421	2421	631-1	7321
0	0000	0000	0000	0011	0000
1	0001	0001	0001	0010	0001
2	0010	0010	0010	0101	0010
3	0011	0011	0011	0111	0011
4	0100	0100	0100	0110	0101
5	0101	1000	1011	1001	0110
6	0110	1001	1100	1000	0111
7	0111	1010	1101	1010	1000
8	1000	1011	1110	1101	1001
9	1001	1100	1111	1100	1010

要注意在 8421 码中不允许出现 1010 ～ 1111 这 6 个代码。因为在十进制数中没有单个的数字符号同它们对应，是属于禁用码组。

8421BCD 码和十进制数之间的转换是直接按位进行转换，例如

$$(37.86)_{10}=(0011,\ 0111.1000,\ 0110)_{8421BCD}$$

同理 8421BCD 码也可直接转换为十进制数。例如

$$(011000101000.10010101)_{8421BCD}=(628.95)_{10}$$

(2) 2421 码。2421BCD 码是另一种有权码，它也有四位，从左到右四位的权分别是 2,4,2,1。设 2421 码中四个数字符号为 $a_3a_2a_1a_0$，则它所代表的数值为 $2a_3+4a_2+2a_1+1a_0$。例如在 2421 码中 1111 就代表 $2\times1+4\times1+2\times1+1\times1=9$，全部 2421 码代表的数值见表 3.3.1。

十进制数的代码表示有时可直接参与十进制计数，在十进制加减运算中常需要求十进制数字对 9 之补，即求取 9 与该数字的差。例如 4 的对 9 之补是 $9-4=5$，0 的对 9 之补是 $9-0=9$。2421BCD 码能很方便地求得对 9 之补，因为它具有对 9 的自补特性，被称为是一种对 9 的自补代码。即 2421BCD 码所表示的数，只要自身按位取反，就能得到该数对 9 之补的 2421BCD 码。例如：

4 的 2421 码是 0100。4 对 9 之补是 $9-4=5$，而 5 的 2421 码是 1011。0100 和 1011 之间是自身按位取反的。

2421BCD 码和十进制数之间也是直接按位进行转换。例如

$$(853.75)_{10}=(1110,1011,0011.1101,1011)_{2421BCD}$$

(3) 631-1 码。631-1 码也是有权码，它也有四位，从左到右四位的权分别是 6,3,1,-1。设 631-1 码中四个数字符号为 $a_3a_2a_1a_0$，则它所代表的数值为 $6a_3+3a_2+1a_1-1a_0$。例如在631-1 码中 1010 就代表 $6\times1+3\times0+1\times1-1\times0=7$，全部的 631-1 码代表的数值见表 3.3.1。631-1 码也具有对 9 的自补特性，是对 9 的自补代码。

631-1 码和十进制数之间也是直接按位进行转换。例如

$$(853.75)_{10}=(1101,1001,0111.1010,1001)_{631\text{-}1BCD}$$

2. *无权 BCD 码*

无权 BCD 码没有确定的位权值，因此不按位权展开来求它们所代表的十进制数。但是这些代码都有其特点，在不同场合可以根据需要选用。

常见的几种无权 BCD 码如表 3.3.2 所示。

表 3.3.2　几种常见的无权 BCD 码

十进制数 \ 名称	余 3 码	单位间距码	余 3 循环码	移存码	自补码
0	0011	0000	0010	0001	1001
1	0100	0001	0110	0010	1000
2	0101	0011	0111	0100	0101
3	0110	0010	0101	1001	0000
4	0111	0110	0100	0011	1100
5	1000	0111	1100	0111	0011
6	1001	0101	1101	1111	1111
7	1010	0100	1111	1110	1010
8	1011	1100	1110	1100	0111
9	1100	1000	1010	1000	0110

(1) 余 3 码。余 3 码也有四位。对应于同样的十进制数，这种代码比相应的 8421BCD 码多出 0011，所以称余 3 码。例如 2 在 8421BCD 码中是 0010，在余 3 码中就成为 0010＋0011＝0101。全部余 3 码见表 3.3.2。分析表 3.3.2 的余 3 码可以看出，余 3 码也是一种对 9 的自补代码，但各位无固定的权。

(2) 余 3 循环码。余 3 循环码如表 3.3.2 所示。它的编码特点是两个相邻码组之间只有一个码元不同，即两个相邻数码之间仅有一位不同，利用这个特性，将可避免计数过程中出现的瞬态模糊状态即出现误码，因此在高分辨率设备中常被采用。

例如不具有余 3 循环码编码特点 8421BCD 码从 7 变到 8 时，即从 0111→1000 所有位数都有改变。如果 4 位改变不是同时发生(严格地说，是不会完全同时发生的)，那么在计数过程中就可能在短暂的时间内出现误码如 0000，0100，0110 等，这种误码的出现虽然短暂，有时却是不允许的。余 3 循环码从编码的形式上杜绝了出现这种错误的可能。

二、奇偶校验码

二进制信息在传送的过程中，可能会发生错误，即有的 1 错成 0，或有的 0 错成 1。奇偶校验码是一种具有检验这种差错能力的代码。一个代码组中包括两部分。

(1) 信息位。即需要传送的信息本身，可以是位数不限的二进制代码组。例如并行传送 8421 码，信息位就是四位(见表 3.3.3)。

(2) 校验位。仅有一位，它的编码有两种方式：使得一个代码组中信息位和校验位中“1”的总个数为奇数的叫奇校验；“1”的总个数为偶数的叫偶校验。在表 3.3.3 中，在偶校验时，十进制数 0 的奇偶校验码全是 0；而在奇校验时，任何十进制数的奇偶校验码中至少有一位是“1”。

对接收到的奇偶校验码要进行检查，看码中“1”的个数的奇偶是否对。如果不对，就是错码。例如按表 3.3.3 中规定带偶校验的 8421 码，接收到如下所示码组：

信息位				校验位
0	0	1	0	1
0	0	1	1	0
1	0	0	0	0

表 3.3.3 奇偶校验码

十进制数	带奇校验的 8421 码	带偶校验的 8421 码
0	0 0 0 0 1	0 0 0 0 0
1	0 0 0 1 0	0 0 0 1 1
2	0 0 1 0 0	0 0 1 0 1
3	0 0 1 1 1	0 0 1 1 0
4	0 1 0 0 0	0 1 0 0 1
5	0 1 0 1 1	0 1 0 1 0
6	0 1 1 0 1	0 1 1 0 0
7	0 1 1 1 0	0 1 1 1 1
8	1 0 0 0 0	1 0 0 0 1
9	1 0 0 1 1	1 0 0 1 0
	信息位 校验位	信息位 校验位

在检查时发现,前面两个代码组中"1"的总个数都是偶数,因此被认为是正确的。而第 3 个代码组中,"1"的总个数为奇数,是非法码。由于不知道出错在哪一位,因此无法校正。应该指出,如果奇偶校验码中发生了双错(有两位出错),奇偶校验码也查不出来了。但毕竟双错的概率要比单错少得多,所以这种校验还是很有价值的。

三、字符代码

在数字系统中,0 和 1 不仅可以代表数,还可用 0,1 组成表示字母和符号的代码。利用字符代码可以进行十进制数、字母和各种符号的信息交换。

目前广泛使用的字符代码有博多码,它是由五位二进制数码组成,又称五单位码,还有 ASCII 码,它是由七位二进制数码组成,也称七单位码。在 ASCII 码基础上再加一位奇偶校验位就成为八单位码。

博多码主要用于电传打字机和数字通信中,ASCII 码多用于数字系统及计算机中。在 IBM 系列计算机中还常用到 EBCDIC 码。有关这类字符码的部分编码如表 3.3.4 所示。

表 3.3.4 几种常用的字符代码(部分)

字　符	电传码(五单位)	ASCII(七单位)	EBCDIC 码(八单位)
0	01101	0110000	11110000
1	11101	0110001	11110001
2	11001	0110010	11110010
3	10000	0110011	11110011
4	01010	0110100	11110100
5	00001	0110101	11110101
6	10101	0110110	11110110
7	11100	0110111	11110111
8	01100	0111000	11111000
9	00011	0111001	11111001
A	11000	1000001	11000001
B	10011	1000010	11000010

续表

字　　符	电传码(五单位)	ASCII(七单位)	EBCDIC 码(八单位)
C	01110	1000011	11000011
D	10010	1000100	11000100
E	10000	1000101	11000101
F	10110	1000110	11000110
G	01011	1000111	11000111
H	00101	1001000	11001000
I	01100	1001001	11001001
J	11010	1001010	11010001
K	11110	1001011	11010010
L	01001	1001100	11010011
M	00110	1001101	11010100
N	00111	1001110	11010101
O	00011	1001111	11010110
P	01101	1010000	11010111
Q	11101	1010001	11011000
R	01010	1010010	11011001
S	10100	1010011	11100010
T	00001	1010100	11100011
U	11100	1010101	11100100
V	10111	1010110	11100101
W	11001	1010111	11100110
X	10111	1011000	11100111
Y	10101	1011001	11101000
Z	10001	1011010	11101001
空格	00100	0100000	01000000
·	00111	0101110	01001011
(	11110	0101000	01001101
+	10001	0101011	01001110
$		0100100	01011011
*	10010	0101010	01011100
)	01001	0101001	01011101
—	11000	0101101	01100000
/	10111	0101111	01100001
,	00101	0101100	01101011
=	01111	0111101	01111110
号码键	11011		
字母键	11111		

由于五单位字符代码只能表示 32 种字符，而常用的字符代码 10 个数字和 26 个字母就超过 32 个了，因此规定每个五单位代码既可代表数字或符号也可代表字母，这由前一个操作键是号码键还是字母键来区分。由表 3.3.4 可知号码键代码为 11011，字母键代码为 11111。因此，同一代码 10101 在号码键之后为 6，在字母键之后为 Y。

习 题 三

1. 将下列十进制数转换为二进制数。

(1) 54；　(2) 0.437；　(3) 135.625；　(4) 10 000。

2. 将下列二进制数转换为十进制数。

(1) 10.10001；　(2) 10110.0101；　(3) 1101101.111；　(4) 1110101.110；

3. 把下列各数转换成十进制数(小数点后取3位)。

(1) $(78.8)_{16}$；　(2) $(5ECA.B)_{16}$；　(3) $(754.2)_8$；　(4) $(534.6)_8$；

(5) $(431.2)_5$；　(6) $(632.5)_7$。

4. 把下面已知基数的数变换成指定基数的数。

(1) 十进制数225.246转换成二进制、八进制、十六进制数。

(2) 二进制数11010101.011转换成十进制、八进制和十六进制数。

(3) 八进制数726.77转换成十进制、二进制和十六进制数。

(4) 十六进制数2BC5.E转换成十进制、二进制和八进制数。

5. 将四进制数312.32转换成五进制数。

6. 完成下列数的加、减运算。

(1) $(11011)_2+(10111)_2$；　$(11011)_2-(10111)_2$；

(2) $(76.5)_8+(57.4)_8$；　$(76.5)_8-(57.4)_8$；

(3) $(EDF.A3)_{16}+(ACB.25)_{16}$；$(EDF.A3)_{16}-(ACB.25)_{16}$。

7. 将下列各十进制数转换为BCD码。

(1) $(892.56)_{10}=(?)_{8421BCD}$；　(2) $(526.72)_{10}=(?)_{\text{余3码}}$；　(3) $(469.78)_{10}=(?)_{2421BCD}$；

(4) $(786.25)_{10}=(?)_{631\text{-}1BCD}$；　(5) $(645.89)_{10}=(?)_{5421BCD}$。

8. 将下列各BCD码转换为十进制数。

(1) $(1001\ 0111\ 0110.0101\ 0100)_{8421BCD}=(?)_{10}$；

(2) $(0101\ 1000\ 1100.1010\ 0111)_{\text{余3码}}=(?)_{10}$；

(3) $(1011\ 1101\ 1111.0011\ 0100)_{2421BCD}=(?)_{10}$；

(4) $(1010\ 1101\ 1100.0110\ 0111)_{631\text{-}1BCD}=(?)_{10}$。

9. 将二进制数$(11011001.1)_2$转换为对应的余3码。

10. 将八进制数$(756.32)_8$转换为对应的8421BCD码。

11. 将十六进制数$(AEFC.6B)_{16}$转换为对应的5421BCD码。

12. 某数(1100 1101 1110.1111)对应的十进制数是$(678.9)_{10}$，问该数是什么BCD码？

第四章　逻辑函数及其简化

无论是数字仪表还是数字计算机，其对外的功能虽然比较复杂，但其内部通常是由几种或十几种最基本的电子线路组成。在这些电子线路中，多数都是数字逻辑电路。

所谓逻辑电路就是用逻辑函数进行描述的电路，该电路的输入输出具有一定的逻辑关系。通常逻辑电路的输入、输出量都是用脉冲的有无、电位的高低、开关的通断来表示的。这里脉冲的有无、电位的高低以及开关的通断都属于一对对“矛盾”。人们在分析矛盾、解决矛盾的过程中为了获得明确的概念、正确的判断以及合乎逻辑规律的推理，有必要把这些矛盾性的概念以及解决矛盾的方法加以系统的数学描述，这就是“逻辑代数”。这是 1849 年由英国的乔治·布尔(George Boole)首先提出的，所以也叫“布尔代数”。

逻辑代数中把上述诸矛盾中的一方假定为“1”，另一方假定为“0”，这就是把这些矛盾的概念数学化了，然后利用逻辑代数中的一些基本前提及定理对问题作数学运算便可得到合乎逻辑推理的结果。由于数字计算机及数字仪表中采用的是二进制代码“0”和“1”，因此逻辑代数就可用来作为逻辑电路分析和设计的工具。

本章简单介绍逻辑代数的基本公式，重要定理及常用公式；介绍逻辑函数的标准形式，重点讲述应用逻辑代数化简逻辑函数的方法——代数法和卡诺图法。

第一节　逻辑代数

逻辑代数是逻辑电路分析和设计的工具，为了利用这个工具，我们首先要了解这个工具有什么基本特性，逻辑代数和普通代数又有什么异同之处。

逻辑代数和普通代数的共同点是用字母 $A,B,C,\cdots,X,Y,Z$ 等来表示变量。不同之处是这些变量的取值范围仅是“0”和“1”两个值。因此这种变量称为“逻辑变量”，这里的逻辑“0”和“1”是表示事物矛盾双方的一种符号。例如它们可以把高电位表示为“1”，低电位表示为“0”；有脉冲表示为“1”，没有脉冲表示为“0”，等等。所以逻辑“0”和“1”本身没有数值的意义，也不能比较它们之间的大小。此外，逻辑代数中对逻辑变量的运算也不同于普通代数，它有三种基本运算 —— 与、或、非，其运算规则是按照“逻辑”规则来定义的。

一、基本的逻辑运算

基本的逻辑运算有与、或、非三种，它们的逻辑函数式、逻辑符号及真值表如表 4.1.1 所示，表中内容的讨论如第二章第一节所述。

表 4.1.1　基本逻辑运算

逻辑运算	逻辑表达式	逻辑符号			真值表	基本运算规则
		国标符号	曾用符号	美、日常用符号		
与	$F=A\cdot B$	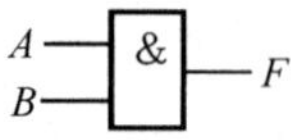	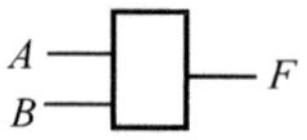	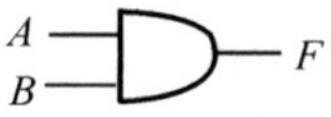	A B | $F=A\cdot B$ 0 0 | 0 0 1 | 0 1 0 | 0 1 1 | 1	$A\cdot A=A$ $A\cdot 1=A$ $A\cdot 0=0$
或	$F=A+B$	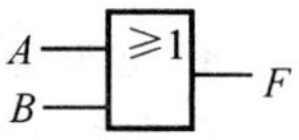	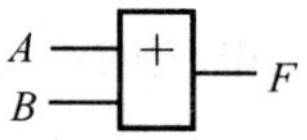	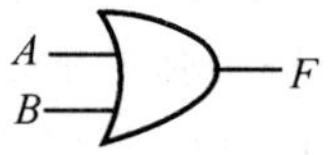	A B | $F=A+B$ 0 0 | 0 0 1 | 1 1 0 | 1 1 1 | 1	$A+A=A$ $A+1=1$ $A+0=A$
非	$F=\overline{A}$	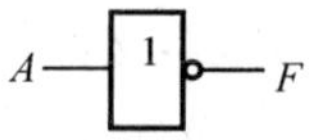	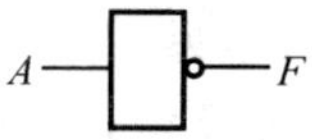	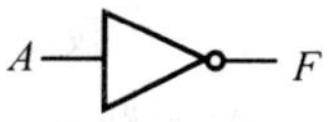	A | $F=\overline{A}$ 0 | 1 1 | 0	$\overline{\overline{A}}=A$ $A+\overline{A}=1$ $A\cdot\overline{A}=0$

二、复合逻辑运算

与、或、非是基本的逻辑运算。与门、或门、非门是实现这些基本运算的门电路。但从半导体数字集成电路制造的角度上讲，将上述三种基本逻辑运算做某种特定组合，形成导出逻辑运算更为方便。因而，这样的导出逻辑运算又称为面向器件的逻辑运算，是一种复合逻辑运算。有与非、或非、与或非、异或、同或等。

1. 与非逻辑

与非逻辑是与逻辑运算和非逻辑运算的复合。它是将输入变量先进行与再进行非的运算。能实现与非逻辑运算的电路称为与非门，图 4.1.1 给出与非门的三种逻辑符号。与非门的真值表如表 4.1.2 所示，其逻辑式为

$$F=\overline{A\cdot B}$$

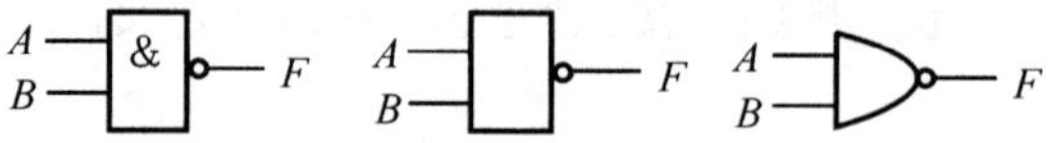

(a)　　(b)　　(c)

图 4.1.1　与非门逻辑符号

(a) 国标符号；(b) 曾用符号；(c) 美、日常用符号

图 4.1.2 所示为 $F=\overline{A \cdot B}$ 的工作波形图。

表 4.1.2　与非门真值表

A	B	$F=\overline{A \cdot B}$
0	0	1
0	1	1
1	0	1
1	1	0

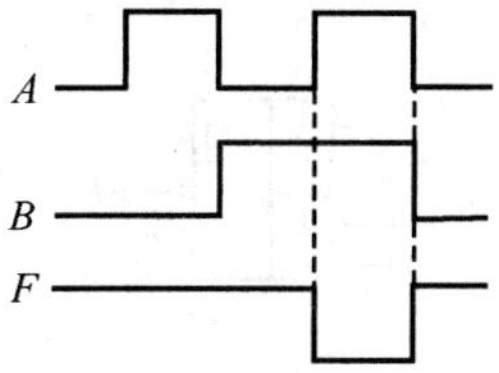

图 4.1.2　$F=\overline{A \cdot B}$ 波形图

从与非门真值表可以看出，仅当所有输入都为 1 时，输出才为 0；而只要有一个输入为 0，输出便是 1。

2. 或非逻辑

或非逻辑是或逻辑运算和非逻辑运算的复合。它是将输入变量先进行或再进行非的运算。能实现或非逻辑运算的电路称为或非门。图 4.13 给出或非门的三种逻辑符号。或非门的真值表如表 4.1.3 所示，其逻辑表达式为

$$F=\overline{A+B}$$

图 4.1.4 所示为 $F=\overline{A+B}$ 的工作波形图。

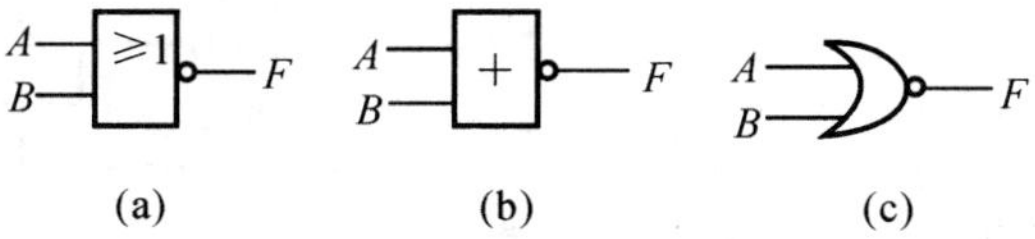

图 4.1.3　或非门逻辑符号

（a）国标符号；（b）曾用符号；（c）美、日常用符号

表 4.1.3　或非门真值表

A	B	$F=\overline{A+B}$
0	0	1
0	1	0
1	0	0
1	1	0

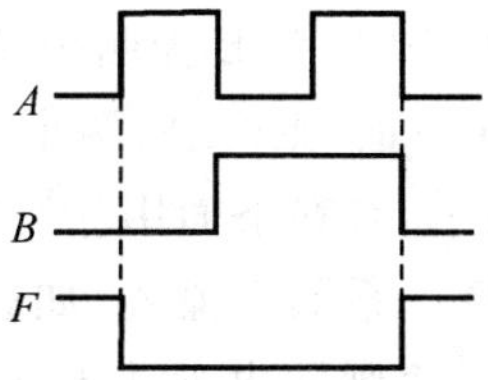

图 4.1.4　$F=\overline{A+B}$ 波形图

从或非门的真值表可以看出，仅当所有输入都为 0 时，输出才为 1；而只要有一个输入为 1 时，输出便是 0。

3. 与或非逻辑

与或非逻辑是与逻辑运算和或非逻辑运算的复合。它是先将输入变量 A，B 及 C，D 进行与运算，然后再进行或非运算。能实现与或非逻辑运算的电路称为与或非门。图 4.1.5 给出与或非门的三种逻辑符号。与或非门的真值表如表 4.1.4 所示，其逻辑表达式为

$$F=\overline{AB+CD}$$

图 4.1.6 所示为 $F=\overline{AB+CD}$ 的工作波形图。

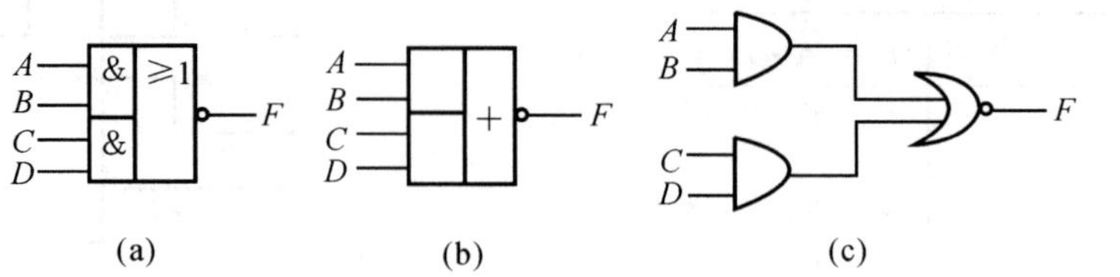

图 4.1.5 与或非门逻辑符号

(a) 国标符号； (b) 曾用符号； (c) 美、日常用符号

表 4.1.4 与或非门真值表

A	B	C	D	$F=\overline{AB+CD}$
0	0	0	0	1
0	0	0	1	1
0	0	1	0	1
0	0	1	1	0
0	1	0	0	1
0	1	0	1	1
0	1	1	0	1
0	1	1	1	0
1	0	0	0	1
1	0	0	1	1
1	0	1	0	1
1	0	1	1	0
1	1	0	0	0
1	1	0	1	0
1	1	1	0	0
1	1	1	1	0

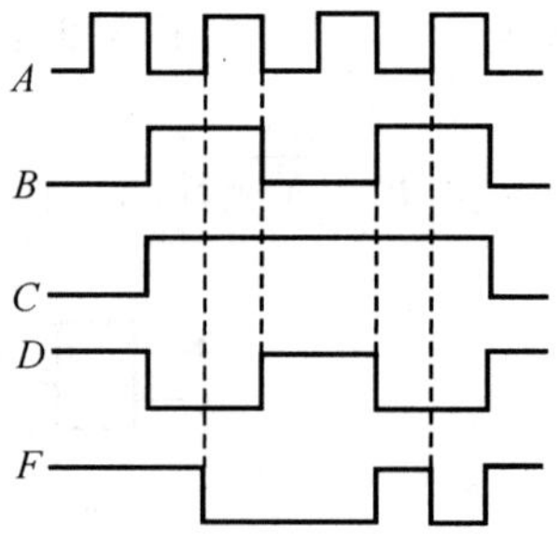

图 4.1.6 $F=\overline{AB+CD}$ 波形图

4. 异或逻辑

在图 4.1.7 中，A，B 为两个单刀双掷开关。本电路灯亮的条件是：一个开关打在上面，另一个开关打在下面，则灯亮；两个开关同时打在上面，或同时打在下面，则灯不亮。设开关打在上面用“1”表示，打在下面用“0”表示，灯 F 亮用“1”表示，灯 F 不亮用“0”表示，则可写出 F 和 A，B 之间逻辑关系的真值表，如表 4.1.5 所示。从表中可看出只有当两个输入变量的值不同时输出才为 1，否则输出 F 为 0，这种逻辑关系叫做异或，记为

$$F=\overline{A}\cdot B+A\cdot\overline{B}=A\oplus B$$

表 4.1.5 异或逻辑真值表

A	B	F
0	0	0
0	1	1
1	0	1
1	1	0

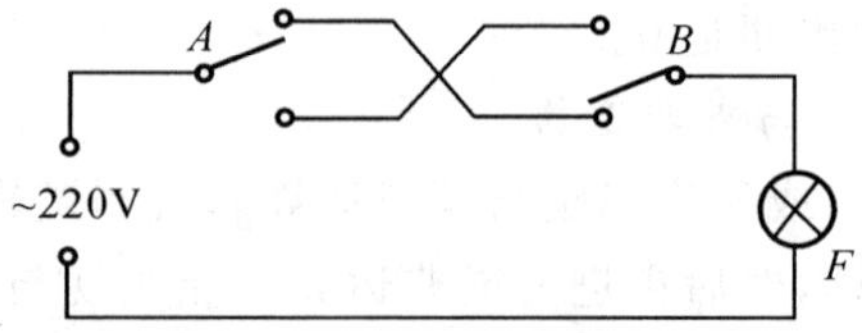

图 4.1.7 单刀双掷开关电路

"⊕"符号是异或运算符号。用基本逻辑门可组成能完成异或运算的异或门。电路图如图 4.1.8(a)) 所示。异或门的逻辑符号如图 4.1.8(b),(c),(d) 所示。

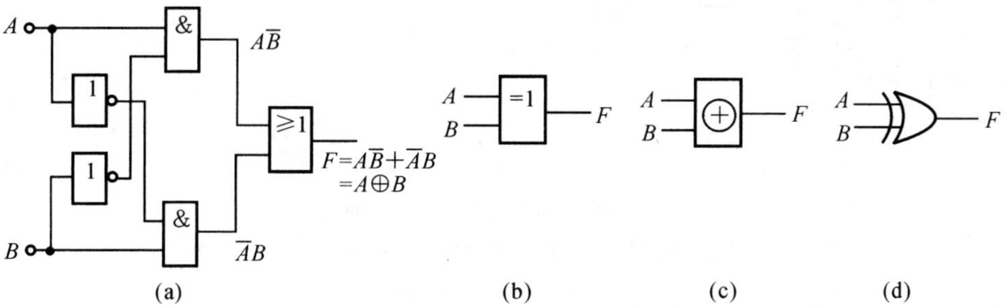

图 4.1.8 异或门及其逻辑符号

(a) 异或门; (b) 国标符号; (c) 曾用符号; (d) 美、日常用符号

异或门的特点是:输入相同时输出为 0;输入不同时输出为 1。其工作波形图如图 4.1.9 所示。

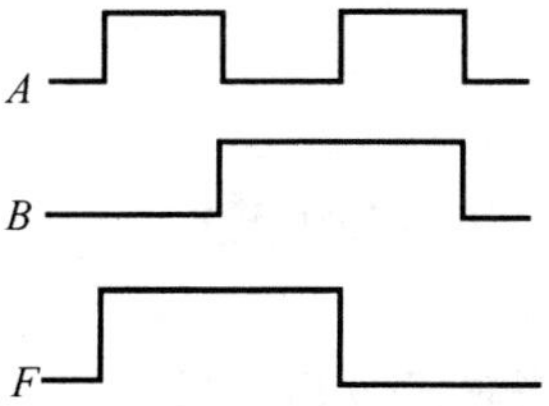

图 4.1.9 异或门工作波形图

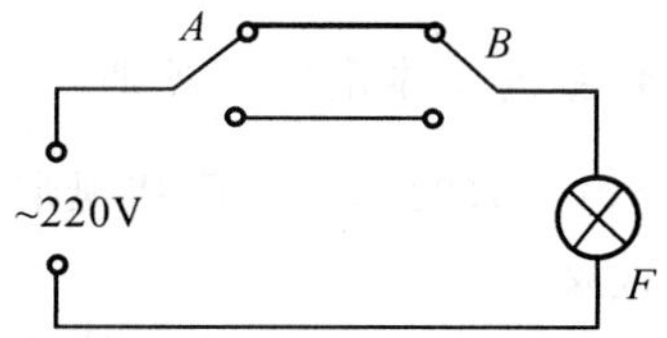

图 4.1.10 另一种单刀双掷开关电路

5. 同或逻辑

在图 4.1.10 中,A,B 为另一种单刀双掷开关。本电路灯亮的条件是:两个开关均打在上面或者是均打在下面灯亮,否则灯不亮。若和前面做同样的假设,则可写出 F 和 A,B 之间逻辑关系的真值表,如表 4.1.6 所示。从表中可看出只有当两个输入变量的值相同时输出 F 才为 1,否则输出 F 为 0。这种逻辑关系叫做同或,记为

$$F=\overline{A}\,\overline{B}+AB=A\odot B$$

"⊙"符号是同或运算符号。用基本逻辑门可组成能完成同或运算的同或门。电路如图 4.1.11(a) 所示。同或门的逻辑符号如图 4.1.11(b),(c),(d) 所示。

同或门的特点是:输入相同时输出为 1,输入不同时输出为 0。其工作波形如图 4.1.12 所示。

比较表 4.1.5 和表 4.1.6,不难发现异或和同或是互为"反"的函数,即

$$\overline{A\oplus B}=A\odot B \qquad \overline{A\odot B}=A\oplus B$$

所以同或也常经常被称为异或非。

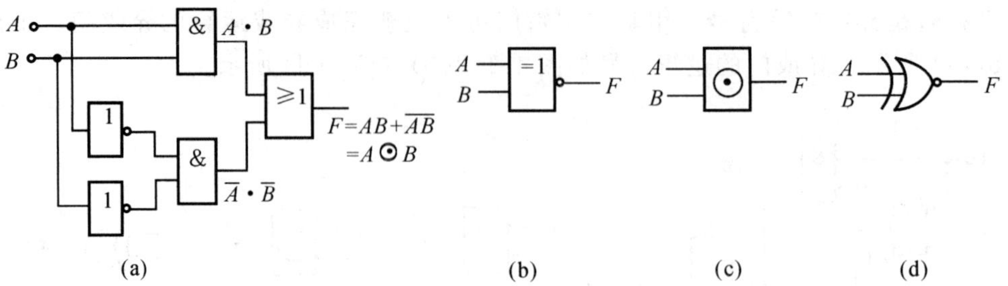

图 4.1.11　同或门及其逻辑符号

(a) 同或门；(b) 国标符号；(c) 常用符号；(d) 美、日常用符号

表 4.1.6　同或逻辑真值表

A	B	F
0	0	1
0	1	0
1	0	0
1	1	1

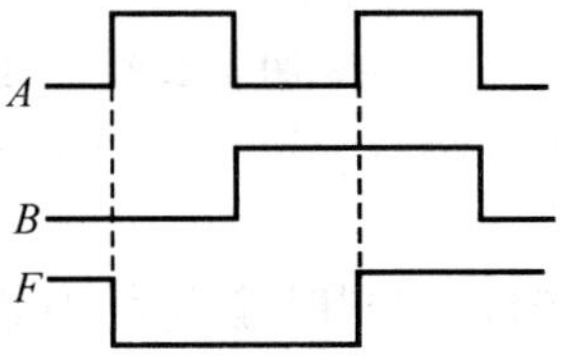

图 4.1.12　同或门工作波形图

三、逻辑代数的基本定律和规则

在讨论逻辑代数的基本定律和规则之前，先介绍逻辑函数"相等"的概念。

1. 逻辑函数间的相等

逻辑函数和普通函数一样有相等的问题。如何判断两个逻辑函数相等呢？

设有两个逻辑函数

$$F=f(A_1,\ A_2,\ \cdots,\ A_n)$$

$$G=g(A_1,\ A_2,\ \cdots,\ A_n)$$

可看出 F 和 G 都是变量 A_1，A_2，…，A_n 的逻辑函数。如果对应于 A_1，A_2，…A_n 的任一组状态组合(这种组合共有 2^n 种)，F 和 G 的值都相同，则称 F 和 G 相等，记作 $F=G$。

也就是说，如果 $F=G$，那么它们就应该有相同的真值表。反过来，如果 F 和 G 的真值表相同，则 $F=G$。因此，要证明两个逻辑函数相等，只需列出它们的真值表，若完全一样，则这两个函数相等。

例 4.1.1　设

$$F(A,\ B,\ C)=A(B+\overline{C})$$

$$G(A,\ B,\ C)=AB+A\overline{C}$$

证明 $F=G$。

证　这二个逻辑函数都有三个自变量，所以可以有 $2^3=8$ 种取值组合。对输入变量的各种取值组合进行逻辑运算，从而求出相应函数值，列出真值表。例如，对应于 A,B,C 的一组输入组合 $A=1$，$B=1$，$C=0$，则

$$F(A,\ B,\ C)=A(B+\overline{C})=1\cdot(1+\overline{0})=1$$

$$G(A,\ B,\ C)=AB+A\overline{C}=1\cdot 1+1\cdot\overline{0}=1$$

其余类同，列出的真值表如表 4.1.7 所示。从表中可以看出，对应于 A,B,C 的任何一组取值组

合，F 和 G 的值完全相同，所以 $F=G$。因此可知函数表达式 $A(B+\overline{C})$ 和表达式 $AB+A\overline{C}$ 是表示同一逻辑的两种不同表达式。实现 F 和 G 的相应的逻辑电路如图 4.1.13 所示。它们的电路形式不同，但它们所具有的逻辑功能是完全相同的。

表 4.1.7　F，G 真值表

A	B	C	$F=A(B+\overline{C})$	$G=AB+A\overline{C}$
0	0	0	0	0
0	0	1	0	0
0	1	0	0	0
0	1	1	0	0
1	0	0	1	1
1	0	1	0	0
1	1	0	1	1
1	1	1	1	1

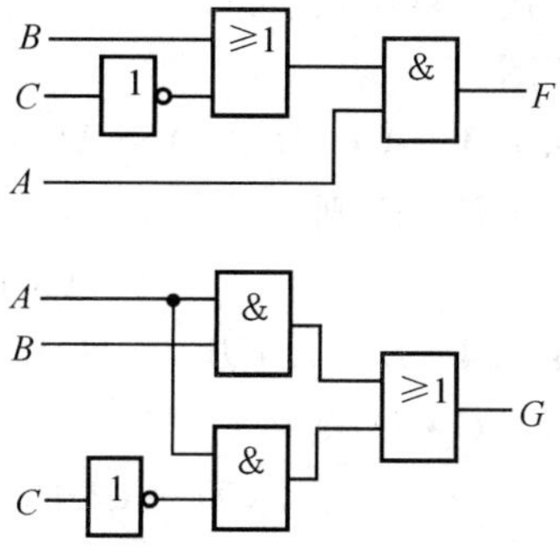

图 4.1.13　实现 F 和 G 的逻辑电路

2. 逻辑代数的基本定律

(1) 交换律　$A+B=B+A$　　$A\cdot B=B\cdot A$

(2) 结合律　$A+(B+C)=(A+B)+C$　　$A\cdot(B\cdot C)=(A\cdot B)\cdot C$

(3) 分配律　$A\cdot(B+C)=A\cdot B+A\cdot C$（乘对加分配）

$A+B\cdot C=(A+B)(A+C)$　（加对乘分配）

(4) 吸收律　$A+A\cdot B=A$　　$A\cdot(A+B)=A$

(5) 0-1 律　$A+1=1$　$A+0=A$　　$A\cdot 0=0$　$A\cdot 1=A$

(6) 互补律　$A+\overline{A}=1$　　$A\cdot\overline{A}=0$

(7) 重叠律　$A+A=A$　　$A\cdot A=A$

(8) 非非律　$\overline{\overline{A}}=A$

(9) 反演律　$\overline{A+B}=\overline{A}\cdot\overline{B}$　　$\overline{AB}=\overline{A}+\overline{B}$

(10) 包含律　$AB+\overline{A}C+BC=AB+\overline{A}C$

$(A+B)(\overline{A}+C)(B+C)=(A+B)(\overline{A}+C)$

上述基本定律均可用真值表进行验证。

例 4.1.2　证明反演律 $\overline{A+B}=\overline{A}\cdot\overline{B}$；$\overline{AB}=\overline{A}+\overline{B}$。

证　列出真值表，如表 4.1.8 所示，从表中不但可以看出反演律的成立，而且提醒我们注意 $\overline{A+B}\neq\overline{A}+\overline{B}$，$\overline{AB}\neq\overline{A}\cdot\overline{B}$。

反演律又叫获·摩根(De Morgan)定律，是一个很重要且经常用到的定律。

表 4.1.8　反演律真值表

A	B	$\overline{A+B}$	$\overline{A}\cdot\overline{B}$	$\overline{A\cdot B}$	$\overline{A}+\overline{B}$
0	0	1	1	1	1
0	1	0	0	1	1
1	0	0	0	1	1
1	1	0	0	0	0

3. 三个规则

(1) 代入规则。任何一个含有变量 A 的等式,如果将所有出现变量 A 的地方都代之以一个逻辑函数 F,则等式仍然成立。

有了代入规则,就可以将上述基本等式中的变量用某一逻辑函数来代替,从而扩大了等式的应用范围。

例 4.1.3 $A \cdot (B+C)=AB+AC$

若 $C=E \cdot F$,则

$$A \cdot (B+EF)=A \cdot B+AEF$$

例 4.1.4 $A+\overline{A} \cdot B=A+B$

若 $A=C \cdot D$,则

$$CD+\overline{CD}B=(CD+\overline{CD})(CD+B)=CD+B$$

代入规则之所以正确是因为任何一个逻辑函数也和任何一个逻辑变量一样,只有两种可能的取值(0 和 1)。所以,可以将逻辑函数作为一个逻辑变量对待。

(2) 反演规则。设 F 是一个逻辑函数,如果将 F 中所有的"•"换为"+",所有的"+"换为"•";所有的常量 0 换为常量 1,所有的常量 1 换为常量 0;所有的原变量换为反变量,所有的反变量换为原变量,这样得到的函数式就是 $\overline{F}$。$\overline{F}$ 称为原函数 F 的反函数,或称为补函数。

反演规则的意义在于运用它可以较方便地求出反函数 $\overline{F}$。

例 4.1.5 已知 $F=\overline{A}\,\overline{B}+CD$, 求 $\overline{F}$。

解 由反演规则,可得

$$\overline{F}=(A+B)(\overline{C}+\overline{D})$$

反演规则实际上就是反演律及代入规则推广应用的结果。如对例 4.1.5,利用反演律及代入规则来证明

$$\overline{F}=\overline{\overline{A}\,\overline{B}+CD}=\overline{\overline{A}\,\overline{B}} \cdot \overline{CD}=(A+B)(\overline{C}+\overline{D})$$

例 4.1.6 已知 $F=A+B+\overline{\overline{C} \cdot \overline{D+\overline{E}}}$, 求 $\overline{F}$。

解 由反演规则,得

$$\overline{F}=\overline{A} \cdot \overline{B} \cdot \overline{[C+\overline{\overline{D} \cdot E}]}$$

必须注意,直接运用反演规则时,要特别注意运算符号的优先顺序。例如,例 4.1.5 中 F 函数是先进行$\overline{A}\,\overline{B}$, CD 两个与运算,再进行两者的或运算。因此,在 $\overline{F}$ 函数中,应先进行$(A+B)$ 和$(\overline{C}+\overline{D})$ 两个或运算,再进行两者的与运算,必须写成 $\overline{F}=(A+B)(\overline{C}+\overline{D})$,而不能写成 $\overline{F}=A+B \cdot \overline{C}+\overline{D}$。

此外,直接运用反演规则求反函数时,反演符号需保持不动(即不属于单个变量上的反号应保留,如例 4.1.6 所示)。

(3) 对偶规则。在了解对偶规则之前,先介绍对偶式。设 F 是一个逻辑函数表达式,如果将 F 中的所有"•"换为"+",所有的"+"换为"•",所有的常量 0 换为常量 1,所有的常量 1 换为常量 0,而变量保持不变,那么就得到一个新的逻辑表达式 F',这个 F' 就称为 F 的对偶式。例如

$$F=A(B+\overline{C}) \qquad F'=A+B\overline{C}$$

$$F=(A+\overline{B})(A+C \cdot 1) \qquad F'=A\overline{B}+A(C+0)$$

$$F=\overline{\bar{A}+\overline{B+\bar{C}}} \qquad\qquad F'=\overline{\bar{A}\cdot\overline{B\cdot\bar{C}}}$$

对偶规则:如果两个逻辑函数 F 和 G 相等,那么它们各自的对偶式 F' 和 G' 也相等。如已知

$$F=A(B+C)$$

$$G=AB+AC$$

根据乘对加的分配律可知 $F=G$。分别求出 F 和 G 的对偶式 F' 及 G'。

$$F'=A+BC$$

$$G'=(A+B)(A+C)$$

根据加对乘的分配律可知 $F'=G'$,证明了对偶规则的正确性。

由此可见,当证明了某一等式相等后,便可根据对偶规则得到其对偶式的等式,这样使要证明的式子数目减少了一半。这就是我们掌握对偶规则的主要目的。

4. 若干常用公式

运用逻辑代数的基本定律,可以得出一些常用的公式,选列如下。

(1) $AB+A\bar{B}=A$—— 吸收律。

证 $AB+A\bar{B}=A(B+\bar{B})=A\cdot 1=A$

对偶式 $(A+B)(A+\bar{B})=A$

(2) $A+\bar{A}B=A+B$—— 吸收律。

证 $A+\bar{A}B=(A+\bar{A})(A+B)=1\cdot(A+B)=A+B$

它的意义是,如果在两个乘积项中,一个乘积项的部分因子(如 $\bar{A}B$ 中 $\bar{A}$)恰好是另一乘积项的补(如 A),则该乘积项中的因子($\bar{A}$)是多余的。

对偶式 $A(\bar{A}+B)=AB$

(3) $AB+\bar{A}C+BC=AB+\bar{A}C$—— 包含律。

证 $AB+\bar{A}C+BC=AB+\bar{A}C+(A+\bar{A})BC=AB+\bar{A}C+ABC+\bar{A}BC=$

$$AB(1+C)+\bar{A}C(1+B)=AB+\bar{A}C$$

本公式的意义是,如果两个乘积项中的部分因子恰好互补(AB 和 $\bar{A}C$ 中的 A 和 $\bar{A}$),而这两个乘项积中的其余因子(如 B,C) 都是第三乘积项中的因子,则这第三乘积项是多余的。

推论 $AB+\bar{A}C+BCDE+\cdots=AB+\bar{A}C$

证 $AB+\bar{A}C+BCDE+\cdots=AB+\bar{A}C+BC+BCDE+\cdots=$

$$AB+\bar{A}C+BC(1+DE+\cdots)=$$

$$AB+\bar{A}C+BC=AB+\bar{A}C$$

根据对偶规则,有

$$(A+B)(\bar{A}+C)(B+C+D+E+\cdots)=(A+B)(\bar{A}+C)$$

(4) $AB+\bar{A}C=(A+C)(\bar{A}+B)$—— 交叉互换律。

证 $(A+C)(\bar{A}+B)=A\bar{A}+\bar{A}C+AB+BC=AB+\bar{A}C$

根据对偶规则,有

$$(A+B)(\bar{A}+C)=AC+\bar{A}B$$

(5) $A+BC=(A+B)(A+C)$—— 加对乘的分配律。

证 $(A+B)(A+C)=A\cdot A+AB+AC+BC=A+AB+AC+BC=$

$$A(1+B+C)+BC=A+BC$$

四、逻辑函数的标准形式

逻辑变量之间只进行逻辑与运算的表达式称为与项。与项之间只进行逻辑或运算的表达式称为与或表达式。例如 AC，$\overline{A}BC$ 是与项，$AC+\overline{A}BC$ 是与或表达式。

逻辑变量之间只进行逻辑或运算的表达式称为或项。或项之间只进行逻辑与运算的表达式称为或与表达式。例如 $B+C$，$\overline{A}+B+C$ 是或项，$(B+C)\cdot(\overline{A}+B+C)$ 是或与式。

1. 最小项

(1) 定义。最小项是一种与项。设有 n 个逻辑变量，由它们组成具有 n 个变量的与项中，每个变量以原变量或反变量的形式出现一次而且仅出现一次，则称这个与项为最小项。对于 n 个变量来说可以有 2^n 个最小项。

例如，对于两个变量 A，B 的函数来说，就有四个最小项，分别为 $\overline{A}\,\overline{B}$，$\overline{A}B$，$A\overline{B}$，$AB$。

(2) 性质。为了叙述及书写方便，通常用 m_i 表示最小项。下角标 i 的值是这样确定的：当变量按一定顺序排列好后，在对应的最小项中，若出现原变量时表示为 1，若出现反变量则表示为 0，这些 0，1 按顺序组成一个二进制数，这二进制数所对应的十进制数就是 m_i 的下角标 i。

例如：当 $n=2$ 时，

$$\underset{00}{\overline{A}\,\overline{B}} = m_0 \qquad \underset{01}{\overline{A}B} = m_1 \qquad \underset{10}{A\overline{B}} = m_2 \qquad \underset{11}{AB} = m_3$$

为了分析最小项的性质，将 2 变量所有最小项的真值表列出，如表 4.1.9 所示。由表中可看出最小项的性质如下。

表 4.1.9　2 变量最小项

A	B	$\overline{A}\,\overline{B}(m_0)$	$\overline{A}B(m_1)$	$A\overline{B}(m_2)$	$AB(m_3)$
0	0	1	0	0	0
0	1	0	1	0	0
1	0	0	0	1	0
1	1	0	0	0	1

① 使每一个最小项等于 1 的自变量的取值是惟一的。

例如：当 $AB=00$ 时，只有 $m_0=1$，其余各最小项均为 0；当 $AB=11$ 时，只有 $m_3=1$，而其余各最小项均为 0。

② 两个不同的最小项之积为 0，即

$$m_i \cdot m_j = 0 \qquad (i \neq j)$$

③ n 个变量的所有最小项之逻辑和恒等于 1，即

$$\sum_{i=0}^{2^n-1} m_i = 1$$

(3) 用最小项 m_i 表示逻辑函数的方法。

定理　任何一个逻辑函数都可以用最小项之和的形式表示，而且这种表示是惟一的。

方法：有二种方法。

① 将逻辑函数先用真值表表示，再根据真值表写出该逻辑函数的最小项之和。

例 4.1.7 设 $F=\bar{A}\,\bar{B}\,\bar{C}+BC+A\bar{C}$,将 F 表示成最小项之和形式。

解

表 4.1.10 F 的真值表

A	B	C	$\bar{A}\,\bar{B}\,\bar{C}$	BC	$A\bar{C}$	F
0	0	0	1	0	0	1
0	0	1	0	0	0	0
0	1	0	0	0	0	0
0	1	1	0	1	0	1
1	0	0	0	0	1	1
1	0	1	0	0	0	0
1	1	0	0	0	1	1
1	1	1	0	1	0	1

根据逻辑函数F的表达式列出真值表(表4.1.10),而该逻辑函数是将$F=1$的输入变量最小项相或而成。

从真值表可得

$$F=\bar{A}\,\bar{B}\,\bar{C}+\bar{A}BC+A\bar{B}\bar{C}+AB\bar{C}+ABC=$$
$$m_0+m_3+m_4+m_6+m_7=\sum(0,3,4,6,7)$$

② 将逻辑函数反复利用摩根定律和配项,将其表示成最小项之和的形式。

例 4.1.8 已知 $F=\overline{(AB+\bar{A}\,\bar{B}+\bar{C})\,\overline{AB}}$,将 F 表示成最小项之和的形式。

解
$$F=\overline{(AB+\bar{A}\,\bar{B}+\bar{C})\,\overline{AB}}=\overline{AB+\bar{A}\,\bar{B}+\bar{C}}+AB=$$
$$\overline{AB}\cdot\overline{\bar{A}\,\bar{B}}\cdot C+AB=(\bar{A}+\bar{B})(A+B)C+AB=$$
$$(A\bar{B}+\bar{A}B)C+AB(C+C)=A\bar{B}C+\bar{A}BC+ABC+AB\bar{C}=$$
$$m_5+m_3+m_7+m_6=\sum\nolimits_m(3,5,6,7)$$

由以上讨论可知全部由最小项相加而构成的与或表达式称为最小项表达式。这是与或表达式的标准形式,又称为标准与或式。

2. 最大项

(1) 定义。最大项是一种或项。设有 n 个逻辑变量,由它们组成具有 n 个变量的或项中,每个变量以原变量或反变量的形式出现一次而且仅出现一次,则称这个或项为最大项。对于 n 个变量来说,可以有 2^n 个最大项。

例如,对于两个变量 A,B 的函数来说,就有 4 个最大项 $A+B$, $A+\bar{B}$, $\bar{A}+B$, $\bar{A}+\bar{B}$。

(2) 性质。为了叙述及书写方便,通常用 M_i 表示最大项。下角标 i 的值是这样确定的:当变量按一定顺序排列好后,在对应的最大项中,若出现原变量则表示为 0,若出现反变量则表示为 1,这些 0,1 按顺序组成一个二进制数,这个二进制数所对应的十进制数就是 M_i 的下角标 i。

例如:当 $n=2$ 时,有 4 个最大项

$$\underset{00}{A+B}=M_0 \qquad \underset{01}{A+\bar{B}}=M_1$$
$$\underset{10}{\bar{A}+B}=M_2 \qquad \underset{11}{\bar{A}+\bar{B}}=M_3$$

为了分析最大项的性质，将 2 变量所有最大项的真值表列出，如表 4.1.11 所示。由表中可看出最大项的性质如下。

表 4.1.11　2 变量最大项

A	B	$A+B(M_0)$	$A+\overline{B}(M_1)$	$\overline{A}+B(M_2)$	$\overline{A}+\overline{B}(M_3)$
0	0	0	1	1	1
0	1	1	0	1	1
1	0	1	1	0	1
1	1	1	1	1	0

① 使每个最大项等于 0 的自变量的取值惟一。

例如，当 $AB=00$ 时，只有 $M_0=0$，其余各最大项均为 1；当 $AB=11$ 时，只有 $M_3=0$，其余各最大项均为 1。

② 两个不同的最大项之和为 1，即

$$M_i+M_j=1 \qquad (i\neq j)$$

③ n 个变量的所有最大项之逻辑积恒等于 0，即

$$\prod_{i=0}^{2^n-1} M_i=0$$

(3) 用最大项 M_i 表示逻辑函数的方法。

定理：任何一个逻辑函数都可以用最大项之积的形式表示，而且这种表示是惟一的。

方法：有二种方法。

① 将逻辑函数先用真值表表示，再根据真值表写出该逻辑函数的最大项之积。

例 4.1.9　已知逻辑函数 F 的真值表如表 4.1.10 所示，将 F 表示成最大项之积的形式。

解　把真值表中 $F=0$ 的输入变量(A, B, C)一组组合状态以最大项的形式表示，而该逻辑函数是将 $F=0$ 的输入变量的最大项相与而成。

从真值表可得

$$F=(A+B+\overline{C})\cdot(A+\overline{B}+C)(\overline{A}+B+\overline{C})=M_1\cdot M_2\cdot M_5$$

（注意在最大项中原变量用 0 表示，反变量用 1 表示。）

② 将逻辑函数反复利用加对乘的分配律和配项，将其表示成最大项之积的形式。

例 4.1.10　已知 $F=A+\overline{A}BC$，将 F 表示成最大项之积的形式。

解

$$\begin{aligned}F=A+\overline{A}BC&=(A+\overline{A})(A+B)(A+C)=\\&(A+B+C\cdot\overline{C})(A+C+B\cdot\overline{B})=\\&(A+B+C)(A+B+\overline{C})(A+\overline{B}+C)=\\&M_0\cdot M_1\cdot M_2=\prod\nolimits_M(0,\ 1,\ 2)\end{aligned}$$

由以上讨论可知，全部由最大项相乘而构成的或与表达式称为最大项表示式，这是或与表达式的标准形式，又称为标准或与式。

3. 最小项与最大项之间的关系

(1) m_i 和 M_i 互补，即 $\overline{m}_i=M_i$，$\overline{M}_i=m_i$。

例如　$m_0=\overline{A}\,\overline{B}$　则 $\overline{m}_0=\overline{\overline{A}\,\overline{B}}=(A+B)=M_0$

$M_0 = A + B$ 则 $\overline{M_0} = \overline{A+B} = \overline{A} \cdot \overline{B} = m_0$

(2) 以 m 个最小项之和表示的一个 n 变量的逻辑函数 F，其反函数 $\overline{F}$ 可用 m 个最大项之积表示。这 m 个最大项的下角标与 m 个最小项的下角标恰好完全一样。

例如 $F = \sum_m (2, 3, 4, 7)$

$$\overline{F} = \overline{m_2 + m_3 + m_4 + m_7} = \overline{m_2} \cdot \overline{m_3} \cdot \overline{m_4} \cdot \overline{m_7} =$$

$$M_2 \cdot M_3 \cdot M_4 \cdot M_7 = \prod_M (2, 3, 4, 7)$$

第二节　逻辑函数的代数化简法

从上一节的讨论可以看出，同一逻辑函数可以有繁简不同的表达式，实现它的电路也不相同。一般地说，如果表达式比较简单，那么电路使用的元、器件就少，设备就简单。

例如 $F = AB + A\overline{B}$，实现该函数可用 2 个与门和一个或门，电路图如图 4.2.1(a) 所示。实际 F 是可以化简的，即

$$F = AB + A\overline{B} = A(B + \overline{B}) = A$$

化简后的 $F = A$，因此实现 F 不需要门电路，只要将变量 A 引出即可，如图 4.2.1(b) 所示。

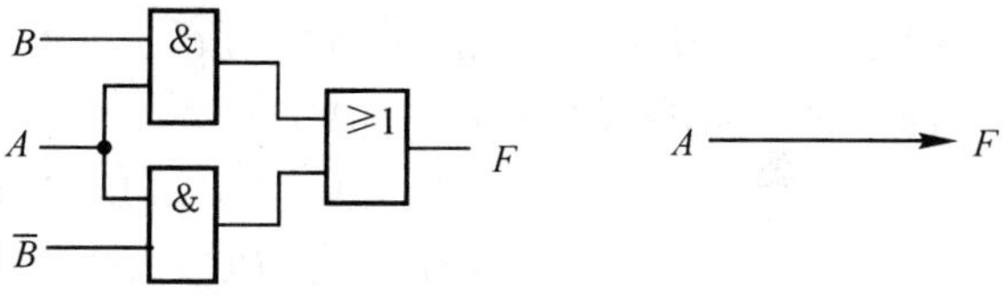

(a)　　(b)

图 4.2.1　实现函数 F 的逻辑电路

本节介绍如何利用逻辑代数的公式将逻辑函数简化为最简与或表达式。掌握了化简逻辑函数为最简与或式的方法，就可以利用对偶规则化简逻辑函数为最简或与表达式。

假设在输入变量的原变量和反变量都存在的条件下，则最简的与或表达式须满足如下要求。

(1) 与项的个数最少，这意味着实现电路所用的与门个数较少，与项个数少，它们相或所用的或门的输入端数也少。

(2) 与项中含的变量个数最少，这意味着电路中与门的输入端数也较少。

总之，达到上述两项要求，会使电路实现较为简单，用的器件也较少。

逻辑函数代数化简常用如下一些方法。

一、合并项法

利用公式 $AB + A\overline{B} = A$ 将两项并为一项，还可消去一个变量。

例 4.2.1　化简 $F = A(BC + \overline{B}\,\overline{C}) + A(B\overline{C} + \overline{B}C)$。

解　$F = A(BC + \overline{B}\,\overline{C}) + A(B\overline{C} + \overline{B}C) = ABC + AB\overline{C} + A\overline{B}\,\overline{C} + A\overline{B}C =$

$AB(C + \overline{C}) + A\overline{B}(\overline{C} + C) = AB + A\overline{B} =$

$A(B + \overline{B}) = A$

二、吸收法

利用公式 $A + AB = A$ 及 $AB + \overline{A}C + BC = AB + \overline{A}C$ 消去多余项。

例 4.2.2　化简 $F = AC + A\overline{B}CD + ABC + \overline{C}D + ABD$。

解　$F=AC+A\overline{B}CD+ABC+\overline{C}D+ABD=AC(1+\overline{B}D+B)+\overline{C}D+ABD=$

$AC+\overline{C}D+ABD=AC+\overline{C}D$　（包含律）

三、消去法

利用公式 $A+\overline{A}B=A+B$ 消去多余因子。

例 4.2.3　化简 $F=AB+\overline{A}C+\overline{B}C$。

解　$F=AB+\overline{A}C+\overline{B}C=AB+(\overline{A}+\overline{B})C=$

$AB+\overline{AB}C=AB+C$　（吸收律）

四、配项法

为了求得最简结果，有时可以将某一乘积项乘以$(A+\overline{A})$，将一项展开为两项，或者利用 $AB+\overline{A}C=AB+\overline{A}C+BC$ 增加 BC 项，再与其他乘积项进行合并化简，以达到求得最简结果的目的。

例 4.2.4　化简 $F=A\overline{B}+B\overline{C}+\overline{B}C+\overline{A}B$。

解　$F=A\overline{B}+B\overline{C}+\overline{B}C+\overline{A}B=$

$A\overline{B}+B\overline{C}+(A+\overline{A})\overline{B}C+\overline{A}B(C+\overline{C})=$　（配项）

$A\overline{B}+B\overline{C}+A\overline{B}C+\overline{A}\,\overline{B}C+\overline{A}BC+\overline{A}B\overline{C}=$　（分配律）

$(A\overline{B}+A\overline{B}C)+(B\overline{C}+\overline{A}B\overline{C})+(\overline{A}\,\overline{B}C+\overline{A}BC)=$　（结合律）

$A\overline{B}+B\overline{C}+\overline{A}C$

例 4.2.5　化简 $F=\overline{A}B\overline{C}+BC\overline{D}+\overline{A}CD+\overline{B}CD+ABC$。

解　$F=\overline{A}B\overline{C}+BC\overline{D}+\overline{A}CD+\overline{B}CD+ABC=$

$\overline{A}B\overline{C}+BC\overline{D}+\overline{B}CD+(\overline{A}CD+ABC+BCD)=$　（添加项）

$\overline{A}B\overline{C}+(BC\overline{D}+\overline{B}CD+BCD)+\overline{A}CD+ABC=$　（结合律）

$\overline{A}B\overline{C}+(BC\overline{D}+BCD)+(\overline{B}CD+BCD)+\overline{A}CD+ABC=$　（重叠律）

$\overline{A}B\overline{C}+BC+CD+ABC=$　（合并项）

$\overline{A}B\overline{C}+BC+CD=$　（吸收律）

$B(\overline{A}\overline{C}+C)+CD=$　（分配律）

$B(\overline{A}+C)+CD=$　（吸收律）

$\overline{A}B+BC+CD$

五、综合法

一般在公式法化简过程中，大多是综合上述几种方法。

例 4.2.6　化简 $F=AD+A\overline{D}+AB+\overline{A}C+BD+ACEF+\overline{B}EF+DEFG$。

解　$F=AD+A\overline{D}+AB+\overline{A}C+BD+ACEF+\overline{B}EF+DEFG=$

$A(D+\overline{D})+AB+ACEF+\overline{A}C+BD+\overline{B}EF+DEFG=$

$(A+AB+ACEF)+\overline{A}C+BD+\overline{B}EF+DEFG=$　（合并和吸收）

$A+\overline{A}C+BD+\overline{B}EF+DEFG=$　（吸收）

$A+C+BD+\overline{B}EF$　（消去）

例 4.2.7　化简 $F=A(A+B)(\overline{A}+C)(B+D)(\overline{A}+C+E+F)\cdot(\overline{B}+F)(D+E+F)$。

解 这是一个或与表达式。可以将 F 求对偶，转换成它的对偶与或式，先对与或对偶式进行化简，再求化简后的与或式的对偶式，得到原函数的最简与或式。

求 F 的对偶式并进行化简

$$F' = A + AB + \bar{A}C + BD + \bar{A}CEF + \bar{B}F + DEF =$$

$$(A + AB) + (\bar{A}C + \bar{A}CEF) + BD + \bar{B}F + DEF = \quad \text{(结合)}$$

$$A + \bar{A}C + BD + \bar{B}F = \quad \text{(吸收)}$$

$$A + C + BD + \bar{B}F$$

求 F' 的对偶式

$$F = F'' = AC(B + D)(\bar{B} + F)$$

从上面的例子可以看出，利用逻辑代数的公式化简逻辑函数，不但要求熟练地掌握逻辑代数的基本公式及规则，而且要有一定的化简技巧。由于这种化简方法没有一个明确的努力方向，而且在很多情况下还不能断定所得的最后结果是否已是最简。因此，这种代数化简法有一定的局限性。但它有助于我们熟悉和运用逻辑代数，而且也是将要介绍的图解化简法的理论依据。

第三节　逻辑函数的图解化简法

通过真值表和逻辑函数的讨论可知对于任何一个逻辑函数的功能描述，都可作出它的真值表，根据真值表可以写出该函数的最小项之和或最大项之积的形式。

例如已知 $F = A \oplus B$，其真值表如表 4.3.1 所示。

由表 4.3.1 可知，$F=1$ 的输入变量组合有 $AB=01$，10 二组，所以可以写出输出 F 的最小项之和为

$$F = \bar{A}B + A\bar{B} = m_1 + m_2 = \sum_m (1,2)$$

同理，表 4.3.1 中的 $F=0$ 的输入变量组合有 $AB=00$，11，所以可以写出输出 F 的最大项之积为

$$F = (A + B)(\bar{A} + \bar{B}) = M_0 \cdot M_3 = \prod_M (0,\ 3)$$

表 4.3.1　真值表

A	B	$F = A \oplus B$
0	0	0
0	1	1
1	0	1
1	1	0

可见真值表和该逻辑函数的最小项或最大项之间存在一一对应的关系。但是，直接把真值表作为运算工具十分不便，但如果将真值表按特定规律进行排列，将其变换成方格图的形式，称为真值图或称卡诺图。利用卡诺图可以方便地对逻辑函数进行化简，通常称为图解法或卡诺图法。

一、卡诺图的构成

卡诺图实质上是把真值表按格雷码的编码规律排列出来的方格图。卡诺图中，小方格的个数与真值表的行数相同；真值表中，各行的行号也就是卡诺图中相应小方格的编号。

卡诺图的构图思想是这样的：

第一，n 变量的卡诺图包含有 2^n 个小方格，它分别对应 2^n 个最小项。

第二，任意相邻的两个小方格所表示的两个最小项之间，彼此仅有一个变量不同，且这不同的变量是互为“反”的。

第三，与每一个小方格相邻的小方格数是随着变量的增加而增加，其增加的个数等于变量数。

1. 1 变量卡诺图

1 变量卡诺图如图 4.3.1(a) 所示。由于变量数 $n=1$，所以它有 $2^1=2$ 个小方格，对应 m_0 和 m_1 两个最小项。图中 0 表示 A 的反变量，1 表示 A 的原变量。

2. 2 变量卡诺图

2 变量卡诺图如图 4.3.1(b) 所示。由于变量数 $n=2$，所以它有 $2^2=4$ 个小方格，对应 4 个最小项。小方格按相邻原则排列，每个小方格有二个相邻格，如 m_0 和 m_1，m_2 相邻。二变量的编码如表 4.3.2 所示。

3. 3 变量卡诺图

3 变量卡诺图如图 4.3.1(c) 所示。由于变量数 $n=3$，所以它有 $2^3=8$ 个小方格，对应 8 个最小项。每个小方格有 3 个相邻格，如 m_0 和 m_1，m_2，m_4 相邻，m_2 和 m_0，m_3，m_6 相邻，三变量的编码如表 4.3.3 所示。

表 4.3.2　2 变量的格雷码

A	B
0	0
0	1
1	1
1	0

表 4.3.3　3 变量的格雷码

A	B	C
0	0	0
0	0	1
0	1	1
0	1	0
1	1	0
1	1	1
1	0	1
1	0	0

4. 4 变量卡诺图

4 变量卡诺图如图 4.3.1(d) 所示。由于变量数 $n=4$，所以它有 $2^4=16$ 个小方格，对应 16 个最小项。每个小方格有 4 个相邻格，如 m_5 和 m_4，m_7，m_1 m_{13} 相邻。四变量的编码如表 4.3.4 所示。

表 4.3.4　4 变量的格雷码

A	0	0	0	0	0	0	0	0	1	1	1	1	1	1	1	1
B	0	0	0	0	1	1	1	1	1	1	1	1	0	0	0	0
C	0	0	1	1	1	1	0	0	0	0	1	1	1	1	0	0
D	0	1	1	0	0	1	1	0	0	1	1	0	0	1	1	0

5. 5 变量卡诺图

5 变量卡诺图如图 4.3.1(e) 所示。由于变量数 $n=5$，所以它有 $2^5=32$ 个小方格，对应 32 个最小项。每个小方格有 5 个相邻格。在五变量卡诺图上，要特别注意对称相邻。如 m_5 和 m_{21} 因仅有变量 A 互反，其他变量均相同，所以 m_5 和 m_{21} 为对称相邻格，因此 m_5 的 5 个相邻格为 m_1，m_4，m_7，m_{13} 及 m_{21}。

从以上讨论看出，随着输入变量 n 的增加，小方格数以 2^n 增加。若 $n=6$，则有 $2^6=64$ 个小方格，使卡诺图变得十分复杂，相邻关系难于寻找，所以卡诺图一般多用于 5 变量以内。

A	0	1
	$\overline{A}$ m_0	A m_1

(a)

B \ A	0	1
0	$\overline{A}\overline{B}$ m_0	$A\overline{B}$ m_2
1	$\overline{A}B$ m_1	AB m_3

(b)

C \ AB	00	01	11	10
0	$\overline{A}\overline{B}\overline{C}$ m_0	$\overline{A}B\overline{C}$ m_2	$AB\overline{C}$ m_6	$A\overline{B}\overline{C}$ m_4
1	$\overline{A}\overline{B}C$ m_1	$\overline{A}BC$ m_3	ABC m_7	$A\overline{B}C$ m_5

(c)

CD \ AB	00	01	11	10
00	$\overline{A}\overline{B}\overline{C}\overline{D}$ m_0	$\overline{A}B\overline{C}\overline{D}$ m_4	$AB\overline{C}\overline{D}$ m_{12}	$A\overline{B}\overline{C}\overline{D}$ m_8
01	$\overline{A}\overline{B}\overline{C}D$ m_1	$\overline{A}B\overline{C}D$ m_5	$AB\overline{C}D$ m_{13}	$A\overline{B}\overline{C}D$ m_9
11	$\overline{A}\overline{B}CD$ m_3	$\overline{A}BCD$ m_7	$ABCD$ m_{15}	$A\overline{B}CD$ m_{11}
10	$\overline{A}\overline{B}C\overline{D}$ m_2	$\overline{A}BC\overline{D}$ m_6	$ABC\overline{D}$ m_{14}	$A\overline{B}C\overline{D}$ m_{10}

(d)

DE \ ABC	000	001	011	010	110	111	101	100
00	m_0	m_4	m_{12}	m_8	m_{24}	m_{28}	m_{20}	m_{16}
01	m_1	m_5	m_{13}	m_9	m_{25}	m_{29}	m_{21}	m_{17}
11	m_3	m_7	m_{15}	m_{11}	m_{27}	m_{31}	m_{23}	m_{19}
10	m_2	m_6	m_{14}	m_{10}	m_{26}	m_{30}	m_{22}	m_{18}

(e)

图 4.3.1　1～5 变量卡诺图

二、卡诺图表示逻辑函数的方法

卡诺图是用来化简逻辑函数的，但逻辑函数在卡诺图上是怎么表示的呢？分以下两种方法进行讨论。

1. *方法一*

由于任意一个 n 变量的逻辑函数都可以表示成最小项之和的形式，而 n 变量的卡诺图包含了 n 个变量的所有最小项。所以我们只要先根据函数中的变量数画出对应的卡诺图，然后将函数中所有的最小项在卡诺图中找到对应的小方格，在格中填上"1"作为标记。其余小方格填"0"。填有"1"的所有小方格合成的区域就是该函数的卡诺图。

例 4.3.1　已知 $F=AB\overline{C}+\overline{A}BD+AC$，试将此函数填在卡诺图上。

解　利用配项首先将函数 F 表示成最小项之和的形式。由于 F 是 4 变量逻辑函数，所以画出 4 变量的卡诺图，然后将 F 中的所有最小项填在卡诺图对应的小方格中，对应最小项处填"1"，其余格填"0"，如图 4.3.2 所示。

$$F=AB\overline{C}+\overline{A}BD+AC=$$
$$AB\overline{C}(D+\overline{D})+\overline{A}BD(C+\overline{C})+$$
$$AC(B+\overline{B})(D+\overline{D})=$$

CD \ AB	00	01	11	10
00	0	0	1	0
01	0	1	1	0
11	0	1	1	1
10	0	0	1	1

图 4.3.2　例 4.3.1 的卡诺图

$$\bar{A}B\bar{C}D + \bar{A}BCD + A\bar{B}C\bar{D} +$$
$$A\bar{B}CD + AB\bar{C}\bar{D} + AB\bar{C}D + ABC\bar{D} + ABCD =$$
$$\sum_m (5, 7, 10, 11, 12, 13, 14, 15)$$

有些函数变换成最小项之和的表达式是十分繁琐的。实际上只要把每一个与项所包含的那些最小项(该与项就是这些最小项的公因子）处都填上“1”,剩下的项填上“0”,就可得到该函数的卡诺图。如上例中 $AB\bar{C} = AB\bar{C}D + AB\bar{C}\ \bar{D} = m_{13} + m_{12}$;所以 $AB\bar{C}$ 是 m_{13} 和 m_{12} 的公因子,只要在 $A=B=1$ 和 $C=0$ 所对应的小方格(即 m_{13}, m_{12})处填上“1”即可;同理对于 $\bar{A}B\bar{D}$,只要在 $A=0, B=1, D=1$ 所对应的小方格处填上“1”;对于 AC 则在 $A=1, C=1$ 对应的小方格处(即 m_{10}, m_{11}, m_{14}, m_{15}) 填上“1”。

若已知一个逻辑函数的真值表,也可直接填出该函数的卡诺图。只要把真值表中输出为 1 的那些最小项填上“1”,输出为 0 的那些最小项填上“0”(也可不填) 即可。

2. *方法二*

任意一个 n 变量的逻辑函数不但可以表示成最小项之和的形式,也可以表示成最大项之积的形式。而最大项和最小项之间是互为“反”的,即 $\bar{m}_i = M_i$, $\bar{M}_i = m_i$。因此在卡诺图上最小项用“1” 格表示,那么最大项就可用“0” 格来表示。

例 4.3.2 已知 $F = \bar{A}\ \bar{B}\ \bar{C} + \bar{A}\ \bar{B}\ C + \bar{A}BC + A\bar{B}C + AB\bar{C} + ABC = \sum_m (0, 1, 3, 5, 6, 7)$。试将 F 表示成最大项之积的形式。

解 $F = \sum_m (0, 1, 3, 5, 6, 7)$,是 3 变量的逻辑函数,将其填在 3 变量的卡诺图上,如图 4.3.3 所示。图中“1” 格表示最小项,所以“0” 格可写为最小项的“非”,即

$$\bar{F} = \bar{A}B\bar{C} + A\bar{B}\bar{C}$$

所以

$$F = \overline{\bar{A}B\bar{C} + A\bar{B}\ \bar{C}} =$$
$$(A + B + C)(\bar{A} + B + C) =$$
$$M_2 \cdot M_4 = \prod_M (2, 4)$$

C \ AB	00	01	11	10
0	1	0	1	0
1	1	1	1	1

图 4.3.3 例 4.3.2 的卡诺图

三、卡诺图化简逻辑函数的方法

以 4 变量卡诺图为例来说明用卡诺图化简逻辑函数的方法。

4 变量卡诺图如图 4.3.4 所示。从图中可以看出,任意相邻的两个小方格所表示的两个最小项之间,彼此仅有一个变量不同,且是一个互为相反的变量。与每一个小方格相邻的小方格数是随着变量的增加而增加,相邻的小方格数就等于变量数。例如由于 $n = 4$,所以和 m_0 相邻的就有 m_1, m_4, m_2, m_8。

CD \ AB	00	01	11	10
00	$\bar{A}\bar{B}\bar{C}\bar{D}$	$\bar{A}B\bar{C}\bar{D}$	$AB\bar{C}\bar{D}$	$A\bar{B}\bar{C}\bar{D}$
01	$\bar{A}\bar{B}\bar{C}D$	$\bar{A}B\bar{C}D$	$AB\bar{C}D$	$A\bar{B}\bar{C}D$
11	$\bar{A}\bar{B}CD$	$\bar{A}BCD$	$ABCD$	$A\bar{B}CD$
10	$\bar{A}\bar{B}C\bar{D}$	$\bar{A}BC\bar{D}$	$ABC\bar{D}$	$A\bar{B}C\bar{D}$

图 4.3.4 四变量卡诺图

若规定代表一个最小项的小方格叫做“0” 维块。例如 4 变量的卡诺图中的 m_0, m_1, m_3, m_2, m_4, m_5, m_7, m_6 等都是“0” 维块,“0” 维块表示 4 个变量一个也没有被消去。任意相邻的两个“0” 维块可以合并在一起,形成“1” 维块,“1” 维块代表两

个“0”维块中所公有的变量与项，即“1”维块比“0”维块减少了一个变量。例如$\overline{A}\,\overline{B}\,\overline{C}\,\overline{D}=m_0$，$\overline{A}\,\overline{B}\,\overline{C}\,D=m_1$，$m_0$ 和 m_1 是相邻的两个最小项，将它们合并在一起($\overline{A}\,\overline{B}\,\overline{C}\,\overline{D}+\overline{A}\,\overline{B}\,\overline{C}\,D=\overline{A}\,\overline{B}\,\overline{C}$)形成“1”维块$\overline{A}\,\overline{B}\,\overline{C}$。该“1”维块比“0”维块减少一个变量 D。如果两个“1”维块之间又相邻(即 4 个零维块如田字 4 块，一条 4 块，4 角 4 块，……)，则可构成“2”维块。该 2 维块代表了两个“1”维块中所公有的变量与项。即比“1”维块又少了一个变量，比“0”维块少了两个变量。例如$\overline{A}\,\overline{B}\,\overline{C}$ 和$\overline{A}\,\overline{B}\,C$ 间只有一个变量不同，则它们是两个相邻的“1”维块。将它们合并在一起($\overline{A}\,\overline{B}\,\overline{C}+\overline{A}\,\overline{B}\,C=\overline{A}\,\overline{B}$)形成“2”维块$\overline{A}\cdot\overline{B}$。该“2”维块比“1”维块$\overline{A}\,\overline{B}\,\overline{C}$，$\overline{A}\,\overline{B}C$ 又减少一个变量 C。如果二个“2”维块之间又相邻，则可构成“3”维块。该“3”维块代表了两个“2”维块中所公有的变量与项。即比“2”维块又少了一个变量，比“1”维块少了两个变量，比“0”维块少了三个变量。例如$\overline{A}\,\overline{B}$，$\overline{A}B$ 是两个相邻的“2”维块，将它们合并在一起($\overline{A}\,\overline{B}+\overline{A}B=\overline{A}$)形成“3”维块$\overline{A}$。该“3”维块比“2”维块$\overline{A}\,\overline{B}$，$\overline{A}B$ 又减少一个变量 B。前面的讨论如表 4.3.5 所示。

表 4.3.5　卡诺图的合并

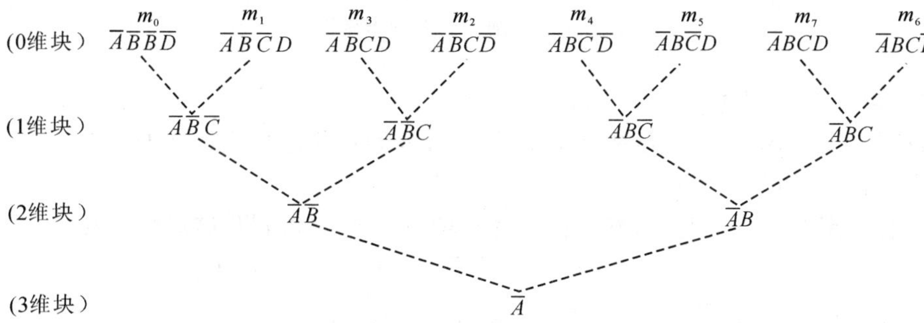

由表 4.3.5 可看出，“0”维块中表示 $2^0=1$，只有一个小方格，“1”维块中表示 $2^1=2$，有 2 个“0”维块，“2”维块中表示 $2^2=4$，内有 4 个“0”维块，“3”维块中表示 $2^3=8$，内有 8 个“0”维块。由此可推广为 n 维块中表示 2^n，内有 2^n 个“0”维块，越是高维块所占有的小方格越多，而表示这块区域的变量却越少，即被消去的变量越多。因此用卡诺图化简逻辑函数对应将卡诺图中填有“1”的区域尽量合并成大区域，然后用最少的变量写出表示这块区域的逻辑函数。但要注意被合并的“1”的个数必须满足 2^n 的关系。在合并成大区域的过程中，对于两变量卡诺图当然仅需注意相邻块的合并；对于多个两变量的卡诺图除相邻块合并外，还要注意“相对”的相邻块的合并；对于 5 变量卡诺图更要注意对称相邻块的合并。

化简步骤如下：

(1) 画出该逻辑函数的卡诺图。

(2) 画合并圈。将相邻的“1”格按 2^n 圈为一组，直到所有的“1”格全部被覆盖为止。

(3) 将每个合并圈所表示的与项逻辑加。

为使简化后的逻辑函数式最简，在画圈时应注意下列几点：

(1) 合并圈按 2^n 越大越好(与项中因子少)。

(2) 合并圈个数越少越好(与项数目少)。

(3) 由于 $A+A=A$，所以同一个“1”格可以圈多次。

(4) 每个合并圈中要有新的未被圈过的“1”格。如果某一合并圈中所有“1”格均被别的圈所包围，由此圈所表示的与项是多余的，即为冗余项。

根据以上化简步骤及注意点，举例化简逻辑函数。

例 4.3.3 化简 $F=\bar{A}\,\bar{B}\,\bar{C}\,\bar{D}+\bar{A}C\bar{D}+\bar{A}BC+\bar{A}BD+ABC+AC\bar{D}+A\bar{B}\bar{C}D$。

解 第一步：将 F 正确的填入 4 变量的卡诺图内，如图 4.3.5(a) 所示。

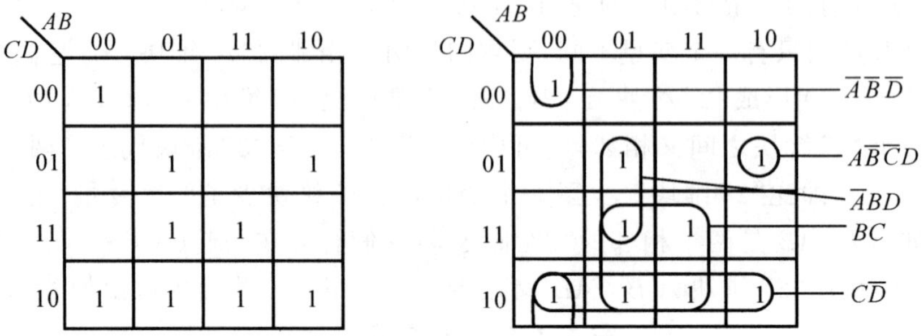

(a) (b)

图 4.3.5 例 4.3.3 的卡诺图

第二步：画合并圈，圈住所有“1”格。

具体过程见图 4.3.5(b)。为便于检查，每个合并圈化简结果应标在卡诺图上。

第三步：组成化简后的函数。

每一个合并圈对应一个与项，然后再将各与项“或”起来得到化简后的函数

$$F=BC+C\bar{D}+\bar{A}\,\bar{B}\,\bar{D}+\bar{A}BD+A\bar{B}\,\bar{C}D$$

例 4.3.4 化简 $F=\sum_m(2,3,5,7,8,10,12,13)$。

解

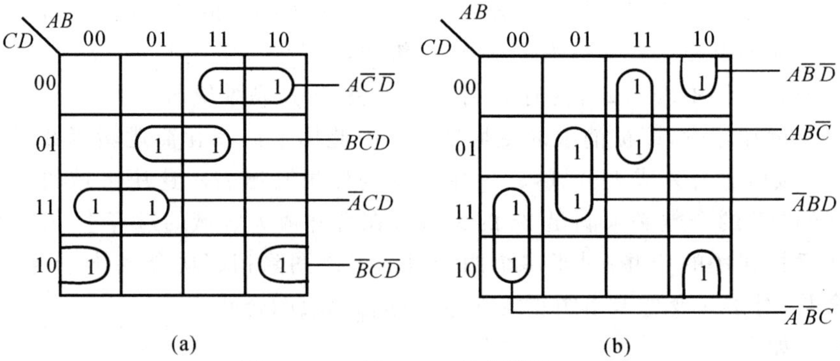

(a) (b)

图 4.3.6 例 4.3.4 的卡诺图

F 的卡诺图及化简过程如图 4.3.6 所示。该函数有二种圈法，按图 4.3.6(a) 的圈法得出

$$F=A\bar{C}\,\bar{D}+B\bar{C}\,\bar{D}+\bar{A}CD+\bar{B}C\bar{D}$$

按图 4.3.6(b) 的圈法得出

$$F=A\bar{B}\,\bar{D}+AB\bar{C}+\bar{A}BD+\bar{A}\,\bar{B}C$$

比较两个合并法得出的结果可知它们均为 4 个 3 变量的与项组成，且均为最简的结果。从本例可知，同一逻辑函数，可能有二种以上的最简化结果。

例 4.3.5　化简 $F=\sum_m(3,4,5,7,9,13,14,15)$。

解　化简过程如图 4.3.7(a) 所示。从图中可看出“2”维块 BD 中所有的“1”格均被其余的与项所包围，所以是冗余项，应去掉。最简的圈法如图 4.3.7(b) 所示，最简结果为

$$F=\overline{A}B\overline{C}+A\overline{C}D+\overline{A}CD+ABC$$

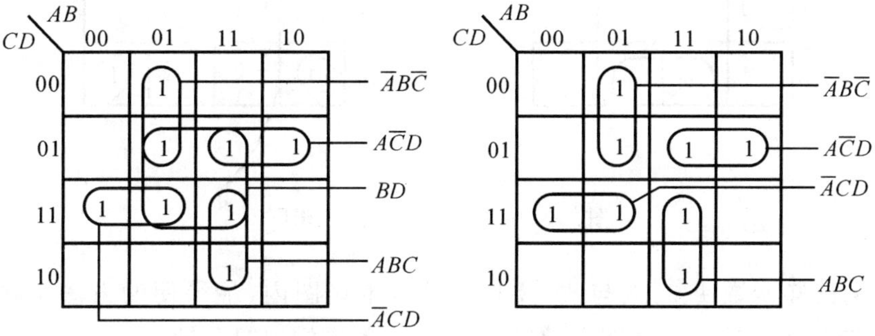

(a)　　　　　　(b)

图 4.3.7　例 4.3.5 的卡诺图

例 4.3.6　化简 $F=\sum_m(0,2,3,5,7,8,10,11,13)$ 为最简或与式。

解　本例要求化简函数为最简的或与式，所以在卡诺图上应圈“0”格进行化简，圈“0”格的原则和圈“1”格的原则完全一样。但注意应写出 $\overline{F}$ 的与或式。等式两边再取“反”后，即得出 F 的最简或与式，化简过程如图 4.3.8 所示。

$$\overline{F}=B\overline{D}+\overline{B}\overline{C}D+ABC$$
$$F=(\overline{B}+D)(B+C+\overline{D})(\overline{A}+\overline{B}+\overline{C})$$

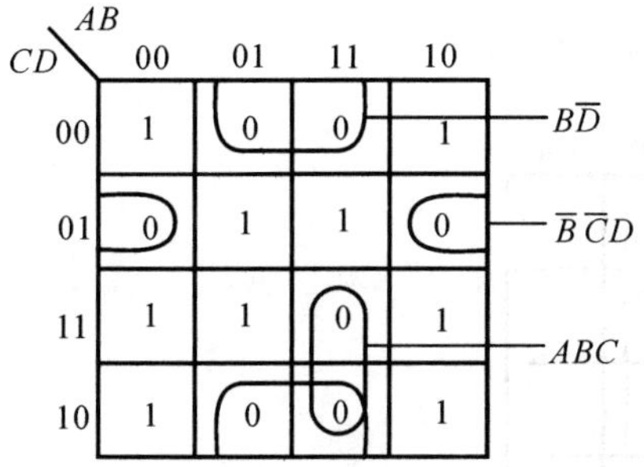

图 4.3.8　例 4.3.6 的卡诺图

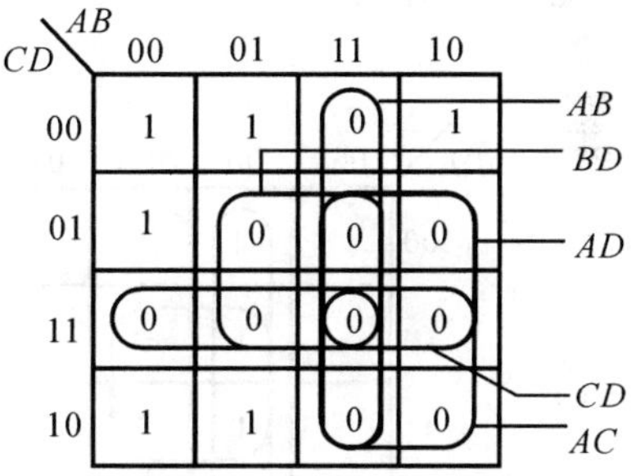

图 4.3.9　例 4.3.7 的卡诺图

例 4.3.7　化简 $F=\prod_M(3,5,7,9,10\sim15)$ 为最简或与式。

解　本例的函数以最大项之积的形式给出，所以在卡诺图上应根据 F 填上“0”格，其余各格均应为“1”。按图 4.3.9 所示，圈“0”格得出最简或与式。

$$\overline{F}=AB+BD+AD+CD+AC$$
$$F=(\overline{A}+\overline{B})(\overline{B}+\overline{D})(\overline{A}+\overline{D})(\overline{C}+\overline{D})(\overline{A}+\overline{C})$$

例 4.3.8　化简 $F=(\overline{B}+C+D)(\overline{B}+\overline{C}+D)(\overline{A}+B+\overline{D})(A+B+\overline{D})$ 为最简与或式和最简或与式。

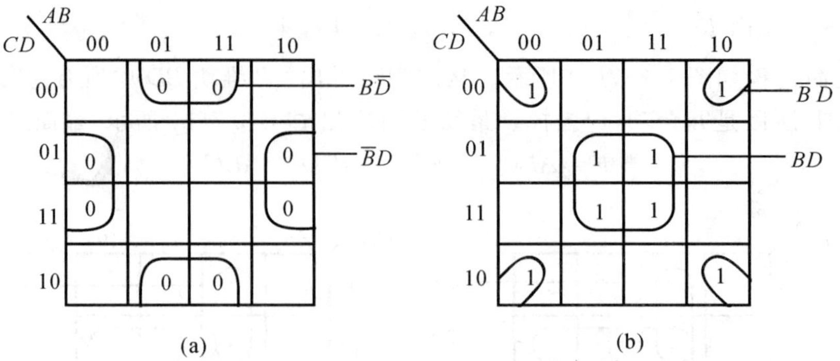

图 4.3.10　例 4.3.8 的卡诺图

解　本例已知函数 F 的或与式，要将其填入卡诺图内，最简便的方法是将等式两边求"非"，得出 $\overline{F}$ 的与或式后在卡诺图上填"0"格，其余各格均填"1"，即

$$\overline{F}=B\overline{C}\,\overline{D}+BC\overline{D}+A\overline{B}D+\overline{A}\,\overline{B}D$$

将 $\overline{F}$ 表示的"0"格填入卡诺图，如图 4.3.10(a) 所示，化简后 $\overline{F}=B\overline{D}+\overline{B}D$。所以

$$F=(\overline{B}+D)(B+\overline{D})$$

图 4.3.10(b) 表示 F 的"1"格，化简后

$$F=BD+\overline{B}\,\overline{D}$$

例 4.3.9　化简 $F=\sum_m(4,5,6,7,13,15,20,21,22,23,25,27,29,31)$。

解　本例为 5 变量逻辑函数，在化简时可先按 4 变量圈"1"格，然后再找出其对称项。化简过程如图 4.3.11 所示，其中 CE 是由 $\overline{A}CE$ 和它的对称项 ACE 合并而得，$\overline{B}C$ 是由 $\overline{A}\,\overline{B}C$ 和它的对称项 $A\overline{B}C$ 合并而得，则有

$$F=CE+\overline{B}C+ABE$$

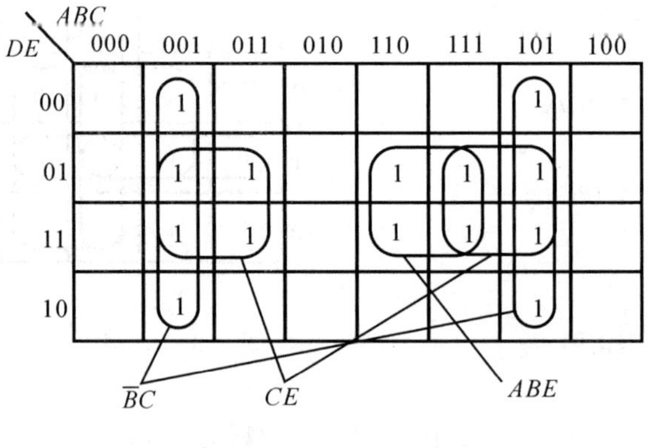

图 4.3.11　例 4.3.9 的卡诺图

四、逻辑函数按"与非""或非""与或非"形式的化简

逻辑函数的形式是多种多样的，除了前面讨论的与或式和或与式外，还有与非、或非、与或非三种表示形式。现在我们讨论怎样在卡诺图上实现这三种表示形式的化简。

1. 与非逻辑形式

所谓与非式(或称与非-与非表达式),就是全由与非门实现该逻辑函数。其化简步骤如下:

第一步:在卡诺图上圈"1"格,求得最简与或式;

第二步:将最简与或式两次求反,用摩根定理展开一次,得到与非-与非表达式;

第三步:根据与非式,用与非门组成逻辑电路。

例 4.3.10 已知 $F=\overline{A}BC+A\overline{B}C+AB\overline{C}+ABC$,利用卡诺图化简为与非-与非表达式。

解 将 F 填在三变量的卡诺图上,圈"1"格得到最简与或式,如图 4.3.12 所示。

求出 $F=AB+BC+AC$,对 F 二次求反,用摩根定理展开一次,得出与非-与非表达式

$$F=\overline{\overline{F}}=\overline{\overline{AB+BC+AC}}=\overline{\overline{AB}\cdot\overline{BC}\cdot\overline{AC}}$$

根据 F 的与非-与非表达式可以画出采用与非门组成的逻辑电路,如图 4.3.13 所示。

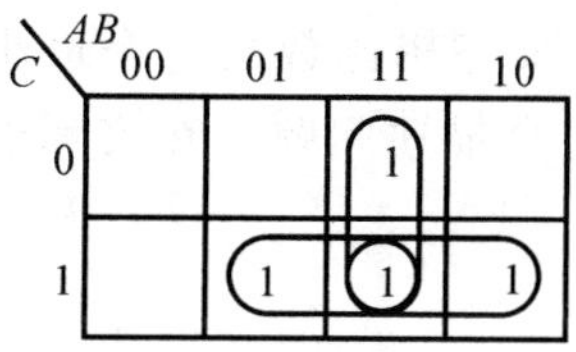

图 4.3.12 例 4.3.10 的卡诺图

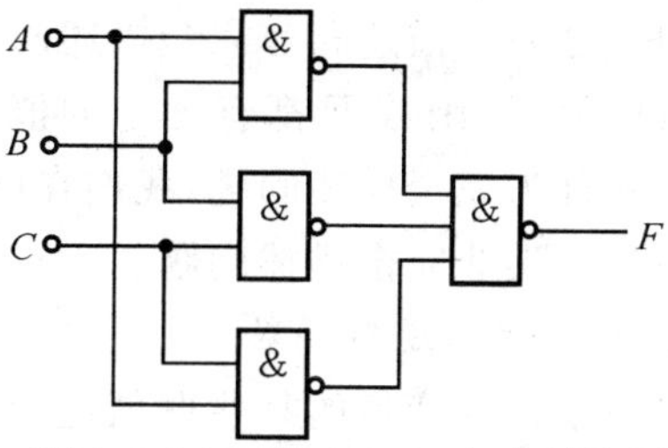

图 4.3.13 例 4.3.10 与非结构逻辑图

2. 或非逻辑形式

所谓或非式(或称或非-或非表达式),就是全由或非门实现该逻辑函数。其化简步骤如下:

第一步:在卡诺图上圈"0"格,求得最简或与式;

第二步:将最简或与式两次求反,用摩根定理展开一次,得到或非-或非表达式;

第三步:根据或非式,用或非门组成逻辑电路。

例 4.3.11 将例 4.3.10 中的函数 F 利用卡诺图化简为或非-或非表达式。

解 将图 4.3.12 的卡诺图圈"0"格,得到最简或与式

$$\overline{F}=\overline{A}\,\overline{B}+\overline{A}\,\overline{C}+\overline{B}\,\overline{C}$$

所以

$$F=(A+B)(A+C)(B+C)$$

对 F 二次求反,用摩根定理展开一次,得出或非-或非表达式

$$F=\overline{\overline{(A+B)(A+C)(B+C)}}=\overline{\overline{A+B}+\overline{A+C}+\overline{B+C}}$$

根据 F 的或非-或非表达式可以画出采用或非门组成的逻辑电路,如图 4.3.14 所示。

3. 与或非逻辑形式

所谓与或非式就是用与或非门实现逻辑函数,也可以通过对卡诺图中 0 格简化而得到。

例 4.3.12 将例 4.3.10 中的函数 F 利用卡诺图化简为与或非表达式。

解 将图 4.3.12 的卡诺图圈"0"格,得到 $\overline{F}$ 的最简与或式,再对 $\overline{F}$ 取"反",即可得出与或非逻辑形式。即

$$\overline{F}=\overline{A}\,\overline{B}+\overline{A}\,\overline{C}+\overline{B}\,\overline{C}$$

所以

$$F=\overline{\overline{A}\,\overline{B}+\overline{A}\,\overline{C}+\overline{B}\,\overline{C}}$$

根据 F 的与或非表达式可以画出采用与或非门组成的逻辑电路,如图 4.3.15 所示。

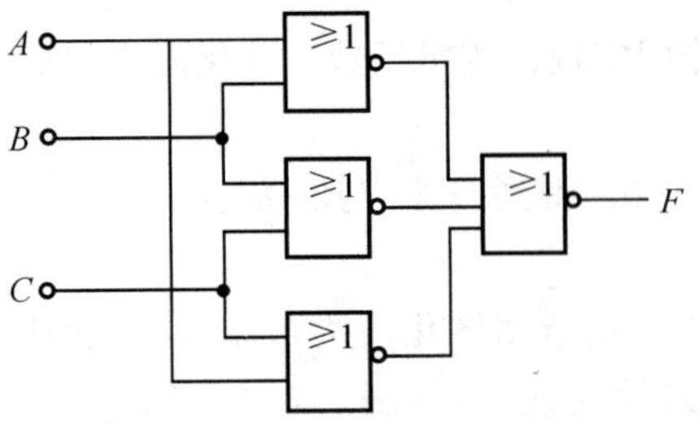

图 4.3.14 例 4.3.11 或非结构逻辑图

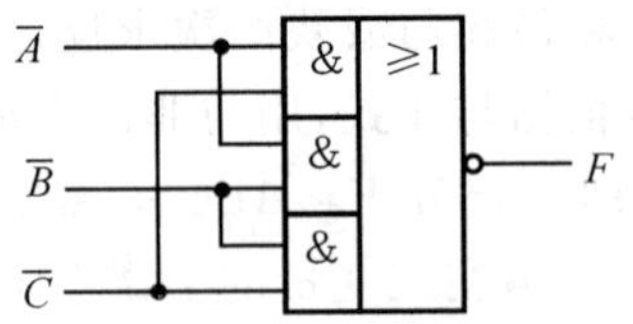

图 4.3.15 例 4.3.12 与或非结构逻辑图

五、包含无关最小项的逻辑函数的化简

逻辑问题分完全描述和非完全描述两种。对应于变量的每一组取值，函数都有定义，即在每一组变量取值下，函数 F 都有确定的值，不是“1”就是“0”，即逻辑函数与每个最小项均有关。这类问题称为完全描述问题，我们在前面讨论的均属于完全描述问题。在实际的逻辑问题中还存在另一类非完全描述问题。

1. 非完全描述的逻辑函数

如果对应于输入变量的某些取值组合，逻辑函数的值未作规定，即函数值可以为 0，也可以为 1(通常将这时的函数值记为 ×)。这种函数就是非完全描述的逻辑函数。表 4.3.6 所示的函数就是一个非完全描述的逻辑函数。

之所以可以不对输出函数值作具体规定是由于：

第一，我们所讨论的逻辑电路是某个数字系统的一部分，它的某些输入取值组合所产生的输出不影响整个系统的动作，因此可以不必考虑其输出是 0 还是 1。

第二，外界某种条件的限制(或称约束)，使得某些输入取值组合不可能在输入端出现。我们当然就可以不必规定它的输出值。这样一些输入取值组合，我们称其为无效取值组合。同无效取值组合对应的最小项，称为无关项，或称任意项、约束项等。

表 4.3.6 非完全描述逻辑函数

A	B	C	F
0	0	0	0
0	0	1	1
0	1	0	1
0	1	1	×
1	0	0	1
1	0	1	×
1	1	0	×
1	1	1	×

2. 约束条件

在数字系统中，非完全描述的逻辑函数是经常出现的，假设用 A,B,C 三个按钮分别去控制一个计算器的加法、减法、乘法三种操作。由于计算器在某一时刻内只能进行一种操作，所以不允许两个或两个以上的按钮同时按下。如果规定按钮按下为“1”，未按下为“0”，那么 A,B,C 三个变量的取值组合只可能是 000,001,010,100，而不可能出现 011,101,110,111 这四种取值组合。即 B,C；A,C；A,B,C 不可以同时为 1。所以 A,B,C 是一组具有约束的变量，它们的相互约束关系可以用逻辑代数式表示为

$$AB=0 \qquad BC=0 \qquad AC=0$$

$$ABC=0$$

亦即

$$AB+BC+AC+ABC=0$$

这就是该逻辑问题的约束条件，可将上式展开为最小项之和的形式，则有

$$\overline{A}BC + A\overline{B}C + AB\overline{C} + ABC = 0$$

式中的最小项就是无关最小项，简称无关项。上式可简写为

$$\sum d(3, 5, 6, 7) = 0$$

其中 d 表示无关项。

由此可见，当约束条件满足时，即已采取措施使输入变量的无效取值组合在逻辑电路的输入端不会发生时，这些无关项的值恒为 0。这时，将这些实际上恒为 0 的最小项加入到逻辑函数的与或表达式中，或者不加进去，都不会影响函数的值。因此，可以将与无关项对应的输出记为×，既可以把它当成1，也可以把它当成0。显然这样来处理无关项对于函数的化简十分有利。

3. 包含无关项的逻辑函数的化简

例 4.3.13 设计一个数值范围指示器，它的输入变量 A, B, C, D 按 8421BCD 码编码表示一位十进制数 x。要求当 $x \geqslant 5$ 时，输出 $F=1$，否则为 0。求 F 的最简与或式（可用于四舍五入）。

解 根据题意可知，由于一位十进制数只有 0 ～ 9 十个数。按 8421BCD 编码时只有 0000，0001，…1001 十个输入组合出现。而 1010 ～ 1111 这 6 种组合不可能出现，所以约束条件应为

$$\sum d(10 \sim 15) = 0$$

也即

$$A\overline{B}C\overline{D} + A\overline{B}CD + AB\overline{C}\ \overline{D} + AB\overline{C}D + ABC\overline{D} + ABCD = 0$$

根据题意，列出真值表如表 4.3.7 所示。

表 4.3.7 $x \geqslant 5$ 数值范围指示器真值表

A	B	C	D	F
0	0	0	0	0
0	0	0	1	0
0	0	1	0	0
0	0	1	1	0
0	1	0	0	0
0	1	0	1	1
0	1	1	0	1
0	1	1	1	1
1	0	0	0	1
1	0	0	1	1
1	0	1	0	×
1	0	1	1	×
1	1	0	0	×
1	1	0	1	×
1	1	1	0	×
1	1	1	1	×

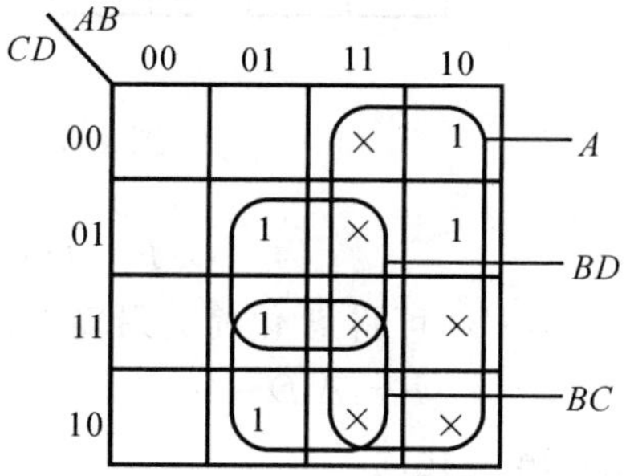

图 4.3.16 例 4.3.13 的卡诺图

由表 4.3.7 可写出 F 的表达式

$$F = \sum_m (5, 6, 7, 8, 9) + \sum_d (10 \sim 15)$$

F 的卡诺图如图 4.3.16 所示。利用图 4.3.16 的卡诺图化简逻辑函数时，若不包含任何无

关项，则可得

$$F=A\overline{B}\overline{C}+\overline{A}BD+\overline{A}BC$$

如果将 6 个无关项都包含进去，则可简化得

$$F=A+BD+BC$$

显然，将无关最小项考虑进去比不考虑进去的 F 要简单。

例 4.3.14 化简 $F=\sum_m(0,2,5,9,15)+\sum_d(6,7,8,10,12,13)$。

解 化简过程如图 4.3.17 所示。从图中可看出无关项×可圈可不圈，圈入认为该无关项是 1；不圈入，则认为该无关项是 0。图中 m_6 由于对构成高维块无好处，对化简无利，所以未被圈入，认为 $m_6=0$，而其他无关最小项 m_7，m_8，m_{10}，m_{12}，m_{13} 对构成高维块有利，均被圈入，认为它们都是 1。得出

$$F=A\overline{C}+BD+\overline{B}\,\overline{D}$$

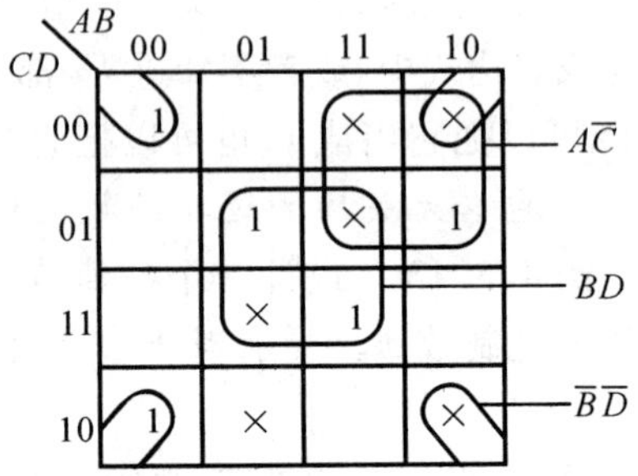

图 4.3.17 例 4.3.14 的卡诺图

例 4.3.15 化简 $F=\prod_M(3,5,7,9\sim12,14,15)\cdot\prod_d(0,1,4,13)$ 为最简与或式和最简或与式。

解 在函数 F 的表达式中，$\prod_d(0,1,4,13)$ 是 4 个无关项的最大项形式，在卡诺图的对应小方格内也应填×。利用图 4.3.18(a) 可将 F 化简为最简或与式，即

$$\overline{F}=D+AB+AC$$

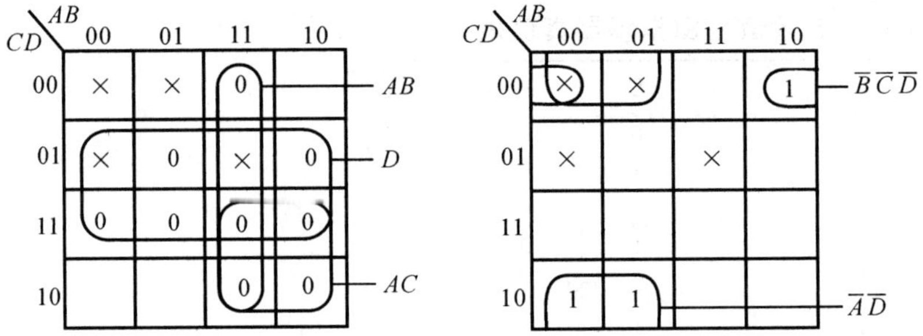

(a) (b)

图 4.3.18 例 4.3.15 的卡诺图

所以

$$F=\overline{D}\cdot(\overline{A}+\overline{B})\cdot(\overline{A}+\overline{C})$$

利用图 4.3.18(b) 可将 F 化简为最简与或式，即

$$F=\overline{A}\,\overline{D}+\overline{B}\,\overline{C}\,\overline{D}$$

例 4.3.16 化简

$$F=\overline{A}B\overline{C}+\overline{B}\,\overline{C}$$

$$AB=0 \quad（约束条件）$$

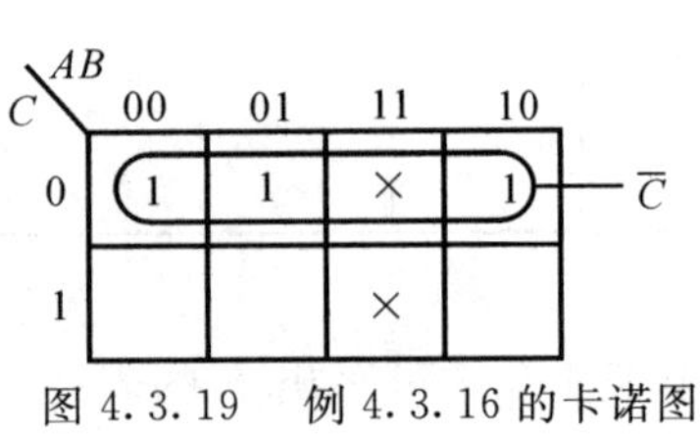

图 4.3.19 例 4.3.16 的卡诺图

解 $AB=0$ 即表示 A 与 B 不能同时为 1，因此 $AB=11$ 所对应的最小项应视为无关项，其卡诺图及化简过程如图 4.3.19 所示。化简函数为 $F=\overline{C}$。

六、输入只有原变量没有反变量的逻辑函数的化简

前述的化简均假定信号既提供原变量又提供反变量。实际在设计大规模集成电路的时候，为了减少输入端数，常要求每个输入信号只用一根线而不用两根线，即只有原变量输入而无反变量输入。可通过非门，得到反变量。然而这样往往不经济，事实上只需化简时采取适当的方法，就能满足大部分逻辑函数获得最简的形式。

1. 公式法

在介绍化简方法之前，先介绍几个概念。

① 头部因子和尾部因子。一个乘积项可以写成

$$E_i = H_i \overline{T}_{i1} \overline{T}_{i2} \cdots$$

其中

$$H_i = abc\cdots$$
$$\overline{T}_{i1} = \overline{xyz\cdots}$$
$$\overline{T}_{i2} = \overline{uvw\cdots}$$

H_i 为乘积项中不带反号的部分，称为“头”部，其中每个乘积因子 a，b，c，… 称为头部因子；$\overline{T}_{i1}$，$\overline{T}_{i2}$… 为乘积项中带反号的部分，称为“尾”部，其中每个乘积因子 $\overline{T}_{i1}$，$\overline{T}_{i2}$，… 称为尾部因子。例如：$E_i = ab\bar{c}$；a，b 为头部因子，$\bar{c}$ 为尾部因子。

② 尾部代替因子。一个乘积项的尾部因子可以根据需要加以扩展，如果扩展的变量是属于乘积项头部内的变量，则该乘积项的值不变。扩展后的尾部因子，称为原乘积项尾部因子的代替因子。例如

$$E_i = ab\bar{c} = ab\,\overline{ac} = ab\,\overline{bc} = ab\,\overline{abc}$$

③ 乘积项合并。如果两个或两个以上乘积项的头部完全相同，则这几个乘积项可以合并为一个乘积项。例如

$$F = a\bar{b}\,\bar{c} + a\bar{b}\,\bar{d} + a\bar{b}\,\bar{e} = a\bar{b}(\bar{c} + \bar{d} + \bar{e}) = a\bar{b}\,\overline{cde}$$

例 4.3.17 已知 $F = \sum_m(3, 4, 5, 6)$，将其在输入只有原变量而没有反变量条件下化简为与非-与非表达式。

解 利用卡诺图(图 4.3.20) 化简后得

$$F = A\overline{B} + A\overline{C} + \overline{A}BC = \overline{\overline{A\overline{B}} \cdot \overline{A\overline{C}} \cdot \overline{\overline{A}BC}}$$

从 F 的表达式中可看出实现 F 需要 7 个与非门，如果用公式法的原则将 F 加以化简，则只要 4 个与非门即可。化简过程为

$$F = A\overline{B} + A\overline{C} + \overline{A}BC = A(\overline{B} + \overline{C}) + BC\overline{A} =$$
$$A\,\overline{BC} + BC\overline{A} = A \cdot \overline{ABC} + BC \cdot \overline{ABC} =$$
$$\overline{\overline{A \cdot \overline{ABC}} \cdot \overline{BC \cdot \overline{ABC}}}$$

实现 F 的电路图如图 4.3.21 所示。

2. 禁止逻辑法

(1) 禁止逻辑法的基本原理：

① 如果函数 F 中不包含最小项 m_i，则有

$$F = F \cdot \overline{m}_i$$

例如

$$F = \sum\nolimits_m (1,\ 3,\ 7) = m_1 + m_3 + m_7 = (m_1 + m_3 + m_7)(m_5 + \overline{m}_5) =$$
$$(m_1 m_5 + m_3 m_5 + m_7 m_5) + (m_1 + m_3 + m_7)\overline{m}_5 =$$
$$(m_1 + m_3 + m_7)\overline{m}_5 = F \cdot \overline{m}_5$$

推论到一般,则有

$$F = F \cdot \overline{m_i + m_j + \cdots}$$

式中,m_i, m_j,… 均为不属于函数 F 的最小项。这就是说,任一逻辑函数,如果用不属于它的最小项之和的非乘之,其逻辑功能不变。

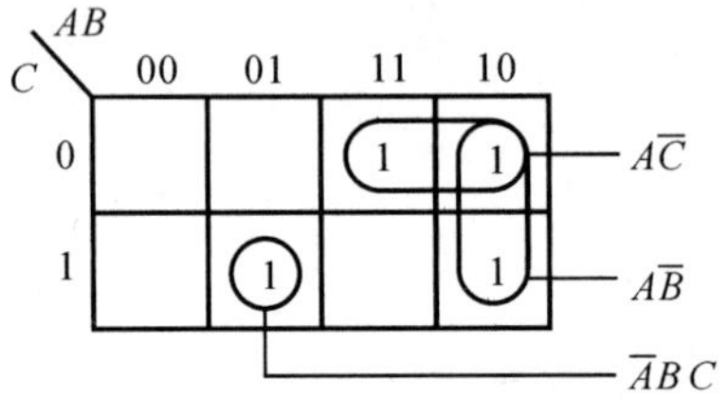

图 4.3.20　例 4.3.17 的卡诺图

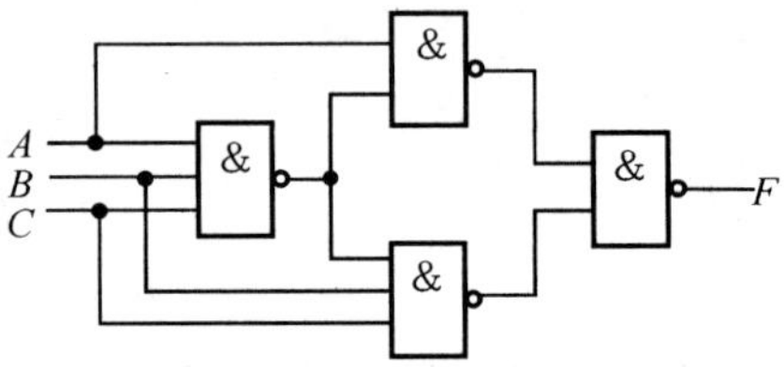

图 4.3.21　例 4.3.17 的电路图

② 任何一个逻辑函数,若用属于它的几个最小项之和的非乘之,则相当于从该函数中扣去了这几个最小项。

设 $F = m_1 + m_3 + m_5 + m_6 + m_7$,如果用$\overline{m_6 + m_7}$ 去乘这个函数,则有

$$G = F \cdot \overline{m_6 + m_7} = (m_1 + m_3 + m_5 + m_6 + m_7) \cdot \overline{m}_6 \cdot \overline{m}_7 =$$
$$(m_1 + m_3 + m_5)\overline{m}_6 \cdot \overline{m}_7 = (m_1 + m_3 + m_5) \cdot \overline{m_6 + m_7} =$$
$$m_1 + m_3 + m_5$$

可见从函数 F 中扣去最小项 m_6 和 m_7 就得函数 G。

以上两点可做为结论来应用。下面再引入一个名词 ——1 重心。

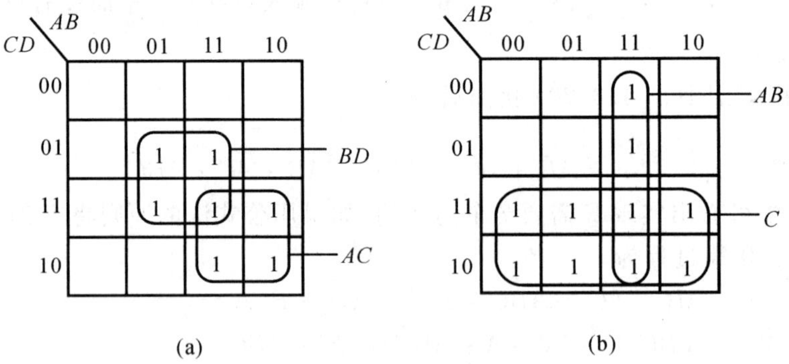

图 4.3.22　包含 1 重心的卡诺图

卡诺图上,所有变量均取值为 1 的小方格称为卡诺图的 1 重心。例如 2 变量卡诺图上的 m_3,即 $AB = 11$;3 变量卡诺图上的 m_7,即 $ABC = 111$;4 变量卡诺图上的 m_{15},即 $ABCD = 1111$。图 4.3.22 给出了几个包含变量卡诺图 1 重心的卡诺图。凡是包含 1 重心的卡诺图所表示的与项,都不会包含反变量。图 4.3.22(a) 中 $F = BD + AC$;图 4.3.22(b) 中 $F = C + AB$,它

们的与项中均不包含反变量。

在用与非门实现逻辑函数时，为了使与非门的输入端不出现反变量，则在化简函数时，卡诺图上的每一个合并圈都必须包含1重心。但是，这样的合并圈就有可能把不属于原函数的某些最小项也圈进去了。为使函数的逻辑功能不变，必须扣除这些不属于原函数的最小项。这就是禁止逻辑法的基本思想。

(2) 禁止逻辑法的化简方法：

① 将函数化简为与非-与非表达式。

例 4.3.18 用禁止逻辑法将 F 化简为与非-与非表达式。已知 $F=\sum_m(4,5,6,7,8,9,10,11,12,13,14)$。

解 化简过程如图 4.3.23 所示。从图中可看出在按 2^n 圈“1”的过程中，可把含有“1”重心的“0”格圈入，再用禁止逻辑法将其禁止掉。例如 A 项中多圈了 m_{15}，应将其禁止掉，故写为 $A\cdot\overline{ABCD}$。

$$F=A\cdot\overline{ABCD}+B\cdot\overline{ABCD}=\overline{\overline{A\cdot\overline{ABCD}}\cdot\overline{B\cdot\overline{ABCD}}}$$

将 F 求出后两次求反，利用摩根定理展开一次即得 F 的与非-与非表达式。F 的逻辑电路图如图 4.3.24 所示。

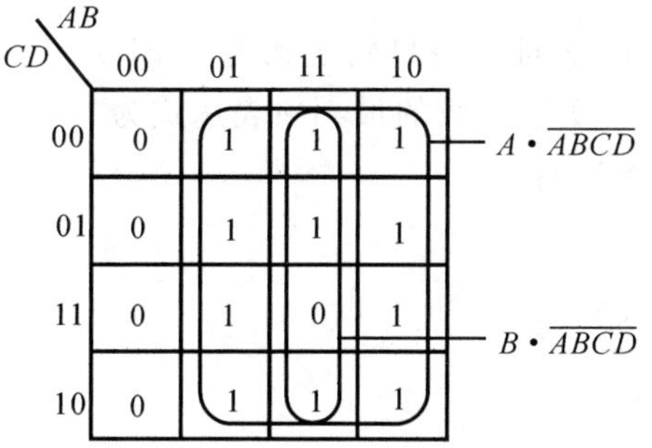

图 4.3.23 例 4.3.18 的卡诺图

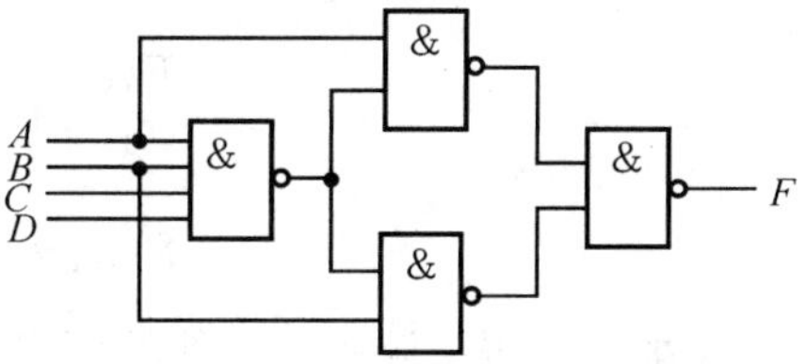

图 4.3.24 例 4.3.18 的逻辑电路图

例 4.3.19 已知 $F=\sum_m(2,3,6,8,9,10,11,12,14)$，用禁止逻辑法将 F 化简为与非-与非表达式。

解 化简过程如图 4.3.25 所示，从图中可看出 A 项和 C 项中都禁止掉含有1重心的 BD 项。得出最简结果

$$F=A\cdot\overline{BD}+C\cdot\overline{BD}=\overline{\overline{A\cdot\overline{BD}}\cdot\overline{C\cdot\overline{BD}}}$$

F 的逻辑电路图如图 4.3.26 所示。

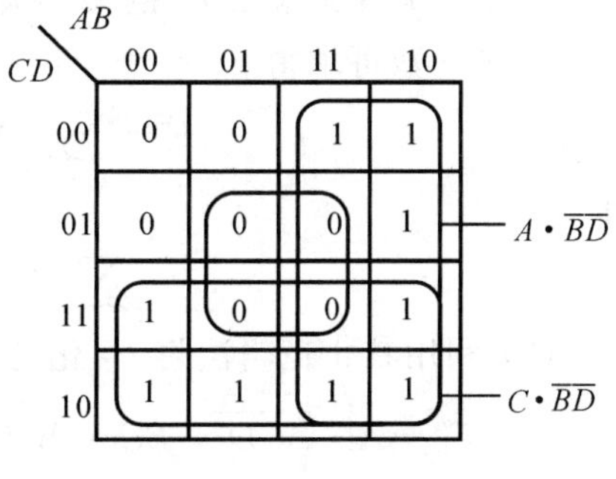

图 4.3.25 例 4.3.19 的卡诺图

② 将函数化为或非-或非表达式。在只有原变量没有反变量输入的条件下，采用或非门实现逻辑电路，其方法是：首先由 F 函数的最小项表达式求出 F 函数的对偶式 F' 的最小项表达式，将 F' 的最小项表达式按禁止逻辑法化简为与非-与非表达式，然后对 F' 再求一次对偶即得到 F 的或非-或非表达式。

例如，已知 $F=\sum_m(0, 1, 3, 4, 5)$，求 F' 的最小项表达式。

先将 F 用卡诺图化简，求出 F 的逻辑表达式，化简过程如图 4.3.27 所示，得出 F 为

$$F=\bar{B}+\bar{A}C$$

所以

$$F'=\bar{B}(\bar{A}+C)=\bar{A}\,\bar{B}+\bar{B}C=\bar{A}\,\bar{B}(C+\bar{C})+(A+\bar{A})\bar{B}C=$$
$$\bar{A}\,\bar{B}C+\bar{A}\,\bar{B}\,\bar{C}+A\bar{B}C=\sum_m(0, 1, 5)$$

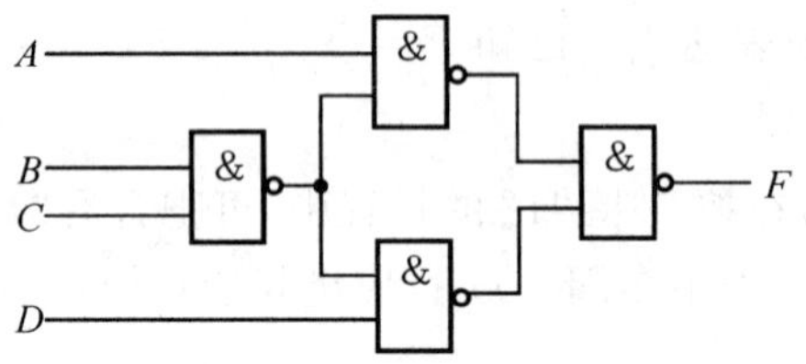

图 4.3.26　例 4.3.19 的逻辑电路图

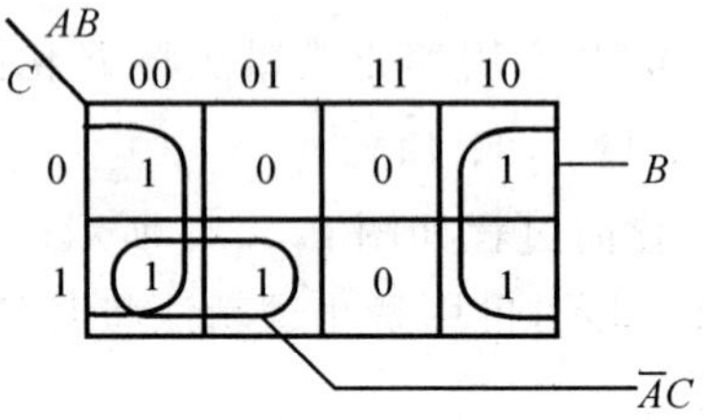

图 4.3.27　F 的卡诺图

而我们知道 F 的反函数 $\bar{F}$ 的最小项之和为

$$\bar{F}=\sum_m(2, 6, 7)$$

比较 F' 和 $\bar{F}$ 的最小项号码可知，它们的号码数目相同，而且对应号码之和为 7（即 $0+7=7$，$1+6=7$，$5+2=7$）。由此可以推广到一般：若一个 n 变量函数的最小项表达式为

$$F(a, b, c, \cdots)=\sum(i)$$

则

$$\bar{F}(a, b, c, \cdots)=\sum(j)$$

j 为 2^n 个最小项号码中除去 i 以外的所有最小项号码。

$$F'(a, b, c, \cdots)=\sum(K)$$

K 的数目和 j 的数目相等，且一个 j 号码对应有一个 K 号码，$K=(2^n-1)-j$。

例 4.3.20　已知 $F=\sum_m(0, 4, 11, 12, 13, 15)$，在输入只存在原变量条件下将 F 化简为或非-或非表达式。

解　(1) 首先求出 F' 的最小项表达式。

由 F 函数可求得

$$\bar{F}=\sum_m(1, 2, 3, 5, 6, 7, 8, 9, 10, 14)$$

则

$$F'=\sum_m(14, 13, 12, 10, 9, 8, 7, 6, 5, 1)$$

(2) 利用禁止逻辑法将 F' 化简为与非-与非表达式。化简过程如图 4.3.28 所示。

$$F'=A\cdot\overline{ACD}+BC\cdot\overline{ACD}+\bar{C}D=A\,\overline{CD}+D\cdot\overline{CD}+BC\cdot\overline{AD}=$$
$$\overline{\overline{A\cdot\overline{CD}}\cdot\overline{D\cdot\overline{CD}}\cdot\overline{BC\cdot\overline{AD}}}$$

(3) 对 F' 再求出一次对偶，则得出 F 的或非-或非表达式。其逻辑电路图如图 4.3.29

所示。

$$F'' = F = \overline{\overline{A+\overline{C+D}} + \overline{D+\overline{C+D}} + \overline{B+C+\overline{A+D}}}$$

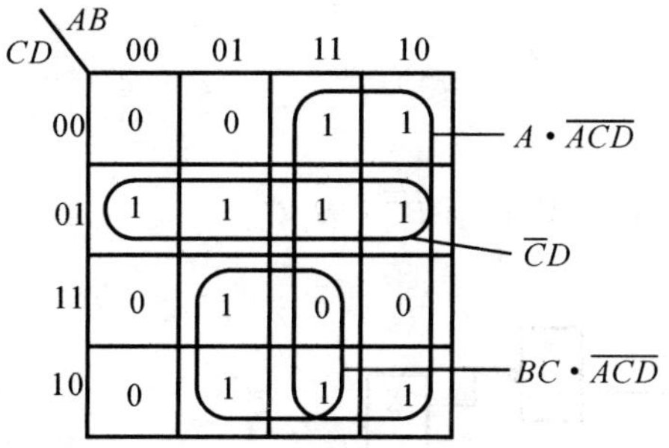

图 4.3.28　例 4.3.20 中 F' 的卡诺图

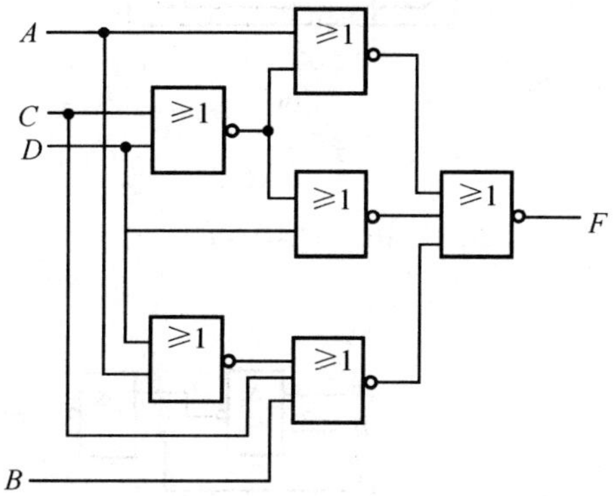

图 4.3.29　例 4.3.20 中 F 的逻辑电路图

七、多输出函数的化简

前面讨论的电路只有一个输出端，而实际电路常常有两个或两个以上的输出端。如图 4.3.30 所示。

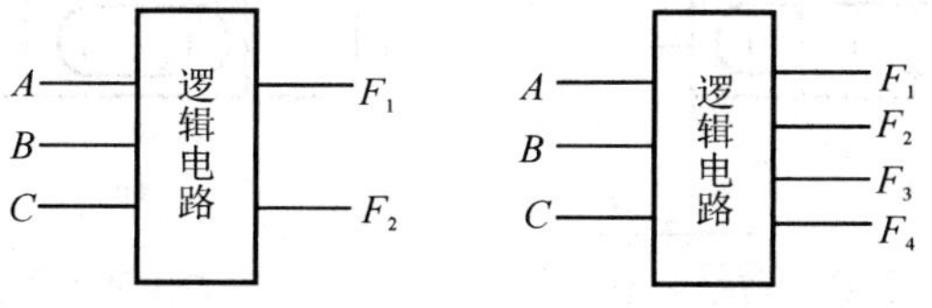

(a)　　(b)

图 4.3.30　多输出函数的方框图

化简多输出函数时，不能单纯地去追求各个单一函数的最简，因为这样做并不一定能保证整个系统最简。为使整个系统最简，应该统一考虑，尽可能利用公共项。下面举例说明。

例 4.3.21　化简

$$\begin{cases} F_1 = \sum_m(1,\ 3,\ 4,\ 5,\ 7) \\ F_2 = \sum_m(3,\ 4,\ 7) \end{cases}$$

解　若将 F_1，F_2 各自的卡诺图分开各自化简为与非-与非表达式，化简结果及逻辑电路图如图 4.3.31 所示。

若将二个输出函数视为一个整体，其化简过程如图 4.3.32 所示。

从两种方案的比较可以清楚看出，由于将 F_1，F_2 作为整体考虑化简时使用了公共项 $A\overline{B}\,\overline{C}$，所以化简结果比 F_1，F_2 分开化简时少用一个与非门。

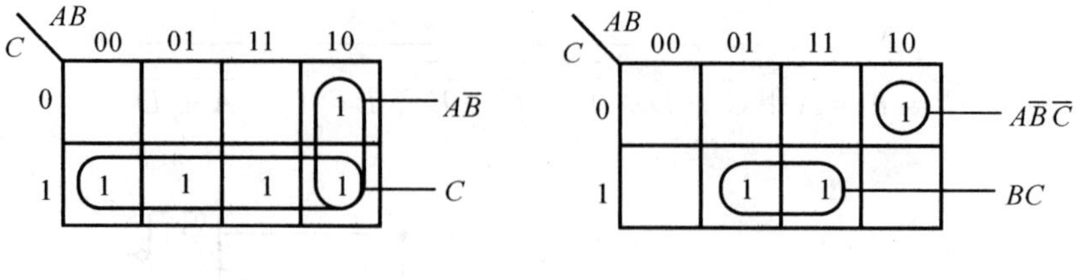

(a) (b)

$$F_1 = A\overline{B} + C\,\overline{\overline{A\overline{B}} \cdot \overline{C}} \qquad F_2 = BC + A\overline{B}\,\overline{C} = \overline{\overline{BC} \cdot \overline{A\overline{B}\,\overline{C}}}$$

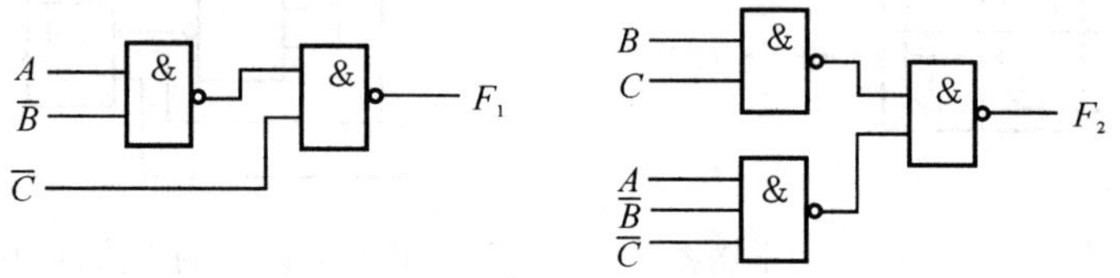

(c)

图 4.3.31 例 4.3.21 中各函数独自化简结果

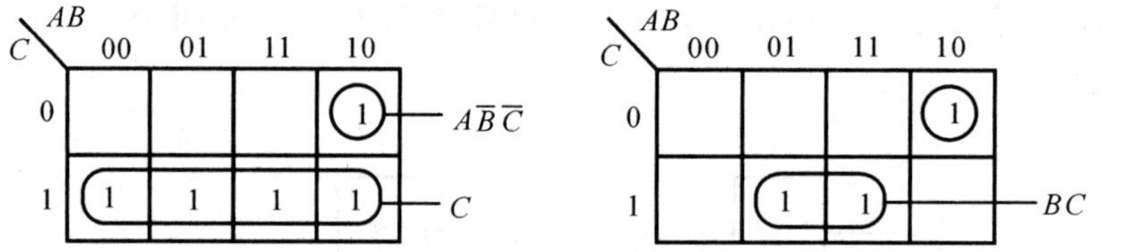

(a) (b)

$$F_2 = BC + A\overline{B}\,\overline{C} = \overline{\overline{BC} \cdot \overline{A\overline{B}\,\overline{C}}} \qquad F_1 = C + A\overline{B}\,\overline{C} = \overline{\overline{C} \cdot \overline{A\overline{B}\,\overline{C}}}$$

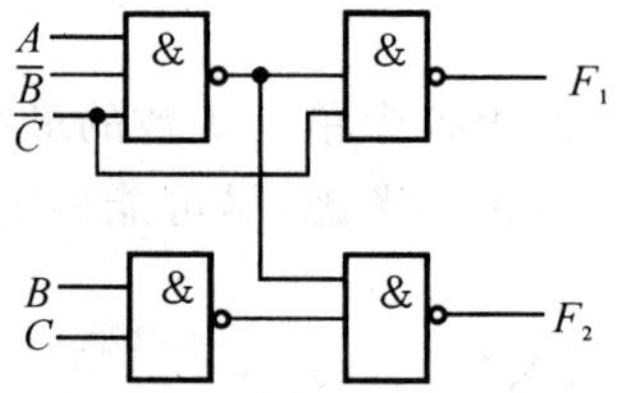

(c)

图 4.3.32 例 4.3.21 中将 F_1，F_2 作为整体考虑的化简结果

习 题 四

1. 列出下述问题的真值表，并写出逻辑表达式。

(1) 有 A,B,C 三个输入信号，如果三个输入信号中出现奇数个 1 时，输出信号 $F = 1$，其余情况下，输出

$F=0$。

(2) 有 A,B,C 三个输入信号，当三个输入信号不一致时，输出信号 $F=1$，其余情况下输出为 0。

(3) 列出输入三变量表决器的真值表。

2. 对下列函数指出当变量取哪些组值时，F 的值为“1”。

(1) $F=AB+\bar{A}\,\bar{B}$；　　(2) $F=AB+\bar{A}C$；

(3) $F=(A+B+C)(A+B+\bar{C})(A+\bar{B}+C)(A+\bar{B}+\bar{C})$。

3. 用真值表证明下列等式。

(1) $A+BC=(A+B)(A+C)$；

(2) $\bar{A}BC+A\bar{B}C+AB\bar{C}=BC\,\overline{ABC}+AC\,\overline{ABC}+AB\,\overline{ABC}$；

(3) $\overline{A\bar{B}+B\bar{C}+\bar{A}C}=ABC+\bar{A}\,\bar{B}\,\bar{C}$；

(4) $AB+BC+AC=(A+B)(B+C)(A+C)$；

(5) $ABC+\bar{A}+\bar{B}+\bar{C}=1$。

4. 直接写出下列函数的对偶式 F' 及反演式 $\bar{F}$ 的函数表达式。

(1) $F=[\bar{A}B(C+D)][B\bar{C}\,\bar{D}+B(\bar{C}+D)]$；　　(2) $F=A\bar{B}\,\bar{C}+(\bar{A}+\bar{B}\,\bar{C})(A+C)$；

(3) $F=AB+\overline{CD}+\overline{BC+\bar{D}+\bar{C}E+\overline{D+E}}$；　　(4) $F=\overline{C+\overline{AB}}\cdot\overline{\bar{A}B+D}$。

5. 若已知 $x+y=x+z$，问 $y=z$ 吗？为什么？

6. 若已知 $xy=xz$，问 $y=z$ 吗？为什么？

7. 若已知 $\begin{cases}x+y=x+z\\ xy=xz\end{cases}$，问 $y=z$ 吗？为什么？

8. 用公式法证明下列各等式。

(1) $\bar{A}\,\bar{C}+\bar{A}\,\bar{B}+BC+\bar{A}\,\bar{C}\,\bar{D}=\bar{A}+BC$；

(2) $\bar{B}C\bar{D}+B\bar{C}D+ACD+\bar{A}B\bar{C}\,\bar{D}+\bar{A}\,\bar{B}CD+B\bar{C}\,\bar{D}+BCD=\bar{B}C+B\bar{C}+BD$；

(3) $\overline{\overline{AB}\cdot\overline{B+D}}\cdot\overline{\bar{C}D}+BC+\bar{A}\cdot\overline{\overline{\bar{B}\,\bar{D}}+A}+\overline{\bar{C}D}=1$；

(4) $x+wy+uvz=(x+u+w)(x+u+y)(x+v+w)\cdot$
$(x+v+y)(x+z+w)(x+z+y)$；

(5) $A\oplus B\oplus C=A\odot B\odot C$；　　(6) $\overline{A\oplus B\oplus C}=\bar{A}\odot\bar{B}\odot\bar{C}$。

9. 证明：

(1) 如果 $a\bar{b}+\bar{a}b=c_1$，则 $a\bar{c}+\bar{a}c=b$，反之亦成立；

(2) 如果 $\bar{a}\,\bar{b}+ab=0$，则 $\overline{ax+by}=a\bar{x}+b\bar{y}$。

10. 写出下列各式 F 和它们的对偶式，反演式的最小项表达式。

(1) $F=ABCD+ACD+B\bar{C}\,\bar{D}$；　　(2) $F=A\bar{B}+\bar{A}B+BC$；

(3) $F=\overline{\overline{\overline{AB+C}+BD}+\bar{A}\,\bar{D}}+\overline{\bar{B}+\bar{C}}$。

11. 将下列函数表示成最大项之积。

(1) $F=(A\odot B)(A+B)+(A\odot B)AB$；　　(2) $F=(A\oplus B)+\bar{A}(B\oplus C)$。

12. 用公式法化简下列各式。

(1) $F=A+AB\bar{C}+ABC+BC+B$；　　(2) $F=A\bar{B}C+\overline{AC}D+A\bar{C}$；

(3) $F=(A+B)(A+B+C)(\bar{A}+C)(B+C+D)$；

(4) $F=\overline{\overline{AB+\bar{A}\,\bar{B}}\cdot\overline{BC+\bar{B}\,\bar{C}}}$；

(5) $F=\overline{\overline{AC+\bar{B}C}+B(A\bar{C}+\bar{A}C)}$；

(6) $F=(x+y+z+\bar{w})(v+x)(\bar{v}+y+z+\bar{w})$。

13. 指出下列函数在什么输入组合时使 $F=0$。

(1) $F=\sum_m(0,1,2,3,7)$；　　(2) $F=\sum_m(7,8,9,10,11)$。

14. 指出下列函数在什么输入组合时使 $F=1$。

(1) $F=\prod_M(4,5,6,7,9,12)$；　　(2) $F=\prod_M(0,2,4,6)$。

15. 变化如下函数成另一种标准形式。

(1) $F=\sum_m(1,3,7)$；　　(2) $F=\sum_m(0,2,6,11,13,14)$；

(3) $F=\prod_M(0,3,6,7)$；　　(4) $F=\prod_M(0,1,2,3,4,6,12)$。

16. 用图解法化简下列各函数。

(1) 化简题 12 中(1),(3),(5)；

(2) $F=\sum_m(0,1,3,5,6,8,10,15)$；　　(3) $F=\sum_m(4,5,6,8,9,10,13,14,15)$；

(4) $F=\prod_M(5,7,13,15)$；　　(5) $F=\prod_M(1,3,9,10,11,14,15)$；

(6) $F=\sum_m(0,2,4,9,11,14,15,16,17,19,23,25,29,31)$；

(7) $F=\sum_m(0,2,4,5,7,9,13,14,15,16,18,20,21,23,25,29,30,31)$。

17. 将下列各函数化简成与非-与非表达式,并用与非门实现。

(1) $F=\sum_m(0,1,3,4,6,7,10,11,13,14,15)$；

(2) $F=\sum_m(0,2,3,4,5,6,7,12,14,15)$；

(3) $F=\sum_m(0,1,4,5,12,13)$；

(4) $F=\prod_M(4,5,6,7,9,10,11,12)$。

18. 将下列各函数化简成或非-或非表达式,并用或非门实现。

(1) $F=\sum_m(0,1,2,4,5)$；　　(2) $F=\sum_m(0,2,8,10,14,15)$；

(3) $F=A\overline{B}+\overline{A}C+\overline{B}CD$；　　(4) $F=AB+\overline{B}C+\overline{A}C$。

19. 将下列各函数化简为与或非表达式,并用与或非门实现。

(1) $F=A\overline{B}+C\overline{D}+\overline{A}C+A\overline{C}+B\overline{C}+\overline{A}D$；

(2) $F=\sum_m(1,2,6,7,8,9,10,13,14,15)$；

(3) $F=\sum_m(0,1,3,7,8,9,13,15,17,19,23,24,25,28,30)$。

20. 用卡诺图将下列含有无关项的逻辑函数化简为最简"与或"式和最简"或与"式。

(1) $F=\sum_m(0,1,5,7,8,11,14)+\sum_d(3,9,15)$；

(2) $F=\sum_m(1,2,5,6,10,11,12,15)+\sum_d(3,7,8,14)$；

(3) $F=AB\overline{C}+A\overline{B}\,\overline{C}+\overline{A}\,\overline{B}C\overline{D}+A\overline{B}C\overline{D}$,变量 A,B,C,D 不可能出现相同取值；

(4) $F=\overline{A}\,\overline{B}\,\overline{C}+ABC+\overline{A}\,\overline{B}C\overline{D}$,约束条件 $A\oplus B=0$。

21. 在输入只有原变量条件下,用最少与非门实现下列函数。

(1) $F=A\overline{B}+B\overline{C}+\overline{A}C$；

(2) $F=\sum_m(1,3,4,5,6,7,9,12,13)$；

(3) $F=\sum_m(1,2,4,5,10,12)$；

(4) $F=\sum_m(1,5,6,7,9,11,12,13,14)$。

22. 在输入只有原变量条件下,用或非门实现下列函数。

(1) $F=\sum_m(0, 6, 7)$；

(2) $F=\sum_m(0, 1, 2, 3, 4, 6, 7, 8, 9, 11, 15)$；

(3) $F=\sum_m(0, 4, 5, 7, 11, 12, 13, 15)$。

23. 化简下列函数,并用与非门组成其对应电路。

(1) $\begin{cases} F_1 = A\overline{C}+\overline{B}\,\overline{C}+\overline{A}BC \\ F_2 = AC+\overline{A}\,\overline{B}\,\overline{C} \\ F_3 = A+BC \end{cases}$

(2) $\begin{cases} F_1 = \sum_m(1, 3, 5, 7, 8, 9, 12, 14) \\ F_2 = \sum_m(1, 3, 8, 12, 14) \\ F_3 = \sum_m(5, 7, 9, 14) \end{cases}$

(3) $\begin{cases} F_1 = \sum_m(0, 1, 2, 4, 5, 6, 8, 10, 14, 15)+\sum_d(3, 7, 11) \\ F_2 = \sum_m(0, 1, 2, 4, 5, 8, 9, 10, 12, 13, 15)+\sum_d(3, 7, 11) \end{cases}$

第五章　组合逻辑电路

数字系统中包含有许多数字逻辑电路。数字逻辑电路可分为两大类，一类是组合逻辑电路，一类是时序逻辑电路。

组合逻辑电路在逻辑功能上的特点是：这种电路任何时刻的输出仅仅取决于该时刻的输入信号，而与这一时刻输入信号作用前电路原来的状态无关。电路结构基本上由逻辑门组成，只有从输入到输出的通路，没有从输出反馈到输入的回路。这种电路无记忆功能。

组合逻辑电路的一般框图如图 5.0.1 所示。图中输入信号 $x_1, x_2 \cdots, x_n$ 为二值逻辑信号，输出信号 $z_1, z_2, \cdots, z_m$ 为输入信号的函数，因此

$$z_1 = f_1(x_1, x_2, \cdots, x_n)$$
$$z_2 = f_2(x_1, x_2, \cdots, x_n)$$
$$\cdots$$
$$z_m = f_m(x_1, x_2, \cdots, x_n)$$

图 5.0.1　组合逻辑电路框图

在数字系统中，常用的组合逻辑电路有全加器、译码器、编码器、数据选择器、数值比较器、奇偶检验电路等，由于这些组合逻辑电路经常使用，所以均有中规模集成器件（MSL）产品。本章主要介绍采用小规模（SSL）器件及中规模（MSL）器件的分析，设计组合逻辑电路的方法，及常用 MSL 器件的功能及应用。

第一节　组合逻辑电路的分析与设计

一、组合逻辑电路的分析

组合逻辑电路的分析，就是找出给定逻辑电路输出和输入之间的逻辑关系，从而了解给定逻辑电路的逻辑功能。组合逻辑电路的分析一般按下列步骤进行。

(1) 根据逻辑电路图，写出输出变量对应于输入变量的逻辑函数表达式。

具体方法：由输入端逐级向后递推，写出每个门输出对应于输入的逻辑表达式，最后就能推出最终输出对应于输入的逻辑关系式。

(2) 由已写出的输出函数表达式,列出它的真值表。

(3) 从逻辑函数表达式或真值表,写出给定组合逻辑电路的逻辑功能。

例 5.1.1 分析图 5.1.1 所示电路的逻辑功能。

解 第一步:写出逻辑函数表达式。

$$P=\overline{AB}$$

$$Q=\overline{\overline{A}+C}$$

$$S=P\cdot Q=\overline{AB}\cdot\overline{\overline{A}+C}$$

$$R=B\oplus\overline{C}$$

$$\begin{aligned}F=\overline{S+R}=&\overline{(\overline{AB}\cdot\overline{\overline{A}+C})+(B\oplus\overline{C})}=\\&\overline{\overline{AB}\cdot\overline{\overline{A}+C}}\cdot\overline{B\oplus\overline{C}}=\\&(AB+\overline{A}+C)\cdot(\overline{B}C+B\overline{C})=\\&\overline{A}\,\overline{B}C+\overline{B}C+AB\,\overline{C}+\overline{A}B\,\overline{C}=\overline{B}C+B\overline{C}\end{aligned}$$

第二步:列真值表。

真值表如表 5.1.1 所示。

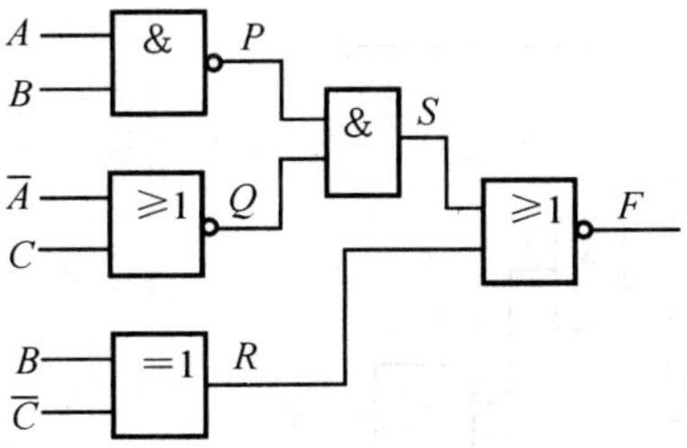

图 5.1.1 例 5.1.1 的电路图

表 5.1.1 例 5.1.1 的真值表

B	C	F
0	0	0
0	1	1
1	0	1
1	1	0

第三步:功能描述。

由真值表可看出,该逻辑电路的功能是:当输入信号 B 和 C 相异时,输出为 1;B 和 C 相同时,输出为 0。所以该电路是一个二变量的异或电路。

第四步:评价电路。

由电路的分析可见,本电路的设计不合理,实际上只要用一个异或门即可。

例 5.1.2 分析图 5.1.2 所示电路的逻辑功能。

解 第一步:写出逻辑函数表达式。

$$P=A\odot B$$

$$Q=C\odot D$$

$$F=P\odot Q=A\odot B\odot C\odot D$$

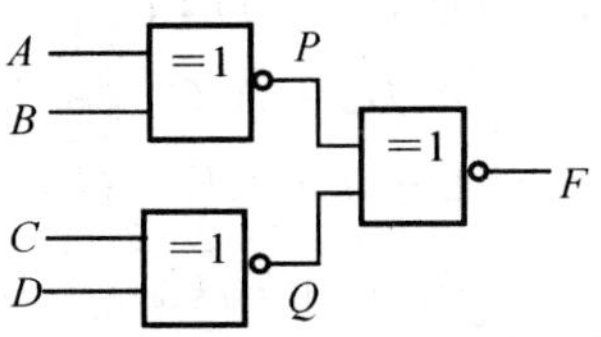

图 5.1.2 例 5.1.2 的电路图

第二步:列真值表。

真值表如表 5.1.2 所示。

表 5.1.2　例 5.1.2 的真值表

A	B	C	D	F	A	B	C	D	F
0	0	0	0	1	1	0	0	0	0
0	0	0	1	0	1	0	0	1	1
0	0	1	0	0	1	0	1	0	1
0	0	1	1	1	1	0	1	1	0
0	1	0	0	0	1	1	0	0	1
0	1	0	1	1	1	1	0	1	0
0	1	1	0	1	1	1	1	0	0
0	1	1	1	0	1	1	1	1	1

第三步：功能描述。

从真值表可看出，当 A,B,C,D 四个输入中有偶数个 1（包括全 0）时，电路输出 F 为 1，而有奇数个 1 时，输出 F 为 0，因此这是一个四输入的偶校验电路。

例 5.1.3　分析图 5.1.3 所示逻辑电路。

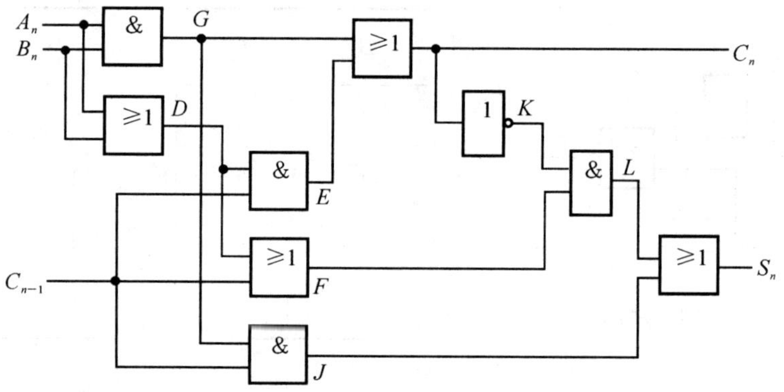

图 5.1.3　例 5.1.3 的逻辑电路图

解　第一步：写出逻辑函数表达式。

$G=A_nB_n$，$D=A_n+B_n$，$E=DC_{n-1}$

$F=D+C_{n-1}$，$J=G\cdot C_{n-1}$，$K=\overline{C}_n$，$L=K\cdot F$

$$C_n=E+G=D\cdot C_{n-1}+A_nB_n=(A_n+B_n)C_{n-1}+A_nB_n=$$
$$A_nB_n+A_nC_{n-1}+B_nC_{n-1}$$

$$S_n=L+J=KF+G\cdot C_{n-1}=\overline{C}_n(D+C_{n-1})+(A_n\cdot B_n)C_{n-1}=$$
$$\overline{A_nB_n+A_nC_{n-1}+B_nC_{n-1}}(A_n+B_n+C_{n-1})+A_nB_nC_{n-1}=$$
$$(\overline{A}_n+\overline{B}_n)(\overline{A}_n+\overline{C}_{n-1})\cdot(\overline{B}_n+\overline{C}_{n-1})(A_n+B_n+C_{n-1})+A_nB_nC_{n-1}=$$
$$\overline{A}_n\overline{B}_nC_{n-1}+\overline{A}_nB_n\overline{C}_{n-1}+A_n\overline{B}_n\overline{C}_{n-1}+A_nB_nC_{n-1}$$

第二步：列真值表。

真值表如表 5.1.3 所示。

表 5.1.3　例 5.1.3 的真值表

A_n	B_n	C_{n-1}	S_n	C_n
0	0	0	0	0
0	0	1	1	0
0	1	0	1	0
0	1	1	0	1
1	0	0	1	0
1	0	1	0	1
1	1	0	0	1
1	1	1	1	1

第三步:功能描述。

从真值表看出若把 A_n 视为二进制被加数的一位,B_n 视为二进制加数的一位,C_{n-1} 视为从低位数来的进位,S_n 视为本位的和,C_n 视为向高一位的进位,则图 5.1.3 所示电路是一个实现二进制一位加法的全加器。

二、组合逻辑电路的设计

组合逻辑电路的设计就是根据逻辑功能的要求,设计出实现该功能的最佳电路,一般按下面步骤进行。

(1) 将文字描述的逻辑命题变换为真值表。这一步非常重要,要仔细分析设计要求,作出输入、输出变量的逻辑规定,根据给出的条件,列出满足逻辑要求的真值表。

(2) 由真值表写出逻辑表达式,并进行化简,化简形式应根据选择什么门而定。

(3) 画出逻辑电路图。

例 5.1.4　设计三变量表决器,其中 A 具有否决权。

解　第一步:列出真值表。

设 A,B,C 分别代表参加表决的逻辑变量,F 为表决结果。对于变量作如下规定:A,B,C 为 1 表示赞成,为 0 表示反对。$F=1$ 表示通过,$F=0$ 表示被否决。真值表如表 5.1.4 所示。

表 5.1.4　例 5.1.4 的真值表

A	B	C	F
0	0	0	0
0	0	1	0
0	1	0	0
0	1	1	0
1	0	0	0
1	0	1	1
1	1	0	1
1	1	1	1

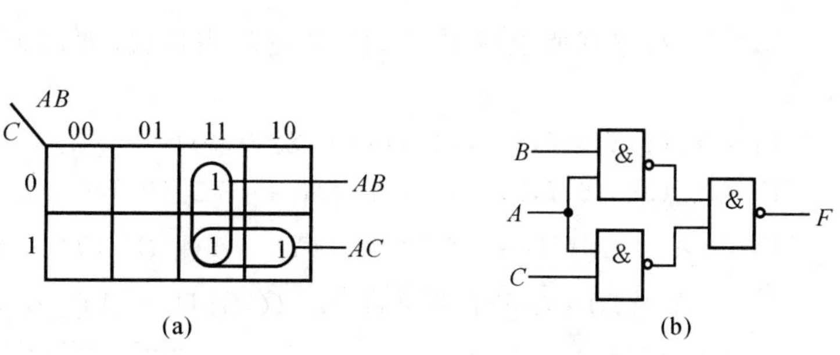

图 5.1.4　例 5.1.4 的化简过程及逻辑图

第二步:函数化简。

我们选用与非门来实现,画出卡诺图,化简过程如图 5.1.4(a) 所示,逻辑电路图如图 5.1.4(b) 所示。

$$F = AB + AC = \overline{\overline{AB} \cdot \overline{AC}}$$

例 5.1.5 有四台设备,每台设备用电均为 10 kW。若这四台设备由 F_1,F_2 两台发电机供电,其中 F_1 的功率为 10 kW,F_2 的功率为 20 kW。而四台设备的工作情况是:四台设备不可能同时工作,只有可能其中任意一台至三台同时工作,且至少有一台工作。试设计一个供电控制电路。

解 第一步:列真值表。

设 A,B,C,D 为四台设备的工作情况。A,B,C,D 为 1 时表示工作,为 0 时表示不工作。F_1,F_2 为发电机供电情况,F_1,F_2 为 1 时表示供电,为 0 时表示停止供电。根据对四台设备的工作要求列出真值表,如表 5.1.5 所示。

表 5.1.5 例 5.1.5 的真值表

A	B	C	D	F_1	F_2
0	0	0	0	×	×
0	0	0	1	1	0
0	0	1	0	1	0
0	0	1	1	0	1
0	1	0	0	1	0
0	1	0	1	0	1
0	1	1	0	0	1
0	1	1	1	1	1
1	0	0	0	1	0
1	0	0	1	0	1
1	0	1	0	0	1
1	0	1	1	1	1
1	1	0	0	0	1
1	1	0	1	1	1
1	1	1	0	1	1
1	1	1	1	×	×

第二步:根据真值表写出 F_1,F_2 的逻辑表达式,并用卡诺图化简,化简过程如图 5.1.5 所示。

$F_1 = \Sigma_m(1,2,4,7,8,11,13,14) + \Sigma_d(0,15)$

$F_2 = \Sigma_m(3,5,6,7,9,10,11,12,13,14) + \Sigma_d(0,15)$

$$F_1 = (A \oplus B)\,\overline{C}\,\overline{D} + (A \oplus B) \cdot CD + \overline{A \oplus B} \cdot \overline{C}D + \overline{A \oplus B}C\,\overline{D} =$$

$$(A \oplus B) \cdot \overline{C \oplus D} + \overline{A \oplus B} \cdot (C \oplus D) = A \oplus B \oplus C \oplus D$$

$$F_2 = AB + CD + AD + AC + BD + BC = \overline{\overline{AB} \cdot \overline{CD} \cdot \overline{AD} \cdot \overline{AC} \cdot \overline{BD} \cdot \overline{BC}}$$

第三步:画出逻辑电路图,如图 5.1.6 所示。

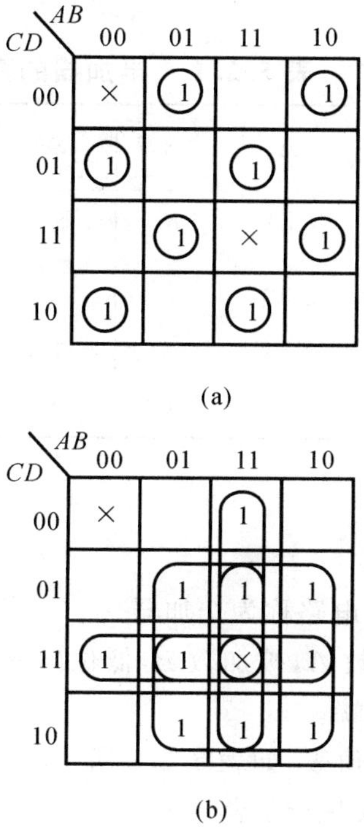

图 5.1.5　例 5.1.5 的卡诺图

(a) F_1 卡诺图；(b) F_2 卡诺图

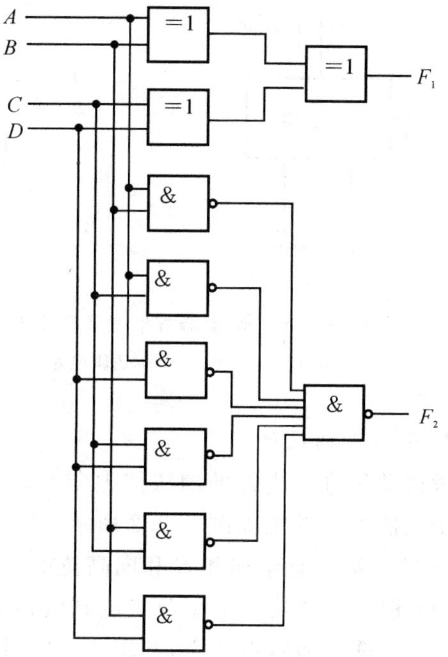

图 5.1.6　例 5.1.5 的逻辑电路图

第二节　常用的组合逻辑电路

常用的组合逻辑电路种类很多，主要有全加器、译码器、编码器、多路选择器、多路分配器、数值比较器、奇偶检验电路等。由于这些组合逻辑电路经常使用，所有均有中规模集成器件(MSL)产品。通过本节学习，应当对这一类器件性质有所了解，并会正确应用它们进行数字电路的设计。

一、半加器与全加器

数字系统的基本任务之一是进行算术运算。而在数字系统中加、减、乘、除均是利用加法器来进行的，所以加法器便成为数字系统中最基本的运算单元。

1. 半加器设计

不考虑低位来的进位的加法，称为半加。完成半加功能的电路为半加器。半加器的方框图如图 5.2.1(a) 所示，它有加数 A 和被加数 B 两个输入端；有半加和 S 和向高位的进位 C_0 两个输出端。根据两个二进制数相加的原则列出真值表，如表 5.2.1 所示。

从真值表可得函数表达式

$$S = \overline{A}B + A\overline{B} = A \oplus B$$
$$C_0 = AB$$

其逻辑电路图如图 5.2.1(b) 所示。

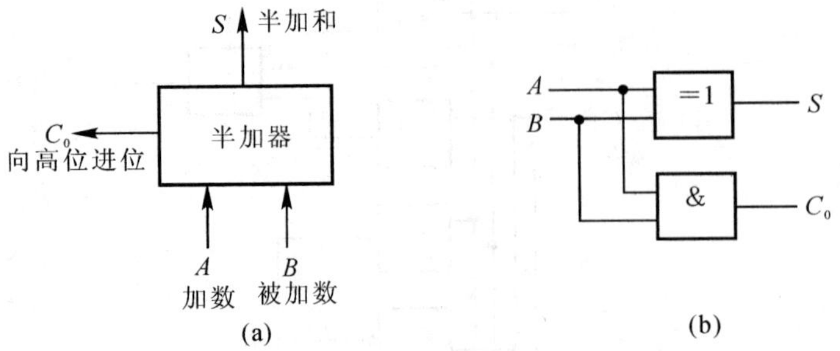

图 5.2.1　半加器方框图及逻辑电路图
(a) 方框图；(b) 逻辑电路图

表 5.2.1　半加器的真值表

A	B	S	C_0
0	0	0	0
0	1	1	0
1	0	1	0
1	1	0	1

2. 全加器的设计

考虑低位来的进位的加法称为全加。完成全加功能的电路称为全加器。

全加器的方框图如图 5.2.2 所示，从图中可知它有加数 A，被加数 B，低位向高位的进位 C_i 三个输入端。有全加和 S 和向高位的进位 C_0 二个输出端。

(1) 根据全加器方框图及二进制数相加的原则列出真值表，如表 5.2.2 所示。

(2) 根据全加器真值表，利用卡诺图可用不同的方案实现全加器。

方案一：利用异或门和与非门实现。

全加和 S 与向高位进位 C_0 的卡诺图和化简过程如图 5.2.3 所示。

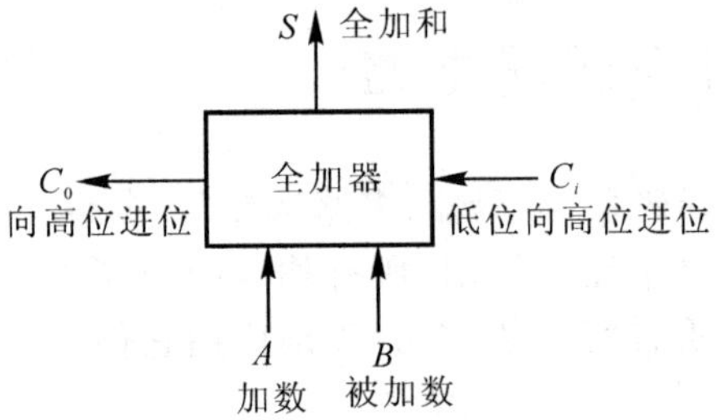

图 5.2.2　全加器方框图

表 5.2.2　全加器真值表

A	B	C_i	S	C_0
0	0	0	0	0
0	0	1	1	0
0	1	0	1	0
0	1	1	0	1
1	0	0	1	0
1	0	1	0	1
1	1	0	0	1
1	1	1	1	1

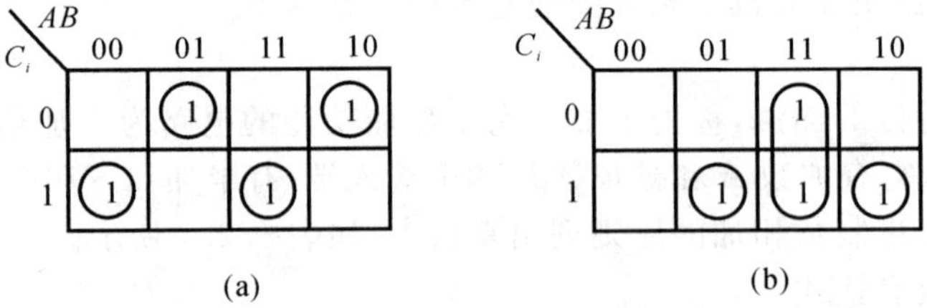

图 5.2.3　全加器的卡诺图
(a) S 卡诺图；(b) C_0 卡诺图

$$S=(A\oplus B)\overline{C}_i+\overline{A\oplus B}\cdot C_i=A\oplus B\oplus C_i$$

$$C_0=AB+(A\oplus B)C_i=\overline{\overline{AB}\cdot\overline{(A\oplus B)C_i}}$$

根据 S 和 C_0 的表达式画出逻辑电路图，如图 5.2.4 所示，在化简过程中，应注意到利用公共项。

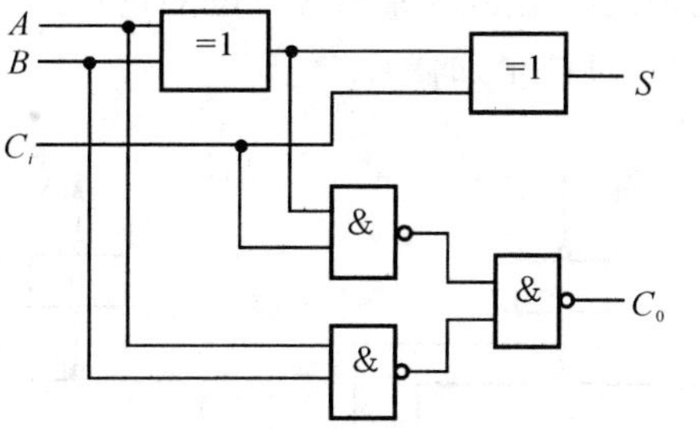

图 5.2.4　用异或门和与非门构成全加器

方案二：利用与或非门及非门实现。

在中规模组件中一般都采用与或非门和非门来实现全加器，由于全加器有 S 和 C_0 两路输出，从图 5.2.3(b)C_0 的卡诺图可看出 C_0 可写为

$$C_0=\overline{\overline{AB+BC_i+AC_i}}$$

利用一个与或非门和非门即可形成 C_0。下面我们利用卡诺图的变换找出 S 和$\overline{C}_0$ 的公共项，如图 5.2.5 所示。

S:

C_i \ AB	00	01	11	10
0	0	1	0	1
1	1	0	1	0

=

C_0:

C_i \ AB	00	01	11	10
0	1	1	0	1
1	1	1	0	0

·

F_1:

C_i \ AB	00	01	11	10
0	0	1	1	1
1	1	1	1	1

+

F_2:

C_i \ AB	00	01	11	10
0	0	0	0	0
1	1	1	1	1

图 5.2.5　S 的卡诺图变换

从图 5.2.5 中可看出

$$\begin{aligned}S&=\overline{C}_0\cdot F_1+F_2=\overline{C}_0(A+B+C_i)+ABC_i=\\&A\overline{C}_0+B\overline{C}_0+C_i\overline{C}_0+ABC_i=\\&\overline{\overline{A\,\overline{C}_0+B\,\overline{C}_0+C_i\,\overline{C}_0+ABC_i}}\end{aligned}$$

根据 C_0 和 S 的逻辑表达式画出逻辑电路图，如图 5.2.6 所示。

采用与或非门构成的全加器具有使用器件少、速度快的特点，目前集成全加器广泛采用此种形式。

3. 集成全加器

全加器是常用的算术运算电路，其逻辑符号如图 5.2.7 所示。

在一位全加器的基础上，可以构成多位全加器。当两个 n 位二进制数相加时，进位方式有两种，即逐位进位和超前进位。目前生产的集成四位全加器也具有上述两种进位方式。

(1) 4位逐位进位全加器。图5.2.8是4位二进制数相加逐位进位的全加器电路。由于每一位相加的结果必须等到低一位的进位产生以后才能建立，因此这种结构叫做逐位进位全加器（或串行进位全加器）。

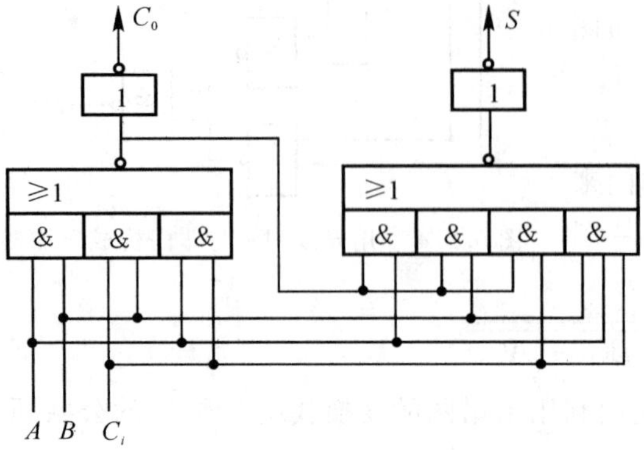

图 5.2.6　用与或非门构成的全加器

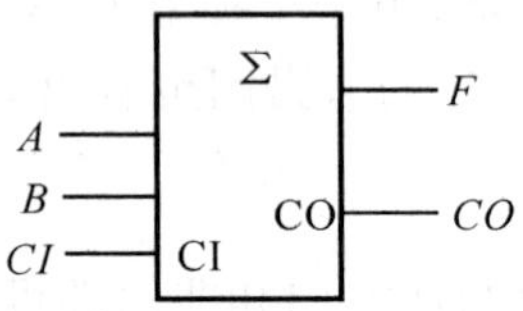

图 5.2.7　一位全加器逻辑符号

逐位进位全加器的最大缺点是运算速度慢。为提高运算速度，必须设法减小或消除由于进位信号逐级传递所耗费的时间。为了提高运算速度，制成了超前进位全加器。

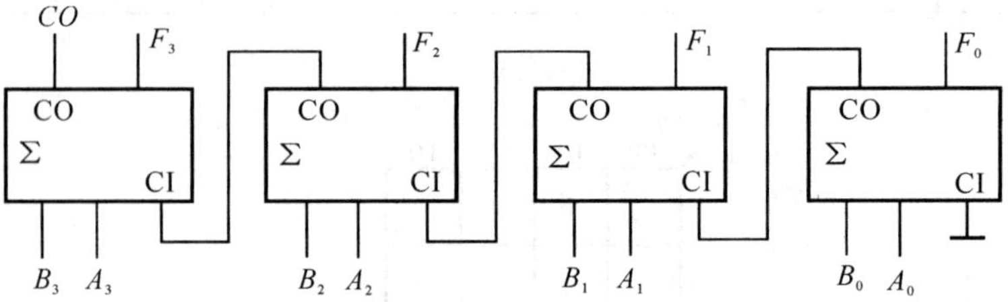

图 5.2.8　4 位逐位进位全加器

(2) 超前进位全加器。图 5.2.9 所示为 4 位超前进位全加器的逻辑电路图，从图中可知

$$X_1 = \overline{A_1 B_1}(A_1 + B_1) = A_1 \oplus B_1$$

$$Y_1 = CI_1$$

$$F_1 = X_1 \oplus Y_1 = A_1 \oplus B_1 \oplus CI_1$$

$$X_2 = \overline{A_2 B_2}(A_2 + B_2) = A_2 \oplus B_2$$

$$Y_2 = \overline{\overline{\overline{CI_1} \cdot \overline{A_1 B_1} + \overline{A_1 + B_1}}} = (CI_1 + A_1 B_1)(A_1 + B_1) =$$
$$CI_1 \cdot (A_1 + B_1) + A_1 B_1$$

将 Y_2 进行变换得

$$Y_2 = CI_1 \cdot (A_1 + B_1) + A_1 B_1 = CI_1 \cdot A_1 \overline{B}_1 + CI_1 \overline{A}_1 B_1 + A_1 B_1$$

与全加器的 C_0 比较，可知 Y_2 为第一位 A_1，B_1 和 CI_1 相加产生的向高一位的进位信号 CO_1，也就是第 2 位的进位输入 CI_2。

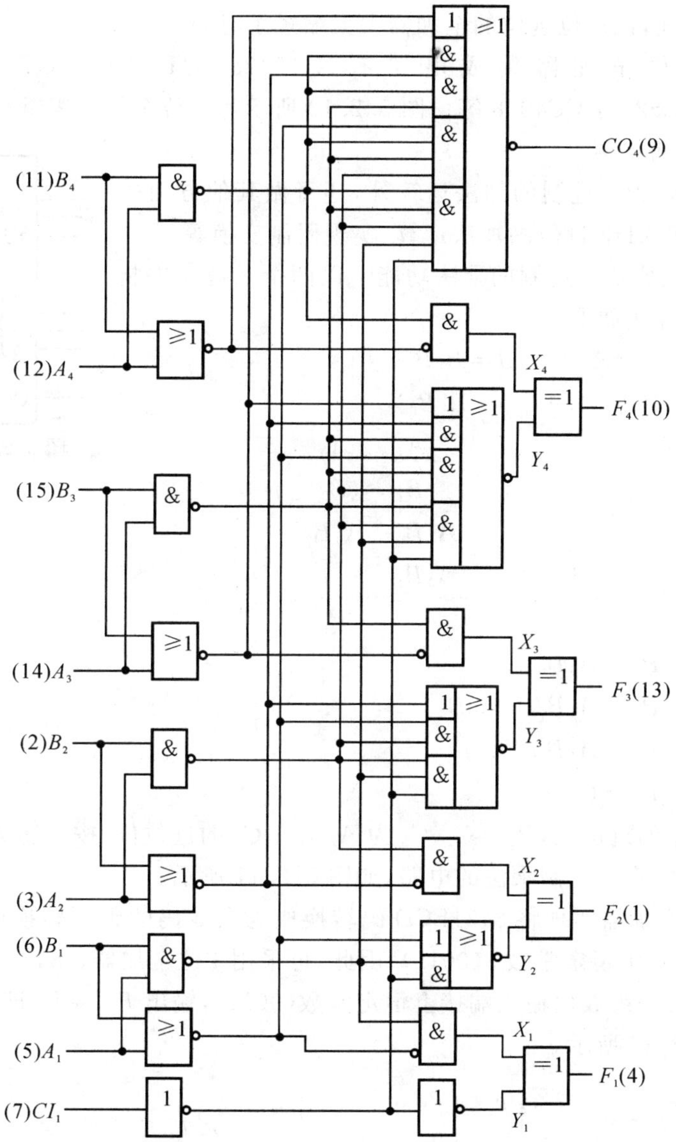

图 5.2.9　4 位超前进位全加器

同理，可写出

$$Y_3 = CI_3 = CO_2 = A_2B_2 + (A_2 + B_2)A_1B_1 + (A_2 + B_2)\cdot(A_1 + B_1)CI_1$$

$$Y_4 = CI_4 = CO_3 = A_3B_3 + (A_3 + B_3)A_2B_2 + (A_3 + B_3)\cdot(A_2 + B_2)A_1B_1 + (A_3 + B_3)(A_2 + B_2)\cdot(A_1 + B_1)CI_1$$

$$CO = CO_4 = A_4B_4 + (A_4 + B_4)A_3B_3 + (A_4 + B_4)(A_3 + B_3)\cdot A_2B_2 + (A_4 + B_4)(A_3 + B_3)(A_2 + B_2)A_1B_1 + (A_4 + B_4)\cdot(A_3 + B_3)(A_2 + B_2)(A_1 + B_1)CI_1$$

从 Y_2, Y_3, Y_4, CO 的表达式可见，各位进位信号的产生均只需要经历一级与非门和一级与或非门的延迟时间，比逐位进位的全加器大大缩短了时间。

4 位超前进位全加器集成电路有 CT54283/CT74283，CT54S283/CT74S283，CT54LS283/CT74LS283，CC4008 等。图 5.2.10 所示为 4 位全加器逻辑符号。

4. 全加器的应用实例

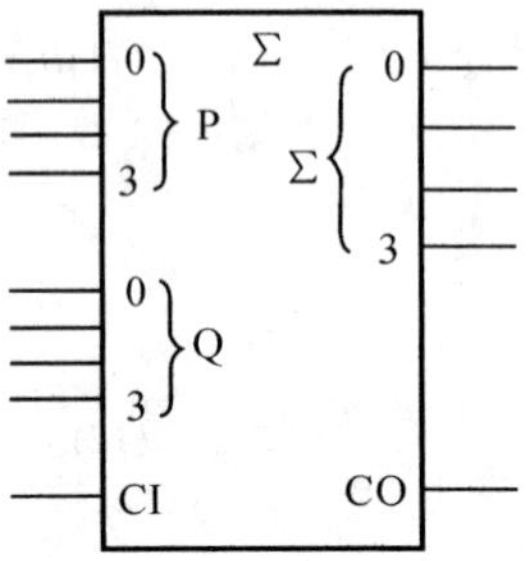

图 5.2.10　4 位全加器逻辑符号

全加器除了可作为二进制的加法运算外，还可做其他方面的应用，如乘法运算、8421BCD 码的加法运算、实现码制变换等。

(1) 试用全加器完成二进制的乘法功能。以两个 2 位二进制数相乘为例。乘法算法如下

$$A = A_1A_0 \quad B = B_1B_0$$

$$P = (A_1A_0) \times (B_1B_0)$$

$$\begin{array}{rccc} & & A_1 & A_0 \\ \times & & B_1 & B_0 \\ \hline & & A_1B_0 & A_0B_0 \\ + & A_1B_1 & A_0B_1 & \\ \hline & P_2 & P_1 & P_0 \end{array}$$

$$P_0 = A_0B_0$$

$$P_1 = A_1B_0 + A_0B_1$$

$$P_2 = A_1B_1 + C_1$$

$$P_3 = C_2$$

C_1 为 $A_1B_0 + A_0B_1$ 的进位位，$P_3 = C_2$，C_2 为 $A_1B_1 + C_1$ 的进位位，按上述 P_0, P_1, P_2, P_3 的关系可构成用全加器实现二进制乘法的电路，如图 5.2.11 所示。

(2) 采用四位全加器实现将 8421BCD 码转换成为余 3 码的码制转换电路。余 3 码是在 8421BCD 码基础上加上恒定常数 3(0011)，因此，可采用 4 位全加器。8421BCD 码作为一组数据输入端的输入，另一组数据输入端接上恒定常数(0011)，输出 $F_3 \sim F_0$ 即为余 3 码。实现了码制转换，如图 5.2.12 所示。

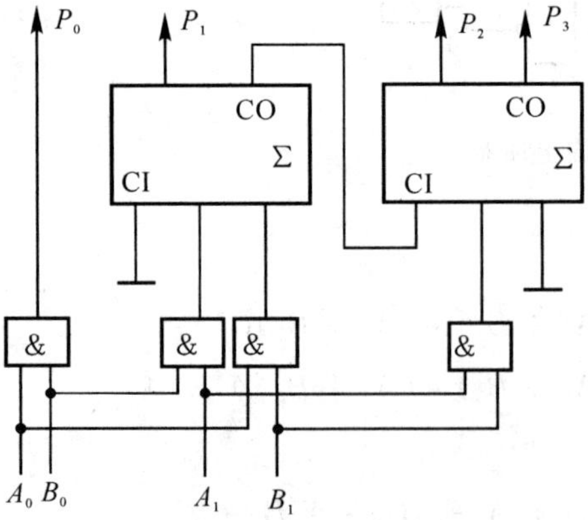

图 5.2.11　利用全加器实现二进制乘法

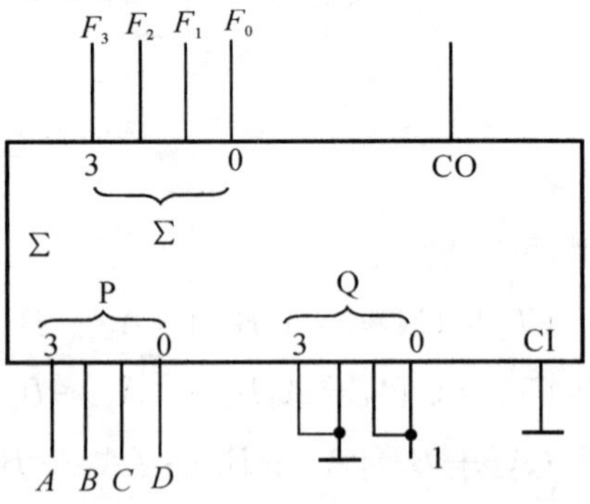

图 5.2.12　用全加器实现码制转换

(3) 用四位全加器构成一位 8421BCD 码的加法电路。两位 8421BCD 码相加,其和仍应为 8421BCD 码,如不是 8421BCD 码,则结果错误。

① 若和小于等于 9 则结果正确,如

$$\begin{array}{r} 4 \\ +\ 3 \\ \hline 7 \end{array} \rightarrow \begin{array}{r} 0100 \\ +\ 0011 \\ \hline 0111 \end{array}$$

0111 是 8421BCD 码的 7,结果正确。

② 若和大于 9 则结果错误,若要得到正确结果,则需加 6(011) 修正。如

$$\begin{array}{r} 6 \\ +\ 7 \\ \hline 13 \end{array} \rightarrow \begin{array}{r} 0110 \\ +\ 0111 \\ \hline 1101 \end{array}$$

1101 在 8421BCD 码中是非法码,结果错误,如果加 6 修正后,则产生了进位信号,且本位

$$\begin{array}{r} 1101 \\ +\ 0110 \\ \hline 1,\ 0011 \end{array}$$

“0011”也是正确的。

③ 若和产生进位,则结果错误,也需加 6 修正。如

$$\begin{array}{r} 8 \\ +\ 9 \\ \hline 17 \end{array} \rightarrow \begin{array}{r} 1000 \\ +\ 1001 \\ \hline 1,\ 0001 \end{array}$$

虽产生了进位,但本位和不正确,若加 6 修正

$$\begin{array}{r} 1,0001 \\ +\ 0110 \\ \hline 1,0111 \end{array}$$

则得到正确结果。

产生错误的原因是 8421BCD 码为十进制,逢十进一,而四位二进制数是逢十六进一,故二者进位关系不同。两者刚好相差 6,故需加 6 进行修正。

这样,构成两个一位 8421BCD 相加时,必须由三部分组成:一部分进行加数和被加数相加;第二部分是修正判别,判别是否要加以修正,即产生修正控制信号;第三部分完成加 6 修正。第一部分和第三部分均由 4 位全加器实现。第二部分修正判别电路应在 8421BCD 码相加有进位信号 CO 产生时,或者和数在 10 ~ 15 的情况下产生修正控制信号 F,所以 F 应为

$$F = CO + \Sigma_m(10,11,12,13,14,15)$$

利用图 5.2.14 所示的卡诺图将和大于 9 的部分化简得出

$$F = CO + F_3F_2 + F_3F_1 = \overline{\overline{CO} \cdot \overline{F_3F_2} \cdot \overline{F_3F_1}}$$

根据上述分析及 F 信号产生的逻辑表达式可得到两个一位 8421BCD 码相加的电路,如图 5.2.13 所示。

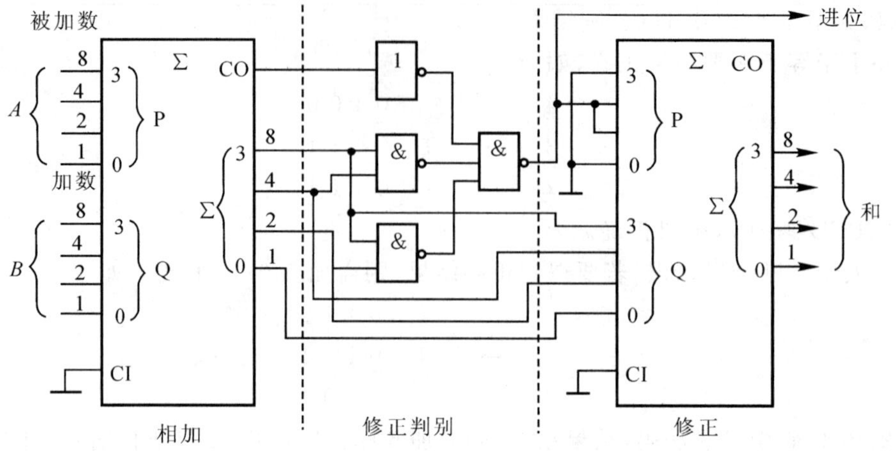

图 5.2.13 用全加器实现两个 8421BCD 码加法

二、编码器

在数字系统中，经常需要把具有某种特定含义的信号变成二进制代码，这种用二进制代码表示具有某种特定含义信号的过程称为编码。例如在电子设备中将字符变换成二进制码，叫做字符编码，用二进制数码表示十进制数，叫二-十进制编码等。能完成编码功能的电路通称为编码器。编码器的通用逻辑符号如图 5.2.15 所示。图中 X,Y 可分别用表示输入和输出信息代码的适当符号代替。

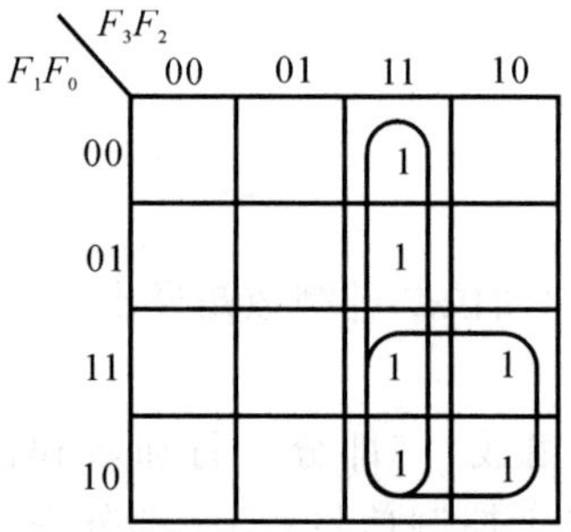

图 5.2.14 和大于 9 的部分化简

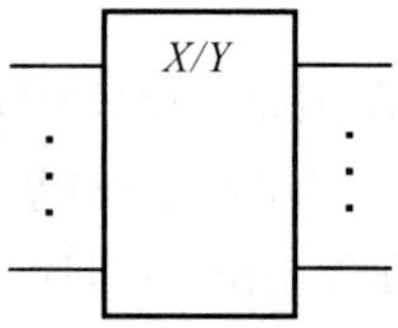

图 5.2.15 编码器通用逻辑符号

1. 设计二-十进制编码器

二-十进制编码器有 I_0,I_1,I_2,I_3,I_4,I_5,I_6,I_7,I_8,I_9 十个输入信息，因而输出可用四位二进制数对它们进行编码，其编码表(也可称功能表) 如表 5.2.3 所示。

由编码表看到：当输入 I_8 或 I_9 为 1 时，输出 A_3 为 1，故 $A_3=I_8+I_9$；当输入 I_4,I_5,I_6,I_7 之中有一个为 1 时，输出 A_2 为 1，故 $A_2=I_4+I_5+I_6+I_7$；当输入 I_2,I_3,I_6,I_7 之中有一个为 1 时，输出 A_1 为 1，故 $A_1=I_2+I_3+I_6+I_7$；当输入 I_1,I_3,I_5,I_7,I_9 之中有一个为 1 时，输出 A_0 为 1，故 $A_0=I_1+I_3+I_5+I_7+I_9$，从而可得出图 5.2.16 所示的逻辑电路图。

表 5.2.3　二-十进制编码器功能表

输　入										输　出			
I_0	I_1	I_2	I_3	I_4	I_5	I_6	I_7	I_8	I_9	A_3	A_2	A_1	A_0
1	0	0	0	0	0	0	0	0	0	0	0	0	0
0	1	0	0	0	0	0	0	0	0	0	0	0	1
0	0	1	0	0	0	0	0	0	0	0	0	1	0
0	0	0	1	0	0	0	0	0	0	0	0	1	1
0	0	0	0	1	0	0	0	0	0	0	1	0	0
0	0	0	0	0	1	0	0	0	0	0	1	0	1
0	0	0	0	0	0	1	0	0	0	0	1	1	0
0	0	0	0	0	0	0	1	0	0	0	1	1	1
0	0	0	0	0	0	0	0	1	0	1	0	0	0
0	0	0	0	0	0	0	0	0	1	1	0	0	1

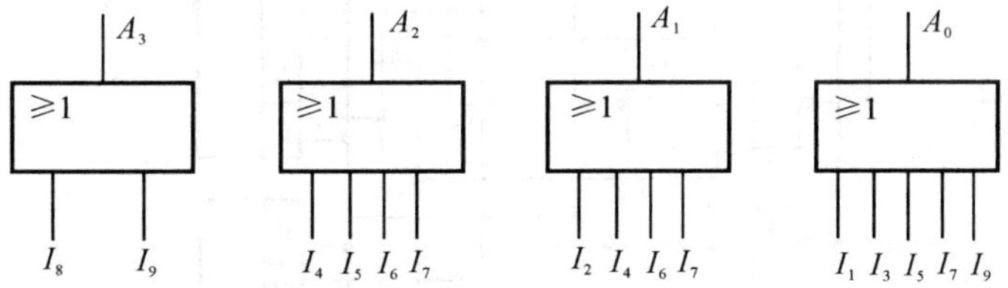

图 5.2.16　二-十进制编码器

2. 优先编码器

上述二-十进制编码器只允许一个输入端有信号，或者说输入互相排斥，而优先编码器的各个输入不是互相排斥的。优先编码器的各个输入端的优先权不同，若几个输入同时有信号到来，则输出端给出优先权较高的那个输入信号所对应的代码。优先编码器在控制系统中有时很重要。例如有多个探测器的控制系统，可能几个探测器同时发出请求，希望对相应部件进行控制。这时，控制系统应先处理亟待处理(即优先权高)的请求，然后再解决可以晚些处理(即优先权低)的请求。为了自动按优先权排队，可使用优先编码器。优先编码器只对请求输入信号中优先权较高的那个输入进行编码，然后将所编的代码送入控制系统，再去控制机器自动工作。

74148 优先编码器的逻辑图如图 5.2.17 所示。$\overline{IN_0} \sim \overline{IN_7}$ 为 8 个输入端，$\bar{Y}_2$，$\bar{Y}_1$，$\bar{Y}_0$ 为三位二进制输出，因此称它为 8 线 -3 线优先编码器。在图 5.2.17 中输入线$\overline{IN_7}$ 优先权最高，输入线$\overline{IN_0}$ 优先权最低。其中$\overline{ST}$ 为输入控制端，或称为选通输入端，低电平有效。只有$\overline{ST}=0$ 时，编码器正常工作，而在$\overline{ST}=1$ 时，所有输出端均被封锁。Y_S 为选通输出端，$\bar{Y}_{EX}$ 为扩展端，可以用来扩展编码器的功能。

若不考虑附加电路$\overline{ST}$，Y_S，$\bar{Y}_{EX}$，则由电路可以写出

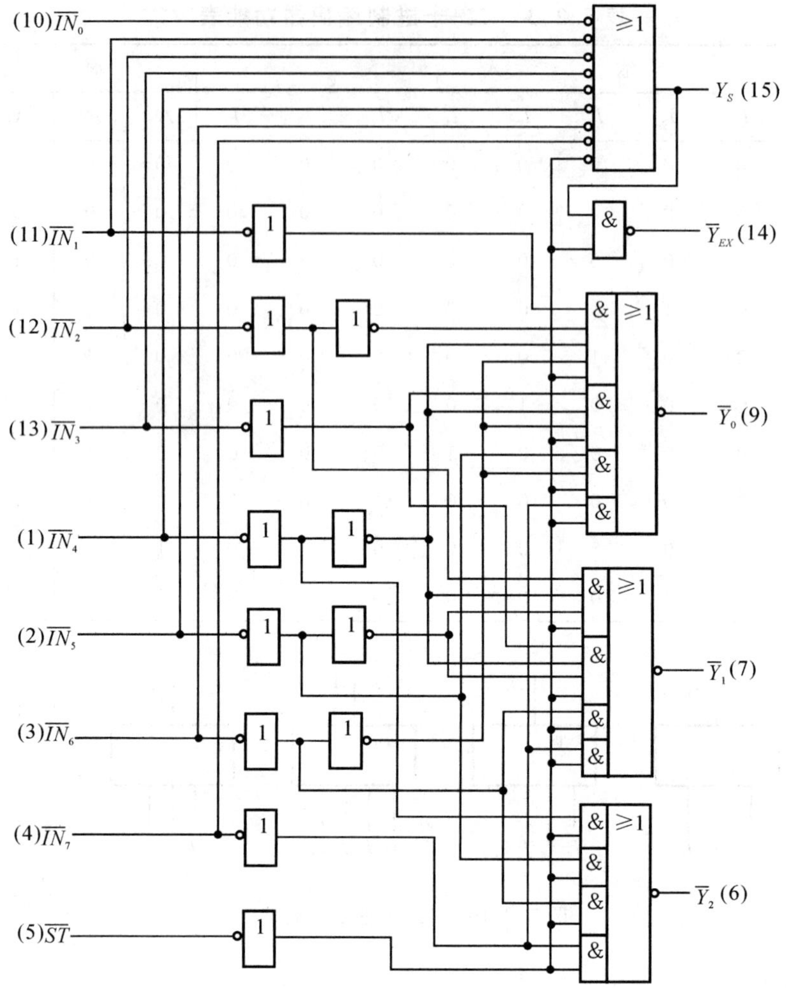

图 5.2.17　优先编码器逻辑图

$$\overline{Y}_2 = \overline{IN_7} \cdot \overline{IN_6} \cdot \overline{IN_5} \cdot \overline{IN_4}$$

$$\overline{Y}_1 = \overline{IN_7} \cdot \overline{IN_6}(IN_5 + IN_4 + \overline{IN_3}) \cdot (IN_5 + IN_4 + \overline{IN_2})$$

$$\overline{Y}_0 = \overline{IN_7} \cdot (IN_6 + \overline{IN_5}) \cdot (IN_6 + IN_4 + \overline{IN_3}) \cdot (IN_6 + IN_4 + IN_2 + \overline{IN_1})$$

根据上式列出 8 线 -3 线优先编码器功能表，如表 5.2.4 所示。

从表 5.2.4 可以看出，输出端是对输入信号的“0”电平进行优先权编码，$\overline{IN_7}$ 优先权最高，$\overline{IN_0}$ 优先权最低。例如$\overline{IN_7}=0$，$\overline{IN_6}=0$，$\overline{IN_5}=0$，$\overline{IN_4}=1$ $\overline{IN_3}=1$，$\overline{IN_2}=1$，$\overline{IN_1}=1$，$\overline{IN_0}=0$ 时输出按优先权高的$\overline{IN_7}$ 编码，即输出 $\overline{Y}_2\overline{Y}_1\overline{Y}_0=000$，用二进制的反码形式表示数“7”。

下面进一步讨论如何利用选通输入端$\overline{ST}$ 和选通输出端 Y_S 将两片 8 线 -3 线优先编码器扩展为 16 线 -4 线优先编码电路，编码容量扩展的电路图如图 5.2.18 所示。

表 5.2.4 8 线 -3 线优先编码器功能表

输				入					输		出		
$\overline{ST}$	$\overline{IN_0}$	$\overline{IN_1}$	$\overline{IN_2}$	$\overline{IN_3}$	$\overline{IN_4}$	$\overline{IN_5}$	$\overline{IN_6}$	$\overline{IN_7}$	$\overline{Y}_2$	$\overline{Y}_1$	$\overline{Y}_0$	$\overline{Y}_{EX}$	Y_S
1	×	×	×	×	×	×	×	×	1	1	1	1	1
0	1	1	1	1	1	1	1	1	1	1	1	1	0
0	×	×	×	×	×	×	×	0	0	0	0	0	1
0	×	×	×	×	×	×	0	1	0	0	1	0	1
0	×	×	×	×	×	0	1	1	0	1	0	0	1
0	×	×	×	×	0	1	1	1	0	1	1	0	1
0	×	×	×	0	1	1	1	1	1	0	0	0	1
0	×	×	0	1	1	1	1	1	1	0	1	0	1
0	×	0	1	1	1	1	1	1	1	1	0	0	1
0	0	1	1	1	1	1	1	1	1	1	1	0	1

1— 高电平 0— 低电平 ×— 任意

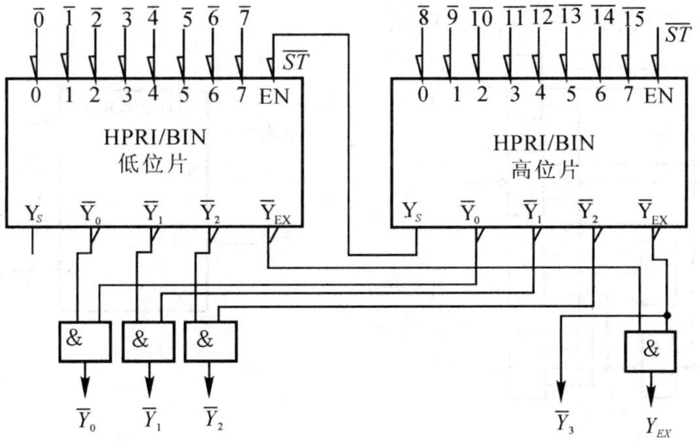

图 5.2.18 8 线 -3 线扩展为 16 线 -4 线优先编码器

图中将高位片选通输出端 Y_S 接到低位片选通输入端$\overline{ST}$。当高位片$\overline{8}\sim\overline{15}$输入线中有一个为0时，则 $Y_S=1$，使低位片的$\overline{ST}=1$，则低位片输出被封锁，$\overline{Y}_2\overline{Y}_1\overline{Y}_0=111$。而高位片进行优先权编码。此时编码器输出 $\overline{Y}_3\overline{Y}_2\overline{Y}_1\overline{Y}_0$ 取决于高位片 $\overline{Y}_2\overline{Y}_1\overline{Y}_0$ 的输出。例如$\overline{12}$线输入为低电平 0，则高位片 $\overline{Y}_2\overline{Y}_1\overline{Y}_0=011$，$\overline{Y}_{EX}=0$，因此总输出 $\overline{Y}_3\overline{Y}_2\overline{Y}_1\overline{Y}_0=0011$。用二进制的反码形式表示数“12”。当高位片$\overline{8}\sim\overline{15}$线输入全部为高电平 1 时，则 $Y_S=0$，$\overline{Y}_{EX}=1$，所以低位片$\overline{ST}=0$，低位片进行优先权编码。例如$\overline{5}$线输入为低电平 0，则低位片 $\overline{Y}_2\overline{Y}_1\overline{Y}_0=010$，总编码输出 $\overline{Y}_3\overline{Y}_2\overline{Y}_1\overline{Y}_0=1010$。用二进制的反码形式表示数“5”。

常用的中规模优先编码器有 8 线 -3 线优先编码器 CT54148/CT74148，CC4532 及 10 线-4 线优先编码器 CT54147/CT74147，CC40147 等。

三、译码器

译码是编码的逆过程，将输入的每个二进制代码赋予的含意“翻译”过来，给出相应的输出信号。译码器就是能完成译码功能的逻辑部件。它是多输入、多输出的组合逻辑电路。

1. 变量译码器

(1) 2 线-4 线变量译码器。2 线-4 线变量译码器是对输入的 2 位二进制数进行译码。因此具有 $2^2=4$ 个输出，其真值表如表 5.2.5 所示。从表中可写出用与非门实现的输出表达式

$$\overline{Y}_3=\overline{A_1A_0}\qquad \overline{Y}_2=\overline{A_1\overline{A}_0}$$

$$\overline{Y}_1=\overline{\overline{A}_1A_0}\qquad \overline{Y}_0=\overline{\overline{A}_1\overline{A}_0}$$

表 5.2.5 2 线 -4 线变量译码器真值表

A_1	A_0	$\overline{Y}_3$	$\overline{Y}_2$	$\overline{Y}_1$	$\overline{Y}_0$
0	0	1	1	1	0
0	1	1	1	0	1
1	0	1	0	1	1
1	1	0	1	1	1

集成 2 线-4 线译码器 74139 是在前面讨论的基础上加上一选通端 $\overline{ST}$ 构成的。其逻辑电路图和逻辑符号分别如图 5.2.19(a)，(b) 所示。

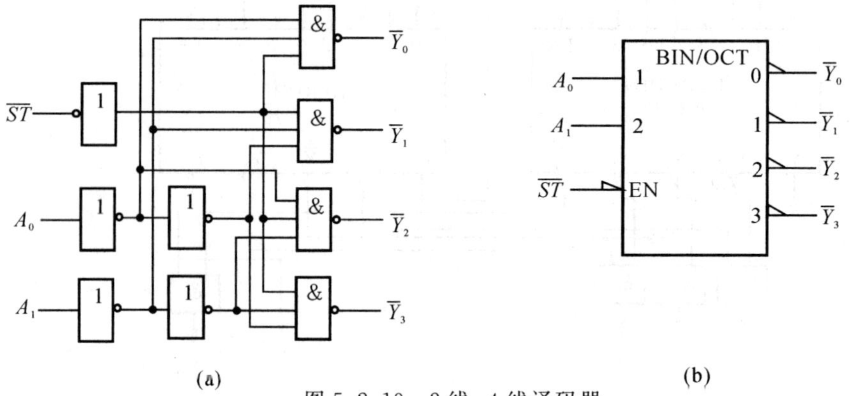

图 5.2.19 2 线-4 线译码器

(a) 逻辑电路图；(b) 逻辑符号

由图 5.2.19 可得到

$$\overline{Y}_3=\overline{A_1\cdot A_0\cdot ST}\quad \overline{Y}_2=\overline{A_1\cdot\overline{A}_0\cdot ST}\quad \overline{Y}_1=\overline{\overline{A}_1\cdot A_0\cdot ST}\quad \overline{Y}_0=\overline{\overline{A}_1\cdot\overline{A}_0\cdot ST}$$

由 $\overline{Y}_3\sim\overline{Y}_0$ 表达式，可以得到功能表 5.2.6。

表 5.2.6 2 线-4 线译码器功能表

$\overline{ST}$	A_1	A_0	$\overline{Y}_3$	$\overline{Y}_2$	$\overline{Y}_1$	$\overline{Y}_0$
1	×	×	1	1	1	1
0	0	0	1	1	1	0
0	0	1	1	1	0	1
0	1	0	1	0	1	1
0	1	1	0	1	1	1

合理地使用选通端 $\overline{ST}$，可以扩展其逻辑功能。例如图 5.2.20 所示为用 5 个 2 线-4 线译码器构成的 4 线 -16 线译码器。

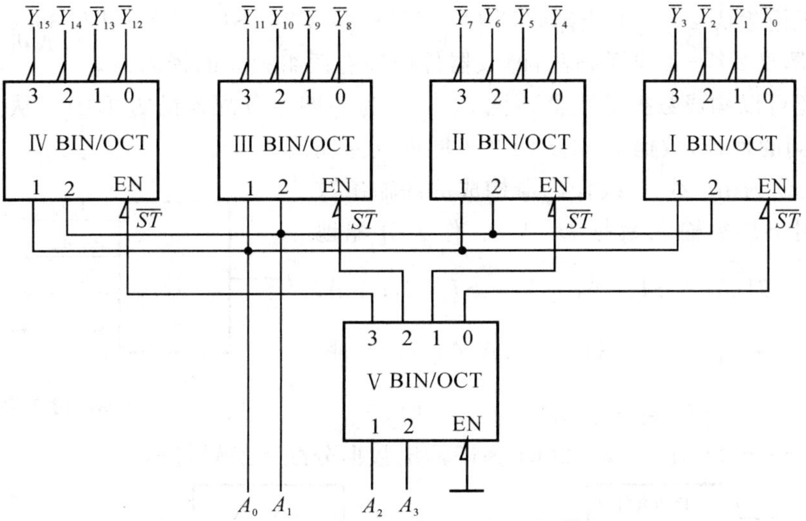

图 5.2.20　2 线 -4 线扩展为 4 线 -16 线译码器

片Ⅴ产生选片信号。输入码的高两位 A_3,A_2 接到该 2 线-4 线译码器的 A_1,A_0 输入端。当 $A_3A_2=00$ 时,片Ⅰ的$\overline{ST}=0$,其余各片的$\overline{ST}=1$,则片Ⅰ正常译码,其余各片被封锁,$\bar{Y}_3$ ～ $\bar{Y}_0$ 在输入码 A_1A_0 作用下有输出。当 $A_3A_2=01$ 时,片Ⅱ的$\overline{ST}=0$,其余各片$\overline{ST}=1$,则片Ⅱ正常译码,其余各片被封锁,$\bar{Y}_7$ ～ $\bar{Y}_4$ 在输入码 A_1A_0 作用下有输出。当 $A_3A_2=10$ 时,片Ⅲ的$\overline{ST}=0$,其余各片$\overline{ST}=1$,则片Ⅲ正常译码,其余各片被封锁,$\bar{Y}_{11}$ ～ $\bar{Y}_8$ 在输入码 A_1A_0 作用下,有输出。当 $A_3A_2=11$ 时,片Ⅳ的$\overline{ST}=0$,其余各片$\overline{ST}=1$,则片Ⅳ正常译码,其余各片被封锁,$\bar{Y}_{15}$ ～ $\bar{Y}_{13}$ 在输入码 A_1A_0 作用下有输出。从而实现如表 5.2.7 所示功能。

表 5.2.7　图 5.2.20 所示电路功能表

A_3	A_2	A_1	A_0	$\bar{Y}_{15}$	$\bar{Y}_{14}$	$\bar{Y}_{13}$	$\bar{Y}_{12}$	$\bar{Y}_{11}$	$\bar{Y}_{10}$	$\bar{Y}_9$	$\bar{Y}_8$	$\bar{Y}_7$	$\bar{Y}_6$	$\bar{Y}_5$	$\bar{Y}_4$	$\bar{Y}_3$	$\bar{Y}_2$	$\bar{Y}_1$	$\bar{Y}_0$
0	0	0	0	1	1	1	1	1	1	1	1	1	1	1	1	1	1	1	0
0	0	0	1	1	1	1	1	1	1	1	1	1	1	1	1	1	1	0	1
0	0	1	0	1	1	1	1	1	1	1	1	1	1	1	1	1	0	1	1
0	0	1	1	1	1	1	1	1	1	1	1	1	1	1	1	0	1	1	1
0	1	0	0	1	1	1	1	1	1	1	1	1	1	1	0	1	1	1	1
0	1	0	1	1	1	1	1	1	1	1	1	1	1	0	1	1	1	1	1
0	1	1	0	1	1	1	1	1	1	1	1	1	0	1	1	1	1	1	1
0	1	1	1	1	1	1	1	1	1	1	1	0	1	1	1	1	1	1	1
1	0	0	0	1	1	1	1	1	1	1	0	1	1	1	1	1	1	1	1
1	0	0	1	1	1	1	1	1	1	0	1	1	1	1	1	1	1	1	1
1	0	1	0	1	1	1	1	1	0	1	1	1	1	1	1	1	1	1	1
1	0	1	1	1	1	1	1	0	1	1	1	1	1	1	1	1	1	1	1
1	1	0	0	1	1	1	0	1	1	1	1	1	1	1	1	1	1	1	1
1	1	0	1	1	1	0	1	1	1	1	1	1	1	1	1	1	1	1	1
1	1	1	0	1	0	1	1	1	1	1	1	1	1	1	1	1	1	1	1
1	1	1	1	0	1	1	1	1	1	1	1	1	1	1	1	1	1	1	1

常用的中规模集成2线-4线译码器有CT54S139/CT74S139,CT54LS139/CT74LS139,CC4556。它们是双2线-4线译码器,即该器件内装有两组独立的译码器。

用译码器还可以构成数据分配器。图5.2.21为一四路分配器的方框图。从图中可看出根据 A_1,A_0 不同的地址,数据 D 可从四个不同的支路输出。

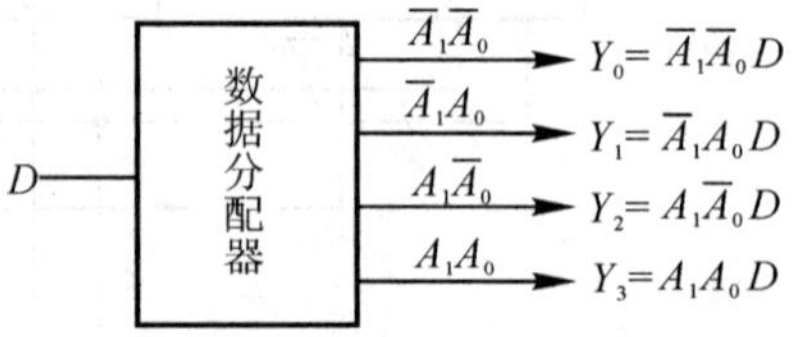

图5.2.21 四路分配器方框图

图5.2.22(a)为由2线-4线译码器构成的四输出数据分配器。其中 $\overline{ST}$ 端输入数据 D,A_1A_0 作为分配地址。设 $A_1A_0=00$ 时,$\overline{Y}_0=\overline{ST\cdot\overline{A}_1\cdot\overline{A}_0}=\overline{ST}=D$;$A_1A_0=01$ 时,$\overline{Y}_1=\overline{ST\cdot\overline{A}_1\cdot A_0}=\overline{ST}=D$;$A_1A_0=10$ 时,$\overline{Y}_2=\overline{ST\cdot A_1\cdot\overline{A}_0}=\overline{ST}=D$;$A_1A_0=11$ 时,$\overline{Y}_3=\overline{ST\cdot A_1\cdot A_0}=\overline{ST}=D$。图5.2.22(b)为四输出数据分配器逻辑符号。

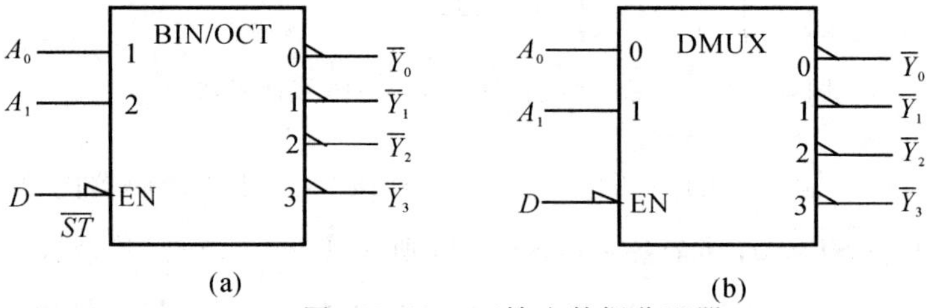

图5.2.22 四输出数据分配器

(2) 3线-8线译码器。图5.2.23所示是用与非门构成的3线-8线译码器电路。表5.2.8为其功能表。其中 ST_A,$\overline{ST_B}$,$\overline{ST_C}$ 为选通端。ST_A 为高电平有效,$\overline{ST_B}+\overline{ST_C}$ 为低电平有效。即 $ST_A=1$;$\overline{ST_B}+ST_C=0$ 时正常译码。3线-8线译码器的逻辑符号如图5.2.24所示。

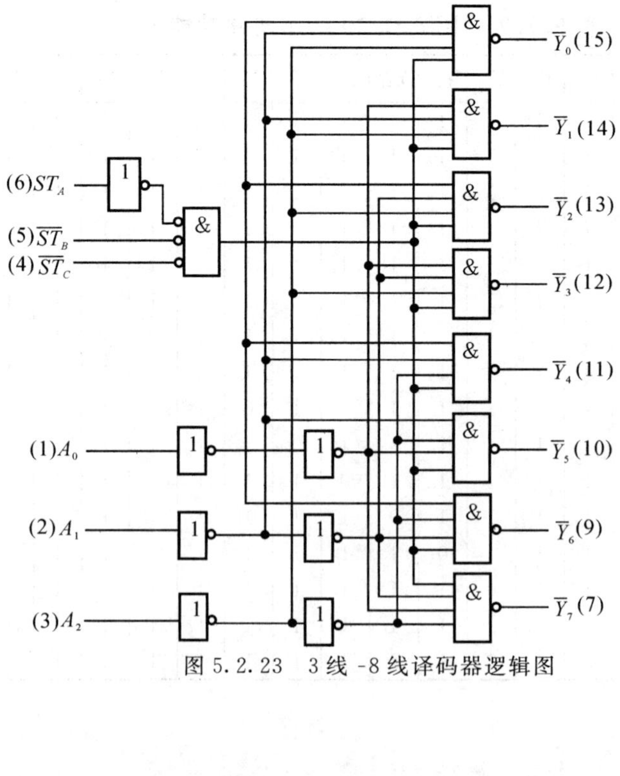

图5.2.23 3线-8线译码器逻辑图

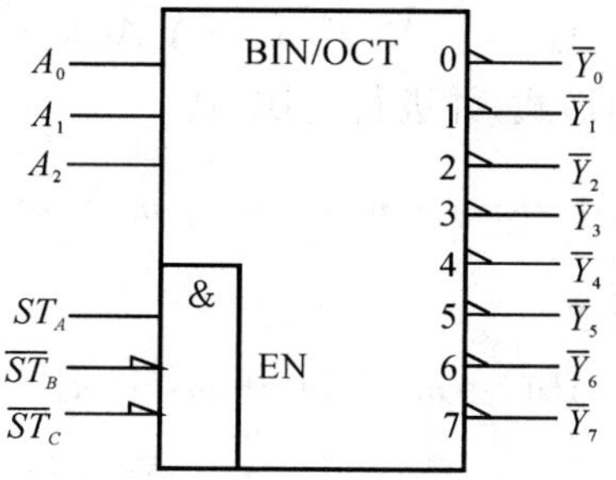

图 5.2.24　3 线 -8 线译码器逻辑符号

表 5.2.8　3 线 -8 线译码器功能表

ST_A	$\overline{ST_B}+\overline{ST_C}$	A_2	A_1	A_0	$\overline{Y}_0$	$\overline{Y}_1$	$\overline{Y}_2$	$\overline{Y}_3$	$\overline{Y}_4$	$\overline{Y}_5$	$\overline{Y}_6$	$\overline{Y}_7$
×	1	×	×	×	1	1	1	1	1	1	1	1
0	×	×	×	×	1	1	1	1	1	1	1	1
1	0	0	0	0	0	1	1	1	1	1	1	1
1	0	0	0	1	1	0	1	1	1	1	1	1
1	0	0	1	0	1	1	0	1	1	1	1	1
1	0	0	1	1	1	1	1	0	1	1	1	1
1	0	1	0	0	1	1	1	1	0	1	1	1
1	0	1	0	1	1	1	1	1	1	0	1	1
1	0	1	1	0	1	1	1	1	1	1	0	1
1	0	1	1	1	1	1	1	1	1	1	1	0

(3) 利用变量译码器实现组合逻辑函数。一个 n 变量的变量译码器的输出包含了 n 变量的所有最小项。例如 3 线 -8 线译码器 8 个输出包含了三变量的 8 个最小项。用 n 变量译码器加上输出门，就能获得任何形式的输入变量不大于 n 的组合逻辑函数。

例 5.2.1　用译码器实现一组多输出函数

$$F_1 = A\overline{B} + \overline{B}C + AC$$

$$F_2 = \overline{A}\overline{B} + B\overline{C} + ABC$$

$$F_3 = \overline{A}C + BC + A\overline{C}$$

解　(1) 用 3 线 -8 线译码器和与非门实现。由于这是一组三输入变量的多输出函数，因此可用 3 线 -8 线译码器实现。该译码器的功能表如表 5.2.8 所示。在使能端 $ST_A = 1$，ST_B，ST_C 为 0 时，电路完成译码功能。即

$$\overline{Y}_0 = \overline{m}_0 = \overline{\overline{A}_2\ \overline{A}_1\ \overline{A}_0} \qquad \overline{Y}_4 = \overline{m}_4 = \overline{A_2\ \overline{A}_1\ \overline{A}_0}$$

$$\overline{Y}_1 = \overline{m}_1 = \overline{\overline{A}_2\ \overline{A}_1 A_0} \qquad \overline{Y}_5 = \overline{m}_5 = \overline{A_2\ \overline{A}_1 A_0}$$

$$\overline{Y}_2 = \overline{m}_2 = \overline{\overline{A}_2 A_1\ \overline{A}_0} \qquad \overline{Y}_6 = \overline{m}_6 = \overline{A_2 A_1\ \overline{A}_0}$$

$$\overline{Y}_3=\overline{m}_3=\overline{\overline{A}_2 A_1 A_0} \qquad \overline{Y}_7=\overline{m}_7=\overline{A_2 A_1 A_0}$$

将多输出函数写成最小项之和的形式，并进行变换，则

$$F_1=A\overline{B}+\overline{B}C+AC=m_1+m_4+m_5+m_7=\overline{\overline{m}_1\cdot\overline{m}_4\cdot\overline{m}_5\cdot\overline{m}_7}=\overline{\overline{y}_1\cdot\overline{y}_4\cdot\overline{y}_5\cdot\overline{y}_7}$$

$$F_2=\overline{A}\,\overline{B}+B\overline{C}+ABC=m_0+m_1+m_2+m_6+m_7=\overline{\overline{m}_0\cdot\overline{m}_1\cdot\overline{m}_2\cdot\overline{m}_6\cdot\overline{m}_7}=\overline{\overline{Y}_0\cdot\overline{Y}_1\cdot\overline{Y}_2\cdot\overline{Y}_6\cdot\overline{Y}_7}$$

$$F_3=\overline{A}C+BC+A\overline{C}=m_1+m_3+m_4+m_6+m_7=\overline{\overline{m}_1\cdot\overline{m}_3\cdot\overline{m}_4\cdot\overline{m}_6\cdot\overline{m}_7}=\overline{\overline{y}_1\cdot\overline{y}_3\cdot\overline{y}_4\cdot\overline{y}_6\cdot\overline{y}_7}$$

只需将输入变量 A,B,C 分别加到译码器的地址输入端 A_2,A_1,A_0，用与门门作为 F_1,F_2,F_3 的输出门，就可以得到用 3 线 -8 线译码器实现 F_1,F_2,F_3 函数的逻辑电路，如图 5.2.25 所示。

(2) 用 3 线 -8 线译码器和与门实现。将多输出函数写成最大项之积的表达式，并进行变换，则就可用与非作为 F_1,F_2,F_3 的输出门。

$$F_1=A\overline{B}+\overline{B}C+AC=M_0\cdot M_2\cdot M_3\cdot M_6=\overline{m}_0\cdot\overline{m}_2\cdot\overline{m}_3\cdot\overline{m}_6$$

$$F_2=\overline{A}\,\overline{B}+B\overline{C}+ABC=M_3\cdot M_4\cdot M_5=\overline{m}_3\cdot\overline{m}_4\cdot\overline{m}_5$$

$$F_3=\overline{A}C+BC+A\overline{C}=M_0\cdot M_2\cdot M_5=\overline{m}_0\cdot\overline{m}_2\cdot\overline{m}_5$$

就可得到用 3 线 -8 线译码器和与门实现 F_1,F_2,F_3 函数的逻辑电路，如图 5.2.26 所示。

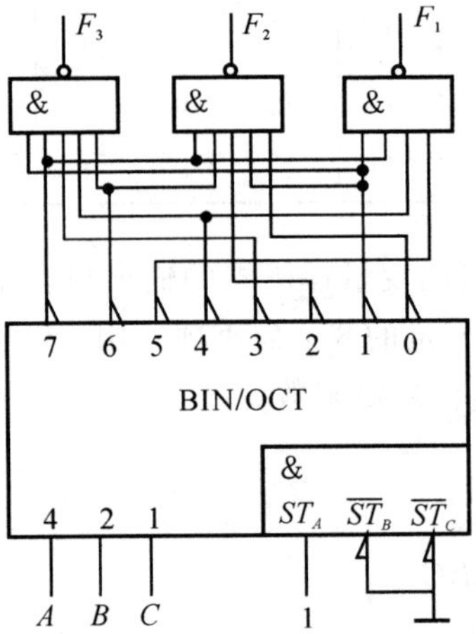

图 5.2.25　用译码器和与非门实现例 5.2.1

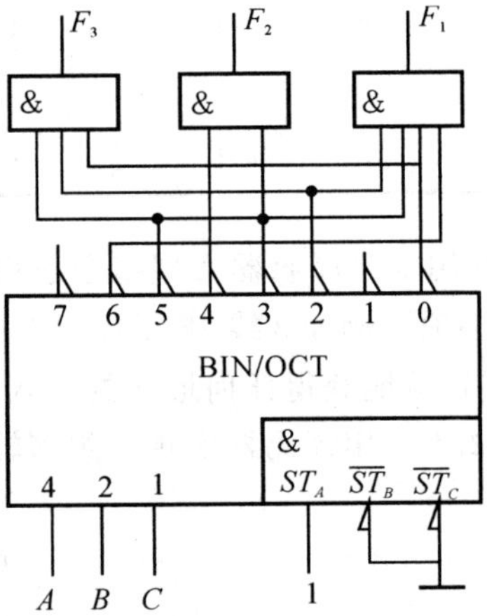

图 5.2.26　用译码器和与门实现例 5.2.1

2. 码制变换译码器

码制变换译码器的功能是将一种码制(或数制)的代码转换成另一种码制(或数制)的代码。

(1) 码制变换译码器设计举例。

例 5.2.2　设计一个将余 3 码转换为 8421BCD 码的转换电路。

解　首先列出余 3 码转换为 8421BCD 码的真值表如表 5.2.9 所示，表中 A,B,C,D 为输

入余 3 码，W，X，Y，Z 为输出 8421BCD 码。

表 5.2.9　例 5.2.2 的真值表

A	B	C	D	W	X	Y	Z
0	0	1	1	0	0	0	0
0	1	0	0	0	0	0	1
0	1	0	1	0	0	1	0
0	1	1	0	0	0	1	1
1	0	0	1	1	1	0	1
0	1	1	1	0	1	0	0
1	0	0	0	0	1	0	1
1	0	0	1	0	1	1	0
1	0	1	0	0	1	1	1
1	0	1	1	1	0	0	0
1	1	0	0	1	0	0	1

由表 5.2.9 可作出卡诺图进行化简，如图 5.2.27 所示。

由卡诺图化简得到

$$W = AB + ACD$$

$$X = \overline{B}\,\overline{C} + \overline{B}\,\overline{D} + BCD$$

$$Y = \overline{C}D + C\overline{D}$$

$$Z = \overline{D}$$

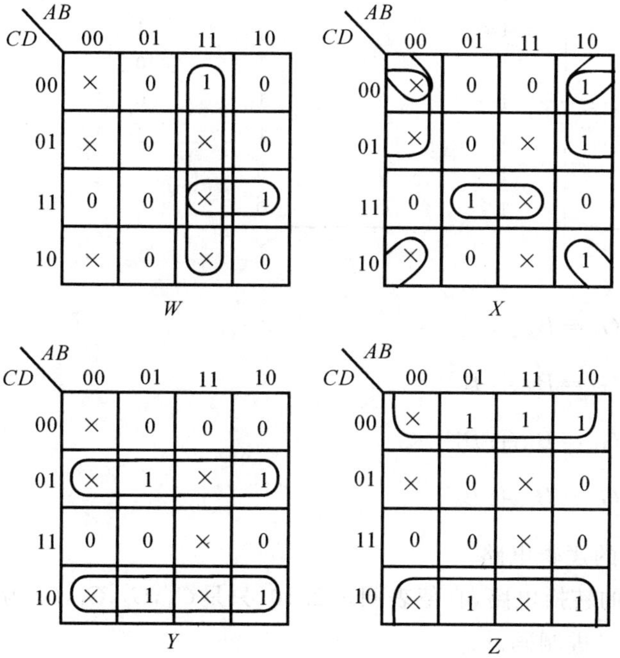

图 5.2.27　例 5.2.2 的卡诺图

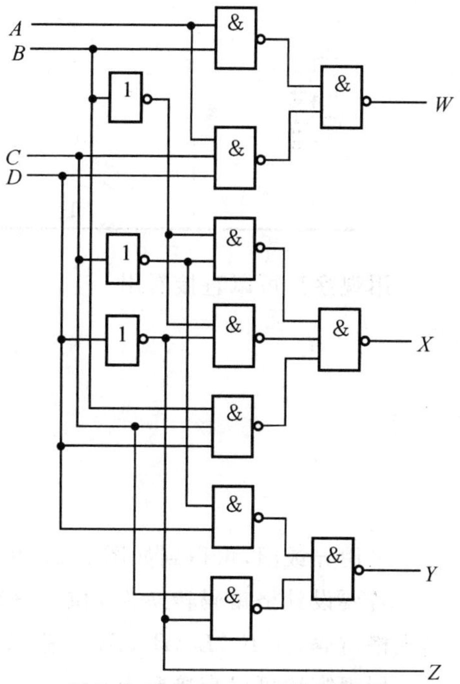

图 5.2.28　例 5.2.2 的逻辑图

采用与非门实现，可得到如图 5.2.28 所示的逻辑电路。

$$W=\overline{\overline{AB}\cdot\overline{ACD}}$$

$$X=\overline{\overline{\overline{B}\,\overline{C}}\cdot\overline{\overline{B}\,\overline{D}}\cdot\overline{BCD}}$$

$$Y=\overline{\overline{\overline{C}D}\cdot\overline{C\overline{D}}}$$

$$Z=\overline{D}$$

例 5.2.3 设计一个将 4 位二进制码转换为格雷码的转换电路。

解 由 4 位二进制码和格雷码的代码形式，可以得到表 5.2.10 所示的真值表，表中 B_3，B_2，B_1，B_0 为二进制输入代码，G_3，G_2，G_1，G_0 为输出格雷码。

表 5.2.10 例 5.2.3 的真值表

B_3	B_2	B_1	B_0	G_3	G_2	G_1	G_0
0	0	0	0	0	0	0	0
0	0	0	1	0	0	0	1
0	0	1	0	0	0	1	1
0	0	1	1	0	0	1	0
0	1	0	0	0	1	1	0
0	1	0	1	0	1	1	1
0	1	1	0	0	1	0	1
0	1	1	1	0	1	0	0
1	0	0	0	1	1	0	0
1	0	0	1	1	1	0	1
1	0	1	0	1	1	1	1
1	0	1	1	1	1	1	0
1	1	0	0	1	0	1	0
1	1	0	1	1	0	1	1
1	1	1	0	1	0	0	1
1	1	1	1	1	0	0	0

用观察法可以直接看出

$$G_3=B_3$$

$$G_2=B_3\oplus B_2$$

$$G_1=B_2\oplus B_1$$

$$G_0=B_1\oplus B_0$$

采用异或门，可得到如图 5.2.29 所示的逻辑电路。

若要设计格雷码转换为4位二进制码的转换电路，真值表同5.2.10，只是G_3，G_2，G_1，G_0 为输入格雷码，而 B_3，B_2，B_1，B_0 为输出 4 位二进制码。

用观察法可以直接看出

$$B_3=G_3$$

$$B_2=G_3\oplus G_2$$

$$B_1 = G_3 \oplus G_2 \oplus G_1$$
$$B_0 = G_3 \oplus G_2 \oplus G_1 \oplus G_0$$

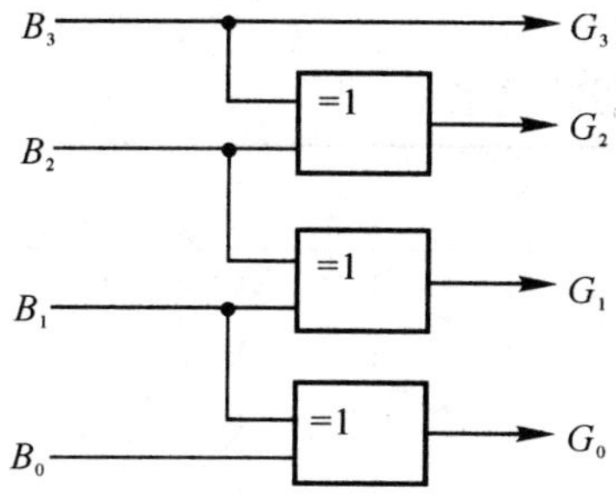

图 5.2.29　4 位二进制码转换为格雷码逻辑电路图

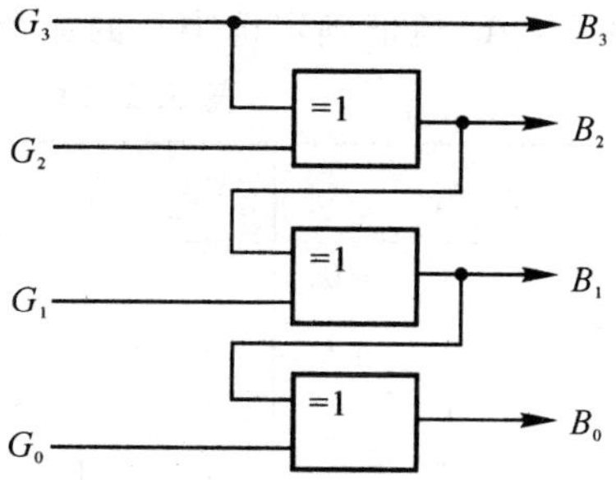

图 5.2.30　格雷码转换为 4 位二进制码的逻辑电路图

采用异或门，可得到如图 5.2.30 所示的逻辑电路图。

(2) 中规模集成二-十进制译码器。码制变换译码器的中规模组件二-十进制译码器 CT5442 的电路图如图 5.2.31 所示，其逻辑符号如图 5.2.32 所示。其功能表如表 5.2.11 所示。输入端 $A_3 \sim A_0$ 为 8421BCD 编码地址输入，$\overline{Y}_9 \sim \overline{Y}_0$ 为低电平输出有效，$A_3 \sim A_0$ 为无效输入状态时，$\overline{Y}_9 \sim \overline{Y}_0$ 所有输出均为高电平。二 - 十进制译码器也称 4 线 -10 线译码器。

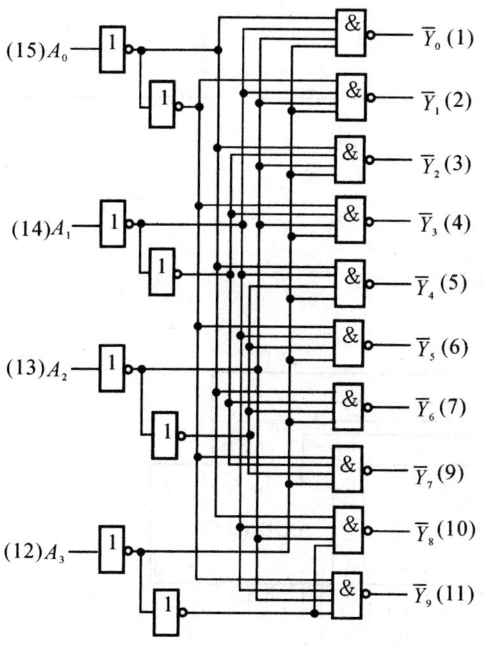

图 5.2.31　4 线 -10 线译码器

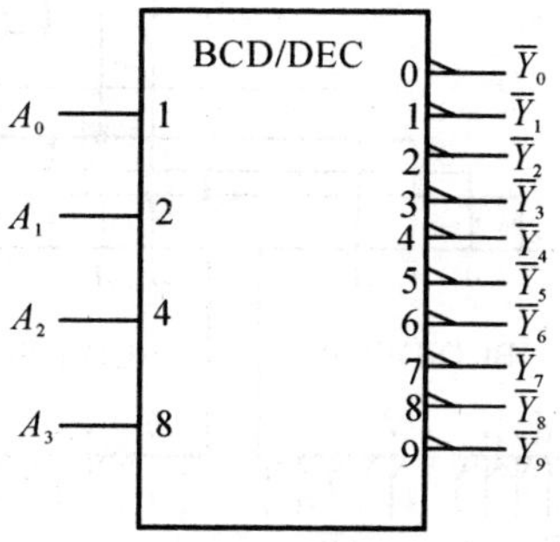

图 5.2.32　4 线 -10 线译码器逻辑符号

利用 4 块 4 线 -10 线译码器和 1 块 2 线-4 线译码器，可以组成 5 输入 32 输出译码器，如图 5.2.33 所示。输入地址中 A_4，A_3 经 2 线-4 线译码器片 Ⅰ 产生 $\overline{Y}_3 \sim \overline{Y}_0$ 4 个片选通信号，分别送到 4 线 -10 线译码器的 A_3 输入端，A_2，A_1，A_0 为 4 块 4 线 -10 线译码器的地址，因而这 4 块 4 线 -10 线译码器实质上完成了 3 线 -8 线译码器的功能。每块只取 $\overline{Y}_0 \sim \overline{Y}_7$ 8 根输出。片 Ⅰ 输出 $\overline{Y}_0 \sim \overline{Y}_3$ 片选信号，选中的那一片码制变换译码器有信号输出，未选中片输出均为高电平 1，由 $A_2 \sim A_0$ 地址确定选中片的那个输出端输出低电平 0。

表 5.2.11　4 线 -10 线译码器功能表

A_3	A_2	A_1	A_0	$\overline{Y}_0$	$\overline{Y}_1$	$\overline{Y}_2$	$\overline{Y}_3$	$\overline{Y}_4$	$\overline{Y}_5$	$\overline{Y}_6$	$\overline{Y}_7$	$\overline{Y}_8$	$\overline{Y}_9$
0	0	0	0	0	1	1	1	1	1	1	1	1	1
0	0	0	1	1	0	1	1	1	1	1	1	1	1
0	0	1	0	1	1	0	1	1	1	1	1	1	1
0	0	1	1	1	1	1	0	1	1	1	1	1	1
0	1	0	0	1	1	1	1	0	1	1	1	1	1
0	1	0	1	1	1	1	1	1	0	1	1	1	1
0	1	1	0	1	1	1	1	1	1	0	1	1	1
0	1	1	1	1	1	1	1	1	1	1	0	1	1
1	0	0	0	1	1	1	1	1	1	1	1	0	1
1	0	0	1	1	1	1	1	1	1	1	1	1	0
1	0	1	0	1	1	1	1	1	1	1	1	1	1
1	0	1	1	1	1	1	1	1	1	1	1	1	1
1	1	0	0	1	1	1	1	1	1	1	1	1	1
1	1	0	1	1	1	1	1	1	1	1	1	1	1
1	1	1	0	1	1	1	1	1	1	1	1	1	1
1	1	1	1	1	1	1	1	1	1	1	1	1	1

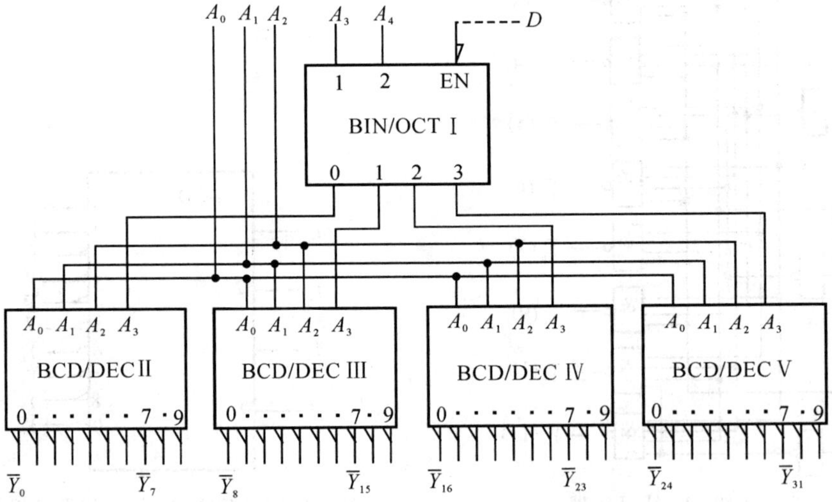

图 5.2.33　利用 2 线- 4 线和二-十进制译码器构成 5 线- 32 线译码器

若图 5.2.33 中的片 Ⅰ 的使能端 EN 也输入数据 D（如图中虚线所示），则 $A_4 \sim A_0$ 为分配器的地址，就构成 32 路输出的数据分配器。

3. 数字显示译码器

在数字系统中，常常需要将被测量或数值运算结果用十进制数码显示出来，这就需要用数字显示译码器来驱动数码管。数码管根据发光段数分为七段数码管和八段数码管，发光段可以用荧光材料（称为荧光数码管）或是发光二极管（称为 LED 数码管），或是液晶显示器件（称为 LCD 数码管）。通过数字显示译码器，可以将 8421BCD 码变成十进制数字，并在数码管上显示出来。七段数码管所显示的数字如图 5.2.34 所示。

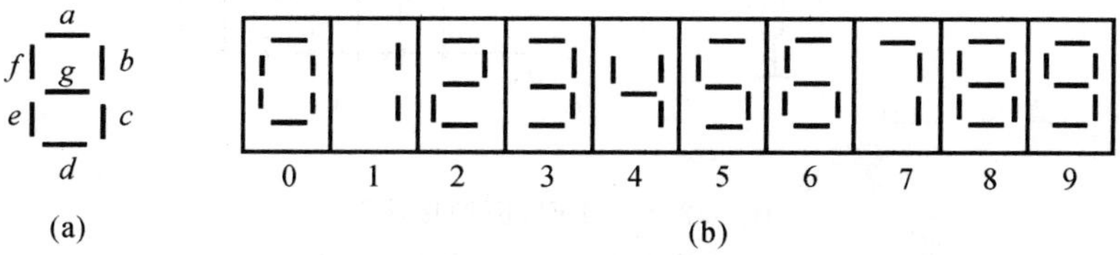

图 5.2.34　七段显示的数字图形

(a) 七段字形；(b) 十进制数字

(1) 数字显示译码驱动电路。由于各种显示器件的驱动要求不同，对译码器的要求也各不相同，因此先介绍显示器件及驱动电路。

① 半导体发光二极管。发光二极管是一种特殊的二极管，当外加正向电压时，其中的电子可以直接与空穴复合，放出光子，即将电能转换为光能，发出悦目的光线。它可以封装成单个的发光二极管，也可封装成 LED 数码管，如图 5.2.35 所示。

发光二极管的发光强度基本上与正向电流大小呈线性关系。图 5.2.36 为发光二极管的驱动电路。发光二极管的正向工作电压一般为 1.5～3 V，达到光可见度的电流需几到十几毫安。

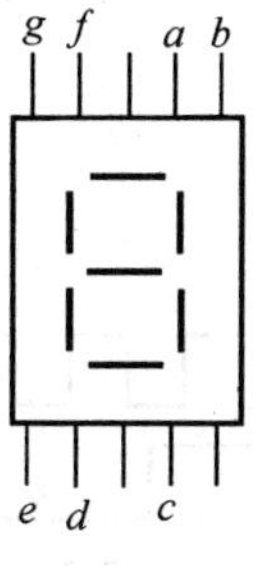

图 5.2.35　LED 数码管

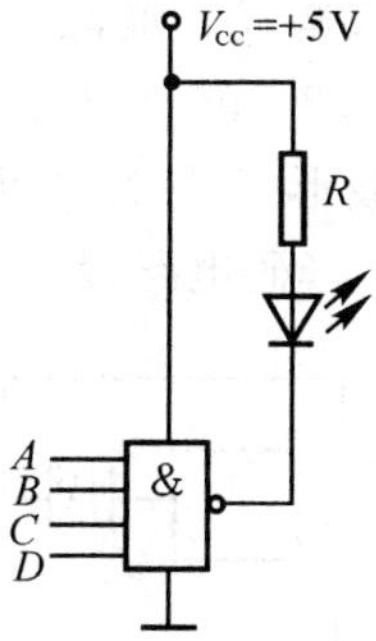

图 5.2.36　发光二极管驱动电路

LED 每一段为一发光二极管，所以只要加上适当的正向电压，该段即可发光。LED 内部接法有两种，即共阳极接法和共阴极接法，如图 5.2.37 所示。要使其对应段发亮，共阳极接法应使相应极为低电平，共阴极接法应使相应极为高电平。

半导体发光二极管显示器件的优点是体积小、工作可靠、寿命长、响应速度快、颜色丰富，缺点是功耗较大。

② 荧光数码管。荧光数码管外形像电子管，它有灯丝（阴极）、栅极和阳极。阳极有 7 个，组

成七段字形，上面涂有荧光物质。每段阳极受译码电路和如图 5.2.38 所示的驱动电路控制。若译码器某段输出为 0(例如 $a=0$)，则三极管截止，阳极 a 段上加有 +20 V 电压，a 段受电子轰击而发光；若 $a=1$，则三极管饱和，阳极 a 段加不上20 V 电压，阴极发射电子轰击不到 a 段，a 段不发光。

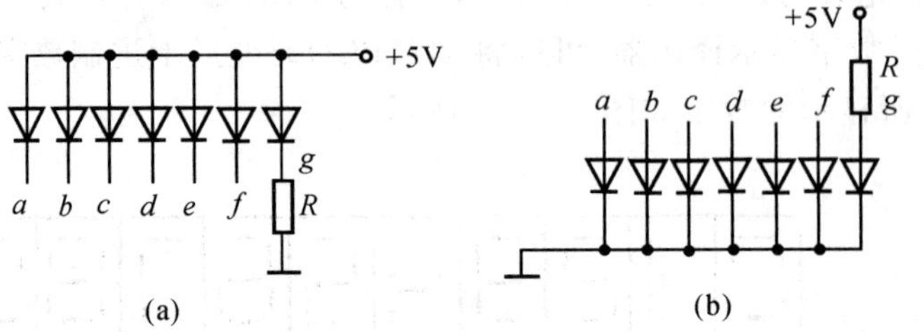

图 5.2.37　LED 两种接法

(a) 共阳极；(b) 共阴极

③ 液晶显示器件。液晶显示器件是一种新型的平板薄型显示器件。由于它所需驱动电压低，工作电流非常小，配合 CMOS 电路可以组成微功耗系统，故广泛用于电子钟表、电子计算器以及仪器仪表中。

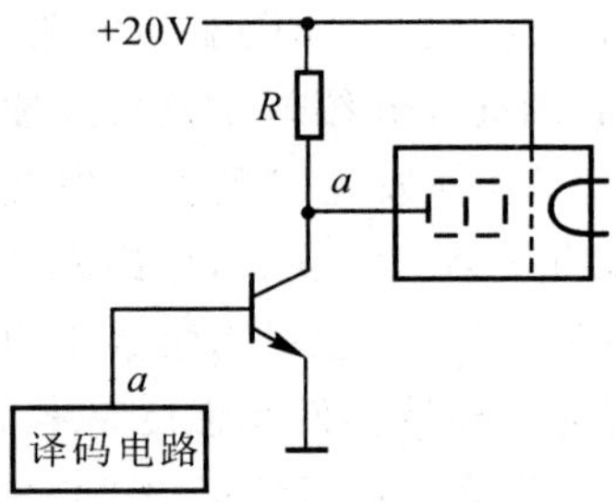

图 5.2.38　荧光数码管驱动电路

液晶是一种介于晶体和液体之间的有机化合物。常温下既具有液体的流动性和连续性，又具有晶体的某些光学特性。液晶显示器件是依靠在外界电场作用下，产生电光效应，调制外界光线，使液晶不同部位呈现反差来达到显示目的。液晶显示器件由一个公共电极和构成七段字形的 7 个电极构成。液晶显示器件采用交流驱动，其驱动电路如图 5.2.39(a) 所示。图 5.2.39(b) 为产生交流电压的工作波形，P 脉冲的频率约为 50 ～ 60 Hz。

(2) 七段显示译码电路设计举例。

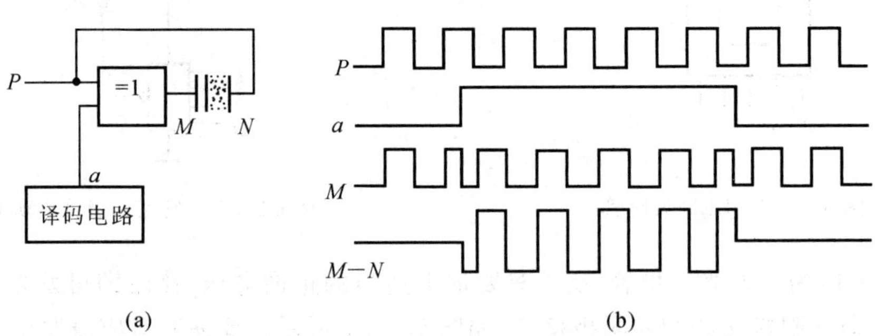

图 5.2.39　液晶显示器驱动电路

例 5.2.4　设计 8421BCD 七段显示译码电路。

解　根据图 5.2.34 七段显示的字段显示要求，可以列出 8421BCD 七段显示译码真值表如表 5.2.12 所示。表中输出 0 表示该段亮，1 表示该段灭。

表 5.2.12　8421BCD 七段显示译码真值表

D	C	B	A	a	b	c	d	e	f	g	显示
0	0	0	0	0	0	0	0	0	0	1	0
0	0	0	1	1	0	0	1	1	1	1	1
0	0	1	0	0	0	1	0	0	1	0	2
0	0	1	1	0	0	0	0	1	1	0	3
0	1	0	0	1	0	0	1	1	0	0	4
0	1	0	1	0	1	0	0	1	0	0	5
0	1	1	0	0	1	0	0	0	0	0	6
0	1	1	1	0	0	0	1	1	1	1	7
1	0	0	0	0	0	0	0	0	0	0	8
1	0	0	1	0	0	0	0	1	0	0	9

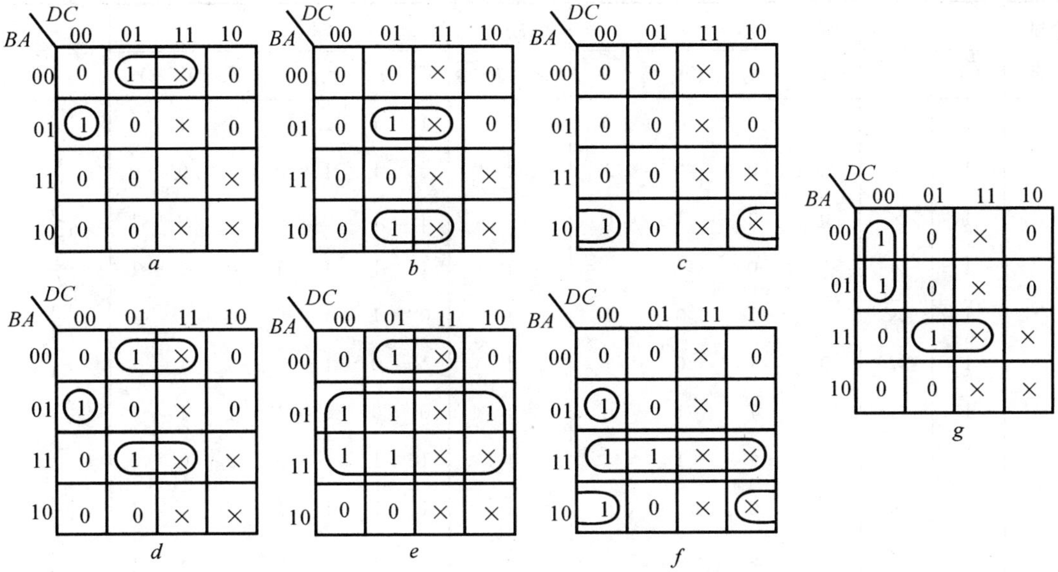

图 5.2.40　例 5.2.4 七段译码卡诺图

通过各段卡诺图 5.2.40 化简得到

$$a=\overline{D}\,\overline{C}\,\overline{B}A+C\overline{B}\,\overline{A}$$

$$b=C\overline{B}A+CB\overline{A}$$

$$c=\overline{C}B\overline{A}$$

$$d=C\overline{B}\,\overline{A}+CBA+\overline{D}\,\overline{C}\,\overline{B}A$$

$$e=A+C\overline{B}\,\overline{A}$$

$$f=BA+\overline{C}B\overline{A}+\overline{D}\,\overline{C}\,\overline{B}A$$

$$g=\overline{D}\,\overline{C}\,\overline{B}+CBA$$

应该说明的是，为了减少器件数，在简化中尽可能采用公共项，所以 e 和 f 不是最简与或式，这是多输出函数的一个特点。采用与非门实现的逻辑电路如图 5.2.41 所示。

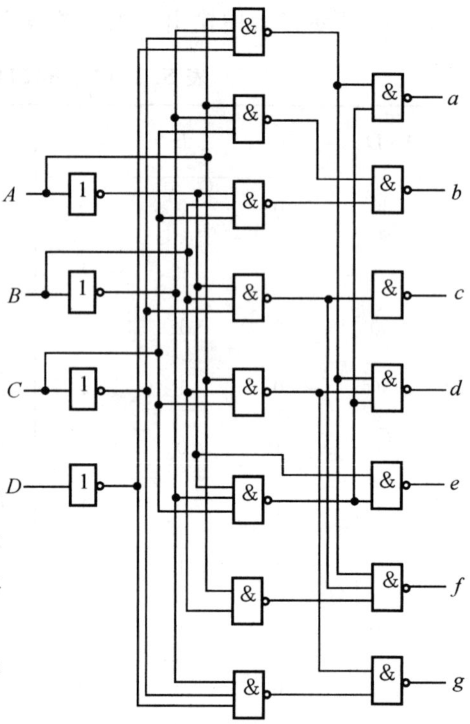

图 5.2.41　8421BCD 七段译码显示电路

(3) 中规模集成组件 CT5448/CT7448 七段字形译码器。

图 5.2.42 所示为 CT5448/CT7448 七段字形译码器的逻辑电路。表 5.2.13 为其功能表。

表 5.2.13　CT5448/CT7448 功能表

十进制或功能	输入						$\overline{BI}$ / $\overline{RBO}$	输出							字形
	$\overline{LT}$	$\overline{RBI}$	A_3	A_2	A_1	A_0		Y_a	Y_b	Y_c	Y_d	Y_e	Y_f	Y_g	
0	1	1	0	0	0	0	1	1	1	1	1	1	1	0	
1	1	×	0	0	0	1	1	0	1	1	0	0	0	0	
2	1	×	0	0	1	0	1	1	1	0	1	1	0	1	
3	1	×	0	0	1	1	1	1	1	1	1	0	0	1	
4	1	×	0	1	0	0	1	0	1	1	0	0	1	1	
5	1	×	0	1	0	1	1	1	0	1	1	0	1	1	
6	1	×	0	1	1	0	1	0	0	1	1	1	1	1	
7	1	×	0	1	1	1	1	1	1	1	0	0	0	0	
8	1	×	1	0	0	0	1	1	1	1	1	1	1	1	
9	1	×	1	0	0	1	1	1	1	1	0	0	1	1	
10	1	×	1	0	1	0	1	0	0	0	1	1	0	1	
11	1	×	1	0	1	1	1	0	0	1	1	0	0	1	
12	1	×	1	1	0	0	1	0	1	0	0	0	1	1	

续表

十进制或功能	输入						$\overline{BI}/\overline{RBO}$	输出							字形
	$\overline{LT}$	$\overline{RBI}$	A_3	A_2	A_1	A_0		Y_a	Y_b	Y_c	Y_d	Y_e	Y_f	Y_g	
13	1	×	1	1	0	1	1	1	0	0	1	0	1	1	
14	1	×	1	1	1	0	1	0	0	0	1	1	1	1	
15	1	×	1	1	1	1	1	0	0	0	0	0	0	0	
消隐	×	×	×	×	×	×	0	0	0	0	0	0	0	0	
脉冲消隐	1	0	0	0	0	0	0	0	0	0	0	0	0	0	
灯测试	0	×	×	×	×	×	1	1	1	1	1	1	1	1	

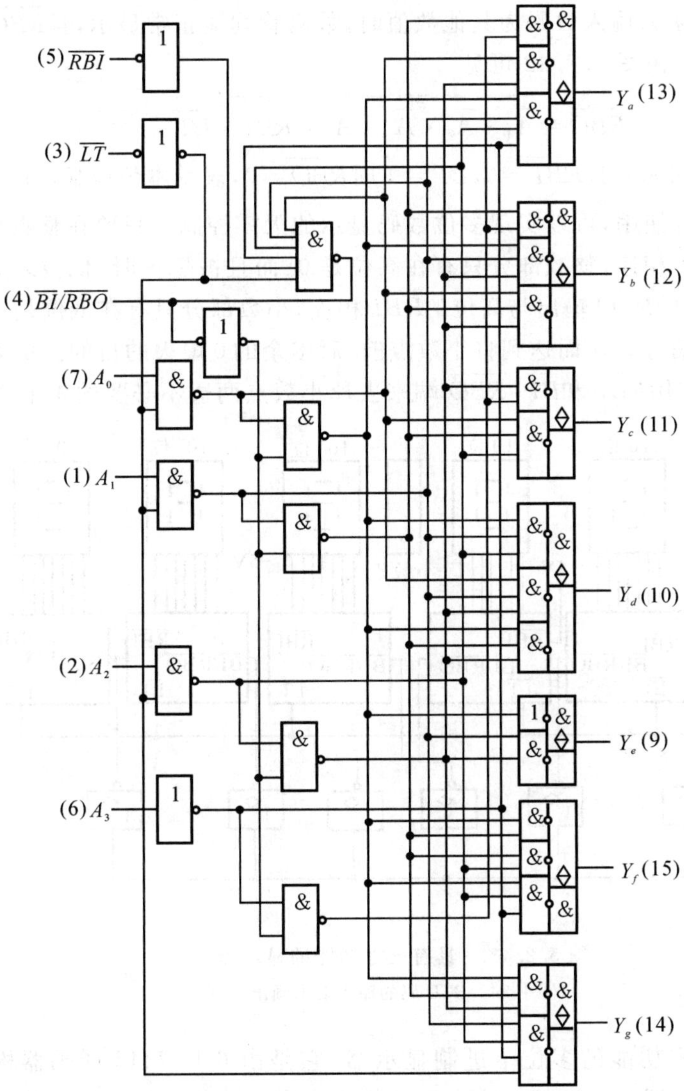

图 5.2.42 CT5448/CT7448 逻辑图

显示译码电路是最常用的功能部件，它的中规模集成组件CT5448/CT7448中除了完成译码驱动外，还附加有灯测试输入$\overline{LT}$，消隐输入$\overline{BI}$，灭零输入$\overline{RBI}$，灭零输出$\overline{RBO}$等控制信号。下面简要介绍这些附加功能。

① 灯测试输入$\overline{LT}$。灯测试输入$\overline{LT}$用来检查数码管的七段能否正常发光。当$\overline{LT}=0$且$\overline{BI}=1$时，无论输入信号A_0,A_1,A_2,A_3状态如何，$Y_a \sim Y_g$全部为高电平，可使被驱动数码管的七段同时发光。当$\overline{LT}=1$时，译码器方可进行译码显示。

② 消隐输入$\overline{BI}$。消隐输入$\overline{BI}$（它与灭零输出端$\overline{RBO}$共用一个引出端）为0时，无论输入信号A_0,A_1,A_2,A_3的状态如何，输出$Y_a \sim Y_g$全部为0，数码管七段均熄灭。当$\overline{BI}=1$时，不影响译码器的正常工作。

③ 灭零输入$\overline{RBI}$。灭零输入$\overline{RBI}$可用来熄灭无意义0的显示。当$\overline{BI}=0,\overline{LT}=1,\overline{RBI}=0$时，如果输入数码$A_3A_2A_1A_0=0000$，则输出$Y_a \sim Y_g$均为0，显示管七段均熄灭，不显示数字0，并且灭零输出$\overline{RBO}$为0；输入数码为其他数值时，数码管均能正常显示，且$\overline{RBO}$输出为1。

④ 灭零输出$\overline{RBO}$。由图5.2.42可见

$$\overline{RBO}=\overline{\overline{A}_3 \cdot \overline{A}_2 \cdot \overline{A}_1 \cdot \overline{A}_0 \cdot RBI \cdot \overline{LT}}$$

即当输入$A_3A_2A_1A_0=0000$，且$\overline{RBI}=0,\overline{LT}=1$时$\overline{RBO}=0$，表示本位应显示的0已熄灭。

将$\overline{RBO}$和$\overline{RBI}$配合使用，可以实现多位数码显示的灭零控制。只要在整数部分将高位的$\overline{RBO}$输出与低位的$\overline{RBI}$相连，整数部分只有在高位是0、而且被熄灭时，低位才有灭零输入信号。在小数部分将低位的$\overline{RBO}$输出与高位的$\overline{RBI}$相连，小数部分只有在低位是0、而且被熄灭时，高位才有灭零输入信号。从而达到将小数点前、后多余的0熄灭的目的。例如欲显示5.6，而不显示005.600，可使用$\overline{RBI}$和$\overline{BI}/\overline{RBO}$端来去掉小数点两边不必要的4个0。

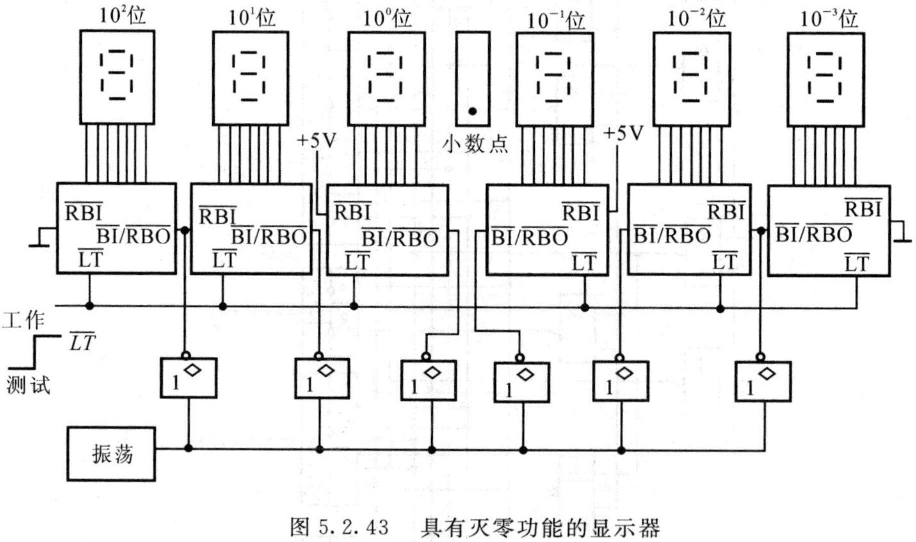

图5.2.43　具有灭零功能的显示器

（图中8421BCD码的输入端未画出）

图5.2.43具有灭零功能的多位十进制显示器，它是由6只7448译码器构成。输入为8421BCD码，其小数点位置是固定的。这个显示器不允许10^{-3}位显示0；不允许10^{-3}和10^{-2}位同时显示0；不允许10^2位显示0；不允许10^2和10^1位同时显示0。图中所示振荡器输出接各片

$\overline{BI}$ 端，因此可实现动态显示的效果。当振荡输出为高电平时，经反相器输出，使各片$\overline{BI}=0$，则各数码管均熄灭。当振荡输出为低电平时，经反相器输出，使各片$\overline{BI}=1$，则各数码管处于点燃状态。

四、数据选择器

在多路数据传送过程中，有时需要将多路数据中任一路信号挑选出来，完成这种功能的逻辑电路称做数据选择器。它是一个多输入、单输出的组合逻辑电路。数据选择器的通用逻辑符号如图 5.2.44 所示。

1. 数据选择器的设计

例 5.2.5　设计 4 选 1 数据选择器。

解　4 选 1 数据选择器的原理图如图 5.2.45 所示。

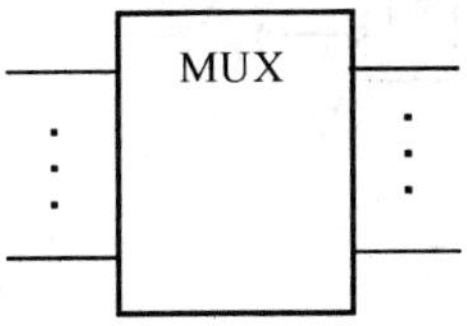

图 5.2.44　数据选择器通用逻辑符号

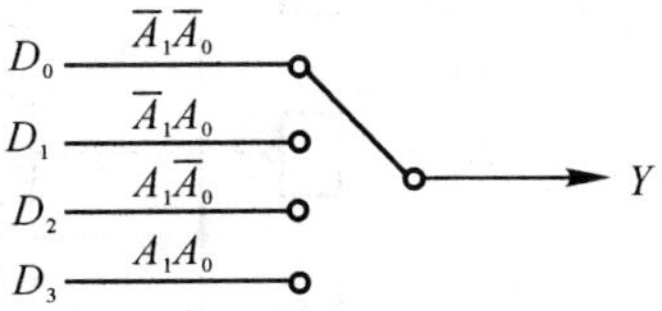

图 5.2.45　4 选 1 数据选择器原理图

从图中可以看出 4 选 1 数据选择器在地址码的控制下可从 $D_0 \sim D_3$ 4 个数据中选择 1 个，并将其送到公共输出端 Y，列出真值表如表 5.2.14 所示。

表 5.2.14　4 选 1 数据选择器真值表

A_1	A_0	Y
0	0	D_0
0	1	D_1
1	0	D_2
1	1	D_3

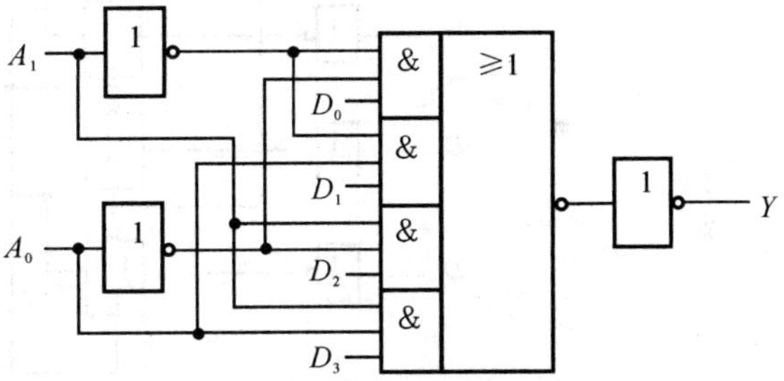

图 5.2.46　4 选 1 数据选择器逻辑电路图

根据真值表写出输入输出之间的逻辑表达式

$$Y=\overline{A}_1\overline{A}_0D_0+\overline{A}_1A_0D_1+A_1\overline{A}_0D_2+A_1A_0D_3$$

用与或非门和非门实现 4 选 1 数据选择器的逻辑电路图如图 5.2.46 所示。

2. 中规模集成电路数据选择器

(1) 双 4 选 1 数据选择器。图 5.2.47 所示为 CMOS 中规模集成电路双 4 选 1 数据选择器 CC4539 的逻辑电路图。其中$\overline{ST}_1$($\overline{ST}_2$)为选通端，低电平有效。双 4 选 1 数据选择器的逻辑符号如图 5.2.48 所示。

双 4 选 1 数据选择器的特点是地址码 A_1A_0 同时控制二个 4 选 1 数据选择器的切换，它的功能就相当于图 5.2.49 所示的双刀四掷开关。

其功能表如表 5.2.15 所示。从功能表可看出当选通端$\overline{ST}_1$($\overline{ST}_2$)等于 1 时，不论 A_1A_0 状态如何，输出均为 0。而当$\overline{ST}_1$($\overline{ST}_2$)等于 0 时，在地址码 A_1A_0 控制下 $D_{10} \sim D_{13}$ 数据中的一个

由 Y_1 输出；$D_{20} \sim D_{23}$ 数据中的一个由 Y_2 输出。

(2) 8 选 1 数据选择器。常用的还有 8 选 1 数据选择器。图 5.2.50 所示为 CT54S151/CT74S151 的逻辑电路。它为互补输出的 8 选 1 数据选择器。地址为 $A_2A_1A_0$，从 8 个输入数据 $D_0 \sim D_7$ 中选择一个需要的数据。$\overline{ST}$ 为选通端，在低电平时有效。8 选 1 数据选择器的逻辑符号如图 5.2.51 所示，功能表如表 5.2.16 所示。

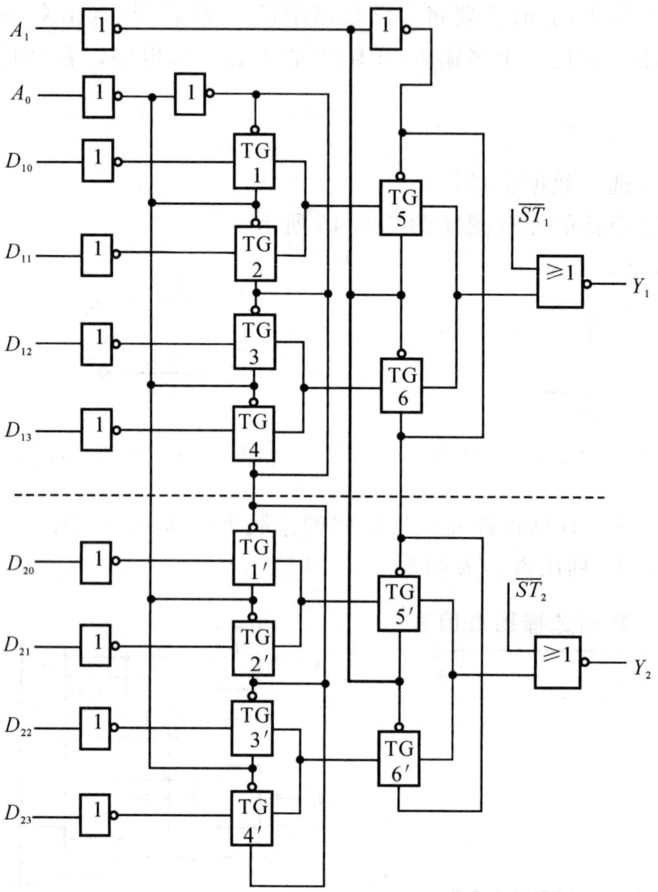

图 5.2.47　双 4 选 1 数据选择器

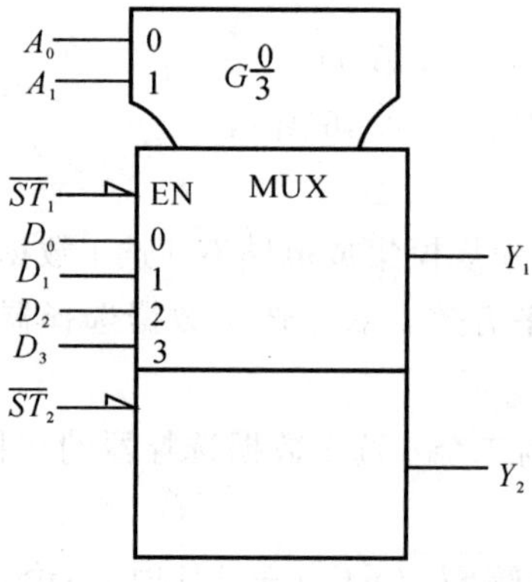

图 5.2.48　双 4 选 1 数据选择器逻辑符号

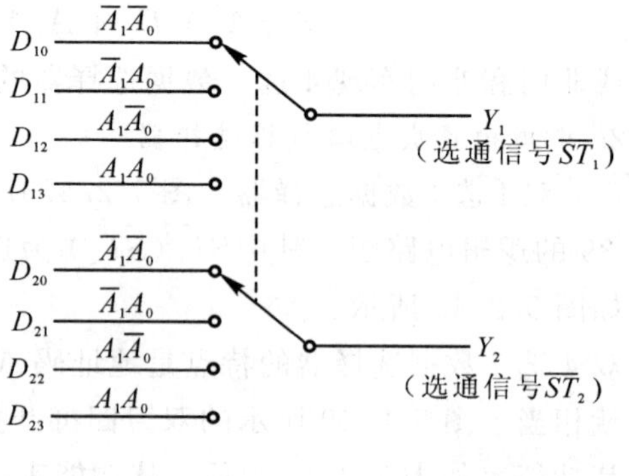

图 5.2.49　双 4 选 1 数据选择器原理图

表 5.2.15 双 4 选 1 数据选择器功能表

$\overline{ST_1}$($\overline{ST_2}$)	A_1	A_0	Y_1	(Y_2)
1	×	×	0	(0)
0	0	0	D_{10}	(D_{20})
0	0	1	D_{11}	(D_{21})
0	1	0	D_{12}	(D_{22})
0	1	1	D_{13}	(D_{23})

表 5.2.16 8 选 1 数据选择器功能表

$\overline{ST}$	A_2	A_1	A_0	Y	$\overline{W}$
1	×	×	×	0	1
0	0	0	0	D_0	$\overline{D}_0$
0	0	0	1	D_1	$\overline{D}_1$
0	0	1	0	D_2	$\overline{D}_2$
0	0	1	1	D_3	$\overline{D}_3$
0	1	0	0	D_4	$\overline{D}_4$
0	1	0	1	D_5	$\overline{D}_5$
0	1	1	0	D_6	$\overline{D}_6$
0	1	1	1	D_7	$\overline{D}_7$

3. 数据选择器的功能扩展

(1) 四片 8 选 1 数据选择器扩展成 32 选 1 数据选择器。

利用选通端$\overline{ST}$ 可以实现功能扩展。图 5.2.52 所示为利用一片 2 线-4 线译码器和四片 8 选 1 数据选择器构成的 32 选 1 数据选择器电路。

32 选 1 数据选择器需要有 5 位地址码 $A_4A_3A_2A_1A_0$。用 2 线-4 线译码器对 A_4A_3 译码，其输出 $\overline{Y}_0 \sim \overline{Y}_3$ 作为$\overline{ST}$ 信号分别接到四片 8 选 1 数据选择器的 EN 端进行选片。$A_2A_1A_0$ 低 3 位地址码控制四片 8 选 1 的地址。当 $A_4A_3=00$ 时，译码器输出 $\overline{Y}_0=0$，$\overline{Y}_1 \sim \overline{Y}_3$ 均为 1，因此 MUXⅠ 被选通。在 $A_2 \sim A_0$ 三地址作用下，从输入数据 $D_0 \sim D_7$ 中选择一路输出；当 $A_4A_3=01$ 时，译码器输出 $\overline{Y}_1=0$，其余均为 1，则 MUXⅡ 被选通，在 $A_2A_1A_0$ 三地址作用下，从 $D_8 \sim D_{15}$ 中选择一路输出；当 $A_4A_3=10$ 时，译码器输出 $\overline{Y}_2=0$，其余为 1，则 MUXⅢ 被选通，在 $A_2A_1A_0$ 三地址作用下，从 $D_{16} \sim D_{23}$ 中选择一路输出；当 $A_4A_3=11$ 时，译码器输出 $\overline{Y}_3=0$，其余为 1，则 MUXⅣ 被选通。在 $A_2A_1A_0$ 三地址作用下，从 $D_{24} \sim D_{31}$ 中选择一路输出。

例如 $A_4A_3A_2A_1A_0=11101$，则 2 线-4 线译码器的输出 $\overline{Y}_3=0$，其余全 1，选中了 MUXⅣ，$Y_{Ⅳ}=(D_5)_{Ⅳ}$，所以 $Y=D_{29}$，即选中第 29 路数据输出。

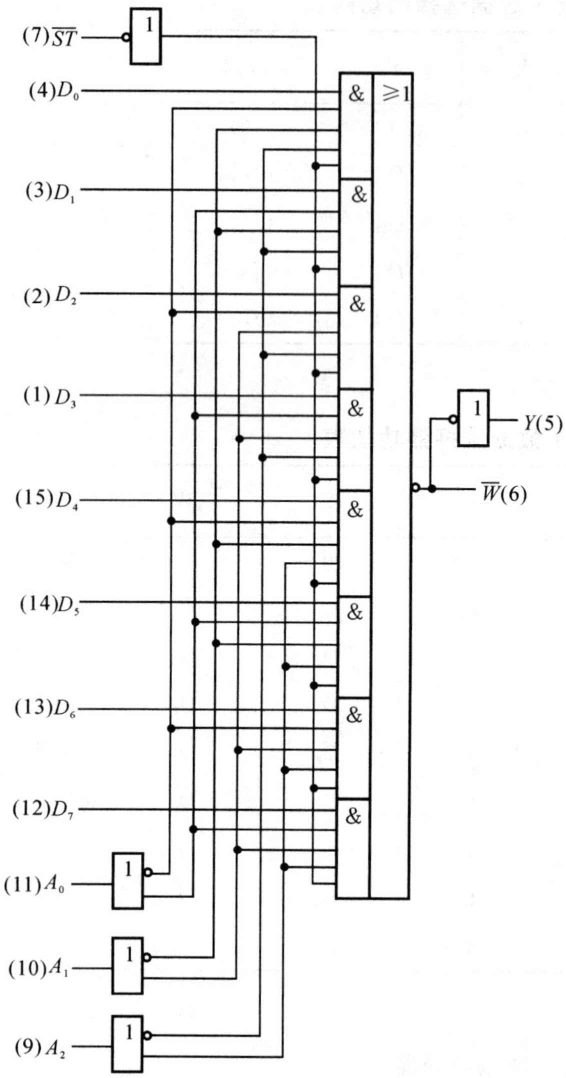

图 5.2.50　CT54S151/CT74S151 逻辑图

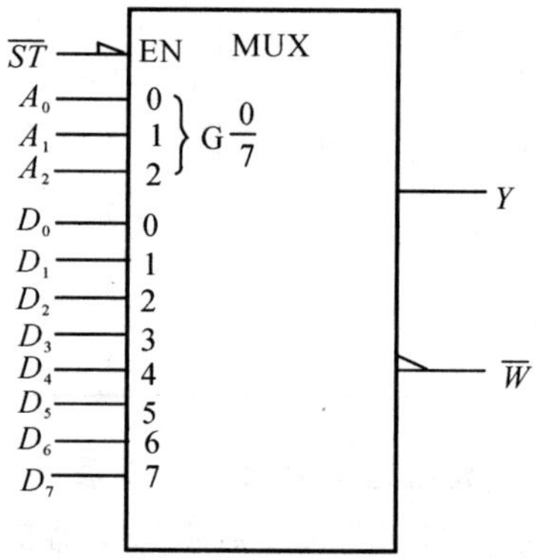

图 5.2.51　8 选 1 数据选择器逻辑符号

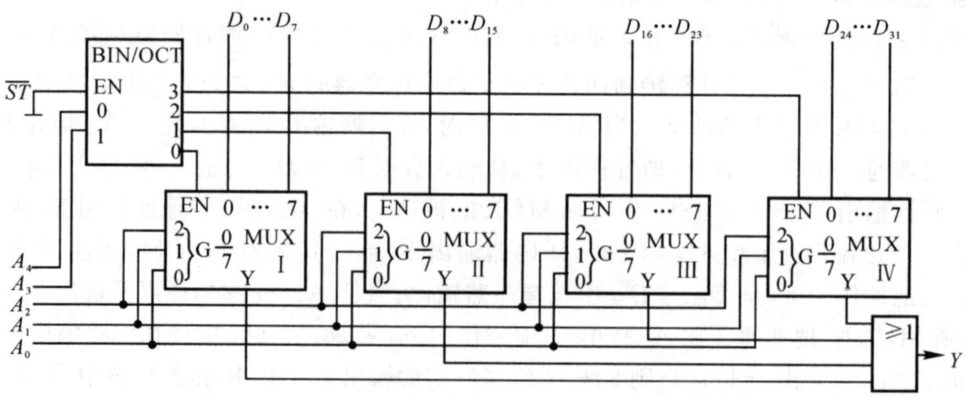

图 5.2.52　四片 8 选 1 扩展成 32 选 1 数据选择器

图 5.2.53 所示为由四片 8 选 1 数据选择器和一片 4 选 1 数据选择器构成的 32 选 1 数据选择器电路，是数据扩展的另一种结构形式。当 $A_4A_3=00$ 时，由 $A_2A_1A_0$ 选择片 Ⅰ 输入 $D_0\sim D_7$ 中数据；$A_4A_3=01$ 时，由 $A_2A_1A_0$ 选择片 Ⅱ 中输入 $D_8\sim D_{15}$ 中数据；$A_4A_3=10$ 时，由 $A_2A_1A_0$ 选择片 Ⅲ 输入 $D_{16}\sim D_{23}$ 中数据；$A_4A_3=11$ 时，由 $A_2\sim A_0$ 选择片 Ⅳ 输入 $D_{24}\sim D_{31}$ 中数据。

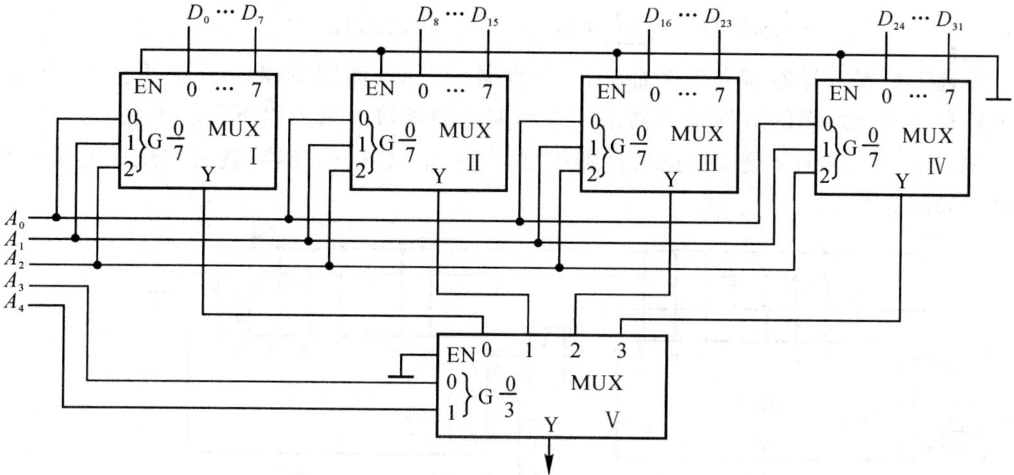

图 5.2.53　8 选 1 扩展成 32 选 1 的另一种结构

4. 数据选择器的应用

数据选择器可用来选择输出信号，实现分时多路通信，还可用来实现组合逻辑函数。

(1) 实现组合逻辑函数。

例 5.2.6　用 8 选 1 数据选择器实现函数

$$F=A\bar{C}+A\bar{B}+\bar{B}C$$

解　首先用卡诺图来表示 8 选 1 数据选择器的功能表。如图 5.2.54 所示。

A_0 \ A_2A_1	00	01	11	10
0	D_0	D_2	D_6	D_4
1	D_1	D_3	D_7	D_5

图 5.2.54　8 选 1 数据选择器卡诺图

采用 8 选 1 数据选择器，可以实现任意三输入变量的组合逻辑函数，只要作出该函数的卡诺图，如图 5.2.55 所示。与 8 选 1 数据选择器卡诺图比较，只要将函数输入变量 A,B,C 作为 8 选 1 数据选择器的地址，而 8 选 1 数据选择器的各数据输入端分别为

$$D_0=0,D_1=1,D_2=0,D_3=0$$

$$D_4=1,D_5=1,D_6=1,D_7=0$$

C \ AB	00	01	11	10
0	0	0	1	1
1	1	0	0	1

图 5.2.55　例 5.2.6 的卡诺图

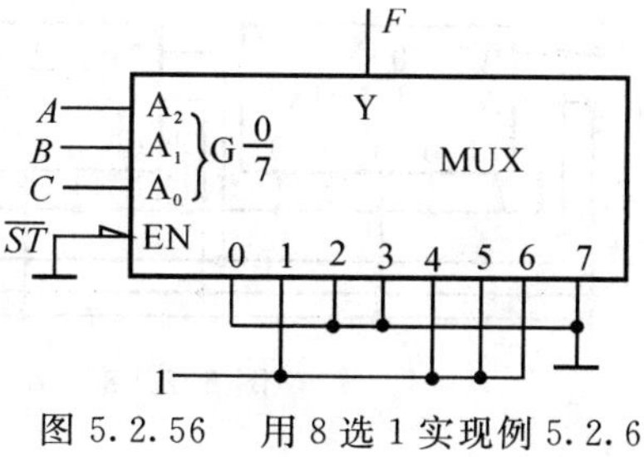

图 5.2.56　用 8 选 1 实现例 5.2.6

那么,8 选 1 数据选择器输出即实现函数 F。其接线图如图 5.2.56 所示。

用具有 n 个地址输入的数据选择器来实现 n 变量的函数(上例中 $n=3$) 是十分方便的,它不需要将函数化简为最简式,只要将输入变量加到地址端,选择器的数据输入端按卡诺图中最小项格中的值(0 或 1) 对应相连。一个 8 选 1 数据选择器可实现三输入变量的 256 种函数。

例 5.2.7 用 8 选 1 数据选择器实现四变量函数

$$F(ABCD)=\sum\nolimits_m(1,5,6,7,9,11,12,13,14)$$

解 8 选 1 数据选择器有 3 个地址端,8 个数据输入端,而四变量的函数共有 16 个最小项。要用只有 3 个地址端的数据选择器来实现四变量的函数可采用以下两种方法。

① 扩展法。可把两片 8 选 1 数据选择器扩展为 16 选 1 数据选择器,就可实现四变量函数,逻辑电路图如图 5.2.57 所示。

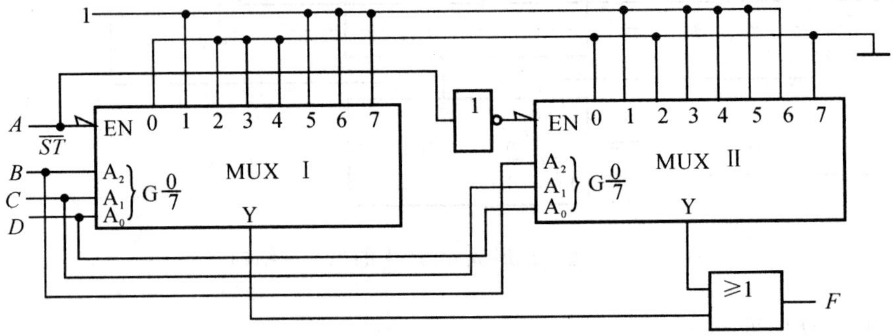

图 5.2.57　用两片 8 选 1 实现例 5.2.7 函数

在图 5.2.57 中,以输入变量 A 作为使能端 EN 的控制信号 $\overline{ST}$,输入变量 B,C,D 作为 8 选 1 数据选择器的地址端 A_2,A_1,A_0 的输入地址。当 $A=0$ 时,片 Ⅰ 正常选择,片 Ⅱ 被封锁,其输出为 0,在 B,C,D 输入变量作用下,输出 $m_0\sim m_7$ 中的函数值。在 $A=1$ 时,片 Ⅰ 被封锁,其输出为 0,片 Ⅱ 执行数据选择功能,在 B,C,D 输入变量作用下,输出 $m_8\sim m_{15}$ 中的函数值。每片数据输入端的连接与具有 n 个地址端的数据选择器实现 n 变量函数的方法相同。

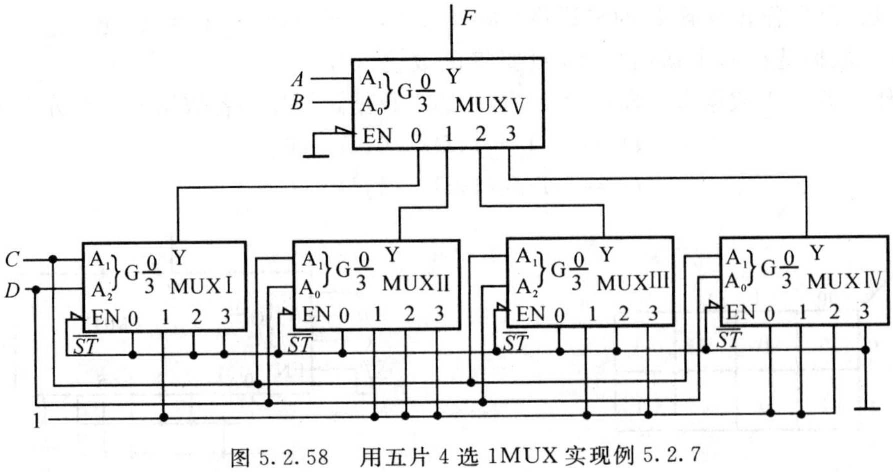

图 5.2.58　用五片 4 选 1MUX 实现例 5.2.7

本例也可用 4 选 1 数据选择器扩展为 16 选 1 数据选择器,如图 5.2.58 所示。

输入变量 A,B 作为片 Ⅴ 的地址。C,D 作为片 Ⅰ ～ Ⅳ 的地址。当输入信号 $AB=00$ 时，片 Ⅴ 输出 F 为片 ⅠY 的输出信号；$AB=01$ 时，片 Ⅴ 输出 F 为片 ⅡY 的输出信号；$AB=10$ 时，片 Ⅴ 输出 F 为片 ⅢY 的输出信号；$AB=11$ 时，片 Ⅴ 输出为片 ⅣY 的输出信号。而各片 Y 的输出又通过 C,D 变量来选择，例如，变量输入 $ABCD=1101$ 时，则输出 F 为片 ⅣD_1 的输入，$F=1$，相当于函数 F 的 m_{13} 最小项值。

② 降维图法。在一个函数的卡诺图中，函数的所有变量均为卡诺图的变量，图中每一个最小项方格都填有 1 或 0 或无关项 ×。一般将卡诺图的变量数称为该图的维数。如果把某些变量也作为卡诺图小方格内的值，则会减小卡诺图的维数，这种卡诺图称为降维卡诺图，简称降维图。作为降维图小方格中值的那些变量称为记图变量。

降维方法介绍如下：

本例中 $F(ABCD)=\sum_m(1,5,6,7,9,11,12,13,14)$，首先将 F 填在四变量卡诺图上，将 D 作为记图变量，降维过程如图 5.2.59 所示。

从图 5.2.59(a) 中可看出，当 $ABC=000$ 时，对应 $m_0=0, m_1=1$ 两个小方格，其值和对应 D 值一样，所以在图 5.2.59(b) 中 $ABC=000$ 的格应填 D。

当图 5.2.59(a) 中 $ABC=001$ 时，对应 $m_2=m_3=0$，所以在图 5.2.59(b) 中 $ABC=001$ 的格应填 0。

当图 5.2.59(a) 中 $ABC=010$ 时，对应两个小方格的值和 D 值一样，所以在图 5.2.59(b) 中 $ABC=010$ 的格填 D。

当图 5.2.59(a) 中 $ABC=011$ 时，对应两个小方格的值均为 1，所以在图 5.2.59(b) 中 $ABC=011$ 的格填 1。

当图 5.2.59(a) 中 $ABC=100$ 时，对应两个小方格的值和 D 值一样，所以在图 5.2.59(b) 中 $ABC=100$ 的格填 D。

CD \ AB	00	01	11	10
00	0	0	1	0
01	1	1	1	1
11	0	1	0	1
10	0	1	1	0

(a)

⇒

C \ AB	00	01	11	10
0	D	D	1	D
1	0	1	$\overline{D}$	D

(b)

图 5.2.59　例 5.2.7 的降维图

(a) 例 5.2.7 的卡诺图；(b) 降维图

当图 5.2.59(a) 中 $ABC=101$ 时，对应两个小方格的值和 D 值一样，所以在图 5.2.59(b) 中 $ABC=101$ 的格填 D。

当图 5.2.59(a) 中 $ABC=110$ 时，对应两个小方格的值均为 1，所以在图 5.2.59(b) 中

$ABC=110$ 的格填 1。

当图 5.2.59(a) 中 $ABC=111$ 时，对应两个小方格的值和 D 值相反，所以在图 5.2.59(b) 中 $ABC=111$ 的格填 $\overline{D}$。

降维图完成后将它与 8 选 1 数据选择器卡诺图 5.2.54 比较，得到 8 选 1 数值选择器数据输入端 $D_0=D,D_1=0,D_2=D,D_3=1,D_4=D,D_5=D,D_6=1,D_7=\overline{D}$。画出逻辑电路图，如图 5.2.60 所示。

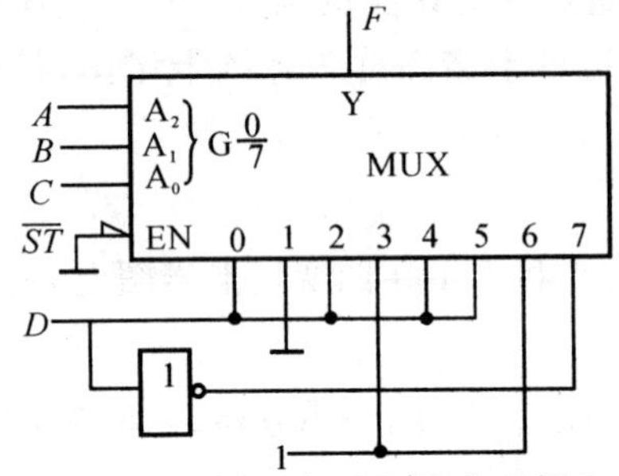

图 5.2.60　用 8 选 1MUX 实现例 5.2.7

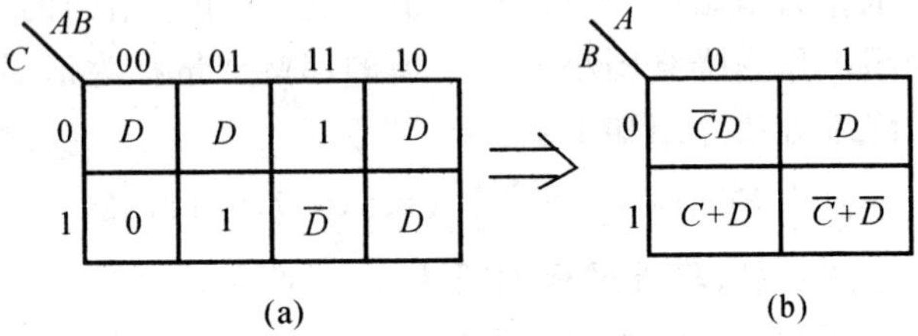

图 5.2.61　例 5.2.7 的二次降维图

(a) 三变量降维图；(b) 二变量降维图

本例若要求用 4 选 1 数据选择器实现则可进行二次降维，即把三变量降维图再降为二变量降维图，以 C 为记图变量，降维过程如图 5.2.61 所示。

当图 5.2.61 中 $AB=00$ 时，对应 $F=\overline{C}D+C\cdot 0=\overline{C}D$，所以图 5.2.61(b) 中 $AB=00$ 的格填 $\overline{C}D$。

当图 5.2.61 中 $AB=01$ 时，对应 $F=\overline{C}D+C\cdot 1=C+D$，所以图 5.2.61(b) 中 $AB=01$ 的格填 $C+D$。

当图 5.2.61 中 $AB=10$ 时，对应 $F=D$，所以图 5.2.61(b) 中 $AB=10$ 的格填 D。

当图 5.2.61 中 $AB=11$ 时，对应 $F=\overline{C}+CD=\overline{C}+D$，所以图 5.2.61(b) 中 $AB=11$ 的格填 $\overline{C}+D$。

二次降维完成后，可用 4 选 1 数据选择器实现，将 AB 做为 4 选 1 数据选择器的地址，4 选 1 数据选择器数据输入端

$$D_0=\overline{C}D=\overline{\overline{D\cdot\overline{\overline{C}D}}}$$

$$D_1=\overline{\overline{C+D}}=\overline{\overline{C}\cdot\overline{D}}$$

$$D_2=D$$

$$D_3=\overline{\overline{\overline{C}+D}}=\overline{C\cdot\overline{D}}=\overline{C\cdot\overline{CD}}$$

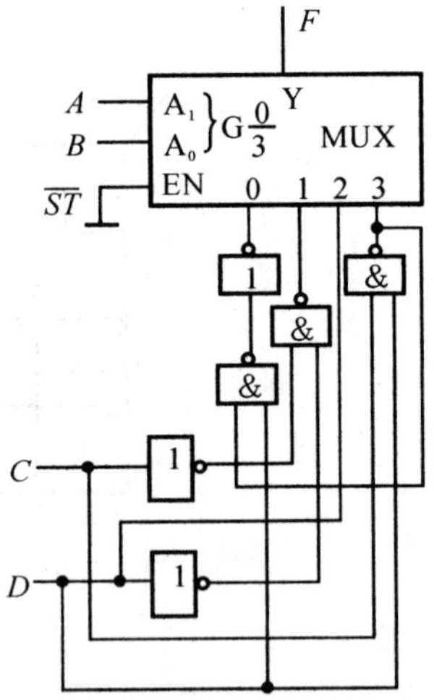

图 5.2.62　用 4 选 1MUX 实现例 5.2.7

画出逻辑电路图，如图 5.2.62 所示。

例 5.2.8　用 8 选 1 数据选择器实现函数

$F(ABCDE)=\sum_m(0,1,3,9,11,12,13,14,20,21,22,23,26,31)$

解　作出函数 F 的卡诺图及其降维图，如图 5.2.63 所示。图中以 D，E 为记图变量。

DE \ ABC	000	001	011	010	110	111	101	100
00	1	0	1	0	0	0	1	0
01	1	0	1	1	0	0	1	0
11	1	0	0	1	0	1	1	0
10	0	0	1	0	1	0	1	0

(a)

$\Rightarrow$

CD \ AB	00	01	11	10
00	1	E	0	0
01	E	E	$\overline{E}$	0
11	0	$\overline{E}$	E	1
10	0	1	0	1

(b)

$\Rightarrow$

C \ AB	00	01	11	10
0	$\overline{D}+E$	E	$D\overline{E}$	0
1	0	$\overline{E}+\overline{D}$	DE	1

(c)

图 5.2.63　例 5.2.8 降维图

(a) 例 5.2.8 卡诺图；(b) 四变量降维图；(c) 三变量降维图

将图 5.2.63(c) 三变量降维图与 8 选 1 数据选择器卡诺图相比较得

$$D_0=\overline{D}+E=\overline{D\overline{E}}=\overline{D\cdot\overline{DE}}$$

$$D_1=0$$

$$D_2=E$$

$$D_3=\overline{E}+\overline{D}=\overline{DE}$$

$$D_4=0$$

$$D_5=1$$

$$D_6=D\overline{E}=\overline{\overline{D\cdot\overline{DE}}}$$

$$D_7=DE=\overline{\overline{DE}}$$

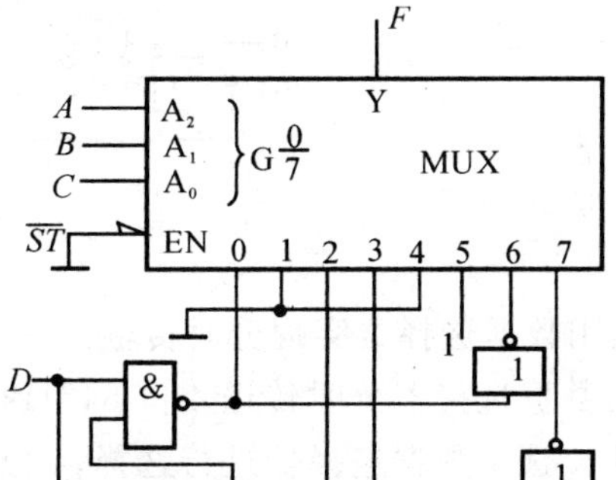

图 5.2.64　用 8 选 1 MUX 实现例 5.2.8 电路之一

采用与非门和 8 选 1 数据选择器，构成的逻辑电路如图 5.2.64 所示。

应该指出在将卡诺图降维时，选择哪些变量作为地址，哪些变量作为记图变量，可以是任意的，但不同的选择方案会有不同的结果，要得到最佳方案，必须对卡诺图进行仔细分析，以找出最简单的方案。

例如对例 5.2.8 的四变量降维图中若改选变量 A,C,D 作为地址，变量 B 作为记图变量，可得到如图 5.2.65 所示三变量降维图，采用 8 选 1 数据选择器，得到如图 5.2.66 所示的逻辑电路图。

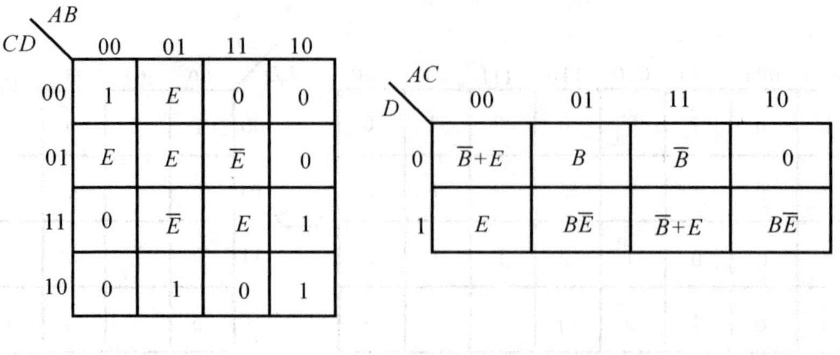

图 5.2.65　例 5.2.8 的以 ACD 为地址的三变量降维图

(a) 四变量降维图；(b) 三变量降维图

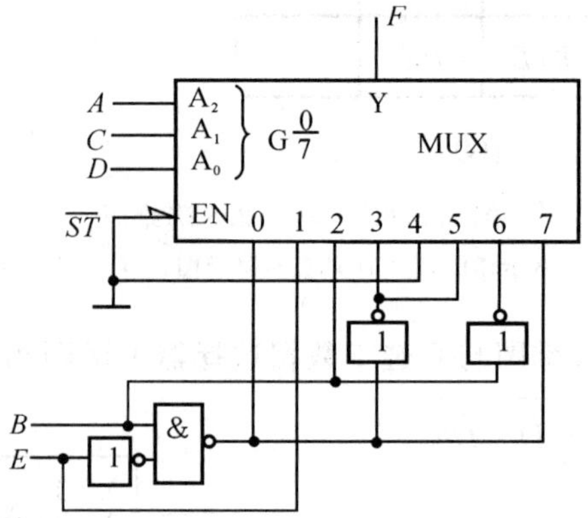

图 5.2.66　用 8 选 1 MUX 实现例 5.2.8 电路之二

(2) 利用数据选择器实现分时传输。

要求用数据选择器分时传送 4 位 8421BCD 码并译码显示。

用四片 4 选 1 数据选择器进行选择，4 位 8421BCD 码如下连接，个位全送至 4 选 1 数据选择器 D_0 位，十位送 D_1，百位送 D_2，千位送 D_3。当地址码 $A_1A_0=00$ 时，4 选 1 数据选择器传送 8421BCD 码的个位。A_1A_0 为 01，10，11 时，分别传送十位，百位，千位。经译码后就分别得到个位、十位、百位、千位的七段码。哪一个数码管亮是由地址码 A_1A_0 经 2 线-4 线译码器的输出控制。当 $A_1A_0=00$ 时 $\overline{Y}_0=0$，则个位数码管亮；$A_1A_0=01$ 时，$\overline{Y}_1=0$，则十位数码管亮；$A_1A_0=10$ 时 $\overline{Y}_2=0$，则百位数码管亮；$A_1A_0=11$ 时，$\overline{Y}_3=0$，则千位数码管亮。逻辑电路图如图 5.2.67 所示。

当 $A_1A_0=00$ 时，8421BCD 码 $ABCD=1001$，2 线-4 线译码器 $\overline{Y}_0=0$，则个位显示 9；$A_1A_0=01$ 时，$ABCD=0110$，$\overline{Y}_1=0$，十位显示 6；当 $A_1A_0=10$ 时，$ABCD=0111$，$\overline{Y}_2=0$，百位显示 7；当 $A_1A_0=11$ 时，$ABCD=0010$，$\overline{Y}_3=0$，千位显示 2。只要地址变量变化周期大于 25 次/s，人眼可清楚看到显示数字为 2769，且无明显地闪烁感。

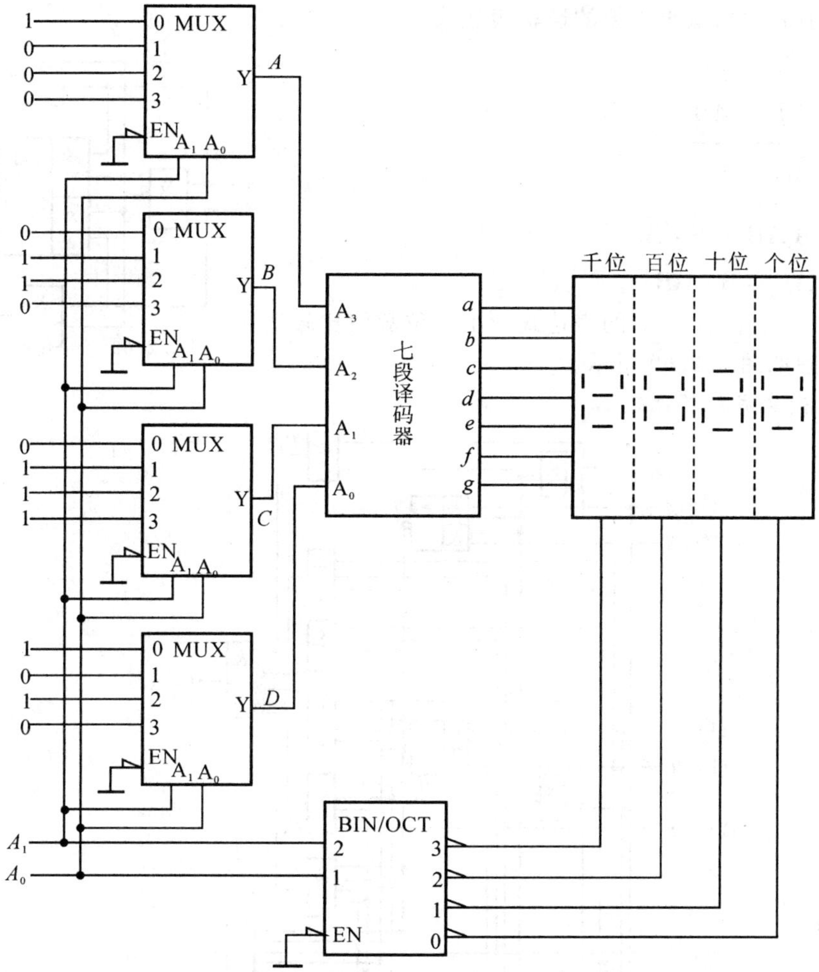

图 5.2.67 利用 4 选 1 MUX 分时传输组成动态译码

五、数值比较器

能完成比较两个数字的大小或是否相等的各种逻辑电路统称为数值比较器。其通用逻辑符号如图 5.2.68 所示。

1. 设计一位二进制数 A 和 B 的数值比较器

一位数值比较器应有三个输出，即 $F_{A>B}$，$F_{A=B}$，$F_{A<B}$，列出真值表如表 5.2.17 所示。

图 5.2.68 数值比较器通用符号

表 5.2.17 一位数值比较器真值表

A	B	$F_{A>B}$	$F_{A=B}$	$F_{A<B}$
0	0	0	1	0
0	1	0	0	1
1	0	1	0	0
1	1	0	1	0

根据真值表写出输出函数的逻辑表达式。

$$F_{A>B}=A\overline{B}=A\cdot\overline{AB}$$

$$F_{A=B}=\overline{A}\,\overline{B}+AB=\overline{\overline{A}B+A\overline{B}}=\overline{A\overline{AB}+B\cdot\overline{AB}}$$

$$F_{A<B}=\overline{A}B=B\cdot\overline{AB}$$

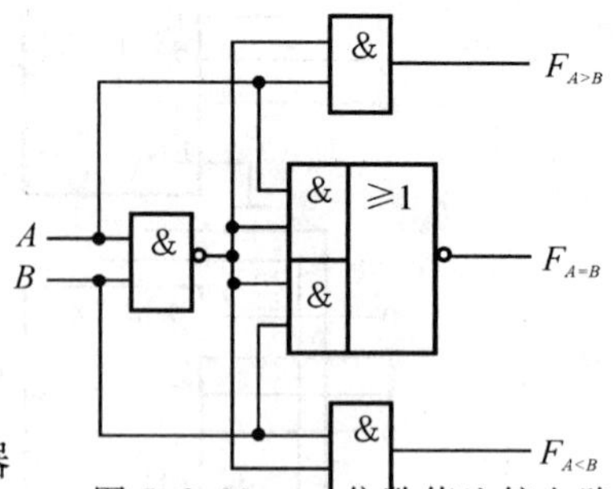

图 5.2.69　一位数值比较电路

根据 $F_{A>B}$，$F_{A=B}$，$F_{A<B}$ 的表达式画出一位数值比较器的逻辑电路图如图 5.2.69 所示。

2. 中规模集成数值比较器

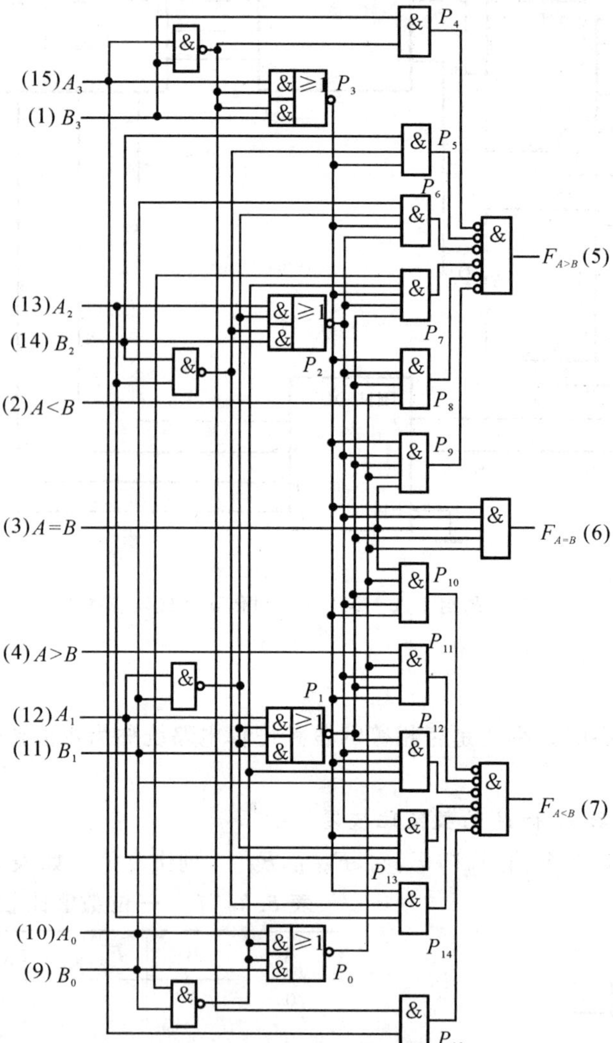

图 5.2.70　4 位数值并行比较器

图 5.2.70 是 4 位数值比较器的逻辑图。其功能表如表 5.2.18 所示。A_3，A_2，A_1，A_0 和 B_3，B_2，B_1，B_0 是两个相比较的 4 位二进制数；$A<B$，$A=B$，$A>B$ 三个输入端为级联输入端，是

扩展端，在片间连接时，它们同低位片的输出相连；$F_{A>B}$，$F_{A=B}$，$F_{A<B}$ 为比较结果输出端。

从表 5.2.18 可看出，对于多位数值的比较，先比较最高位，如最高位 $A>B$，则不论其他位情况如何，肯定 $A>B$，如果最高位 $A<B$，则肯定 $A<B$，只有最高位 $A=B$，才需比较次高位决定数的大小，其他依次类推。即 $A_3>B_3$，则 $F_{A>B}=1$，$A_3<B_3$，则 $F_{A<B}=1$，只有 $A_3=B_3$ 时，若 $A_2>B_2$，则 $F_{A>B}=1$，若 $A_2<B_2$，则 $F_{A<B}=1$；只有 $A_3=B_3$，$A_2=B_2$ 时，若 $A_1>B_1$，则 $F_{A>B}=1$，若 $A_1<B_1$ 则 $F_{A<B}=1$；只有 $A_3=B_3$，$A_2=B_2$，$A_1=B_1$ 时，若 $A_0>B_0$，则 $F_{A>B}=1$，若 $A_0<B_0$，则 $F_{A<B}=1$；只有 $A_3=B_3$，$A_2=B_2$，$A_1=B_1$，$A_0=B_0$ 四位比较结果都相等，则再看级联信号输入。级联输入信号是由低位比较器的输出而来。当 $A>B$ 为 1 时 $F_{A>B}=1$；当 $A<B$ 为 1 时，$F_{A<B}=1$；当 $A=B$ 为 1 时，$F_{A=B}=1$。

表 5.2.18　4 位数值比较器功能表

输入							输出		
A_3B_3	A_2B_2	A_1B_1	A_0B_0	$A>B$	$A<B$	$A=B$	$F_{A>B}$	$F_{A=B}$	$F_{A<B}$
$A_3>B_3$	××	××	××	×	×	×	1	0	0
$A_3<B_3$	××	××	××	×	×	×	0	0	1
$A_3=B_3$	$A_2>B_2$	××	××	×	×	×	1	0	0
$A_3=B_3$	$A_2<B_2$	××	××	×	×	×	0	0	1
$A_3=B_3$	$A_2=B_2$	$A_1>B_1$	××	×	×	×	1	0	0
$A_3=B_3$	$A_2=B_2$	$A_1<B_1$	××	×	×	×	0	0	1
$A_3=B_3$	$A_2=B_2$	$A_1=B_1$	$A_0>B_0$	×	×	×	1	0	0
$A_3=B_3$	$A_2=B_2$	$A_1=B_1$	$A_0<B_0$	×	×	×	0	0	1
$A_3=B_3$	$A_2=B_2$	$A_1=B_1$	$A_0=B_0$	1	0	0	1	0	0
$A_3=B_3$	$A_2=B_2$	$A_1=B_1$	$A_0=B_0$	0	1	0	0	0	1
$A_3=B_3$	$A_2=B_2$	$A_1=B_1$	$A_0=B_0$	0	0	1	0	1	0

4 位数值比较器的逻辑符号如图 5.2.71 所示。

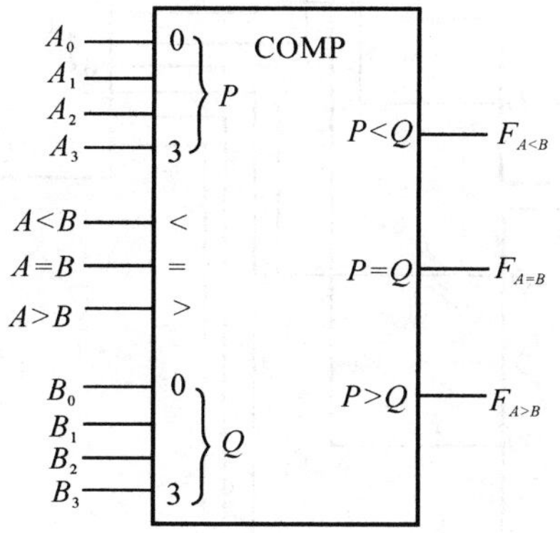

图 5.2.71　4 位数值比较器逻辑符号

利用级联输入端，可以扩展数值比较的位数。图 5.2.72 所示为两片 4 位数值比较器扩展为 8 位数值比较器的逻辑图。低位片级联输入 $A>B$，$A<B$ 置 0，$A=B$ 置 1。

图 5.2.73 所示为用六片 4 位数值比较器扩展为 24 位并行数值比较器的逻辑电路图，本电路 Ⅰ 片至 Ⅴ 片的级联输入端也加入了被比较的数值，它们的输出同时加入片 Ⅵ 的数据输入端和级联输入端形成了并行的比较方式，这种并行比较方式的速度较快。

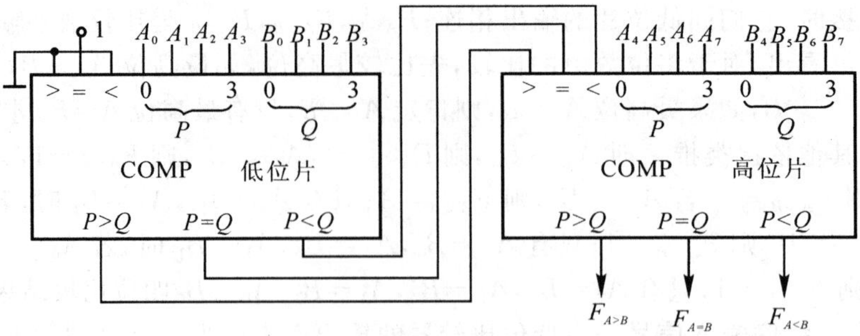

图 5.2.72　4 位数值比较器扩展成 8 位数值比较器

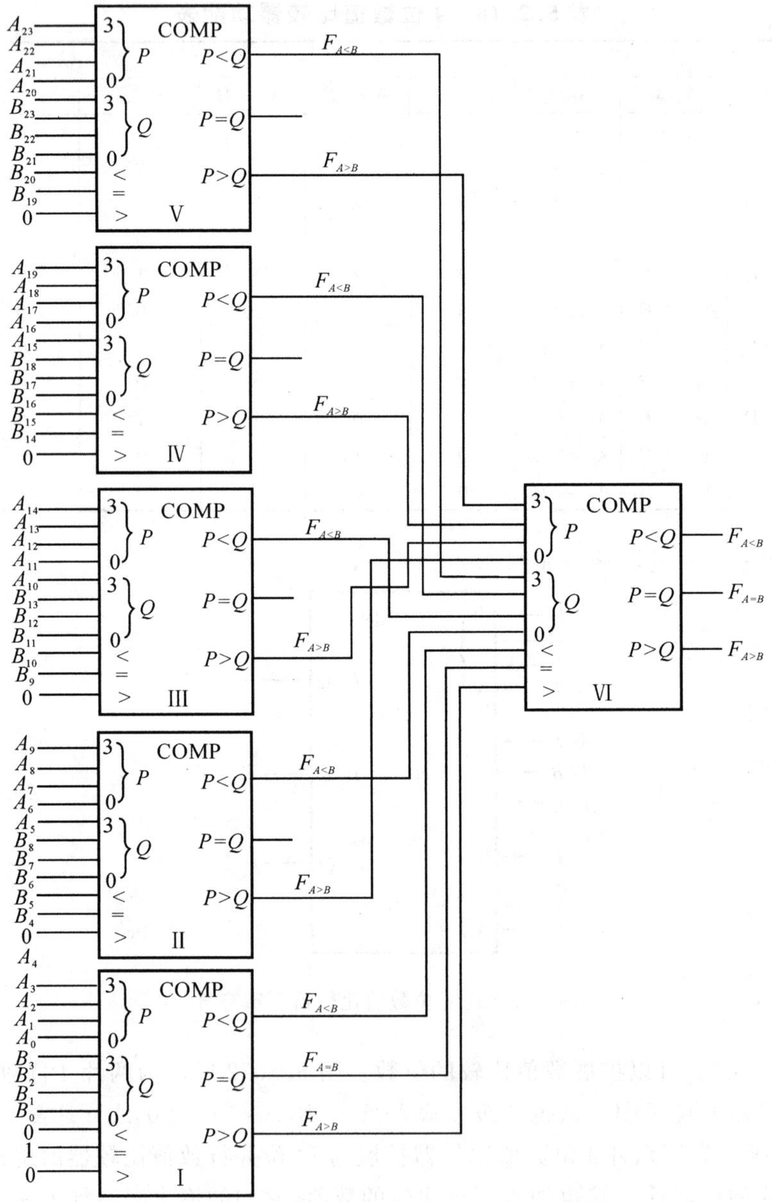

图 5.2.73　24 位并行数值比较器

六、奇偶校验/产生器

在第三章中介绍奇偶校验码时已讲到，由于数据在存取、传送和运算过程中，难免会发生错误，奇偶校验码就是具有检验出这种差错的代码。有奇偶检验能力及能产生校验码的电路称为奇偶校验/产生器。奇数校验单元和偶数校验单元的通用逻辑符号如图 5.2.74 所示。

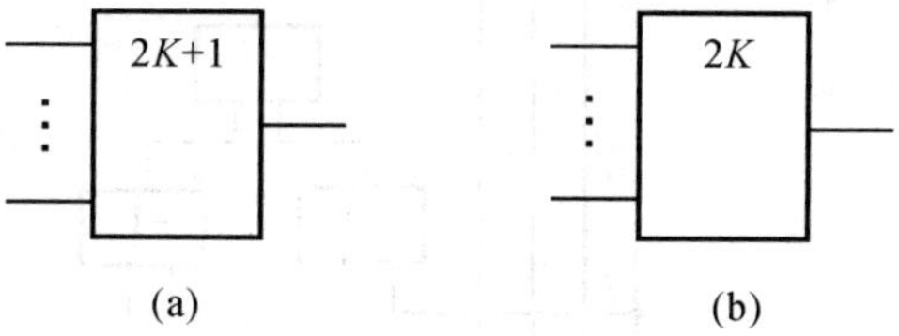

图 5.2.74　奇偶校验单元逻辑符号

(a) 奇校验单元；(b) 偶校验单元

1. 4 位二进制码奇偶位产生器及奇偶检测器的设计(设采用偶校验)

(1) 设计偶校验的奇偶位产生器。所谓 4 位二进制码的奇偶位产生器就是根据偶校验的定义(每个 4 位二进制码及其校验位合在一起，其中“1”的个数是偶数)对 4 位二进制码产生它的奇偶校验位。根据偶校验的要求列真值表如表 5.2.19 所示。表中 $B_8B_4B_2B_1$ 为 4 位二进制码，P 为偶校验位。P 的卡诺图如图 5.2.75 所示。经过化简得出

B_2B_1 \ B_8B_4	00	01	11	10
00		1		1
01	1		1	
11		1		1
10	1		1	

图 5.2.75　P 的卡诺图

$$P=(B_8\oplus B_4)\overline{B_2}\,\overline{B_1}+(B_8\oplus B_4)B_2B_1+$$
$$\overline{(B_8\oplus B_4)}\bar{B}_2B_1+\overline{(B_8\oplus B_4)}B_2\bar{B}_1=$$
$$(B_8\oplus B_4)\overline{(B_2\oplus B_1)}+$$
$$\overline{B_8\oplus B_4}(B_2\oplus B_1)=$$
$$B_8\oplus B_4\oplus B_2\oplus B_1$$

设计出的奇偶位产生器如图 5.2.76(a) 所示。偶校验位 P 由三个异或门组成。由表 5.2.19 可看出三个异或门能鉴别出 B_8，B_4，B_2，B_1 中“1”的奇偶数，当 B_8，B_4，B_2，B_1 中有奇数个 1 时 P 为 1，若有偶数个 1 时，则 P 为 0。

(2) 设计 4 位二进制码的偶检验检测器。从图 5.2.76(a) 可知三个异或门能鉴别出 B_8，B_4，B_2，B_1 中“1”的奇偶数，那么要鉴别 B_8，B_4，B_2，B_1，P 中“1”的奇偶数只需再增加一个异或门即可，其逻辑电路图如图 5.2.76(b) 所示。若传送过来的数码无错，则 $P'=P$，检测器输出 $E=0$，若传送过来的数码有错，则 $P'\neq P$，检测器输出 $E=1$。

从以上讨论可知，利用异或门可进行奇偶校验，可推广到 n 个输入经异或运算 $F=P_1\oplus P_2\oplus\cdots\oplus P_n$ 时，若 n 个输入中 1 的总个数为奇数，运算结果为 1；若 n 个输入中 1 的总个数为偶数，运算结果为 0。图 5.2.77(a)，(b) 给出 9 位奇偶校验电路。图中 $F_{OD}=P_1\oplus P_2\oplus P_3\oplus P_4\oplus P_5\oplus P_6\oplus P_7\oplus P_8\oplus P_9$，$P_1\sim P_9$ 中 1 的总个数为奇数时，输出 $F_{OD}=1$。

表 5.2.19　4 位二进制码奇偶位真值表

B_8	B_4	B_2	B_1	P
0	0	0	0	0
0	0	0	1	1
0	0	1	0	1
0	0	1	1	0
0	1	0	0	1
0	1	0	1	0
0	1	1	0	0
0	1	1	1	1
1	0	0	0	1
1	0	0	1	0
1	0	1	0	0
1	0	1	1	1
1	1	0	0	0
1	1	0	1	1
1	1	1	0	1
1	1	1	1	0

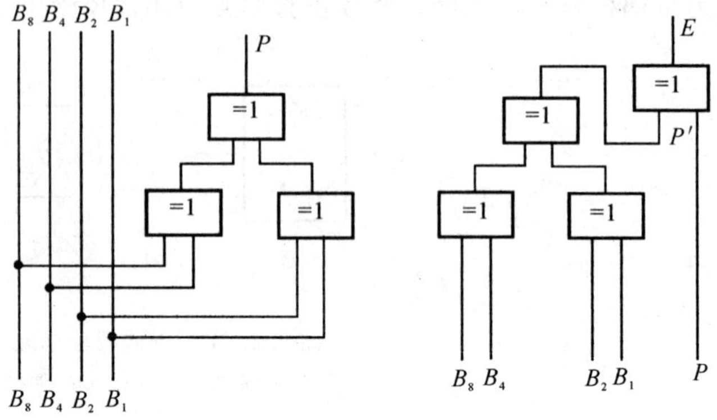

(a)　　　　(b)

图 5.2.76　4 位二进制的奇偶位产生器及检测器

(a) 偶校验的奇偶位产生器；(b) 4 位二进制码的偶校验检测器

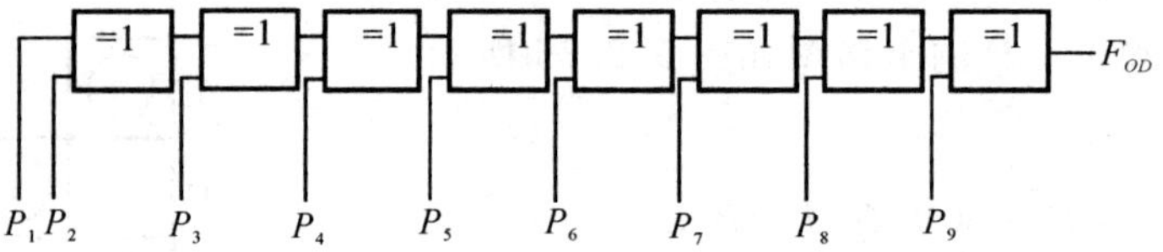

(a)

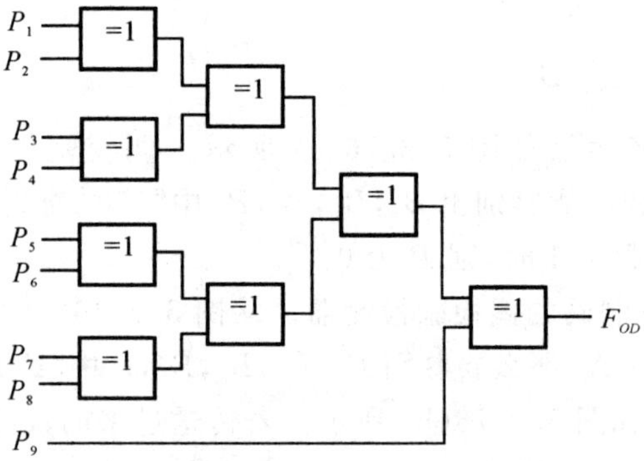

(b)

图 5.2.77　多位奇偶校验

(a) 串联型；(b) 树型

2.9 位奇偶产生器/检测器集成电路 CT54180/CT74180

图 5.2.78 所示为集成奇偶校验/产生器的逻辑电路图。

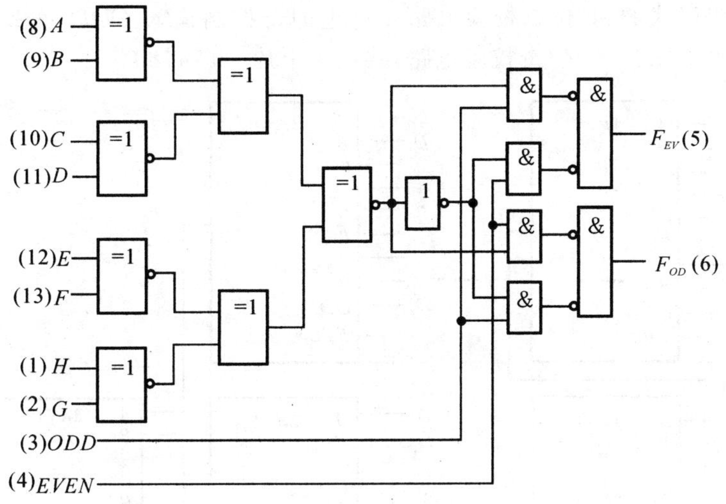

图 5.2.78　奇偶校验/产生器电路

由图可写出

$$F_{EV}=\overline{\overline{A\oplus B\oplus C\oplus D\oplus E\oplus F\oplus G\oplus H}\cdot ODD}\cdot\overline{(A\oplus B\oplus C\oplus D\oplus E\oplus F\oplus G\oplus H)\cdot EVEN}$$

$$F_{OD}=\overline{\overline{A\oplus B\oplus C\oplus D\oplus E\oplus F\oplus G\oplus H}\cdot EVEN}\cdot\overline{(A\oplus B\oplus C\oplus D\oplus E\oplus F\oplus G\oplus H)\cdot ODD}$$

由 F_{EV} 和 F_{OD} 表达式可见：

若 $A\sim H$ 各输入中 1 的个数为偶数，则

$$F_{EV}=\overline{ODD}\quad F_{OD}=\overline{EVEN}$$

若 $A\sim H$ 各输入中 1 的个数为奇数，则

$$F_{EV}=\overline{EVEN}\quad F_{OD}=\overline{ODD}$$

由此可得功能表如表 5.2.20 所示。

表 5.2.20　奇偶校验/产生器功能表

输入			输出	
$A\sim H$ 中 1 的数目	$EVEN$	ODD	F_{EV}	F_{OD}
偶数	1	0	1	0
偶数	0	1	0	1
奇数	1	0	0	1
奇数	0	1	1	0
×	1	1	0	0
×	0	0	1	1

表中 $A \sim H$ 为 8 个数据位，$EVEN$ 为偶控制输入端，ODD 为奇控制输入端；F_{EV} 为偶输出端，F_{OD} 为奇输出端。

(1) 功能扩展。如果输入多于 9 位，可用图 5.2.79(a) 或 (b) 的级联方式扩展。图 5.2.79(a) 是串联式的 25 位奇校验电路。这里的奇控制输入 ODD 也做为输入数据端。图 5.2.79(b) 是并联式的 81 位奇校验电路，共用了十片 CT74180。

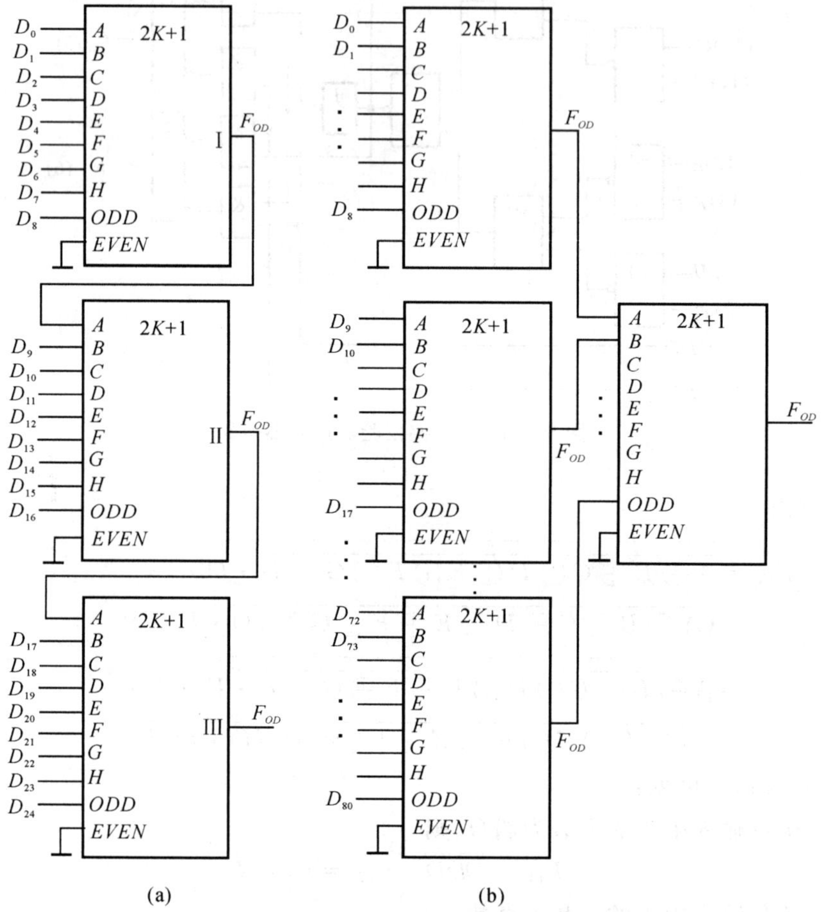

图 5.2.79　多位奇偶校验

(a) 25 位奇校验；(b) 81 位奇校验

(2) 奇偶校验的数据传送。图 5.2.80 是一个奇校验系统。图中片 Ⅰ 是奇数产生电路，奇控制输入端 ODD 接 1，偶控制输入端 $EVEN$ 接 0。若在 $D_7 \sim D_0$ 数据中已有奇数个 1，这时奇输出端 $F_{OD} = \overline{ODD} = 0$，这样，片 Ⅰ 的 F_{OD} 输出和数据 $D_7 \sim D_0$ 构成 9 位数据传输，F_{OD} 为校验位，在这 9 个数据中 1 的个数仍为奇数。若在 $D_7 \sim D_0$ 数据中有偶数个 1，则 $F_{OD} = \overline{EVEN} = 1$，这样片 Ⅰ 的 F_{OD} 和数据 $D_7 \sim D_0$ 构成的 9 位数仍包含有奇数个 1。因此，不论 $D_7 \sim D_0$ 8 位数据中 1 的个数是偶数还是奇数，加上 F_{OD} 的奇校验位后，9 位传输数据一定包含奇数个 1。片 Ⅱ 为奇校验电路，将传输的 9 位数据中 $D_0 \sim D_7$ 接到 $A \sim H$ 输入端，奇校验位 F_{OD} 接到奇控制输入端 ODD，偶控制端 $EVEN$ 接 $\overline{F}_{OD}$。这样，若原数据 $D_7 \sim D_0$ 有偶数个 1，$F_{OD} = 1$；或原数据 $D_7 \sim D_0$ 含有奇数个 1，$F_{OD} = 0$，在传输无误的情况下，片 Ⅱ 输出 $F_{OD} = 1$，$F_{EV} = 0$。$F_{OD} =$

1时控制接收门使数据通过；如果在传输过程中有一数据位发生差错，则在片 Ⅱ 输入端会出现 $A \sim H$ 为奇数个1，而 $ODD=1$，$EVEN=0$，或 $A \sim H$ 含偶数个1而 $ODD=0$，$EVEN=1$ 的情况，因此输出 $F_{OD}=0$，$F_{EV}=1$。说明传输过程有差错，$F_{OD}=0$ 时关闭接收门，使数据不应被接收。

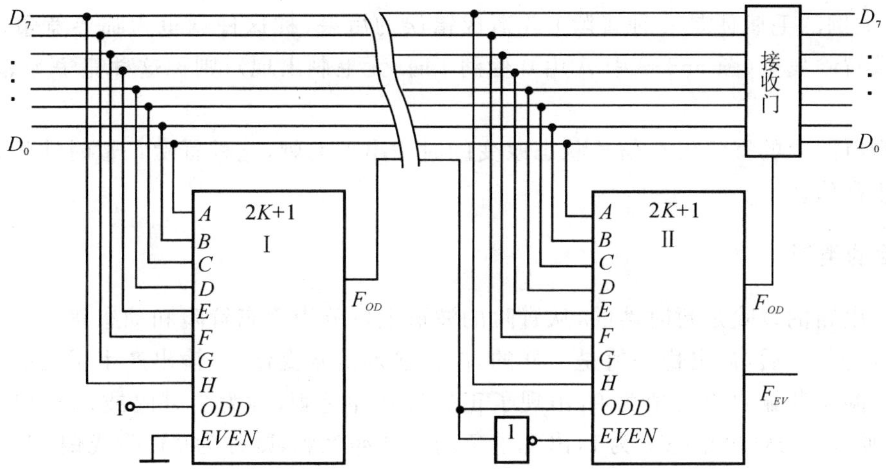

图 5.2.80 奇校验系统

第三节 组合逻辑电路的竞争和冒险

前面所介绍的组合逻辑电路的分析和设计都是在输入、输出处于稳定的逻辑电平下进行的。为了保证系统工作的可靠性，有必要讨论当输入信号逻辑电平发生变化的瞬间，电路是怎样工作的。

一、竞争和冒险

图 5.3.1 是一个由两级或非门组成的组合电路。假设 $B=0$，则 $F=\overline{\overline{A}+A}=0$，在理想情况下无论 A 怎样变化，F 应恒等于0，实际上信号通过门电路是需要延迟时间 t_{pd} 的。在考虑了信号通过门电路所需延迟时间 t_{pd} 后，所画波形图如图 5.3.2 所示。从图中可看出当 A 由1变为0时，由于考虑了 G_1 门的延迟时间在 G_2 门的2个输入端出现了均为0的短暂时刻，使 G_2 门的输出产生了不应有的、宽度很窄的脉冲，这种窄脉冲可称为毛刺。

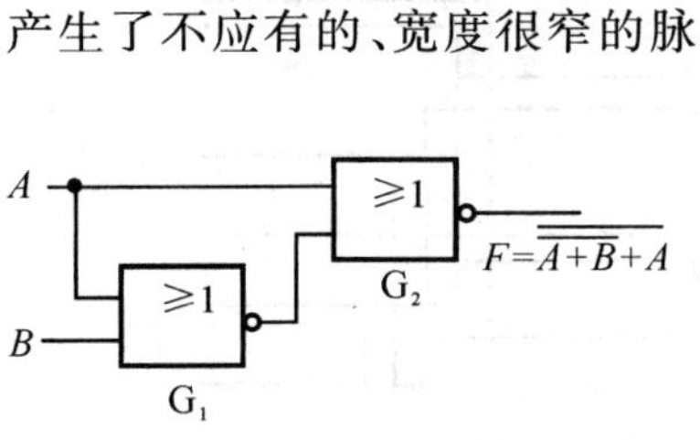

图 5.3.1 两级或非门电路

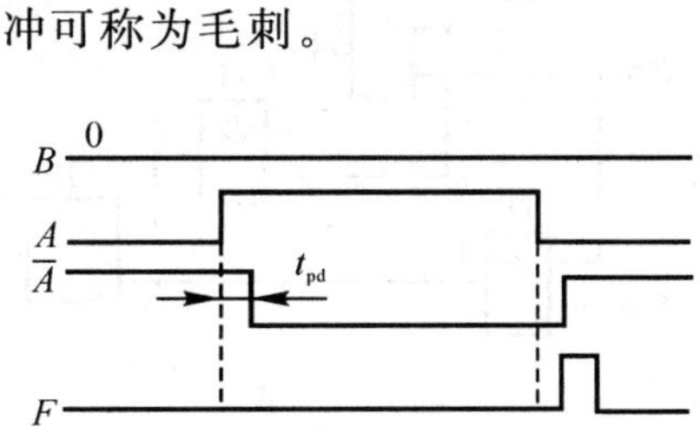

图 5.3.2 波形图($B=0$)

由此例可见，毛刺的出现是由于信号通过门电路的延迟时间造成的。一般来说，在组合逻辑电路中，若某个变量通过两条以上的途径到达输出端，由于每条路径上的延迟时间不同，到达终点的时间就有先有后，这一现象称为竞争。这种多路径的变量称为具有竞争能力的变量，如图 5.3.1 中变量 A 有两条路径：一条通过 G_2 门到达输出，另一条通过 G_1，G_2 门到达输出。故变量 A 具有竞争能力，而 B 仅有一条路径到输出，称为无竞争能力的变量。竞争的结果若导致冒险发生（上例的毛刺便是一种冒险）并造成错误的后果，称这种竞争为临界竞争；若竞争的结果不导致冒险发生（图 5.3.2 中 A 由 0 变到 1 时，无毛刺出现），则称这种竞争为非临界竞争。

组合逻辑电路中的冒险仅在信号状态改变的时刻出现毛刺，这种冒险是暂时性的，它不会使稳态偏离正常值。

二、冒险的类型

组合逻辑电路的冒险是暂时性的，从冒险的波形上可分为静态冒险和动态冒险。

输入信号变化前后，输出稳态值是一样的，但在输入信号变化时，输出产生了毛刺，这种冒险称为静态冒险。若输出稳态值为 0，出现了正的尖脉冲毛刺，称为 1 冒险或偏 0 型冒险，如图 5.3.3(a) 所示。若输出稳态值为 1，出现了负的尖脉冲毛刺，则称为 0 冒险或偏 1 型冒险，如图 5.3.3(b) 所示。

输入信号变化前后，输出的稳态值不同，并在边沿处出现了毛刺，称为动态冒险。如图 5.3.4 所示。

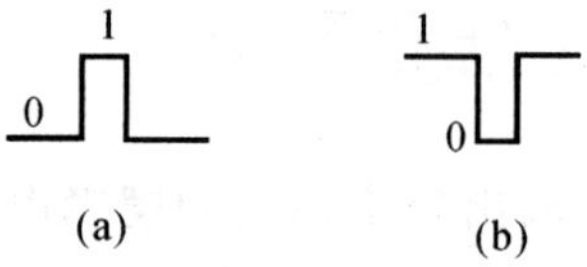

图 5.3.3　静态冒险

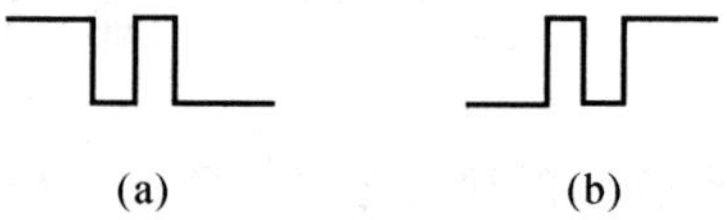

图 5.3.4　动态冒险

(a) 由 1 变 0 出现的冒险；(b) 由 0 变 1 出现的冒险

图 5.3.5(a) 所示电路中，当 $B=1$，$C=1$，A 由 1 变 0 时，会产生动态冒险，其波形图如图 5.3.5(b) 所示。

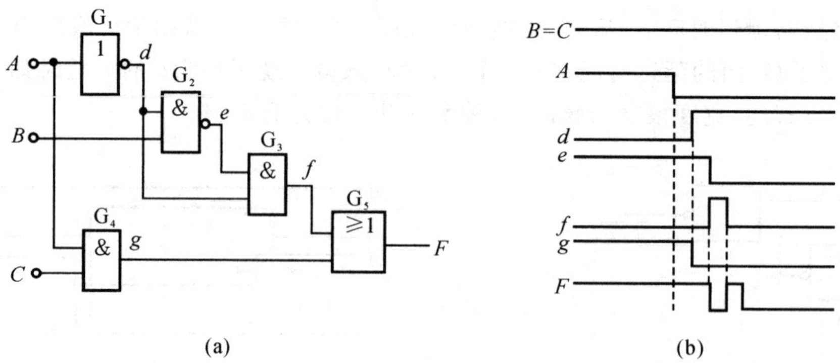

图 5.3.5　动态冒险

(a) 逻辑图；(b) 波形图

由此例看出，由于G_3门的输出f有静态冒险，才导致输出F的动态冒险。所以，动态冒险往往是由静态冒险造成的。

从引起冒险的具体原因上，冒险可分为函数冒险和功能冒险。

图 5.3.6(a) 给出一个或门电路，当$A=1,B=0$时，输出$F=1$；当$A=0,B=1$时，输出$F=1$。若A和B都变化，并且A由 1 变 0 的时刻早于B由 0 变 1 的时刻，则在输出端出现了偏 1 型冒险（见图 5.3.6(b)）。为了实现$F=A+B$的函数关系，图 5.3.6(b) 所示的偏 1 型冒险就会产生，因此它属于函数冒险。

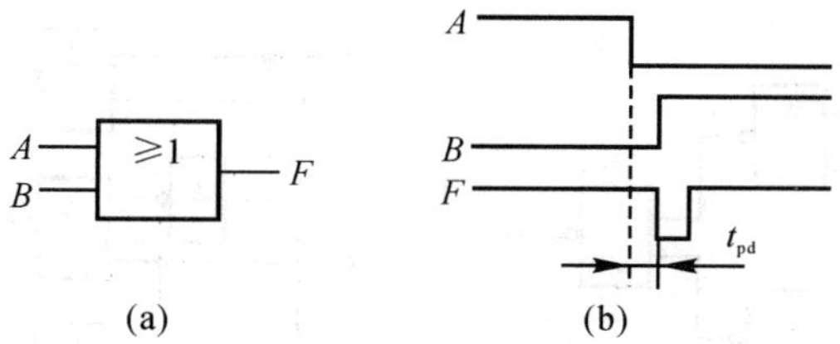

图 5.3.6　函数冒险

(a) 逻辑图；(b) 波形图

由上例可以看到，一个或门也会有函数冒险发生，通过改变电路的结构是不能消除函数冒险的。避免函数冒险的最简单的方法是同一时刻只允许单个输入变量发生变化。

图 5.3.7(a) 所示为一个$F=AB+B\overline{C}$的组合电路。图 5.3.7(b) 是F的卡诺图。

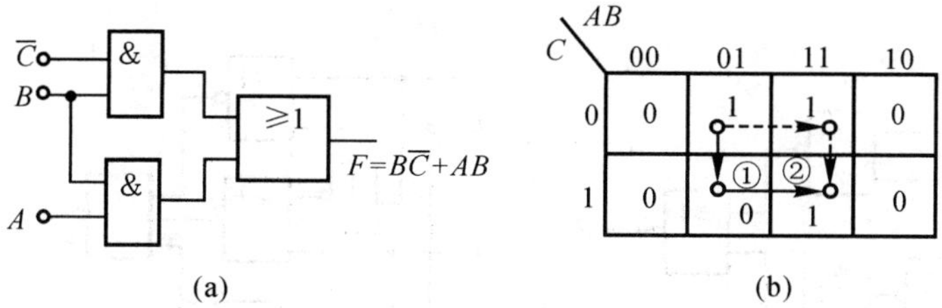

图 5.3.7　$F=AB+B\overline{C}$ 的组合电路

(a) 逻辑图；(b) F 的卡诺图

当输入信号A,B,C由 010 变化到 111 时，由F的卡诺图可知，在稳定情况下，$F(0,1,0)=1$，$F(1,1,1)=1$；若A,C两个输入信号发生变化时，若C先由 0 变为 1，则输入信号由 010 变化到 111 时要经历 010 → 011 → 111 的途径，如图 5.3.7(b) 中 ① 箭头所示。由于$F(0,1,1)=0$，所以输出中将出现 1—0—1 的情况，即偏 1 型冒险，同理分析，若A先由 0 变到 1，则输入信号要经历 010 → 110 → 111 的途径，如图 5.3.7(b) 中 ② 箭头所示。所经历的过渡过程$F(1,1,0)=1$，因此输出中不会有偏 1 型冒险。从以上分析可知，当有两个或两个以上的输入信号发生变化时，由于可能经历的途径不同而产生的静态冒险称为功能冒险。

三、冒险的判别和消除

本节主要讨论如何判断电路存在的冒险以及消除冒险的几种方法。

1. *代数法*

在n变量的逻辑函数表达式中，给$n-1$个变量以特定取值（0 或 1）后，表达式中仅保留某个具有竞争能力的变量x，使逻辑函数表达式变成$x+\overline{x}$或者$x\cdot\overline{x}$的形式，则实现该表达式的电路存在冒险。

例 5.3.1 已知逻辑电路图如图 5.3.8(a) 所示，判断电路是否存在冒险，并画出消除冒险的电路。

解 根据图 5.3.8(a) 的电路图写出 $F=\overline{\overline{AB}\cdot\overline{\overline{A}C}}=AB+\overline{A}C$。令 $B=C=1$ 时，$F=A+\overline{A}$，所以会产生 0 冒险。

消除冒险的方法是消除 $A+\overline{A}$ 产生的条件，即根据包含律将 F 改写为 $F=AB+\overline{A}C+BC$。令 $B=C=1$ 时，$F=A+\overline{A}+1=1$，不可能出现 0 冒险，画出电路图如图 5.3.8(b) 所示。

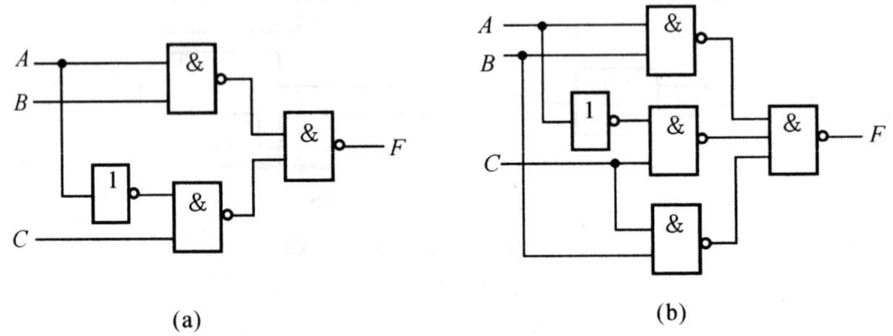

图 5.3.8 例 5.3.1 电路图

(a) 有冒险电路；(b) 无冒险电路

例 5.3.2 已知逻辑电路图如图 5.3.9(a) 所示，判断电路是否存在冒险，并画出消除冒险的电路。

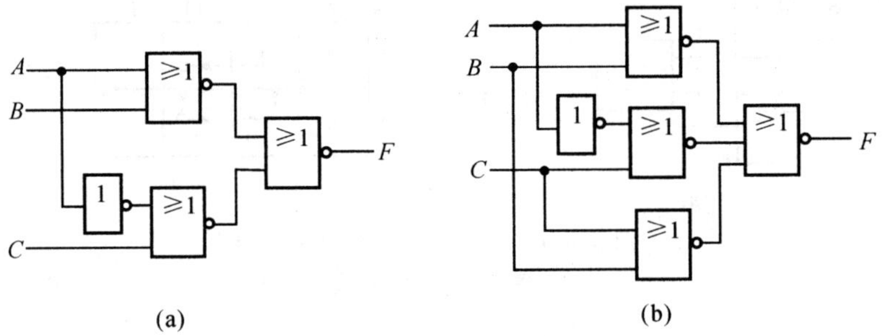

图 5.3.9 例 5.3.2 电路图

(a) 有冒险电路；(b) 无冒险电路

解 根据图 5.3.9(a) 的电路图写出

$$F=\overline{\overline{A+B}+\overline{\overline{A}+C}}=(A+B)\cdot(\overline{A}+C)$$

令 $B=C=0$ 时，则 $F=A\cdot\overline{A}$，所以会产生 1 冒险。

消除冒险的方法是消除 $A\cdot\overline{A}$ 产生的条件，即根据包含律将 F 改写为

$$F=(A+B)\cdot(\overline{A}+C)=(A+B)\cdot(\overline{A}+C)(B+C)=$$

$$\overline{\overline{A+B}+\overline{\overline{A}+C}+\overline{B+C}}$$

令 $B=C=0$ 时，$F=A\cdot\overline{A}\cdot 0=0$，则不可能产生 1 冒险，画出电路图如图 5.3.9(b) 所示。

2. 卡诺图法

在逻辑函数的卡诺图中，函数的每个与项（或者或项）对应卡诺图上一个卡诺圈，若两个

卡诺圈相切，相切处将会发生冒险。

图 5.3.10(a) 为例 5.3.1 中 $F=AB+\overline{A}C$ 的卡诺图，图 5.3.10(b) 为例 5.3.2 中 $F=(A+B)(\overline{A}+C)$ 的卡诺图。

从图 5.3.10(a) 看出 AB 和 $\overline{A}C$ 两个卡诺图相切处 $B=C=1$，当 A 变化时产生冒险，与代数法结论一致。从图 5.3.10(b) 看出，$\overline{A}+C$ 和 $A+B$ 两个卡诺圈相切处 $B=C=0$，当 A 发生变化时将产生冒险。要消除上述冒险，只要在相切部分增加一个卡诺圈，即可消除相切部分的冒险。增加卡诺圈后图 5.3.10(a) 的函数 $F=AB+\overline{A}C+BC$，图 5.3.10(b) 的函数 $F=(A+B)(\overline{A}+C)(B+C)$ 与代数法结论一致。实现的电路图同图 5.3.8(b) 和图 5.3.9(b)。

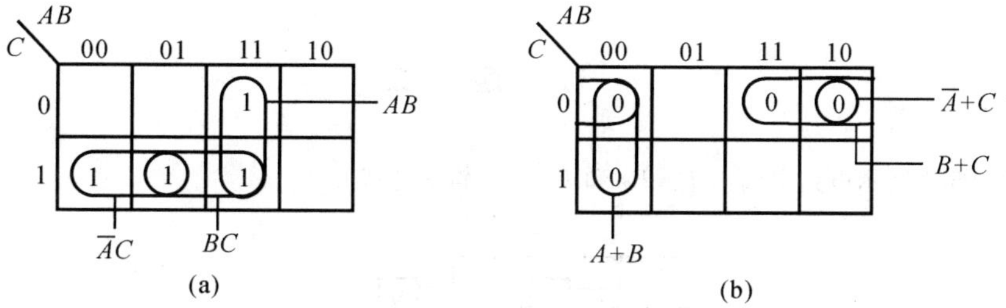

图 5.3.10　卡诺图判别冒险

3. 取样脉冲法

一般说来，多个输入发生状态变化时，冒险是难以完全消除的，当组合电路的冒险影响了整个系统的工作时，可以用取样的方法解决。取样脉冲仅在输出处于稳定值的期间到来，以保证输出正确的结果，如图 5.3.11 所示。在没有取样脉冲期间，输出端的信息是无效的。

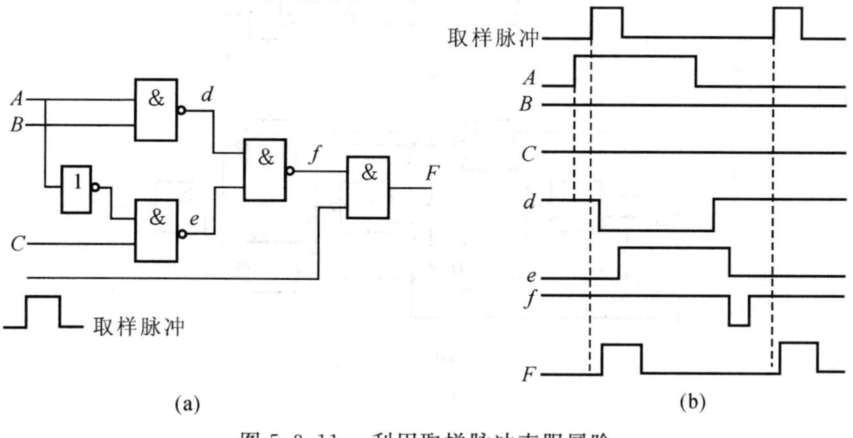

图 5.3.11　利用取样脉冲克服冒险

(a) 逻辑图；(b) 波形图

4. 输出端加滤波电路

为了滤除毛刺，在组合电路输出端加一积分器，RC 积分器是一低通滤波器，能滤除信号中的高频分量，而组合逻辑电路所产生的毛刺是一个低频分量少而有丰富高频分量的信号。这种信号通过低通滤波器后基本上把毛刺滤掉，能保留下消除了毛刺的较为平滑的信号，如图 5.3.12(b) 所示，图中 V_I 为组合电路的输出。

在使用滤波电路时要正确选择时常数 $\tau=RC$，它要比毛刺的宽度大，大到足以吸收掉毛刺，但也不能太大，以免使信号形状出现不能允许的畸变，一般都是通过实验确定 RC 的值。

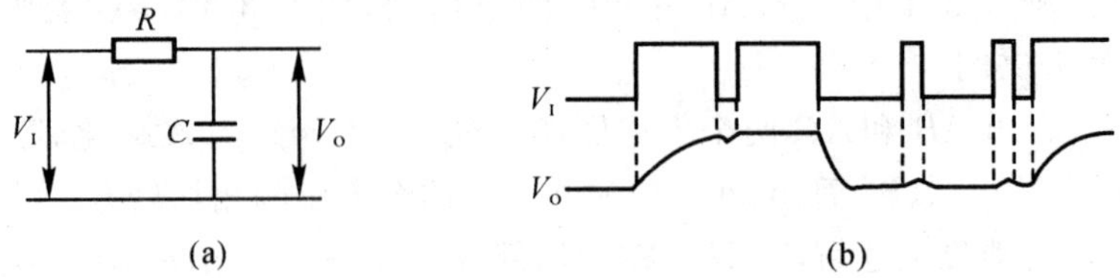

图 5.3.12　利用滤波电路消除冒险

(a) 积分器；(b) 波形图

习　题　五

1. 写出图 P5.1 所示电路中输出 F_1，F_2 和 F_3 的逻辑表达式。

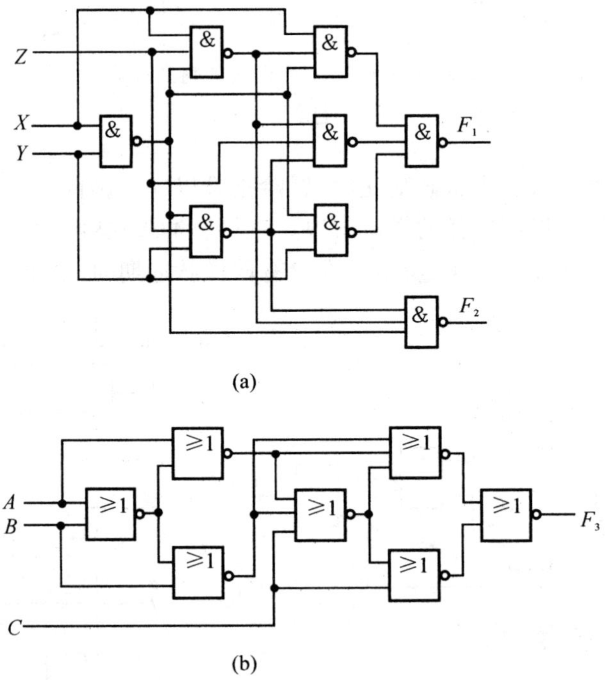

图　P5.1

2. 写出图 P5.2 所示电路的逻辑函数表达式，其中以 S_3，S_2，S_1，S_0 作为控制信号，A，B 作为数据输入，列表说明输出 F 在 $S_3 \sim S_0$ 作用下与 A，B 的关系。

3. 分析图 P5.3 所示电路，写出 $COMP = 0, Z = 1$ 及 $COMP = 1, Z = 0$ 时 $Y_1 \sim Y_4$ 的函数表达式。列出真值表，指出电路完成什么逻辑功能。

4. 组合电路有 4 个输入 A，B，C，D 和 1 个输出 F。当下面三个条件中任一个成立时，输出 F 都等于 1。

(1) 所有输入等于 1；

(2) 没有一个输入等于 1；

(3) 奇数个输入等于 1。

试设计该组合电路，并用与非门实现。

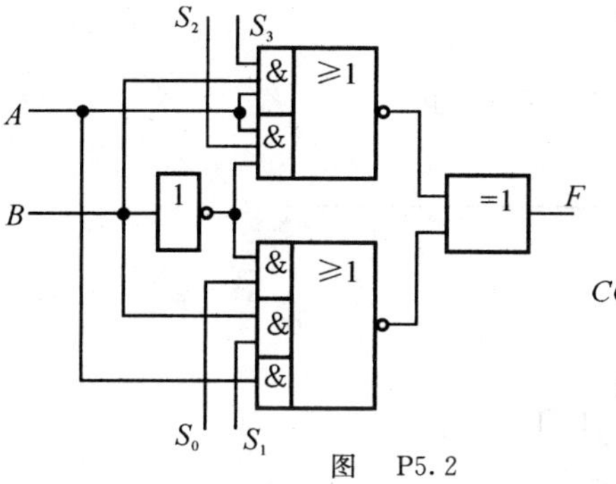

图 P5.2

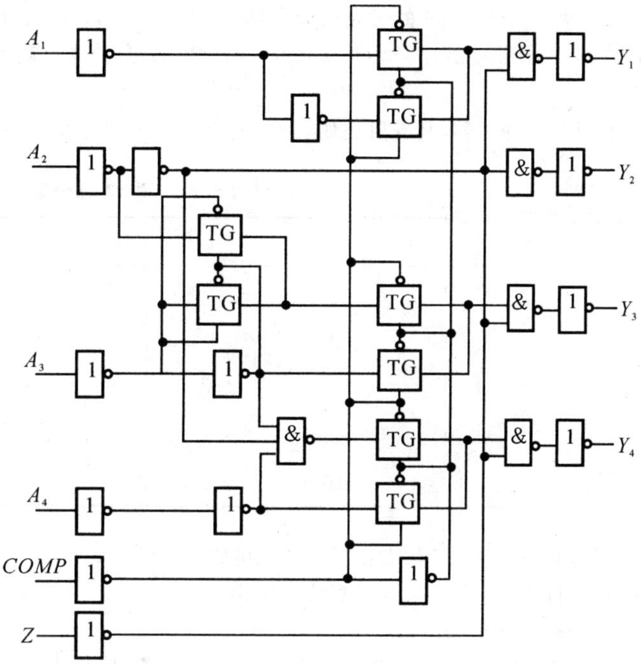

图 P5.3

5. 设 $X = AB$ 代表一个两位二进制数,设计满足如下要求的逻辑电路,用与非门实现。

(1) $Y = X^2$;(2) $Y = X^3$。

6. 分别用与非门,或非门设计如下组合电路。

(1) 三变量的多数表决电路;

(2) 三变量的非一致电路;

(3) 三变量的偶数电路。

7. 设计一个一位二进制数全减器电路,用与非门和异或门实现。

8. 用与非门实现下列代码的转换。

(1) 8421BCD 码转换为余 3 码;

(2) 8421BCD 码转换为 5421 码。

9. 试分别设计能实现如下功能的组合电路。

(1) 输入是 8421BCD 码,能被 2 整除时输出为 1,否则为 0;

(2) 输入是余 3 码 N,当 $8 \geqslant N \geqslant 3$ 时输出为 1,否则为 0。

10. 设计一个编码器,6 个输入信号和输出的 3 位代码之间的对应关系如表 P5.1 所示。

表 P5.1 题 10 真值表

输入						输出		
A_0	A_1	A_2	A_3	A_4	A_5	X	Y	Z
1	0	0	0	0	0	0	0	1
0	1	0	0	0	0	0	1	0
0	0	1	0	0	0	0	1	1
0	0	0	1	0	0	1	0	0
0	0	0	0	1	0	1	0	1
0	0	0	0	0	1	1	1	0

11. 三个输入信号中，A 的优先权最高，B 次之，C 最低，它们通过编码器分别由 F_A，F_B，F_C 输出。要求同一时间只有一个信号输出。若两个以上信号同时输入时，优先权高的被输出，试求输出表达式和编码器逻辑电路。

12. 设计一个译码器，其真值表如表 P5.2 所示（没用状态应作为开关项处理）。

表 P5.2　题 12 真值表

A	B	C	F_0	F_1	F_2	F_3	F_4
0	0	0	1	0	0	0	0
0	0	1	0	1	0	0	0
0	1	0	0	0	1	0	0
0	1	1	0	0	0	1	0
1	0	0	0	0	0	0	1

13. 用与非门实现余 3 码七段显示译码电路。

14. 用并行 4 位全加器实现下列代码转换。

(1) 8421BCD 码转换成余 3 码；

(2) 余 3 码转换为 8421BCD 码。

15. 用双 4 选 1 数据选择器实现题 8 中的代码转换。

16. 用 2 线-4 线译码器和与非门实现下列多输出函数，画出逻辑电路图。

$$\begin{cases} F_1 = AB + \overline{A}\,\overline{B}\,\overline{C} \\ F_2 = A + B + \overline{C} \\ F_3 = \overline{A}B + A\overline{B} \end{cases}$$

17. 用 3 线-8 线译码器和与非门实现下列函数。

(1) $F_1 = \sum_m(0,2,5,6,7)$；

(2) $\begin{cases} F_1 = \overline{A}\,\overline{B}C + A\overline{B}CD + ACD \\ F_2 = A\overline{B}C + A\overline{B}CD + ABC \end{cases}$。

18. 用 8 选 1 数据选择器实现下列函数：

(1) $F = \sum_m(1,2,4,7)$；

(2) $F = \sum_m(0,1,2,3,8,9,10,11)$；

(3) $F = \sum_m(1,2,3,4,7,8,10,13,14,17,19,20,21,23,24,26,28,30,31)$。

19. 用 4 选 1 数据选择器和 3 线-8 线译码器组成 20 选 1 数据选择器和 32 选 1 数据选择器。

20. 用数据选择器组成的电路如图 P5.4 所示，试分别写出电路的输出表达式。

21. 用 4 位数值比较器和 4 位全加器构成 4 位二进制数转换成 8421BCD 码的转换电路。在此基础上，试构成 6 位二进制数转换成 8421BCD 码的电路。

22. 试画出用数字显示译码器驱动七段数字显示器的系统连接图。要求：共有 8 块显示器，小数点前有 3 位整数，小数点后有 3 位小数。

23. 画出用三片 4 位数值比较器组成 12 位数值比较器的接线图。

24. 试用二片双 4 选 1 数据选择器接成一个 16 选 1 数据选择器，连接时允许附加必要的门电路。

25. 推断下列函数构成的逻辑电路中有无冒险。若有，则设法消除之。

(1) $F = AB + A\overline{B}C$；

(2) $F = \overline{ABC}C + A\,\overline{ABC}$；

(3) $F = A\overline{B} + \overline{A}B$；

(4) $F = \overline{ACD + B\,\overline{D}}$；

(5) $F = (\overline{A} + C)(A + C)$。

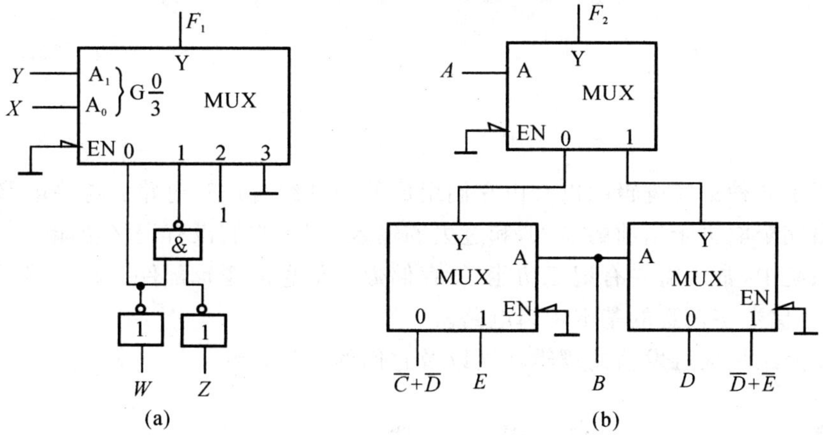

图 P5.4　题 20 电路图

第六章　集成触发器

前面介绍了各种集成逻辑门以及由它们组成的各种组合逻辑电路。这些电路的共同特点是当前的输出完全取决于当前的输入，和过去的输入无关，它们没有记忆功能。

在数字系统中，常常需要有记忆功能、能存储数字信息的逻辑部件。触发器就是一种具有记忆功能、能存储数字信息的基本逻辑电路。

本章主要介绍集成触发器的逻辑功能以及它们的工作特性。

第一节　基本触发器

一、电路组成和工作原理

1. 电路组成

基本触发器的电路图如图 6.1.1 所示。它由两个与非门交叉耦合组成。A 和 B 两个与非门可以是 TTL 门，也可以是 CMOS 门。Q 和 $\bar{Q}$ 是触发器两个输出端。当 $Q=0$，$\bar{Q}=1$ 时，称触发器状态为 0；当 $Q=1$，$\bar{Q}=0$ 时，称触发器状态为 1。触发器有两个输入端，输入信号为 $\bar{R}_D$ 和 $\bar{S}_D$。

2. 工作原理

根据与非逻辑关系，不难看出：

(1) $\bar{R}_D=0$，$\bar{S}_D=1$ 时，则 $Q=0$，$\bar{Q}=1$。触发器置 0。

(2) $\bar{R}_D=1$，$\bar{S}_D=0$ 时，则 $Q=1$，$\bar{Q}=0$。触发器置 1。

(3) $\bar{R}_D=\bar{S}_D=1$ 时，触发器状态保持不变，触发器具有保持功能。

(4) $\bar{R}_D=0$，$\bar{S}_D=0$ 时，则 $Q=\bar{Q}=1$。触发器两输出端均为 1。

如果 $\bar{R}_D=0$ 和 $\bar{S}_D=0$ 的持续时间相同，并且同时发生由 0 到 1 的变化（如图 6.1.2(a) 所示）时，就会出现竞争现象。假若 A 门的延迟时间小于 B 门的延迟时间，则触发器最终稳定在 $\bar{Q}=0$，$Q=1$ 的状态；若 B 门的延迟时间小于 A 门的延迟时间，则触发器最终稳定在 $\bar{Q}=1$，$Q=0$ 的状态。由于在 $\bar{R}_D$ 和 $\bar{S}_D$ 都为 0 而又同时由 0 变成 1 时，电路的竞争使得最终稳定状态不能确定。

但假若 $\bar{R}_D=0$ 和 $\bar{S}_D=0$ 后，$\bar{R}_D$ 和 $\bar{S}_D$ 不是同时恢复为 1，即 $\bar{R}_D=0$ 和 $\bar{S}_D=0$ 的持续时间不同（如图 6.1.2(b) 所示）。那么最后稳定的新状态将会按上述(1)或(2)的情况确定。

由以上分析可见，由两个与非门交叉耦合构成的基本触发器具有置 0、置 1 和保持的功能。通常称 $\bar{S}_D$ 端为置 1 端，因为 $\bar{S}_D=0$ 时被置 1，所以是低电平有效。$\bar{R}_D$ 端为置 0 端，因为 $\bar{R}_D=0$ 时置 0，所以是低电平有效。基本触发器又称置 0 置 1 触发器。

图 6.1.3 所示为基本触发器工作波形图。

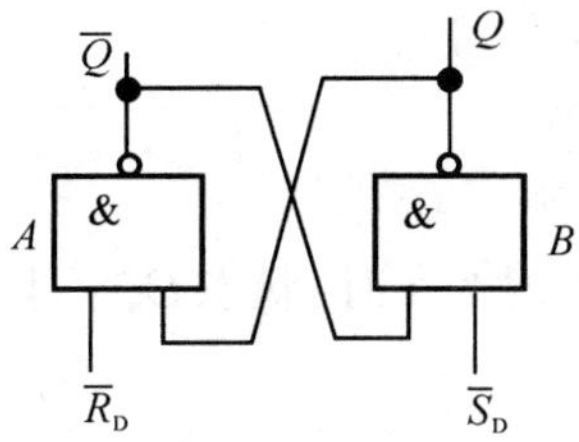

图 6.1.1　基本触发器电路

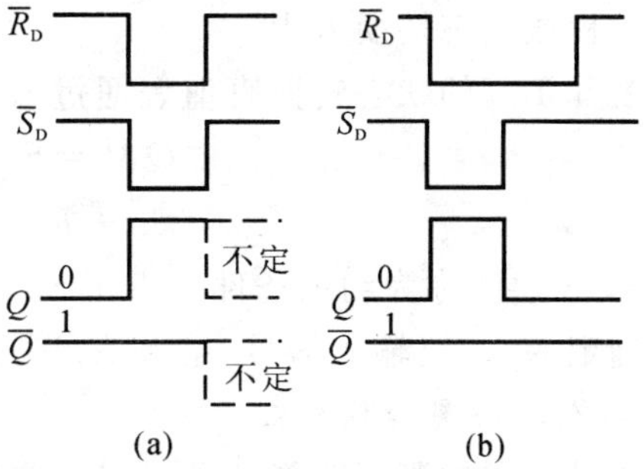

图 6.1.2　波形图

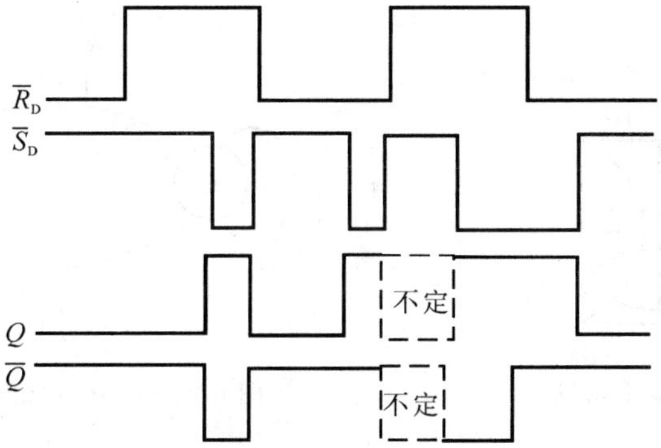

图 6.1.3　基本触发器工作波形

二、功能描述

描述触发器的逻辑功能，通常采用下面三种方法。

1. 真值表和状态转换真值表

为了表明触发器在输入信号作用下，触发器的次态 Q^{n+1} 及触发器的现态 Q^n 与输入信号之间的关系，可将上述对触发器分析的结论用表格的形式来描述。表 6.1.1 是基本触发器的真值表，表 6.1.2 是状态转换真值表。

表 6.1.1　真值表

$\overline{R}_D$	$\overline{S}_D$	Q^{n+1}
0	0	×
0	1	0
1	0	1
1	1	Q^n

×表示状态不定

表 6.1.2　状态转换真值表

$\overline{R}_D$	$\overline{S}_D$	Q^n	Q^{n+1}
0	0	0	×
0	0	1	×
0	1	0	0
0	1	1	0
1	0	0	1
1	0	1	1
1	1	0	0
1	1	1	1

2. 特征方程(状态方程)

触发器逻辑功能还可以用逻辑函数表达式来描述。描述触发器逻辑功能的函数表达式称为特征方程或状态转换方程。

由表 6.1.2 的状态转换真值表通过卡诺图(图 6.1.4)简化可得

$$\begin{cases} Q^{n+1} = S_D + \overline{R}_D Q^n & \text{特征方程} \\ \overline{S}_D + \overline{R}_D = 1 & \text{约束条件} \end{cases}$$

其中 $\overline{S}_D + \overline{R}_D = 1$ 称为约束条件。由于 $\overline{S}_D$ 和 $\overline{R}_D$ 同时为 0 或同时为 1 时，状态 Q_{n+1} 是不确定的，为获得确定的 Q_{n+1}，输入信号 $\overline{S}_D$ 和 $\overline{R}_D$ 应满足 $\overline{S}_D + \overline{R}_D = 1$。

3. 状态转换图和激励表

描述触发器的逻辑功能还可以采用图形的方式，即状态转换图。图 6.1.5 所示为基本触发器的状态转换图。图中两个圆圈分别代表基本触发器的两个稳定状态，箭头表示在输入信号作用下状态转换的方向，箭头旁的标注表示状态转换的条件。

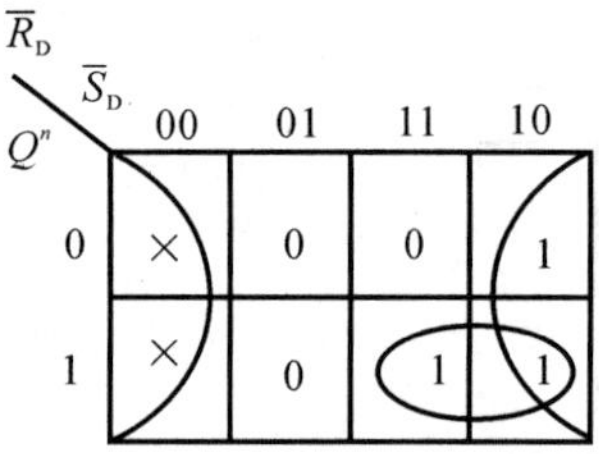

图 6.1.4　基本触发器卡诺图

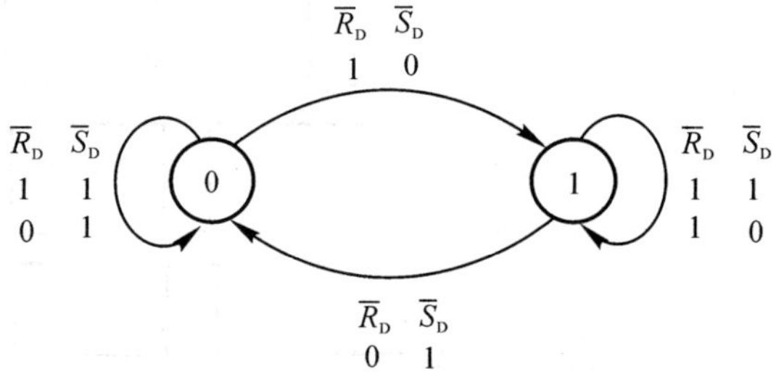

图 6.1.5　基本触发器状态转换图

由图 6.1.5 可知，若触发器当前稳定状态 $Q^n = 0$，则在输入信号 $\overline{R}_D = 1$，$\overline{S}_D = 0$ 的条件下，触发器转换至下一状态(次态)$Q^{n+1} = 1$；如果输入信号 $\overline{S}_D = 1$，$\overline{R}_D = 0$ 或 1，则触发器保持在 0；若触发器的当前状态稳定在 $Q^n = 1$，则在输入信号 $\overline{R}_D = 0$，$\overline{S}_D = 1$ 的作用下，触发器转换到下一状态(次态)$Q^{n+1} = 0$；如果输入信号 $\overline{R}_D = 1$，$\overline{S}_D = 1$ 或 0，触发器保持在 1。这与状态转换真值表所描述的功能是一致的。

表 6.1.3 为触发器的激励表。激励表表示了触发器由当前状态 Q^n 转换到确定要求的下一状态 Q^{n+1} 时，对输入信号的要求。激励表是根据图 6.1.5 的状态转换图直接列出的。

表 6.1.3　基本触发器激励表

状态转换		激励输入	
Q^n →	Q^{n+1}	$\overline{R}_D$	$\overline{S}_D$
0	0	×	1
0	1	1	0
1	0	0	1
1	1	1	×

× 表示任意，0 或 1

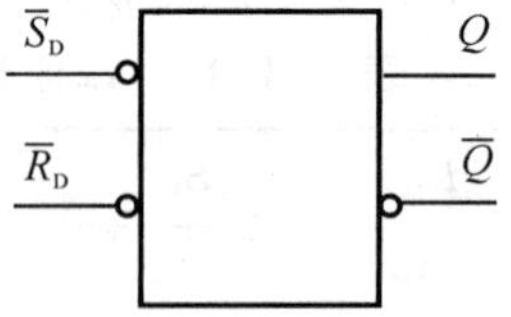

图 6.1.6　基本触发器逻辑符号

基本触发器的逻辑符号如图 6.1.6 所示。图中输入端的小圆圈表示低电平或负脉冲有效。

以后分析包含触发器的逻辑电路时，应熟练地运用真值表、特征方程和状态转换图，而在设计包含有触发器的逻辑电路时,必须运用触发器的激励表。

第二节　钟控触发器

上述基本 $\overline{R}_D\overline{S}_D$ 触发器,只要输入信号发生变化,触发器状态就会根据其逻辑功能发生相应的变化。在实际使用中,通常要求触发器按一定的时间节拍动作。这就要求触发器的翻转时刻受时钟脉冲(*CP*)的控制,而翻转到何种状态由输入信号决定,从而出现了各种钟控触发器。按功能分有钟控 RS 触发器、D 触发器、T 触发器及 JK 触发器。

一、钟控 RS 触发器

1. 电路组成和工作原理

钟控 RS 触发器的电路如图 6.2.1(a) 所示。图中 *A* 门和 *B* 门构成基本触发器。*C* 门和 *D* 门构成触发导引电路。当时钟脉 $CP=0$ 时,*C* 门和 *D* 门输出均为 1,输入信号不可能加入,基本触发器状态不变。只有 $CP=1$ 时,输入信号 *R*,*S* 才可能通过导引门 *C*,*D* 加入到基本触发器。接收信号情况如下(见图 6.2.1(b)):

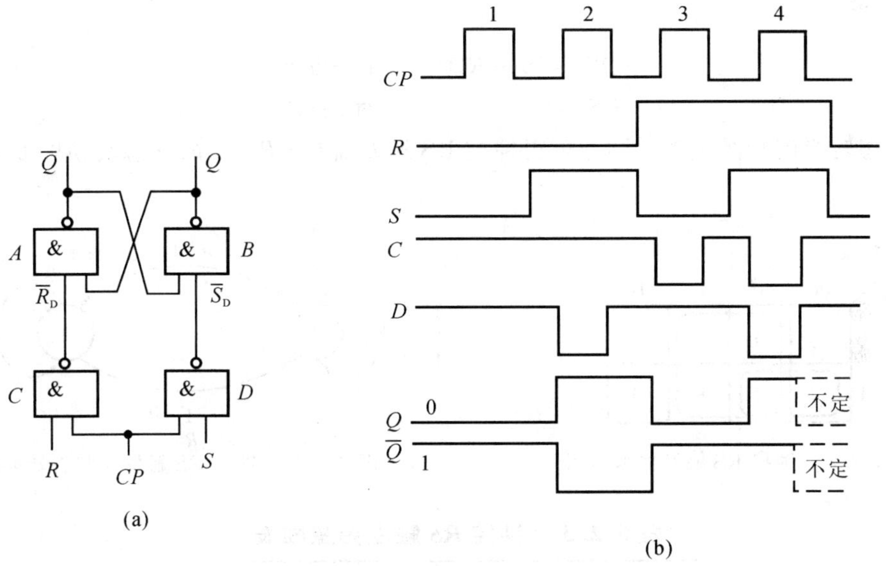

图 6.2.1　钟控 RS 触发器

(a) 电路图;　(b) 工作波形图

(1) $CP1=1$ 时,$R=S=0$,所以 *C* 门,*D* 门输出均为 1,相当于基本触发器 $\overline{R}_D=\overline{S}_D=1$,触发器状态保持不变。

(2) $CP2=1$ 时,$R=0$,$S=1$,这时 *D* 门输出为 0,*C* 门输出为 1,相当于基本触发器的 $\overline{R}_D=1$,$\overline{S}_D=0$,所以触发器输出 $Q=1$,$\overline{Q}=0$。

(3) $CP3=1$ 时,$R=1$,$S=0$,这时 *C* 门输出为 0,*D* 门输出为 1,相当于基本触发器的 $\overline{R}_D=0$,$\overline{S}_D=1$,所以触发器输出 $Q=0$,$\overline{Q}=1$。

(4) $CP4=1$ 时,$R=S=1$,这时 *C* 门和 *D* 门输出均为 0,相当于基本触发器 $\overline{R}_D=\overline{S}_D=$

0，则 $Q=\bar{Q}=1$，而且 $\bar{R}_D$，$\bar{S}_D$ 均为零的持续时间相同，并且同时发生由 0 到 1 的变化，因此在 $CP4$ 由 1 变到 0 时，触发器产生状态不定。

2. 功能描述

(1) 真值表和状态转换真值表。表 6.2.1 为钟控 RS 触发器的真值表，表 6.2.2 为状态转换真值表，它们是根据前面对钟控 RS 触发器工作原理的分析而得。

表 6.2.1　钟控 RS 触发器真值表

R	S	Q^{n+1}
0	0	Q^n
0	1	1
1	0	0
1	1	×

表 6.2.2　钟控 RS 触发器状态转换真值表

R	S	Q^n	Q^{n+1}
0	0	0	0
0	0	1	1
0	1	0	1
0	1	1	1
1	0	0	0
1	0	1	0
1	1	0	×
1	1	1	×

(2) 特征方程。将表 6.2.2 钟控 RS 触发器状态转换真值表通过卡诺图(图 6.2.2)化简可得到

$$\begin{cases} Q^{n+1}=S+\bar{R}Q^n & \text{特征方程} \\ RS=0 & \text{约束条件} \end{cases}$$

(3) 状态转换图和激励表。同理可得钟控 RS 触发器在 $CP=1$ 时状态转换图 6.2.3 及激励表 6.2.3。

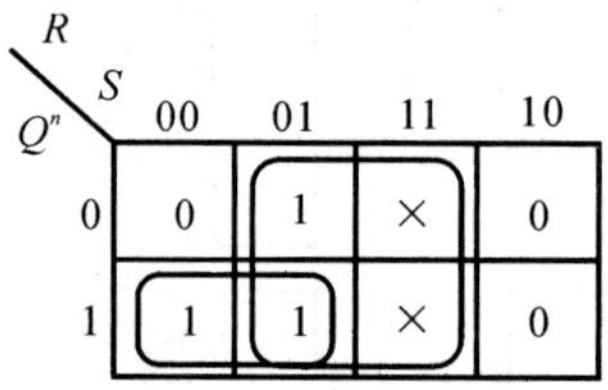

图 6.2.2　钟控 RS 触发器卡诺图

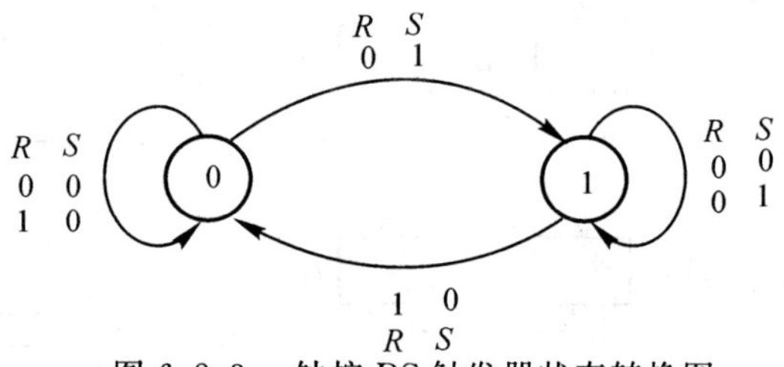

图 6.2.3　钟控 RS 触发器状态转换图

表 6.2.3　钟控 RS 触发器激励表

$Q^n \to Q^{n+1}$		R	S
0	0	×	0
0	1	0	1
1	0	1	0
1	1	0	×

二、钟控 D 触发器

1. 电路组成和工作原理

钟控 D 触发器的电路如图 6.2.4(a) 所示。其中 A 门和 B 门构成基本触发器，C 门和 D 门构成导引触发电路。

当 $CP=1$ 时，电路接收[D] 信号的情况如下：(见图 6.2.4(b))

(1) $CP1=1$ 时,输入信号$[D]=1$,这时 D 门输出为 0,C 门输出为 1,相当于基本触发器,$\overline{R}_D=1$,$\overline{S}_D=0$,触发器输出 $Q=1$,$\overline{Q}=0$。

(2) $CP2=1$ 时,输入信号$[D]=0$,所以 C 门输出为 0,D 门输出为 1,相当于基本触发器 $\overline{R}_D=0$,$\overline{S}_D=1$,触发器输出 $Q=0$,$\overline{Q}=1$。

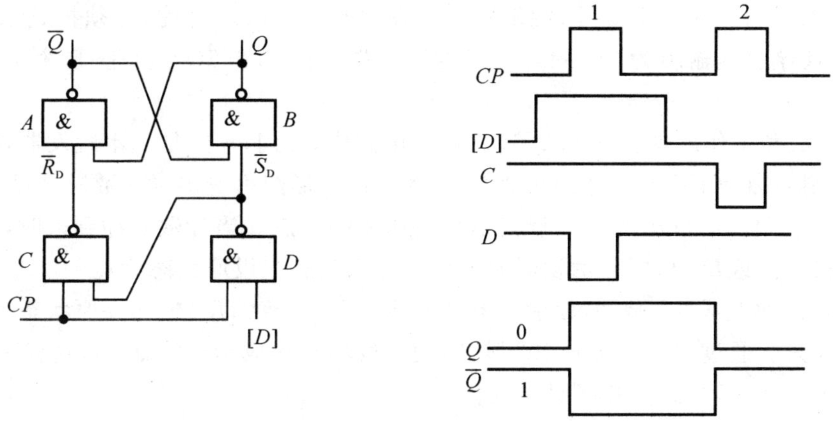

(a) (b)

图 6.2.4 钟控 D 触发器

(a) 电路图; (b) 工作波形图

2. 功能描述

表 6.2.4 为钟控 D 触发器的真值表。表 6.2.5 为状态转换真值表。它们是根据前面对钟控 D 触发器工作原理的分析而得。

表 6.2.4 钟控 D 触发器真值表

D	Q^{n+1}
0	0
1	1

表 6.2.5 钟控 D 触发器状态转换真值表

D	Q^n	Q^{n+1}
0	0	0
0	1	0
1	0	1
1	1	1

由钟控 D 触发器状态转换真值表可以直接得出它的特征方程

$$Q^{n+1}=D$$

同理可得出钟控 D 触发器在 $CP=1$ 时的状态转换图 6.2.5 及激励表 6.2.6。

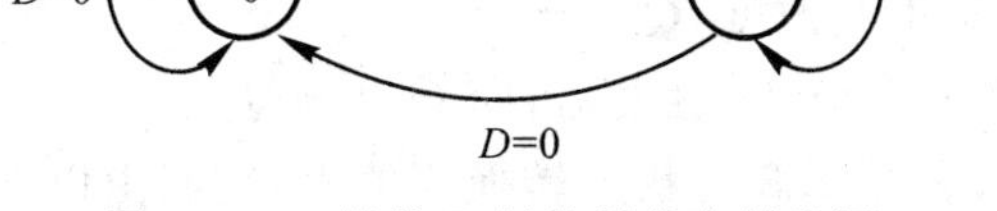

图 6.2.5 钟控 D 触发器状态转换图

表 6.2.6 钟控 D 触发器的激励表

$Q^n \rightarrow Q^{n+1}$	D
0 0	0
0 1	1
1 0	0
1 1	1

三、钟控 T′ 触发器和 T 触发器

1. T′ 触发器

触发器除了有记忆功能外，还有计数功能，T′ 触发器称为计数触发器。要对到来的计数脉冲进行计数，必须每到来一个脉冲，触发器的状态就改变一次。为此，必须把到来的脉冲变成“0”脉冲，并且导引到输出为“0”的与非门的输入端。图 6.2.6(a) 就是 T′ 触发器的电路图。

(1) 电路组成和工作原理。图 6.2.6(a) 所示电路中，A 门，B 门是基本触发器，C 门、D 门是导引门，计数脉冲加到 CP 端。从图 6.2.6(b) 的工作波形图可看出当计数脉冲没有到来时，$CP=0$，因而 C 门、D 门的输出均为 1，触发器保持原来的状态。当计数脉冲到来时，$CP=1$，这个脉冲能否通过 C 门或 D 门，要看触发器原来处在什么状态。设原状态为 $Q=0$，$\bar{Q}=1$，则计数脉冲只能通过 D 门而变成“0”脉冲，使触发器转换成 $Q=1$，$\bar{Q}=0$；反之，如果原状态为 $Q=1$，$\bar{Q}=0$，则计数脉冲只能通过 C 门而变成“0”脉冲，使触发器转换成 $Q=0$，$\bar{Q}=1$，这样一个计数脉冲触发器就翻转一次，很好地完成了计数功能。

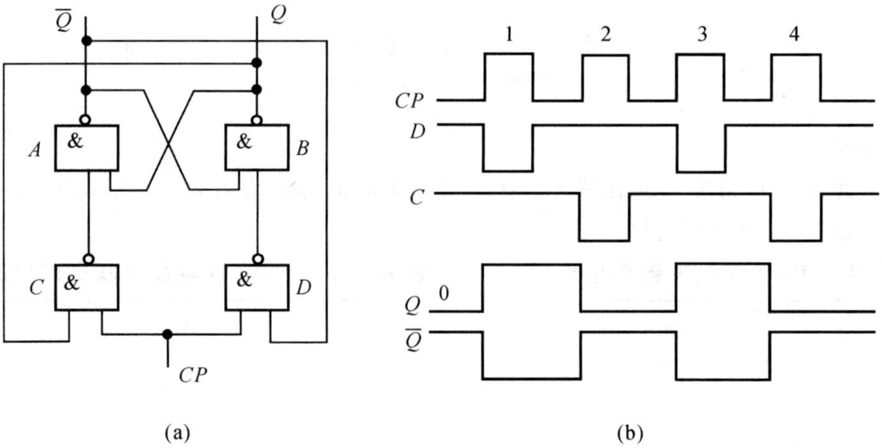

图 6.2.6 T′ 触发器

(a) 电路图； (b) 工作波形图

(2) 功能描述。T′ 触发器有计数功能，其特征方程表示为

$$Q^{n+1}=\bar{Q}^n$$

2. T 触发器

(1) 电路组成和工作原理。钟控 T 触发器电路图如图 6.2.7 所示。它和图 6.2.6(a)T′ 触发器电路的不同之处是在 C 门、D 门输入端再加一个控制输入信号 T。

当 $T=0$ 时，C 门、D 门输出均为 1，触发器状态不会改变，$Q^{n+1}=Q^n$。

当 $T=1$ 时，控制端对电路的工作无影响相当于一个 T′ 触发器，即 $Q^{n+1}=\bar{Q}^n$。

(2) 功能描述。表 6.2.7 为 T 触发器真值表，表 6.2.8 为状态转换真值表，它们由以上分析所得。

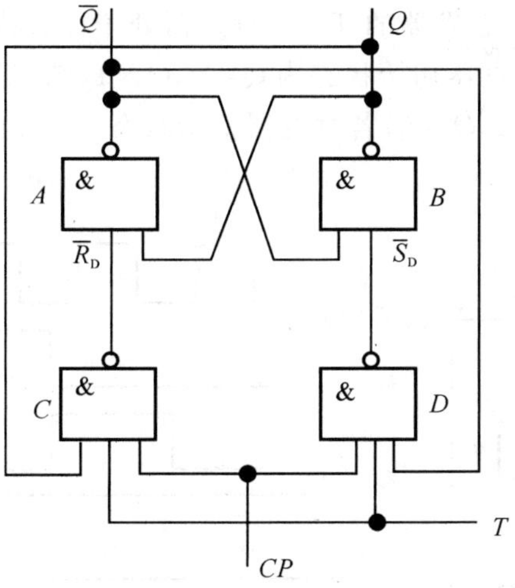

图 6.2.7　T 触发器电路图

表 6.2.7　T 触发器真值表

T	Q^{n+1}
0	Q^n
1	$\overline{Q}^n$

表 6.2.8　T 触发器状态转换真值表

T	Q^n	Q^{n+1}
0	0	0
0	1	1
1	0	1
1	1	0

从表 6.2.8 中 T 触发器状态转换真值表可直接写出 T 触发器的特征方程为

$$Q^{n+1}=\overline{T}Q^n+T\overline{Q}^n=T\oplus Q^n$$

同理可得到状态转换图 6.2.8 及激励表 6.2.9。

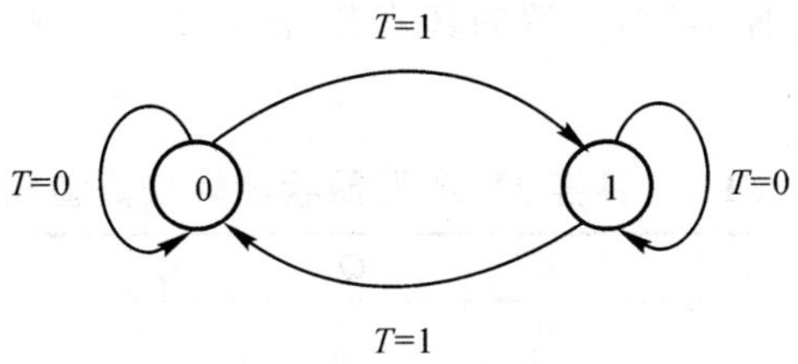

图 6.2.8　钟控 T 触发器状态转换图

表 6.2.9　T 触发器激励表

$Q^n\rightarrow Q^{n+1}$	T
0　0	0
0　1	1
1　0	1
1　1	0

四、钟控 JK 触发器

在钟控 RS 触发器中 $R=S=1$ 是被禁止的，因为它可能使触发器的状态不确定。JK 触发器就是为取消这个禁止而产生的。

1. 电路组成和工作原理

钟控 JK 触发器的电路如图 6.2.9(a) 所示，它和图 6.2.7 钟控 T 触发器电路图的不同点是把 T 触发器的控制输入信号 T 分为 J，K 两个信号，分别加在 D 门和 C 门的输入端。

当 $J=K=0$ 时，C，D 门均被阻塞（即输出保持 1），触发器保持状态不变，即 $Q^{n+1}=Q^n$。

当 $J=K=1$ 时，相当于 T 触发器的 $T=1$ 触发器处于计数状态，即 $Q^{n+1}=\bar{Q}^n$。

当 $J=1,K=0$ 时，如果触发器初始状态为 $Q=0,\bar{Q}=1$，则 CP 脉冲为 1 的时候，D 门输出"0"脉冲，C 门输出为 1 使 $Q=1,\bar{Q}=0$；若触发器初始状态为 1，则 C 门，D 门输出均为 1，触发器仍保持 $Q=1,\bar{Q}=0$。

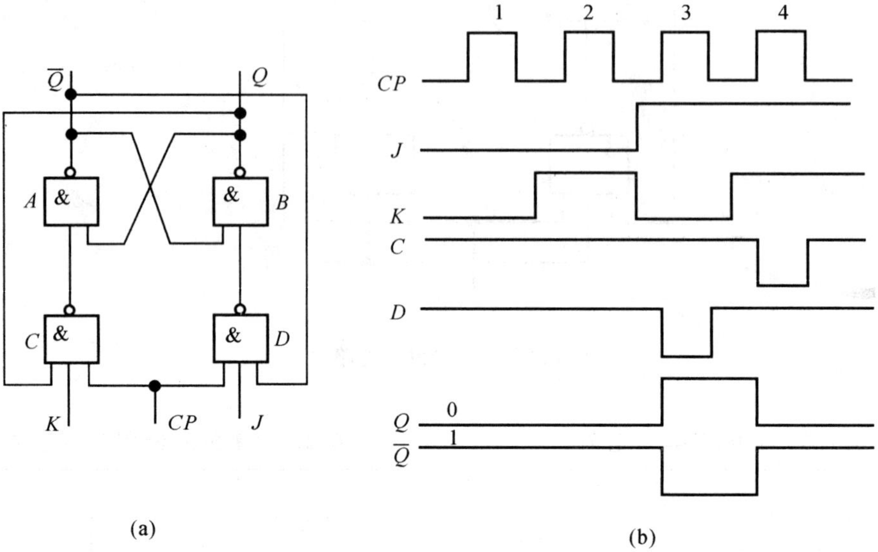

图 6.2.9　钟控 JK 触发器

(a) 电路图；(b) 工作波形图

当 $J=0,K=1$ 时，如果触发器初始状态为 $Q=0,\bar{Q}=1$，则 CP 脉冲为 1 时，C 门，D 门输出均为 1，触发器保持 0 态。如果触发器初始状态为 $Q=1,\bar{Q}=0$，则 CP 脉冲为 1 时，C 门输出"0"脉冲，D 门输出为 1，使触发器翻转到 $Q=0,\bar{Q}=1$。工作波形如图 6.2.9(b) 所示。

2. 功能描述

(1) 真值表和状态转换真值表。表 6.2.10 为钟控 JK 触发器的真值表，表 6.2.11 为状态转换真值表，它们是由以上工作原理分析所得。

表 6.2.10　钟控 JK 触发器真值表

J	K	Q^{n+1}
0	0	Q^n
0	1	0
1	0	1
1	1	$\bar{Q}^n$

表 6.2.11　钟控 JK 触发器状态转换真值表

J	K	Q^n	Q^{n+1}
0	0	0	0
0	0	1	1
0	1	0	0
0	1	1	0
1	0	0	1
1	0	1	1
1	1	0	1
1	1	1	0

(2) 特征方程。将表 6.2.11 钟控 JK 触发器状态转换真值表通过卡诺图化简可得到

$$Q^{n+1}=J\bar{Q}^n+\bar{K}Q^n \quad \text{(特征方程)}$$

可以把钟控 JK 触发器看成是钟控 RS 触发器，但 $R=Q^nK$，$S=\bar{Q}^nJ$ 代入钟控 RS 触发器

的约束条件

$$R \cdot S = Q^n K \cdot \bar{Q}^n J = 0$$

说明 J,K 可取任何值,它们之间不需要约束,这正是我们引出 JK 触发器的目的。图 6.2.10 所示为 JK 触发器卡诺图。

(3) 状态转换图和激励表。同理可得钟控 JK 触发器在 $CP=1$ 的状态转换图 6.2.11 和激励表 6.2.12。

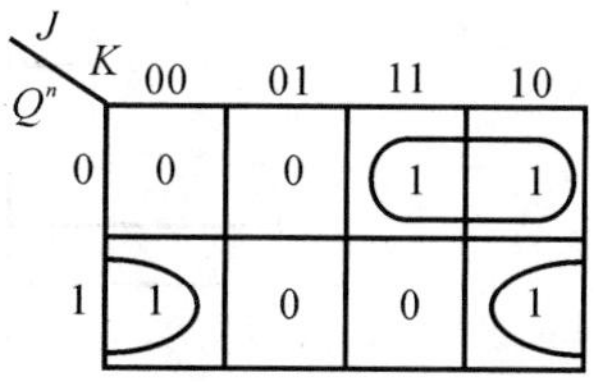

图 6.2.10　JK 触发器卡诺图

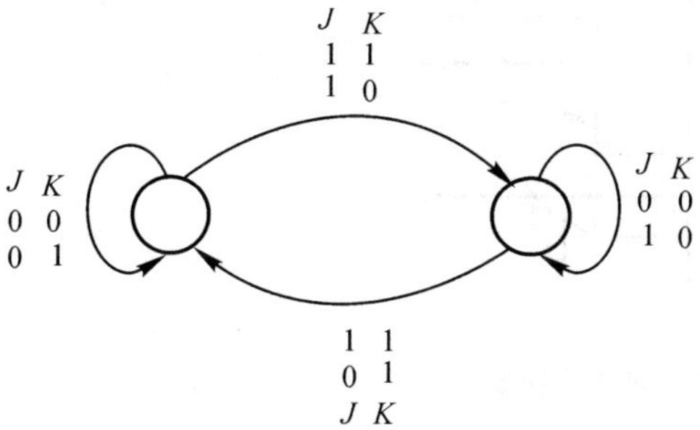

图 6.2.11　钟控 JK 触发器

表 6.2.12　钟控 JK 触发器激励表

$Q^n \to Q^{n+1}$		J	K
0	0	0	×
0	1	1	×
1	0	×	1
1	1	×	0

五、钟控触发器的空翻现象

上面分析的钟控触发器,电路均由 4 个与非门组成,当时钟脉冲 CP 为低电平($CP=0$)时,触发器不接收输入信号,状态保持不变;当时钟脉冲 CP 为高电平($CP=1$)时,触发器接收输入信号,状态发生转换。这种钟控方式称为电位触发方式。

但须指出,这种电位触发方式对于 T′ 触发器 $T=1$ 时的 T 触发器及 $J=K=1$ 时的 JK 触发器,其特征方程均为

$$Q^{n+1} = \bar{Q}^n$$

因此,在 $CP=1$ 时,触发器将会出现连续不停的翻转,这就是钟控触发器的空翻现象。如果要求在 $CP=1$ 时触发器仅发生一次翻转,则对时钟脉冲 CP 的宽度要求极其苛刻。以 T′ 触发器为例进行说明。

从图 6.2.6T′ 触发器的电路图和工作波形图可以看出,在正常工作情况下来一个时钟脉冲触发器只能翻转一次。但若时钟脉冲较宽则出现下面情况:设 T′ 触发器原来的状态为 $Q=0$,$\bar{Q}=1$ 时钟脉冲到来,使 D 门输出"0"脉冲,C 门的输出为 1,于是触发器转换成 $Q=1$,$\bar{Q}=0$。但由于时钟脉冲较宽,触发器翻转后 CP 仍等于 1,那么这时 C 门又输出"0"脉冲,D 门输出为 1,使触发器又翻回到 $Q=0$,$\bar{Q}=1$ 的状态,产生了空翻。设时钟脉冲的宽度为 4 倍与非门的延迟时间即 $4t_{pd}$,考虑信号通过与非门的延迟时间 t_{pd} 后,钟控 T′ 触发器的空翻现象如图 6.2.12 所示。

若要求 $CP=1$ 期间触发器只翻转一次,必须要求在触发器输出端状态变化以后,引起基本触发器 $\bar{R}_D$,$\bar{S}_D$ 信号变化之前,CP 信号要由 1 回到 0。所以要求 $CP=1$ 的宽度不得大于 $3t_{pd}$,而为使触发器能在 $CP=1$ 期间可靠翻转,$CP=1$ 的宽度不应小于 $2t_{pd}$。因此,对 $CP=1$ 的宽度要求十分苛刻,而且由于每个与非门的延迟时间也不同,实际上无法确定 CP 的宽度。为了避免空翻,必须采用其他的电路结构。

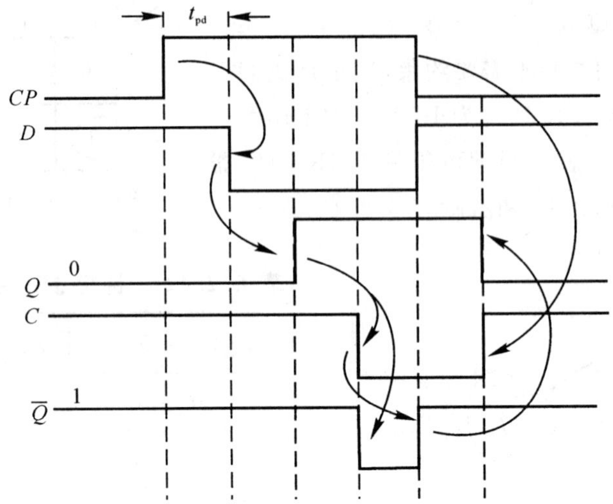

图 6.2.12　钟控 T′ 触发器的空翻现象

第三节　主从触发器

为了解决钟控触发器的空翻问题,在电路结构上必须加以改进,目前常用的结构是主从触发器。

一、主从 RS 触发器

图 6.3.1 所示为主从 RS 触发器原理电路。它是由两个钟控 RS 触发器组成。其中 E,F,G,H 门构成主触发器,A,B,C,D 门构成从触发器。主触发器的输出 $Q_{主}$ 和 $\overline{Q}_{主}$ 加到从触发器的输入,而从触发器的输出 Q 和 $\overline{Q}$ 为整个主从触发器的输出。

加到主触发器的时钟脉冲为 CP,而加到从触发器的时钟脉冲为 $\overline{CP}$。R,S 信号加到主触发器的输入端,做为整个主从触发器的输入。

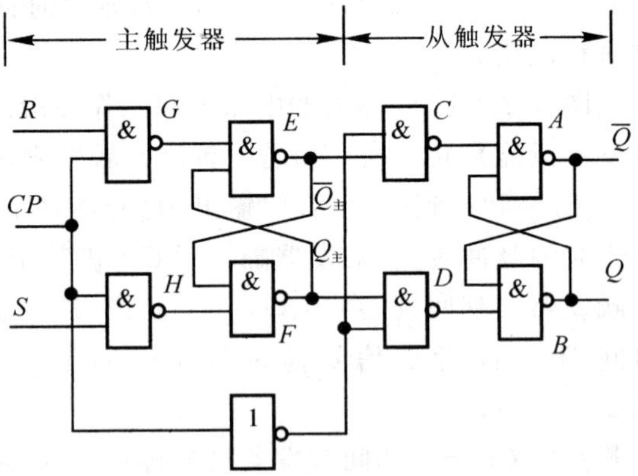

图 6.3.1　主从 RS 触发器

当时钟脉冲 $CP=0$ 时,G 门和 H 门输出均为 1,所以主触发器的状态不变,而这时 $\overline{CP}=1$,所以 C 门和 D 门开放,从触发器的状态跟随主触发器的状态,即 $Q=Q_{主}$;当时钟脉冲 $CP=1$ 时,则 $\overline{CP}=0$,C 门和 D 门输出为 1,从触发器状态不变,而这时主触发器接收输入 R,S 信号。

由上述分析可见,主从触发器工作分两步进行。第一步,当 CP 由 0 跳变到 1 及 $CP=1$ 期间,主触发器接收输入信号,从触发器被封锁,因此触发器状态保持不变,这一步称为准备阶段。第二步,当 CP 由 1 跳变到 0 时及 $CP=0$

期间，主触发器被封锁，状态保持不变。从触发器接收此时主触发器状态，触发器状态发生变化。因此，就整个触发器来说，它的状态在 $CP=1$ 时是不变的。在 CP 由 1 跳变到 0 时，主触发器不再接收输入信号，因此也不会引起触发器状态发生两次以上的翻转。

总之，主从触发器输出状态的改变是在时钟脉冲下跳沿发生的，一次 CP 的到来，只会引起主从触发器状态改变一次，有效克服了空翻。

由于主从 RS 触发器是由两个钟控 RS 触发器组成的，所以它的功能描述即真值表、特征方程、约束条件、状态转换图和激励表均和钟控 RS 触发器相同。

主从 RS 触发器的工作波形图如图 6.3.2(a)，(b) 所示，其中图(b) 是 $CP=1$ 时输入信号有变化的情况。

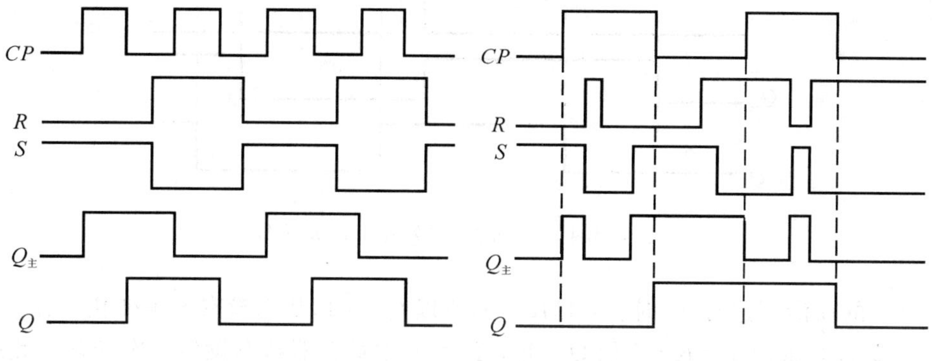

(a)

(b)

图 6.3.2　主从 RS 触发器工作波形图

二、主从 JK 触发器

把图 6.3.1 的主从 RS 触发器的 Q 端接至 R，$\bar{Q}$ 端接至 S，并增加 J，K 输入端，就构成主从 JK 触发器。主从 JK 触发器的原理电路如图 6.3.3 所示。

将 $S=J\bar{Q}^n$，$R=KQ^n$ 代入主从 RS 触发器的特征方程，即可得到主从 JK 触发器的特征方程

$$Q^{n+1}=S+\bar{R}Q^n=J\bar{Q}^n+\overline{KQ^n}\cdot Q^n=J\bar{Q}^n+\bar{K}Q^n$$

主从 JK 触发器的功能描述和钟控 JK 触发器完全一样。主从 JK 触发器也是在时钟脉冲的下跳沿（CP 由 1 跳变到 0）翻转，但这种主从触发器还存在一次翻转现象，从而又限制了它的使用。

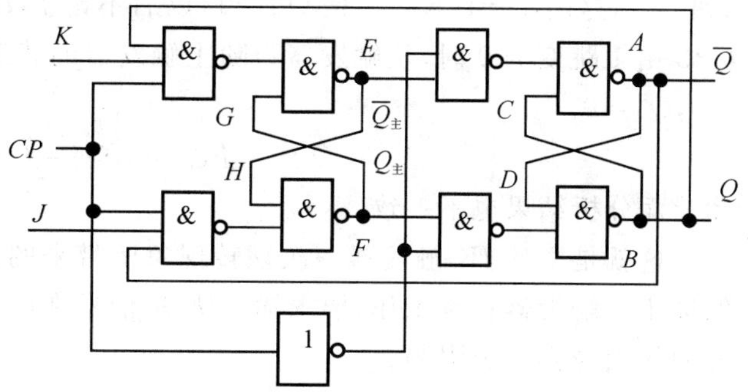

图 6.3.3　主从 JK 触发器

所谓一次翻转是指如下现象：在 CP 脉冲对主触发器有效期间（$CP=1$），主触发器只翻转一次（从 0 变为 1 或从 1 变为 0，不含保持状态）。此后若 J，K 端发生变化，主触发器状态也不变化，图 6.3.4 表示了在 $CP=1$ 期间，J，K 信号发生变化时，主从触发器的工作波形。

设触发器现态 $Q=0$。$CP1$ 由 0 跳变到 1 时，此时由于 $J=1,K=0$，因此 $Q_{主}$ 由 0 变为 1，在 $CP=1$ 期间，J,K 信号没发生变化，则 $Q_{主}=1$ 的状态也不会再变。当 $CP1$ 由 1 跳变到 0 时，从触发器接收主触发器的状态，Q 由 0 跳变为 1，这与 JK 触发器的特征方程相一致，即

$$Q^{n+1}=J\bar{Q}^n+\bar{K}Q^n=1\cdot\bar{0}+\bar{0}\cdot 0=1$$

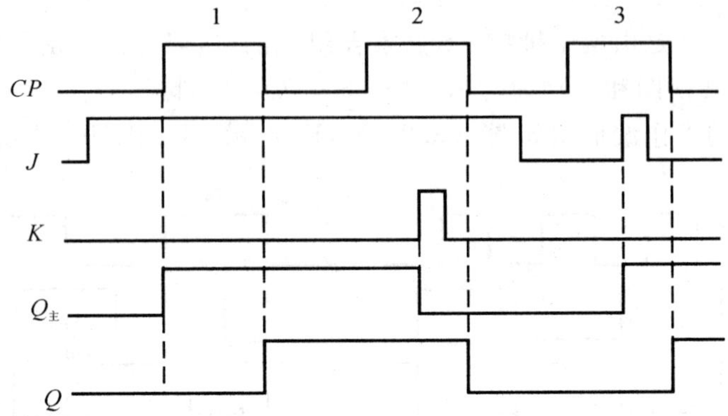

图 6.3.4　主从 JK 触发器工作波形图

在 $CP2$ 的前沿到达时，这时 $J=1,K=0$，所以 $Q_{主}=1$，状态没有发生变化。在 $CP2=1$ 期间，K 由 0 变为 1，此时 $J=K=1$ 使 $Q_{主}$ 由 1 变为 0，主触发器状态发生一次变化。此后在 $CP2=1$ 期间 K 又由 1 变为 0，使 G 门输出为 1，这时从触发器的状态仍为 $Q=1,\bar{Q}=0$，所以 H 门的输出也为 1，即 G 门，H 门输出均为 1，主触发器的状态不会发生变化。以后不论 J,K 如何变化，$Q_{主}$ 都不会发生变化。在 $CP2$ 由 1 跳变到 0 时从触发器接收主触发器的状态 Q 也由 1 变为 0。但按特征方程所决定的状态(此时 $J=1,K=0$)

$$Q^{n+1}=J\bar{Q}^n+\bar{K}Q^n=1\cdot\bar{1}+\bar{0}\cdot 1=1$$

和前述分析不一致。

在 $CP3$ 的前沿到达时，这时 $J=K=0$，主触发器保持原态，在 $CP3=1$ 期间由于 J 信号由 0 变为 1，这时 $J=1,K=0$，使 $Q_{主}=1$，以后不论 J,K 如何变化，主触发器的状态不会再变。当 $CP3$ 由 1 跳变为 0 时，从触发器跟随主触发器的状态，所以 $Q=1$，但按特征方程此时 $J=0,K=0,Q^n=0$。

$$Q^{n+1}=J\bar{Q}^n+\bar{K}Q^n=0\cdot\bar{0}+\bar{0}\cdot 0=0$$

和前面分析结果也不一致。

这就是主从 JK 触发器一次翻转现象所带来的问题，使得触发器抗干扰能力差。因此，为保证主从触发器正常工作，要求输入 J,K 信号在 $CP=1$ 期间不发生变化，这就使主从 JK 触发器的使用受到一定限制。

三、主从 JK 触发器集成单元

图 6.3.5 所示为双极型 JK 触发器集成单元的逻辑图。本电路有如下特点：① 主触发器由与或非门组成，从触发器由与非门组成；② 触发的触发导引电路由两个三极管 T_1 和 T_2 组成；③ 有直接置 0 端 $\bar{R}_D$ 和直接置 1 端 $\bar{S}_D$。

分析图 6.3.5 工作原理。在 $\bar{S}_D=\bar{R}_D=1$ 条件下，当 $CP=0$ 时，封锁了 E 门和 H 门，因此

主触发器状态维持不变。此时，T_1 和 T_2 三极管发射极为低电平，所以 T_1 和 T_2 导通起反相作用，使从触发器状态跟随主触发器。例如 $Q_{主}=0,\bar{Q}_{主}=1$，T_2 的集电极输出 $Q'=1$，T_1 的集电极输出 $\bar{Q}'=0$，从而使从触发器输出 $Q=0,\bar{Q}=1$。

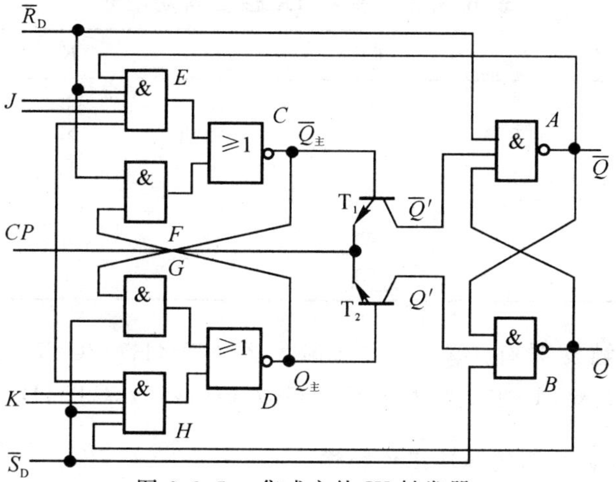

图 6.3.5　集成主从 JK 触发器

当 CP 由 0 跳变到 1 时，在 $CP=1$ 期间，T_1 和 T_2 三极管发射极均为高电平，T_1，T_2 截止，A 门和 B 门输入信号不会发生变化，从触发器状态保持不变。而这时由于 $CP=1$，解除了对门 E 和门 H 的封锁，主触发器接收输入信号，主触发器在 $CP=1$ 时的等效电路如图 6.3.6 所示，这是由与或非门组成的 RS 触发器，其真值表如表 6.3.1 所示，经分析其特征方程为

$$Q_{主}^{n+1}=S+\bar{R}Q^n$$

其中 $S=J\bar{Q}^n$，$R=KQ^n$，得出

$$Q_{主}^{n+1}=J\bar{Q}^n+\bar{K}Q^n$$

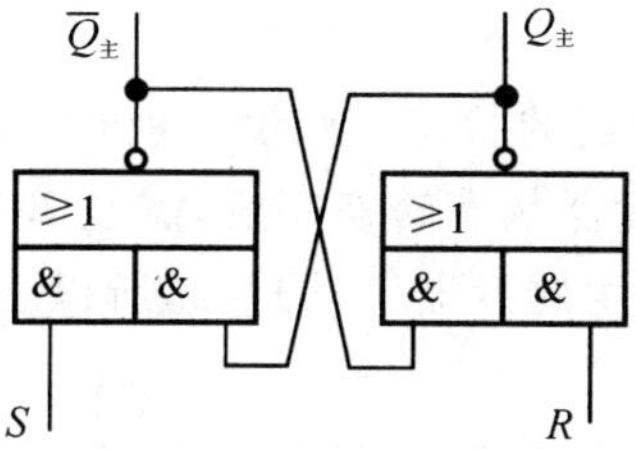

图 6.3.6　$CP=1$ 时主触发器等效电路

表 6.3.1　真值表

R	S	Q^{n+1}
0	0	Q^n
0	1	1
1	0	0
1	1	

当 CP 由 1 跳变至 0 时，由于 $CP=0$，封锁了主触发器，而三极管 T_1，T_2 导通，使从触发器跟随主触发器的状态，这样，整个触发器的特征方程为

$$Q^{n+1}=J\bar{Q}^n+\bar{K}Q^n$$

由以上分析可见图 6.3.5 所示电路具有 JK 触发器的逻辑功能。

下面简述 $\bar{R}_D$ 和 $\bar{S}_D$ 的作用。$\bar{R}_D$ 端称为异步置 0 端，或称清除端。当 $\bar{R}_D=0$ 时，从图 6.3.5 可知由于 $\bar{R}_D$ 同时加在 E 门，F 门和 A 门，所以可把主触发器和从触发器同时置 0，而且使触发器的状态不受时钟 CP 和 J，K 信号的影响。$\bar{S}_D$ 端称为异步置 1 端，或称置位端，从图 6.3.5 可知由于 $\bar{S}_D$ 同时加在 G 门，H 门和 B 门，所以当 $\bar{S}_D=0$ 时，可把主触发器和从触发器同时置 1，同样使触发器状态不受时钟 CP 和 J，K 信号的影响。

主从 JK 触发器的功能表如表 6.3.2 所示。其逻辑符号如图 6.3.7 所示。图中 CP 端的小圆圈表示 CP 下降沿时触发器状态发生翻转。$\overline{S}_{\mathrm{D}}$，$\overline{R}_{\mathrm{D}}$ 端的小圆圈表示低电平或负脉冲有效。

表 6.3.2　主从 JK 触发器功能表

$\overline{R}_{\mathrm{D}}$	$\overline{S}_{\mathrm{D}}$	CP	J	K	Q^{n+1}
0	1	×	×	×	0
1	0	×	×	×	1
1	1	$\sqcap$	0	0	Q^n
1	1	$\sqcap$	0	1	0
1	1	$\sqcap$	1	0	1
1	1	$\sqcap$	1	1	$\overline{Q}^n$

常用的主从 JK 触发器有：单 JK 主从触发器 CT54H71/CT74H71，CT5472/CT7472，CT54H721/CT74H72；双 JK 主从触发器 CT54107/CT74107，CT54H78/CT74H78 等。

四、集成主从 JK 触发器的脉冲工作特性

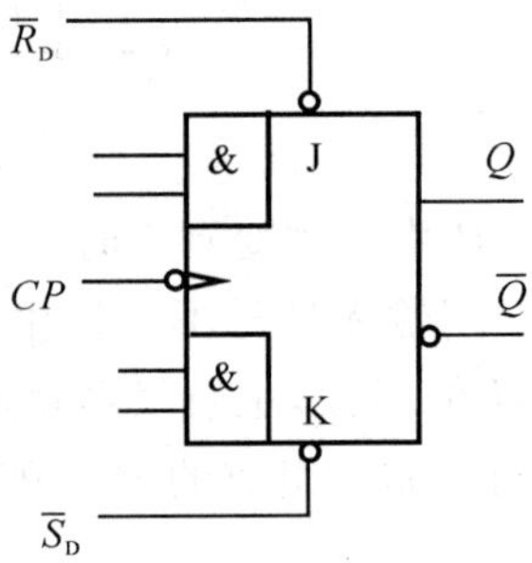

图 6.3.7　JK 触发器逻辑符号

以图 6.3.5 所示电路来说明触发器工作时对时钟脉冲及输入激励信号 J，K 的要求。

(1) 时钟 CP 由 0 跳变至 1 及 $CP=1$ 的准备阶段，要完成主触发器状态的正确转换。因此要求：在 CP 上跳沿到达时，J，K 信号已处于稳定状态，并且在 $CP=1$ 期间，J，K 信号不发生变化。由于主触发器状态变化从 CP 上跳沿开始到最后稳定，需经历两级与或非门的延迟时间（设一级与或非的延迟时间为 $1.4t_{\mathrm{pd}}$），因此为了使主触发器能实现状态转换，必须经历 $2.8t_{\mathrm{pd}}$ 时间，所以要求 $CP=1$ 持续期 $t_{CP\mathrm{H}}>2.8t_{\mathrm{pd}}$。

(2) CP 由 1 跳变至 0 时，在这一时刻从触发器接收主触发器的状态。假设三极管 T_1 和 T_2 开关延迟时间为 $0.5t_{\mathrm{pd}}$，因此，从 CP 由 1 跳变至 0 开始，至触发器状态转换完成，需经 $2.5t_{\mathrm{pd}}$ 时间，这就要求 $CP=0$ 的持续期 $t_{CP\mathrm{L}}>2.5t_{\mathrm{pd}}$。在 $CP=0$ 期间，主触发器已被封锁，所以 J，K 信号可以变化。

(3) 触发器的工作频率。为了保证触发器可靠地发生状态转换，时钟信号的最高工作频率为

$$f_{CP\max}\leqslant\frac{1}{t_{CP\mathrm{H}}+t_{CP\mathrm{L}}}=\frac{1}{5.3t_{\mathrm{pd}}}$$

须指出，上述讨论允许最高工作频率时，未考虑负载电容的影响。

(4) 由于主从 JK 触发器主触发器有一次翻转现象，为了提高抗干扰能力，在满足 $t_{CP\mathrm{H}}$ 要求的条件下，尽可能使 $CP=1$ 的持续时间缩短，采用窄脉冲触发。

主从 JK 触发器工作过程分为两个阶段：$CP=1$ 时为准备阶段；CP 由 1 跳变到 0 时，触发器状态发生转换。因此，它是一种脉冲触发方式，而状态发生转换时刻发生在 CP 脉冲的下跳沿。为了说明这一特点，可将触发器特征方程写成

$$Q^{n+1}=[J\overline{Q}^n+\overline{K}Q^n]CP\downarrow$$

第四节　边沿触发器

采用主从触发器可以克服钟控触发器的空翻现象，但主从触发器存在一次翻转现象，这就降低了其抗干扰能力。边沿触发器仅在时钟 CP 的上升沿或下降沿时刻才对输入信号响应，这样大大提高了触发器的抗干扰能力。

边沿触发器有 CP 上升沿（前沿）触发和 CP 下降沿（后沿）触发两种形式。

一、维持-阻塞触发器

1. 维持-阻塞 T′ 触发器

钟控的 T′ 触发器在 CP 脉冲比较宽时会造成空翻现象，即在 $CP=1$ 期间触发器翻转了多次。

空翻产生的原因是由于导引门的功能不完善，使电路新转换的状态传到了输入端，引起空翻。由图 6.4.1(a) 所示钟控 T′ 触发器可知，如果要求在 $CP=1$ 期间电路只翻一次，设 Q 从 0 跳变到 1，这时 D 门应输出"0"脉冲，如果在 $CP=1$ 期间这个"0"脉冲一直存在，则 Q 就会一直保持 1，$\bar{Q}$ 一直保持 0，不可能产生空翻。这实质上就是要求在 CP 脉冲等于 1 期间使电路新转换的状态传不到触发器输入端去，由这种设想构成了维持-阻塞 T′ 触发器。

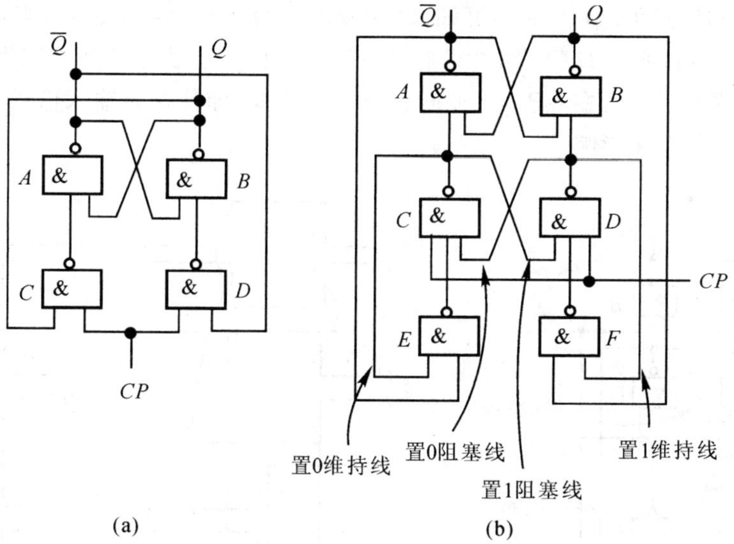

图 6.4.1　钟控、维持-阻塞 T′ 触发器

(a) 钟控 T′ 触发器；(b) 维持-阻塞 T′ 触发器

图 6.4.1(b) 所示为维持-阻塞 T′ 触发器的逻辑电路图。它是在钟控 T′ 触发器的基础上再加上 E，F 门及一些连接而构成的。

现在分析该电路在 $CP=1$ 期间是如何克服空翻现象的。

假设 $CP=0$ 时，$Q=0$，$\bar{Q}=1$。由于 $CP=0$ 使 C 门，D 门输出均为 1，则 E 门输出为 0，F 门输出为 1。当 CP 由 0 跳变到 1 时，D 门输出"0"脉冲，C 门输出为 1。D 门输出"0"脉冲有三

个作用：① 将触发器置 1。② 反馈至 C 门输入端，封锁了 C 门，即 C 门输出为 1。在 $CP=1$ 期间 C 门不可能输出为 0，也就是阻塞了触发器置 0 的可能性，故该反馈线称置 0 阻塞线。③ 反馈至 F 门的输入端，封锁 F 门，使 F 门输出为 1，这样维持了 D 门输出为 0，使 Q 维持在 1 态。不会发生翻转。故该反馈线称置 1 维持线。在 CP 由 1 跳变到 0 及 $CP=0$ 期间，C 门，D 门输出均为 1，触发器状态保持不变，即保持 $Q=1,\bar{Q}=0$，则 F 门输出为 0，E 门输出为 1。在下一个时钟脉冲 CP 由 0 跳变到 1 时，使 C 门输出"0"脉冲，D 门输出为 1。C 门输出"0"脉冲有三个作用：① 将触发器置 0。② 反馈至 D 门输入端，封锁了 D 门，即门 D 输出为 1。在 $CP=1$ 期间 D 门不可能输出为 0，也就是阻塞了触发器置 1 的可能性，故该反馈线称置 1 阻塞线。③ 反馈至 E 门的输入端，封锁 E 门，使 E 门输出为 1，这样维持了 C 门输出为 0，使 $\bar{Q}$ 维持在 1 而 Q 维持在 0，故该反馈线称置 0 维持线。

正由于这些维持-阻塞反馈线的作用，使触发器在 $CP=1$ 期间，只发生一次翻转，不会产生空翻。从上面分析可见，当 $CP=0$ 时，触发器状态保持不变，这时 E 门和 F 门接收输入信号，为准备阶段。当 CP 由 0 跳变至 1 时，触发器状态转换，因此维持-阻塞 T′ 触发器是在 CP 的上升沿（前沿）触发。

2. 维持-阻塞 D 触发器

图 6.4.2(a) 所示为维持-阻塞 D 触发器的逻辑电路图。图中 $\bar{R}_D$，$\bar{S}_D$ 为异步置 0 和异步置 1 端，当 $\bar{R}_D=1$，$\bar{S}_D=1$ 时工作原理分析如下。

从图 6.4.2(b) 所示的工作波形图可知，设触发器初始状态 $Q=0,\bar{Q}=1$，当 CP 的上跳沿到来时，输入信号 $[D]=1$，所以 D 门输出"0"脉冲，C 门输出为 1。由于有置 0 阻塞线和置 1 维持线的作用，使触发器被置 1 后在 $CP=1$ 期间状态维持不变，即使这时输入信号 $[D]$ 有变化（由 1 跳到 0），对触发器状态无影响。

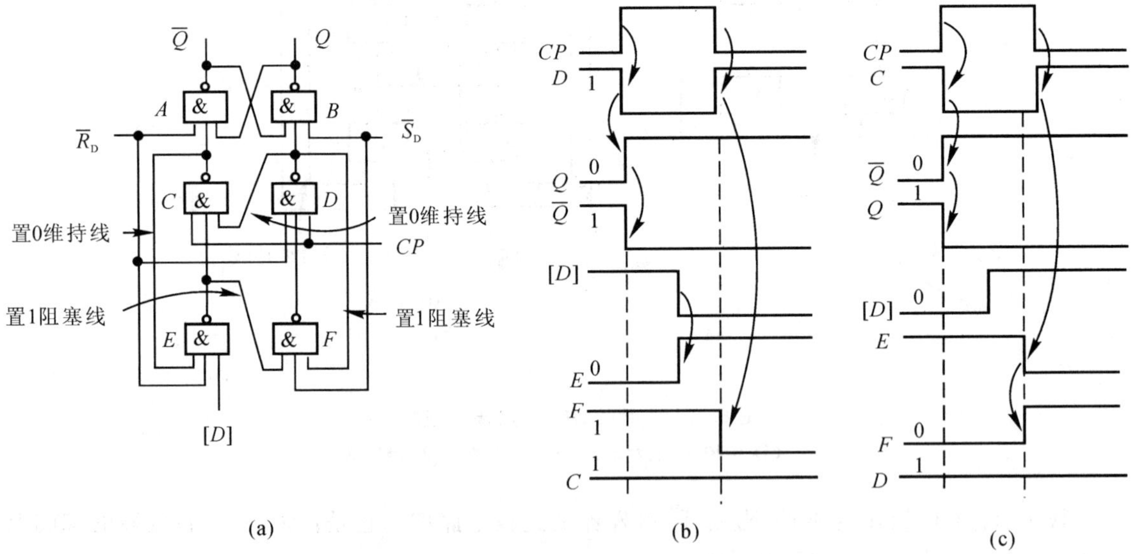

图 6.4.2　维持-阻塞 D 触发器电路及工作波形图

(a) 维持-阻塞 D 触发器电路图；(b) Q 由 0 → 1 工作波形图；(c) Q 由 1 → 0 工作波形图

从图 6.4.2(c) 的工作波形图可知，设触发器初始状态为 $Q=1,\bar{Q}=0$，当 CP 的上跳沿到来时，输入信号[D]=0，所以 C 门输出“0”脉冲，由于置 0 维持线和置 1 阻塞线的作用，使触发器被置 0 后在 $CP=1$ 期间状态维持不变，即使这时输入信号[D]有变化(由 0 跳到 1)，对触发器状态也无影响。

从上面分析可知，维持-阻塞 D 触发器是在 CP 脉冲的前沿翻转，触发器的状态只取决于 CP 脉冲到来前一瞬间输入信号[D]的状态。若[D]=1 则 CP 上跳沿到来时 $Q^{n+1}=1$；若[D]=0，则 CP 上跳沿到来时 $Q^{n+1}=0$，即 $Q^{n+1}=[D]$。在 CP 脉冲等于 1 期间，若输入信号[D]的状态发生变化，由于维持-阻塞线的作用使得对触发器的状态无影响。

在图 6.4.2(a) 中异步置 0 端 $\bar{R}_D$ 分别加在 A,D,E 三个门的输入端，所以当 $\bar{R}_D=0$ 时($\bar{S}_D=1$)不仅可把触发器置 0，而且可把置 1 维持和置 0 阻塞作用变为置 0 维持和置 1 阻塞作用，即使 C 门输出等于 0，而 D 门输出等于 1，保证触发器可靠置 0。异步置 1 端 $\bar{S}_D$ 分别加在 B 门和 F 门的输入端，所以当 $\bar{S}_D=0$ 时($\bar{R}_D=1$)，不仅可把触发器置 1，而且可把置 0 维持置 1 阻塞作用变为置 1 维持置 0 阻塞作用，即保持 C 门输出为 1 而 D 门输出为 0，保证触发器可靠置 1。

表 6.4.1 为前沿触发 D 触发器功能表。图 6.4.3 为前沿触发 D 触发器的逻辑符号。图中 CP 端没有小圆圈，表示为 CP 上升沿到达时，触发器状态发生转换。因此，可将触发器的特征方程写成

$$Q^{n+1}=[D]\cdot CP\uparrow$$

表 6.4.1　D 触发器功能表

$\bar{R}_D$	$\bar{S}_D$	CP	[D]	Q^{n+1}
0	1	×	×	0
1	0	×	×	1
1	1	↑	0	0
1	1	↑	1	1

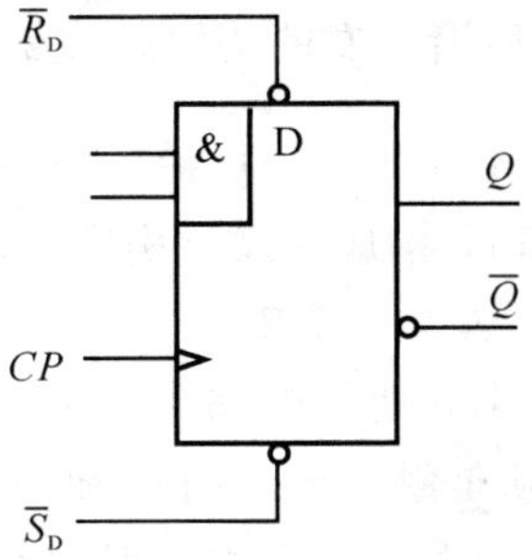

图 6.4.3　D 触发器逻辑符号

3. 维持-阻塞 D 触发器的脉冲工作特性

从上面分析可知，维持-阻塞 D 触发器的工作分两个阶段，在 $CP=0$ 时为准备阶段；CP 由 0 跳变至 1 时刻为状态转换阶段。为使维持-阻塞 D 触发器能可靠工作，要求：

(1) 在 CP 由 0 跳变至 1 之前，E 门和 F 门输出应建立起稳定状态。由于 E 门和 F 门稳定状态的建立需要经历两个与非门的延迟时间，这段时间称为建立时间 t_{set}，$t_{set}=2t_{pd}$。在这段时间内要求输入 D 信号不能发生变化。所以 $CP=0$ 的持续时间应满足 $t_{CPL}\geqslant t_{set}=2t_{pd}$。

(2) 在 CP 由 0 跳变至 1 时，脉冲前沿到达后，要起到维持-阻塞作用，必须使 C 门或 D 门产生“0”脉冲，这需要经历一个与非门延迟时间。在这段时间内，输入信号[D]不能发生变化，将这段时间称为保持时间 t_h，$t_h=t_{pd}$。

(3) 从 CP 由 0 跳变至 1 开始，直至触发器状态转换完成，除经保持时间 t_h 外还需经历基本触发器状态翻转时间，这样一共需经历 $3t_{pd}$ 的时间，因此要求 $CP=1$ 的持续时间须大于 $3t_{pd}$，即 $t_{CPH}>3t_{pd}$。

(4) 为使维持-阻塞 D 触发器稳定可靠地工作，CP 脉冲的工作频率应满足

$$f_{CP\max} \leqslant \frac{1}{t_{CPL}+t_{CPH}} = \frac{1}{5t_{pd}}$$

从上面分析可以看出，在 CP 由 0 至 1 前沿到达之前 $2t_{pd}$ 时间内和前沿到达后 $1t_{pd}$ 时间内，[D] 输入信号不能发生变化，在其余时间内[D] 输入信号的变化对触发器状态不会产生影响。因此，边沿触发的维持-阻塞触发器比主从触发器抗干扰性能强。

图 6.4.4 所示为 D 触发器工作波形图。

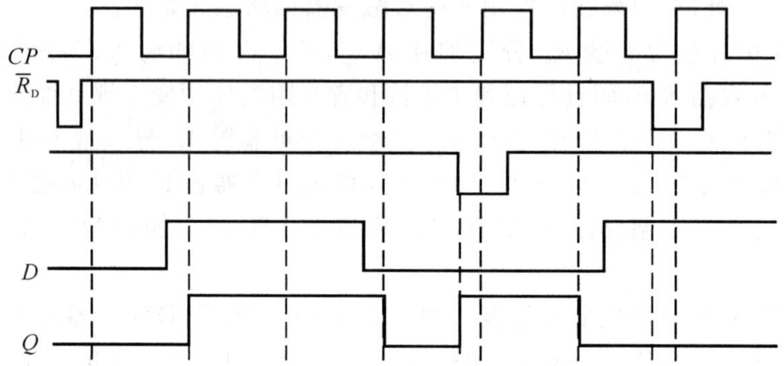

图 6.4.4　D 触发器工作波形图

二、后沿触发的边沿触发器

图 6.4.5 所示为后沿触发的 JK 触发器电路图，它由两个与或非门构成基本触发器，由与非门 G 和 H 构成触发导引电路。其中 $\overline{R}_D$，$\overline{S}_D$ 为直接置 0 和置 1 输入端。

1. 基本工作原理

图 6.4.5 所示电路中，要实现正确的逻辑功能，必须是触发导引门 G 和 H 的平均延迟时间比基本触发器的平均延迟时间要长。这一点在制造时应给予满足。例如，加宽三极管的基区宽度，输出采用集电极开路门结构等。在满足这一条件前提下，分析其工作情况。

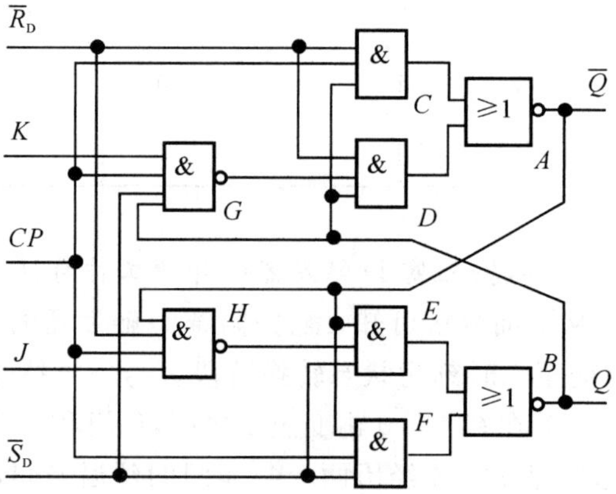

图 6.4.5　下降沿触发的 JK 触发器逻辑图

在 $\overline{R}_D=\overline{S}_D=1$ 的条件下，在 $CP=1$ 期间，由于 $Q=\overline{\overline{Q}H+\overline{Q}}=Q$，$\overline{Q}=\overline{QG+Q}=\overline{Q}$，触发器状态保持不变；在 $CP=0$ 期间，由于 $Q=\overline{\overline{Q}\cdot 1+0}=Q$，$\overline{Q}=\overline{Q\cdot 1+0}=\overline{Q}$，触发器状态也不变，只有在 CP 由 1 跳变到 0 时，由于 G 门和 H 门的平均延迟时间比基本触发器平均延迟时间长，所以 $CP=0$ 首先封锁了 C 门和 F 门，使其输出 $C=0$，$F=0$，这样由 A，B，D，E 门构成了类似两个与非门组成的基本触发器，H 起 S 信号作用，G 起 R 信号作用，所以

$$Q^{n+1}=\overline{S}+RQ^n=J\overline{Q}^n+\overline{KQ^n}\cdot Q^n=J\overline{Q}^n+\overline{K}Q^n$$

以后 G 门和 H 门被 $CP=0$ 封锁，$G=H=1$，触发器状态保持不变。触发器在完成一次状态

翻转后，不会再出现空翻。

但是如果 G 门，H 门的平均延迟时间小于基本触发器的平均延迟时间，则在 CP 由 1 跳变至 0 后，G 门，H 门被封锁，输出均为 1，这样触发器状态就可能一直维持不变，不能实现正确的逻辑功能。

由以上分析可知，在 $CP=0$ 及 $CP=1$ 期间，触发器状态均维持不变，只有在 CP 下跳沿（后沿）到达时刻，触发器状态才发生转换，所以是后沿触发。状态方程可写为

$$Q^{n+1}=[J\overline{Q}^n+\overline{K}Q^n]CP\downarrow$$

其功能表如表 6.4.2 所示。逻辑符号同图 6.3.7。

表 6.4.2　后沿触发 JK 触发器功能表

$\overline{R}_D$	$\overline{S}_D$	CP	J	K	Q^{n+1}
0	1	×	×	×	0
1	0	×	×	×	1
1	1	↓	0	0	Q^n
1	1	↓	0	1	0
1	1	↓	1	0	1
1	1	↓	1	1	$\overline{Q}^n$

2. 脉冲工作特性

假设基本触发器的翻转延迟时间为 $2t_{pd}$，G 门和 H 门的平均延迟时间大于 $2t_{pd}$。由以上分析可见，在 CP 下跳沿到达之前，必须建立起 $G=\overline{Q^nK}$，$H=\overline{J\,\overline{Q}^n}$，所以 $CP=1$ 的持续时间应大于 $2t_{pd}$。且在这段时间内 J，K 信号要保持稳定，不能发生变化。在 CP 脉冲下跳沿到达之后，为保证触发器可靠地翻转，$CP=0$ 的持续期也应大于 $2t_{pd}$。这样，触发器的最高工作频率

$$f_{CP\max}\leqslant\frac{1}{t_{CPH}+t_{CP2}}=\frac{1}{4t_{pd}}$$

由于图 6.4.5 所示后沿触发的边沿触发器在 CP 下跳沿到达之前，G 和 H 信号建立时间内对输入 J，K 信息敏感，而在后沿到达之后，$CP=0$ 即封锁了 G 门，H 门，J，K 不需要保持，因此，这种触发器的抗干扰能力强，工作速度也较高。

图 6.4.6 所示为其工作波形图。

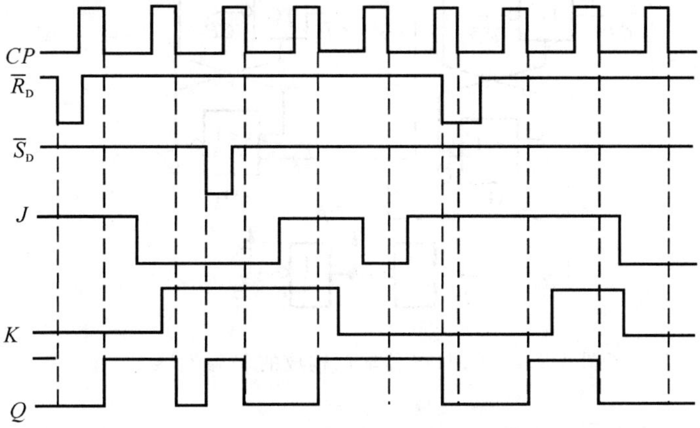

图 6.4.6　下降沿触发的 JK 触发器工作波形图

三、CMOS 传输门构成的边沿触发器

1. CMOS 传输门构成的基本触发器

从图 6.4.7 可知 CMOS 传输门构成的基本触发器是由传输门 TG_1，TG_2 和两个或非门相连而构成。当 $CP=0$，$\overline{CP}=1$ 时，传输门 TG_1 导通，TG_2 断开，触发器接收输入信号 D，使 $\overline{Q}=\overline{D}$，$Q=D$。当 $CP=1$，$\overline{CP}=0$ 时，传输门 TG_1 断开，TG_2 导通，触发器状态保持不变，将 $CP=0$ 时接收到的信号存储起来。

这种基本触发器的功能和钟控D触发器的功能完全一致，是属于电位触发方式，CP 为低电平有效。

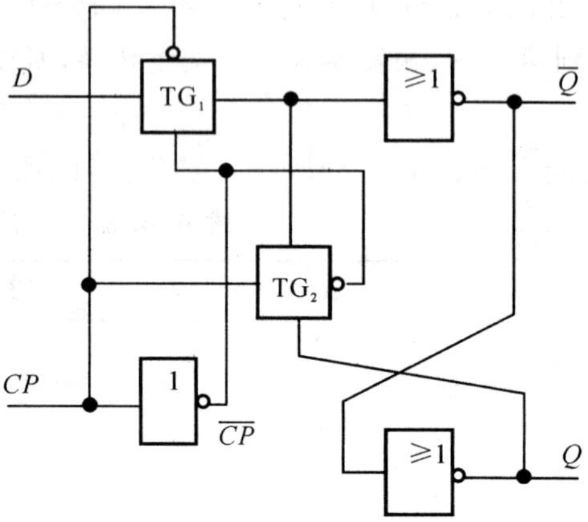

图 6.4.7　CMOS 传输门构成的基本触发器

2. CMOS 传输门构成的 D 边沿触发器

图 6.4.8 所示为 CMOS 传输门构成的 D 边沿触发器电路。

(1) 电路构成。它是由两个如图 6.4.7 所示的基本触发器级联构成主从结构形式。主触发器是由传输门 TG_1，TG_2 和或非门 G_1，G_2 构成。从触发器是由传输门 TG_3，TG_4 和门 G_3，G_4 构成。两个反相器为输出门，图中 R_D，S_D 为异步置 0，置 1 输入端。如图中虚线所示，当 $R_D=1$，$S_D=0$ 时，实现异步置 0；当 $R_D=0$，$S_D=1$ 地，实现异步置 1，R_D，S_D 信号高电平有效。

(2) 工作原理。当 $CP=0$，$\overline{CP}=1$ 时，TG_1 导通，TG_2 断开，主触发器接收输入信号 D，使 $\overline{Q}_主=\overline{D}$，$Q_主=D$。所以 $CP=0$ 的时间为主触发器状态转换。而这时 TG_3 关断，TG_4 导通，主触发器断开，从触发器保持原状态不变。以上是准备阶段。

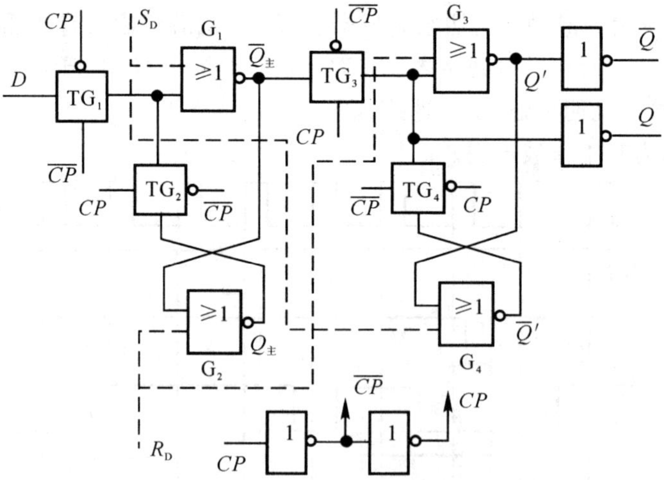

图 6.4.8　CMOS 传输门构成的 D 触发器

当 CP 由 0 跳变到 1 时，$\overline{CP}$ 由 1 跳变到 0，由于 $CP=1$，$\overline{CP}=0$，传输门 TG_1 关断，TG_2 导

通，D 信号加不进来，而或非门 G_1 和 G_3 形成交叉耦合，保持 CP 前沿时刻所接收的 D 信号，且在 $CP=1$ 期间主触发器状态一直保持不变。与此同时，传输门 TG_3 导通，TG_4 关断，从触发器和主触发器连通，接收主触发器这一时刻的状态 $Q_主$，使 $Q'=Q_主$，$\bar{Q}'=\bar{Q}_主$；输出 $Q=Q_主=D$；$\bar{Q}=\bar{Q}_主=\bar{D}$。这一时刻为触发器状态转换。

由上分析可见，图 6.4.8 所示 D 触发器的状态转换是发生在 CP 上升沿(前沿)到达时刻，且接收这一时刻的输入 D 信号，因此特征方程为

$$Q^{n+1}=[D]CP\uparrow$$

S_D，R_D 异步置 1 置 0 均使主触发器和从触发器同时异步置 1 置 0，和输入 D 信号及 CP 都无关。

3. CMOS 传输门构成的 JK 边沿触发器

图 6.4.9 所示为 CMOS 传输门构成的 JK 边沿触发器电路，它的结构与图 6.4.8 是相同的，只是在输入端增加了控制门，形成了两个激励信号输入端，由图可见

$$D=(J+Q^n)\cdot\overline{KQ^n}=(J+Q^n)(\bar{K}+\bar{Q}^n)=J\bar{Q}^n+\bar{K}Q^n$$

所以

$$Q^{n+1}=D=J\bar{Q}^n+\bar{K}Q^n$$

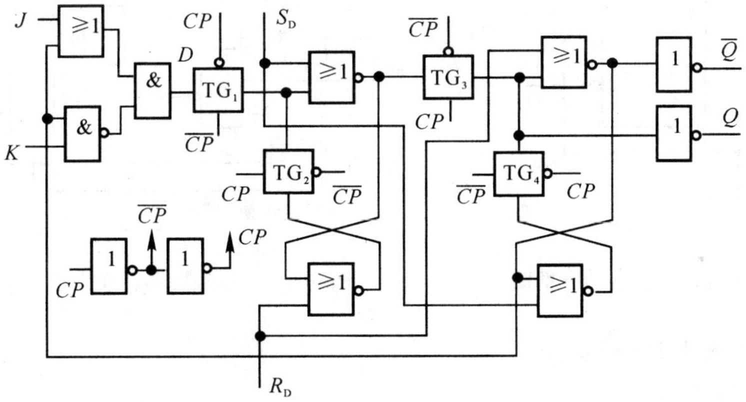

图 6.4.9　CMOS 传输门构成的 JK 触发器

应说明的是，图 6.4.9 虽是主从结构形式，但由于 $CP=1$ 时，TG_1 传输门关断，主触发器不能接收信号，因此不会发生一次翻转现象。所以这是边沿触发形式，而不是主从触发形式。

第五节　触发器类型转换

由于输入信号为双端的情况下 JK 触发器逻辑功能最完善，而输入信号在单端情况下 D 触发器用起来最方便，所以目前市场上出售的集成触发器大多数都是 JK 或 D 触发器。

在必须使用其他逻辑功能的触发器时，可通过逻辑功能转换的方法，把 JK 或 D 触发器转换成其他逻辑功能的触发器。当然，这种转换方法也适用于任何两种逻辑功能触发器之间的相互转换。

一、D触发器转换为JK,RS,T,T′触发器

1. D触发器转换为JK触发器

D触发器转换为JK触发器的方框图如图6.5.1所示。从图中可看出D触发器加上转换电路后,从虚线外输入输出看该电路具有JK触发器的逻辑功能。

从D到JK的转换可应用特征方程法,只要写出两种触发器的特征方程,令其相等即可,已知D触发器的特征方程为

$$Q^{n+1}=D$$

而JK触发器的特征方程为

$$Q^{n+1}=J\bar{Q}^n+\bar{K}Q^n$$

令

$$D=J\bar{Q}^n+\bar{K}Q^n=\overline{\overline{J\bar{Q}^n}\cdot\overline{\bar{K}Q^n}}$$

形成用与非门实现的转换电路。转换电路和D触发器一起构成了新的JK触发器,如图6.5.2所示。

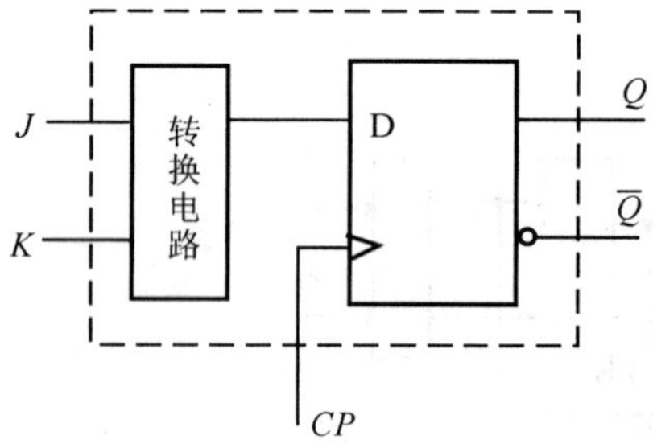

图6.5.1　D到JK转换的方框图

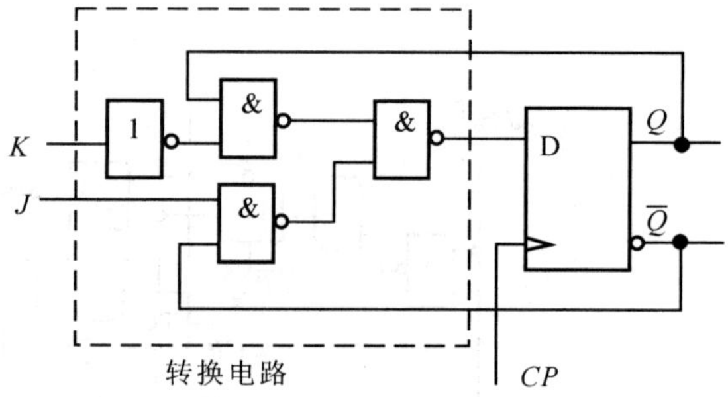

图6.5.2　D触发器转换为JK触发器的电路

2. D触发器转换为RS触发器

D触发器特征方程为

$$Q^{n+1}=D$$

而RS触发器特征方程为

$$Q^{n+1}=S+\bar{R}Q^n$$

令D触发器输入满足

$$D=S+\bar{R}Q^n=\overline{\bar{S}\cdot\overline{\bar{R}Q^n}}$$

形成了用与非门实现的转换电路。转换电路和D触发器一起构成新的RS触发器。如图6.5.3所示。

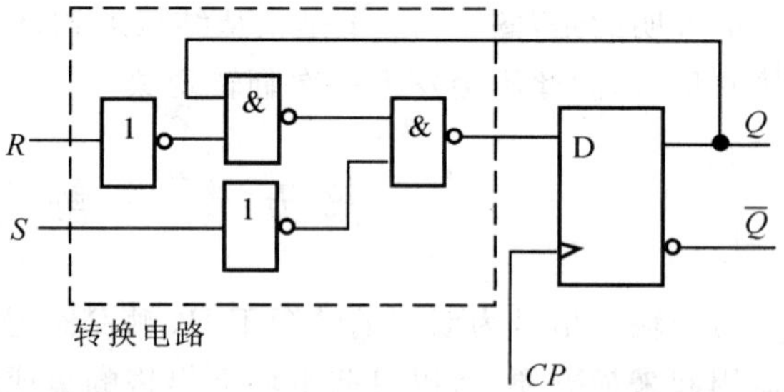

图6.5.3　D触发器转换为RS触发器的电路

不过在R,S均等于1时,$Q^{n+1}=1$,而不是以前所讲的RS触发器的不定状态。

3. D触发器转换为T,T′触发器

T触发器6个特征方程为

$Q^{n+1}=T\oplus Q^n$

故转换电路的逻辑表达式为

$$D = T \oplus Q^n$$

转换电路的逻辑图如图 6.5.4(a) 所示。

T′ 触发器的特征方程为

$$Q^{n+1} = \overline{Q}^n$$

所以只要令 D 触发器的输入 $D = \overline{Q}^n$，亦即将 $\overline{Q}$ 接回到 D 端，即可得到 T′ 触发器，电路图如图 6.5.4(b) 所示。

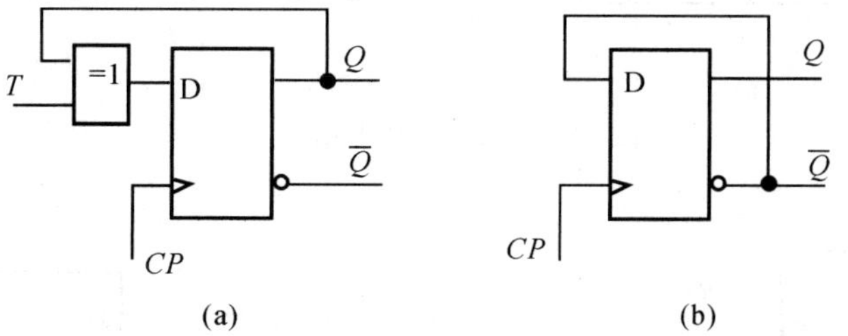

图 6.5.4　D 触发器转换为 T，T′ 触发器电路

(a) 转换成 T 触发器； (b) 转换成 T′ 触发器

二、JK 触发器转换为 RS，D，T，T′ 触发器

1. JK 触发器转换为 RS 触发器

可用状态激励表法，即列出 RS 触发器的状态转换表。而现在要用 JK 触发器实现这个转换则可根据 JK 触发器的激励表(见表 6.2.12) 写出 J，K 的信号，如表 6.5.1 所示。该表是这样列出的：当 $R=0$，$S=1$，$Q^n=0$ 时，$Q^{n+1}=1$，即 Q^n 由 0 转换到 1，实现这个转换，若用JK 触发器则根据 JK 触发器的激励表 $J=1$，$K=\times$，其余类推。根据表 6.5.1 以 R，S，Q^n 为输入变量，通过卡诺图化简，如图 6.5.5 所示，求出 J，K 信号的逻辑表达式：$J=S$，$K=R$。JK 触发器转换为 RS 触发器的电路图如图 6.5.6 所示。

表 6.5.1　JK 触发器转换为 RS 触发器的状态激励表

R	S	Q^n	Q^{n+1}	J	K
0	0	0	0	0	×
0	0	1	1	×	0
0	1	0	1	1	×
0	1	1	1	×	0
1	0	0	0	0	×
1	0	1	0	×	1
1	1	0	×	×	×
1	1	1	×	×	×

不过 $R=S=1$ 时，$Q^{n+1}=\overline{Q}^n$，而不是以前所讲的 RS 触发器的不定状态。

2. JK 触发器转换为 D 触发器

D 触发器的特征方程为 $Q^{n+1}=D$，而 JK 触发器在互补输入($J=0$，$K=1$ 或 $J=1$，$K=$

0）时，Q^{n+1} 取决于 J，即 $J=0, Q^{n+1}=0; J=1, Q^{n+1}=1$。因此只要令 $J=D, K=\overline{D}$ 即可，电路图如图 6.5.7 所示。

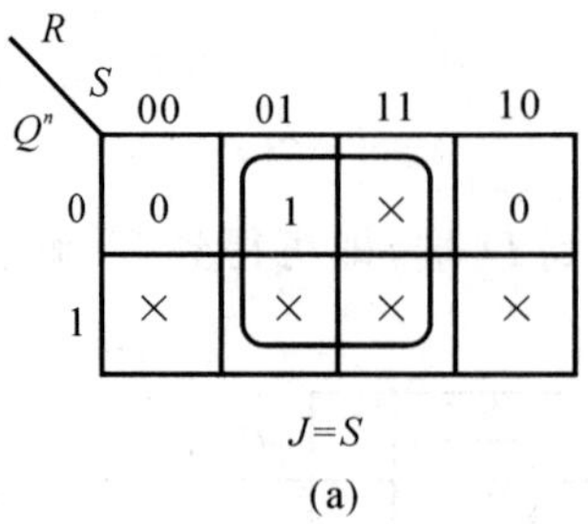

图 6.5.5　J,K 函数卡诺图

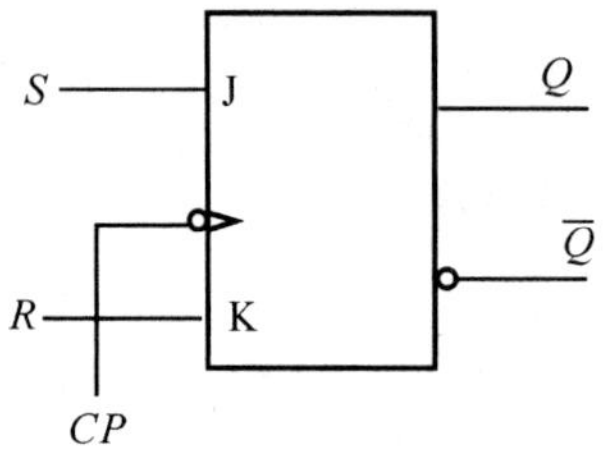

图 6.5.6　JK 触发器转换为 RS 触发器电路图

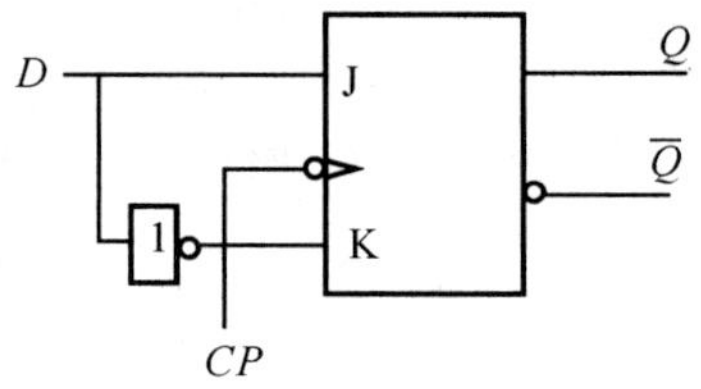

图 6.5.7　JK 触发器转换为 D 触发器电路图

3. JK 触发器转换为 T,T′ 触发器

T 触发器特征方程为

$$Q^{n+1}=T\overline{Q}^n+\overline{T}Q^n$$

故只要使 $J=K=T$，即可得到 T 触发器。电路连接方法如图 6.5.8(a) 所示。

为得到 T′ 触发器只需取 $J=K=1$ 即可，电路接法如图 6.5.8(b) 所示。

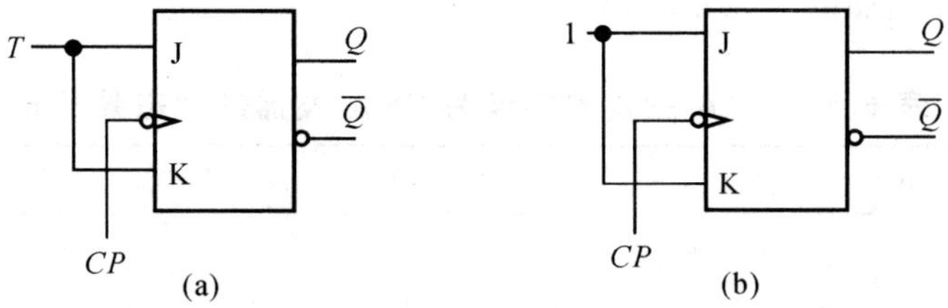

图 6.5.8　JK 触发器转换为 T,T′ 触发器电路图

(a) 构成 T 触发器；(b) 构成 T′ 触发器

习　题　六

1. 分析图 P6.1 所示由两个或非门组成的基本触发器，写出其真值表，状态转换真值表，特征方程，约束条件，状态转换图及激励表。

2. 分析图 P6.2 所示两个与或非门构成的钟控触发器，写出其真值表，状态转换真值表，特征方程，约束条件，状态转换图及激励表。

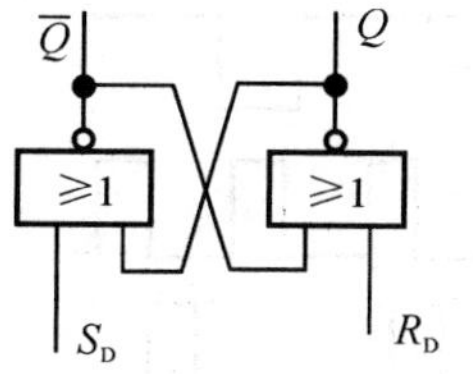

图 P6.1

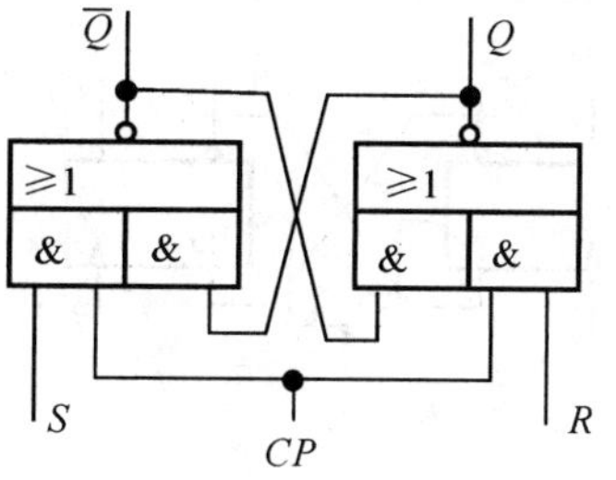

图 P6.2

3. 试画出图 P6.3 所示电路的 V_O 输出波形(设初始状态 $V_O=0$)。

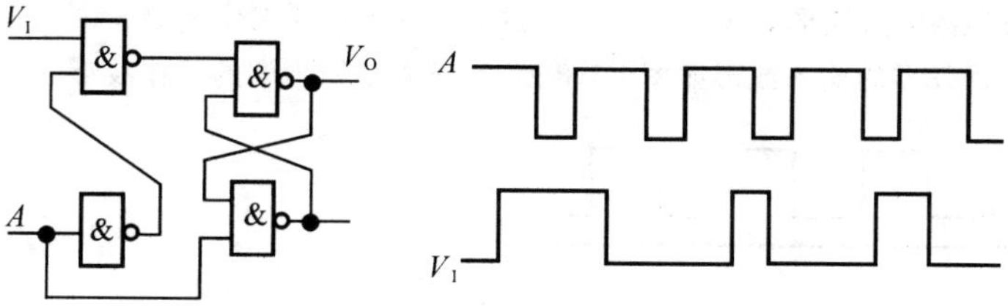

(a) (b)

图 P6.3

4. 试画出如图 P6.4 所示电路中输出 V_{O1},V_{O2} 的波形。

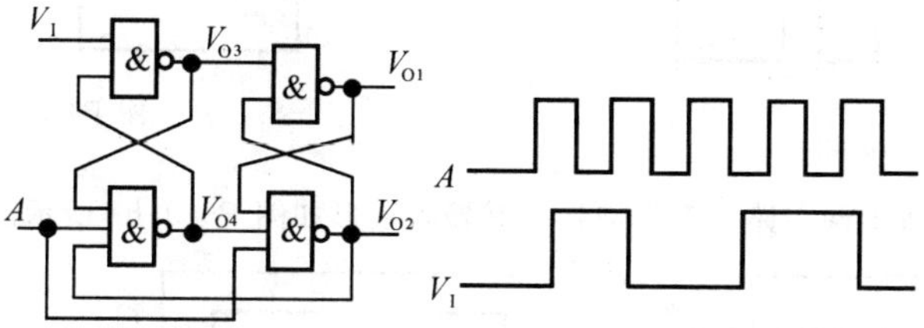

(a) (b)

图 P6.4

5. 图 P6.5 所示各边沿触发器 CP 及 A,B,C 波形已知,写出特征方程 Q^{n+1} 的表达式,画出 Q 端波形(设起始状态为 0)。

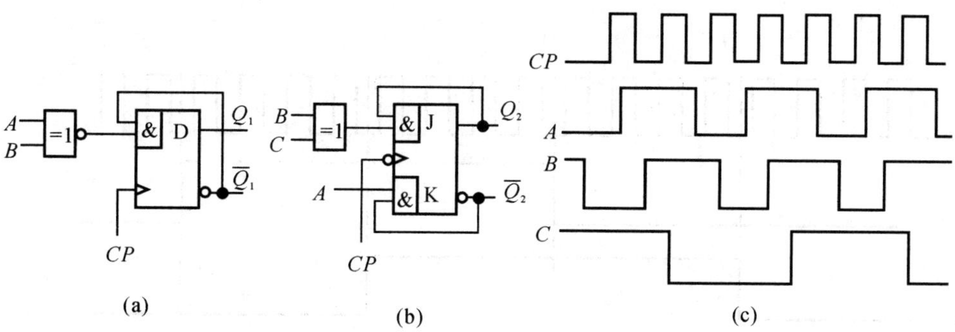

(a) (b) (c)

图 P6.5

6. 试画出图 P6.6 所示电路中 Q_1,Q_2 的输出波形。

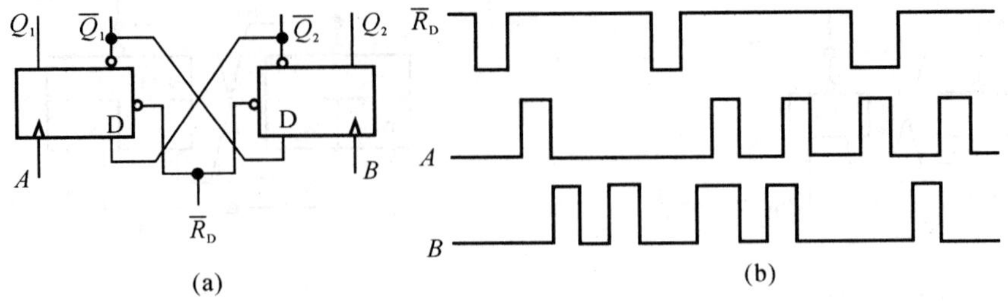

图 P6.6

7. 主从 JK 触发器的输入波形如图 P6.7 所示,试画出输出端的工作波形。

8. 维持-阻塞 D 触发器的输入波形如图 P6.8 所示,试画出输出端的工作波形。

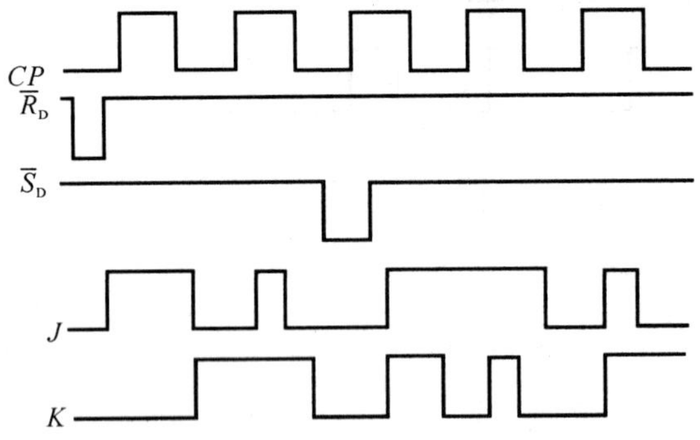

图 P6.7

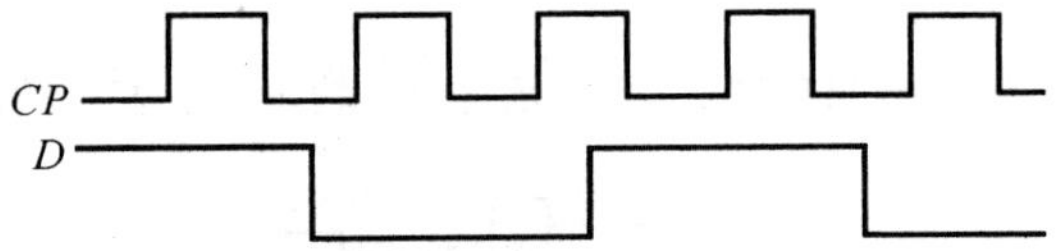

图 P6.8

9. 分别画出图 P6.9(a) 所示两电路的工作波形。其输入波形如图 P6.9(b) 所示。

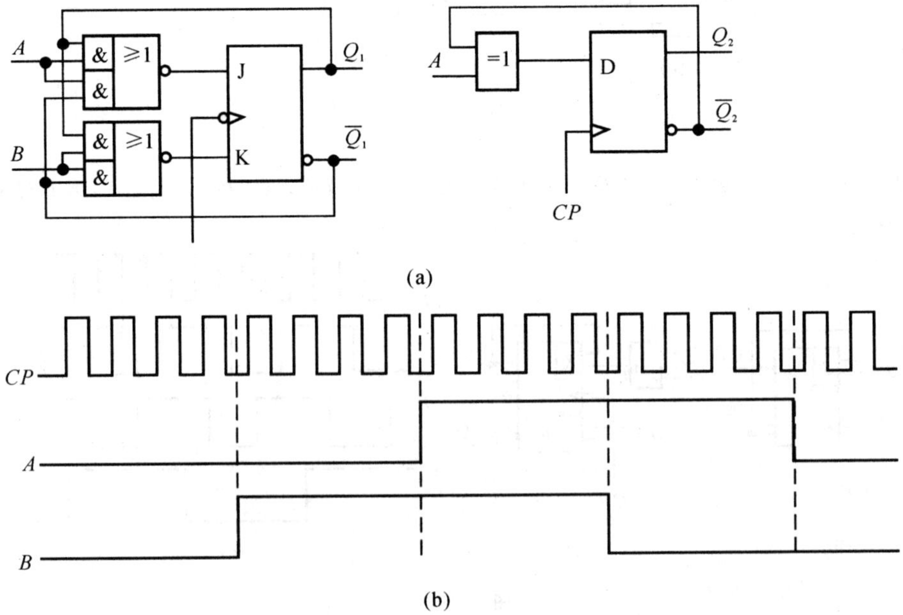

图 P6.9

10. 试画出图 P6.10 所示电路 Q_1，Q_2 的波形，JK 触发器为主从式。

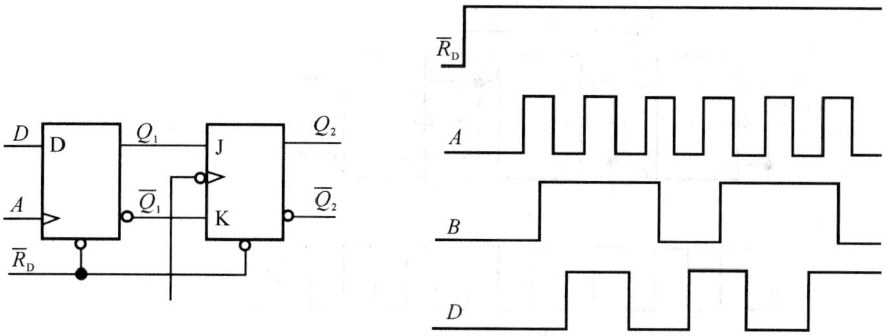

(a) (b)

图 P6.10

11. 试画出图 P6.11 所示电路 Q_1，Q_2 的波形。触发器起始状态为 0。

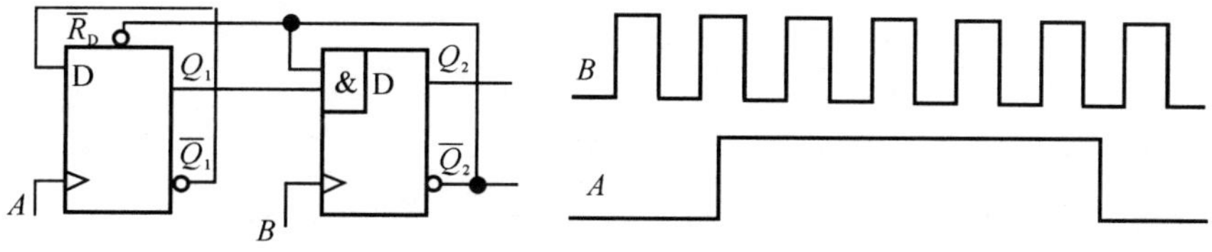

(a) (b)

图 P6.11

12. 试画出图 P6.12 所示电路 Q_1，Q_2 的波形。触发器起始状态为 0。

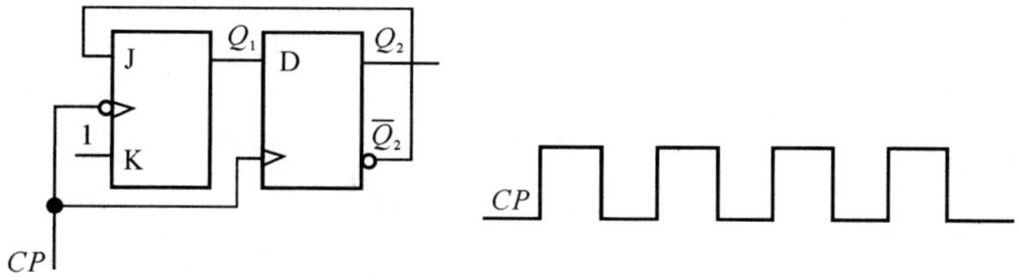

(a) (b)

图 P6.12

13. 试画出图 P6.13(a) 所示电路 Q_1，Q_2 的波形。CP 和 A 的波形如图 P6.13(b) 所示。

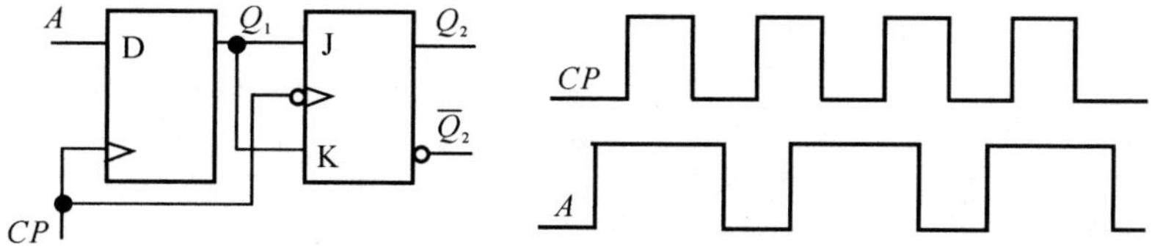

(a) (b)

图 P6.13

14. 试画出图 P6.14(a) 所示电路在 CP 脉冲(图 P6.14(b)) 作用下 Q_1,Q_2,Q_3 的波形。

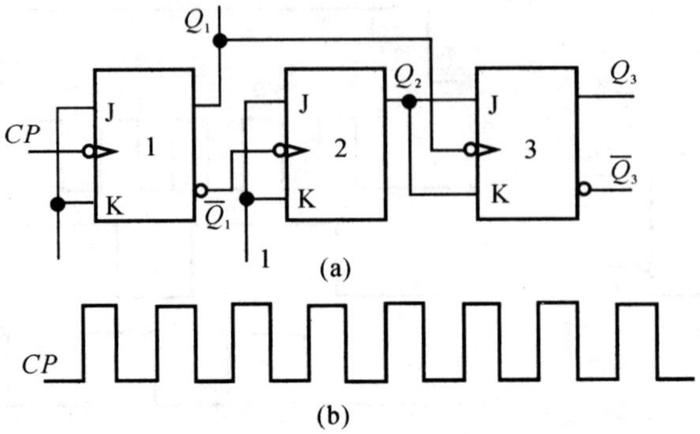

图 P6.14

第七章 时序逻辑电路

逻辑电路可分两类：一类是组合电路，这类电路的特点是：电路当前的输出仅取决于当前的输入，而和过去的输入无关。例如各种门电路。另一类是时序电路。本章将介绍时序电路的特点、分析和设计方法，介绍常用时序逻辑部件（计数器、移位寄存器、序列信号产生器）的分析、设计及应用。

第一节 时序逻辑电路概述

在时序逻辑电路中，任一时刻的输出信号不但取决于当时的输入信号，而且还取决于电路原来的状态，或者说，还与以前的输入有关，把具备这种逻辑功能特点的电路叫做时序逻辑电路（简称时序电路）。

例如触发器就是一简单的时序电路。如 JK 触发器的特征方程为

$$Q^{n+1}=J\bar{Q}^n+\bar{K}Q^n$$

Q^{n+1} 是 J,K,Q^n 的函数即 $Q^{n+1}=f(J,K,Q^n)$，说明触发器 t_{n+1} 时的输出 Q^{n+1}，不仅取决于当时的输入信号 J,K，而且还取决于电路原来的状态 Q^n，所以 JK 触发器是时序电路。

时序电路的一般结构框图如图 7.1.1 所示。从图中可看出时序电路是由组合电路和存储电路两部分组成。存储电路可由触发器构成，也可由带有反馈的组合电路构成。

组合电路与存储电路之间的关系是：

组合电路的输出 $Z(z_1,z_2,\cdots,z_j)$ 称外输出，为时序电路的输出信号；其另一部分输出 $W(w_1,w_2,\cdots,w_k)$ 称内输出，为存储电路的输入。

组合电路的输入 $X(x_1,x_2,\cdots,x_i)$ 称外输入，是时序电路的外部输入信号；其另一部分输入 $Y(y_1,y_2,\cdots,y_l)$ 称内输入，它是存储电路的输出反馈到组合电路输入端的。

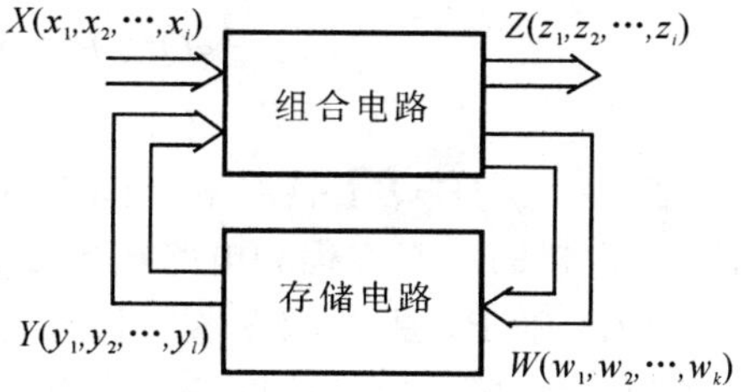

图 7.1.1 时序电路方框图

在电路的结构上具有反馈，这是时序电路的又一特点，这个特点给时序电路的研究带来新问题，也把时序电路的功能和应用推广到新领域。

时序电路有二个特点：① 具有存储电路；② 具有反馈支路。时序电路的逻辑功能可用外输入 X、内输入 Y、外输出 Z、内输出 W 四个信号进行描述。这些信号之间的关系为

$$Z(t_n)=F[X(t_n),Y(t_n)] \quad \text{电路输出方程}$$

$$W(t_n)=G[X(t_n),\ Y(t_n)] \quad \text{存储电路的激励方程}$$

$$Y(t_{n+1})=H[W(t_n),Y(t_n)] \quad \text{存储电路的状态方程}$$

其中，$Y(t_n)$ 表示 t_n 时刻存储电路的当前状态，$Y(t_{n+1})$ 为存储电路的下一状态。由以上这些关系看出在 t_{n+1} 时刻电路的输出 $Z(t_{n+1})$ 不仅取决于 t_{n+1} 时刻的输入 $X(t_{n+1})$，还取决于 $Y(t_{n+1})$，即还取决于在 t_n 时刻存储电路的输入 $W(t_n)$ 及存储电路在 t_n 时刻的状态 $Y(t_n)$。这充分反映时序电路的特点。

下面通过图 7.1.2(a) 所示电路具体说明时序电路的特点。

该电路由三个与非门构成的组合电路和由 T 触发器构成的存储电路组成。其中 x，CP 为组合电路的外输入信号，Q 为 T 触发器的输出反馈回组合电路的内输入信号，z 为电路的输出，T' 为内输出信号作为 T 触发器的输入。由该电路的结构可知这是一个典型的时序电路，可用输出方程、激励方程、状态方程对其逻辑功能进行描述。

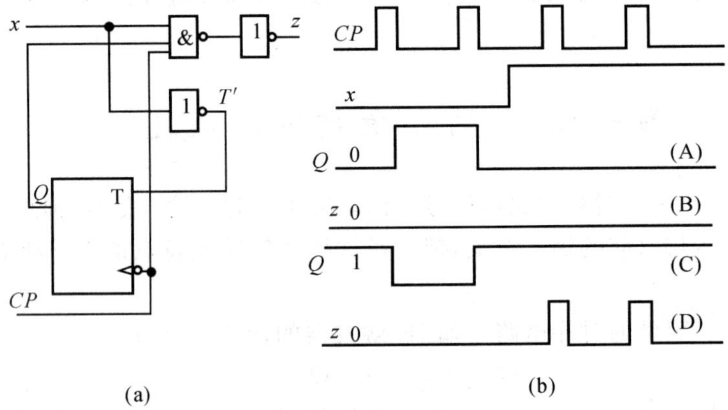

图 7.1.2 时序电路举例

(a) 时序电路； (b) 工作波形图

根据图 7.1.2(a) 可写出

$$z=xQ^nCP \quad \text{输出方程}$$

$$T=\bar{x} \quad \text{激励方程}$$

$$Q^{n+1}=[T\oplus Q^n]\cdot CP\downarrow=[\bar{x}\oplus Q^n]\cdot CP\downarrow=[x\odot Q^n]\cdot CP\downarrow \quad \text{状态方程}$$

由 T 触发器的状态方程和电路输出方程，可以画出电路的工作波形图，如图 7.1.2(b) 所示。图中，(A) 和(B) 是 T 触发器原状态 $Q=0$ 时的工作波形，(C) 和(D) 是 T 触发器原状态 $Q=1$ 时的工作波形。比较波形(B) 和(D)，它们都是电路输出 z 的波形，虽然输入信号 X，CP 完全相同，但由于 T 触发器的原状态不同，输出(B)，(D) 不同，即 $Q^n=0$，电路输出 $z=0$，若 $Q^n=1$ 则电路产生输出。由此可见时序电路的输出不仅取决于当时的输入信号(x，CP)，还取决于电路内部存储电路(T 触发器) 的原状态。

时序电路可分两大类：同步时序电路和异步时序电路。同步时序电路中，电路的状态转换仅在统一的时钟脉冲控制下才同时变化一次，如果 CP 脉冲没来，即使输入信号发生变化，它可能会影响输出，但决不会改变存储电路的状态。在异步时序电路中，存储电路的状态变化不是同时发生的。这种电路中没有统一的时钟脉冲。

时序电路按输出信号的特点可分为米里(Mealy)型和摩尔(Moore)型两类。如果输出信号同时取决于存储电路的状态和输入变量,这种时序电路称为米里型。如果输出信号仅取决于存储电路的状态,则称之为摩尔型。由此可见,摩尔型时序电路只不过是米里型的一种特例。

第二节　同步时序电路的分析与设计

一、同步时序电路的分析

时序电路的分析是根据逻辑电路图,找出它的状态转换图和状态转换表,然后从状态转换图和状态转换表得到电路工作特性的详尽描述。

分析过程如下:

(1) 根据电路图列出触发器的激励函数 W 和时序电路的输出函数 z。

(2) 根据(1)列出时序电路的状态转换真值表,或写出时序电路的状态方程。

(3) 根据(2)可画出电路的状态转换图,列出状态转换表。

(4) 电路功能描述。根据上述结果可作出时间图或进行文字描述。

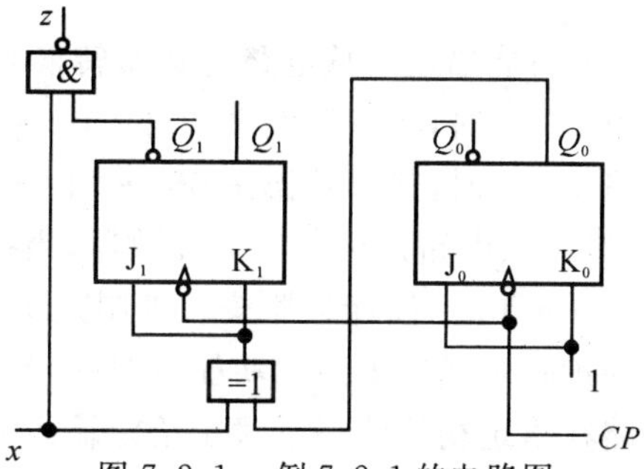

图 7.2.1　例 7.2.1 的电路图

例 7.2.1　分析图 7.2.1 所示电路,图中采用了两个 JK 触发器。x 为输入变量,z 为输出变量。

解　图中两个触发器有统一的时钟脉冲,所以本电路为同步时序电路。

(1) 根据电路图写出各触发器激励函数 W 及时序电路的外输出 z。

$$J_1 = K_1 = x \oplus Q_0 \quad J_0 = K_0 = 1 \quad z = \overline{x \cdot \overline{Q_1}}$$

(2) 列出电路的状态转换真值表。本电路有三个输入变量:x, Q_1, Q_0,在输入变量已知的条件下可确定触发器输入 J, K,从而得到触发器的次态 Q_1^{n+1}, Q_0^{n+1};输出函数 z 是由触发器现态 Q_1, Q_0 和 x 决定的。所列状态转换真值表如表 7.2.1 所示。

表 7.2.1　例 7.2.1 电路状态转换真值表

x	Q_1	Q_0	J_1	K_1	J_0	K_0	Q_1^{n+1}	Q_0^{n+1}	z
0	0	0	0	0	1	1	0	1	1
0	0	1	1	1	1	1	1	0	1
0	1	0	0	0	1	1	1	1	1
0	1	1	1	1	1	1	0	0	1
1	0	0	1	1	1	1	1	1	0
1	0	1	0	0	1	1	0	0	0
1	1	0	1	1	1	1	0	1	1
1	1	1	0	0	1	1	1	0	1

(3) 列出电路状态转换表,画出状态转换图。根据表 7.2.1 对例 7.2.1 电路的分析,可方便

地列出电路的状态转换表(见表7.2.2),画出状态转换图(见图7.2.2)。

表7.2.2　例7.2.1电路状态转换表

Q_1Q_0 \ x	0	1
0 0	0 1/1	1 1/0
0 1	1 0/1	0 0/0
1 0	1 1/1	0 1/1
1 1	0 0/1	1 0/1

$Q_1^{n+1}Q_0^{n+1}/z$

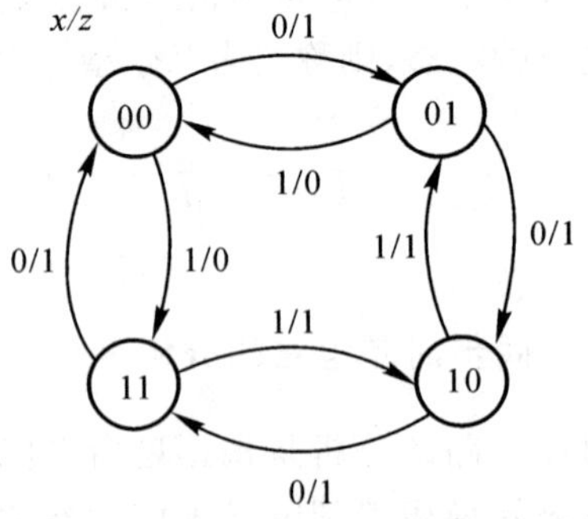

图7.2.2　例7.2.1电路状态转换图

(4) 功能描述。从电路的状态转换表,或状态转换图上可以看出:

当$x=0$时,状态转换是00→01→10→11→00→…

当$x=1$时,状态转换是00→11→10→01→00→…

所以,该电路是可控制的计数器,当控制信号$x=0$时,该计数器按二进制加1计数;当控制信号$x=1$时,该计数器按二进制减1计数。

为进一步描述电路的功能,这里介绍根据状态转换图作时序图的方法。时序图反映了时序电路在给定初始状态下对于给定输入序列的响应。这虽然有局限性,但由于它可形象地说明时序电路的工作情况并可和实验观察得到的波形相比较,因此比较重要。

假设计数器的初始状态$Q_1Q_0=00$,电平输入x的序列为111100001,求时序电路的响应。假定每一个时钟脉冲为一个节拍。

我们先利用状态转换图作出时序电路的状态响应序列,然后再作时序图。为此,将时序电路的状态以十进制数字表示,即

$$00\rightarrow 0;01\rightarrow 1;10\rightarrow 2;11\rightarrow 3$$

状态响应序列为

节拍	1	2	3	4	5	6	7	8	9
x	1	1	1	1	0	0	0	0	1
y^n	0	3	2	1	0	1	2	3	0
y^{n+1}	3	2	1	0	1	2	3	0	3
z	0	1	1	0	1	1	1	1	0

在节拍1,时序电路现态$y^n=0(Q_1Q_0=00)$,输入$x=1$,由状态转换图可得到次态$y^{n+1}=3(Q_1Q_0=11)$,输出$z=0$。在节拍2,上次的次态已成了这次的现态,因此现态$y^n=3$,输入$x=1$,得到次态$y^{n+1}=2$,输出$z=1$。以此类推,可以完成整个状态响应序列。再根据状态响应序列作出时序图。由于现态y^n包括Q_1Q_0,只要将Q_1Q_0的状态画成电位的高低,即可得到如图7.2.3所示的时序图。其中z的波形是根据$z=\overline{x\overline{Q}_1}$而画出的。

例7.2.2　分析图7.2.4所示时序电路,并作出$x=011011101$的时序图(设起始状态为0)。

解　该电路的组合电路由与门组成,存储电路由一级T触发器组成,输入信号为x,输出信号为z,是米里型时序电路。

(1) 根据电路图写出激励函数 W 和外输出 z

$$T = x$$

$$z = xQ$$

(2) 列电路状态转换真值表(见表 7.2.3)。

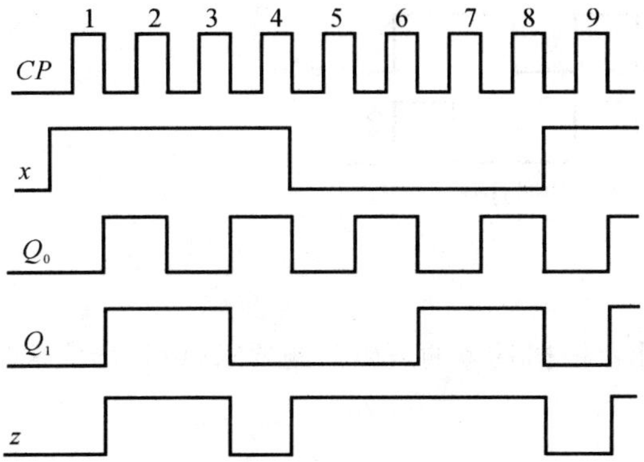

图 7.2.3 可控计数器的时序图

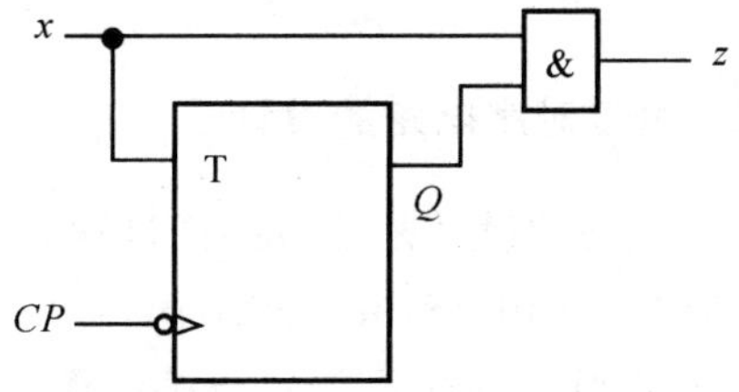

图 7.2.4 例 7.2.2 的电路图

表 7.2.3 例 7.2.2 状态转换真值表

x	Q^n	T	Q^{n+1}	z
0	0	0	0	0
0	1	0	1	0
1	0	1	1	0
1	1	1	0	1

(3) 列出电路状态转换表(见表 7.2.4),画出状态转换图(见图 7.2.5)。

表 7.2.4 例 7.2.2 状态转换表

Q_n \ x	0	1
0	0/0	1/0
1	1/0	0/1

Q^{n+1}/z

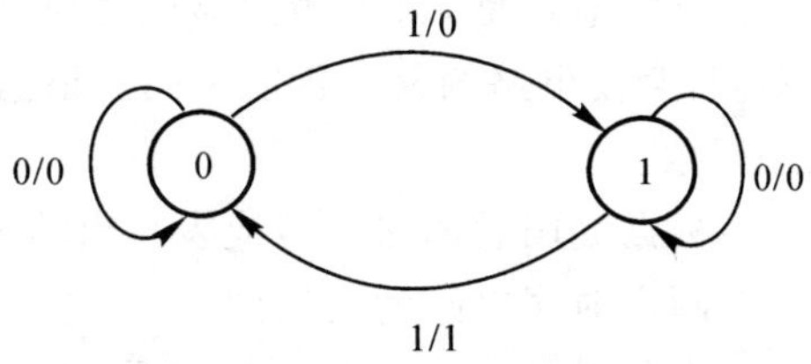

图 7.2.5 例 7.2.2 的状态转换图

(4) 功能描述:

下面首先作出状态响应序列,再作出时序图(见图 7.2.6)。

节拍	1	2	3	4	5	6	7	8	9
x	0	1	1	0	1	1	1	0	1
Q^n	0	0	1	0	0	1	0	1	1
Q^{n+1}	0	1	0	0	1	0	1	1	0
z	0	0	1	0	0	1	0	0	1

按上述分析可看出,该电路为检测电路,当输入信号输入两个“1”时输出为“1”,否则为

"0",而输入的"1"可以是连续的,也可以是不连续的。

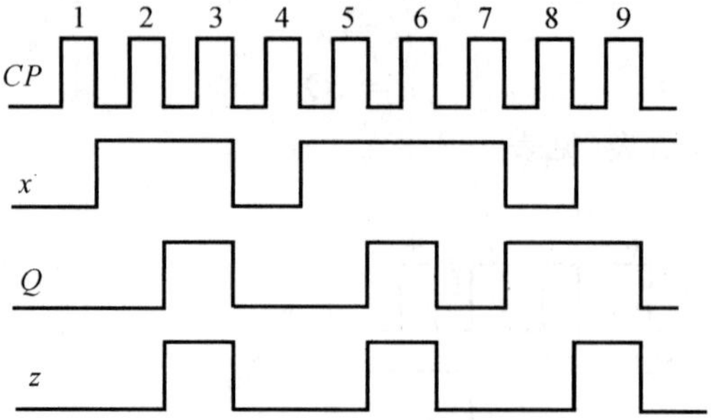

图 7.2.6　例 7.2.2 的时序图

二、同步时序电路的设计

时序电路的设计是分析的逆过程,要求设计者根据具体的逻辑问题要求,设计出完成这一逻辑功能要求的电路,并力求最简。

1. 同步时序电路设计的一般步骤

同步时序电路的设计步骤可用图7.2.7所示的框图来说明。

(1) 根据文字描述的设计要求,建立原始状态转换图和状态转换表。

(2) 状态化简。由于原始状态转换图或原始状态转换表中可能包含有多余状态,因此需要消去,得到最简的状态转换图和状态转换表。

(3) 状态分配。状态分配是指将简化后的状态转换表中每个状态赋予二进制代码,因此状态分配又叫状态编码。应该指出,不同的状态分配方案将得出不同的逻辑电路,因此,若状态分配方案选得较合适,则电路较简单。

(4) 触发器选型,求出触发器的激励函数。触发器选择的类型不同,会使电路的复杂程度不同。根据要求进行选择,并求出激励函数。

(5) 根据编码后的状态转换表写出输出函数。

(6) 画出时序电路的逻辑图。

(7) 有些设计需进一步讨论电路能否自行启动,即不用状态能否自动转入工作状态,必要时还需修改设计。

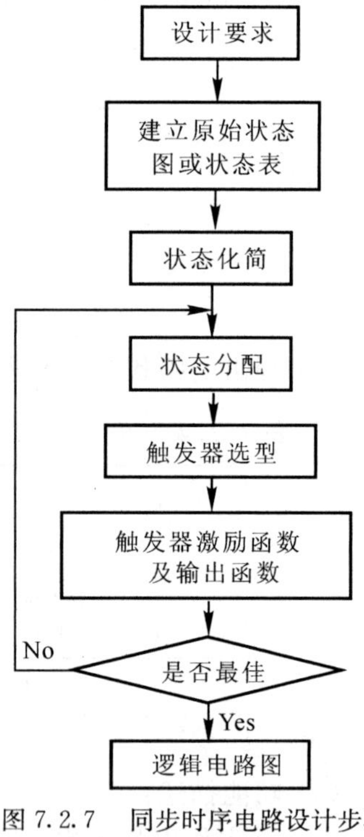

图 7.2.7　同步时序电路设计步骤

2. 同步时序电路的设计举例

下面通过实例具体说明同步时序电路的设计过程。

例 7.2.3　试设计一个"111"序列检测器,当接连三个或者三个以上 1 输入检测器时,检测器输出为 1,在其他情况下,输出为 0。

解　根据设计要求,该检测器有一个输入端 x,被检测的 0,1 信号以串行方式进入序列信号检测器。检测器有一个输出端 z。输入 x 和输出 z 关系为

$$x:11011110010\cdots$$

$$z:00000110000\cdots$$

可看出当 x 输入三个以上 1 时输出 z 为 1，其他情况时输出 z 为 0。

（1）确定原始的状态转换图和状态转换表。将设计要求写成状态转换图或状态转换表时，必须首先分析检测器的逻辑功能，然后定义状态，并使它们建立起一一对应的关系。

设 S_0 为电路输入 0 以后的状态，S_1 为输入一个 1 以后的状态，S_2 为连续输入两个 1 以后的状态，S_3 为连续输入三个或三个以上 1 以后的状态，则电路应有四个不同的状态。根据设计要求可得到图 7.2.8 所示状态转换图和表 7.2.5 所示的状态转换表。

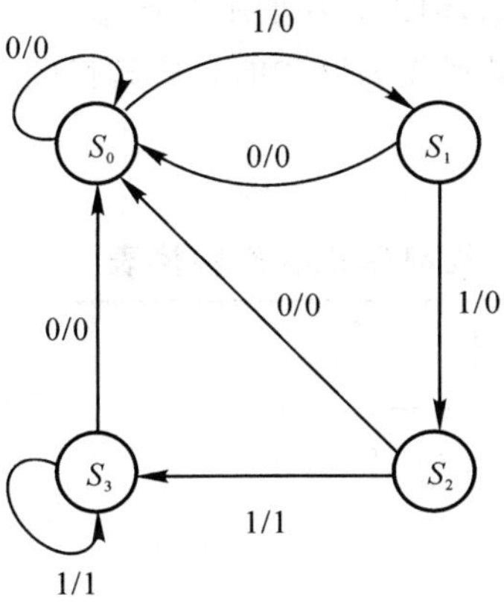

图 7.2.8　例 7.2.3 原始状态转换图

表 7.2.5　例 7.2.3 原始状态转换表

y \ x	0	1
S_0	$S_0/0$	$S_1/0$
S_1	$S_0/0$	$S_2/0$
S_2	$S_0/0$	$S_3/1$
S_3	$S_0/0$	$S_3/1$

y^{n+1}/z

（2）状态化简。应检查原始的状态转换表（图）中的状态是否有多余的，即是否有些状态是等价的，因而可进行状态化简，得到最简的状态转换表（图）。

观察表 7.2.5 可以发现，若现态 y^n 为 S_2，S_3，当输入 x 为 0 时，检测器输出 z 均为 0，而且次态 y^{n+1} 均为 S_0；当输入 x 为 1 时，检测器输出 z 均为 1，而且次态 y^{n+1} 均为 S_3。

就一般情况而言，状态转换表中，若两个状态在相同的输入下有相同的输出，而且转换到相同的状态，则称它们为等价状态。当两个状态等价时，对于任意的输入序列均能产生相同的输出序列，即等价状态对输入输出关系的影响完全一样。对于本例，状态 S_2 和 S_3 是等价的，因而用 S_0，S_1，S_2，S_3 来描述检测器的状态就有多余的状态，可以在 S_2 和 S_3 中去掉一个。本例中去掉状态 S_3，凡出现 S_3 的地方用 S_2 代替，可得到图 7.2.9 所示化简后的状态转换图（称状态转换图）和表 7.2.6 所示化简后的状态转换表（称状态转换表）。

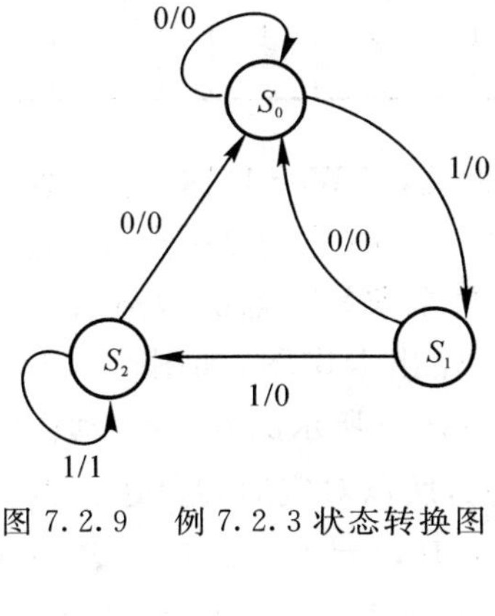

图 7.2.9　例 7.2.3 状态转换图

表 7.2.6　例 7.2.3 状态转换表

y^n \ x	0	1
S_0	$S_0/0$	$S_1/0$
S_1	$S_0/0$	$S_2/0$
S_2	$S_0/0$	$S_2/1$

y^{n+1}/z

(3) 状态分配。已知时序电路的状态是用触发器状态的不同组合来表示的。因此,首先确定触发器的数目 n。

由于 n 个触发器共有 2^n 种状态组合,所以为获得 M 个状态组合,必须取

$$2^{n-1} < M \leqslant 2^n$$

本例中 $M=3$,所以取二个触发器即可($n=2$),$n=2$ 表示有两个状态变量,可以表示为 00,01,10,11 四个不同的状态,应选哪三个来描述检测器的状态?一般认为,选择准则有二:其一是使最后得到的逻辑图最简单,其二是使多余状态不要产生死循环即成为非孤立状态。本例中选 $S_0=00$,$S_1=01$,$S_2=10$,将 S 值代入图 7.2.9 和表 7.2.6 得到代码形式的状态转换图(见图 7.2.10)和状态转换表(见表 7.2.10)。

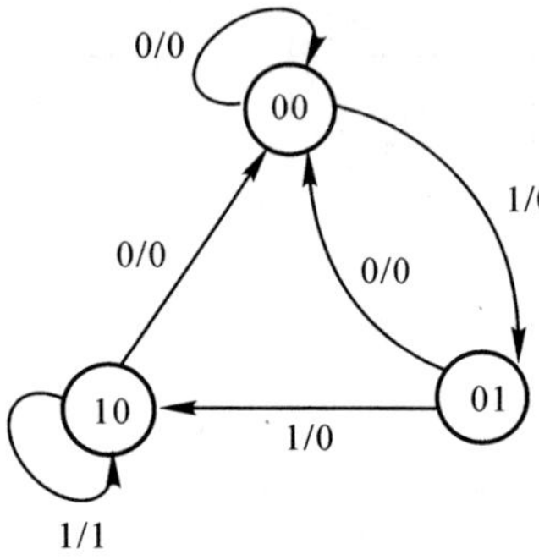

图 7.2.10 代码形式状态转换图

表 7.2.7 代码形式状态转换表

Q_2Q_1 \ x	0	1
00	00/0	01/0
01	00/0	10/0
10	00/0	10/1

$Q_2^{n+1}Q_1^{n+1}/z$

(4) 选择触发器的类型,确定触发器的激励输入及输出函数 z。为便于选择触发器的类型,对于触发器的状态转换情况可用统一的转换特性 W 符号来表示,如表 7.2.8 所示。当触发器状态由 $0 \to 0$ 时用符号 0 表示,当触发器状态由 $0 \to 1$ 时,用符号 α 表示,当触发器状态由 1 $\to$ 0 时,用符号 β 表示,当触发器 1 维持不变时,用符号 1 表示。将触发器的激励表和表 7.2.8 的转换特性符号合在一起,如表 7.2.9 所示。

表 7.2.8 转换特性符号

Q^n	$\to Q^{n+1}$	W
0	0	0
0	1	α
1	0	β
1	1	1

表 7.2.9 触发器的转换特性

W	D	J	K	T	R	S
0	0	0	×	0	×	0
1	1	×	0	0	0	×
α	1	1	×	1	0	1
β	0	×	1	1	1	0

以 JK 触发器为例,当 $W=0$(称为 0 动作),$J=0$,K 为无关,当 $W=1$(称为 1 动作),J 为无关,$K=0$。当 $W=\alpha$(称为 α 动作),$J=1$,K 为无关。当 $W=\beta$ 时(称为 β 动作),J 为无关而 $K=1$。因此可看出在时序电路的设计中可采用转换特性符号来求触发器的激励信号。方法如下:将表 7.2.7 的代码形式状态转换表画出电路的次态 / 输出卡诺图,如图 7.2.11(a) 所示。将图 7.2.11(a) 所示的卡诺图可转换为图 7.2.11(b),(c),(d) 所示的 W_2,W_1 动作卡诺图和 z 的输出卡诺图,但要注意 $Q_2Q_1=11$ 的状态是没有指定的,所以对应的 $Q_2^{n+1}Q_1^{n+1}$ 和 Z 可作无关项处理。转换过程如下:在图 7.2.11(a) 中,当 $Q_2Q_1=00$ 时,$x=0$,次态 $Q_2^{n+1}Q_1^{n+1}=00$,根据表 7.2.8 可知 $W_2=0$,$W_1=0$,二个触发器都做 0 动作;当 $x=1$,次态 $Q_2^{n+1}Q_1^{n+1}=01$,所以

$W_2=0$，$W_1=\alpha$，触发器 2 做 0 动作，触发器 1 做 α 动作，其余类推。输出 z 的卡诺图和一般卡诺图相同。

从 W_2，W_1 动作卡诺图上可直接求出 J_2，K_2；J_1，K_1。从表 7.2.9 触发器的转换特性可看出，对于 JK 触发器 $W=\alpha$ 时，$J=1$；$W=0$ 时，$J=0$；而 $W=1$，$W=\beta$ 时对应 J 为无关。因此在动作卡诺图上对于 J 是 α 必须包含，0 必须排除，1 和 β 为无关项，同理对于 K 是 β 必须包含($K=1$)，1 必须排除($K=0$)，0，α 为无关项。因此求出

$$J_2=xQ_1,\quad K_2=\bar{x}$$
$$J_1=x\bar{Q}_2,\quad K_1=1$$

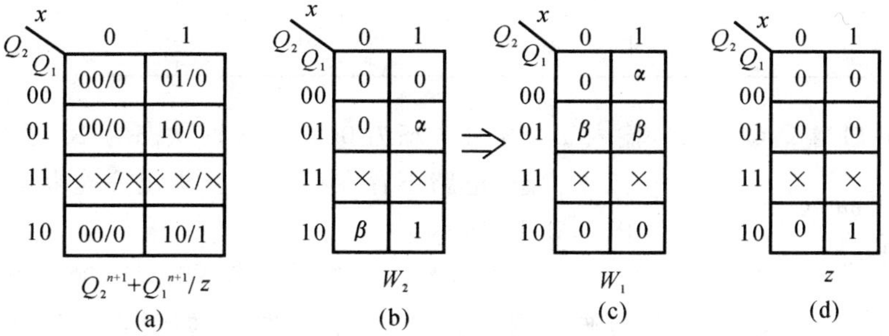

图 7.2.11　W_2，W_1，z 的卡诺图

(a) 次态 / 输出卡诺图；(b) W_2 动作卡诺图；(c) W_1 动作卡诺图；(d) z 卡诺图

同理根据表 7.2.9 可列出各种触发器激励函数和转换特性的关系如表 7.2.10 所示。

表 7.2.10　触发器激励函数为 1 时与转换特性关系

触发器激励	应包含的转换特性	必须排除的转换特性	作无关项的转换特性
$\{R$	β	$\alpha,1$	0
$\ S$	α	$\beta,0$	1
J	α	0	$\beta,1$
K	β	1	$\alpha,0$
D	$1,\alpha$	$0,\beta$	
T	α,β	$0,1$	

若采用 RS 触发器，对于 R 是 β 必须包含，α 和 1 必须排除，0 为无关；对于 S 是 α 必须包含，β 和 0 必须排除，1 为无关。因此从动作卡诺图上求出

$$R_2=\bar{x},\quad S_2=xQ_1$$
$$R_1=Q_1,\quad S_1=x\bar{Q}_2\bar{Q}_1$$

若采用 D 触发器，对于 D 是 $1,\alpha$ 必须包含，而 $0,\beta$ 必须排除，从动作卡诺图上求出

$$D_2=xQ_1+xQ_2=x(Q_1+Q_2)=x\overline{\bar{Q}_1\bar{Q}_2}$$
$$D_1=x\bar{Q}_2\bar{Q}_1$$

若采用 T 触发器，对于 T 是 α,β 必须包含，0 和 1 必须排除，从动作卡诺图上求出

$$T_2=xQ_1+\bar{x}Q_2$$
$$T_1=x\bar{Q}_2+Q_1$$

比较上面分析结果，采用JK触发器电路最简单。

最后根据图7.2.11(d) z 的卡诺图求出

$$z = xQ_2$$

(5) 检查未指定状态，检查它是否是孤立状态。在本例中未加指定的状态 $S_3=11$，从已求出的 $J_2=xQ_1$，$K_2=\bar{x}$，$J_1=x\bar{Q}_2$，$K_1=1$ 列出 S_3 状态的状态转换真值表，如表7.2.11所示。

表 7.2.11　$S_3=11$ 时状态转换真值表

x	Q_2	Q_1	J_2	K_2	J_1	K_1	Q_2^{n+1}	Q_1^{n+1}	z
0	1	1	0	1	0	1	0	0	0
1	1	1	1	0	0	1	1	0	1

从表7.2.11可知当 $Q_2Q_1=11$，输入 $x=0$ 时次态为00；$x=1$ 时次态为10，所以 S_3 为非孤立状态，电路不存在死循环。画出完全状态转换图如图7.2.12所示。

(6) 画出逻辑电路图。若采用JK触发器和与非门可画出例7.2.3的逻辑电路图，如图7.2.13所示。

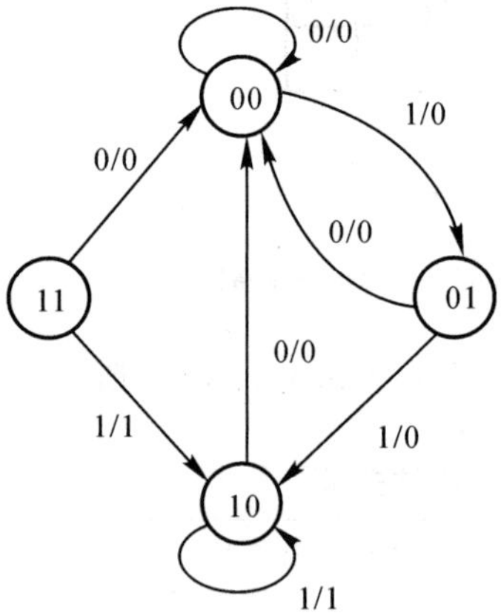

图 7.2.12　例 7.2.3 完全状态转换图

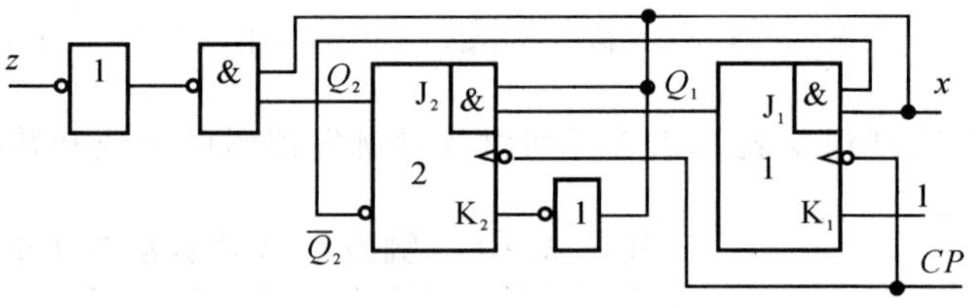

图 7.2.13　例 7.2.3 逻辑电路图

例 7.2.4　设计一公路和铁路交叉路口交通控制电路如图7.2.14所示。在 P_1 和 P_2 点设置两个压敏元件。这两点相距较远，因此一列火车不会同时压在两个压敏元件上。A,B 是两个栅门，要求火车任何部分位于 P_1,P_2 之间时，栅门 A,B 应同时关闭，否则栅门同时打开。压敏元件的功能是，当它承受火车的压力时，产生逻辑电平1，否则为0。压敏元件 P_1,P_2 的输出用 x_1,x_2 表示，它控制一电路，其输出为 z，当 $z=1$，栅门 A,B 关闭；当 $z=0$，栅门 A,B 打开。

解　(1) 建立原始状态转换图和状态转换表。

火车通过交叉路口的运行过程以及在此过程中控制电路的输入、输出情况是：

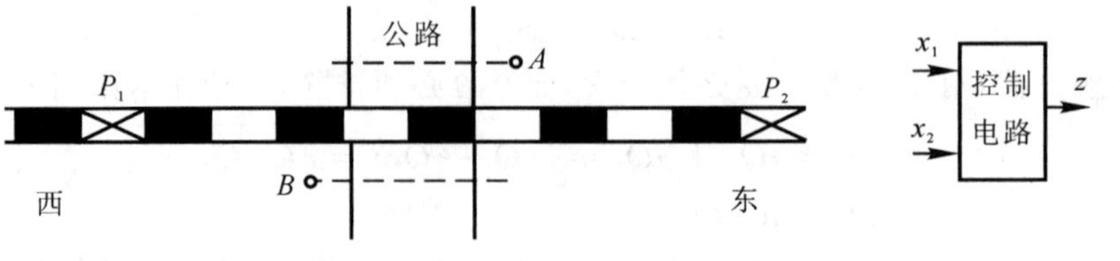

图 7.2.14　交通控制电路

① 火车尚未到来，这时 $x_1x_2=00$，输出 $z=0$。

② 火车由西向东行驶，并压在 P_1 上，这时 $x_1x_2=10$，输出 $z=1$。

③ 火车继续由西向东行驶，且位于 P_1 和 P_2 之间，这时 $x_1x_2=00$，输出 $z=1$。

④ 火车仍继续由西向东行驶，且压在 P_2 上，这时 $x_1x_2=01$，输出 $z=1$。

当火车离开 P_2 后情况与 ① 相同。

同理当火车由东向西行驶时，情况如下：

⑤ 输入 $x_1x_2=01$，输出 $z=1$。

⑥ 输入 $x_1x_2=00$，输出 $z=1$。

⑦ 输入 $x_1x_2=10$，输出 $z=1$。

该电路共有 7 个状态，用 $S_1,S_2,S_3,S_4,S_5,S_6,S_7$ 表示。

按上述分析，可得原始状态转换图如图 7.2.15 所示，状态转换表如表 7.2.12 所示。

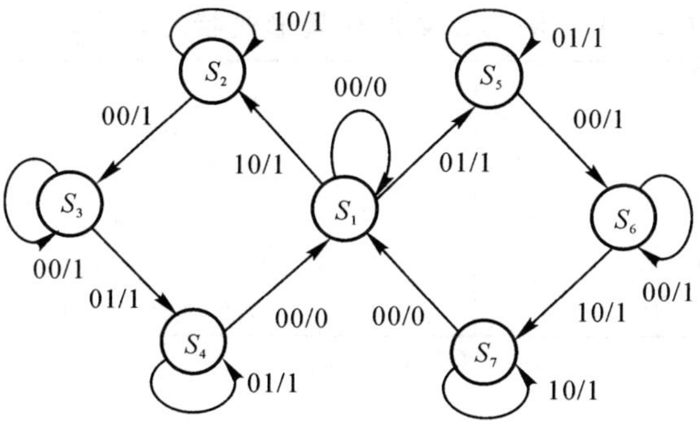

图 7.2.15　例 7.2.4 的原始状态转换图

表 7.2.12　例 7.2.4 的原始状态转换表

y^n \ x_1x_2	0 0	0 1	1 1	1 0
S_1	$S_1/0$	$S_5/1$	×/×	$S_2/1$
S_2	$S_3/1$	×/×	×/×	$S_2/1$
S_3	$S_3/1$	$S_4/1$	×/×	×/×
S_4	$S_1/0$	$S_4/1$	×/×	×/×
S_5	$S_6/1$	$S_5/1$	×/×	×/×
S_6	$S_6/1$	×/×	×/×	$S_7/1$
S_7	$S_1/0$	×/×	×/×	$S_7/1$

y^{n+1}/z

(2) 状态化简。表 7.2.12 中存在无关项，为了进行化简，把表中 $x_1x_2=01,10$ 两列中的×取适当值，如表 7.2.13(a) 中标有 * 的各栏列值所示。由表可见，S_2 和 S_3，S_4 和 S_7，S_5 和 S_6 是等价状态，可以合并。这样就得出简化的状态转换表如表 7.2.13(b) 所示。

(3) 状态分配。由以上分析可知本电路有 4 个状态，所以 $n=2$，状态分配为 $S_1=00$，$S_2=01$，$S_4=11$，$S_5=10$。代码形式状态转换表如表 7.2.14 所示。

表 7.2.13　例 7.2.4 的状态转换图

y^n \ x_1x_2	0 0	0 1	1 1	1 0
S_1	$S_1/0$	$S_5/1$	×/×	$S_2/1$
S_2	$S_3/1$	$S_4/1^*$	×/×	$S_2/1$
S_3	$S_3/1$	$S_4/1$	×/×	$S_2/1^*$
S_4	$S_1/0$	$S_4/1$	×/×	$S_7/1^*$
S_5	$S_6/1$	$S_5/1$	×/×	$S_7/1^*$
S_6	$S_6/1$	$S_5/1^*$	×/×	$S_7/1$
S_7	$S_1/0$	$S_4/1^*$	×/×	$S_7/1$

y^{n+1}/z

(a)

y^n \ x_1x_2	0 0	0 1	1 1	1 0
S_1	$S_1/0$	$S_5/1$	×/×	$S_2/1$
S_2	$S_2/1$	$S_4/1$	×/×	$S_2/1$
S_4	$S_1/0$	$S_4/1$	×/×	$S_4/1$
S_5	$S_5/1$	$S_5/1$	×/×	$S_4/1$

y^{n+1}/z

(b)

表 7.2.14　例 7.2.4 的代码形式状态转换表

Q_2Q_1 \ x_1x_2	0 0	0 1	1 1	1 0
00	00/0	10/1	××/×	01/1
01	01/1	11/1	××/×	01/1
11	00/0	11/1	××/×	11/1
10	10/1	10/1	××/×	11/1

$Q_2^{n+1}Q_1^{n+1}/z$

(4) 选择触发器类型,确定其激励输入和电路输出 z。根据表 7.2.14 画出两个触发器的动作卡诺图及输出 z 的卡诺图,如图 7.2.16 所示。

Q_2Q_1 \ x_1x_2	00	01	11	10
00	0	α	×	0
01	0	α	×	0
11	β	1	×	1
10	1	1	×	1

W_2

Q_2Q_1 \ x_1x_2	00	01	11	10
00	0	0	×	α
01	1	1	×	1
11	β	1	×	1
10	0	0	×	α

W_1

Q_2Q_1 \ x_1x_2	00	01	11	10
00	0	1	×	1
01	1	1	×	1
11	0	1	×	1
10	1	1	×	1

z

图 7.2.16　例 7.2.4 的 W_2,W_1,z 卡诺图

选用 JK 触发器从动作卡诺图上求出

$$\begin{cases}J_2 = x_2\\ K_2 = \bar{x}_1\bar{x}_2Q_1\end{cases}\qquad \begin{cases}J_1 = x_1\\ K_1 = \bar{x}_1\bar{x}_2Q_2\end{cases}$$

从 z 卡诺图上求出输出

$$z = x_1 + x_2 + (Q_2 \oplus Q_1)$$

(5) 画出逻辑电路图。根据上述激励函数和输出方程可画出逻辑电路图如图 7.2.17 所示。

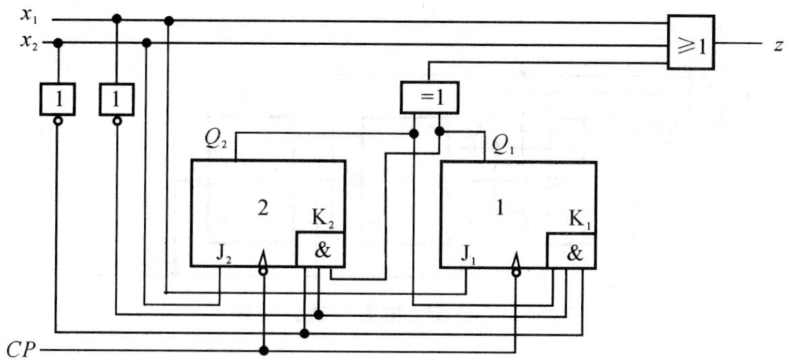

图 7.2.17　例 7.2.4 的逻辑电路图

第三节　计 数 器

本节主要介绍常用的时序逻辑功能部件之一 —— 计数器，介绍计数器的分析与设计方法，以及集成计数器的原理及应用。

在数字系统中计数器是使用最多的时序电路，它不仅可以用来对时钟脉冲计数，还可以对某个频率的时钟脉冲进行分频，以及构成时间分配器或时序发生器对数字系统进行定时、程序控制操作，还能用它执行数字运算等。几乎每一种数字设备中都有计数器。

根据计数脉冲引入方式不同，可将计数器分为同步计数器和异步计数器两大类。根据计数器在计数过程中数字的增减趋势，又分为加法计数器、减法计数器及可逆计数器。根据计数器的计数模值来分可分为计数模值为 2^n 的二进制计数器和计数模值非 2^n 的非二进制计数器（n 为触发器级数）用的较多的如十进制计数器。按电路集成度分可分为：小规模集成计数器，它是由若干个集成触发器和门电路经外部连线构成具有计数功能的逻辑电路；中规模集成计数器，它一般用四个集成触发器和若干个门电路经内部连接集成在一块硅片上，它是计数功能比较完善并能进行功能扩展的逻辑部件。

一、同步计数器的分析与设计

同步计数器是将计数脉冲同时引入到各级触发器，当计数时钟脉冲到来时，各级触发器的状态同时发生转换。

1. $M=2^n$ 的同步计数器的分析与设计

(1) 同步二进制加法计数器。分析图 7.3.1 所示同步时序电路的逻辑功能。

① 根据电路图写出触发器激励函数及电路输出 z。

$$J_1=K_1=1 \qquad J_2=K_2=Q_1$$

$$J_3=K_3=Q_2Q_1 \qquad z=Q_3Q_2Q_1$$

② 列出电路的状态转换真值表（见表 7.3.1）。

本电路由三级触发器组成，有三个输入状态变量 Q_3, Q_2, Q_1，在输入状态变量已知的条件下确定 J, K 的值，求出 $Q_3^{n+1}, Q_2^{n+1}, Q_1^{n+1}$ 并求出 z。

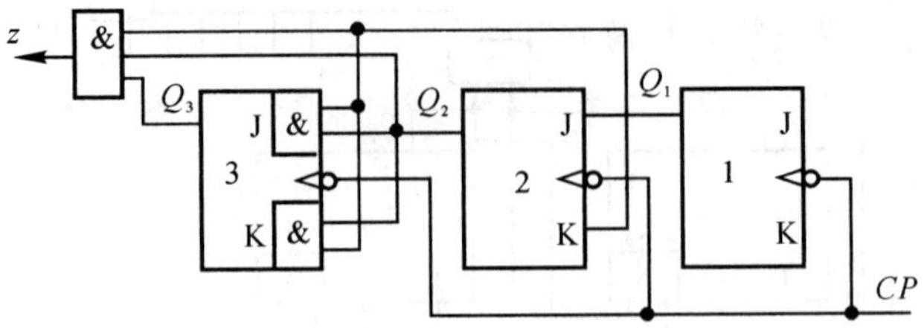

图 7.3.1　同步二进制加法计数器

表 7.3.1　图 7.3.1 电路的状态转换真值表

Q_3	Q_2	Q_1	J_3	K_3	J_2	K_2	J_1	K_1	Q_3^{n+1}	Q_2^{n+1}	Q_1^{n+1}	z
0	0	0	0	0	0	0	1	1	0	0	1	0
0	0	1	0	0	1	1	1	1	0	1	0	0
0	1	0	0	0	0	0	1	1	0	1	1	0
0	1	1	1	1	1	1	1	1	1	0	0	0
1	0	0	0	0	0	0	1	1	1	0	1	0
1	0	1	0	0	1	1	1	1	1	1	0	0
1	1	0	0	0	0	0	1	1	1	1	1	0
1	1	1	1	1	1	1	1	1	0	0	0	1

③ 画出电路的状态转换图，列出状态转换表。

根据表 7.3.1 画出电路状态转换图如图 7.3.2 所示，表 7.3.2 为电路的状态转换表。

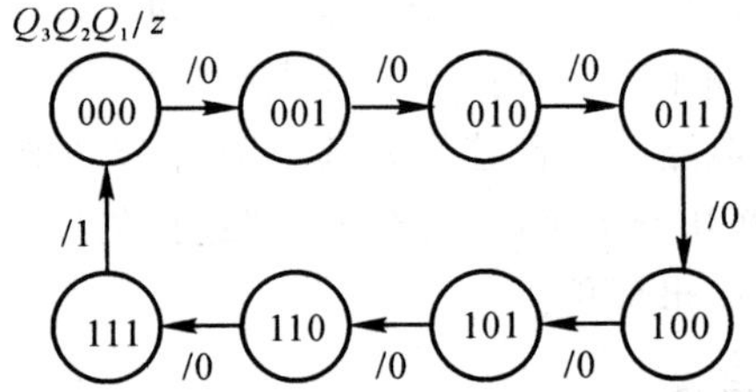

图 7.3.2　同步二进制加法计数器状态转换图

表 7.3.2　同步二进制加法计数器状态转换表

Q_3	Q_2	Q_1	Q_3^{n+1}	Q_2^{n+1}	Q_1^{n+1}	z
0	0	0	0	0	1	0
0	0	1	0	1	0	0
0	1	0	0	1	1	0
0	1	1	1	0	0	0
1	0	0	1	0	1	0
1	0	1	1	1	0	0
1	1	0	1	1	1	0
1	1	1	0	0	0	1

④ 功能描述。从电路的状态转换图和状态转换表可清楚看出，在各级触发器初始状态均

为 0 的情况下，每来一个计数脉冲，计数器状态转换一次，如输入一个计数脉冲，计数器状态转换到“001”状态，输入二个计数脉冲，计数器状态由“001”转换到“010”，以此类推。当输入第八个计数脉冲时，计数器状态由“111”转换到“000”，回到初始状态，这表示完成一次状态转换的循环，输出端输出一个脉冲，$z=1$。因此这种计数器通常也称模 8 计数器，或称 3 位二进制同步计数器。很清楚，计数器从 000 开始计数，它的不同状态可以表示已经输入的计数脉冲的数目，具有加法计数的功能，z 为计数器的进位输出信号，由表 7.3.2 可以画出同步二进制加法计数器的工作波形，如图 7.3.3 所示。

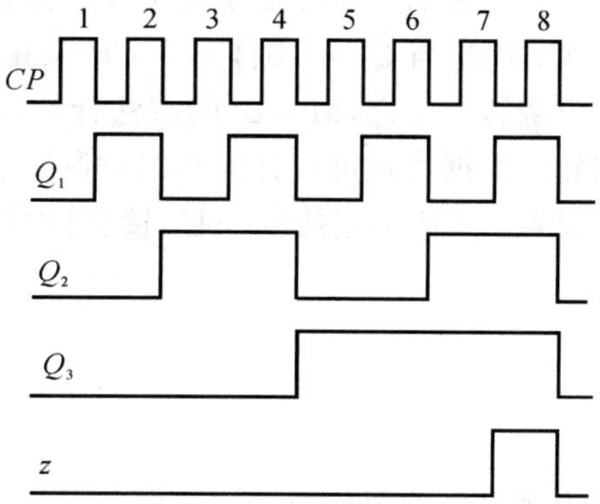

图 7.3.3　同步二进制加法计数器工作波形图

同步二进制计数器的特点是计数模值 $M=2^n$，本电路 $n=3$，所以 $M=2^3=8$。

下面我们总结 $M=2^n$ 的加法计数器状态变化规律。仍以 $n=3$ 为例，从表 7.3.2 看出 Q_1 每来一个 CP 脉冲状态都要转换一次；Q_2 是当 $Q_1=1$ 时，下个 CP 脉冲来 Q_2 才会翻转。Q_3 是当 $Q_2=Q_1=1$ 时，下个 CP 脉冲来 Q_3 才会翻转。总之 $M=2^n$ 加法计数器的计数规律是低位全为 1 时，下个 CP 来高位才能发生翻转。根据这一点就可设计同步二进制加法计数器。例如，设计 $M=16$ 的同步二进制加法计数器：由于 $2^4=16$，所以需要 4 级 JK 触发器，将 4 级触发器的 CP 端连接在一起，接至计数输入脉冲。再令

$$J_1=K_1=1$$

$$J_2=K_2=Q_1$$

$$J_3=K_3=Q_2Q_1$$

$$J_4=K_4=Q_3Q_2Q_1$$

$$z=Q_4Q_3Q_2Q_1$$

这样就设计出 $M=16$ 的同步二进制加法计数器。

(2) 同步二进制减法计数器。$M=2^n$ 的同步二进制减法计数器的状态转换表如表 7.3.3 所示(设 $n=3$)。

表 7.3.3　同步二进制减法计数器状态转换表

Q_3	Q_2	Q_1	Q_3^{n+1}	Q_2^{n+1}	Q_1^{n+1}	z
1	1	1	1	1	0	0
1	1	0	1	0	1	0
1	0	1	1	0	0	0
1	0	0	0	1	1	0
0	1	1	0	1	0	0
0	1	0	0	0	1	0
0	0	1	0	0	0	0
0	0	0	1	1	1	1

观察表 7.3.3 可发现减法计数器各级触发器的起始状态均为“1”，Q_1 每来一个 CP 都翻转一次；Q_2 是当 $Q_1=0$ 时，下个 CP 来 Q_2 才会翻转；Q_3 是当 $Q_2=Q_1=0$ 时，下个 CP 脉冲来 Q_3 才会翻转。总之，$M=2^n$ 的减法计数器的计数规律是低位全为 0 时，下个 CP 来高位才能发生翻转。根据这点可设计同步二进制减法计数器。由于 $n=3$，所以需要 3 级 JK 触发器，将 3 级触发器的 CP 端连接在一起，接至计数输入脉冲。再令

$$J_1=K_1=1$$
$$J_2=K_2=\bar{Q}_1$$
$$J_3=K_3=\bar{Q}_2\bar{Q}_1$$
$$z=\bar{Q}_3\bar{Q}_2\bar{Q}_1$$

画出逻辑电路图如图 7.3.4 所示。

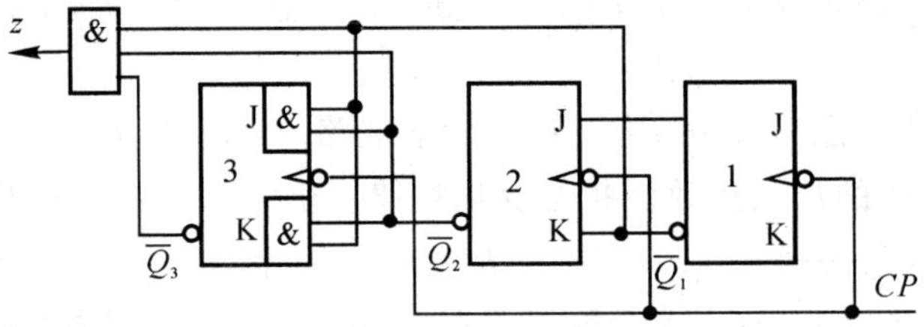

图 7.3.4 同步二进制减法计数器

(3) 同步二进制可逆计数器。能做加法，又能做减法的计数器称为可逆计数器。它是加减计数器的合成，应加一控制信号 x，当 $x=1$，计数器做加法，$x=0$，计数器做减法。根据前面分析可直接写出激励函数和进位、借位信号。设 $M=8$，所以 $n=3$，将 3 级触发器 CP 端连接在一起，接至计数输入脉冲，再令

$$J_1=K_1=1$$
$$J_2=K_2=xQ_1+\bar{x}\,\bar{Q}_1=\overline{\overline{xQ_1}\cdot\overline{\bar{x}\bar{Q}_1}}$$
$$J_3=K_3=xQ_2Q_1+\bar{x}\,\bar{Q}_2\,\bar{Q}_1=\overline{\overline{xQ_2Q_1}\cdot\overline{\bar{x}\,\bar{Q}_2\,\bar{Q}_1}}$$
$$Z=xQ_3Q_2Q_1+\bar{x}\,\bar{Q}_3\,\bar{Q}_2\,\bar{Q}_1=\overline{\overline{xQ_3Q_2Q_1}\cdot\overline{\bar{x}\,\bar{Q}_3\,\bar{Q}_2\,\bar{Q}_1}}$$

画出逻辑电路图如图 7.3.5 所示。读者可自己分析其工作情况。

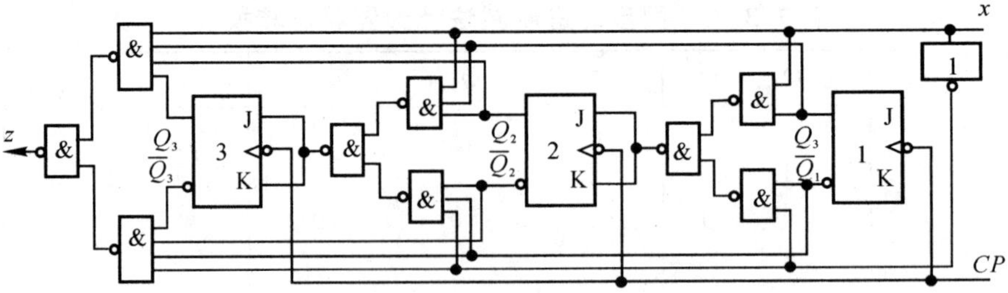

图 7.3.5 同步二进制可逆计数器

2. $M\neq 2^n$ 的同步计数器的分析与设计

(1) $M\neq 2^n$ 的同步计数器的分析。

例 7.3.1 分析图 7.3.6 所示同步时序电路的逻辑功能。

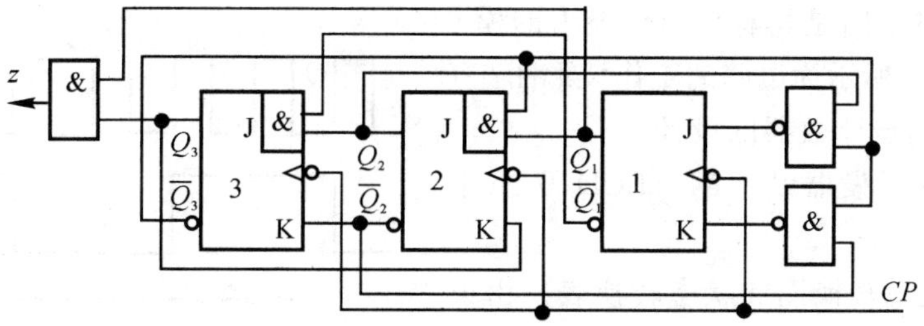

图 7.3.6　例 7.3.1 电路图

解　(1) 根据电路图写出触发器的激励函数及电路的输出 z。

$$J_1 = \overline{Q_2\overline{Q}_3} \quad K_1 = \overline{\overline{Q}_2\overline{Q}_3}$$

$$J_2 = \overline{Q}_3 Q_1 \quad K_2 = Q_3$$

$$J_3 = Q_2\overline{Q}_1 \quad K_3 = \overline{Q}_2$$

$$z = Q_3 Q_1$$

(2) 根据激励函数列出电路的状态转换真值表。本电路由三级 JK 触发器组成，有 3 个输入状态变量。根据激励函数所列电路状态转换真值表如表 7.3.4 所示。

表 7.3.4　例 7.3.1 状态转换真值表

Q_3	Q_2	Q_1	J_3	K_3	J_2	K_2	J_1	K_1	Q_3^{n+1}	Q_2^{n+1}	Q_1^{n+1}	z
0	0	0	0	1	0	0	1	0	0	0	1	0
0	0	1	0	1	1	0	1	0	0	1	1	0
0	1	0	1	0	0	0	0	1	1	1	0	0
0	1	1	0	0	1	0	0	1	0	1	0	0
1	0	0	0	1	0	1	1	1	0	0	1	0
1	0	1	0	1	0	1	1	1	0	0	0	1
1	1	0	1	0	0	1	1	1	1	0	1	0
1	1	1	0	0	0	1	1	1	1	0	0	1

(3) 画出电路的状态转换图。根据表 7.3.4 可画出电路状态转换图如图 7.3.7 所示。

(4) 功能描述。在图 7.3.7 中，有 6 个状态反复循环，这 6 个状态为该时序电路的有效状态，也就是计数器的正常工作状态，这个循环也称主循环。然而，三级触发器 $Q_3Q_2Q_1$ 共有 8 种状态组合，现除 6 种有效状态外，还有 111，100 为无效状态，或称偏离状态。若计数器受到某种干扰，错误地进入到偏离状态后，例如进入到 111 状态，则经过一个 CP 脉冲作用，转入到 100，再经一个 CP 脉冲作用，进入到 001，001 是有效状态，计数器已正常循环工作。这种偏离状态能在 CP 脉冲作用下自动转入到主循环的特性，称为具有自启动能力。

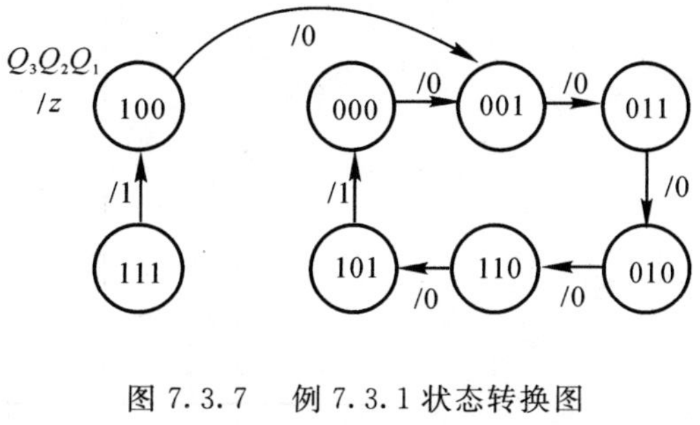

图 7.3.7　例 7.3.1 状态转换图

综上分析表明，本电路是具有自启动能力的模 6 同步计数器。图 7.3.8 所示为电路的工作波形图。

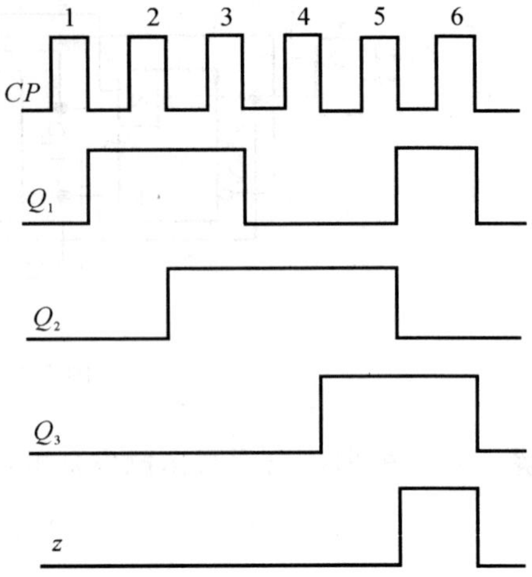

图 7.3.8　模 6 计数器工作波形图

(2) $M \neq 2^n$ 的同步计数器的设计。

例 7.3.2　用JK触发器设计8421BCD码二-十进制加法计数器。

解　(1) 建立状态转换图和状态转换表。由设计要求可知，该计数器要求的计数范围是 0 到 9，逢十进一。计数器只有一个输入端输入计数脉冲，一个输出端输出进位信号。它必须记忆0～9个状态。令 S_0 为初始状态，输入一个计数脉冲后进入到 S_1 状态，输入两个 CP 脉冲后由 S_1 进入到 S_2 状态…… 当输入 9 个 CP 脉冲后，计数器进入 S_9 状态，这时计数器达到满值。在第 10 个 CP 脉冲输入后，计数器返回到初始状态 S_0，同时输出一个进位脉冲信号。

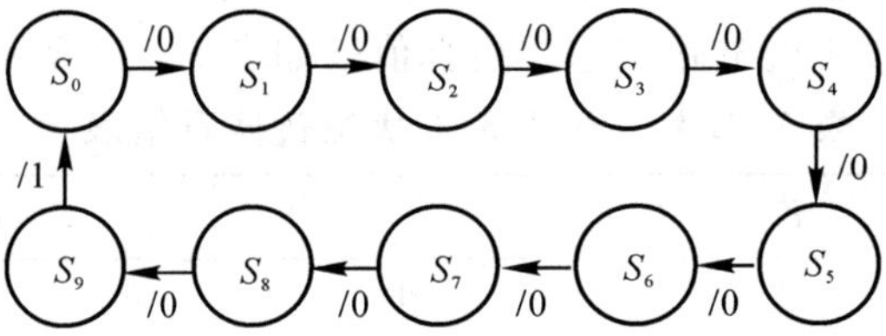

图 7.3.9　例 7.3.2 状态转换图

由上分析，可作出状态转换图如图 7.3.9 所示。状态转换表如表 7.3.5 所示。由于十进制计数器必须记忆 10 个状态，不能再减少，因此不须状态化简。

表 7.3.5　例 7.3.2 状态转换表

y^n	y^{n+1}	z
S_0	S_1	0
S_1	S_2	0
S_2	S_3	0
S_3	S_4	0
S_4	S_5	0
S_5	S_6	0
S_6	S_7	0
S_7	S_8	0
S_8	S_9	0
S_9	S_0	1

(2) 状态分配。由于 $M=10$，$2^3<10<2^4$，所以 $n=4$ 采用 4 位二进制代码，一共有 16 种代码形式，选 10 种赋予 $S_0 \sim S_9$。按 8421BCD 码选取 $S_0=0000$，$S_1=0001$，$S_2=0010$，$S_3=$

0011，$S_4=0100$，$S_5=0101$，$S_6=0110$，$S_7=0111$，$S_8=1000$，$S_9=1001$。代入状态转换表 7.3.5，并列出触发器转换特性表，如表 7.3.6 所示。

表 7.3.6　例 7.3.2 的代码形式状态转换表及转换特性表

Q_4	Q_3	Q_2	Q_1	Q_4^{n+1}	Q_3^{n+1}	Q_2^{n+1}	Q_1^{n+1}	W_4	W_3	W_2	W_1	z
0	0	0	0	0	0	0	1	0	0	0	α	0
0	0	0	1	0	0	1	0	0	0	α	β	0
0	0	1	0	0	0	1	1	0	0	1	α	0
0	0	1	1	0	1	0	0	0	α	β	β	0
0	1	0	0	0	1	0	1	0	1	0	α	0
0	1	0	1	0	1	1	0	0	1	α	β	0
0	1	1	0	0	1	1	1	0	1	1	α	0
0	1	1	1	1	0	0	0	α	β	β	β	0
1	0	0	0	1	0	0	1	1	0	0	α	0
1	0	0	1	0	0	0	0	β	0	0	β	1

（3）选择触发器类型，求激励函数及电路输出。根据表 7.3.6 作出触发器的动作卡诺图，如图 7.3.10 所示。

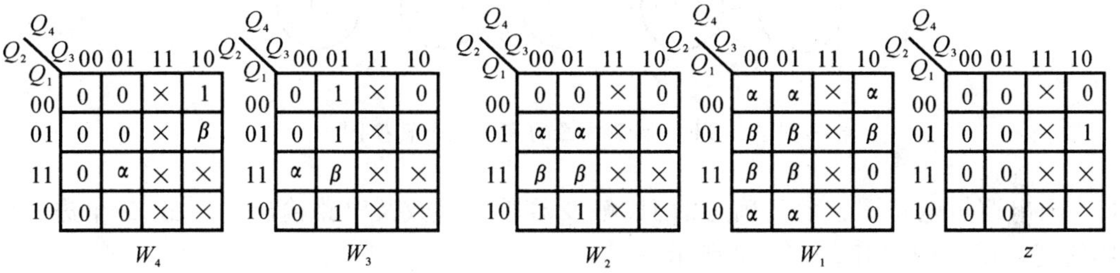

图 7.3.10　例 7.3.2 的 W_4，W_3，W_2，W_1，z 卡诺图

若采用 JK 触发器，则可求得

$$J_1=1\qquad K_1=1$$
$$J_2=\bar{Q}_4Q_1\qquad K_2=Q_1$$
$$J_3=Q_2Q_1\qquad K_3=Q_2Q_1$$
$$J_4=Q_3Q_2Q_1\qquad K_4=Q_1$$
$$z=Q_4Q_1$$

（4）检验是否具有自启动能力。

根据求出的触发器激励函数和 z，列出偏离状态 1010 ～ 1111 的状态转换真值表，如表 7.3.7 所示。从检验结果来看，偏离状态均能自动进入到主循环，所以具有自启动能力。其完全状态转换图如图 7.3.11 所示。

表 7.3.7　偏离状态的状态转换真值表

Q_4	Q_3	Q_2	Q_1	J_4	K_4	J_3	K_3	J_2	K_2	J_1	K_1	Q_4^{n+1}	Q_3^{n+1}	Q_2^{n+1}	Q_1^{n+1}	z
1	0	1	0	0	0	0	0	0	0	1	1	1	0	1	1	0
1	0	1	1	0	1	1	1	0	1	1	1	0	1	0	0	1
1	1	0	0	0	0	0	0	0	0	1	1	1	1	0	1	0
1	1	0	1	0	1	0	0	0	1	1	1	0	1	0	0	1
1	1	1	0	0	0	0	0	0	0	1	1	1	1	1	1	0
1	1	1	1	1	1	1	1	0	1	1	1	0	0	0	0	1

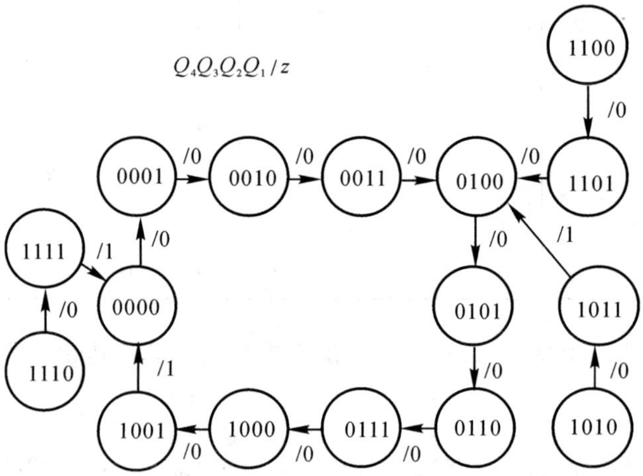

图 7.3.11　例 7.3.2 的完全状态转换图

（5）画出逻辑电路图。由已确定的 JK 触发器激励函数及电路输出 z 画出二-十进制同步计数器的逻辑电路图，如图 7.3.12 所示。

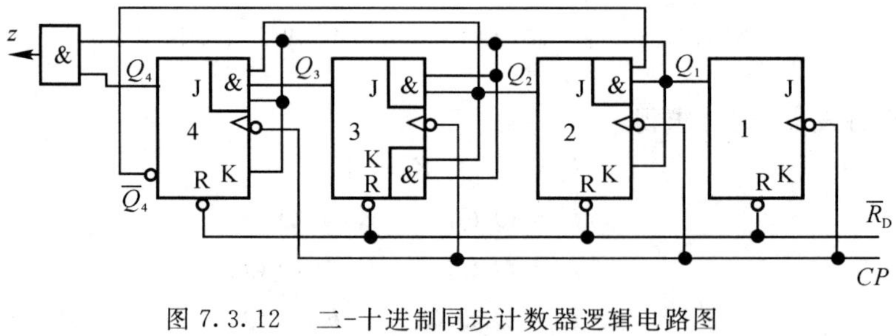

图 7.3.12　二-十进制同步计数器逻辑电路图

例 7.3.3　设计模 6 同步计数器。

解　由于 $2^2 < 6 < 2^3$，所以模 6 计数器应该有 6 个状态，因此取状态代码位数 $n=3$，直接给出代码形式的状态转换图，如图 7.3.13 所示。

根据图 7.3.13 画出电路的次态 / 输出卡诺图，并分解为动作卡诺图和输出卡诺图，如图 7.3.14 所示。

若采用 JK 触发器，则由动作卡诺图中可求得

$$J_3 = Q_2 \qquad K_3 = \bar{Q}_2$$
$$J_2 = Q_1 \qquad K_2 = \bar{Q}_1$$
$$J_1 = \bar{Q}_3 \qquad K_1 = Q_3$$
$$z = Q_3\bar{Q}_2$$

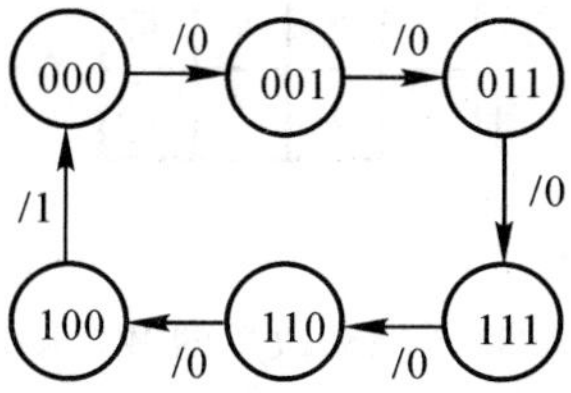

图 7.3.13　例 7.3.3 的状态转换图

Q_1 \ Q_3Q_2	00	01	11	10
0	001/0	×××/×	100/0	000/1
1	011/0	111/0	110/0	×××/×

$Q_3^{n+1}Q_2^{n+1}Q_1^{n+1}/Z$

Q_1 \ Q_3Q_2	00	01	11	10
0	0	×	1	β
1	0	α	1	×

W_3

Q_1 \ Q_3Q_2	00	01	11	10
0	0	×	β	0
1	α	1	1	×

W_2

Q_1 \ Q_3Q_2	00	01	11	10
0	α	×	0	0
1	1	1	β	×

W_1

Q_1 \ Q_3Q_2	00	01	11	10
0	0	×	0	1
1	0	0	0	×

z

图 7.3.14　次态 / 输出，W，z 卡诺图

确定激励函数后，应检查电路是否具有自启动能力。偏离状态的状态转换真值表如表 7.3.8 所示。

表 7.3.8　偏离状态的状态转换真值表

Q_3	Q_2	Q_1	J_3	K_3	J_2	K_2	J_1	K_1	Q_3^{n+1}	Q_2^{n+1}	Q_1^{n+1}	z
0	1	0	1	0	0	1	1	0	1	0	1	0
1	0	1	0	1	1	0	0	1	0	1	0	1

从表 7.3.8 可看出一旦计数器受到干扰，进入了 010 或 101 状态后，在时钟作用下，出现了这两个状态的循环(即死循环)，始终不能进入有效状态中去，这种情况称为计数器出现堵塞现象，这样的计数器不具有自启动能力。

为了消除计数器的堵塞，可以外加清 0 或置位信号，强迫计数器脱离死循环而进入主循环。另外，在设计时，应该使其具有自启动能力。一般是修改激励函数。其方法是打断死循环，使其某一偏离状态在 CP 脉冲作用下转换到主循环中去。因为在原来设计时，这些偏离状态都作为无关项处理，没有确定的转换方向。现在要使某一偏离状态有确定的转换，例如打断 101 → 010 的转换，令 101 转换到有效状态 011，其转换特性 $W_3 = \beta$，$W_2 = \alpha$，$W_1 = 1$，分别填入对应的动作卡诺图，如图 7.3.15 所示。从图中可看出这样修改对 J_3，K_3，J_2，K_2，J_1 均无影响，只有 K_1 由 Q_3 修改为 $K_1=Q_3Q_2$。修改后的偏离状态的状态转换真值表如表 7.3.9 所示。

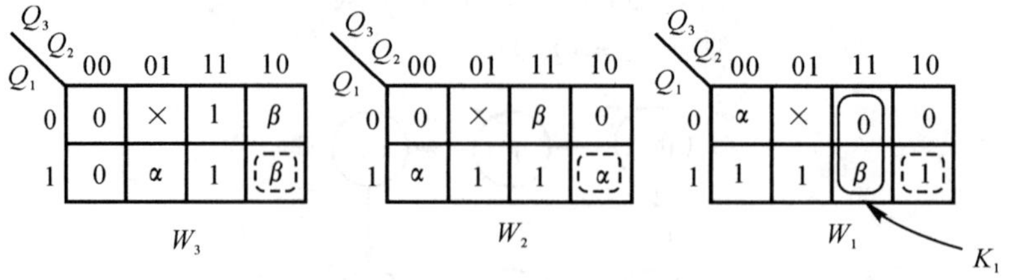

图 7.3.15　修改后的 W_1 卡诺图

表 7.3.9　修改后偏离状态的状态转换真值表

Q_3	Q_2	Q_1	J_3	K_3	J_2	K_2	J_1	K_1	Q_3^{n+1}	Q_2^{n+1}	Q_1^{n+1}	z
0	1	0	1	0	0	1	1	0	1	0	1	0
1	0	1	0	1	1	0	0	0	0	1	1	1

从表 7.3.9 看出修改后的电路具有了自启动能力，完全状态转换图如图 7.3.16(b) 所示，图 7.3.16(a) 所示为偏离状态的状态转换图。这样就得到具有自启动能力的模 6 计数器的逻辑电路，如图 7.3.17 所示。

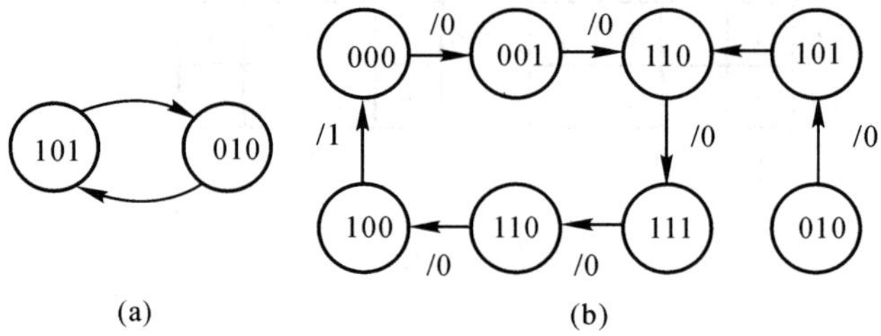

图 7.3.16　例 7.3.3 的状态转换图

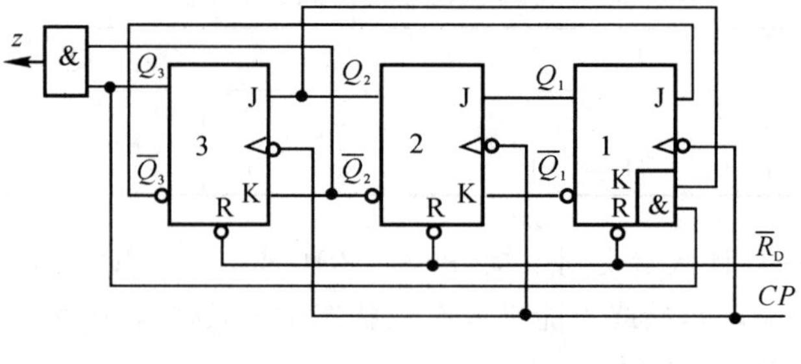

图 7.3.17　例 7.3.3 的逻辑电路图

例 7.3.4　设计一个可变模值的同步计数器，当控制信号 $x=0$ 时，实现模 7 计数，当 $x=1$ 时，实现模 5 计数。

解　根据题意画出状态转换图，如图 7.3.18(a) 所示，由于最大计数模值为 7，设电路有

$S_0 \sim S_6$ 共 7 个状态，无须状态化简。

由于最大模值为 7，因此必须取代码位数 $n=3$。假设令 $S_0=000$，$S_1=001$，$S_2=011$，$S_3=110$，$S_4=101$，$S_5=010$，$S_6=100$（即选取移存码），则可画出代码形式的状态转换图。如图 7.3.18(b) 所示。

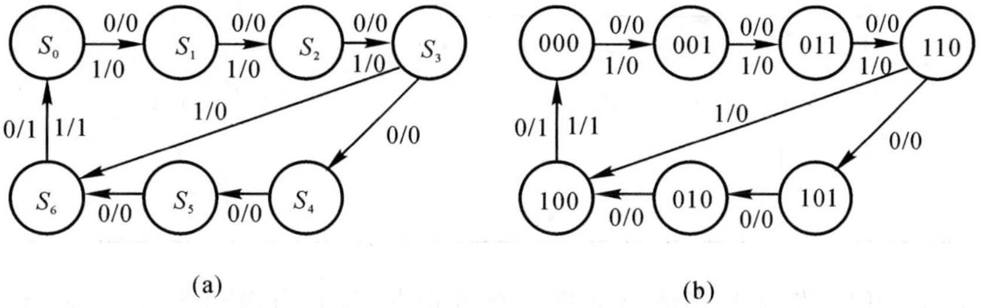

图 7.3.18　例 7.3.4 的状态转换图

根据图 7.3.18(b) 画出次态 / 输出卡诺图，并分解为动作卡诺图和输出卡诺图，如图 7.3.19 所示。

Q_2Q_1 \ XQ_3	00	01	11	10
00	001/0	000/1	000/1	001/0
01	011/0	010/0	×××/×	011/0
11	110/0	×××/×	×××/×	110/0
10	100/0	101/0	100/0	×××/×

$Q_3^{n+1}Q_2^{n+1}Q_1^{n+1}/z$

Q_2Q_1 \ XQ_3	00	01	11	10
00	0	β	β	0
01	0	β	×	0
11	α	×	×	α
10	α	1	1	×

W_3

Q_2Q_1 \ XQ_3	00	01	11	10
00	0	0	0	0
01	α	α	×	α
11	1	×	×	1
10	β	β	β	×

W_2

Q_2Q_1 \ XQ_3	00	01	11	10
00	α	0	0	α
01	1	β	×	1
11	β	×	×	β
10	0	α	0	×

W_1

Q_2Q_1 \ XQ_3	00	01	11	10
00	0	1	1	0
01	0	0	×	0
11	0	×	×	0
10	0	0	0	×

z

图 7.3.19　次态 / 输出，W，z 卡诺图

若采用 JK 触发器，在动作卡诺图上可求出

$$J_3=Q_2 \qquad K_3=\bar{Q}_2$$

$$J_2=Q_1 \qquad K_2=\bar{Q}_1$$

$$J_1=\bar{x}Q_3Q_2+\bar{Q}_3\bar{Q}_2=\overline{\overline{\bar{x}Q_3Q_2}\cdot\overline{\bar{Q}_3\bar{Q}_2}}$$

$$K_1=Q_2Q_1+Q_3=\overline{\overline{Q_2Q_1}\cdot\bar{Q}_3}$$

$$z=Q_3\bar{Q}_2\bar{Q}_1$$

根据求出触发器的激励函数和 z 列出偏离状态的状态转换真值表，如表 7.3.10 所示，检查电路是否具有自启动能力。

表 7.3.10　例 7.3.4 偏离状态的状态转换真值表

x	Q_3	Q_2	Q_1	J_3	K_3	J_2	K_2	J_1	K_1	Q_3^{n+1}	Q_2^{n+1}	Q_1^{n+1}	z
0	1	1	1	1	0	1	0	1	1	1	1	0	0
1	0	1	0	1	0	0	1	0	0	1	0	0	0
1	1	0	1	0	1	1	0	0	1	0	1	0	0
1	1	1	1	1	0	1	0	0	1	1	1	0	0

由表 7.3.10 可见，偏离状态能自动进入有效状态，具有自启动能力，其完全状态转换图如图 7.3.20 所示。

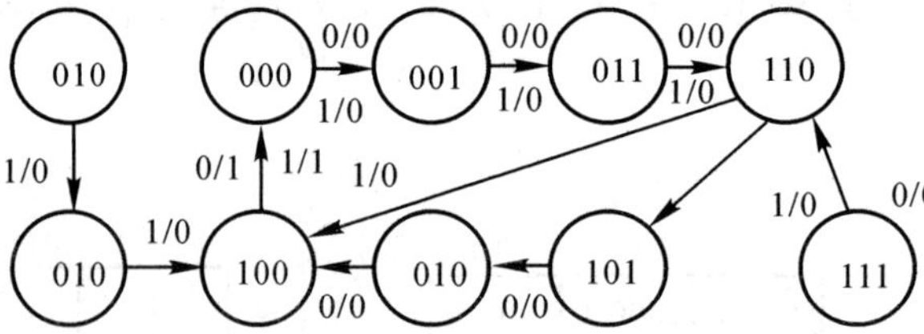

图 7.3.20　例 7.3.4 的完全状态转换图

画出逻辑电路图如图 7.3.21 所示。

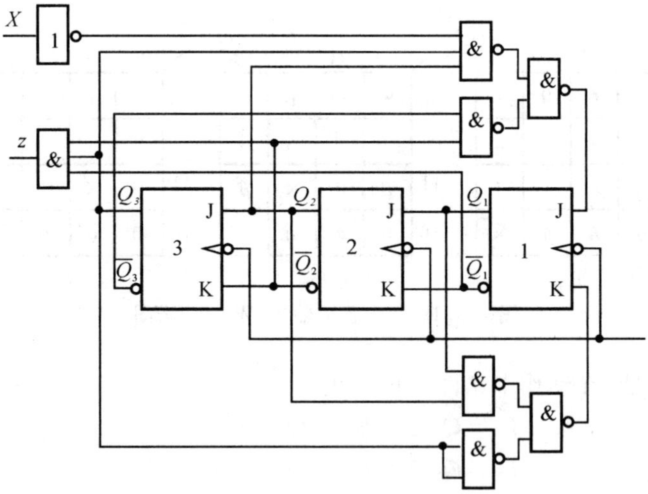

图 7.3.21　例 7.3.4 逻辑电路图

二、异步计数器的分析与设计

异步计数器不同于同步计数器，构成异步计数器的各级触发器的时钟脉冲不一定都是计数输入脉冲，各级触发器的状态转换不是在同一时钟作用下同时发生转换。

1. $M=2^n$ 的异步计数器的分析与设计

(1) 异步二进制加法计数器。分析图 7.3.22 所示的异步计数器电路。

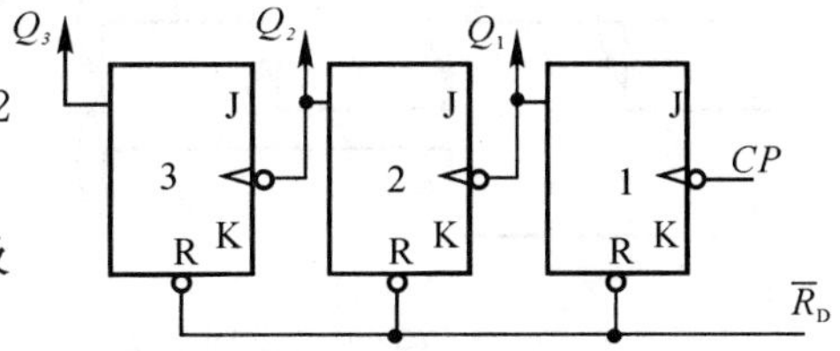

图 7.3.22　3 位异步二进制计数器

① 根据电路图写出各级触发器的激励函数及时钟脉冲。

$$J_1=K_1=1 \qquad CP_1=CP\downarrow$$
$$J_2=K_2=1 \qquad CP_2=Q_1\downarrow$$
$$J_3=K_3=1 \qquad CP_3=Q_2\downarrow$$

② 写出各级触发器的特征方程，列出状态转换表。

本电路由三级 JK 触发器构成，触发器 1 的时钟是计数输入脉冲 CP，触发器 2 的时钟是 Q_1，触发器 3 的时钟是 Q_2，各级触发器的激励函数 $J=K=1$，因此各级触发器特征方程为

$$Q_1^{n+1}=J_1\bar{Q}_1+\bar{K}_1Q_1=[\bar{Q}_1]CP\downarrow$$
$$Q_2^{n+1}=[\bar{Q}_2]Q_1\downarrow$$
$$Q_3^{n+1}=[\bar{Q}_3]Q_2\downarrow$$

根据各级触发器的特征方程列出状态转换表，如表 7.3.11 所示。由于 3 级触发器均处于计数状态，触发器 1 的 $CP_1=CP$，因此每个 CP 均可使其翻转；而触发器 2 的 $CP_2=Q_1$，只有 Q_1 由 $1\rightarrow0$，产生一个下降沿，触发第二级触发器才使 Q_2 产生翻转；触发器 3 的 $CP_3=Q_2$，只有 Q_2 由 $1\rightarrow0$，产生一个下降沿，触发第三级触发器才能使 Q_3 产生翻转。例如 $Q_3Q_2Q_1=011$ 时。当 CP 脉冲到来后 Q_1 由 $1\rightarrow0$，产生一个下降沿，触发第二级触发器使 Q_2 由 $1\rightarrow0$，产生一个下降沿，触发第三级触发器使 Q_3 由 $0\rightarrow1$。这样触发器的状态由 011 转换到 100。其余分析类同。从表 7.3.11 可看出图 7.3.22 所示电路是 $M=2^3=8$ 的异步二进制加法计数器，其工作波形图如图 7.3.23 所示。

表 7.3.11　3 位异步二进制计数器状态转换表

Q_3	Q_2	Q_1	Q_3^{n+1}	Q_2^{n+1}	Q_1^{n+1}
0	0	0	0	0	1
0	0	1	0	1	0
0	1	0	0	1	1
0	1	1	1	0	0
1	0	0	1	0	1
1	0	1	1	1	0
1	1	0	1	1	1
1	1	1	0	0	0

由以上分析可知，$M=2^n$ 的异步二进制加法计数的电路特点有以下两点：第一，每级触发器都接成计数状态；第二，若计数器是用下降沿触发器组成，则 $CP_n=Q_{n-1}$，即除第一级触发器外从前级触发器的 Q 端引时钟脉冲，按此规律就可设计 $M=2^n$ 的异步二进制加法计数器。

例如用维持-阻塞型 D 触发器设计 3 位异步二进制加法计数器，则首先把每级 D 触发器均接成计数状态，即 $D=\bar{Q}$，然后选择合适的时钟脉冲，$CP_1=CP\uparrow$，$CP_2=\bar{Q}_1\uparrow$，$CP_3=\bar{Q}_2\uparrow$，由于 D 触发器是前沿翻转，当 Q 由 $1\rightarrow0$ 时，$\bar{Q}$ 同时由 $0\rightarrow1$，所以 $CP_n=\bar{Q}_{n-1}$。设计出的电路图如图 7.3.24 所示。

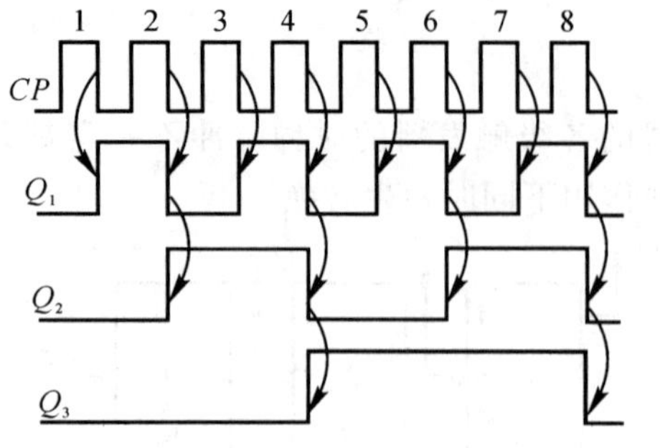

图 7.3.23　3 位异步二进制加法计数器工作波形图

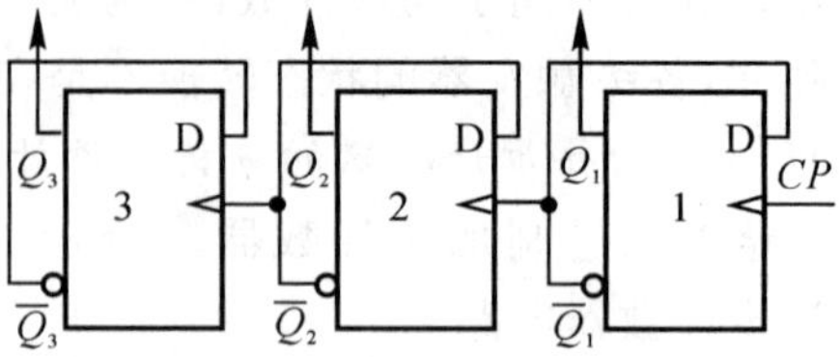

图 7.3.24　D 触发器组成的异步计数器

(2) 异步二进制减法计数器。减法计数器的分析设计方法和加法计数器相同。3 位异步二进制减法计数器状态转换表如表 7.3.12 所示。从表中可以看出触发器的起始状态为 $Q_3Q_2Q_1=111$。Q_1 每来一个 CP 脉冲状态都要翻转一次；Q_2 是当 Q_1 由 $0\to1$ 时，Q_2 的状态才会翻转；Q_3 是当 Q_2 由 $0\to1$ 时，Q_3 的状态才会翻转。根据以上分析设计 n 位异步二进制减法计数器的方法是：首先把各级触发器接成计数状态，然后选择合适的时钟，对于下降沿触发器 $CP_n=\overline{Q}_{n-1}$，对于上升沿触发器 $CP_n=Q_{n-1}$。按此规律就可设计出 $M=2^n$ 的异步二进制减法计数器。

表 7.3.12　3 位异步二进制减法计数器状态转换表

Q_3	Q_2	Q_1	Q_3^{n+1}	Q_2^{n+1}	Q_1^{n+1}
1	1	1	1	1	0
1	1	0	1	0	1
1	0	1	1	0	0
1	0	0	0	1	1
0	1	1	0	1	0
0	1	0	0	0	1
0	0	1	0	0	0
0	0	0	1	1	1

设计出 3 位异步二进制减法计数器的电路图。如图 7.3.25 所示，其中图(a) 是由 JK 触发器组成，图(b) 是由 D 触发器组成。图 7.3.26 为图 7.3.25(a) 减法计数器的工作波形图。

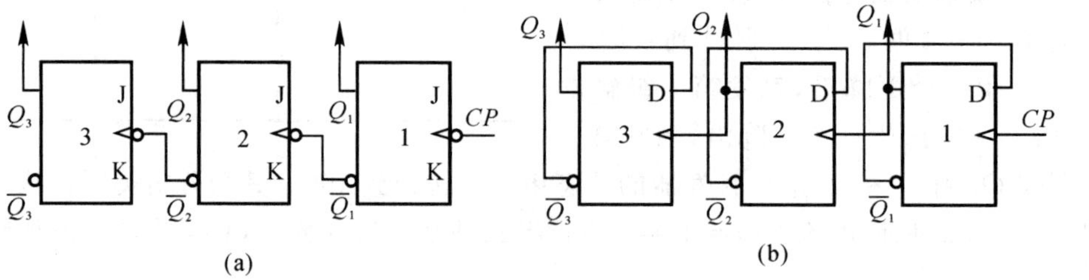

图 7.3.25　3 位异步二进制减法计数器电路图

2. $M\neq2^n$ 的异步计数器的分析设计

(1) $M\neq2^n$ 的异步计数器的分析。

例 7.3.5　分析图 7.3.27 所示异步计数器电路。

解　由图 7.3.27 所示电路由三级 D 触发器组成各级触发器的激励函数和时钟为

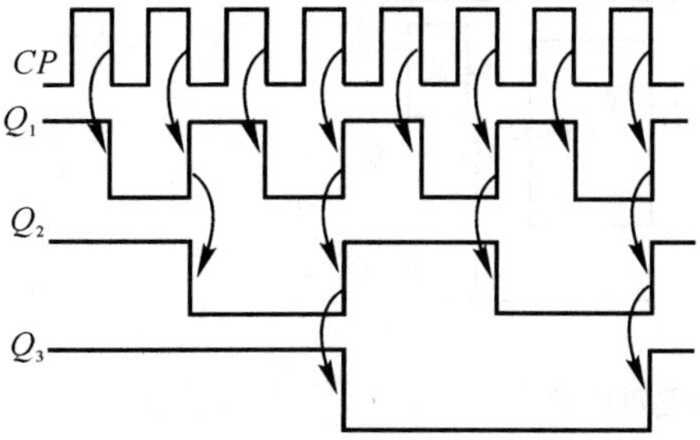

图 7.3.26 JK 触发器组成的 3 位异步二进制减法器工作波形图

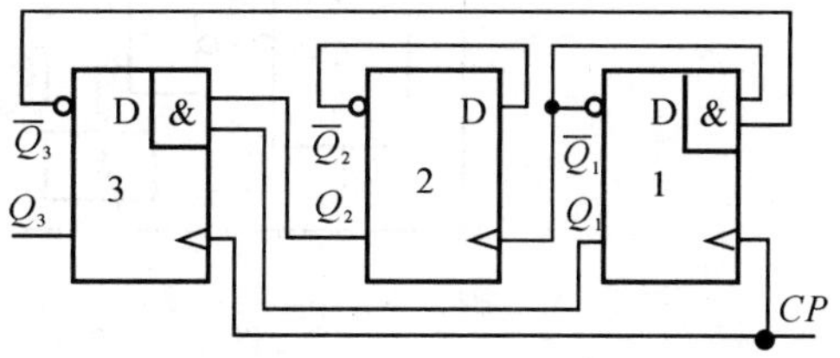

图 7.3.27 例 7.3.5 的电路图

$$D_1=\bar{Q}_1\bar{Q}_3 \quad CP_1=CP\uparrow$$
$$D_2=\bar{Q}_2 \quad CP_2=\bar{Q}_1\uparrow$$
$$D_3=Q_2Q_1 \quad CP_3=CP\uparrow$$

各级触发器特征方程为

$$Q_1^{n+1}=D_1=[\bar{Q}_1\bar{Q}_3]CP\uparrow$$
$$Q_2^{n+1}=D_2=[\bar{Q}_2]\bar{Q}_1\uparrow$$
$$Q_3^{n+1}=D_3=[Q_2Q_1]CP\uparrow$$

利用特征方程计算次态时要注意时钟的条件，触发器1和触发器3在CP有上跳沿时，状态才能发生翻转，而触发器 2 在 $\bar{Q}_1$ 有上跳沿时状态才能发生翻转，所求状态转换表如表 7.3.12 所示。状态转换图如图 7.3.28 所示，该电路为具有自启动能力的模 5 异步加法计数器。

表 7.3.12 例 7.3.5 的状态转换表

Q_3	Q_2	Q_1	Q_3^{n+1}	Q_2^{n+1}	Q_1^{n+1}
0	0	0	0	0	1
0	0	1	0	1	0
0	1	0	0	1	1
0	1	1	1	0	0
1	0	0	0	0	0
1	0	1	0	1	0
1	1	0	0	1	0
1	1	1	1	0	0

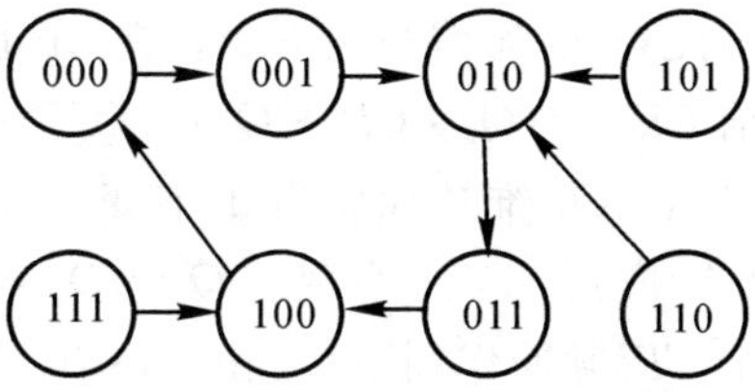

图 7.3.28 例 7.3.5 的状态转换图

例 7.3.6 分析图 7.3.29 所示异步计数器电路。

解 图7.3.29所示异步计数器电路由三级JK触发器构成。根据电路图写出各级触发器的激励函数和时钟为

$$J_1=\overline{Q_3\,\overline{Q}_2} \quad K_1=1 \quad CP_1=CP\downarrow$$
$$J_2=1 \quad K_2=1 \quad CP_2=Q_1\downarrow$$
$$J_3=1 \quad K_3=1 \quad CP_3=\overline{\overline{Q_3CP}\cdot\overline{Q}_2}\downarrow=(Q_3CP+Q_2)\downarrow$$

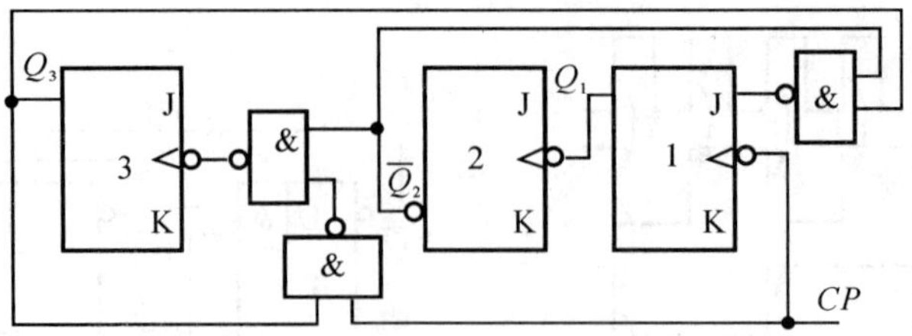

图 7.3.29 例 7.3.6 的逻辑电路

因此，各级触发器的特征方程为

$$Q_1^{n+1}=[J_1\bar{Q}_1+\bar{K}_1Q_1]CP_1\downarrow=[\overline{Q_3\ \bar{Q}_2}\bar{Q}_1]CP\downarrow$$

$$Q_2^{n+1}=[J_2\bar{Q}_2+\bar{K}_2Q_2]CP_2\downarrow=[\bar{Q}_2]Q_1\downarrow$$

$$Q_3^{n+1}=[J_3\bar{Q}_3+\bar{K}Q_3]\cdot CP_3\downarrow=[\bar{Q}_3][Q_3\cdot CP+Q_2]\downarrow$$

由触发器的特征方程可作出状态转换表，如表 7.3.13 所示。假设现态 $Q_3Q_2Q_1=011$，则在计数脉冲作用下，$Q_1^{n+1}=\overline{Q_3\ \bar{Q}_2}\bar{Q}_1=\overline{0\cdot\bar{1}}\cdot\bar{1}=0$。$Q_1$ 由 $1\rightarrow0$，产生一个下降沿触发 Q_2，使 Q_2 由 $1\rightarrow0$，使得 $CP_3=(Q_3CP+Q_2)$ 产生一个下降沿触发 Q_3，使 Q_3 由 $0\rightarrow1$，因此，计数器状态由 011 转换到 100。当现态 $Q_3Q_2Q_1=100$ 时，在下一个 CP 脉冲下降沿作用下 $Q_1^{n+1}=0$，Q_1 没有下降沿产生，所以触发器 2 没有受到时钟作用，维持原状态 0 不变。在 CP 脉冲下降沿到来之前 $CP_3=(Q_3\cdot CP+Q_2)=(1\cdot CP+0)=CP$。因此，在 CP 下降沿到达时，CP_3 也产生一个下降沿作用到触发器 3，使 Q_3 由 $1\rightarrow0$。表 7.3.13 还列出了偏离状态的转换情况：假设现态 $Q_3Q_2Q_1=101$，在 CP 脉冲作用下 Q_1 由 $1\rightarrow0$，产生一个下降沿触发 Q_2，使 Q_2 由 $0\rightarrow1$，这时 $CP_3=(Q_3CP+Q_2)=(1\cdot CP+0)=CP\downarrow$，因此 CP_3 也产生一个下降沿，使 Q_3 由 $1\rightarrow0$，计数器状态由 101 转换到 010。当现态 $Q_3Q_2Q_1=110$ 时，在下一个 CP 脉冲作用下 Q_1 由 $0\rightarrow1$，产生一个上升沿。因此 Q_2 状态维持 1 不变。在 CP 脉冲下降沿到来前 $CP_3=(Q_3\cdot CP+Q_2)=(CP+1)=1$，没有下降沿，$Q_3$ 维持原状态 1 不变。计数器状态由 110 转换到 111。当现态 $Q_3Q_2Q_1=111$ 时，在下一个 CP 脉冲作用下 Q_1 由 $1\rightarrow0$，产生一个下降沿触发 Q_2，使 Q_2 由 $1\rightarrow0$。这时 $CP_3=(Q_3CP+Q_2)=(CP+1)$，但应注意在 CP 下降沿到达时，Q_2 的下降沿也同时到达。因此 CP_3 也会产生一个下降沿，使 Q_3 由 $1\rightarrow0$，计数器状态由 111 转换到 000。例 7.3.6 的完全状态转换图如图 7.3.30 所示。

表 7.3.13 例 7.3.6 的状态转换表

Q_3	Q_2	Q_1	Q_3^{n+1}	Q_2^{n+1}	Q_1^{n+1}
0	0	0	0	0	1
0	0	1	0	1	0
0	1	0	0	1	1
0	1	1	1	0	0
1	0	0	0	0	0
1	0	1	0	1	0
1	1	0	1	1	1
1	1	1	0	0	0

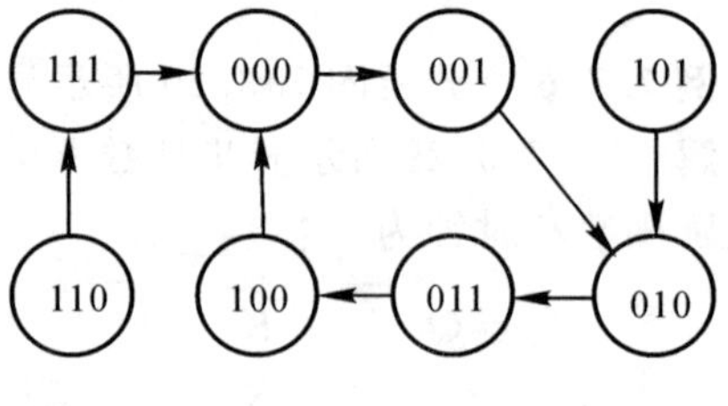

图 7.3.30 例 7.3.6 的完全状态转换图

从上面分析看出，本电路有 5 个有效序列产生循环，且偏离状态能自动转换到主循环中去，所以这是一个具有自启动能力的模 5 异步计数器。

(2) $M\neq2^n$ 的异步计数器的设计。异步计数器的设计步骤与同步计数器设计步骤相同,但由于它是异步,因此必须合理选择各级触发器的时钟信号。

例 7.3.7 设计 8421BCD 二-十进制异步加法计数器。

解 由于要求设计 8421BCD 二-十进制加法计数器,所以其状态转换图同图 7.3.9,状态转换表同表 7.3.5,状态分配同例 7.3.2。因为无论是同步计数器还是异步计数器,只要设计要求一样,它们的状态转换图、状态转换表及状态分配方案是相同的。这样可以得到代码形式的状态转换表及转移特性表,如表 7.3.14 所示。

(1) 由状态转换表选择各级触发器的时钟信号:

选择各级触发器时钟信号的原则是:第一,在该触发器的状态需要发生变更时(即由 0→1 或由 1→0),必须有时钟信号触发沿到达;第二,在满足第一原则的条件下,其他时刻,到达该级触发器的时钟信号触发沿越少越好,这样有利于该级触发器的激励函数的简化。具体方法如下:

表 7.3.14 例 7.3.7 的代码形式状态转换表及转换特性表

Q_4	Q_3	Q_2	Q_1	Q_4^{n+1}	Q_3^{n+1}	Q_2^{n+1}	Q_1^{n+1}	W_4	W_3	W_2	W_1	z
0	0	0	0	0	0	0	1	×	×	×	α	0
0	0	0	1	0	0	1	0	0	×	α	β	0
0	0	1	0	0	0	1	1	×	×	×	α	0
0	0	1	1	0	1	0	0	0	α	β	β	0
0	1	0	0	0	1	0	1	×	×	×	α	0
0	1	0	1	0	1	1	0	0	×	α	β	0
0	1	1	0	0	1	1	1	×	×	×	α	0
0	1	1	1	1	0	0	0	α	β	β	β	0
1	0	0	0	1	0	0	1	×	×	×	α	0
1	0	0	1	0	0	0	0	β	×	0	β	1

在选择下降沿 JK 触发器的条件下,根据表 7.3.14 中代码形式的状态转换先画出计数器工作波形图,如图 7.3.31 所示。由图可以看出第一段触发器 Q_1 每次均要翻转,根据选择触发器时钟信号的原则一选 $CP_1 = CP\downarrow$,第二级触发器的时钟 CP_2 根据原则一可选 CP,也可选 Q_1。但根据选择触发器时钟信号的原则二应选 Q_1,即 $CP_2 = Q_1\downarrow$,第三级触发器的时钟 CP_3 根据原则一可选 CP,Q_1,Q_2,但根据原则二应选 Q_2,即 $CP_3 = Q_2\downarrow$,第四级触发器的时钟 CP_4 根据原则一可选 CP 和 Q_1,但根据原则二应选 Q_1,即 $CP_4 = Q_1\downarrow$。

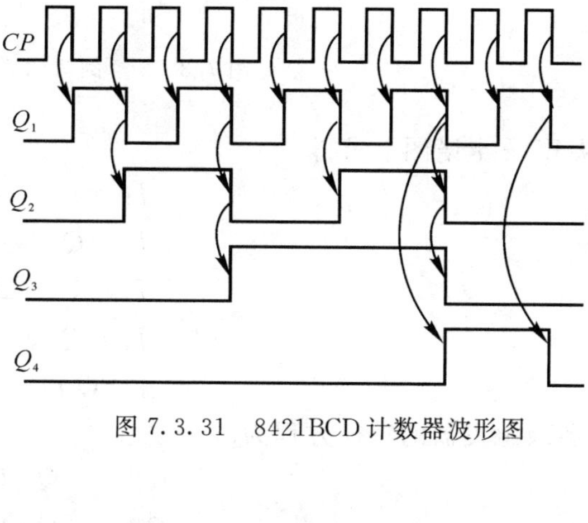

图 7.3.31 8421BCD 计数器波形图

(2) 作出各级触发器的转换特性表。

在选择了各级触发器的时钟信号后,可以根据各个触发器的时钟信号求出各级触发器的转换特性。

由于 $CP_1=CP\downarrow$。每来一个 CP 的下降沿，触发器发生一次状态变化，可得表 7.3.14 中转换特性 W_1。

由于 $CP_2=Q_1\downarrow$，$CP_4=Q_1\downarrow$，只有在 Q_1 由 $1\rightarrow0$ 时才会产生下降沿触发触发器 2 和触发器 4，这时才能作出转换特性 W_2 和 W_4。在其余 Q_1 不会产生下降沿的时刻，触发器 2 和触发器 4 不会发生状态的变化，其转换特性可以作无关项处理。

由于 $CP_3=Q_2\downarrow$，只有在 Q_2 由 $1\rightarrow0$ 时才会触发触发器 3，作出转换特性 W_3。在其余时刻，Q_2 不会产生下降沿触发触发器 3，因此触发器 3 不会发生状态的变化，其转换特性 W_3 作无关项处理。

这样就得到表 7.3.14 中的转换特性 W_4，W_3，W_2，W_1。

(3) 由动作卡诺图求出各级触发器的激励函数，确定特征方程。

根据表 7.3.14 的转换特性表作出各级触发器的动作卡诺图，如图 7.3.32 所示。

W_1

Q_2Q_1 \ Q_4Q_3	00	01	11	10
00	α	α	×	α
01	β	β	×	β
11	β	β	×	×
10	α	α	×	×

W_2

Q_2Q_1 \ Q_4Q_3	00	01	11	10
00	×	×	×	×
01	α	α	×	0
11	β	β	×	×
10	×	×	×	×

W_3

Q_2Q_1 \ Q_4Q_3	00	01	11	10
00	×	×	×	×
01	×	×	×	×
11	α	β	×	×
10	×	×	×	×

W_4

Q_2Q_1 \ Q_4Q_3	00	01	11	10
00	×	×	×	×
01	0	0	×	β
11	0	α	×	×
10	×	×	×	×

z

Q_2Q_1 \ Q_4Q_3	00	01	11	10
00	0	0	×	0
01	0	0	×	1
11	0	0	×	×
10	0	0	×	×

图 7.3.32　例 7.3.7 的 W，z 卡诺图

从 W，z 卡诺图上求得

$$J_1=1 \qquad K_1=1$$
$$J_2=\bar{Q}_4 \qquad K_2=1$$
$$J_3=1 \qquad K_3=1$$
$$J_4=Q_3Q_2 \qquad K_4=1$$
$$z=Q_4Q_1$$

因此，各级触发器的特征方程为

$$Q_1^{n+1}=[\bar{Q}_1]CP\downarrow$$
$$Q_2^{n+1}=[\bar{Q}_4\bar{Q}_2]\cdot Q_1\downarrow$$
$$Q_3^{n+1}=[\bar{Q}_3]\cdot Q_2\downarrow$$
$$Q_4^{n+1}=[Q_3Q_2\bar{Q}_4]\cdot Q_1\downarrow$$

(4) 检验是否具有自启动能力。

将偏离状态 1010 ~ 1111 代入各级触发器特征方程，列出偏离状态的状态转换表，如表 7.3.15 所示。

表 7.3.15　偏离状态的状态转换表

Q_4	Q_3	Q_2	Q_1	Q_4^{n+1}	Q_3^{n+1}	Q_2^{n+1}	Q_1^{n+1}	Z
1	0	1	0	1	0	1	1	0
1	0	1	1	0	1	0	0	1
1	1	0	0	1	1	0	1	0
1	1	0	1	0	1	0	0	1
1	1	1	0	1	1	1	1	0
1	1	1	1	0	0	0	0	1

从偏离状态的状态转换表中看出电路具有自启动能力。由表 7.3.14 和表 7.3.15 可以做出电路的完全状态转换图，如图 7.3.33 所示。

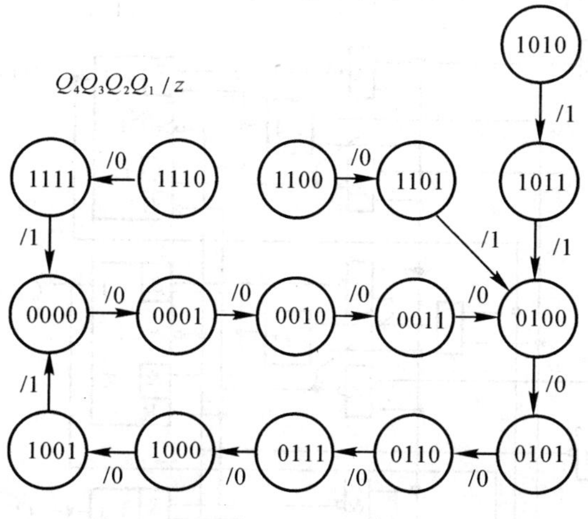

图 7.3.33　例 7.3.7 的完全状态转换图

(5) 画出逻辑电路图。

根据求出的各级触发器激励函数，时钟脉冲及 z 画出电路图，如图 7.3.34 所示。

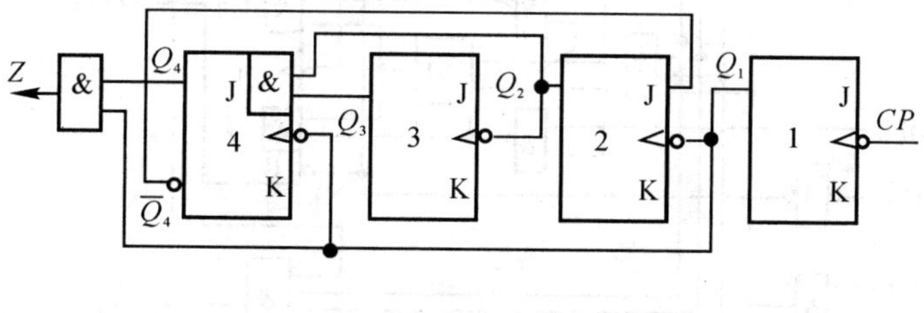

图 7.3.34　例 7.3.7 的逻辑电路图

三、集成计数器的功能分析及其应用

目前 TTL 和 CMOS 电路构成的中规模集成计数器种类较多，应用广泛。它们可分为异步、同步两大类，其中有二进制计数器、二-十进制计数器、可逆计数器等。另外按预置功能和清零功能还可分为同步预置、异步预置、同步清零和异步清零。这些计数器功能比较完善，可以自扩展，通用性强。此外，还可以以计数器为核心器件，辅以其他组件实现时序电路的设计。

（一）集成同步计数器

中规模集成同步计数器的产品型号比较多。其电路结构是在基本计数器（如二进制计数器、二－十进制计数器）的基础上增加一些附加电路，以扩展其功能。我们以 CT54161/CT74161 4 位二进制同步计数器为例分析其功能。

1. 工作原理

图 7.3.35 给出了 CT54161/CT74161 4 位二进制同步计数器的逻辑电路图。由图可见，它是由 4 级 JK 触发器构成的基本 4 位同步计数器，除外加异步清零信号 $\overline{CR}$ 外，还有置入控制端 $\overline{LD}$ 及计数控制端 CT_P，CT_T 以及数据输入端 $D_0 \sim D_3$。CT74161 功能表如表 7.3.16 所示。图 7.3.36(a) 为模为 m 的计数器的通用逻辑符号。图 7.3.36(b) 为 CT54161/CT74161 的逻辑符号。图中各关联符号的意义请参看附录一。

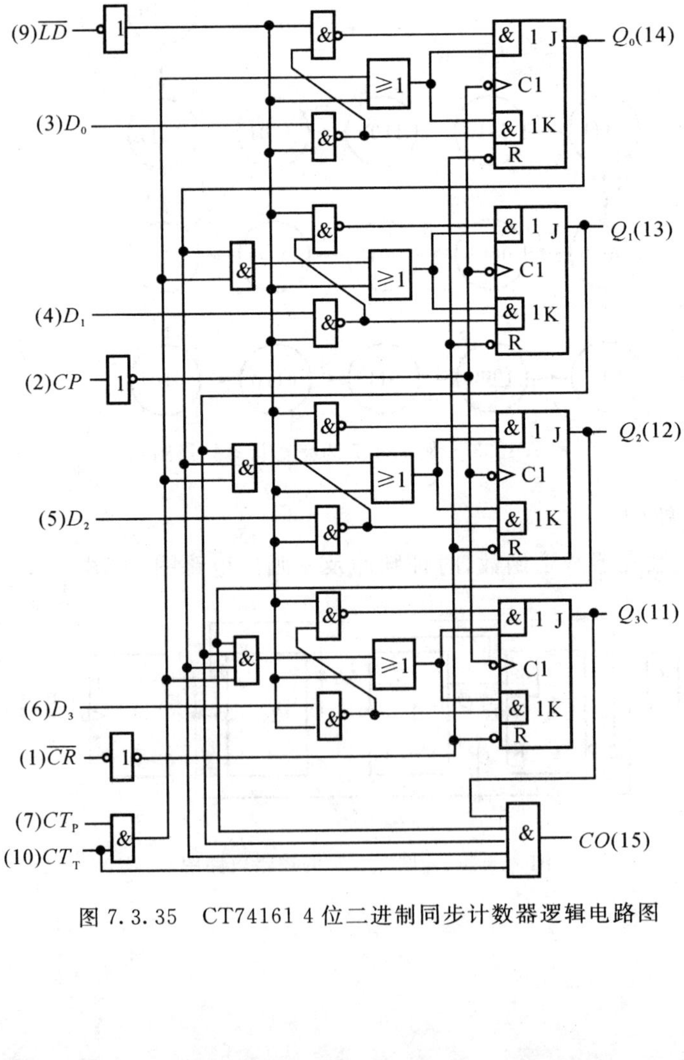

图 7.3.35　CT74161 4 位二进制同步计数器逻辑电路图

表 7.3.16　CT54161/CT74161 功能表

$\overline{CR}$	$\overline{LD}$	CT_T	CT_P	CP	D_0	D_1	D_2	D_3	Q_0	Q_1	Q_2	Q_3
0	×	×	×	×	×	×	×	×	0	0	0	0
1	0	×	×	↑	d_0	d_1	d_2	d_3	d_0	d_1	d_2	d_3
1	1	1	1	↑	×	×	×	×	计数			
1	1	0	×	×	×	×	×	×	触发器保持，$CO=0$			
1	1	1	0	×	×	×	×	×	保持			

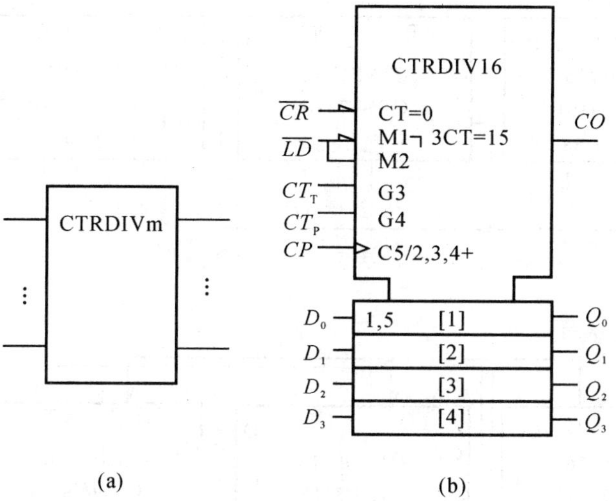

图 7.3.36　计数器符号

(a) 计数器通用符号；(b) CT54/74161 逻辑符号

(1) 当计数控制器 $CT_P=CT_T=1$，而置入控制端$\overline{LD}$和异步清零端$\overline{CR}$也全为 1 时，在时钟脉冲 CP 上升沿作用下，该计数器进行 4 位二进制同步计数。

(2) 当置入控制端$\overline{LD}=0$，$\overline{CR}=1$，$CT_T=CT_P=\times$ 的条件下，数据输入端 D_0，D_1，D_2，D_3 的数据 d_0，d_1，d_2，d_3 在时钟脉冲 CP 上升沿作用下送入计数器。即 $Q_0Q_1Q_2Q_3=d_0d_1d_2d_3$。

(3) 当异步清零信号$\overline{CR}=0$ 时，不管其他输入端情况如何，计数器强迫置 0。

(4) 计数控制端 CT_P，CT_T 和进位输出端 CO 是为了级联而设置的。在$\overline{LD}$和$\overline{CR}$均为 1 的情况下，当 CT_P，CT_T 均为 1 时，进行计数；当 CT_P，CT_T 中有一个为 0 时，停止计数(只要 CT_T 为 0，触发器就处于保持状态，而且进位输出 CO 为 0；若 $CT_T=1$，$CT_P=0$，触发器处于保持状态，进位输出 CO 也处于保持状态，$CO=CT_TQ_0Q_1Q_2Q_3=Q_0Q_1Q_2Q_3$)。

2. 应用举例

(1) 多级计数器级联。3 片 4 位二进制同步计数器 74161 进行级联，可实现 12 位二进制计数器。图 7.3.37(a) 给出了一种级联的方法。将各个组件的 CP 端并联在一起作为同步计数器的计数脉冲输入，而高位组件的 CT_T 输入端接到相邻低位组件的 CO 输出端。这样，只有低位组件内的触发器都处于 1 状态时，高位组件的 CT_T 才为 1，高位组件方能计数；只要低位组件的各触发器中有一个处于 0 状态，其高位组件 CT_T 输入均为 0，高位组件都不能进行计数。例如当 Q_7，Q_6，Q_5，Q_4，Q_3，Q_2，Q_1，Q_0 都为 1 时，因 Q_3，Q_2，Q_1，Q_0 都为 1，组件 Ⅰ 的 CO 为 1，又因

Q_7, Q_6, Q_5, Q_4 为 1，组件 Ⅱ 的 CO 为 1，在下一个 CP 脉冲到来时，组件 Ⅲ 可能计数。又例如，当 Q_3, Q_2, Q_1, Q_0 不都为 1 时，组件 Ⅰ$CO=0$，组件 Ⅱ 的 $CT_T=0$，组件 Ⅱ 的 $CO=0$，因此组件 Ⅲ 的 $CT_T=0$，所以组件 Ⅲ 不能计数翻转。图 7.3.37(a) 的缺点是工作速度较低。例如，当 $Q_0=0$，$Q_1 \sim Q_7$ 都为 1，$Q_8=0$ 时，CP 脉冲到来后，使 Q_0 变为 1，此后组件 Ⅰ 的 $CO=1$，再经组件 Ⅱ 的 CT_T 端到 CO 端的传输延时，组件 Ⅲ 的 CT_T 才变为 1，而且还必须等到组件 Ⅲ 内有关的门的状态稳定之后，下一个 CP 脉冲才允许到来，因而级联级数越多，计数频率越低。

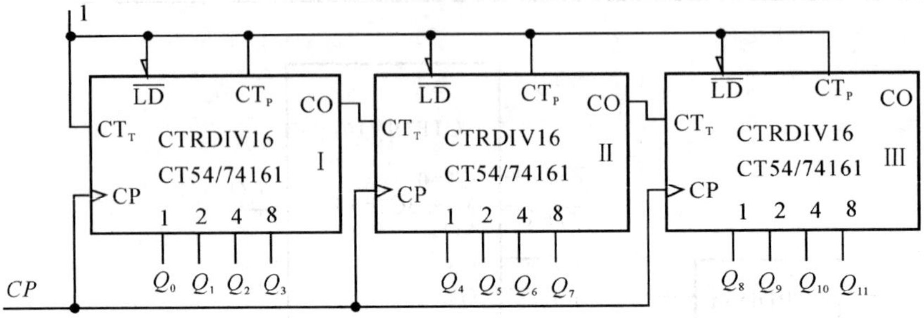

(a)

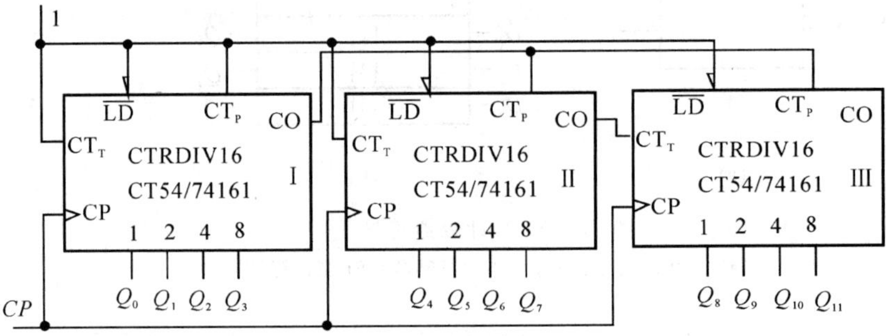

(b)

图 7.3.37　CT54/7461 构成 12 位二进制加法计数器级联图

图 7.3.37(b) 所示的第二种级联方法可以克服上述缺点。由于每个组件仅在 $CT_P=CT_T=1$ 时才能进行计数，又由于 $CO=CT_T \cdot Q_0Q_1Q_2Q_3$ 受 CT_T 的控制而与 CT_P 状态无关，所以在 $Q_0=0$，$Q_1 \sim Q_7$ 都为 1，$Q_8=0$ 时，组件 Ⅱ 的 $CO=1$，CP 脉冲到来后，Q_0 由 0 变到 1，这时组件 Ⅰ 的 $CO=1$，使组件 ⅢCT_T，CT_P 均为 1，等到组件 Ⅲ 内有关门的状态稳定之后，便可来下一个 CP 脉冲了，因而这种级联方法速度较快。

(2) 组成任意进制计数器。利用 74161 4 位二进制计数器可组成任意 M 进制计数器（或叫 M 次分频器），可利用该组件的清零端或置入控制端来实现。

① 反馈置 0 法。

例 7.3.8　应用 4 位二进制同步计数器组成十进制计数器。

解　74161 是 4 位二进制同步计数器，它的模值 $M=2^4=16$，要组成 $M=10$ 的十进制计数器，初态为 0，则选择 0 ～ 9 为有效状态，10 ～ 15 为无效状态。当输入 10 个 CP 脉冲后，$Q_3Q_2Q_1Q_0=1010$，则立即使它变成 $Q_3Q_2Q_1Q_0=0000$，使 74161 返回初态可利用使异步清零信号 $\overline{CR}=0$ 来完成。

图 7.3.38(a) 为用 74161 组成的十进制计数器，电路图 7.3.38(b) 为工作波形。

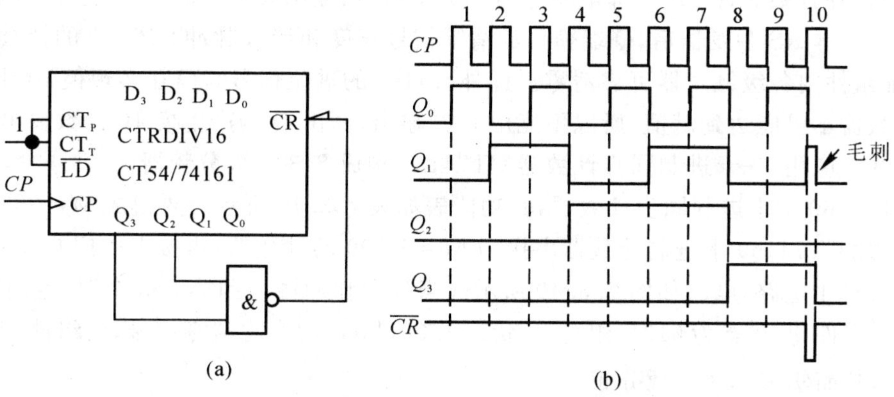

图 7.3.38　$M=10$ 的计数分频器

(a) 例 7.3.8 的逻辑图；(b) 例 7.3.8 的波形图

从图 7.3.38 中可看出电路在 CP 计数脉冲作用下，从 0000 开始计数，当第 10 个计数脉冲上升沿输入后 $Q_3Q_2Q_1Q_0=1010$，与非门输出为 0，使计数器$\overline{CR}=0$，则 $Q_3Q_2Q_1Q_0=0000$，完成了十进制计数。此方法的缺点是在 Q_1 输出波形上有毛刺，这是因为计数器的 Q_3Q_1 同时为 1(即状态 10) 时才会产生置 0 脉冲$\overline{CR}$，使计数器置 0，所以，计数器在状态 10 闪了一下，这种工作方式不能可靠地置 0，可能会造成计数错误。这是由于集成组件各触发器在翻转过程中，由于速度不等，可能出现不能使全部触发器置 0。例如，设 Q_1 比 Q_3 翻转速度快，则一旦 Q_1 由 1 → 0 后，$\overline{CR}$ 立即由 0 → 1，如果 Q_3 还没有完成翻转，则因清零信号已消除，可使状态保持在 1000 状态，这样就发生了错误。改进的方法是加一个基本 RS 触发器，如图 7.3.39(a) 所示，其波形图见图 7.3.39(b)。

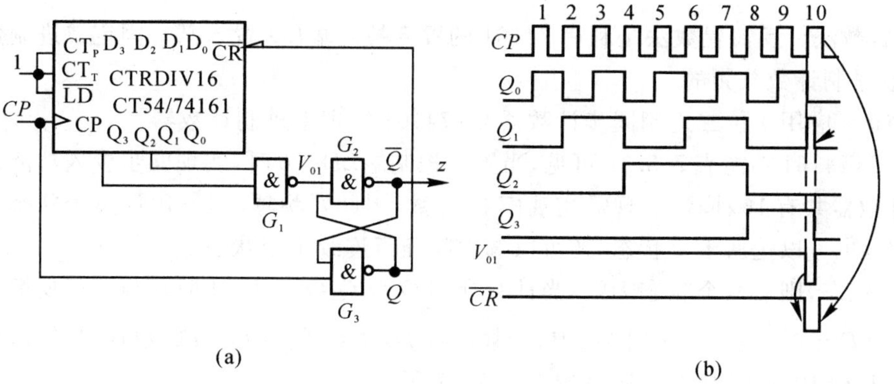

图 7.3.39　改进的 $M=10$ 的计数分频器

(a) 逻辑图；(b) 波形图

从图 7.3.39 可见，当第 10 个计数脉冲上升沿输入后 $Q_3Q_2Q_1Q_0=1010$，则门 G_1 输出为 0，作用于由门G_2和G_3组成的基本RS触发器，使$Q=0$，即74161的$\overline{CR}=0$，则$Q_3Q_2Q_1Q_0=0000$，$\bar{Q}$端输出为1。在计数脉冲CP下降沿到达后。又使G_3门输出$Q=1,\bar{Q}=0$。这样Z输出一个脉冲。采用了基本RS触发器后，Q端输出的清零信号宽度和计数脉冲$CP=1$的持续时间相同，足以保证组件内各级触发器可靠清零。此外，74161的进位信号CO在实现模10计数时，4位二进制计数器不可能达到满值，所以不能由CO输出，而由$\bar{Q}$端产生模10计数输出信号。

例 7.3.9　应用二-十进制同步计数器CT74160构成853计数分频器。

解　CT74160是十进制同步计数器，其功能表如表7.3.16所示。要组成$M=853$的计数器，首先将3片CT74160十进制计数器串接为$M=1\ 000$的计数器，再接上由门G_1，G_2，G_3组成的复位信号产生电路，电路如图7.3.40所示。当计数脉冲输入到第853个时，这时组件Ⅲ状态为1 000，组件Ⅱ状态为0101，组件Ⅰ状态为0011，G_3门产生清零信号，使组件Ⅲ，Ⅱ，Ⅰ的$\overline{CR}$均为0，从而实现853计数分频。

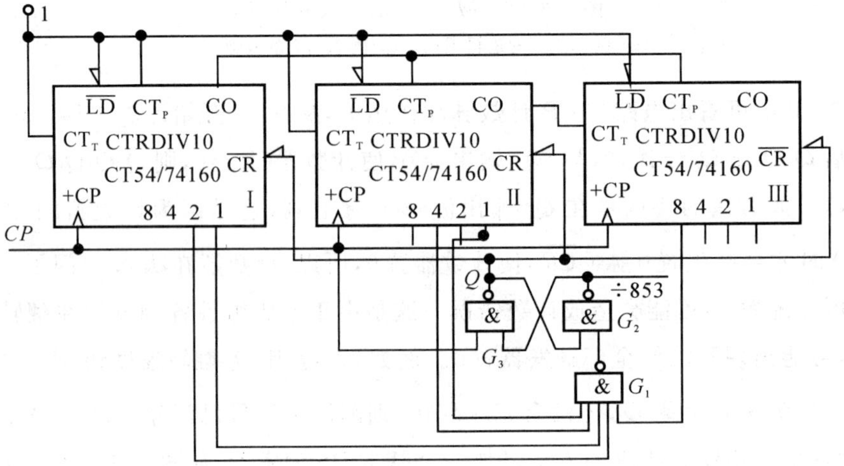

图7.3.40　采用3片CT54/74160同步二-十进制计数器构成853计数分频电路

② 反馈置数法。反馈置数法是利用74161的置入控制端$\overline{LD}$置入某一固定二进制数值的方法实现任意进制计数分频的。

例 7.3.10　应用4位二进制同步计数器CT74161实现十进制计数器。

解　由CT74161功能表7.3.16可见，当置入控制端$\overline{LD}=0$时，实现同步置入功能。由于4位二进制计数器共有16种状态，现需实现模10计数，因此要跳越$(16-10)=6$个状态。可以选前十个状态，也可以选后十个状态，还可以选中间任意连续十个状态。

选前十个状态，则后六个状态无效，当计数计到$Q_3Q_2Q_1Q_0=1001$时经与非门反馈给置入控制端$\overline{LD}$，使$\overline{LD}=0$。再来一个时钟CP，计数器将$D_3D_2D_1D_0=0000$的数预置进计数器，电路如图7.3.41(a)所示，其状态转换表如表7.3.17所示。

如选后十个状态，以4位二进制计数器的满值输出$\overline{CO}$作为$\overline{LD}$的置入控制信号，将数据输入端$D_3\sim D_0$接0110(6)。这样当74161计数计到满值时，$\overline{CO}=0$，在下一个时钟CP作用下计数器将$D_3D_2D_1D_0=0110$的数预置进计数器，电路如图7.3.41(b)所示，其状态转换表如表7.3.18所示。

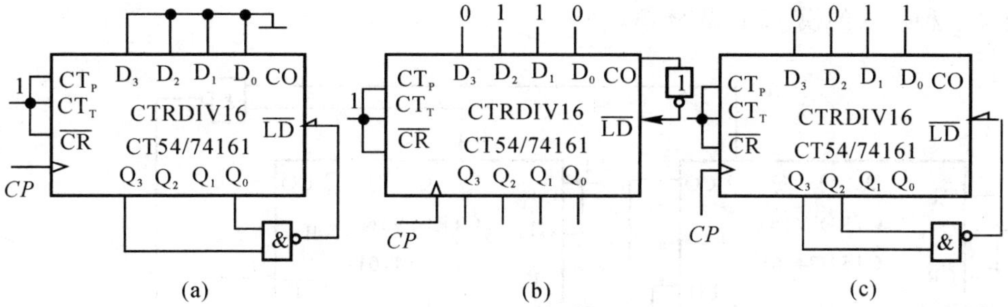

图 7.3.41　用 74161 组成十进制计数器

（a）前十个状态；（b）后十个状态；（c）中间十个状态

如选中间十个状态，前三个状态与后三个状态均无效，即采用余 3 码，电路如图 7.3.41(c) 所示，其状态转换表如表 7.3.19 所示。

表 7.3.17　图 7.3.41(a) 状态转换表

Q_3	Q_2	Q_1	Q_0
0	0	0	0
0	0	0	1
0	0	1	0
0	0	1	1
0	1	0	0
0	1	0	1
0	1	1	0
0	1	1	1
1	0	0	0
1	0	0	1

表 7.3.18　图 7.3.41(b) 状态转换表

Q_3	Q_2	Q_1	Q_0
0	1	1	0
0	1	1	1
1	0	0	0
1	0	0	1
1	0	1	0
1	0	1	1
1	1	0	0
1	1	0	1
1	1	1	0
1	1	1	1

表 7.3.19　图 7.3.41(c) 状态转换表

Q_3	Q_2	Q_1	Q_0
0	0	1	1
0	1	0	0
0	1	0	1
0	1	1	0
0	1	1	1
1	0	0	0
1	0	0	1
1	0	1	0
1	0	1	1
1	1	0	0

例 7.3.11　用 4 位二进制同步计数器组成由 00000001 ～ 00011000，$M=24$ 的计数器。

解　因为 $M=24>16$，所以必须用二片组件级联而成，运用反馈置数法可得电路如图 7.3.42 所示。

例 7.3.12　分析图 7.3.43(a)，(b) 所示计数器电路，说明是几进制计数器，列出状态转换表。

解　图 7.3.43(a) 所示电路 $\overline{LD}=Q_3+Q_2+Q_1+Q_0$，$D_3D_2D_1D_0=0101$，当 CT74161 进入到 $Q_3Q_2Q_1Q_0=0000$ 时，$\overline{LD}=0$，在下一个计数脉冲作用下触发器 $Q_3Q_2Q_1Q_0$ 被并行置入 0101，$\overline{LD}=1$ 在计数脉冲作用下进行加法计数，一直计到 $Q_3Q_2Q_1Q_0=1111$ 时自动回零，列出状态转换表如表 7.3.20 所示，实现模 12 计数分频。

图 7.3.43(b) 所示电路 $\overline{LD}=Q_2+Q_1+Q_0$，$D_3D_2D_1D_0=Q_3011$。当计数器状态为 0000 时，$\overline{LD}=0$，在计数脉冲作用下，置入 0011。以后按二进制顺序进行加法计数；当计数器状态为 1000 时，$\overline{LD}=0$，又执行置入操作，在计数脉冲作用后，置入 1011，以后按二进制顺序加法计数。如此循环，在一个计数循环中置入操作和计数操作轮流进行，列出状态转换表如表 7.3.21

所示实现又一种形式的模 12 计数分频。

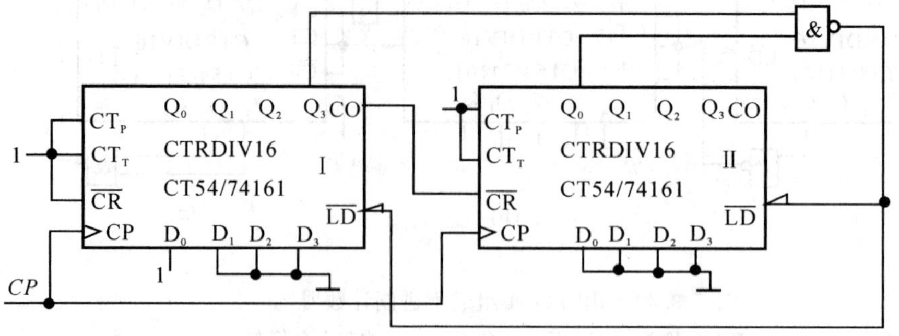

图 7.3.42　24 进制计数器

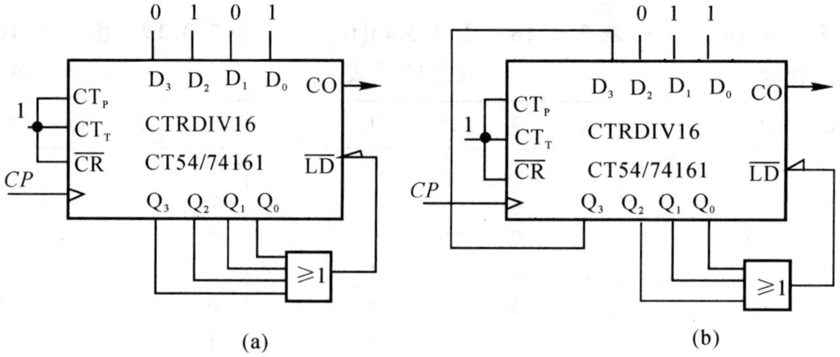

图 7.3.43　例 7.3.12 的电路图

表 7.3.20　图7.3.43(a)的状态转换表

Q_3	Q_2	Q_1	Q_0	
0	0	0	0	($\overline{LD}=0$)
0	1	0	1	($\overline{LD}=1$)
0	1	1	0	($\overline{LD}=1$)
0	1	1	1	
1	0	0	0	
1	0	0	1	
1	0	1	0	
1	0	1	1	⋮
1	1	0	0	
1	1	0	1	
1	1	1	0	
1	1	1	1	($\overline{LD}=1$)

表 7.3.21　图7.3.43(b)的状态转换表

Q_3	Q_2	Q_1	Q_0	
0	0	0	0	($\overline{LD}=0$)
0	0	1	1	($\overline{LD}=1$)
0	1	0	0	($\overline{LD}=1$)
0	1	0	1	($\overline{LD}=1$)
0	1	1	0	($\overline{LD}=1$)
0	1	1	1	($\overline{LD}=1$)
1	0	0	0	($\overline{LD}=0$)
1	0	1	1	($\overline{LD}=1$)
1	1	0	0	($\overline{LD}=1$)
1	1	0	1	($\overline{LD}=1$)
1	1	1	0	($\overline{LD}=1$)
1	1	1	1	($\overline{LD}=1$)

(3) 用 CT74161 实现任意时序函数。

在上一节中,我们已经给出了设计时序电路的基本步骤:建立原始状态转换图(表),状态化简、状态分配,求出激励函数及输出函数并画出逻辑图。现在来说明在采用 CT74161 实现时序逻辑函数时如何执行这些步骤。

① 关于建立原始状态转换图(表)这一步显然是必须的。在上一节,我们已给出了一些基本方法,这些方法对于设计逻辑功能较为简单的电路来说仍然是合适的。因此,在本节的例子中,原始状态转换图(表)是给定的。

② 状态化简。原则上不必对原始状态转换表进行状态化简。因为,原始状态转换表中的各个状态所表示的含义是十分清楚的,由此导出的电路与所实现的逻辑功能之间的对应关系亦较为明确,这正是我们所希望的。此外在采用中规模组件的条件下,状态化简通常不会降低电路的价格,当然,在某种特殊情况下,例如原状态为 17 个,这时如稍加状态合并,即可减少 CT74161 的个数。

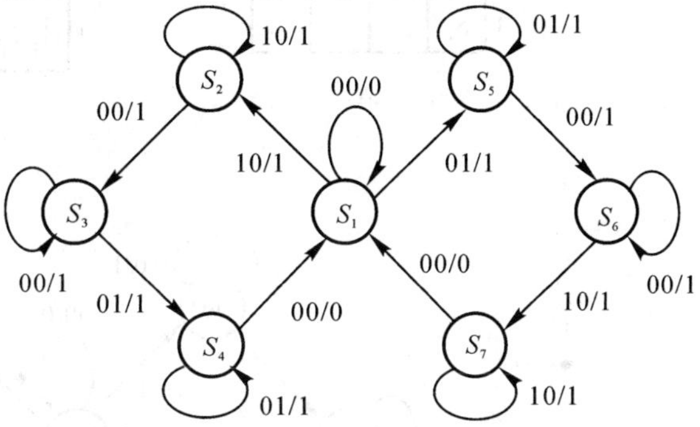

图 7.3.44 交通控制器状态转换图

关于状态分配及求出激励函数,我们将通过例子来具体说明。

例 7.3.13 试用 CT74161 并辅以组合元件实现例 7.2.4 的交通控制电路。

解 为读者阅读方便,将交通控制器的原始状态转换图重画于图 7.3.44。如上文所说,将不对它进行状态化简。现对它进行状态分配,这个分配的状态转换图由二个回路 $S_1 \to S_2 \to S_3 \to S_4 \to S_1$ 以及 $S_1 \to S_5 \to S_6 \to S_7 \to S_1$ 构成。考虑到 CT74161 计数器可进行三种操作:计数、保持、预置。为使电路的组合部分尽量简单,总优先使它进行计数及保持操作。仅在必要时才使之进行预置。为此,作如下状态分配:

$$S_1=000 \quad S_2=001 \quad S_3=010 \quad S_4=011$$
$$S_5=100 \quad S_6=101 \quad S_7=110$$

相应的状态分配图如图 7.3.45(a) 所示,从而代码形式的状态转换图如图 7.3.45(b) 所示,由于仅需三个状态变量,所以只需用 CT74161 的低三位。

由图 7.3.45(b) 可见,当电路处于 S_1 时,CT74161 可能进行计数、保持和预置这三种操作之一。如果电路处于 S_2,则 CT74161 可能进行计数和保持二种操作之一。在不同的状态下 CT74161 需要进行的操作如图 7.3.45(c) 所示。

现在讨论如何在 CT_P,CT_T,$\overline{LD}$ 及 D_2,D_1,D_0 端加入适当的激励信号,以便实现这些操作。

下面详细说明控制端 CT_P,CT_T 和$\overline{LD}$,以及预置输入端 D_2,D_1,D_0 的卡诺图填写过程。假设 $CT_P=CT_T$,即把 CT_P,CT_T 连在一起。

当 $Q_2Q_1Q_0=000$ 时,CT74161 可进行计数、保持或预置操作。但进行哪一种操作应由输入信号 x_1,x_2 决定。在 $x_1x_2=00$ 时,由图 7.3.45(b) 可知 CT74161 应为保持,即要求 $CT_P \cdot CT_T=0$,$\overline{LD}=1$,$D_2D_1D_0=\times\times\times$;在 $x_1x_2=10$ 时,CT74161 为计数,状态由 $000 \to 001$,从

而要求$CT_P \cdot CT_T=1$，$\overline{LD}=1$，$D_2D_1D_0=\times\times\times$；在 $x_1x_2=01$ 时为预置，状态由 $000 \rightarrow 100$，从而要求 $CT_P \cdot CT_T=\times$，$\overline{LD}=0$，$D_2D_1D_0=100$。$x_1x_2=11$ 是不会出现的，作为无关项处理。照此画出 $Q_2Q_1Q_0=000$ 时 $CT_P \cdot CT_T$，$\overline{LD}$，$D_2D_1D_0$ 与 x_1x_2 关系的卡诺图如图 7.3.46(a)，(b)，(c) 所示。

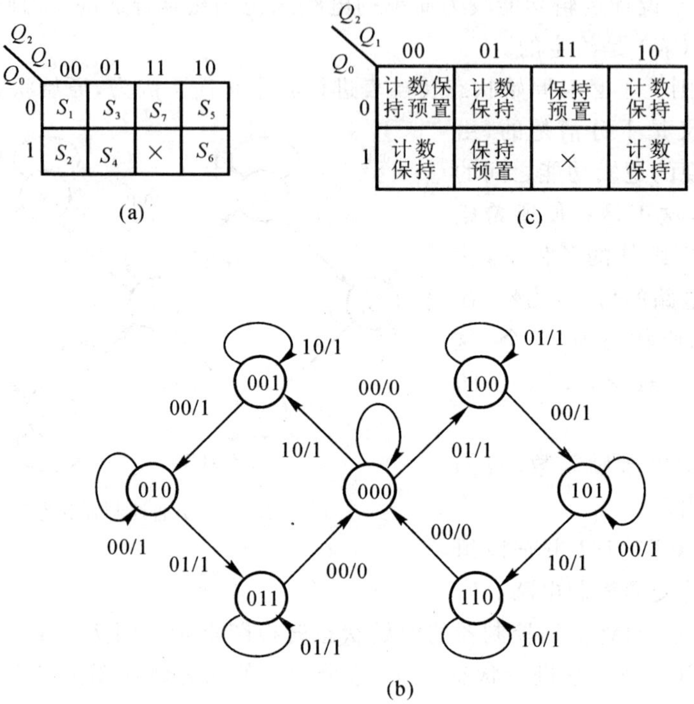

图 7.3.45 交通控制器设计

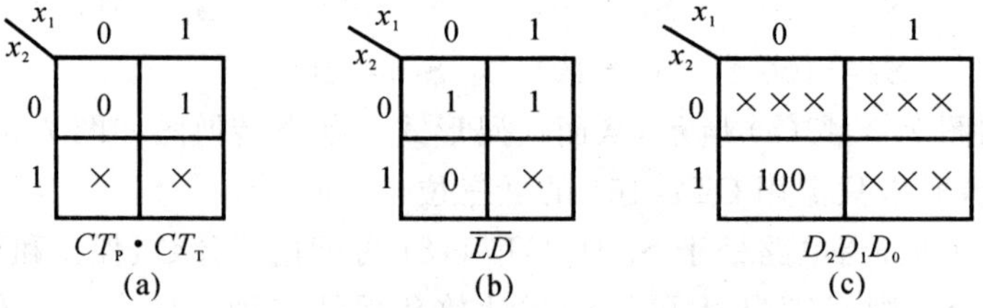

图 7.3.46 $Q_2Q_1Q_0=000$ 时控制端卡诺图

从上述三图中求出：$CT_P \cdot CT_T=x_1$，$\overline{LD}=\bar{x}_2$，$D_2D_1D_0=100$。

当 $Q_2Q_1Q_0=001$ 时，可进行计数或保持操作。当 $x_1x_2=00$ 时，应进行计数操作，状态由 $001 \rightarrow 010$，要求 $CT_P \cdot CT_T=1$，$\overline{LD}=1$，$D_2D_1D_0=\times\times\times$；在 $x_1x_2=10$ 时，应为保持，要求 $CT_P \cdot CT_T=0$，$\overline{LD}=1$，$D_2D_1D_0=\times\times\times$。由图 7.3.45(b) 可见 $x_1x_2=01$ 或 11 是不可能出现的，将它们均作为无关项处理。照此画出 $Q_2Q_1Q_0=001$ 时 $CT_P \cdot CT_T$，$\overline{LD}$，$D_2D_1D_0$ 与 x_1x_2 关系的卡诺图如图 7.3.47(a)，(b)，(c) 所示。

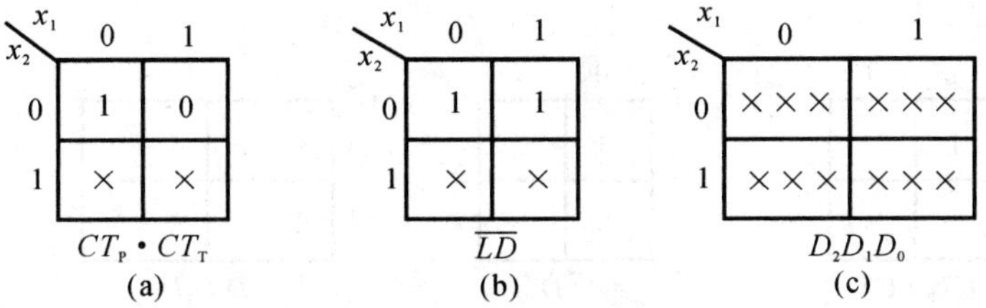

图 7.3.47　$Q_2Q_1Q_0=001$ 时控制端卡诺图

从上述三图中求出：$CT_P \cdot CT_T=\bar{x}_1$，$\overline{LD}=1$，$D_2D_1D_0=$×××。

当 $Q_2Q_1Q_0=010$ 时，可进行计数或保持操作。当 $x_1x_2=00$ 时，进行保持操作，要求 $CT_P \cdot CT_T=0$，$\overline{LD}=1$，$D_2D_1D_0=$×××；$x_1x_2=01$ 时，进行计数操作，要求 $CT_P \cdot CT_T=1$，$\overline{LD}=1$，$D_2D_1D_0=$×××。而 $x_1x_2=10$ 或 11 不可能出现，则作为无关项处理。照此画出 $Q_2Q_1Q_0=010$ 时，$CT_P \cdot CT_T$，$\overline{LD}$，$D_2D_1D_0$ 与 x_1x_2 关系的卡诺图如图 7.3.48(a)，(b)，(c) 所示。

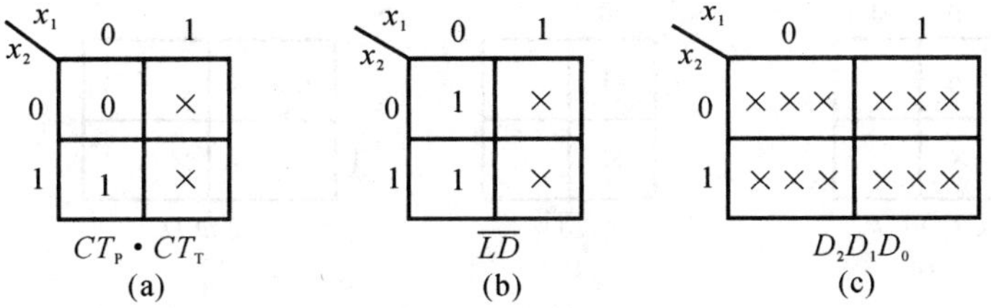

图 7.3.48　$Q_2Q_1Q_0=010$ 时控制端卡诺图

从上述三图中求出：$CT_P \cdot CT_T=x_2$，$\overline{LD}=1$，$D_2D_1D_0=$×××。

当 $Q_2Q_1Q_0=011$ 时，只作保持或预置操作，当 $x_1x_2=00$，作预置操作，要求 $CT_P \cdot CT_T=$×，$\overline{LD}=0$，$D_2D_1D_0=000$；当 $x_1x_2=01$ 时，作保持操作，要求 $CT_P \cdot CT_T=0$，$\overline{LD}=1$，$D_2D_1D_0$ =×××。x_1x_2 为 10 或 11 不可能出现，作为无关项处理。画出 $Q_2Q_1Q_0=011$ 时，$CT_P \cdot CT_T$，$\overline{LD}$，$D_2D_1D_0$ 与 x_1x_2 关系的卡诺图如图 7.3.49(a)，(b)，(c) 所示。

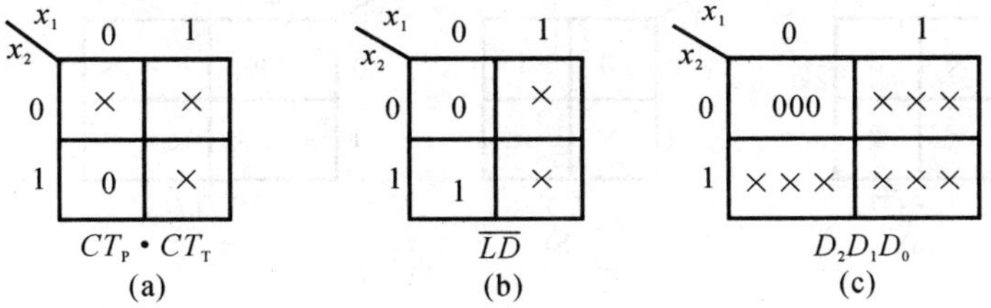

图 7.3.49　$Q_2Q_1Q_0=011$ 时控制端卡诺图

从上述三图求出：$CT_P \cdot CT_T=\bar{x}_2$，$\overline{LD}=x_2$，$D_2D_1D_0=000$。

当 $Q_2Q_1Q_0=100$ 时，计数器作保持或计数操作；当 $x_1x_2=00$ 时，作计数操作，要求 $CT_P \cdot CT_T=1$；$\overline{LD}=1$，$D_2D_1D_0=$×××；$x_1x_2=01$ 时，作保持操作，要求 $CT_P \cdot CT_T=0$；$\overline{LD}=1$，$D_2D_1D_0=$×××。x_1x_2 为 10 或 11 不可能出现，作为无关项处理，得到图 7.3.50(a)，(b)，(c)，

求得 $CT_P \cdot CT_T=\bar{x}_2$，$\overline{LD}=1$，$D_3D_2D_1=\times\times\times$。

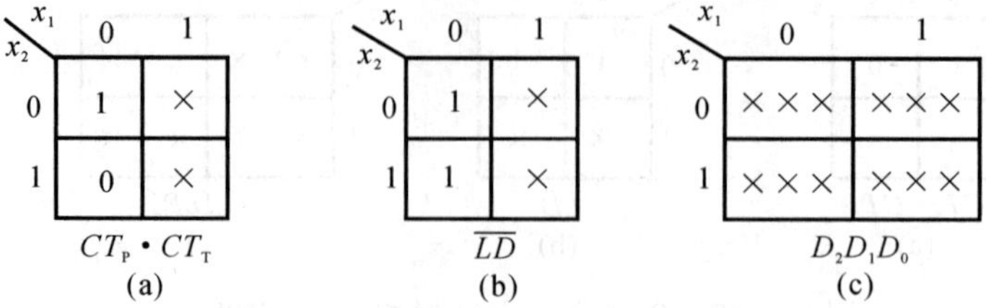

图 7.3.50　$Q_2Q_1Q_0=100$ 时控制端卡诺图

当 $Q_2Q_1Q_0=101$ 时，计数器作保持或计数操作。当 $x_1x_2=00$ 时，作保持操作，要求 $CT_P \cdot CT_T=0$，$\overline{LD}=1$，$D_2D_1D_0=\times\times\times$；当 $x_1x_2=10$ 时，作计数操作，要求 $CT_P \cdot CT_T=1$，$\overline{LD}=1$，$D_2D_1D_0=\times\times\times$；$x_1x_2$ 为 01 和 11 作无关项处理，得图 7.3.51(a)，(b)，(c)，求得 $CT_P \cdot CT_T=x_1$，$\overline{LD}=1$，$Q_2Q_1Q_0=\times\times\times$。

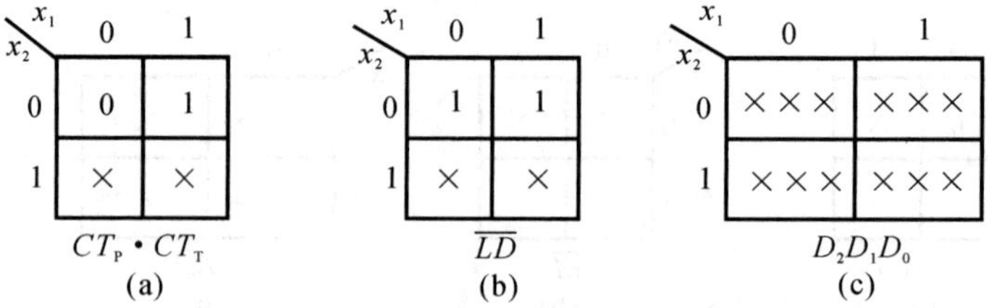

图 7.3.51　$Q_2Q_1Q_0=101$ 时控制端卡诺图

当 $Q_2Q_1Q_0=110$ 时，计数器作保持或预置操作。当 $x_1x_2=00$ 时，作预置操作，要求 $CT_P \cdot CT_T=\times$，$\overline{LD}=1$，$D_2D_1D_0=000$；当 $x_1x_2=10$ 时，作保持操作，要求 $CT_P \cdot CT_T=0$，$\overline{LD}=1$，$D_2D_1D_0=\times\times\times$，$x_1x_2$ 为 01 和 11 作无关项处理，得到图 7.3.52(a)，(b)，(c)，求得 $CT_P \cdot CT_T=\bar{x}_1$，$\overline{LD}=x_1$，$D_2D_1D_0=000$。

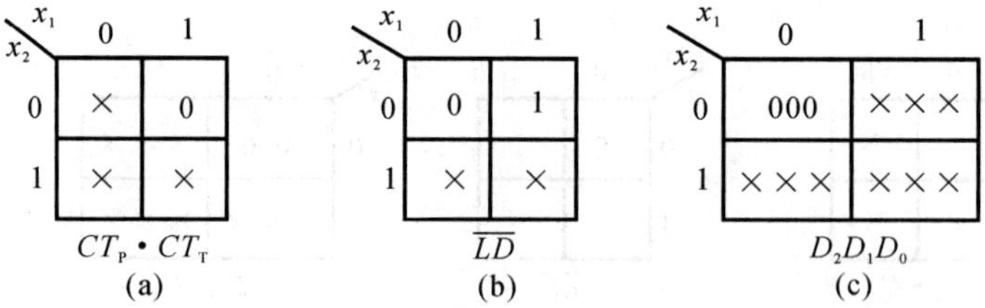

图 7.3.52　$Q_2Q_1Q_0=110$ 时控制端卡诺图

将上述分析结果，综合起来，得出 $CT_P \cdot CT_T$，$\overline{LD}$，$D_2D_1D_0$ 完整的卡诺图如图 7.3.53(a)，(b)，(c) 所示。

Q_0 \ Q_2Q_1	00	01	11	10
0	x_1	x_2	$\bar{x}_1$	$\bar{x}_2$
1	$\bar{x}_1$	$\bar{x}_2$	×	x_1

$CT_P \cdot CT_T$

(a)

Q_0 \ Q_2Q_1	00	01	11	10
0	$\bar{x}_2$	1	x_1	1
1	1	x_2	×	1

$\overline{LD}$

(b)

Q_0 \ Q_2Q_1	00	01	11	10
0	100	×××	000	×××
1	×××	000	×××	×××

$D_2D_1D_0$

(c)

图 7.3.53　完整的控制端卡诺图

最后，求出输出 z 的卡诺图，当 $Q_2Q_1Q_0=000$ 时，$x_1x_2=00$，$z=0$；若 x_1 或 x_2 为 1，则 $z=1$，故满足 $z=x_1+x_2$。把 x_1+x_2 填在输出卡诺图的对应格内，同理可画出完整的输出卡诺图，如图 7.3.54 所示。

Q_0 \ Q_2Q_1	00	01	11	10
0	x_1+x_2	1	x_1	1
1	1	x_2	×	1

z

图 7.3.54　输出 z 的卡诺图

若采用数据选择器来实现 $CT_T \cdot CT_P$，$\overline{LD}$ 及 z，则画出逻辑电路图如图 7.3.55 所示。这个电路图与交通控制器要实现的功能之间的关系是很明显的。例如，当火车自西向东尚未进入 P_1P_2 段时，$x_1x_2=00$，电路状态应维持在 S_1，即 $Q_2Q_1Q_0=000$。由图 7.3.55 可见，这时 $CT_P \cdot CT_T=x_1$，即为 0。$\overline{LD}=\bar{x}_2$，即为 1，所以 CT74161 电路状态保持在 S_1，即 $Q_2Q_1Q_0=000$ 且输出 $z=x_1+x_2=0$。一旦火车头压到 P_1，这时 $x_1x_2=10$，所以 $z=1$，$CT_T \cdot CT_P=1$，$\overline{LD}=1$，CT74161 开始计数，电路进入 S_2，即 $Q_2Q_1Q_0=001$。用 CT74161 并辅以组合元件实现交通控制器的过程可以归纳为：

（1）状态分配，其原则是次态代码为现态代码加 1，即加 1 计数分配，进而画出状态分配图及代码形式的状态转换图。

（2）画出如图 7.3.45(c) 所示 CT74161 操作表。

（3）根据操作表填 $CT_P \cdot CT_T$，$\overline{LD}$，$D_2D_1D_0$ 及输出 z 的卡诺图。

（4）写出 $CT_P \cdot CT_T$，$\overline{LD}$，$D_2D_1D_0$，z 的表示式并用组合元件实现。

例 7.3.14　试设计一个计算机主机与外部设备之间的接口电路。图 7.3.56(a) 是待设计的接口电路的示意图，从计算机接收控制信号 x_1，x_2，x_3 变成对外设的命令 z_1，z_2，也从外设接收信息 x_4，x_5，x_6，x_7 变成对主机的回答 z_3，z_4。从逻辑设计角度出发，把图(a) 改画为图(b) 的形式，从而把这个接口电路看做为一个多输入、多输出的同步时序电路。

解　从图 7.3.56(b) 可知该接口电路有 7 个输入，4 个输出。但同一时刻输入信号和输出信号不可能有 2 个以上同时为 1。为此用图 7.3.57 所示的简化摩尔型状态转换图来描述它的逻辑功能。为使图简洁，未在图中画出状态不变时的转换及相应的输入条件。

设电路处于状态 S_0，当输入信号 $x_1=1$ 时，它的状态为 S_1；当 $x_2=1$ 时，次态为 S_3；除此之外，次态仍为 S_0。图中只画出了 x_1 或 x_2 为 1 时的状态转换。电路在 S_0 时，处于等待状态，4 个输出 z_1，z_2，z_3，z_4 均为 0，故在 S_0 的斜线下面写 0。若电路处于 S_1，则输出信号 $z_1=1$，所以在 S_1 的斜线下写 z_1，这时若 $x_3=1$，则次态为 S_2，输出 $z_2=1$，否则次态仍为 S_1。当电路状态为 S_2 时，输出 $z_2=1$，且在下一个 CP 作用下必然转换为 S_3，所以在箭头旁注 1 以表示是无条件转移。在其他状态下，各符号含义均与上述相同，不再赘述。现在对此电路进行设计。

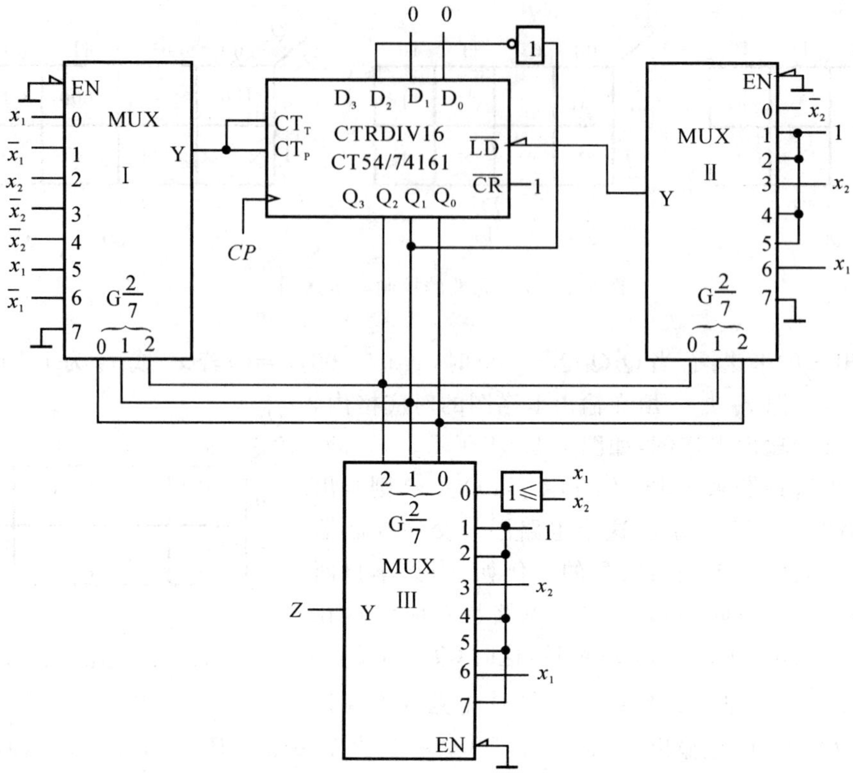

图 7.3.55　交通控制器逻辑图

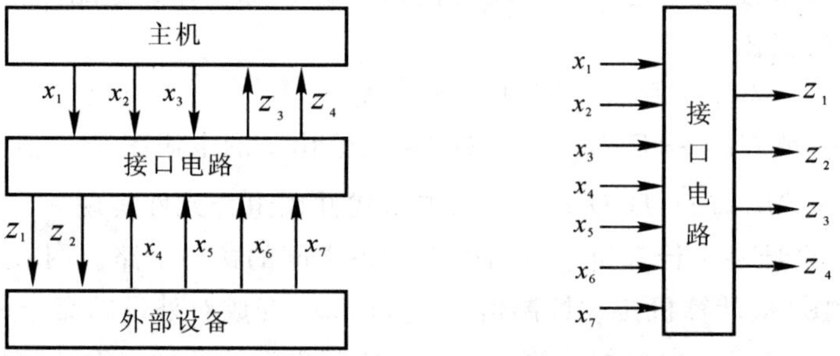

(a)　　(b)

图 7.3.56　接口电路示意图

(1) 对状态转换图进行加 1 计数状态分配，与之相应的状态分配图及代码形式的状态转换图如图 7.3.58(a)，(b) 所示。

(2) 画出 CT74161 的操作表，如图 7.3.58(c) 所示。

(3) 画出 $CT_T \cdot CT_P$，$\overline{LD}$，$D_2D_1D_0$ 的卡诺图，如图 7.3.58(d)，(e)，(f) 所示。

在 $CT_P \cdot CT_T$ 卡诺图的 000 格中，填入 x_1，表示在状态为 000，且输入 $x_1=1$ 时，$CT_P \cdot CT_T=1$，以使计数器计数，状态转换到 001。在 $\overline{LD}$ 卡诺图的 000 格中，填入 $\overline{x}_2$，表示在状态为 000，且输入 $x_2=1$ 时 $\overline{LD}=0$，以使计数器进行预置操作。由于这时的次态应为 011，故在

$D_2D_1D_0$ 卡诺图 000 格中填 011。

当计数器处于状态 010 时，由状态转换图可知，应无条件进行加 1 计数，即应满足 $CT_P \cdot CT_T = 1, \overline{LD} = 1$，故在 $CT_P \cdot CT_T, \overline{LD}, D_2D_1D_0$ 的卡诺图中依次填入 1，1 和 ×××。

当计数器处于状态 110 时，由状态转换图可知，应无条件进行预置，其次态为 100，故令 $\overline{LD} = 0$，这时 $CT_P \cdot CT_T = \times, D_2D_1D_0 = 100$。同理不难填出这些卡诺图的其他各格。由图 7.3.58(f) 的卡诺图得 $D_2 = Q_1$，$D_1 = D_0 = \overline{Q}_2$。

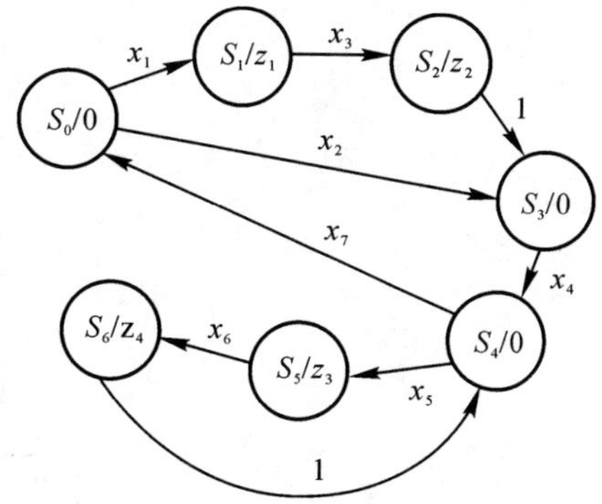

图 7.3.57　接口电路状态转换图

$Q_0 \backslash Q_2Q_1$	00	01	11	10
0	S_0	S_2	S_6	S_4
1	S_1	S_3	×	S_5

(a)

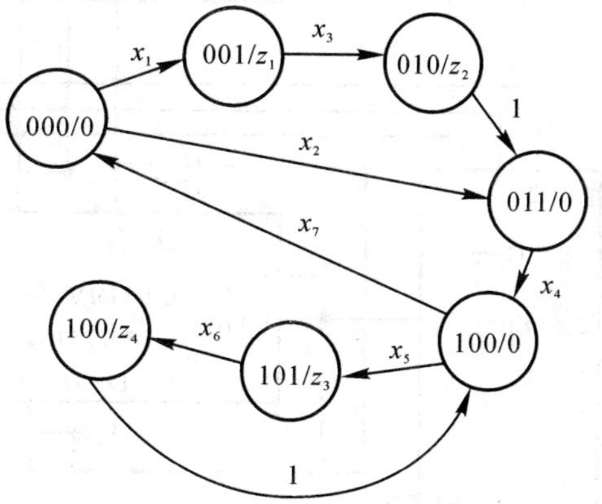

(b)

$Q_0 \backslash Q_2Q_1$	00	01	11	10
0	计数 预置 保持	计数	预置	计数 预置 保持
1	计数 保持	计数 保持	×	计数 保持

(c)

$Q_0 \backslash Q_2Q_1$	00	01	11	10
0	x_1	1	×	x_5
1	x_3	x_4	×	x_6

$CT_P \cdot CT_T$

(d)

$Q_0 \backslash Q_2Q_1$	00	01	11	10
0	$\bar{x}_2$	1	0	$\bar{x}_7$
1	1	1	×	1

$\overline{LD}$

(e)

$Q_0 \backslash Q_2Q_1$	00	01	11	10
0	011	×××	100	000
1	×××	×××	×××	×××

$D_2D_1D_0$

(f)

图 7.3.58　设计接口电路过程

(4) 由于这是一个多输出摩尔型时序电路，其输出完全依赖于内部状态，由图 7.3.58(b) 可直接得

$$z_1=\bar{Q}_2\bar{Q}_1Q_0=m_1$$
$$z_2=\bar{Q}_2Q_1\bar{Q}_0=m_2$$
$$z_3=Q_2\bar{Q}_1Q_0=m_5$$
$$z_4=Q_2Q_1\bar{Q}_0=m_6$$

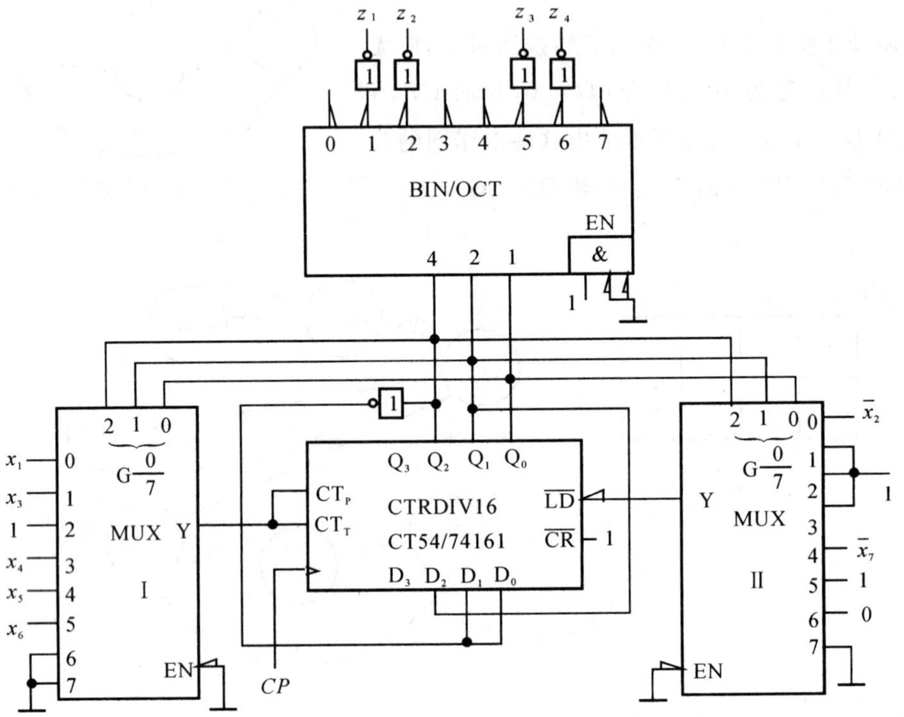

图 7.3.59　接口电路逻辑图

由于是多输出函数，所以用3线-8线译码器实现较为方便，$CT_T \cdot CT_P$，$\overline{LD}$ 仍用数据选择器实现，接口电路逻辑图如图 7.3.59 所示。

(二) 集成异步计数器

集成中规模异步计数器有十进制异步计数器，4位二进制异步计数器等。我们以十进制异步计数器 CT74LS90 为例分析其功能。

1. 工作原理

CT74LS90 异步2-5-10进制计数器的逻辑电路图如图 7.3.60 所示。它有两个时钟触发输入，CP_0 作用于触发器 Q_0 完成模2计数；CP_1 作用于由 Q_1，Q_2，Q_3 构成的模5计数器。另有置0输入 R_{0A}，R_{0B} 及置9输入 S_{9A}，S_{9B}。将模2计数器和模5计数器组合起来可构成一个十进制计数器。

(1) 8421BCD计数。若计数脉冲 CP 由 CP_0 输入，Q_0 接 CP_1，则该计数器先进行2进制计数，再进行5进制计数，从而完成 8421BCD 的十进制计数，接线图如图 7.3.61(a) 所示。

由图 7.3.60 可以写出各级触发器特征方程

$$Q_0^{n+1}=[\overline{Q}_0]CP\downarrow$$

$$Q_1^{n+1}=[\overline{Q}_3\overline{Q}_1]Q_0\downarrow$$

$$Q_2^{n+1}=[\overline{Q}_2]Q_1\downarrow$$

$$Q_3^{n+1}=[Q_1\ Q_2\ \overline{Q}_3]Q_0\downarrow$$

由此可得到 8421BCD 计数的状态转换表，如表 7.3.22 所示。

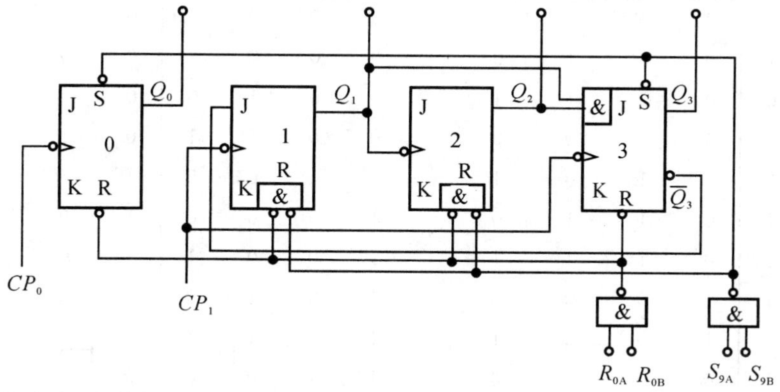

图 7.3.60　CT74LS90 电路图

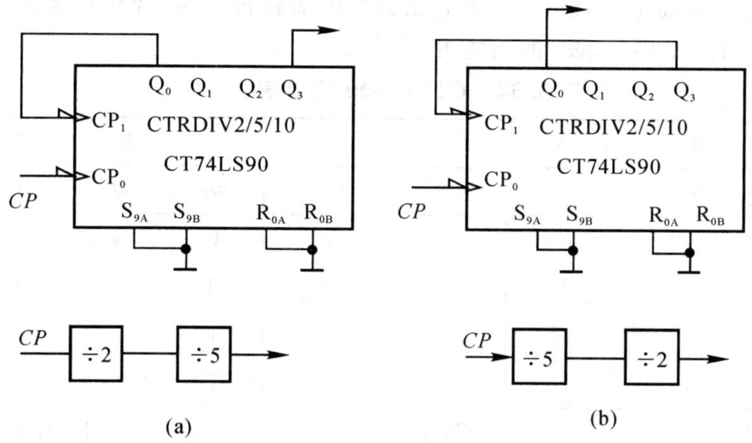

图 7.3.61　CT74LS90 两种计数方式

(a) 8421BCD 计数；(b) 5421BCD 计数

(2) 5421BCD 计数。若计数脉冲由 CP_1 输入，Q_3 接 CP_0，则该计数器先进行 5 进制计数，再进行 2 进制计数，从而完成 5421BCD 的十进制计数，接线图如图 7.3.61 (b) 所示。

由图 7.3.60 可以写出各级触发器特征方程

$$Q_1^{n+1}=[\bar{Q}_3\ \bar{Q}_1]CP\downarrow$$

$$Q_2^{n+1}=[\bar{Q}_2]Q_1\downarrow$$

$$Q_3^{n+3}=[Q_1\ Q_2\ \bar{Q}_3]CP\downarrow$$

$$Q_0^{n+1}=[\bar{Q}_0]Q_3\downarrow$$

由此可得到5421BCD计数的状态转换表，如表7.3.23所示。

表 7.3.22　8421BCD 计数

Q_3	Q_2	Q_1	Q_0	Q_3^{n+1}	Q_2^{n+1}	Q_1^{n+1}	Q_0^{n+1}
0	0	0	0	0	0	0	1
0	0	0	1	0	0	1	0
0	0	1	0	0	0	1	1
0	0	1	1	0	1	0	0
0	1	0	0	0	1	0	1
0	1	0	1	0	1	1	0
0	1	1	0	0	1	1	1
0	1	1	1	1	0	0	0
1	0	0	0	1	0	0	1
1	0	0	1	0	0	0	0

表 7.3.23　5421BCD 计数

Q_0	Q_3	Q_2	Q_1	Q_0^{n+1}	Q_3^{n+1}	Q_2^{n+1}	Q_1^{n+1}
0	0	0	0	0	0	0	1
0	0	0	1	0	0	1	0
0	0	1	0	0	0	1	1
0	0	1	1	0	1	0	0
0	1	0	0	1	0	0	0
1	0	0	0	1	0	0	1
1	0	0	1	1	0	1	0
1	0	1	0	1	0	1	1
1	0	1	1	1	1	0	0
1	1	0	0	0	0	0	0

此外从图7.3.60可看出只有$R_{0A}=R_{0B}=1$时触发器才能置0；$S_{9A}=S_{9B}=1$时，触发器才能置“9”，即高电位置0，或高电位置“9”，因此正常计数时需将置0端、置9端接地。

根据以上分析可得出CT74LS90的功能表，如表7.3.24所示。

表 7.3.34　CT74LS90 功能表

输入						输出			
R_{0A}	R_{0B}	S_{9A}	S_{9B}	CP_0	CP_1	Q_3	Q_2	Q_1	Q_0
1	1	0	×	×	×	0	0	0	0
1	1	×	0	×	×	0	0	0	0
0	×	1	1	×	×	1	0	0	1
×	0	1	1	×	×	1	0	0	1
$\overline{R_{0A}\cdot R_{0B}}=1$		$\overline{S_{9A}\cdot S_{9B}}=1$		$CP\downarrow$	0	二进制计数			
				0	$CP\downarrow$	五进制计数			
				$CP\downarrow$	$Q_0\downarrow$	8421BCD十进制计数			
				$Q_3\downarrow$	$CP\downarrow$	5421BCD十进制计数			

2. *应用举例*

例 7.3.15　用CT74LS90组成7进制计数器。

解　7进制计数器有7个独立状态，可先组成十进制计数器，然后采用一定的方法使它跳越三个无效状态而得到。

方法一：先组成 8421BCD 十进制计数器，再利用反馈置 0 法。

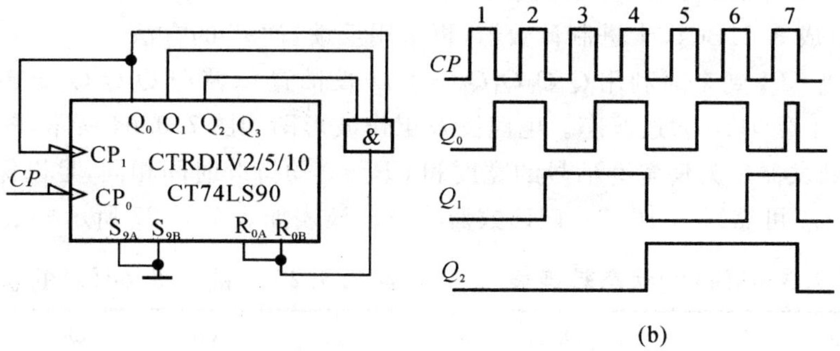

图 7.3.62　七进制计数器（8421BCD）

（a）电路图；（b）工作波形图

设初态为0，则选择0～6为有效状态，7～9为无效状态，当 CP_7 到来时，输出 $Q_3Q_2Q_1Q_0=0111$，利用0111反馈置0，使计数器返回初态。电路图及工作波形图如图 7.3.62 所示，状态转换表如表 7.3.25 所示。

表 7.3.25　图 7.3.62(a)的状态转换表

Q_3	Q_2	Q_1	Q_0
0	0	0	0
0	0	0	1
0	0	1	0
0	0	1	1
0	1	0	0
0	1	0	1
0	1	1	0
(0	1	1	0)

方法二：先组成 5421BCD 十进制计数器，再采用反馈置 0 法。

设初态为 0，当 CP_7 到来时，利用 $Q_0Q_3Q_2Q_1=1010$ 反馈置0，使计数器返回初始状态。电路图及工作波形图如图 7.3.63 所示，状态转换表如表 7.3.26 所示。

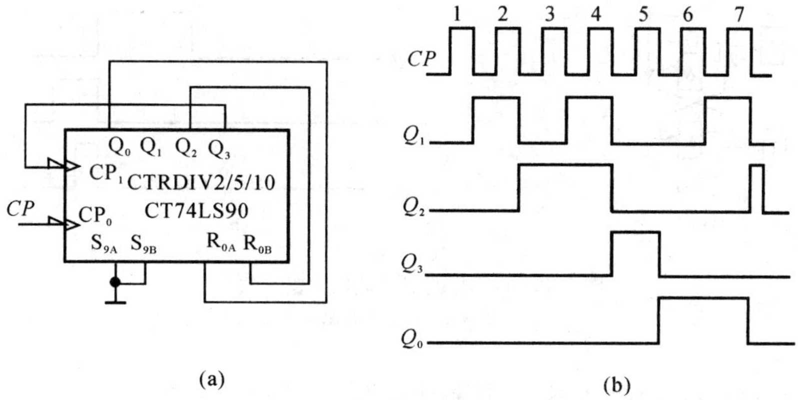

图 7.3.63　七进制计数器（5421BCD）

（a）电路图；（b）工作波形图

以上二种方法应注意由于 CT74LS90 是异步清零，对于 7 进制计数器，只需 7 个状态，即 0 ～ 6 即可，7 是用来清零的状态，即过渡态。

方法三：先组成 8421BCD 十进制计数器，再采用反馈置“9”的方法。

设初态为 0，当 CP_6 到来时利用 $Q_3Q_2Q_1Q_0=0110$ 反馈置 9，使 $Q_3Q_2Q_1Q_0=1001$ 然后自动返回初始状态，应注意 0110 为过渡态。电路图及工作波形图如图 7.3.64 所示，图(a) 中 G_2 和 G_3 门组成的 RS 触发器是为使置 9 信号的宽度和 $CP=0$ 的持续时间相同，足以保证器件内各级触发器 $Q_3Q_2Q_1Q_0$ 可靠置为 1001。该计数器状态转换表如表 7.3.27 所示。

表 7.3.26　图 7.3.63(a)的状态转换表

Q_0	Q_3	Q_2	Q_1
0	0	0	0
0	0	0	1
0	0	1	0
0	0	1	1
0	1	0	0
1	0	0	0
1	0	0	1
(1	0	1	0)

表 7.3.27　图 7.3.64(a)的状态转换表

Q_3	Q_2	Q_1	Q_0
0	0	0	0
0	0	0	1
0	0	1	0
0	0	1	1
0	1	0	0
0	1	0	1
(0	1	1	0)
1	0	0	1

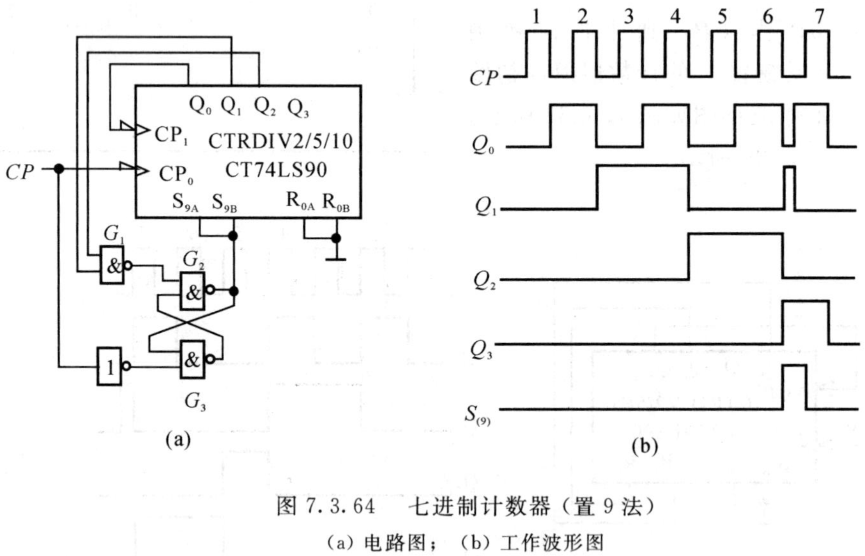

图 7.3.64　七进制计数器（置 9 法）

(a) 电路图；(b) 工作波形图

例 7.3.16　用 CT74LS90 组成 84 进制计数器。

解　可采用反馈置 0 法。首先将 2 片 CT74LS90 均接成 8421BCD 十进制计数器，然后将低位片（Ⅰ 片）的 Q_3 做为高位片（Ⅱ 片）的 CP，级联成 100 进制计数器，最后用$(84)_{10}=(1000,0100)_{8421BCD}$来反馈置 0 组成 84 进制计数器，电路图如图 7.3.65 所示。

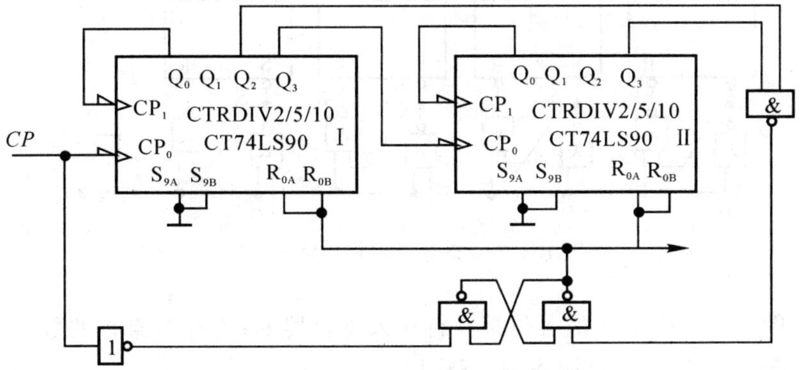

图 7.3.65　84 进制计数器

第四节　寄存器与移位寄存器

寄存器与移位寄存器均是数字系统中常见的主要逻辑部件，寄存器用来存入二进制数码或一个逻辑变量，移位寄存器除具有寄存器的功能外，还可将数码移位。

一、寄存器

寄存器是存放数码的逻辑部件，它必须具备接收和寄存数码的功能。采用任何一种类型的触发器均可构成寄存器。每一个触发器存放一位二进制数或一个逻辑变量，由 n 个触发器构成的寄存器可存放 n 位二进制数或 n 个逻辑变量的值。

图 7.4.1 所示为 74175 四 D 触发器的逻辑图。当接收命令（即时钟脉冲 CP）到来时，数码便送到寄存器保存起来。由于寄存器中触发器的状态改变是与时钟脉冲 CP 同步的，故称同步送数方式。

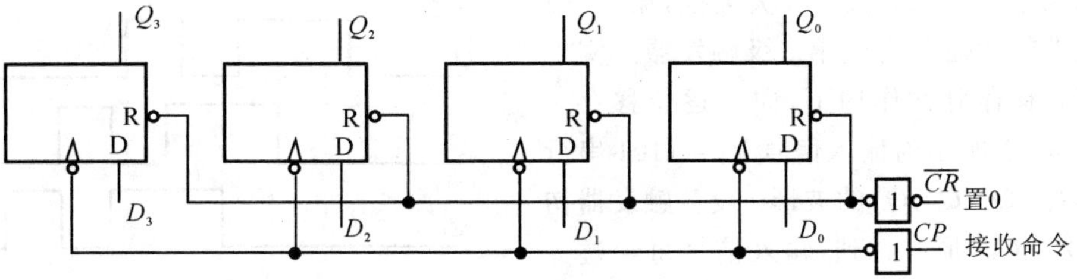

图 7.4.1　74175 四 D 触发器

利用触发器的 $\overline{R}_D$ 和 $\overline{S}_D$ 也可以实现送数，达到寄存数码的目的，其连接方式如图 7.4.2 所示。这种工作方式称为异步送数，寄存器状态改变的时刻与时钟脉冲 CP 无关。

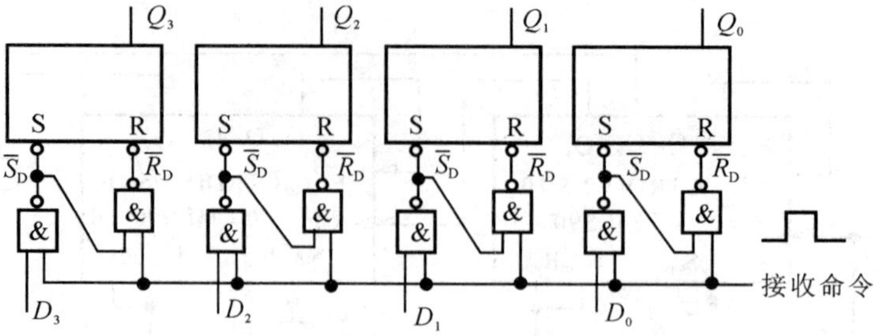

图 7.4.2　寄存器逻辑电路图

图 7.4.1 和图 7.4.2 中数码的各位是并行送入寄存器的；寄存器寄存的数码也是并行地将数码的各位一齐输出，称为并行输入，并行输出。

二、移位寄存器

移位寄存器是实现移位和寄存功能的逻辑部件。

1. 左移的移位寄存器

图 7.4.3(a) 所示为由 4 级 D 触发器构成的 4 位左移的移位寄存器，第一级触发器的 D 接输入信号 v_I，其余各触发器的 D 与其前一级触发器的 Q 输出相连，并将各触发器的 CP 连在一起输入移存脉冲，由图 7.4.3(a) 可知

$$Q_1^{n+1}=V_I$$

$$Q_2^{n+1}=Q_1$$

$$Q_3^{n+1}=Q_2$$

$$Q_4^{n+1}=Q_3$$

在移存脉冲作用下，输入信息的现在数码存入到第一级触发器，第一级触发器的状态存入到第二级触发器，依次类推，第 $i-1$ 级触发器的状态存入到第 i 级触发器。实现了数码在移存脉冲作用下，向左逐位移存。图 7.4.3(b) 所示为输入信号 $V_I=1101$ 串行送入时 Q_1，Q_2，Q_3，Q_4 的波形（设各触发器初态为 0）。由波形可看到，输入信号每经过一级触发器，移动了一个移存脉冲周期，但波形的形状保持不变。

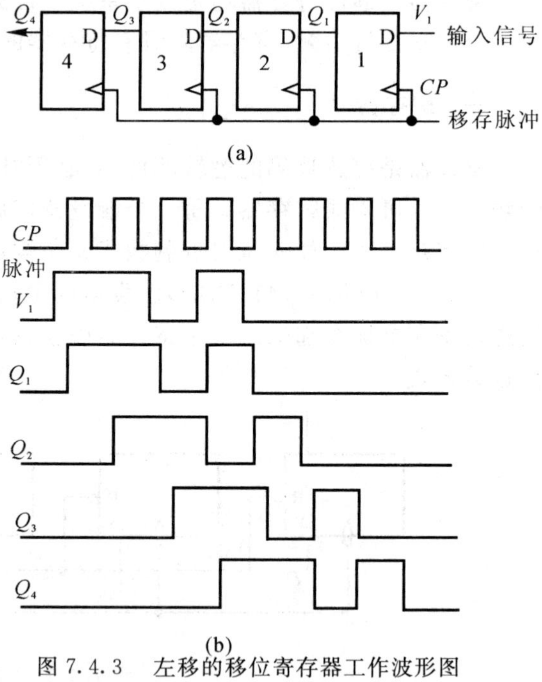

图 7.4.3　左移的移位寄存器工作波形图

同理，读者可自行画出右移的移位寄存器的逻辑电路图及工作波形图。

上述移位寄存器工作在串行输入、串行输出，输入信号经过 n 级移位寄存后才到达输出端输出，因此输出信号比输入信号延迟了 n 个移存脉冲周期，这样就起到节拍延迟的作用，延迟时间为

$$t_d=nT_{CP}$$

其中，T_{CP} 为移存脉冲周期，n 为移位寄存器位数。反之，在要求延迟时间 t_d 时，确定了移存脉冲

周期 T_{CP} 后,可以求出需要的移位寄存器电路的位数 n。

2. 双向移位寄存器

在计算机中常使用的移位寄存器需要同时具有左移和右移的功能,即所谓双向移位寄存器。它是在一般移位寄存器的基础上加上左、右移存控制信号 M,如图 7.4.4 所示。

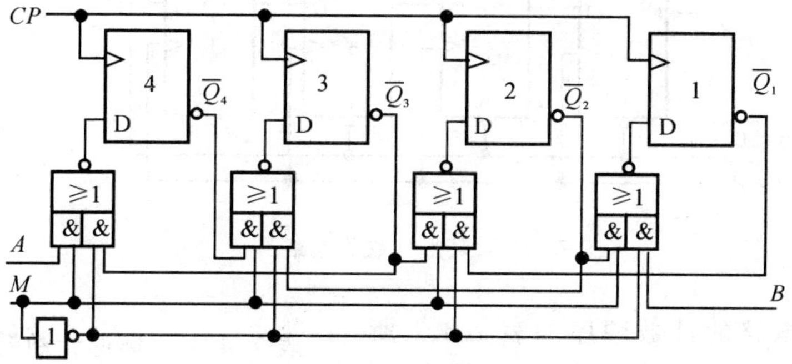

图 7.4.4　双向移位寄存器

由图 7.4.4 可写出各级 D 触发器的特征方程为

$$Q_4^{n+1} = [\overline{MA + \overline{M}\overline{Q}_3}] \cdot CP \uparrow$$

$$Q_3^{n+1} = [\overline{M\overline{Q}_4 + \overline{M}\overline{Q}_2}] \cdot CP \uparrow$$

$$Q_2^{n+1} = [\overline{M\overline{Q}_3 + \overline{M}\overline{Q}_1}] \cdot CP \uparrow$$

$$Q_1^{n+1} = [\overline{M\overline{Q}_2 + \overline{M}B}] \cdot CP \uparrow$$

其中,A 为右移串行输入数码,B 为左移串行输入数码。当 $M=1$ 时

$$Q_4^{n+1} = \overline{A} \qquad Q_3^{n+1} = Q_4$$

$$Q_2^{n+1} = Q_3 \qquad Q_1^{n+1} = Q_2$$

因此在移存脉冲 $CP\uparrow$ 作用下,实现右移移位寄存功能。

当 $M=0$ 时

$$Q_4^{n+1} = Q_3 \qquad Q_3^{n+1} = Q_2$$

$$Q_2^{n+1} = Q_1 \qquad Q_1^{n+1} = \overline{B}$$

因此在移存脉冲 $CP\uparrow$ 作用下,实现左移移位寄存功能。

三、移存型计数器

利用移位寄存器组成的计数器称移存型计数器。

1. 环形计数器

将移位寄存器的最后一级输出送回到第一级的输入，便可构成环形计数器，图 7.4.5 给出了用 D 触发器构成的环形计数器。

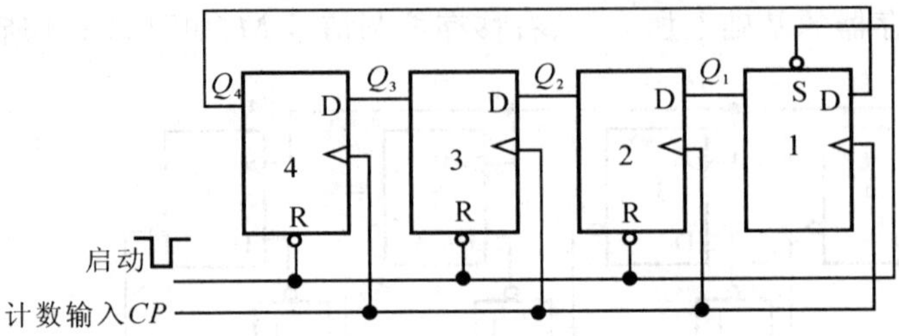

图 7.4.5　环形计数器电路图

图 7.4.5 所示电路的计数顺序如表 7.4.1 所示，启动脉冲使环形计数器处于起始状态 $Q_4Q_3Q_2Q_1=0001$。此后，加入计数脉冲便可进行计数。由于

$$Q_4^{n+1}=Q_3 \quad Q_3^{n+1}=Q_2$$

$$Q_2^{n+1}=Q_1 \quad Q_1^{n+1}=Q_4$$

得出表 7.4.1，从表 7.4.1 看到，图 7.4.5 所示电路是个 4 分频器。一般说，若环形计数器含有 n 个触发器，则该计数器是一个 n 分频器。

表 7.4.1　环形计数器计数顺序

计数脉冲	Q_4	Q_3	Q_2	Q_1
0	0	0	0	1
1	0	0	1	0
2	0	1	0	0
3	1	0	0	0

图 7.4.6 所示为图 7.4.5 环形计数器的完全状态转换图，从图可知该电路是不能自行启动的，为此，在电路工作之前，需加入启动信号，使其进入主循环的工作状态。

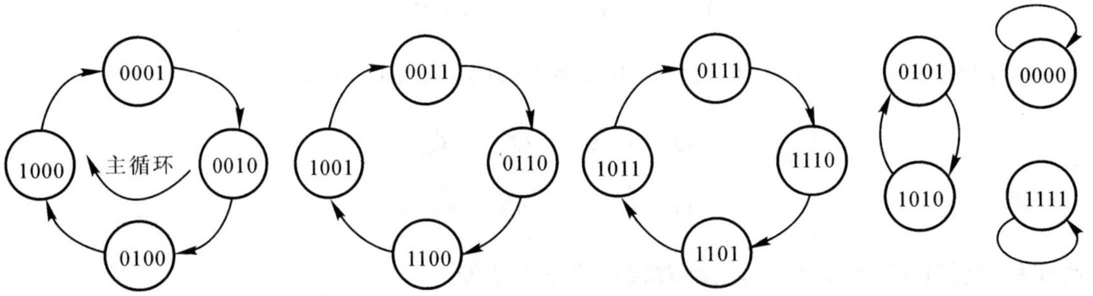

图 7.4.6　环形计数器状态转换图

采用附加电路可使图 7.4.5 所示电路改为具有自启动能力，一般只修改第一级的输入 D_1，其他各级仍按移位寄存器的规律，这样仅改变死循环内某个不用状态中 Q_1 的值，使这个不用状态变为主循环的工作状态。此例中，不用状态 $Q_4Q_3Q_2Q_1=0000$ 的次态仍是 0000，可将次态 0000 改为工作状态 0001。按这个方法去设计附加电路，并画出逻辑图，检验是否具有自启动能力。若能自行启动，则设计完成，否则再打断其他死循环，改变另一些状态，再设计附加电路，直至能够自启动为止。具体过程如下。

列出环形计数器的状态转换表 7.4.2，由于 $Q_1^{n+1}=D_1$，所以根据表 7.4.2 可画出 D_1 的卡诺图，如图 7.4.7 所示，从而求出

$$D_1 = \overline{Q}_1\overline{Q}_2\overline{Q}_3$$

表 7.4.2　环形计数器状态转换表

Q_4	Q_3	Q_2	Q_1	Q_4^{n+1}	Q_3^{n+1}	Q_2^{n+1}	Q_1^{n+1}
0	0	0	1	0	0	1	0
0	0	1	0	0	1	0	0
0	1	0	0	1	0	0	0
1	0	0	0	0	0	0	1
0	0	0	0	0	0	0	1

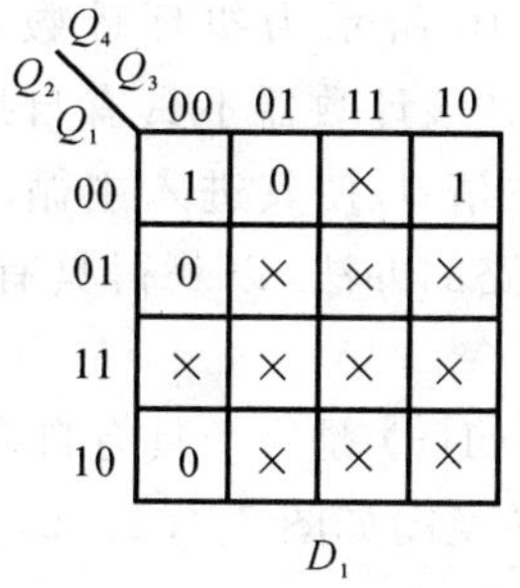

图 7.4.7　D_1 的卡诺图

由此画出逻辑图如图 7.4.8(a) 所示，及其状态转换图如图 7.4.8(b) 所示。从图 7.4.8(b) 可知改进后的环形计数器具有自启动能力，由于环形计数器的每个工作状态中只有一个触发器输出为 1，因此，不需要译码电路，便可直接用于数字显示器和控制器中。但环形计数器所需触发器数目较多，有$(2^n - n)$ 个状态未被利用。

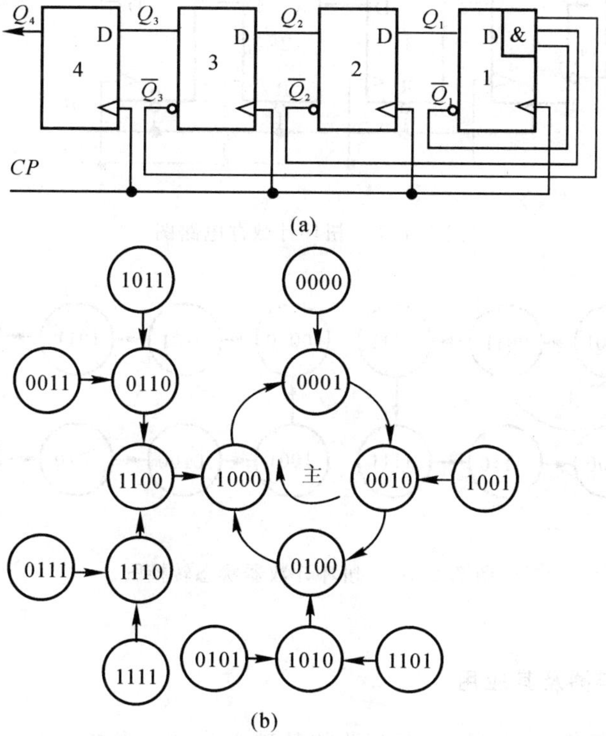

图 7.4.8　改进后的环形计数器

(a) 逻辑电路图；(b) 状态转换图

2. 扭环计数器

扭环计数器又叫约翰逊计数器，它是将移位寄存器中最后一级的反变量输出端与第一级的输入端相连而构成。图 7.4.9 给出了采用 D 触发器构成的扭环计数器，其计数顺序如表 7.4.3 所示。电路启动前，需先将移位寄存器清 0。此后，如输入计数脉冲 CP 便可以进行计数。由表 7.4.3 看到，图 7.4.9 是 8 分频器。通常，有 n 个触发器的扭环计数器，可构成 $2n$ 分频器。

图 7.4.10 所示为扭环计数器的完全状态转换图。由图可知该计数器不具有自启动能力。因此，在工作前，需先清 0，使其进入主循环。进行计数，也可采用附加电路的办法，以获得具有自启动能力的扭环计数器。

图 7.4.11(a) 是一个具有自启动能力的扭环计数器，其状态转换图如图 7.4.11(b) 所示，请读者自行分析其工作原理。

扭环计数器的优点是：从表 7.4.3 可见其计数顺序按一种循环码顺序进行，相邻码之间仅一位不同。扭环计数器作为分频器应用时，最高位触发器 Q 端输出的波形正好是方波。这种计数器的缺点是所用触发器较多，有 $(2^n - 2n)$ 个状态未被利用。

表 7.4.3　扭环计数器计数顺序

计数脉冲	Q_4	Q_3	Q_2	Q_1
0	0	0	0	0
1	0	0	0	1
2	0	0	1	1
3	0	1	1	1
4	1	1	1	1
5	1	1	1	0
6	1	1	0	0
7	1	0	0	0

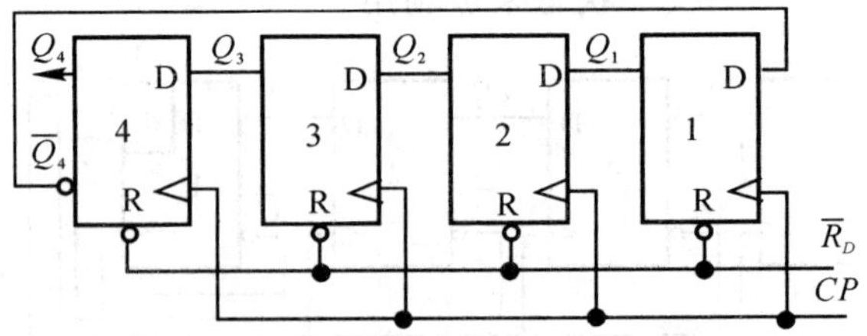

图 7.4.9　扭环计数器电路图

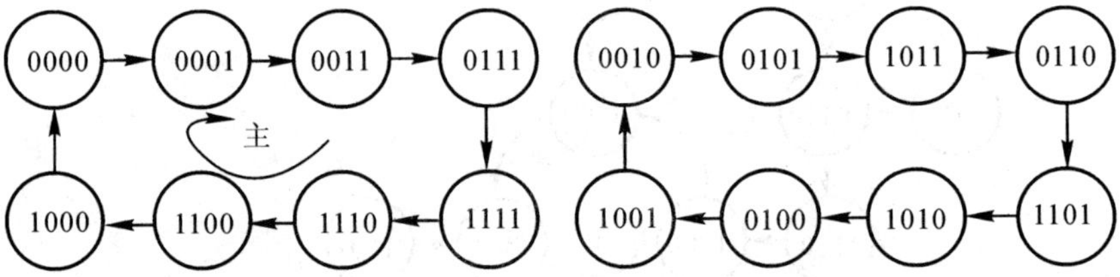

图 7.4.10　扭环计数器状态转换图

四、集成移位寄存器及其应用

中规模集成移位寄存器是在移位寄存器的基础上附加一些控制电路，以扩展其功能和应用范围。以 CT74LS195，CT74S194 为例进行介绍。

1. 工作原理

图 7.4.12(a) 为 4 位右移移位寄存器 CT74LS195 的逻辑电路图。图中 $\overline{CR}$ 为异步清零端，当 $\overline{CR}=0$ 时，所有 D 触发器全部清 0；J，$\overline{K}$ 为串行数据输入端；D_0，D_1，D_2，D_3 为并行数据输入端；$SH/\overline{LD}$ 为移位控制 / 置位控制（低电平有效）。

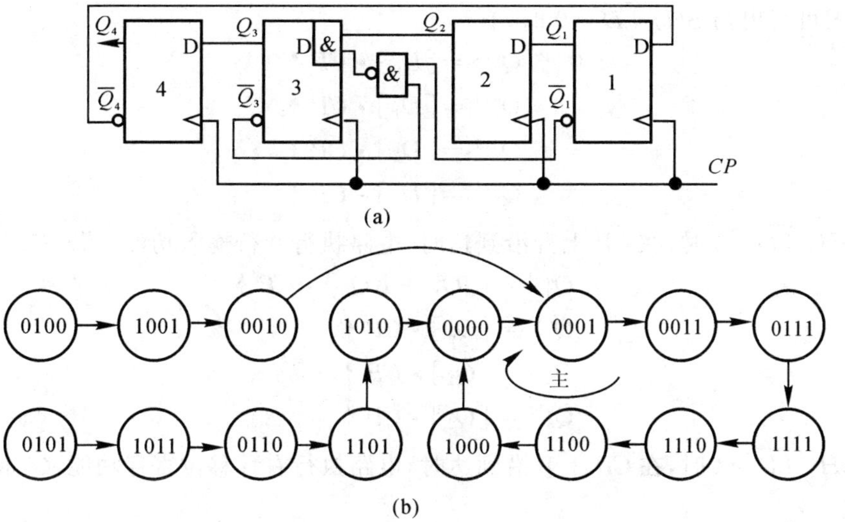

图 7.4.11　具有自启动能力的扭环计数器

（a）逻辑电路图；（b）状态转换图

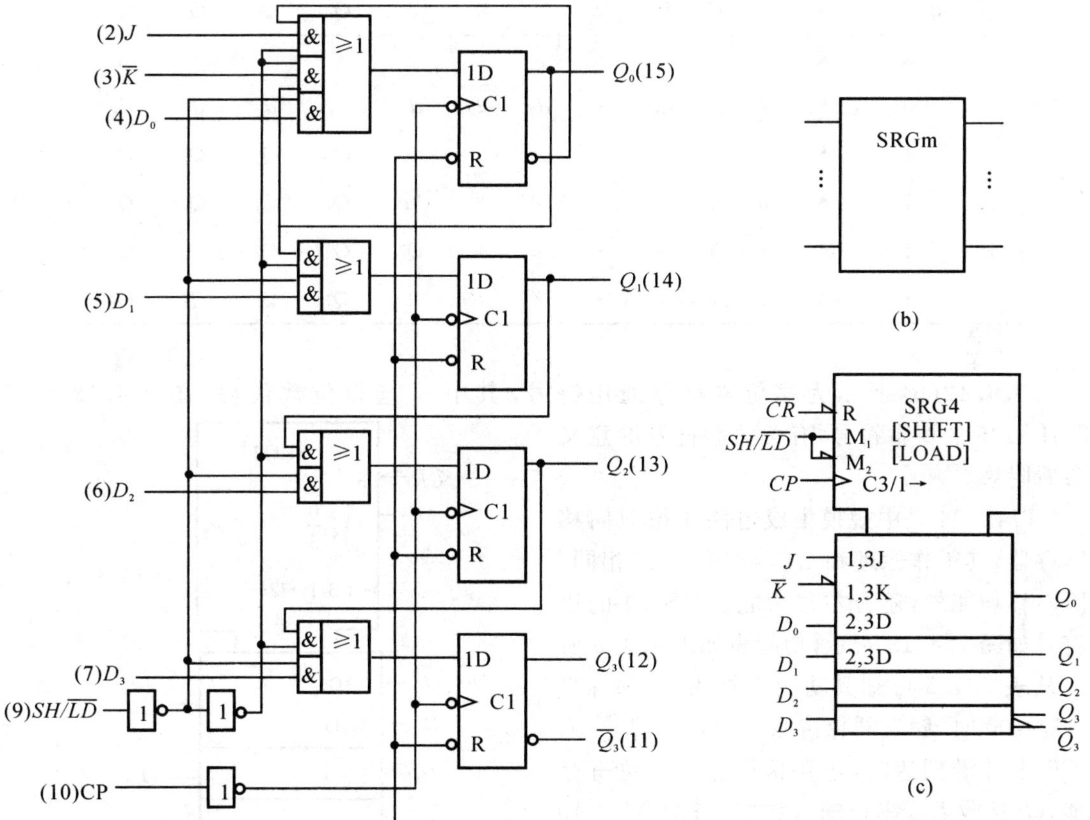

图 7.4.12　集成移位寄存器 CT74LS195

（a）逻辑电路图；（b）通用符号；（c）CT74LS195 逻辑符号

根据电路图可写出当 $SH/\overline{LD}=0$ 时，有

$$Q_0^{n+1}=[D_0]\cdot CP\uparrow$$
$$Q_1^{n+1}=[D_1]\cdot CP\uparrow$$
$$Q_2^{n+1}=[D_2]\cdot CP\uparrow$$
$$Q_3^{n+1}=[D_3]\cdot CP\uparrow$$

表明，当 $SH/\overline{LD}=0$ 时，在 CP 上升沿到达时，电路执行并行输入功能。若 $SH/\overline{LD}=1$ 时，则

$$Q_0^{n+1}=[J\bar{Q}_0+\bar{K}Q_0]\cdot CP\uparrow$$
$$Q_1^{n+1}=[Q_0]\cdot CP\uparrow$$
$$Q_2^{n+1}=[Q_1]\cdot CP\uparrow$$
$$Q_3^{n+1}=[Q_2]\cdot CP\uparrow$$

表明，当 $SH/\overline{LD}=1$ 时，在 CP 上升沿到达时，电路执行右移移位寄存功能，Q_0 接收 $J,\bar{K}$ 串行输入数据。

由此可列出 CT74LS195 的功能表，如表 7.4.4 所示。

表 7.4.4　CT74LS195 功能表

$\overline{CR}$	$SH/\overline{LD}$	CP	J	$\bar{K}$	D_0	D_1	D_2	D_3	Q_0	Q_1	Q_2	Q_3	$\bar{Q}_3$
0	×	×	×	×	×	×	×	×	0	0	0	0	1
1	0	↑	×	×	d_0	d_1	d_2	d_3	d_0	d_1	d_2	d_3	$\bar{d}_3$
1	1	↑	0	1	×	×	×	×	Q_0^n	Q_0^n	Q_1^n	Q_2^n	$\bar{Q}_2^n$
1	1	↑	0	0	×	×	×	×	0	Q_0^n	Q_1^n	Q_2^n	$\bar{Q}_2^n$
1	1	↑	1	0	×	×	×	×	$\bar{Q}_0^n$	Q_0^n	Q_1^n	Q_2^n	$\bar{Q}_2^n$
1	1	↑	1	1	×	×	×	×	1	Q_0^n	Q_1^n	Q_2^n	$\bar{Q}_2^n$

图 7.4.12(b) 所示为移位寄存器通用符号，其中 m 应以位数代替，图 7.4.12(c) 为 CT74LS195 的逻辑符号，有关关联符号的意义请参看附录。

CT74S194 是中规模集成电路 4 位双向移位寄存器，其工作原理和 CT74S195 基本相同，但除右移功能外，还有左移功能。74S194 的逻辑符号如图 7.4.13 所示，功能表如表 7.4.5 所示。从表 7.4.5 可知其功能选择为 M_1M_0；当 $M_1M_0=00$ 时，触发器保持原态，当 $M_1M_0=01$ 且 CP 上升沿到达时，电路执行右移移位寄存功能，Q_0 接收 D_{SR} 串行输入数据；当 $M_1M_0=10$ 且 CP 上升沿到达时，电路执行左移移位寄存功能，Q_3 接收 D_{SL} 串行输入数据；当 $M_1M_0=11$ 且 CP 上升沿到达时，电路执行并行输入功能，Q_0,Q_1,Q_2,Q_3 接收并行输入数据 d_0,d_1,

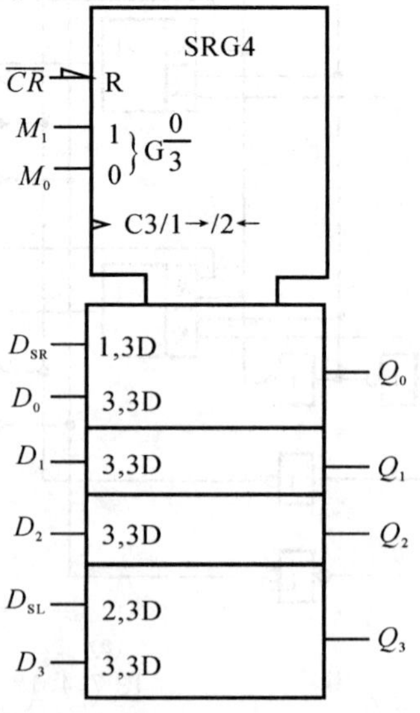

图 7.4.13　CT74S194 逻辑符号

d_2, d_3。

表 7.4.5　74S194 功能表

$\overline{CR}$	$M_1 M_0$	CP	D_{SL}	D_{SR}	D_0	D_1	D_2	D_3	Q_0	Q_1	Q_2	Q_3
0	××	×	×	×	×	×	×	×	0	0	0	0
1	0 0	×	×	×	×	×	×	×	Q_0^n	Q_1^n	Q_2^n	Q_3^n
1	0 1	↑	×	1	×	×	×	×	1	Q_0^n	Q_1^n	Q_2^n
1	0 1	↑	×	0	×	×	×	×	0	Q_0^n	Q_1^n	Q_2^n
1	1 0	↑	1	×	×	×	×	×	Q_1^n	Q_2^n	Q_3^n	1
1	1 0	↑	0	×	×	×	×	×	Q_1^n	Q_2^n	Q_3^n	0
1	1 1	↑	×	×	d_0	d_1	d_2	d_3	d_0	d_1	d_2	d_3

2. 应用举例

(1) 实现数码串并行转换。在数字系统中，线路上信息的传递通常是串行传送，而终端的输入或输出往往是并行的，因而需要将串行信号变换为并行信号，或由并行信号变换成串行信号。

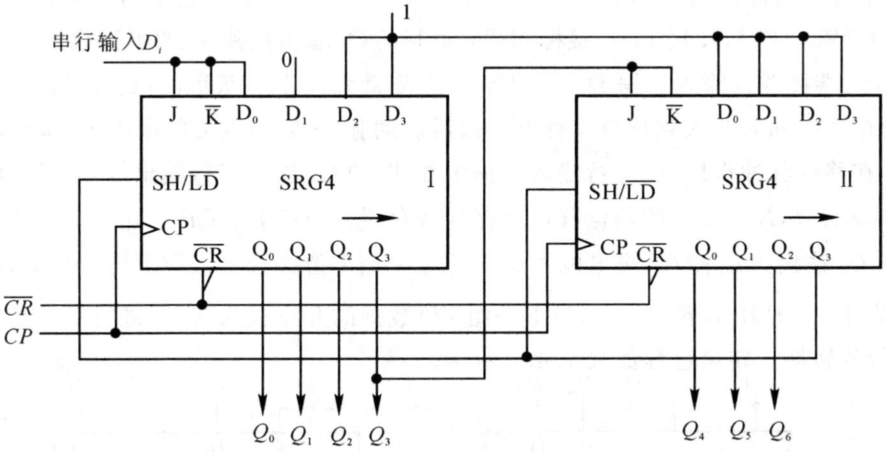

图 7.4.14　7 位串行-并行转换器

① 串行-并行转换器。图 7.4.14 所示为应用 CT74S195 构成的具有“转换完成输出”的 7 位串行-并行转换器。图中片Ⅰ的串行数据输入端 J，$\overline{K}$ 及并行输入端 D_0 接串行输入数据 D_i。片Ⅰ的并行输入端 D_1 接 0，为标志码，其余并行输入端 D_2，D_3 接 1。片Ⅱ的串行数据输入端 J，$\overline{K}$ 接片Ⅰ的输出 Q_3，并行输入端 $D_0 \sim D_3$ 均接 1。片Ⅱ的 Q_3 输出接片Ⅰ和片Ⅱ的 $SH/\overline{LD}$ 端。当器件置 0 后，由于片Ⅱ的 Q_3 为 0，所以在 CP 的上升沿到达时执行并行置入功能，转换器的并行输出“$Q_0 \sim Q_6$”为“$D_0$011111”，片Ⅱ的 $Q_3=1$。由于片Ⅱ的 $Q_3=1$，所以在下一个 CP 的上升沿到达时执行移位寄存功能，串行输入数据 D_1 移入寄存器，转换器的并行输出“$Q_0 \sim Q_6$”为“$D_1 D_0$01111”，片Ⅱ的 Q_3 仍为 1。以后在 CP 的作用下，电路继续执行右移移位

寄存功能，串行输入数据逐个存入到移位寄存器。直到并行输出“$Q_0 \sim Q_6$”为“$D_6D_5D_4D_3D_2D_1D_0$”时，这时片Ⅱ的Q_3为0，即标志码已移到片Ⅱ的最高位，一方面使$SH/\overline{LD}=0$，在下一个CP作用下，执行并行置入功能；另一方面标志7位数码串-并转换完成。整个转换过程如表7.4.6所示。如果将片Ⅱ的$\overline{Q}_3$作为数码寄存器的接收指令，则这7位并行输出数码就存入到数码寄存器中。这种串行-并行转换器常用于数/模转换系统。

表 7.4.6　串行-并行转换表

CP	$Q_{0\,\mathrm{I}}$	$Q_{1\,\mathrm{I}}$	$Q_{2\,\mathrm{I}}$	$Q_{3\,\mathrm{I}}$	$Q_{0\,\mathrm{II}}$	$Q_{1\,\mathrm{II}}$	$Q_{2\,\mathrm{II}}$	$Q_{3\,\mathrm{II}}$
1	D_0	0	1	1	1	1	1	1
2	D_1	D_0	0	1	1	1	1	1
3	D_2	D_1	D_0	0	1	1	1	1
4	D_3	D_2	D_1	D_0	0	1	1	1
5	D_4	D_3	D_2	D_1	D_0	0	1	1
6	D_5	D_4	D_3	D_2	D_1	D_0	0	1
7	D_6	D_5	D_4	D_3	D_2	D_1	D_0	0
8	D_0'	0	1	1	1	1	1	1

② 并行-串行转换器。图7.4.15所示为7位并行-串行转换器。它由两片CT74S195组成。片Ⅰ的串行输入端J,$\overline{K}$接1，D_0接标志码，片Ⅰ的Q_3输出接片Ⅱ的串行数据输入端J,$\overline{K}$，其余并行输入端接并行输入数据$D_{\mathrm{I}0} \sim D_{\mathrm{I}6}$。在启动脉冲作用期间，当$CP$到来时，7位并行输入数码及标志码同时并入到移位寄存器。以后启动脉冲消失，在CP作用下，执行右移移位寄存功能。在移存脉冲作用下，并行输入数据由片Ⅱ的Q_3逐位串行输出，同时又不断地将片Ⅰ的串行输入端J,$\overline{K}$等于1的数据移位寄存到寄存器。当第7个CP到达后，门G_1的输入端全部为1，则G_1输出为0，使G_2输出也为0，标志这一组7位并行输入数据转换结束，同时使$SH/\overline{LD}=0$，在下一CP作用下，再次执行下一组7位数据的并行置入功能，进行下一组并行数据的并行-串行的转换。转换过程如表7.4.7所示。

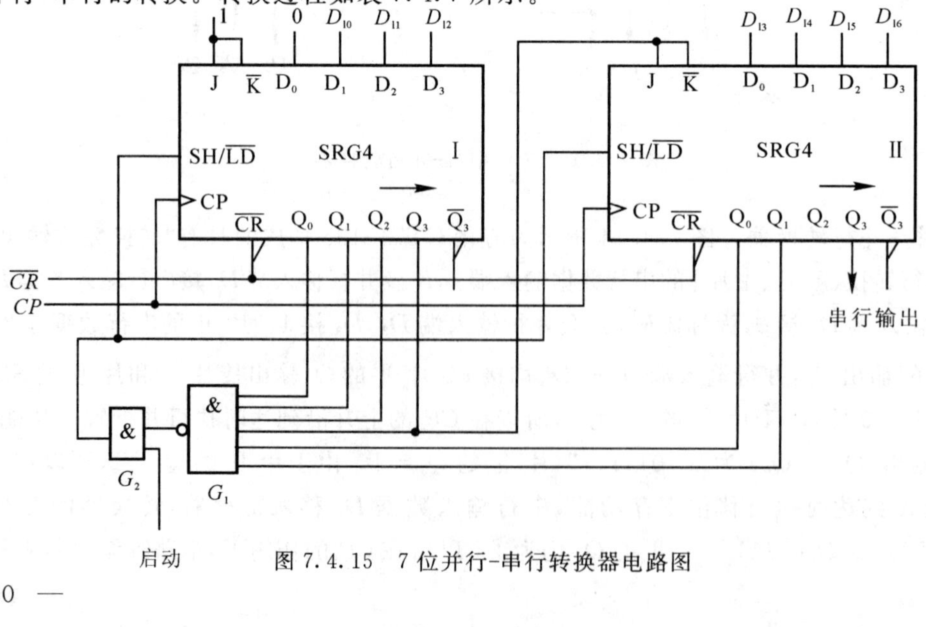

图7.4.15　7位并行-串行转换器电路图

表 7.4.7　并行-串行转换表

CP	$Q_{0\,\text{I}}$	$Q_{1\,\text{I}}$	$Q_{2\,\text{I}}$	$Q_{3\,\text{I}}$	$Q_{0\,\text{II}}$	$Q_{1\,\text{II}}$	$Q_{2\,\text{II}}$	$Q_{3\,\text{II}}$
1	0	D_{10}	D_{11}	D_{12}	D_{13}	D_{14}	D_{15}	D_{16}
2	1	0	D_{10}	D_{11}	D_{12}	D_{13}	D_{14}	D_{15}
3	1	1	0	D_{10}	D_{11}	D_{12}	D_{13}	D_{14}
4	1	1	1	0	D_{10}	D_{11}	D_{12}	D_{13}
5	1	1	1	1	0	D_{10}	D_{11}	D_{12}
6	1	1	1	1	1	0	D_{10}	D_{11}
7	1	1	1	1	1	1	0	D_{10}
8	0	D_{10}'	D_{11}'	D_{12}'	D_{13}'	D_{14}'	D_{15}'	D_{16}'

(2) 实现任意模值 M 的计数分频。用 CT74195 可很容易的构成环形计数器与扭环计数器。

图 7.4.16(a) 所示为应用 CT74195 构成的环形计数器，由图可见并行输入信号 $D_0D_1D_2D_3=0111$，输出 Q_3 反馈接至串行输入端，这样，在 CP 作用下，其计数顺序如表 7.4.8 所示。首先在启动信号作用下，实现并入操作，使 $Q_0Q_1Q_2Q_3=0111$，以后执行右移操作，实现模 4 计数。

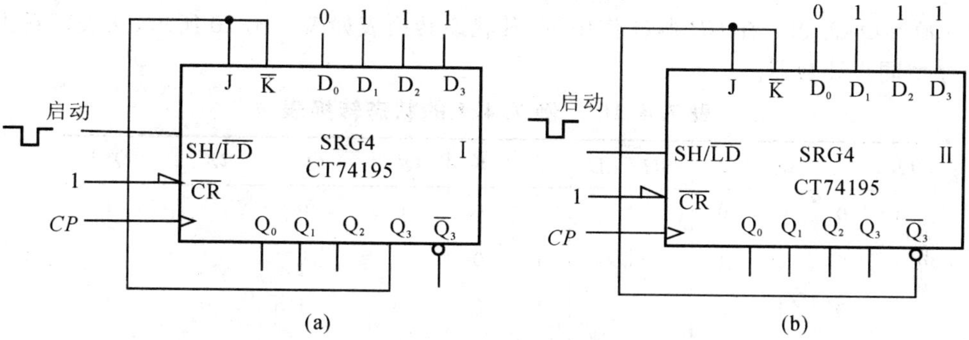

图 7.4.16　用 74195 构成的移存型计数器

(a) 环形计数器；(b) 扭环计数器

表 7.4.8　环形计数器计数顺序

计数脉冲	Q_0	Q_1	Q_2	Q_3
0	0	1	1	1
1	1	0	1	1
2	1	1	0	1
3	1	1	1	0

表 7.4.9　扭环计数器计数顺序

计数脉冲	Q_0	Q_1	Q_2	Q_3
0	0	1	1	1
1	0	0	1	1
2	0	0	0	1
3	0	0	0	0
4	1	0	0	0
5	1	1	0	0
6	1	1	1	0
7	1	1	1	1

如果将输出 $\overline{Q}_3$ 反馈接至串行输入端 $J,\overline{K}$ 则可构成扭环计数器，如图 7.4.16(b) 所示。首先在启动信号作用下，实现并入操作，使 $Q_0Q_1Q_2Q_3=0111$，以后执行右移操作，实现模 8 计

数。计数顺序如表 7.4.9 所示。

应用移位寄存器 $SH/\overline{LD}$ 控制端，选择合适的并行输入数据和适当的反馈网络，可以实现任意模值 M 的同步计数分频。

例 7.4.1 应用 CT74195 构成移存型计数器，如图 7.4.17 所示，试分析该电路实现多少模值的同步计数分频。

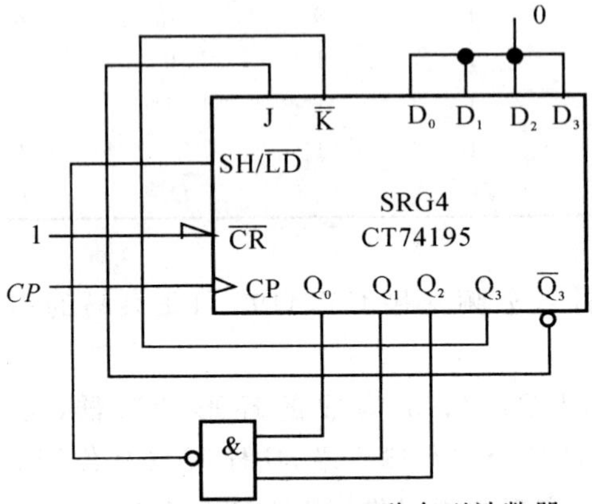

图 7.4.17 $M=12$ 移存型计数器

解 由图 7.4.17 可知并行数据输入全部为 0，由 Q_3 作为串行数据输入 $\overline{K}$，$\overline{Q}_3$ 作为 J 输入，$SH/\overline{LD}=\overline{Q_2Q_1Q_0}$。在 CP 脉冲作用下，其状态转换表如表 7.4.10 所示，从表可看出这是模 12 移存型同步计数器。

表 7.4.10 例 7.4.1 的状态转换表

Q_3	Q_2	Q_1	Q_0	$SH/\overline{LD}$	J	$\overline{K}$	Q_3^{n+1}	Q_2^{n+1}	Q_1^{n+1}	Q_0^{n+1}
0	0	0	0	1	1	0	0	0	0	1
0	0	0	1	1	1	0	0	0	1	0
0	0	1	0	1	1	0	0	1	0	1
0	1	0	1	1	1	0	1	0	1	0
1	0	1	0	1	0	1	0	1	0	0
0	1	0	0	1	1	0	1	0	0	1
1	0	0	1	1	0	1	0	0	1	1
0	0	1	1	1	1	0	0	1	1	0
0	1	1	0	1	1	0	1	1	0	1
1	1	0	1	1	0	1	1	0	1	1
1	0	1	1	1	0	1	0	1	1	1
0	1	1	1	0	1	0	0	0	0	0

如要构成其余不同模值时，只需改变并行输入数据即可，其他结构不变。表 7.4.18 给出了各种不同模值的并行输入数据。

表 7.4.11　不同模值输入数据

计数模值 M	D_3	D_2	D_1	D_0
15	1	1	1	0
14	1	1	0	0
13	1	0	0	0
12	0	0	0	0
11	0	0	0	1
10	0	0	1	0
9	0	1	0	1
8	1	0	1	0
7	0	1	0	0
6	1	0	0	1
5	0	0	1	1
4	0	1	1	0
3	1	1	0	1
2	1	0	1	1
1	0	1	1	1

例 7.4.2　应用移位寄存器 CT74195 和译码器构成程序分频器，如图 7.4.18 所示，试分析其分频比。

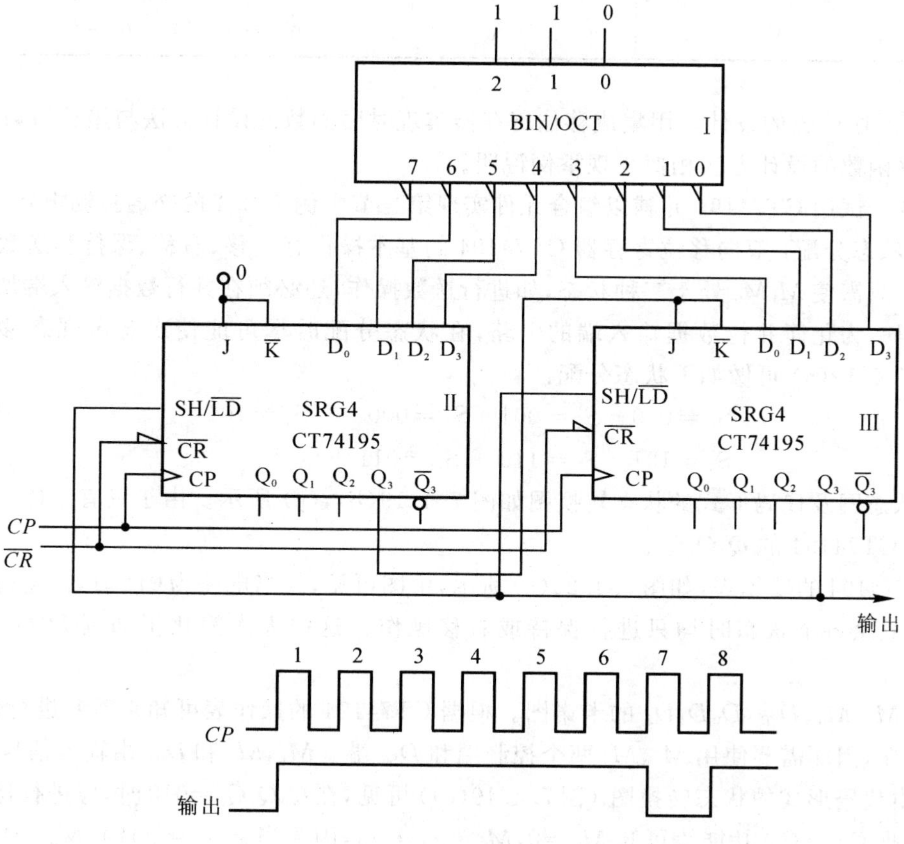

图 7.4.18　程序计数分频器

图 7.4.18 所示为由 3 线-8 线译码器和两片 CT74195 构成的程序分频器。片 Ⅰ 为 3 线-8 线译码器，它用来编制分频比。所需分频比由地址 $A_2A_1A_0$ 来确定。片 Ⅱ 和片 Ⅲ 为集成移位寄存器 CT74195。译码器片 Ⅰ 的地址 $A_2A_1A_0=110$，则片 Ⅰ 的 $\bar{y}_6=0$，其余输出均为 1。这样片 Ⅱ 的并行输入数据为 1011，片 Ⅲ 的并行输入数据为 1111。工作开始首先对片 Ⅱ、片 Ⅲ 清零，这样 $SH/\overline{LD}=0$，在 CP 脉冲作用下，并行输入数据，使片 Ⅱ 的 $Q_0Q_1Q_2Q_3=1011$，片 Ⅲ 的 $Q_0Q_1Q_2Q_3=1111$。由于片 Ⅲ 的 $Q_3=1$，使 $SH/\overline{LD}=1$，以后在 CP 脉冲作用下执行右移功能，其状态转换表如表 7.4.12 所示。由片 ⅢQ_3 输出，可得到模 7 计数分频。改变片 Ⅰ 的输入地址 $A_2A_1A_0$ 可改变分频比。

表 7.4.12　图 7.4.18 所示电路状态转换表

片 Ⅱ				片 Ⅲ				
Q_0	Q_1	Q_2	Q_3	Q_0	Q_1	Q_2	Q_3	$SH/\overline{LD}$
1	0	1	1	1	1	1	1	1 ←
0	1	0	1	1	1	1	1	1
0	0	1	0	1	1	1	1	1
0	0	0	1	0	1	1	1	1
0	0	0	0	1	0	1	1	1
0	0	0	0	0	1	0	1	1
0	0	0	0	0	0	1	0	0

(3) 实现时序函数的设计。用集成移位寄存器实现时序函数的设计方法与用 CT74161 计数器实现时序函数的设计方法相似。现举例说明。

例 7.4.3　试用 CT74194 并辅以组合元件实现第二节中例 7.2.4 的交通控制电路。

解　① 状态分配：双向移位寄存器 CT74194 的基本操作有左移、右移、保持和送数。进行前三个操作只需使 M_1M_0 处于三种状态，如进行送数操作，还必须在并行数据输入端加正确的二进制数码。为化简并行数据输入端的电路，在状态分配时尽可能使次态由现态移位得到。对于图 7.4.19(a) 可做如下状态分配：

$$S_1=010\quad S_2=001\quad S_3=000\quad S_4=100$$
$$S_5=101\quad S_6=110\quad S_7=011$$

相应的编码状态图及代码形式的状态转换图如图 7.4.19(b)，(c) 所示。由于只有三位二进制码，故只需用 CT74194 的 $Q_0Q_1Q_2$。

② 作 CT74194 的操作表，如图 7.4.20(a) 所示，由图可见，仅当电路为 011 时，需进行一次送数操作，在其余各个状态时均只进行保持或右移操作。这样大大简化了加到 $D_0D_1D_2$ 的电路。

③ 构成 $M_1,M_0,D_{SR},D_0D_1D_2$ 的卡诺图。根据 CT74194 的操作表可知它需要进行保持、送数、右移操作，因而需要使用 M_1,M_0 两个控制端和 D_{SR} 端。M_1,M_0 和 D_{SR} 由输入信号 x_1x_2 加以控制。由代码形式的状态转换图（图 7.4.19(c)）可见，在 $Q_0Q_1Q_2=010$ 时，应进行保持或右移操作，根据 CT74194 功能表可知 $M_1=0$，$M_0=x_1+x_2$，因为当 $x_1x_2=00$ 时，$M_0=0$，满足

保持要求，x_1 或 x_2 为 1 时，$M_0=1$，满足右移要求。从而把 0 和 x_1+x_2 分别填入 M_1 及 M_0 的卡诺图的 010 格。在进行右移时，若 $x_2=1$，则应移入 1，使 010 变为 101；若 $x_2=0$，则应移入 0，使 010 变为 001。从而有 $D_{SR}=x_2$，将 x_2 填入 D_{SR} 卡诺图的 010 格。由于这时不进行送数操作，故 $D_2D_1D_0$ 可为无关项，如 $D_2D_1D_0$ 卡诺图的 010 格所示。

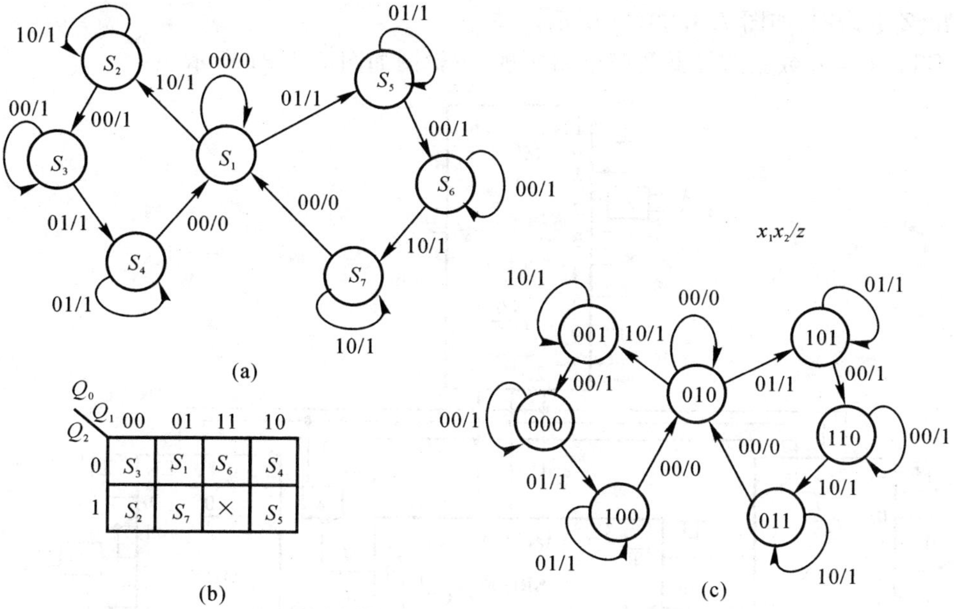

图 7.4.19　例 7.4.3 的状态转换图

(a)

Q_2 \ Q_0Q_1	00	01	11	10
0	保持 右“1”	保持 右“0” 右“1”	保持 右“0”	保持 右“0”
1	保持 右“0”	保持 送数	×	保持 右“1”

(b) M_1

Q_2 \ Q_0Q_1	00	01	11	10
0	0	0	0	0
1	0	$\bar{x}_1$	×	0

(c) M_0

Q_2 \ Q_0Q_1	00	01	11	10
0	x_2	x_1+x_2	x_1	$\bar{x}_2$
1	$\bar{x}_1$	$\bar{x}_1$	×	$\bar{x}_2$

(d) D_{SR}

Q_2 \ Q_0Q_1	00	01	11	10
0	1	x_2	0	0
1	0	×	×	1

(e) $D_0D_1D_2$

Q_2 \ Q_0Q_1	00	01	11	10
0	×××	×××	×××	×××
1	×××	010	×××	×××

(f) Z

Q_2 \ Q_0Q_1	00	01	11	10
0	1	x_1+x_2	1	x_2
1	1	x_1	×	1

图 7.4.20　控制端卡诺图

在电路状态 $Q_0Q_1Q_2=011$ 时，只进行保持或送数操作，从代码形式的状态转换图可见，若 $x_1=0$，则应进行送数，即 $M_1M_0=11$；如 $x_1=1$，则应进行保持，即 $M_1M_0=00$，因此 M_1 和 M_0 仅决定于 x_1，其值为 $\bar{x}_1$。把 $\bar{x}_1$ 填入 M_1，M_0 卡诺图的011格。由于不进行右移操作，故 D_{SR} 卡诺图的011格可为无关项，而 $D_2D_1D_0$ 必须为010，以便在 $x_1=0$，进行送数操作时使电路进入状态010，图7.4.20(b)，(c)，(d)，(e) 给出了卡诺图中其他各格的填写结果。

④ 作出 Z 卡诺图，如图7.4.20(f) 所示。

⑤ 用CT74194及数据选择器及门电路实现，逻辑图如图7.4.21所示。

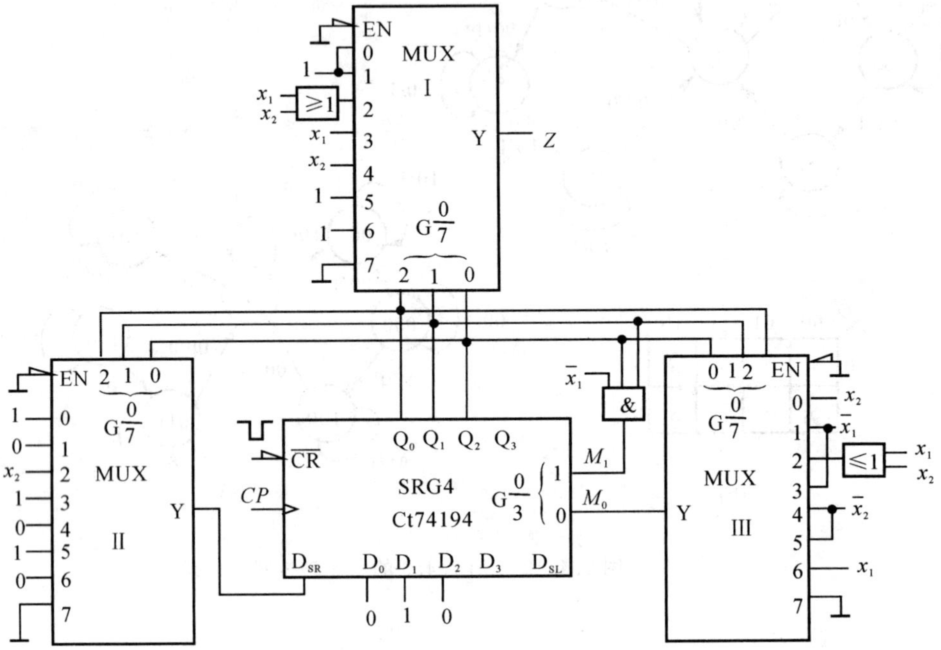

图7.4.21　用CT74194实现的交通控制器

例7.4.4　试用CT74194实现图7.3.57所示接口电路状态转换图。为叙述方便，重画该图于图7.4.22(a)。

解　① 状态分配。根据次态尽可能由现态移位而得的原则，作如下状态分配：

$$S_0=010\qquad S_1=100\qquad S_2=000\qquad S_3=001$$
$$S_4=011\qquad S_5=110\qquad S_6=101$$

由此得状态分配图及代码形式状态转换图，如图7.4.22(b)，(c) 所示。

② 作CT74194的操作表，如图7.4.23(a) 所示。由图可见，仅当 $Q_1Q_2Q_3$ 为010或011时才要进行送数操作，除此之外都是左移或保持操作。

③ 画出 M_1，M_0，D_{SL} 及 $D_1D_2D_3$ 的卡诺图，如图7.4.23(b)，(c)，(d)，(e) 所示。由图(e) 可得

$$D_1=0\qquad D_2=Q_3\qquad D_3=\bar{Q}_3$$

④ 由图7.4.22 (c) 可直接得出 Z

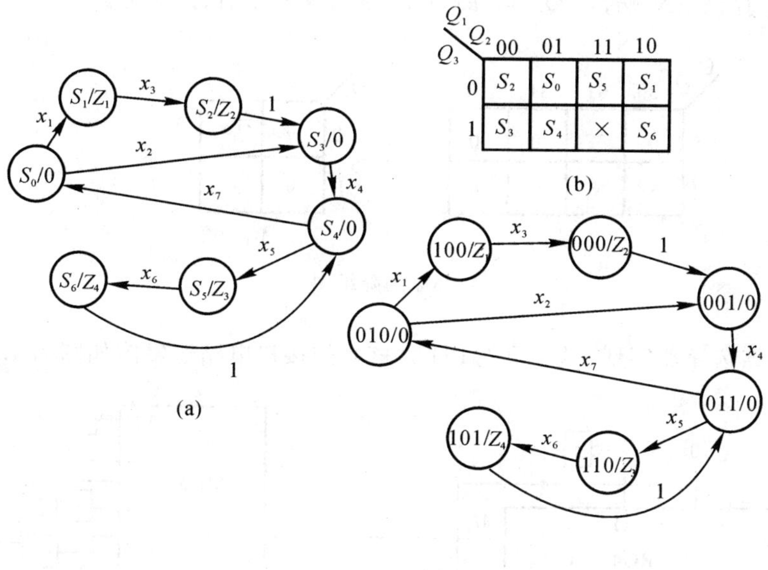

图 7.4.22　例 7.4.4 状态转换图

Q_3 \ Q_1Q_2	00	01	11	10
0	左“1”	送数 保持 左“0”	保持 左“1”	保持 左“0”
1	左“1”	送数 保持 左“0”	×	左“1”

(a)

Q_3 \ Q_1Q_2	00	01	11	10
0	1	x_1+x_2	x_6	x_3
1	x_4	x_5+x_7	×	1

M_1

(b)

Q_3 \ Q_1Q_2	00	01	11	10
0	0	x_2	0	0
1	0	x_7	×	0

M_0

(c)

Q_3 \ Q_1Q_2	00	01	11	10
0	1	0	1	0
1	1	0	×	1

D_{SL}

(d)

Q_3 \ Q_1Q_2	00	01	11	10
0	×××	001	×××	×××
1	×××	010	×××	×××

$D_1D_2D_3$

(e)

图 7.4.23　控制端卡诺图

$$Z_1 = Q_1\bar{Q}_2\bar{Q}_3 = m_4$$
$$Z_2 = \bar{Q}_1\bar{Q}_2\bar{Q}_3 = m_0$$
$$Z_3 = Q_1Q_2\bar{Q}_3 = m_6$$
$$Z_4 = Q_1\bar{Q}_2Q_3 = m_5$$

输出函数 Z 可用 3 线-8 线译码器实现，对于 D_{SL} 来说，由于实现 Z 已用了一片译码器，现考虑到

$$D_{SL} = \bar{Q}_1\bar{Q}_2\bar{Q}_3 + \bar{Q}_1\bar{Q}_2Q_3 + Q_1\bar{Q}_2Q_3 + Q_1Q_2\bar{Q}_3 =$$
$$m_0 + m_1 + m_5 + m_6 = \overline{\bar{m}_0 \cdot \bar{m}_1 \cdot \bar{m}_5 \cdot \bar{m}_6}$$

故增加一个 4 输入与非门即可实现 D_{SL}。

对于 M_0 来说，经过降维后用 4 选 1 数据选择器实现，降维过程如图 7.4.24 所示。Q_2，Q_3 做

4 选 1 的地址，用 Q_1 控制 EN 端，当 $Q_1=0$ 时，$D_2=x_2$，$Q_1=1$ 时，$D_2=0$。

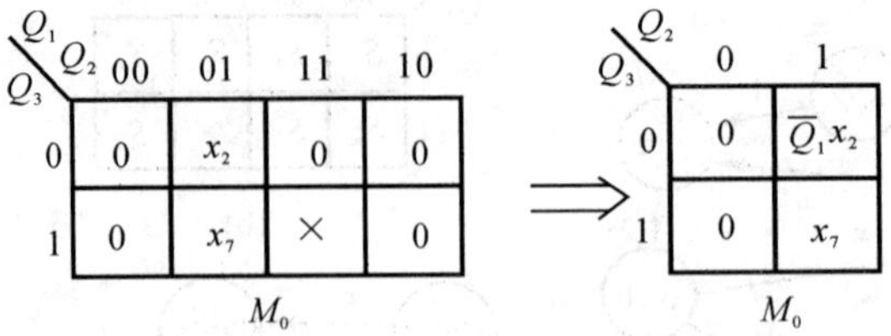

图 7.4.24　M_0 的降维图

M_1 用 8 选 1 数据选择器实现。用 CT74194 为核心的接口电路逻辑图如图 7.4.25 所示。

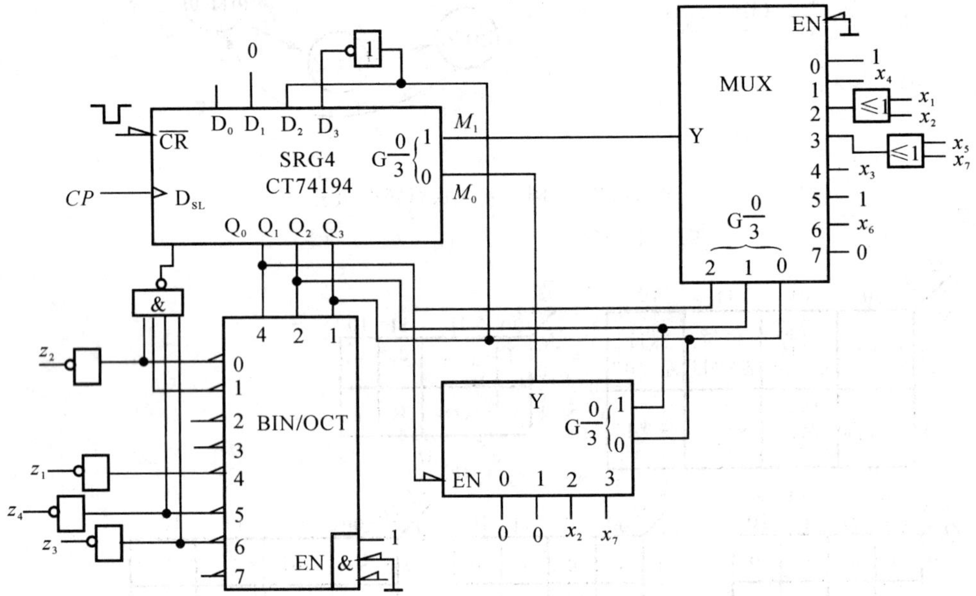

图 7.4.25　以 CT74194 为核心实现接口电路

第五节　序列信号发生器

在数字系统中经常需要一些串行周期性信号，其特点是在每个循环周期中，1 和 0 数码按一定的规则顺序排列，称为序列信号。序列信号可以用来作为数字系统的同步信号，也可以作为地址码等。因此，序列信号在通信、雷达、遥控、遥测等领域都有广泛的应用。产生序列信号的电路称为序列信号发生器。根据结构的不同，序列信号发生器可分为反馈移存型和计数型两种。

一、移存型序列信号发生器

1. 移存型序列信号发生器的原理

例 7.5.1　分析图 7.5.1 所示时序逻辑电路。

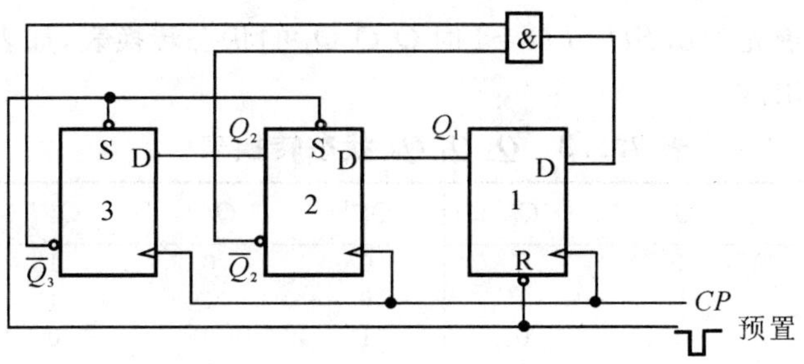

图 7.5.1　例 7.5.1 的逻辑图

解　由图可见，各级触发器的特征方程为

$$Q_1^{n+1} = [\overline{Q}_2\ \overline{Q}_3]CP\uparrow$$

$$Q_2^{n+1} = [Q_1]CP\uparrow$$

$$Q_3^{n+1} = [Q_2]CP\uparrow$$

由特征方程列出状态转换表，如表 7.5.1 所示。由表 7.5.1 可见，在 CP 脉冲作用下，Q_3 输出为 11000 循环序列，Q_2 输出 10001 循环序列，Q_1 输出 00011 循环序列。这三个循环序列是 1 和 0 排列相同的序列，仅是起始位不同而已。由于它由 5 位数码构成，通常称为循环长度 $M=5$，或称序列长度为 5，由以上分析可知图 7.5.1 所示为一个循环长度 $M=5$ 的移存型序列信号发生器。它由移位寄存器和组合电路两部分构成。

表 7.5.1　例 7.5.1 的状态转换表

Q_3	Q_2	Q_1	Q_3^{n+1}	Q_2^{n+1}	Q_1^{n+1}
1	1	0	1	0	0
1	0	0	0	0	0
0	0	0	0	0	1
0	0	1	0	1	1
0	1	1	1	1	0

2. 移存型序列信号发生器的设计

移存型序列信号发生器是以移位寄存器作为主要存储部件，因此要将给定的长度为 M 的序列信号按移存规律组成 M 个状态组合，完成状态转换。然后求出移位寄存器的串行输入激励函数，就可构成该序列信号的产生电路。

例 7.5.2　设计产生序列信号为 00011101，00011101，… 的发生器电路。

解　根据给定序列信号的循环长度 $M=8$，因此确定移位寄存器的位数 $n=3$。为此，按序列信号三位一组地划分，构成 8 个状态的循环，如表 7.5.2 所示。

表 7.5.2　例 7.5.2 的状态划分及转换表

序列信号				
	0	0	0	S_0
0 0 0 1 1 1 0 1 0 0 0 1 1 1 0 1	0	0	1	S_1
	0	1	1	S_2
	1	1	1	S_3
	1	1	0	S_4
	1	0	1	S_5
	0	1	0	S_6
	1	0	0	S_7

由于状态转换符合移存规律，因此只需设计输入第一级的激励信号。选用 CT74195 的 Q_2，Q_1，Q_0 三级进行讨论。首先列出 $SH/\overline{LD}=1$ 时 $Q_2Q_1Q_0$ 的状态转换表，如表 7.5.3 所示，它是用表 7.5.2 所示规律列出的。

表 7.5.3　$Q_2Q_1Q_0$ 状态转换表

Q_2	Q_1	Q_0	Q_2^{n+1}	Q_1^{n+1}	Q_0^{n+1}
0	0	0	0	0	1
0	0	1	0	1	1
0	1	0	1	0	0
0	1	1	1	1	1
1	0	0	0	0	0
1	0	1	0	1	0
1	1	0	1	0	1
1	1	1	1	1	0

由表可见

$$Q_1^{n+1}=[Q_0]CP\uparrow$$

$$Q_2^{n+1}=[Q_1]CP\uparrow$$

只需设计 $Q_0^{n+1}=[J\overline{Q}_0+\overline{K}Q_0]CP\uparrow$，令 $J=\overline{K}$ 得出

$$Q_0^{n+1}=J=\overline{K}$$

用 4 选 1 数据选择器实现 $J=\overline{K}$ 的过程如图 7.5.2 所示。

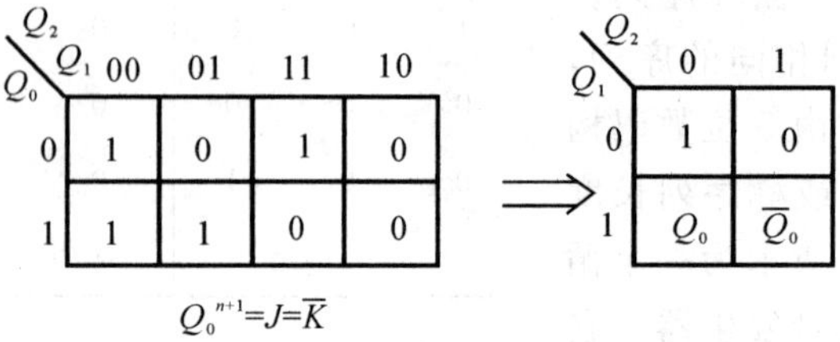

图 7.5.2　$Q_0^{n+1}=J=\overline{K}$ 的卡诺图

用 CT74195 移位寄存器和 4 选 1 数据选择器实现的序列信号发生器逻辑电路图如图 7.5.3 所示。

例 7.5.3　设计产生序列信号为 00001111，00001111… 的序列信号发生器。

解　根据给定序列循环长度 $M=8$，因此移位寄存器的位数 $n=3$，为此，按序列信号三位一组地划分，得到状态划分及转换表，如表 7.5.4 所示。

表 7.5.4　例 7.5.3 3位数码构成的状态划分及转换表

序列信号				
0000111100001111	0	0	0	S_0
	0	0	0	S_1
	0	0	1	S_2
	0	1	1	S_3
	1	1	1	S_4
	1	1	1	S_5
	1	1	0	S_6
	1	0	0	S_7

从表 7.5.4 可见，S_0 和 S_1 两个状态均为 000，S_4 和 S_5 均为 111，所以用三位移位寄存器不能产生所需的序列信号，必须增加位数，重新进行状态划分，如取 $n=4$，得到状态划分及转换表如表 7.5.5 所示。在这个表中，没有相同的状态，所以可用 4 位移位寄存器实现，选用 CT74195，列出 $SH/\overline{LD}=1$ 时 $Q_3Q_2Q_1Q_0$ 的状态转换表，如表 7.5.6 所示。由表可见

$$Q_n^{n+1}=[Q_0]CP\uparrow$$

$$Q_2^{n+1}=[Q_1]CP\uparrow$$

$$Q_3^{n+1}=[Q_2]CP\uparrow$$

只需设计 Q_0^{n+1}。令 $Q_0^{n+1}=J=\overline{K}$，画出 Q_0^{n+1} 的卡诺图，如图 7.5.4(a) 所示，可求出

$$J=\overline{K}=\overline{Q}_3$$

从而画出 00001111 序列信号发生器的逻辑电路图如图 7.5.4(b) 所示。

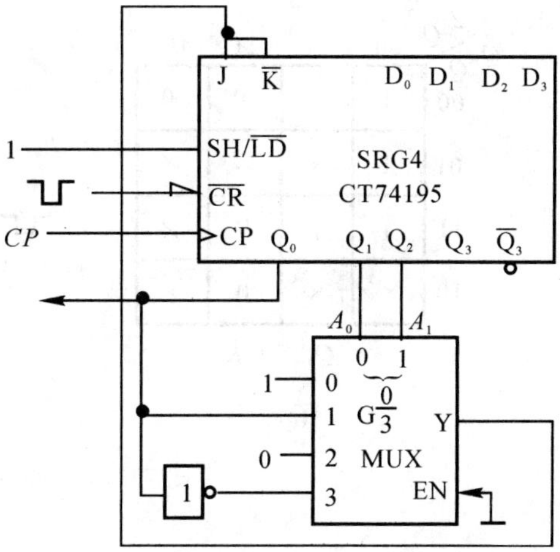

图 7.5.3　例 7.5.2 逻辑图

表 7.5.5　例 7.5.3 4位数码构成的状态划分及转换表

序列信号

0000111100001111

0	0	0	0	S_0
0	0	0	1	S_1
0	0	1	1	S_2
0	1	1	1	S_3
1	1	1	1	S_4
1	1	1	0	S_5
1	1	0	0	S_6
1	0	0	0	S_7

表 7.5.6　$Q_3Q_2Q_1Q_0$ 状态转换表

Q_3	Q_2	Q_1	Q_0	Q_3^{n+1}	Q_2^{n+1}	Q_1^{n+1}	Q_0^{n+1}
0	0	0	0	0	0	0	1
0	0	0	1	0	0	1	1
0	0	1	1	0	1	1	1
0	1	1	1	1	1	1	1
1	1	1	1	1	1	1	0
1	1	1	0	1	1	0	0
1	1	0	0	1	0	0	0
1	0	0	0	0	0	0	0

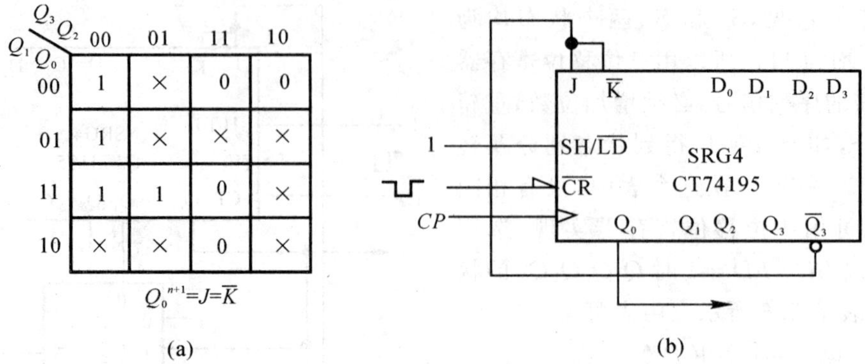

图 7.5.4　00001111 序列信号发生器

二、计数型序列信号发生器

移存型序列信号发生器只能产生一组序列信号，如果需要同时产生多组序列信号时，可采用计数型序列信号发生器。

计数型序列信号发生器是在计数器的基础上加上适当的组合网络构成的。因此，要求实现序列长度为 M 的计数型序列信号发生器，首先应设计一个模 M 的计数器，然后按计数器的状态转换关系和序列信号的要求，设计出输出组合网络。

例 7.5.4　设计产生序列信号 1101000101，1101000101… 的计数型序列信号发生器电路。

解　由于给定的序列长度 $M=10$，故先用 CT74161 设计一个模 10 的计数器。利用 CT74161 的$\overline{LD}$ 作预置端，对后十个状态，即 0110 ～ 1111，令其中每一个状态的输出符合给定序列的要求，列出其真值表如表 7.5.7 所示，对应的输出 F 卡诺图，如图 7.5.5(a) 所示。由于采用 8 选 1 数据选择器实现，需将 F 的卡诺图降维。电路如图 7.5.5(b) 所示。

表 7.5.7　F 真值表

Q_3	Q_2	Q_1	Q_0	F
0	1	1	0	1
0	1	1	1	1
1	0	0	0	0
1	0	0	1	1
1	0	1	0	0
1	0	1	1	0
1	1	0	0	0
1	1	0	1	1
1	1	1	0	0
1	1	1	1	1

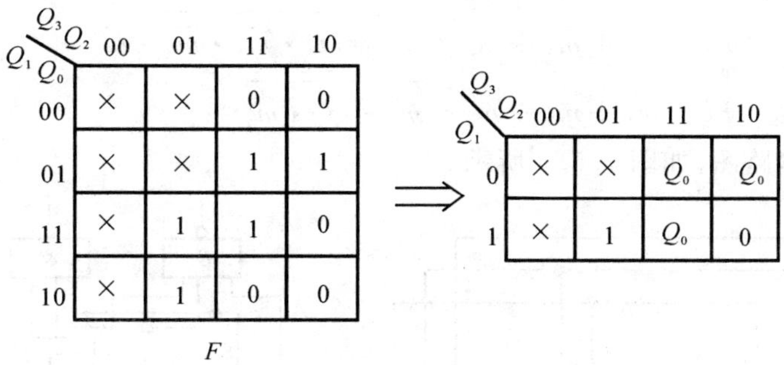

(a)

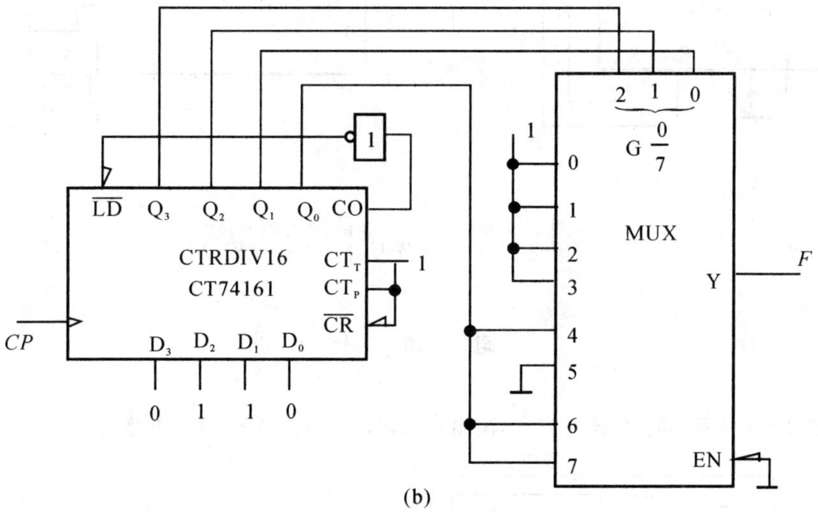

(b)

图 7.5.5 例 7.5.4 的设计过程

(a) F 的卡诺图； (b) 逻辑图

例 7.5.5 设计能同时产生两组代码的序列信号发生器。这两组代码分别是

$F_1=110101, 110101\cdots$

$F_2=010110, 010110\cdots$

表 7.5.8 F_1, F_2 真值表

Q_3	Q_2	Q_1	F_1	F_2
0	0	0	1	0
0	0	1	1	1
0	1	0	0	0
0	1	1	1	1
1	0	0	0	1
1	0	1	1	0

解 由于给定的序列长度 M 均为 6，故先用CT74LS90构成8421BCD码的6进制计数器，即计数从 000 ～ 101。利用 110 来反馈置 0，令其中每一个状态的输出均符合 F_1, F_2 给定序列的要求，列出真值表，如表 7.5.8 所示，用一片 3 线－8 线译码器和与非门实现输出组合逻辑。

由表 7.5.8 可得出

$$F_1 = m_0 + m_1 + m_3 + m_5 = \overline{\overline{m_0} \cdot \overline{m_1} \cdot \overline{m_3} \cdot \overline{m_5}}$$

$$F_2 = m_1 + m_3 + m_5 = \overline{\overline{m_1} \cdot \overline{m_3} \cdot \overline{m_4}}$$

最后画出逻辑电路图，如图 7.5.6 所示。

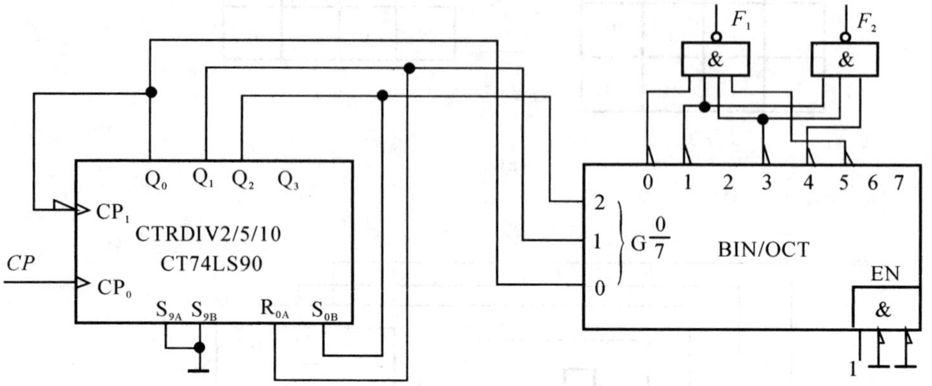

图 7.5.6　例 7.5.5 的逻辑图

习　题　七

1. 电路如图 P7.1 所示，列出状态转换表，画出状态转换图和波形图，分析电路功能。

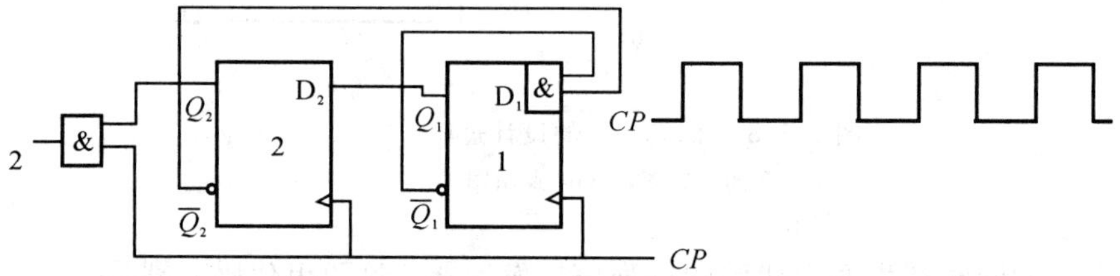

图　P7.1

2. 已知电路状态转换表如表 P7.1 所示，输入信号波形如图 P7.2 所示。若电路的初始状态为 $Q_2Q_1 = 00$，试画出 Q_2Q_1 的波形图（设触发器是下降沿触发）。

表 P7.1　电路状态转换表

Q_2Q_1 \ x	0	1
0　0	0　1/1	1　1/0
0　1	1　0/0	1　0/0
1　0	1　0/0	1　1/0
1　1	0　1/1	0　0/1
	$Q_2^{n+1}Q_1^{n+1}/z$	

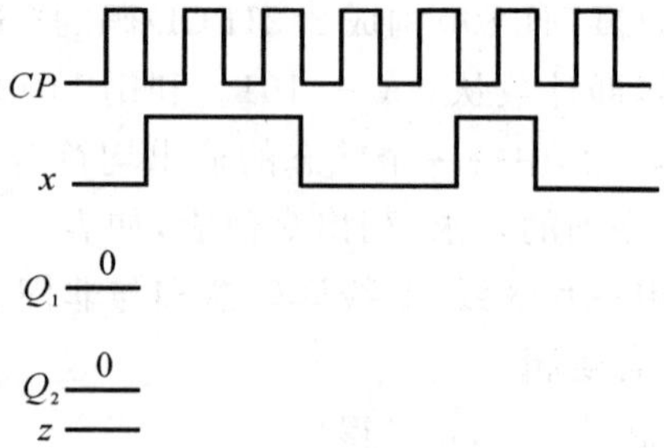

图　P7.2

3. 试分析图 P7.3 所示电路，作出状态转换表及状态转换图，并作出输入信号为 0110111110 相应的输出波形（设起始状态 $Q_2Q_1=00$）。

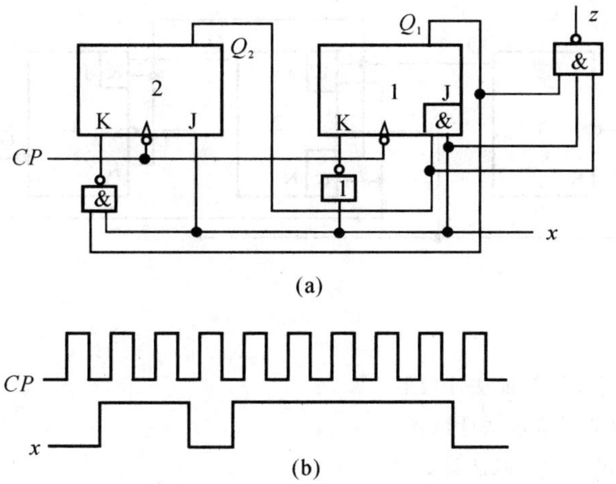

图　P7.3

4. 设计一个“1 1 1 1”序列信号检测器，设输入信号为 x，输出为 Z。

x：0 0 1 1 0 0 0 1 1 1 1 1 0 1 …

Z：0 0 0 0 0 0 0 0 0 0 1 1 0 0 …

5. 已知某计数器电路如图 P7.4 所示，分析它是几进制计数器，并画出工作波形，设电路初始状态 $Q_2Q_1=00$。

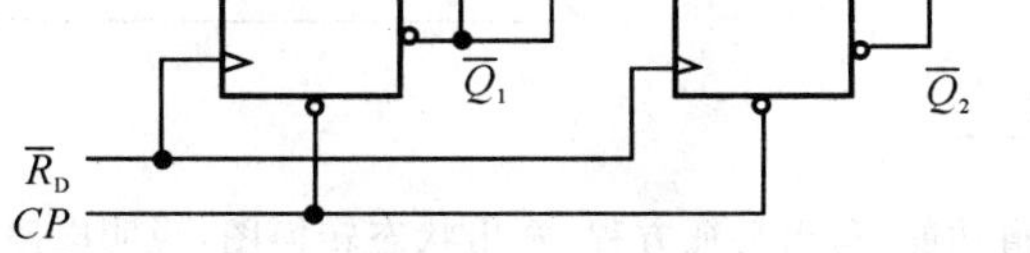

图　P7.4

6. 分析图 P7.5 所示计数器电路，画出状态转换图，说明是几进制计数器，有无自启动能力。

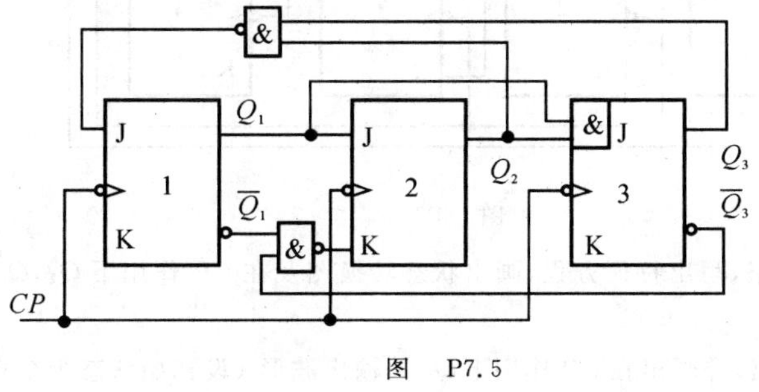

图　P7.5

7. 分析图 P7.6 所示计数器电路，写出各级触发器特征方程，画出状态转换图，说明电路是否具有自启动能力。

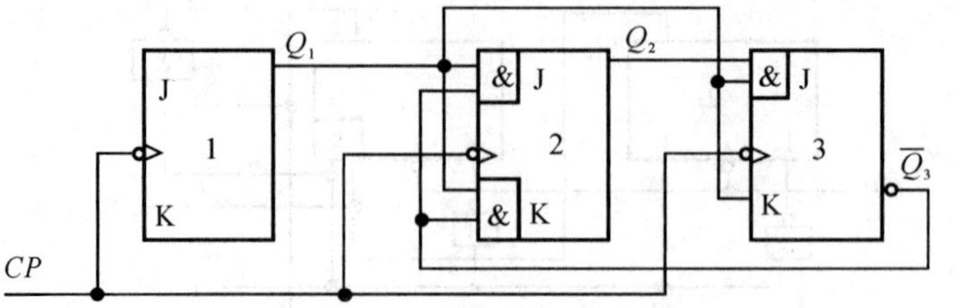

图 P7.6

8. 用 JK 触发器设计同步模 9 加法计数器。

9. 用 D 触发器设计模 7 同步加法计数器。

10. 用 JK 触发器设计模 7 同步减法计数器。

11. 用 JK 触发器设计一可控计数器，当 $x=0$ 时为 7 进制同步加法计数，当 $x=1$ 时为模 5 同步减法计数。

12. 按给定状态转换表 —— 表 P7.2 和表 P7.3，设计同步计数器。

表 P7.2

Q_A	Q_B	Q_C	Q_D
0	0	0	0
0	0	0	1
0	1	0	0
0	1	0	1
0	1	1	0
0	1	1	1
1	0	0	0
1	0	0	1
1	1	0	0
1	1	0	1
1	1	1	0
1	1	1	1

表 P7.3

Q_A	Q_B	Q_C	Q_D
0	0	0	0
0	0	0	1
0	0	1	1
0	0	1	0
0	1	1	0
0	1	1	1
0	1	0	1
0	1	0	0
1	1	0	0
1	0	0	0

13. 分析图 P7.7 所示电路逻辑功能，写出特征方程，画出状态转换图，说明电路是否具有自启动能力。

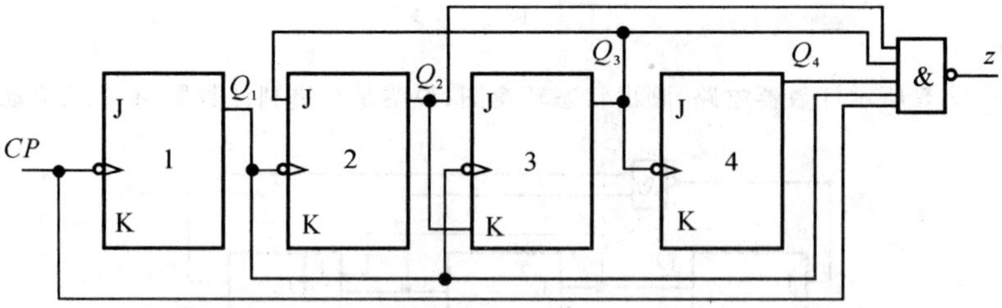

图 P7.7

14. 分析图 P7.8 所示电路，写出特征方程，画出状态转换图及在 CP 作用下 Q_1，Q_2，Q_3，Q_4 和 F 的工作波形。

15. 分析图 P7.9 所示电路，并画出在 CP 作用下 Q_2 的输出波形（设初始状态为全 0 状态），并说明 Q_2 输出与 CP 之间的关系。

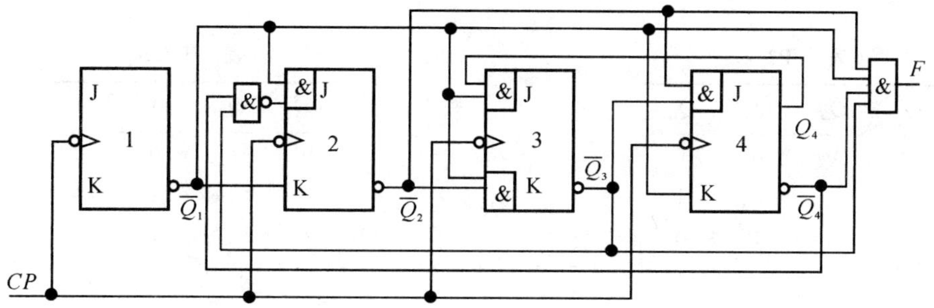

图 P7.8

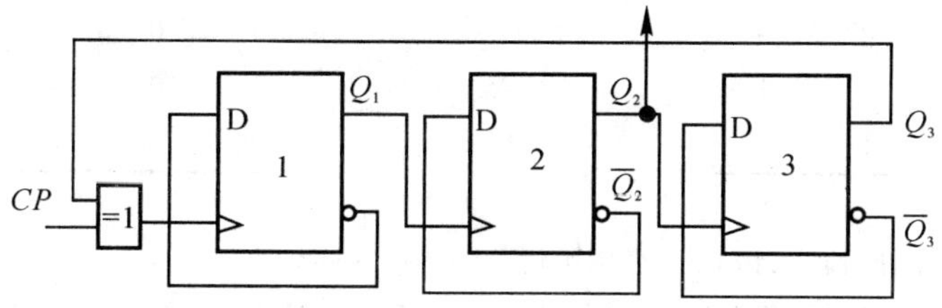

图 P7.9

16. 分析图 P7.10 所示电路，写出特征方程，并画出在 CP 作用下，输出 a,b,c,d,e,f 及 F 的各点波形。说明该电路完成什么逻辑功能。

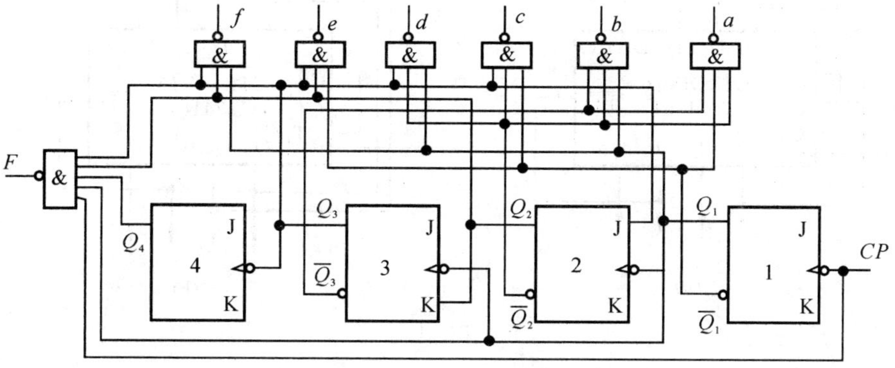

图 P7.10

17. 设计模 7 异步计数器。

18. 按给定的状态转换表 —— 表 P7.4 和表 P7.5，设计异步计数器。

19. 设计一可控同步计数器，M_1M_2 为控制信号，要求：

(1) $M_1M_2 = 00$ 时，维持原状态；

(2) $M_1M_2 = 01$ 时，实现模 2 计数；

(3) $M_1M_2 = 10$ 时，实现模 4 计数；

(4) $M_1M_2 = 11$ 时，实现模 8 计数。

20. 设计一个用 M 信号控制的五进制同步计数器，要求：

(1) 当 $M = 0$ 时，在时钟作用下按加 1 顺序计数；

(2) 当 $M = 1$ 时，在时钟作用下按加 2 顺序计数（即 0,2,4,…）。

表 P7.4

Q_A	Q_B	Q_C	Q_D
0	0	0	0
0	0	0	1
0	0	1	0
0	0	1	1
0	1	0	0
0	1	0	1
0	1	1	0
1	0	0	0
1	0	0	1
1	0	1	0

表 P7.5

Q_A	Q_B	Q_C	Q_D
0	0	0	0
1	1	1	1
1	1	1	0
1	1	0	1
1	1	0	0
0	1	1	1
0	1	1	0
0	0	1	1
0	0	1	0
0	0	0	1

21. 用中规模集成同步计数器 CT74161 分别组成 12,92 进制计数器。

22. 用中规模集成异步计数器 CT74LS90 分别用 8421BCD 和 5421BCD 码组成九进制计数器。

23. 用中规模集成异步计数器 CT74LS90 用 8421BCD 码组成可控计数器,控制信号为 x,当 $x=0$ 时为 72 进制计数,当 $x=1$ 时为 68 进制计数。

24. 分析图 P7.11 所示电路为几进制计数器,并画出状态转换图及工作波形图。

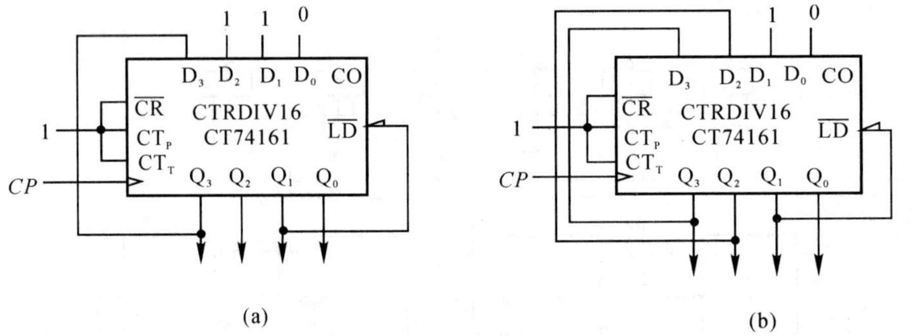

图 P7.11

25. 图 P7.12 是两片 CT74161 组成的计数器电路,分析该计数器模值是多少,列出状态转换表。

26. 分析图 P7.13 所示电路为几进制计数器,列出状态转换表。

27. 分析图 P7.14 所示电路为几进制计数器,列出状态转换表,CT74194 为双向移位寄存器。

28. 用移位寄存器 CT74195 和 4 选 1 数据选择器设计移存型序列信号发生器,要求产生序列信号为 1 1 1 1 0 0 1 0 0 0,…。

29. 用一片 CT74161 和 8 选 1 数据选择器实现序列为 01001100010111 的序列信号发生器。

30. 图 P7.15 所示为由二-十进制编码器 CT54147 和同步十进制计数器 CT54160 组成的可控分频器。试说明当输入控制信号 A,B,C,D,E,F,G,H,I 每个为低电平时,由 f 端输出的脉冲频率是多少,假定 CP 的频率为 10 kHz。

31. 设计一个时序部件的控制电路,在受控时序部件中包含有寄存器 R_1 和寄存器 R_2,数字比较器及其他控制电路。要求采用一块 4 位移存器和若干门电路,构成一个控制电路,在时钟作用下产生控制信号,使受控时序部件在控制信号作用下,完成下述操作:

(1) 将两个二进制数同时分别存入寄存器 R_1 和 R_2 中；

(2) 对存入寄存器的两个二进制数进行比较，若 R_1 中的存入数大于 R_2 中的存入数，则比较器输出 $P=1$，反之 $P=0$；

(3) 将大数存入到寄存器 R_1 中；

(4) 在大数已存入到寄存器 R_1 中时，控制电路停止运转，并锁定在此状态，直至复位信号 $\overline{R}_D$ 到来后，在时钟作用下重复上述功能。

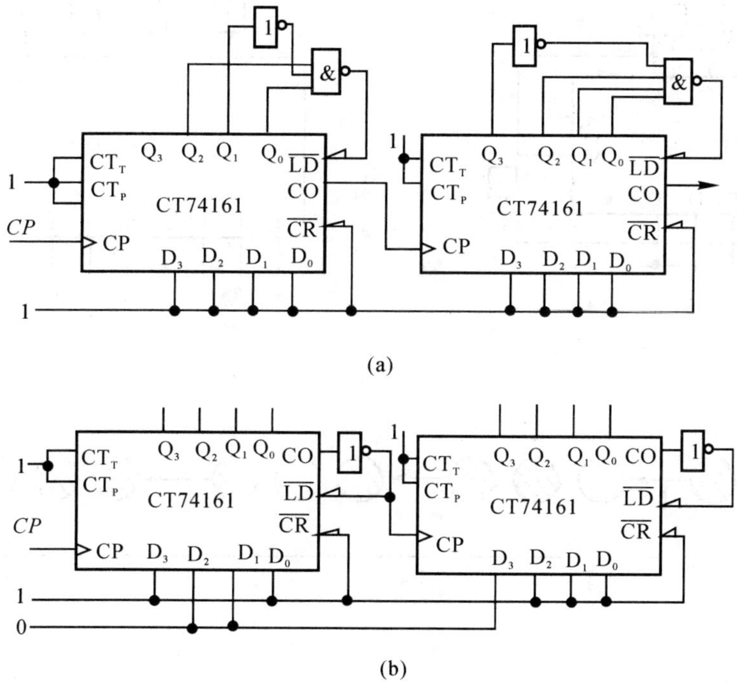

图 P7.12

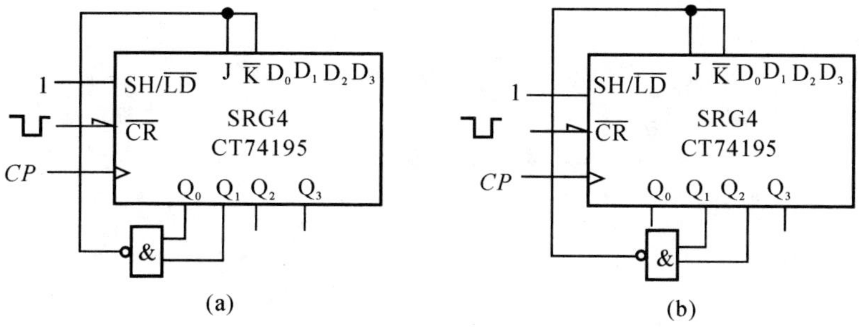

图 P7.13

32. 试设计一个小汽车尾灯控制电路，小汽车左、右两侧各有三个尾灯，要求：

(1) 左转弯时，在左转弯开关控制下，左侧三个灯按图 P7.16 所示周期性地亮与灭；

(2) 右转弯时，在右转弯开关控制下，右侧三个灯按图 P7.16 所示周期性地亮与灭；

(3) 在左、右两个转弯开关控制下，两侧的灯做同样的周期性的亮与灭动作；

(4) 在制动开关（制动器）作用下，六个尾灯同时亮。若在转弯情况下制动，则三个转向尾灯正常动作，另一侧三个尾灯则均亮。

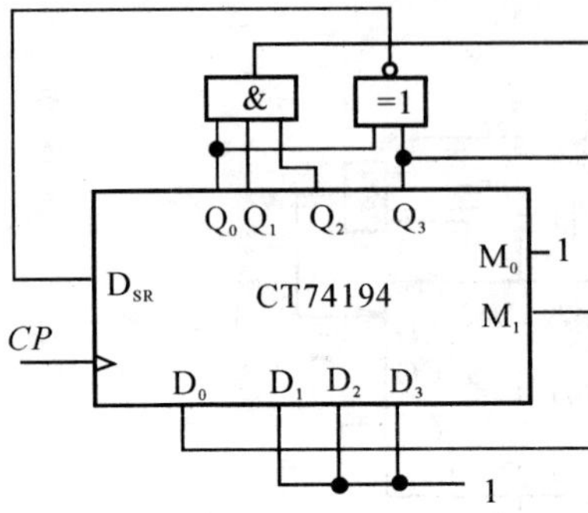

图　P7.14

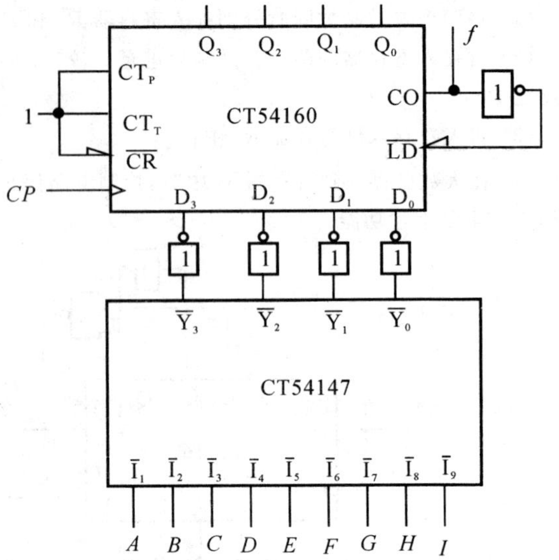

图　P7.15

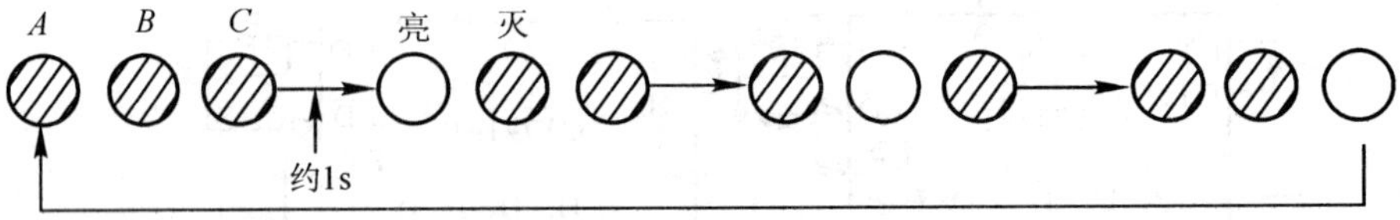

图　P7.16

第八章 脉冲电路

本章主要讨论脉冲波形的产生、整形和变换的电路。各种脉冲电路可由集成门电路构成，也有集成的脉冲电路等。脉冲电路在数字系统中获得广泛应用。

第一节 集成门构成的脉冲电路

一、集成门构成的施密特触发器

施密特触发器是脉冲波形变换中经常使用的一种电路。它在性能上有两个重要的特点：第一，输入信号从低电平上升时的转换电平和从高电位下降时的转换电平不同；第二，在电路状态转换时，通过电路内部的正反馈过程使输出电压波形的边沿变得很陡。利用这两个特点，不仅可以将边沿变化缓慢的信号波形整形为边沿陡峭的矩形波，而且可以将叠加在矩形脉冲高、低电平上的噪声有效地清除。

1. 用两级 CMOS 反相器构成的施密特触发器

图 8.1.1 所示为用两级 CMOS 反相器构成的施密特触发器电路。图中 v_I 通过 R_1,R_2 的分压来控制门的状态。

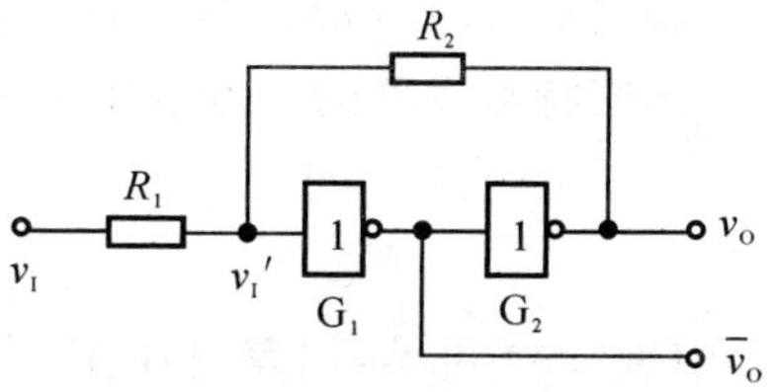

图 8.1.1 用 CMOS 反相器构成施密特触发器

设反相器的阈值电平 $V_{TH}=\frac{1}{2}V_{DD}$,$R_1<R_2$。当输入 $v_I=0$ 时，门 G_1 截止，$\bar{v}_O=V_{DD}$，门 G_2 导通，输出 $v_O=0$。

当输入 v_I 逐步上升时，$v_I'=\frac{R_2}{R_1+R_2}\cdot v_I$ 也逐步上升，只要 $v_I'<V_{TH}$，电路保持在 $v_O=0$ 的稳定状态。

当输入 v_I 上升至使 $v_I'>V_{TH}$ 时，则门 G_1 导通，$\bar{v}_O=0$，门 G_2 截止，输出 $v_O=V_{DD}$。这时触发器状态发生翻转。此时 v_I 值为施密特触发器的上升时的转换电平 V_{T^+}。因为

$$v_I'=V_{TH}=\frac{R_2}{R_1+R_2}V_{T^+}$$

所以

$$V_{T^+}=\frac{R_1+R_2}{R_2}V_{TH}=(1+\frac{R_1}{R_2})V_{TH} \tag{8.1.1}$$

当 v_I 由最大值逐步下降时，只要满足 $v_I'>V_{TH}$，电路就保持稳定在 $v_O=V_{DD}$ 的稳定状态。这时

$$v_I'=(V_{DD}-v_I)\frac{R_1}{R_1+R_2}+v_I$$

当 v_I 继续下降，使 $v_I' \leqslant V_{TH}$ 时，则门 G_1 截止，门 G_2 导通，输出 $v_O=0$，电路再次发生翻转。此时的 v_I 称为施密特触发器的下降时的转换电平 V_{T^-}。因为这时有

$$V_{TH}=(V_{DD}-v_I)\frac{R_1}{R_1+R_2}+v_I$$

所以

$$v_I=V_{T^-}=\frac{R_1+R_2}{R_2}V_{TH}-\frac{R_1}{R_2}V_{DD}$$

由于 CMOS 电路中一般都满足 $V_{TH}=\frac{1}{2}V_{DD}$，故上式可进一步简化为

$$V_{T^-}=(1-\frac{R_1}{R_2})V_{TH} \tag{8.1.2}$$

只要满足 $v_I<V_{T^-}$，触发器电路就稳定在 $v_O=0$ 的状态。如果输入 v_I 为正弦波，则输出为矩形波，其工作波形如图 8.1.2 所示。

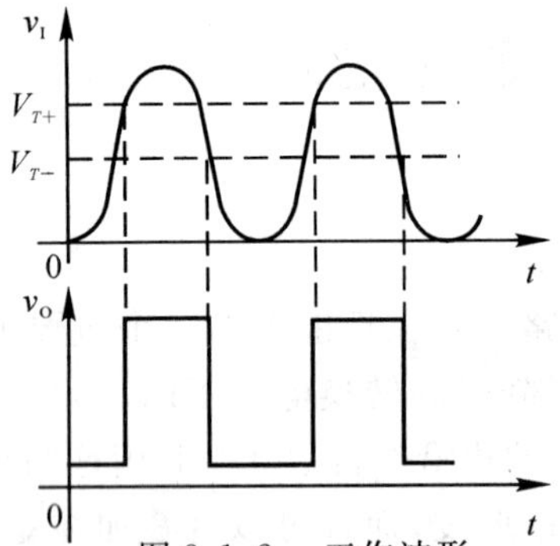

图 8.1.2　工作波形

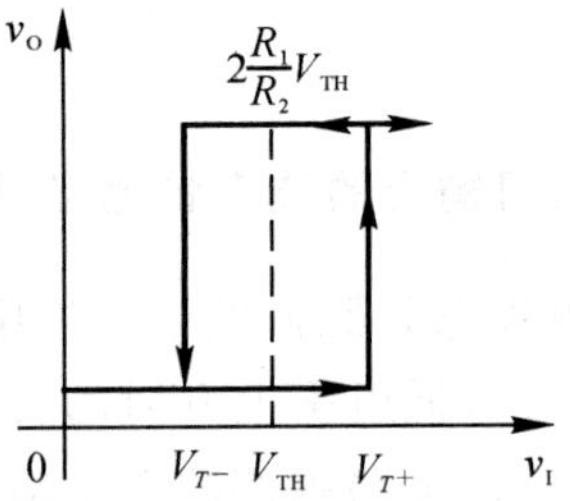

图 8.1.3　电压传输特性

根据式(8.1.1) 和式(8.1.2)，可以画出电压传输特性如图 8.1.3 所示。

施密特触发器的回差电压（滞迟特性）为

$$V_d=V_{T^+}-V_{T^-}=2\frac{R_1}{R_2}V_{TH} \tag{8.1.3}$$

由式(8.1.3) 可见，回差电压 V_d 与 $\frac{R_1}{R_2}$ 成正比，改变 R_1 和 R_2 的大小可以调整回差电压值的大小。

2. 用 TTL 门构成的施密特触发器

图 8.1.4 所示为两个 TTL 门构成的施密特触发器电路。图中门 G_1 为与非门，G_2 为反相器，v_I 通过 R_1 和 R_2 来控制门的状态。此外 v_I 还直接加到门 G_1 的另一输入端。

当输入 $v_I=0$ 时，门 G_1 截止，$\bar{v}_O=V_{OH}$；门 G_2 导通，输入 $v_O=V_{OL}\approx 0$。

当 v_I 逐步上升，使二极管 D 导通，则

$$v_I'=\frac{v_I-V_D}{R_1+R_2}\cdot R_2$$

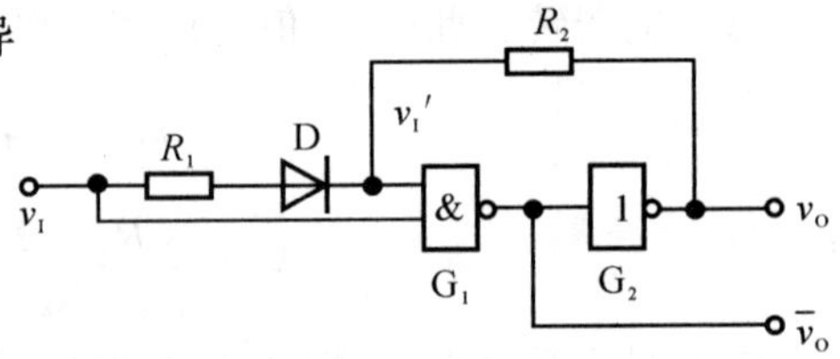

图 8.1.4　两级 TTL 门构成的施密特触发器

式中 V_D 为二极管 D 导通压降。当 v_I 逐步上升至使 $v_I' \geqslant V_{TH}$（V_{TH} 为 TTL 阈值电平）时，门 G_1 由截止转为导通，门 G_2 由导通转为截止，$v_O=V_{OH}$，触发器发生一次翻转，此时 v_I 为上升时的转换电

平 V_{T^+}

$$V_{T^+} = \frac{R_1 + R_2}{R_2} V_{TH} + V_D \tag{8.1.4}$$

只要 $v_I > V_{T^+}$，触发器就处于输出 $v_O = V_{OH}$ 的稳定状态。

当输入 v_I 逐步下降时，只要 $v_I \leqslant V_{TH}$，门 G_1 由导通转为截止，$\bar{v}_O = V_{OH}$；门 G_2 由截止转为导通，$v_O = V_{OL} \approx 0$，触发器再次发生翻转，此时 v_I 为下降时的转换电平 V_{T^-}

$$V_{T^-} = V_{TH} \tag{8.1.5}$$

因此，电路的回差电压为

$$V_d = V_{T^+} - V_{T^-} = \frac{R_1}{R_2} V_{TH} + V_D$$

调整电阻 R_1 和 R_2 的分压值，可以改变回差大小。其工作波形如图 8.1.3 所示。

3. 集成施密特触发器

图 8.1.5(a) 所示为 CMOS 集成施密特触发器 CC40106 的电路图，图 8.1.5(b) 所示为逻辑符号。它由三部分组成，T_{P1}，T_{P2}，T_{P3} 及 T_{N1}，T_{N2}，T_{N3} 构成施密特触发器。T_{P4}，T_{P5} 及 T_{N4}，T_{N5} 构成两个首尾相连的反相器，用来改善输出波形（整形）。T_{P6} 和 T_{N6} 组成输出缓冲级，以提高电路的带负载能力，同时起隔离作用。

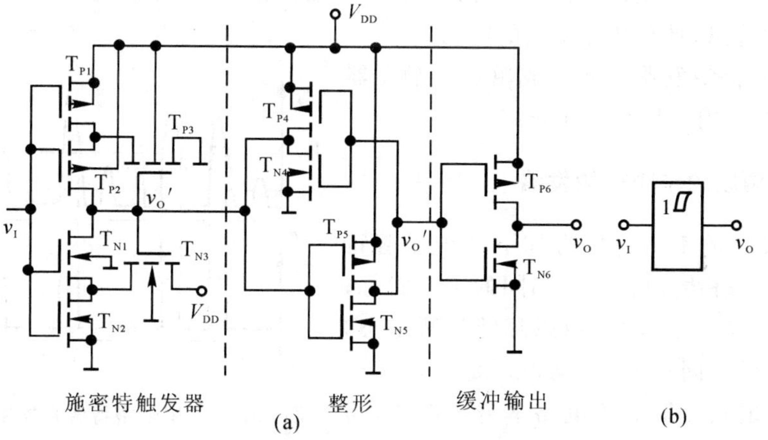

图 8.1.5　CMOS 集成施密特触发器电路

为了降低对输入信号波形的要求，在集成门电路中有带施密特触发器输入的反相器，如 CMOS 六施密特反相器 CC40106，施密特 2 输入与非门 CC14093 等，TTL 六施密特反相器 CT5414/CT7414，施密特 2 输入四与非门 CT54132/CT74132 等。

4. 施密特触发器应用举例

(1) 用于波形变换。利用施密特触发器状态转换过程中的正反馈作用，可以把边沿变化缓慢的周期性信号变换为矩形脉冲。如图 8.1.2 所示，输入信号 v_I 为正弦波，只要 v_I 的幅度大于 V_{T^+}，即可在施密特触发器的输出端 v_O 得到同频率的矩形脉冲信号。

(2) 用于脉冲整形。在数字系统中，矩形脉冲经传输后往往发生波形畸变，图 8.1.6(a) 是当传输线上电容较大时，波形前、后沿将明显变坏；图 8.1.6(b) 是由于传输线较长且接收端的阻抗与传输线阻抗不匹配时，在波形的上升沿和下降沿产生振荡现象。

由图 8.1.6 可见只要 V_{T^+} 和 V_{T^-} 取得合适，就可通过施密特触发器整形，从而获得较理想的矩形波。

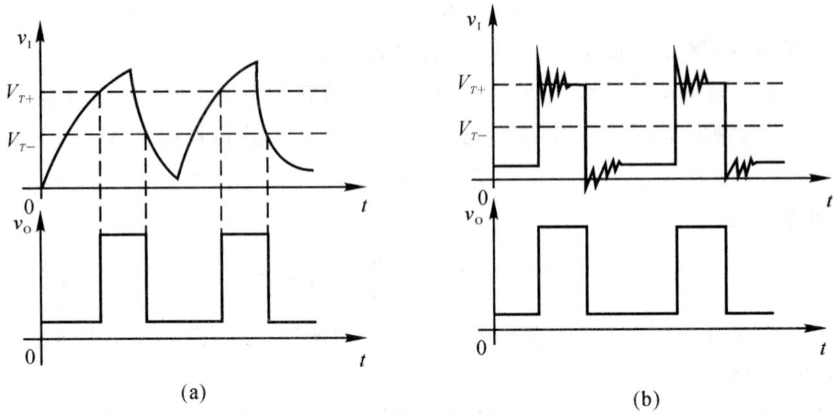

图 8.1.6　用施密特触发器整形

(3) 用于脉冲鉴幅。如图 8.1.7 所示，若将一系列幅度不同的脉冲信号加到施密特触发器的输入端时，只有那些幅度大于 V_{T^+} 的脉冲会产生输出信号。因此，施密特触发器能将幅度大于 V_{T^+} 的脉冲选出，具有脉冲鉴幅的能力。

此外，用施密特触发器还能组成单稳态触发器和多谐振荡器，具体内容将在下面介绍。

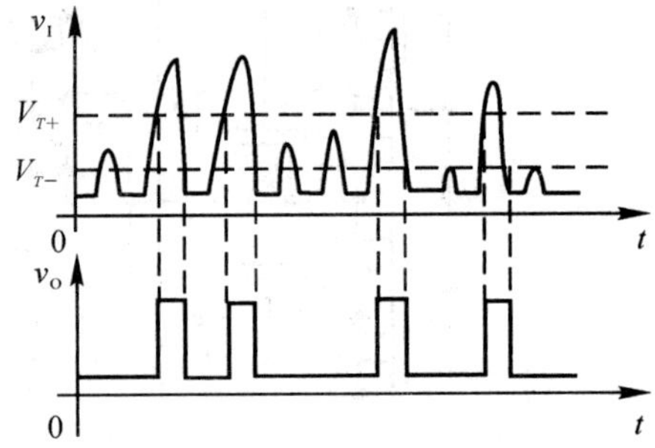

图 8.1.7　用施密特触发器鉴别脉冲幅度

二、集成门构成的单稳态触发器

单稳态触发器的工作特性有如下几个显著特点：第一，它有稳态和暂稳态两个不同的工作状态；第二，在触发脉冲作用下，能从稳态翻转到暂稳态，在暂稳态维持一段时间后，再自动返回稳态；第三，暂稳态维持时间的长短取决于电路本身的参数，与触发脉冲无关。

用集成门电路构成的单稳态触发器大致分为两大类，一类称为微分型，一类称为积分型。两类的主要区别在于触发器中决定脉冲宽度的 RC 定时电路的连接方式不同。

1. 微分型单稳态触发器

(1) 典型电路。微分型单稳态触发器电路如图 8.1.8(a) 所示。触发器由两个 TTL 与非门组成。其中 R_I，C_I 构成输入端微分电路。R，C 构成微分型定时电路。

(2) 工作原理。

① 静止期 ($t < t_1$)。这时输入端无信号触发，或触发输入 v_I 为高电平 3.6 V。合理选择 R_I 及 R 值。由图 8.1.8(a) 可知，由于 $R = 330\ \Omega < R_{off}$，根据图 8.1.9 可算出 $v_2 = 0.3$ V ($v_2 = \frac{5\text{ V} - 0.7\text{ V}}{R_1 + R} \cdot R$)，所以门 G_2 关门，使 $V_{O2} = 3.6$ V；$R_I = 4.7\ \text{k}\Omega > R_{on}$，根据图 8.1.9 可算出，$v_1 = V_{TH} = 1.4$ V ($v_1 = \frac{5\text{ V} - 0.7\text{ V}}{R_1 + R_I} \cdot R_I$)，所以门 G_1 二个输入端均为高电平，使门

G_1 开门，$v_{O1}=0.3\ V$。因此，在静止期触发器处于门 G_1 开，G_2 关的稳定状态。

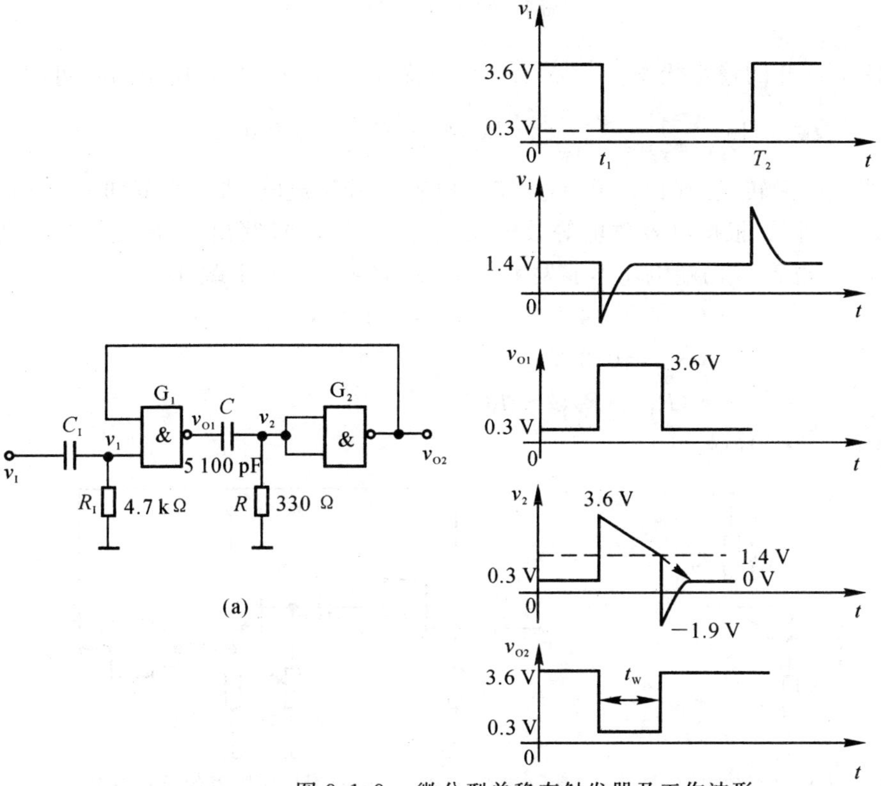

图 8.1.8　微分型单稳态触发器及工作波形

② 工作期 ($t \geqslant t_1$)。当 $t=t_1$ 时，输入 v_I 由 3.6 V 下跳到 0.3 V，产生一负触发脉冲，引起电路产生一正反馈积累过程：

$$v_I \downarrow \rightarrow v_1 \downarrow \rightarrow v_{O1} \uparrow \rightarrow v_2 \uparrow \rightarrow v_{O2} \downarrow$$

使电路迅速转入门 G_1 关、G_2 开的暂稳态，这时 v_{O1} 由 0.3 V 上跳到 3.6 V，v_{O2} 由 3.6 V 下跳到 0.3 V。

现在计算在暂稳态停留的时间 t_W，这时电容 C 充电等效电路如图 8.1.9 所示。图中 R_1 为多发射极晶体管基极电阻，约为 4 kΩ，$V_{CC}=5\ V$。根据电容充电等效电路及图 8.1.8(b)，写出 v_2 的三要素（由于 v_{O1} 上跳 3.3 V，电容 C 两端电压不能突变，所以 v_2 从 0.3 V 也要上跳 3.3 V）：

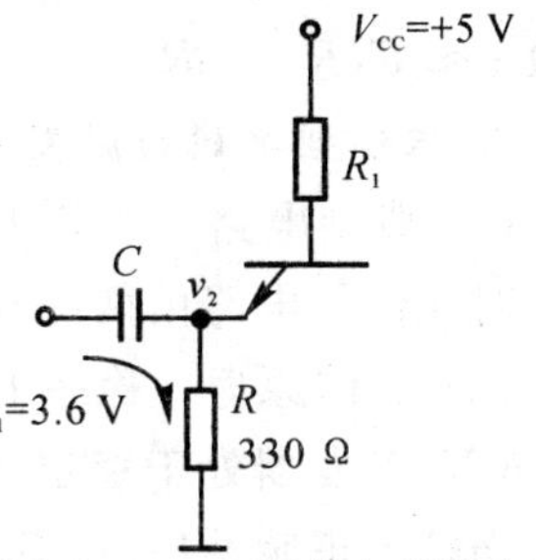

图 8.1.9　电容充电等效电路

$$\begin{cases} v_2(0^+)=0.3\ V+3.3\ V=3.6\ V \\ v_2(\infty)=0\ V \\ \tau=RC \end{cases}$$

这时电容 C 充电，随着 C 充电的进行，$v_2(t)$ 电压指数下降，即从 3.6 V 逐渐趋向 0 V，但 $v_2(t)$ 一旦出现 $v_2(t)\leqslant V_{TH}=1.4\ V$ 时，电路立即产生反向正反馈的积累过程：

$$v_2\downarrow \to v_{O2}\uparrow \to v_{O1}\downarrow$$

使电路又回到门 G_1,G_2 开的稳定状态。v_2 从 3.6 V 下降到 $v_2(t_W)=V_{TH}$ 所用的时间,即

$$t_W=\tau\ln\frac{v(\infty)-v(0^+)}{v(\infty)-v(t_W)}=RC\ln\frac{0-3.6}{0-1.4}=0.9RC$$

③ 恢复期。当电路又转换到门 G_1 开、G_2 关时,电容 C 开始放电,进入恢复期。C 放电的等效电路如图 8.1.10 所示,根据电容放电等效电路及图 8.1.8(b),写出 v_2 恢复期的三要素(由于 v_{O1} 下跳 3.3 V,电容 C 两端电压不能发生突变,v_2 应从 1.4 V 下跳 3.3 V):

$$\begin{cases}v_2(0^+)=1.4\ \text{V}-3.3\ \text{V}=-1.9\ \text{V}\\ v_2(\infty)=0.3\ \text{V}\\ \tau=(R_1\ /\!/\ R)C\approx RC\end{cases}$$

因此恢复时间 $t_{re}\approx(3\sim5)RC$。

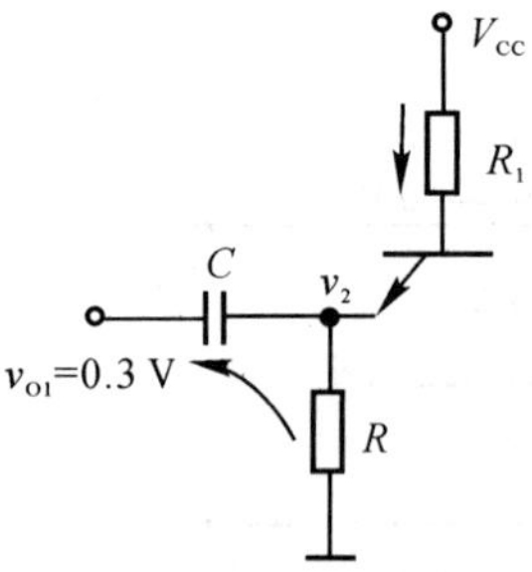

图 8.1.10　电容放电等效电路

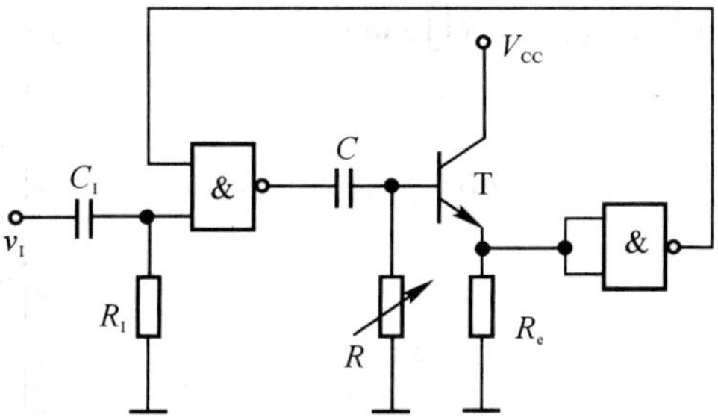

图 8.1.11　带有射极跟随器的单稳态触发器

在 $t=t_2$ 时,v_I 从 0.3 V 上跳到 3.6 V,使 v_1 产生一上跳尖脉冲,因这时电路处于门 G_1 开、G_2 关的稳态,对电路工作无影响。

以上工作过程的讨论见图 8.1.8(b) 所示的微分型单稳触发器的工作波形。

在定时电路中,为了调整 t_W,通常以改变 C 作为粗调,改变 R 作为细调,为了调节范围加宽,在 RC 定时电路和与非门 G_2 之间加射极跟随器,如图 8.1.11 所示,这时定时电路的充电时常数 $\tau\approx C(R\ /\!/\ \beta R_e)$

2. 积分型单稳态触发器

(1) 典型电路。图 8.1.12(a) 所示是积分型单稳态触发器的典型电路。图中 RC 为积分型定时元件。电路由两级与非门组成,无正反馈,电路由正脉冲触发。

(2) 工作原理。稳态下 $v_I=0$,门 G_1,G_2 同时关门,$v_{O1}=v_{O2}=3.6$ V,电容 C 充电结束,$v_2=3.6$ V,触发器处于稳定状态。

当输入正脉冲后,门 G_1 开门,v_{O1} 由 3.6 V 下跳到 0.3 V。但由于电容 C 的电压不能突变,即 v_2 仍为 3.6 V,所以在一段时间里 v_2 仍在 V_{TH} 值以上,在这段时间里门 G_2 开门,使 $v_{O2}=0.3$ V,电路进入暂稳态。

这时 $v_I=3.6$ V,$v_{O1}=0.3$ V,电容 C 通过 R 及与非门 G_1 输出端放电。随着放电的进行,电压 v_2 指数下降。C 的放电等效电路如图 8.1.13 所示。当 v_2 下降至 $V_{TH}=1.4$ V 时门 G_2 关门,v_{O2} 又由 0.3 V 上跳到 3.6 V。根据图 8.1.13 所示电容放电等效电路可写出 v_2 的三要素,从而求出输出电压 v_{O2} 的方波宽度 t_W。

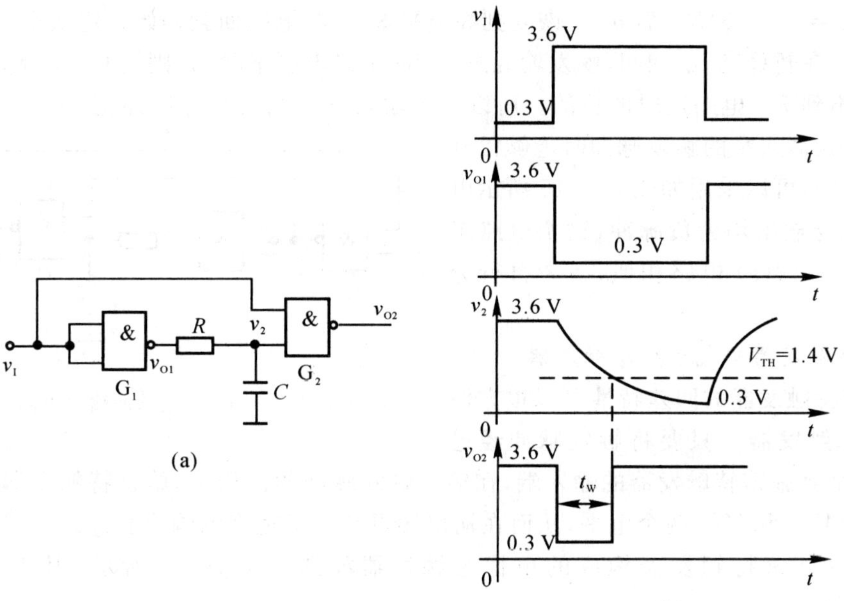

图 8.1.12　积分型单稳态触发器及其工作波形

$$\begin{cases} v_2(0^+)=3.6\ \mathrm{V} \\ v_2(\infty)=0.3\ \mathrm{V} \\ \tau=RC \end{cases}$$

v_2 从 3.6 V 指数下降到 $V_{TH}=1.4$ V 时所用时间 t_W 为

$$t_W=RC\ln\frac{v_2(\infty)-u_2(0^+)}{u_2(\infty)-v_2(t_W)}=$$

$$RC\ln\frac{0.3-3.6}{0.3-1.4}=1.1RC$$

图 8.1.13　电容 C 放电等效电路

图 8.1.14　电容 C 充电等效电路

待输入信号 v_I 又下跳到 0.3 V 时门 G_1 又关门，电容 C 开始充电。根据图 8.1.14 所示电容 C 充电等效电路可知

$$\begin{cases} v_2(0^+)=0.3\ \mathrm{V} \\ v_2(\infty)=3.6\ \mathrm{V} \\ \tau=RC \end{cases}$$

经过恢复期 $t_{re}=(3\sim5)RC$ 后 v_2 又恢复到高电平 3.6 V，电路回到初始稳定状态。

应该指出，在暂稳态 t_W 期间，触发输入 v_I 不能由高电平下跳，否则门 G_2 将因 v_I 的下跳提前翻转，达不到 RC 电路定时的目的。所以要求输入 v_I 比输出 v_O 脉冲宽。

如果要求在输入窄的触发脉冲时能够得到较宽的输出脉冲，可以采用如图 8.1.15 所示电路。这时输入与输出均为负脉冲，这个电路工作原理和图 8.1.12(a) 电路相似，读者自行分析。

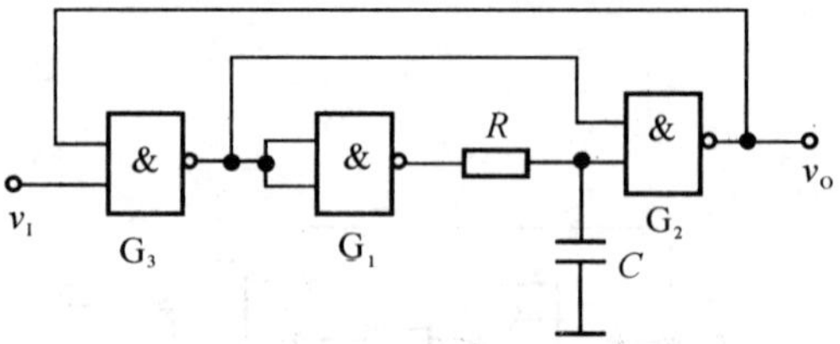

图 8.1.15　宽脉冲输出电路

3. 施密特触发器构成单稳态触发器

利用施密特触发器的回差特性可以很方便地构成单稳态触发器。只要将触发脉冲经过 RC 微分电路加到施密特触发器的输入端，在输入触发脉冲的作用下，施密特触发器的输入电压将依次通过 V_{T^+} 和 V_{T^-} 两个电平，从而在输出端得到一定宽度的输出脉冲。

用 CMOS 施密特触发器构成的单稳态触发器如图 8.1.16(a) 所示，其工作波形如图 8.1.16(b) 所示。

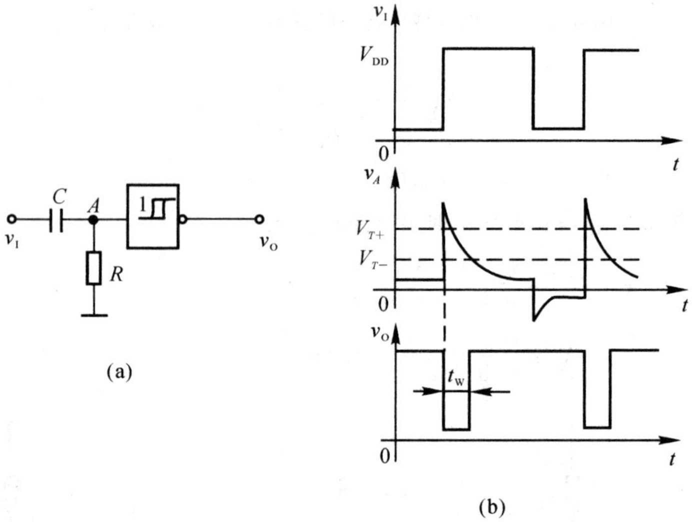

图 8.1.16　施密特触发器构成的单稳态电路及其工作波形

当在稳态时 $v_I=0, v_A=0, v_O=V_{OH}$。

当 v_I 的正触发脉冲加到输入端时，v_A 也随着上跳，只要上跳的幅值大于 V_{T^+}，则输出 $v_O=0$，触发器发生一次翻转，由稳态进入到暂稳态。

此后，随着电容 C 充电时，v_A 电位指数下降，在到达 V_{T^-} 之前，电路维持 $v_O=0$ 不变。一旦 v_A 下降呈 V_{T^-} 时，施密特触发器电路自动发生翻转。$v_O=V_{DD}$，返回原来的稳态。图 8.1.16(b) 画出了 v_O，v_A 与 v_I 的对应的波形，由图可见，输出脉冲的宽度 t_W 取决于 RC 微分电路电阻上的压降 v_A，写出 v_A 的三要素

$$\begin{cases} v_A(0^+) = V_{DD} \\ v_A(\infty) = 0 \\ \tau = RC \end{cases}$$

v_A 由 V_{DD} 指数下降到 V_{T^-} 所用时间 t_W 为

$$t_W = RC\ln\frac{0 - V_{DD}}{0 - V_{T^-}} = RC\ln\frac{V_{DD}}{V_{T^-}}$$

三、集成门构成的多谐振荡器

多谐振荡器是一种自激振荡器，在接通电源以后，不需要外加触发脉冲，它便能自动地产生矩形脉冲波。由于矩形脉冲波中含有丰富的高次谐波分量，所以把这种振荡器叫做多谐振荡器。

1. 电容正反馈多谐振荡器

(1) 电路。电容正反馈多谐振荡器基本电路如图 8.1.17(a) 所示。它是两级 TTL 与非门通过电容 C 构成正反馈。R,C 为电路定时元件。

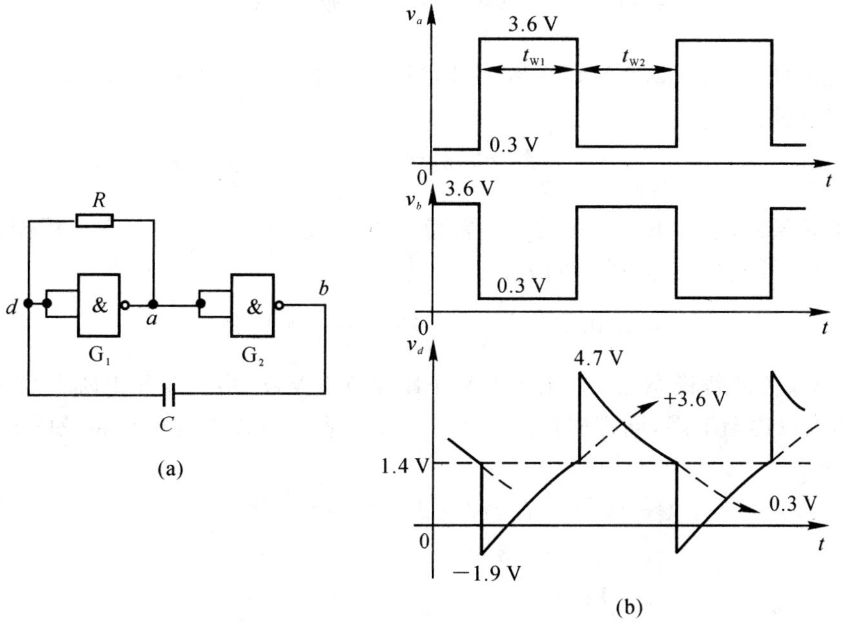

图 8.1.17　电容正反馈多谐波振荡器及其工作波形

(2) 工作原理。多谐振荡器工作过程中，主要依靠电容 C 的充、放电，引起 d 点电位 v_d 的变化，当 v_d 达到 TTL 门的阀值电压 V_{TH} 时，引起与非门状态的翻转。

设电路处于门 G_1 开、G_2 关的状态，由于电容 C 的放电，使 v_d 逐渐下降，当 v_d 下降至 $v_d \leqslant V_{TH} = 1.4$ V 时，电路产生一正反馈积累过程

$$v_d \downarrow \rightarrow v_a \uparrow \rightarrow v_b \downarrow$$

因而使门 G_1 迅速截止，门 G_2 迅速导通，进入门 G_1 关，G_2 开的暂态 Ⅰ 过程。这时 $v_a = 3.6$ V，$v_b = 0.3$ V，v_a 通过电阻 R 对 C 进行充电，从图 8.1.18(a) 电容 C 充电等效电路和图 8.1.17(b)

可写出 v_d 的三要素：在暂稳态 Ⅰ 期间 v_b 从3.6 V下跳到0.3 V，电容 C 两端的电压不能突变，所以 v_d 从 1.4 V 也要下跳 3.6 V－0.3 V＝3.3 V，所以

$$\begin{cases} v_d(0^+)=1.4\ \text{V}-3.3\ \text{V}=-1.9\ \text{V} \\ v_d(\infty)=3.6\ \text{V} \\ \tau=(R\ /\!/\ R_1)C\approx RC \end{cases}$$

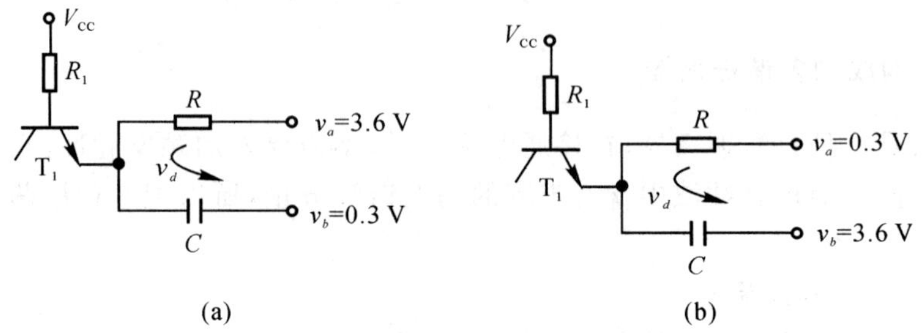

图 8.1.18　电容 C 充、放电等效电路

(a) 电容 C 充电等效电路；（b) 电容 C 放电等效电路

电容 C 的充电使 v_d 从－1.9 V以指数上升，当 v_d 上升至 $v_d\geqslant V_{TH}=1.4$ V时，电路产生一反向正反馈积累过程

$$v_d\uparrow\rightarrow v_a\downarrow\rightarrow v_b\uparrow$$

从而使电路迅速转换到门 G_1 开、G_2 关的另一暂稳态 Ⅱ，所以 $v_d(t_{W1})=1.4$ V。根据以上分析可求出门 G_1 关、G_2 开暂稳态 Ⅰ 的时间 t_{W1}

$$t_{W1}=RC\ln\frac{3.6\ \text{V}-(-1.9\ \text{V})}{3.6\ \text{V}-1.4\ \text{V}}=0.92RC$$

在门 G_1 开、G_2 关的暂稳态 Ⅱ，v_a 由 3.6 V 下跳至 0.3 V，v_b 由 0.3 V 上跳至 3.6 V，电容 C 放电，使 v_d 的电位逐渐下降，同理根据图 8.1.18(b) 电容 C 的放电等效电路及图 8.1.17(b) 可写出 v_d 的三要素

$$\begin{cases} v_d(0^+)=1.4\ \text{V}+3.3\ \text{V}=4.7\ \text{V} \\ v_d(\infty)=0.3\ \text{V} \\ \tau=RC \end{cases}$$

电容 C 的放电使 v_d 从 4.7 V 以指数下降，当 v_d 下降至 $v_d\leqslant V_{TH}=1.4$ V时，电路产生一正反馈积累过程

$$v_d\downarrow\rightarrow v_a\uparrow\rightarrow v_b\downarrow$$

从而使电路又迅速转换到门 G_1 关、G_2 开的暂稳态 Ⅰ，所以 $v_d(t_{W2})=1.4$ V，根据以上分析可求出门 G_1 开、G_2 关的暂稳态 Ⅱ 的时间 t_{W2}

$$t_{W2}=RC\ln\frac{0.3-4.7}{0.3-1.4}=1.32RC$$

以后不断重复上述过程，从而形成振荡，在输出端获得矩形波 v_b。整个分析过程请参看图 8.1.17(b) 所示电容正反馈多谐振荡器的工作波形。从图 8.1.7(b) 可见多谐振荡器的振荡周期

$$T = t_{W1} + t_{W2} = 2.3RC$$

振荡频率

$$f = \frac{1}{T} = \frac{1}{2.3RC}$$

在要求多谐振荡器的频率稳定度较高的情况下，可用石英晶体代替电容 C，电路图如图 8.1.19 所示。图中门 G_1，G_2 构成多谐振荡器，门 G_3 作为整形电路，电阻 R' 是起振电阻，约为10 kΩ。

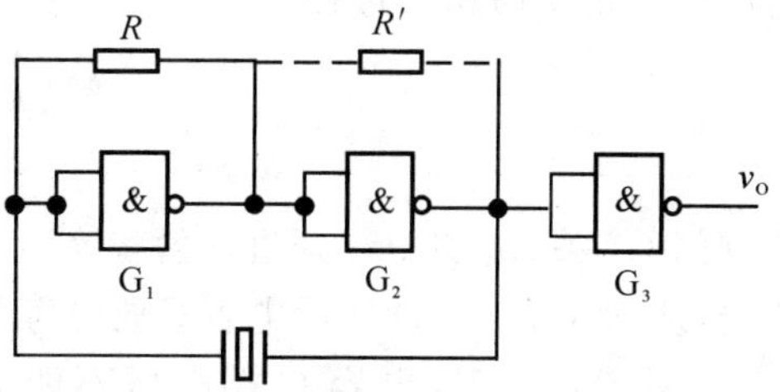

图 8.1.19　晶体稳频的多谐振荡器

石英晶体具有一个极稳定的串联谐振频率 f_S。在这频率的两侧，晶体的电抗值迅速增大。所以，把晶体串入两级正反馈电路的反馈支路中，则振荡器只有在 f_S 频率时满足起振条件而起振。振荡的波形经门 G_3 整形后输出矩形脉冲波。所以多谐振荡器的振荡频率决定于晶体的谐振荡率，这就是晶体的稳频作用。这种振荡器的频率稳定度极易达到 10^{-7} 左右。

2. 带有 RC 定时电路的环形振荡器

(1) 电路。带有RC定时电路的环形振荡器电路如图 8.1.20(a) 所示。R_S 为隔离电阻，对分析电路工作原理影响很小，可忽略不计。R，C 为定时元件。

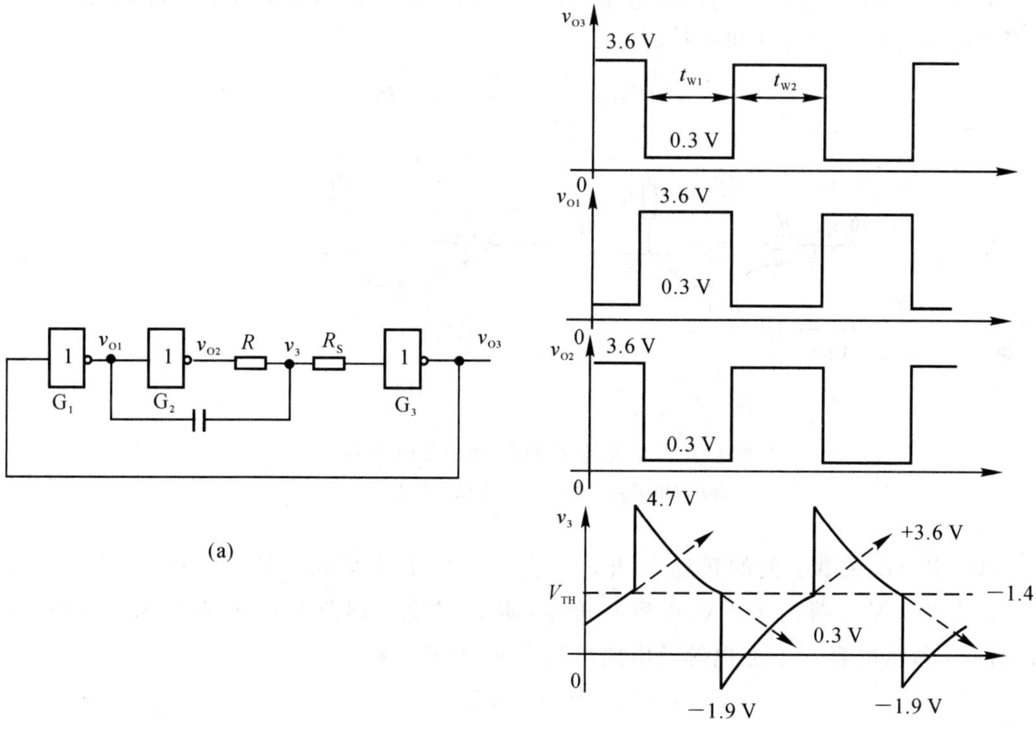

图 8.1.20　带有 RC 电路的环形多谐振荡器及其工作波形

(2) 工作原理。其基本工作原理是利用电容 C 的充、放电过程，控制电压 v_3，从而控制与非门的自动开闭，形成多谐振荡。

设电路处于门 G_1 开、G_2 关、G_3 关的状态，输出 $v_{O3} = 3.6$ V，$v_{O2} = 3.6$ V，$v_{O1} = 0.3$ V，如图 8.1.20(b) 所示。v_{O2} 给电容 C 充电，使得 v_3 以指数上升，v_3 上升至 $v_3 \geq V_{TH} = 1.4$ V 时电

路产生一正反馈积累过程

$$v_3\uparrow \to v_{O3}\downarrow \to v_{O1}\uparrow$$

（通过电容 C）

直到门 G_1 关、G_2 开、G_3 开进入暂稳态 Ⅰ。这时 $v_{O1}=3.6\ \text{V}$，$v_{O2}=0.3\ \text{V}$，$v_{O3}=0.3\ \text{V}$，电容 C 放电，从图 8.1.21(a) 所示电容 C 放电等效电路和图 8.1.20(b) 可知在暂稳态 Ⅰ 期间 v_{O1} 由 0.3 V 上跳至 3.6 V，电容 C 端电压不能突变，所以 v_3 从 1.4 V 也要上跳 3.6 V − 0.3 V = 3.3 V，所以

$$\begin{cases} v_3(0^+)=1.4\ \text{V}+3.3\ \text{V}=4.7\ \text{V} \\ v_3(\infty)=0.3\ \text{V} \\ \tau=RC \end{cases}$$

随着 C 的放电，v_3 从 4.7 V 以指数下降，下降至 $v_3\leqslant V_{TH}=1.4\ \text{V}$ 时，电路产生一反向的正反馈积累过程

$$v_3\downarrow \to v_{O3}\uparrow \to v_{O1}$$

（通过电容 C）

直到进入门 G_1 开、G_2 关、G_3 关的暂稳态 Ⅱ，所以 $v_3(t_{W1})=1.4\ \text{V}$，根据以上分析可求出门 G_1 关、G_2 开、G_3 开的暂稳态 Ⅰ 的时间 t_{W1}

$$t_{W1}=RC\ln\frac{0.3-4.7}{0.3-1.4}=1.32RC$$

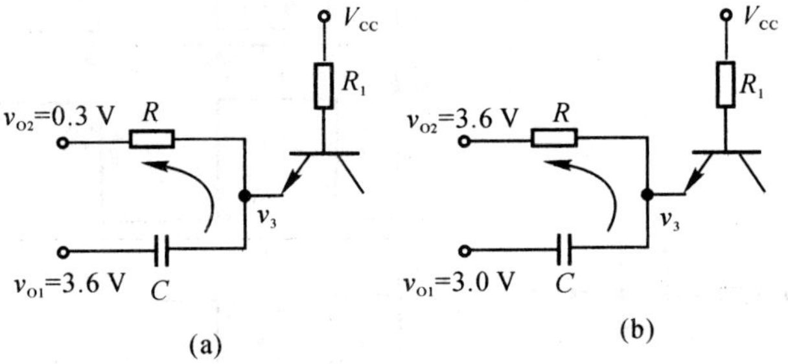

图 8.1.21　电容 C 的充、放电等效电路

(a) 放电等效电路；(b) 充电等效电路

在门 G_1 开、G_2 关、G_3 关的暂稳态 Ⅱ，v_{O1} 由 3.6 V 下跳至 0.3 V，v_{O2} 由 0.3 V 上跳到 3.6 V，v_{O3} 由 0.3 V 上跳到 3.6 V，电容 C 充电，使 v_3 的电位逐渐上升，根据图 8.1.20(b) 和图 8.1.21(b) 所示电容 C 的充电等效电路可写出 v_3 的三要素

$$\begin{cases} v_3(0^+)=1.4\ \text{V}-3.3\ \text{V}=-1.9\ \text{V} \\ v_3(\infty)=3.6\ \text{V} \\ \tau=(R\ /\!/\ R_1)C\approx RC \end{cases}$$

电容 C 的充电使 v_3 从 −1.9 V 以指数上升，当 v_3 上升至 $v_3\geqslant V_{TH}=1.4\ \text{V}$ 时，电路产生一正反馈积累过程

$$v_3\uparrow \to v_{O3}\downarrow \to v_{O1}\uparrow$$

（通过电容 C）

直到又进入门 G_1 关、G_2 开、G_3 开的暂稳态 Ⅰ，所以 $v_3(t_{W2})=1.4\ \text{V}$，根据以上分析可求出门

G_1 开、G_2 关、G_3 关暂稳态 Ⅱ 的时间 t_{W2}

$$t_{W2}=RC\ln\frac{3.6V+1.9V}{3.6V-1.4V}=0.92RC$$

以后不断重复上述过程，从而形成振荡。从图 8.1.20(b) 可见带有 RC 电路的环形多谐振荡器的振荡周期

$$T=t_{W1}+t_{W2}=2.3RC$$

振荡频率

$$f=\frac{1}{T}=\frac{1}{2.3RC}$$

由上述讨论可知，可以通过调节 R，C 来调节振荡器的频率，一般以电容 C 作为粗调，电阻 R 用电位器细调。

3. 由施密特触发器构成的多谐振荡器

(1) 电路。用施密特触发器构成的多谐振荡器电路如图 8.1.22(a) 所示，其中 R，C 为定时元件。

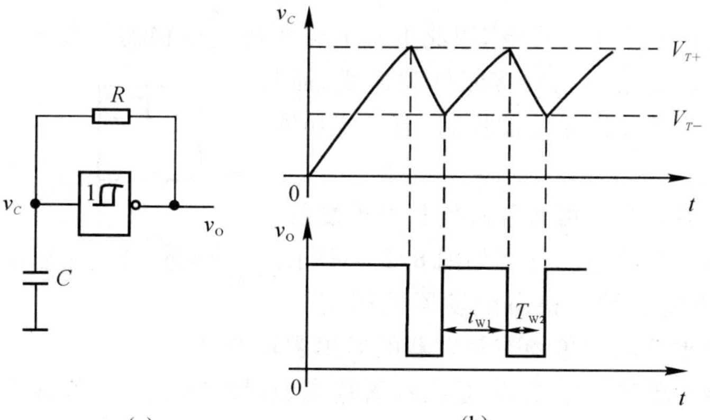

图 8.1.22　施密特触发器构成的多谐振荡器及其工作波形

(2) 工作原理。当合上电源时，$v_C=0$，所以输出 v_O 为高电平，此后 v_O 通过 R 对 C 充电，v_C 电位逐步上升，当 $v_C\geqslant V_{T^+}$ 时，v_O 由高电平变为低电平。v_C 又经过 R 通过 v_O 放电，v_C 电位逐步下降，当 v_C 下降至 $v_C\leqslant V_{T^-}$ 时，施密特触发器状态又发生变化，v_O 由低电平变为高电平，这样 v_O 又通过 R 对 C 充电，使 v_O 又逐渐上升 …… 如此反复，形成多谐振荡。工作波形如图 8.1.22(b) 所示。根据图 8.1.22(b) 在电容 C 充电时

$$\begin{cases} v_C(0^+)=V_{T^-} \\ V_C(\infty)=V_{DD} \\ \tau=RC \end{cases}$$

v_C 从 V_{T^-} 以指数逐渐上升，一旦上升至 $v_C\geqslant V_{T^+}$，电路状态发生变化，v_O 由高电位跳至低电位。所以 $v_C(t_{W1})=V_{T^+}$，故

$$t_{W1}=RC\ln\frac{V_{DD}-V_{T}^{-}}{V_{DD}-V_{T^+}}$$

在电容 C 放电时，从图 8.1.22(b) 可知

$$\begin{cases} v_C(0^+)=V_{T^+} \\ v_C(\infty)=0 \\ \tau=RC \end{cases}$$

v_C 从 V_{T^+} 以指数下降，一旦下降至 $v_C \leqslant V_{T^-}$，电路状态又发生变化，v_O 又从低电平跳至高电位，所以 $v_C(t_{W2})=V_{T^-}$，故

$$t_{W2}=RC\ln\frac{0-V_{T^+}}{0-V_{T^-}}=RC\ln\frac{V_{T^+}}{V_{T^-}}$$

振荡器的工作周期为

$$T=t_{W1}+t_{W2}$$

第二节　集成脉冲电路

一、集成单稳态触发器

由于单稳态触发器应用十分广泛，因此生产了单片集成单稳态触发器。使用这些单片集成单稳态触发器时只需要很少的外接元件和连线，而且电路又附加了上升沿与下降沿触发的控制、清零等功能，使用极为方便。

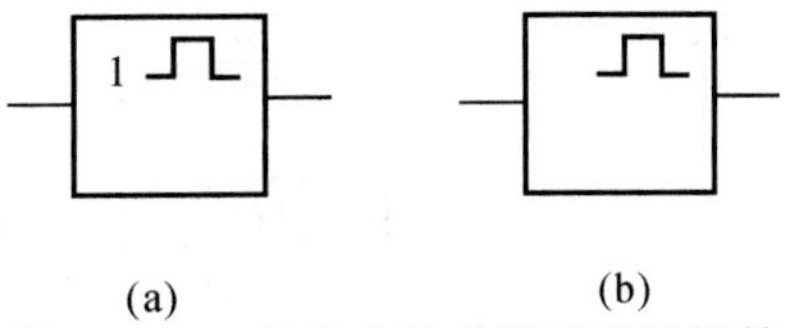

图 8.2.1　单稳态触发器通用逻辑符号

集成单稳态触发器分为非可重复触发和可重复触发两种类型。单稳态触发器的逻辑符号如图 8.2.1 所示。图 8.2.1(a) 为非可重复触发单稳态触发器通用逻辑符号，图 8.2.1(b) 为可重复触发单稳态触发器的通用逻辑符号。

所谓非可重复触发单稳态触发器，是指在暂稳态定时时间 t_W 内，若有新的触发脉冲输入，电路不会产生任何响应。如图 8.2.2 所示，图中 A，B，C，D 为输入触发脉冲。在输入脉冲 A 作用后，电路进入暂稳态，如果在暂稳态持续期 t_W 时间内，又有输入脉冲 B，C 来触发，不会引起电路状态的改变，输出信号脉冲的宽度为 t_W。只有在电路返回到稳态后，电路才受输入脉冲信号作用，如输入脉冲 D 的触发。

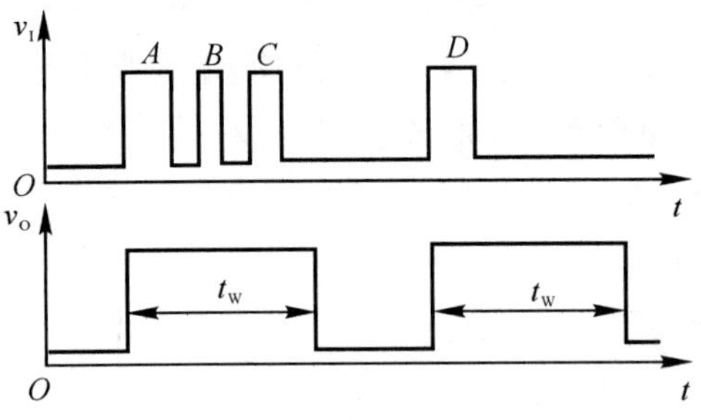

图 8.2.2　非可重复触发单稳态触发器波形

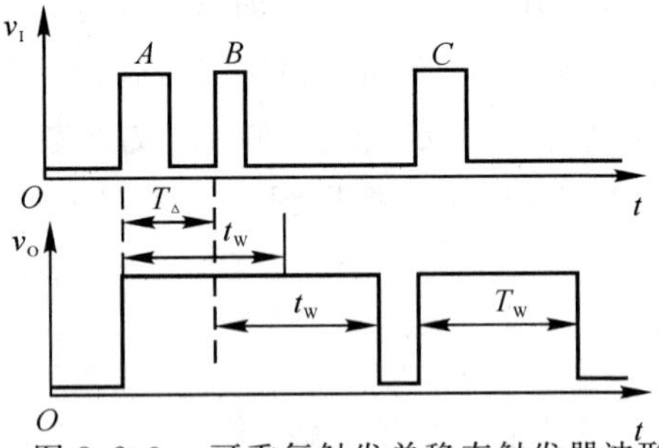

图 8.2.3　可重复触发单稳态触发器波形

所谓可重复触发单稳态触发器，是指在暂稳态定时时间 t_W 之内，若有新的触发脉冲输入，可被新的输入脉冲重新触发。如图 8.2.3 所示。电路在受到 A 输入脉冲触发后，电路进入暂稳态。在暂稳态 t_W 期间经 T_A 时间后($T_A < t_W$)，又受到 B 输入脉冲的触发，电路的暂稳态时间又

将从受 B 脉冲触发开始，因此输出信号的脉冲宽度将为 T_A+t_W。采用可重复触发单稳态触发器，只要在受触发后输出的暂稳态持续期 t_W 结束前，再输入触发脉冲，就可方便地产生持续时间很长的输出脉冲。

1. TTL 集成单稳态触发器

图 8.2.4 为集成单稳态触发器 CT54/74121 的逻辑电路图。它是在基本微分型单稳态触发器的基础上附加输入控制电路和输出缓冲电路组成的。门 G_5，G_6 和 G_7 及外接定时电阻 R，C 构成微分型单稳态触发器。外接电容接在 C_{ext} 和 R_{ext}/C_{ext} 之间。在电路中还有一个内部定时电阻 R_{int}，如果工作时采用内部定时电阻 R_{int}，则需将接点 R_{int} 接电源 V_{CC}。如果为了改变脉冲宽度，可在接点 R_{ext}/C_{ext} 和电源 V_{CC} 间加接外接电阻 R，并使 R_{int} 端点开路。门 G_5 和 G_6 合在一起视为一个有施密特触发特性的或非门，那么这个电路就是一个用或非门构成的微分型单稳态触发器，它的工作原理与图 8.1.8(a) 所示用与非门构成的单稳态触发器类似，只是触发脉冲需改用正脉冲。因此，它由门 G_4 给出的正脉冲触发，而输出脉冲的宽度由外接定时电阻 R 和外接定时电容 C 决定。门 $G_1\sim G_4$ 组成输入控制电路，用于实现上升沿与下降沿触发的控制。当需要用上升沿触发时，触发脉冲由 TR_+ 端输入，同时 TR_{-A} 和 TR_{-B} 两个输入信号中至少有一个应维持在低电平。反之，需要用下降沿触发时，则触发脉冲应从 TR_{-A} 或 TR_{-B} 输入（另一个接高电平），同时 TR_+ 应保持为高电平。其功能表如表 8.2.1 所示。

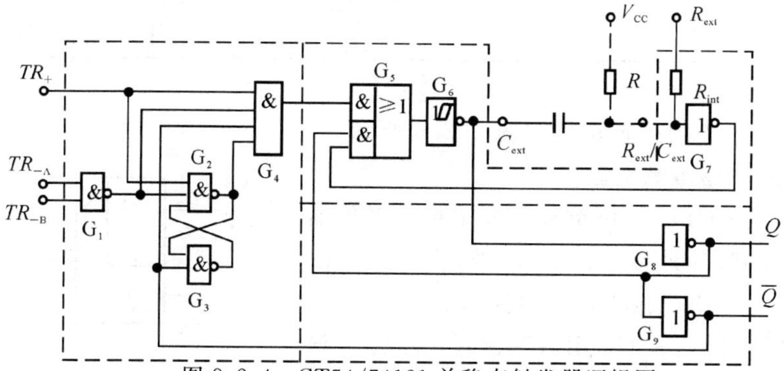

图 8.2.4　CT54/74121 单稳态触发器逻辑图

图 8.2.5 给出了图 8.2.4 电路的工作波形图。

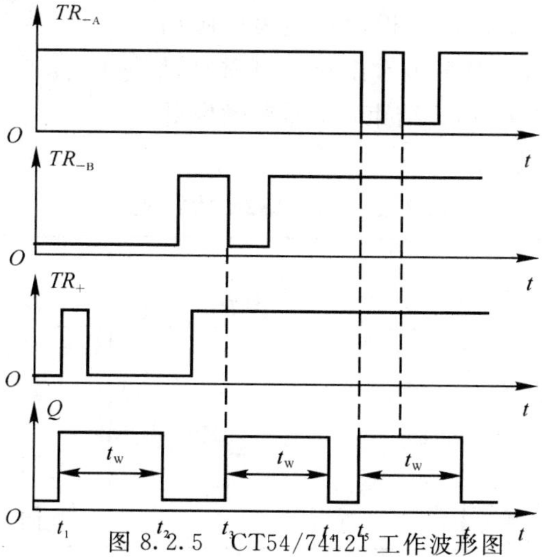

图 8.2.5　CT54/74121 工作波形图

输出缓冲电路由反相器 G_8 和 G_9 组成，用于提高电路带负载能力。

由图 8.2.4 电路可推导出计算输出脉冲宽度

$$t_W = 0.7RC$$

通常 R 取值范围在 $1.4 \sim 40\ \text{k}\Omega$ 之间，电容 C 的一般取值在 $10\ \text{pF} \sim 10\ \mu\text{F}$ 之间，因此 t_W 在 $10\ \text{ns} \sim 300\ \text{ms}$ 之间。如果不外接电阻，利用内部电阻 R_{int} 作为定时电阻，R_{int} 在 $2\ \text{k}\Omega$ 左右，输出脉冲宽度较窄，为了得到较宽的输出脉冲，需外接电阻 R。

表 8.2.1　CT54121 功能表

输入			输出	
TR_{-A}	TR_{-B}	TR_{+}	Q	$\overline{Q}$
0	×	1	0	1
×	0	1	0	1
×	×	0	0	1
1	1	×	0	1
1	↓	1	⊓	⊔
↓	1	1	⊓	⊔
↓	↓	1	⊓	⊔
0	×	↑	⊓	⊔
×	0	↑	⊓	⊔

CT54121/CT74121 的逻辑符号如图 8.2.6 所示。

2. CMOS 集成单稳态触发器

图 8.2.7 所示为 CC14528 可重复触发单稳态触发器逻辑电路图。由图可见，除外接电阻 R、C 外，CC14528 由三部分组成，门 $G_1 \sim G_9$ 组成输入控制电路；门 $G_{10} \sim G_{12}$ 及 T_P、T_N 组成三态门；门 $G_{13} \sim G_{16}$ 组成输出缓冲电路。该电路是由积分电路 RC、三态门及控制三态门的门 G_3 和门 G_4 组成基本 RS 触发器构成积分型单稳态触发器。带有异步清零端 $\overline{R}$。其功能表如表 8.2.2 所示。根据功能表可画出工作波形图，如图 8.2.8 所示，通过图可看出对于可重复触发单稳态触发器，在暂稳态持续期 t_W 结束前，再来触发脉冲，就可方便地使输出脉冲宽度加大。

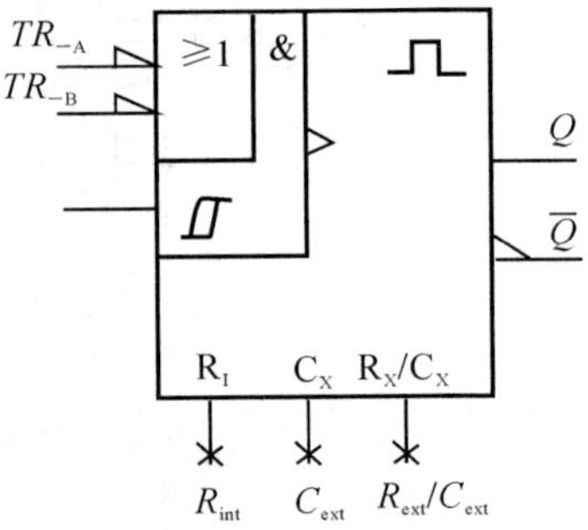

图 8.2.6　CT54121/74121 的逻辑符号

表 8.2.2　CC14528 功能表

输入			输出	
$\overline{R}$	TR_{+}	TR_{-}	Q	$\overline{Q}$
0	×	×	0	1
×	1	×	0	1
×	×	0	0	1
1	1	↑	⊓	⊔
1	↓	0	⊓	⊔

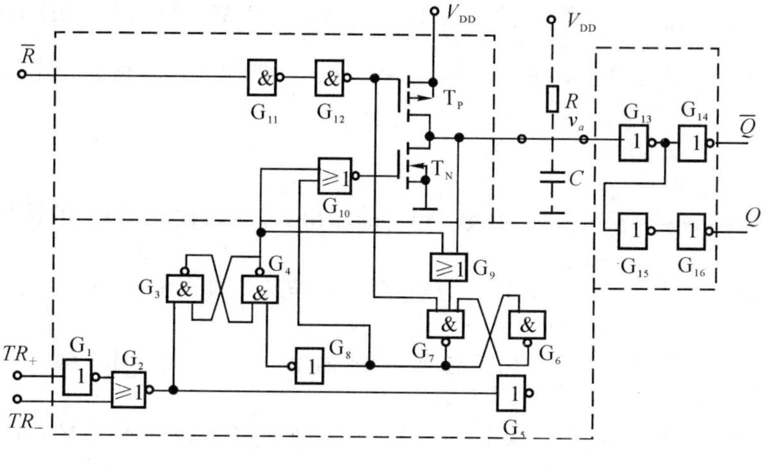

图 8.2.7　CC14528 逻辑图

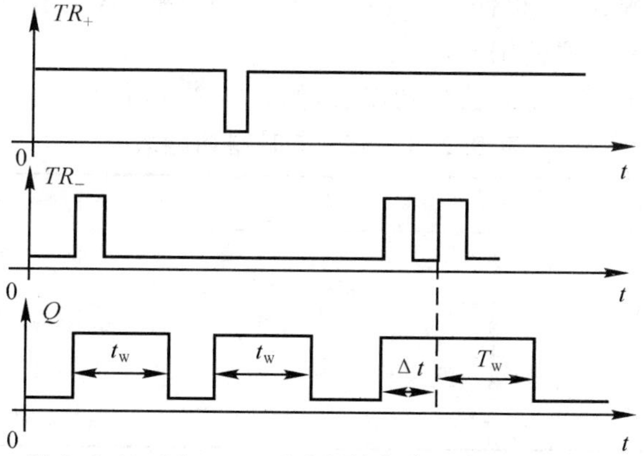

图 8.2.8　CC14528 可重复触发单稳态工作波形图

二、555 定时器及其应用

1. 555 定时器的电路结构

555 定时器是一种多用途的单片集成电路，利用它能极方便地接成施密特触发器、单稳态触发器和多谐振荡器。由于使用灵活、方便，因而 555 定时器在波形的产生与变换、测量与控制、家用电器、电子玩具等许多领域中都得到广泛应用。

555 定时器电路如图 8.2.9 所示。它由比较器 C_1 和 C_2，基本 RS 触发器以及集电极开路输出的泄放三极管 T_D 三部分组成。

v_{TH} 是比较器 C_1 的输入端（也称阈值端，用 TH 标注），v_{TR} 是比较器 C_2 的输入端

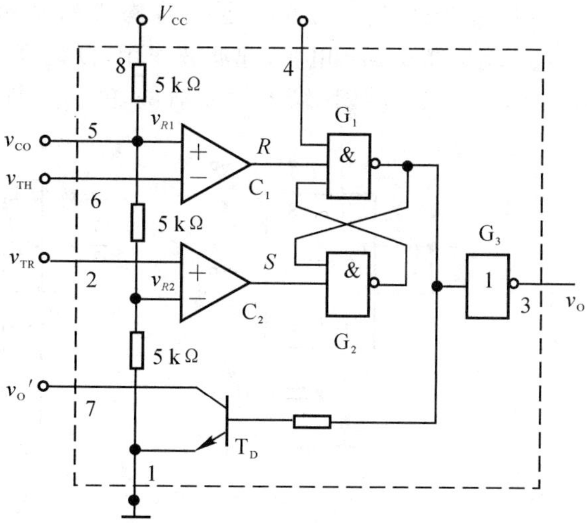

图 8.2.9　555 定时器电路结构

（也称触发端，用TR标注）。C_1 和 C_2 的参考电压 v_{R1} 和 v_{R2} 由 V_{CC} 经三个 5 kΩ 电阻分压给出。在控制电压输入端 v_{CO} 悬空时，$v_{R1}=\frac{2}{3}V_{CC}$，$v_{R2}=\frac{1}{3}V_{CC}$。如果 v_{CO} 外接固定电压 V_{CO}，则 $v_{R1}=V_{CO}$，$v_{R2}=\frac{1}{2}V_{CO}$。

当 $v_{TH}>\frac{2}{3}V_{CC}$，$v_{TR}>\frac{1}{3}V_{CC}$ 时，比较器 C_1 的输出 $v_{C1}=0$，比较器 C_2 的输出 $v_{C2}=1$，基本 RS 触发器 $R=0$，$S=1$，所以 $Q=0$，$\bar{Q}=1$，放电管 T_D 导通。输出 $v_O=0$，当 $v_{TH}<\frac{2}{3}V_{CC}$，$v_{TR}<\frac{1}{3}V_{CC}$ 时，比较器 C_1 的输出 $v_{C1}=1$，比较器 C_2 的输出 $v_{C2}=0$，基本 RS 触发器 $R=1$，$S=0$，所以 $Q=1$，$\bar{Q}=0$，放电管 T_D 截止。输出 $v_O=1$，当 $v_{TH}<\frac{2}{3}V_{CC}$，$v_{TR}>\frac{1}{3}V_{CC}$ 时，比较器 C_1 的输出 $v_{C1}=1$，比较器 C_2 的输出 $v_{C2}=1$，基本 RS 触发器的 $R=1$，$S=1$，触发器应保持原态，所以放电管 T_D 保持原态，输出 v_O 也保持原态。图 8.2.9 中输入 $\bar{R}$ 为置 0 端，低电平有效。虚线内阿拉伯数字为器件外部引线的编号。

根据以上分析可列出 555 定时器的功能表，如表 8.2.3 所示。

表 8.2.3　555 定时器功能表

$\bar{R}$	v_{TH}	v_{TR}	R	S	v_O	T_D
0	×	×	×	×	0	导电
1	$>\frac{2}{3}V_{CC}$	$>\frac{1}{3}V_{CC}$	0	1	0	导电
1	$<\frac{2}{3}V_{CC}$	$<\frac{1}{3}V_{CC}$	1	0	1	截止
1	$<\frac{2}{3}V_{CC}$	$>\frac{1}{3}V_{CC}$	1	1	保持	保持

表中 0 表示 V_{OL}，1 表示 V_{OH}

2. 用 555 定时器构成施密特触发器

(1) 电路组成。用 555 定时器构成的施密特触发器电路如图 8.2.10(a) 所示。图中 v_{CO}(5) 端接 0.01 μF 电容，起滤波作用，以提高比较器参考电压的稳定性。$\bar{R}$(4) 清零端，接高电平 V_{CC}。将两比较器输入端 v_{TH}(6) 和 v_{TR}(2) 连在一起，作为施密特触发器的输入端。

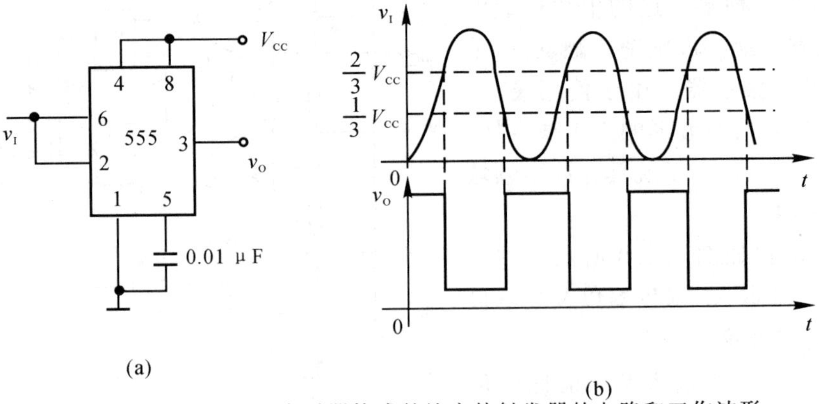

图 8.2.10　555 定时器构成的施密特触发器的电路和工作波形

(2) 工作原理。施密特触发器工作波形如图 8.2.10(b) 所示。

当 $v_I < \frac{1}{3}V_{CC}$ 时，$v_{TH} < \frac{2}{3}V_{CC}$，$v_{TR} < \frac{1}{3}V_{CC}$，从表 8.2.3 可知，$v_O = V_{OH} = 1$。

当 $\frac{1}{3}V_{CC} < v_I < \frac{2}{3}V_{CC}$ 时，$v_{TH} < \frac{2}{3}V_{CC}$，$v_{TR} > \frac{1}{3}V_{CC}$，由表 8.2.3 可知，$v_O$ 应保持原态，即 $v_O = V_{OH} = 1$。

在 $v_I > \frac{2}{3}V_{CC}$ 以后，$v_{TH} > \frac{2}{3}V_{CC}$，$v_{TR} > \frac{1}{3}V_{CC}$，由表 8.2.3 可知，$v_O = V_{OL} = 0$。因此上升时的转换电平 $V_{T^+} = \frac{2}{3}V_{CC}$，其次，再看 v_I 从高于 $\frac{2}{3}V_{CC}$ 开始下降的过程：

当 $\frac{1}{3}V_{CC} < v_I < \frac{2}{3}V_{CC}$ 时，同理 v_O 保持 $v_O = V_{OL} = 0$ 不变。

在 $v_I < \frac{1}{3}V_{CC}$ 以后，同理 $v_O = V_{OH} = 1$，因此下降时的转换电平 $V_{T^-} = \frac{1}{3}V_{CC}$。

由此可得回差电压为

$$\Delta V_T = V_{T^+} - V_{T^-} = \frac{1}{3}V_{CC}$$

如果参考电压由外接电压 V_{CO} 给出，则这时 $V_{T^+} = V_{CO}$，$V_{T^-} = \frac{1}{2}V_{CO}$，$\Delta V_T = \frac{1}{2}V_{CO}$，只要改变 V_{CO} 的数值，就能调节回差电压的大小。

(3) 应用举例。用555定时器构成的施密特触发器作温度控制时，v_I 表示反映被测温度的电压信号。输出 v_O 经电阻接三极管，通过三极管控制继电器 (J) 接点的启闭，从而实现调节温度的目的，如图 8.2.11 所示。工作过程如下。

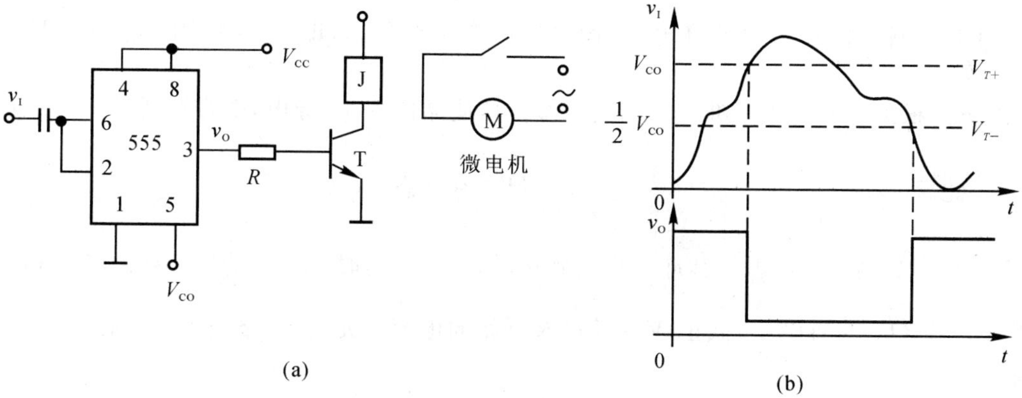

图 8.2.11　温度控制电路及其工作波形

(a) 温度控制电路；(b) 工作波形

运行前，首先调整控制端(5)外加电压 V_{CO} 的大小，使施密特触发器上升、下降时的转换电平和所控温度的上下限相对应。温度信号加入后，若温度较低，则 $v_I < V_{CO}$，$v_O = 1$。三极管导通，继电器触点闭合，电机起动，开始加热。随着温度的上升，v_I 逐渐加大，当 $v_I \geq V_{CO}$ 时，v_O 由 1 翻转为 0。三极管截止，继电器触点断开，停止加热，温度便逐渐降下来。当温度降到 $v_I \leq \frac{1}{2}V_{CO}$ 时，v_O 变为高电平，三极管导通，继电器触点闭合，再次起动电机加热。这样，可以将温度

控制在 V_{T^+}，V_{T^-} 电平所对应的温度范围之内。

3. 用 555 定时器构成单稳态触发器

(1) 电路组成。图 8.2.12(a) 所示为用 555 定时器构成的单稳态触发器的电路。以 v_{TR}(2) 端作为输入触发器，v_I 的下跳沿触发。将 T_D 三极管的集电极输出 v_O' 端(7) 和 v_{TH}(6) 端连接在一起，通过电阻 R 接 V_{CC}，同时通过电容 C 接地，这样就构成了单稳态触发器。

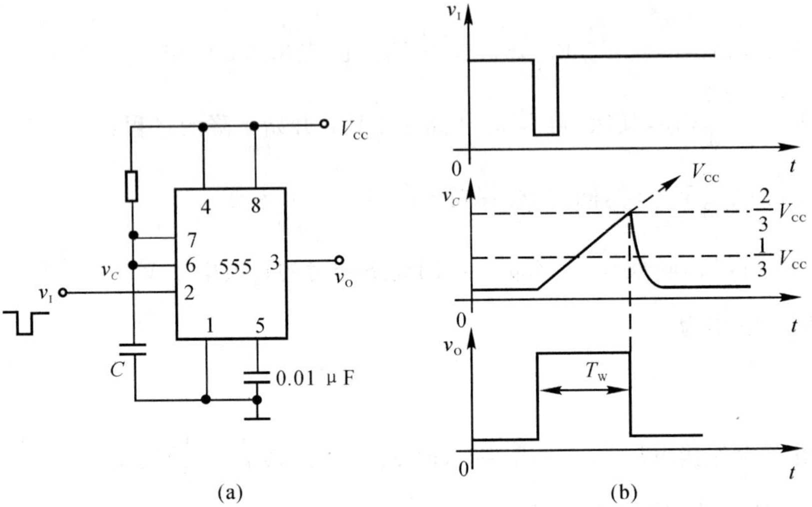

图 8.2.12 用 555 定时器构成的单稳态触发器及其工作波形

(a) 电路； (b) 工作波形

(2) 工作原理。

① 静止期。触发信号 v_I 处于高电平，设电容已充电至稳态，即 $v_C=1$，则 $v_{TR}>\frac{1}{3}V_{CC}$，$v_{TH}>\frac{2}{3}V_{CC}$。根据表 8.2.3 可知 $v_O=0$，所以 $\bar{Q}=1$，使晶体管 T_D 导电，电容 C 通过 T_D 放电，使 $v_C\approx 0$。此后 $v_{TH}<\frac{2}{3}V_{CC}$，$v_R>\frac{1}{3}V_{CC}$。v_O 保持 0 状态。

② 工作期。当输入端的触发脉冲下降沿到达后，$v_I=0$，这时 $v_{TR}<\frac{1}{3}V_{CC}$，$v_{TH}<\frac{2}{3}V_{CC}$，此时输出 $v_O=1$，$\bar{Q}=0$，所以 T_D 截止，V_{CC} 通过 R 开始向电容 C 充电，电路进入暂稳态，写出 v_C 的三要素

$$\begin{cases} v_C(0^+)=0 \\ v_C(\infty)=V_{CC} \\ \tau=RC \end{cases}$$

v_C 的电位由 0 V 以指数逐步上升，但只要 $v_C=v_{TH}\geqslant\frac{2}{3}V_{CC}$ 时，这时 $v_I=v_{TR}$ 早已上跳为高电位，电路出现 $v_{TR}>\frac{1}{3}V_{CC}$，$v_{TH}>\frac{2}{3}V_{CC}$，则 $v_O=0$，$\bar{Q}=1$，T_D 导电，工作期结束。这时 $v_C(t)=v_C(t_W)=\frac{2}{3}V_{CC}$。由以上分析可求出暂稳态持续时间

$$t_W = RC\ln\frac{V_{CC}-0}{V_{CC}-\frac{2}{3}V_{CC}} = 1.1RC$$

输出脉冲 v_O 的宽度即为 t_W。可通过调节 R,C 的数值,也可通过改变比较器的参考电压改变 t_W 的数值,一般是在 v_{CO}(5) 端外接电源或电阻即可改变比较器 C_1,C_2 的参考电压。

通常电阻 R 取值在几百欧姆至几兆欧姆范围内,电容 C 的取值在几百皮法至几百微法,所以 t_W 对应范围可在几微秒至几分钟。

③ 恢复期。当三极管 T_D 导电后,电容 C 通过 T_D 放电至 0,电路恢复到稳定状态,这时 v_C 的三要素为

$$\begin{cases} v_C(0^+) = \frac{2}{3}V_{CC} \\ v_C(\infty) = 0 \\ \tau = r_d C \end{cases}$$

r_d 为放电管 T_D 的导通电阻,电路的恢复期 t_{re} 为

$$t_{re} = (3 \sim 5) r_d C$$

一般 $R \gg r_d$,所以恢复期很短。

(3) 应用举例。图 8.2.13 所示为用 555 定时器构成的单稳态触发器的输出端接一继电器线圈 J,并利用继电器触点控制曝光用的红灯和白灯,构成一个曝光定时器。

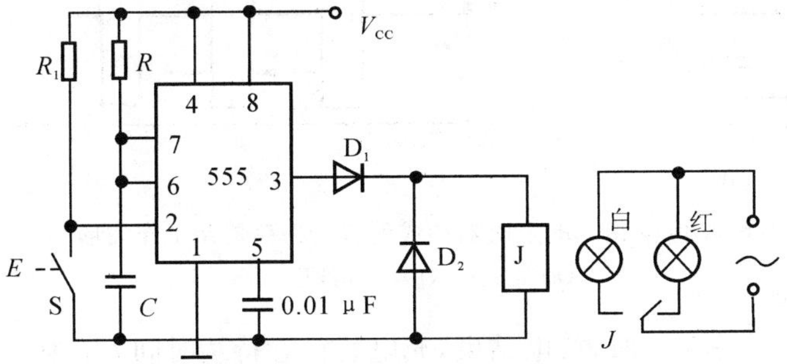

图 8.2.13　曝光定时器

工作时,若不按按钮,则 $v_O = 0$。线圈 J 不通电,其常闭触点不动作,白灯不亮,红灯亮。按下按钮 S,v_O 由 0 变为 1,线圈通电,常开触点闭合,白灯亮,开始曝光,时间为 $t_W = 1.1RC$,直到 v_O 的正脉冲结束,其状态 1 又恢复到 0。于是,线圈断电,常开接点断开,白灯熄灭,红灯点亮,曝光完毕。欲改变曝光时间,只需调节 R,C 的大小即可。

图 8.2.13 中的二极管 D_1 起隔离作用,D_2 为续流二极管,防止继电器线圈断电时产生过高的反电动势。

4. 用 555 定时器构成多谐振荡器

(1) 电路组成。图 8.2.14(a) 所示为用 555 定时器构成的多谐振荡器电路。图中,$\bar{R}$ 端接高电平 V_{CC},v_{CO}(5) 连接 0.01 μF 电容,起滤波作用。将 v_{TH}(6) 和 v_{TR}(2) 连在一起,通过电容 C 接地,同时还通过电阻 R_2 接到三极管 T_D 输出端(7)。此外,7 端通过电阻 R_1 接电源 V_{CC},T_D 就构成集电极开路门反相器的形式。图中 R_1,R_2,C 均是定时元件。

(2) 工作原理。由于接通电源前 $v_C = 0$,电源刚接通时,$v_{TH} = v_{TR} < \frac{1}{3}V_{CC}$,输出 $v_O = 1$,

$\bar{Q}=0$，三极管 T_D 截止，电源 V_{CC} 通过 R_1，R_2 对 C 充电，v_C 充电到$\frac{2}{3}V_{CC}$之前，$v_O=1$ 的状态保持不变。直到电容充电到 $v_C \geqslant \frac{2}{3}V_{CC}$ 时，$v_{TR}=v_{TH} > \frac{2}{3}V_{CC}$，输出状态翻转，$v_O$ 由 1 跳变为 0，$\bar{Q}=1$ 使 T_D 导电，电容 C 通过电阻 R_2 和 T_D 放电，v_C 下降。待 v_C 下降到 $v_C \leqslant \frac{1}{3}V_{CC}$ 时，$v_{TH}=v_{TR} < \frac{1}{3}V_{CC}$，输出状态又发生翻转。$v_O$ 由 0 跳变为 1。$\bar{Q}=0$，T_D 截止，V_{CC} 又通过 R_1，R_2 对 C 充电，如此不断反复，形成振荡，在 v_O 端得到连续的方波。充电的暂态过程为

$$\begin{cases} v_C(0^+)=\frac{1}{3}V_{CC} \\ v_C(\infty)=V_{CC} \\ \tau=(R_1+R_2)C \end{cases}$$

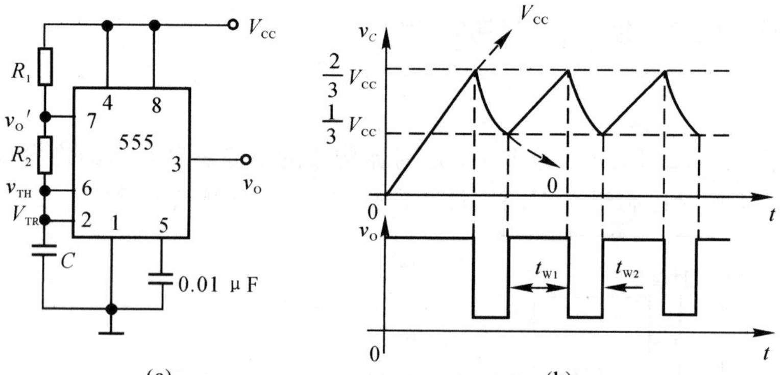

图 8.2.14　由 555 定时器构成的多谐振荡器及工作波形

(a) 电路；(b) 工作波形

当 $v_C(t)=v_C(t_{W1})=\frac{2}{3}V_{CC}$ 时，放电结束，充电暂稳态持续时间 t_{W1} 为

$$t_{W1}=(R_1+R_2)C\ln\frac{V_{CC}-\frac{1}{3}V_{CC}}{V_{CC}-\frac{2}{3}V_{CC}}=0.7(R_1+R_2)C$$

放电的暂态过程为

$$\begin{cases} v_C(0^+)=\frac{2}{3}V_{CC} \\ v_C(\infty)=0 \\ \tau=R_2C \end{cases}$$

当 $v_C(t)=v_C(t_{W2})=\frac{1}{3}V_{CC}$ 时，充电结束，充电暂稳态持续时间 t_{W2} 为

$$t_{W2}=R_2C\ln\frac{0-\frac{2}{3}V_{CC}}{0-\frac{1}{3}V_{CC}}=0.7R_2C$$

因此，电路输出矩形方波的周期为

$$T = t_{W1} + t_{W2} = 0.7(R_1 + R_2)C$$

通过改变 R 和 C 的数值，可以获得从 0.1 Hz 到 300 kHz 的振荡频率。在实际中常需调节 t_{W1} 和 t_{W2}，引进占空比的概念。

输出矩形方波的占空比为

$$q = \frac{t_{W1}}{T} = \frac{R_1 + R_2}{R_1 + 2R_2}$$

从 q 的表达式可看出图 8.2.14(a) 所示电路调节占空比时将同时改变振荡周期 T，为此将电路略加改进就获得占空比可调的多谐振荡器，如图 8.2.15 所示，在电容充电时，二极管 D_1 导通，D_2 截止，充电时间为

$$t_{W1} = 0.7R_1C$$

而电容 C 放电时，D_1 截止，D_2 导通，故放电时间

$$t_{W2} = 0.7R_2C$$

改变 R_W 不改变 $R_1 + R_2$ 的值，所以该电路的振荡周期为

$$T = 0.7(R_1 + R_2)C$$

因此，输出矩形方波的占空比为

$$q = \frac{t_{W1}}{T} = \frac{R_1}{R_1 + R_2}$$

若取 $R_1 = R_2$，则 $q = 50\%$。

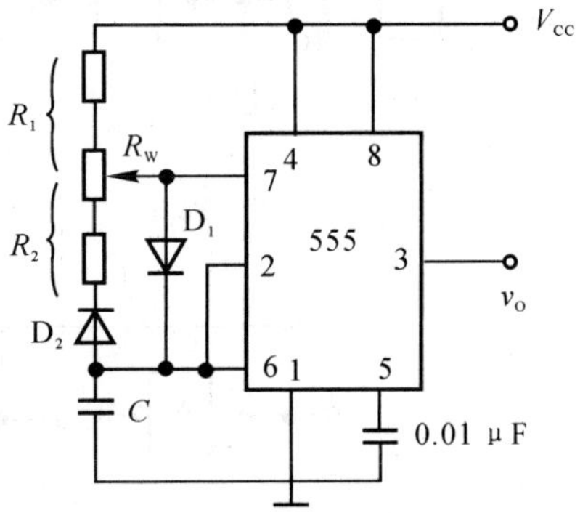

图 8.2.15　占空比可调多谐振荡器

(3) 应用举例。图 8.2.16 所示为电子琴电路。图中 $S_1 \sim S_8$ 代表八个琴键开关。按下不同琴键时，振荡器接入不同电阻（$R_{21} \sim R_{28}$ 中的一个）。因此，振荡器可以输出八种不同的频率的方波。如果 $R_{21} \sim R_{28}$ 阻值选配得当，喇叭便可发出 1 2 3 4 5 6 7 $\dot{1}$ 八种音响。

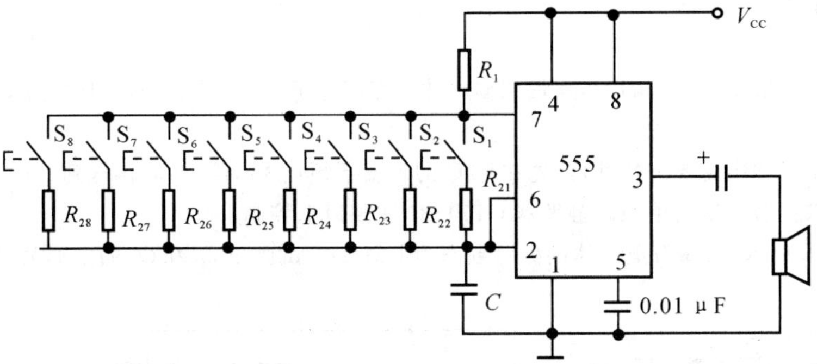

图 8.2.16　电子琴电路

习　题　八

1. 图 P8.1 所示为 TTL 与非门构成的微分型单稳态电路，试画出在输入信号 v_I 作用下，a，b，d，e，v_O 各点波形，求出输出 v_O 的脉冲宽度。

2. 图 P8.2 所示为 TTL 与非门构成的积分型单稳态电路，若输入 v_I 为宽度 20 μs 的正脉冲，画出 a，b，d，v_O 各点的波形。问为使积分型单稳态电路能正常工作，对输入脉冲有什么要求？

3. 由两级积分型单稳态所组成的电路如图 P8.3(a) 所示。输入信号如图 P8.3 (b) 所示，假设输入信号中

所有正向脉冲足够宽，两级单稳均能正常工作。问：

(1) 与 v_I 对应的 v_{O1}，v_{O2}，v_{O3} 波形如何？请画出。

(2) 要改变输出 v_{O2} 的正脉冲宽度，应调整电路中哪些参数？

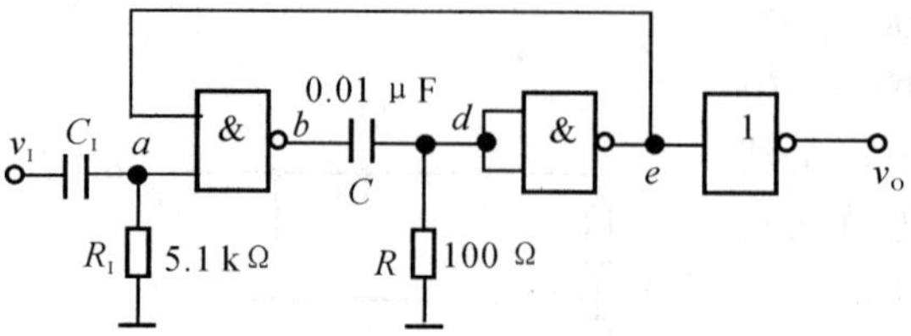

图 P8.1

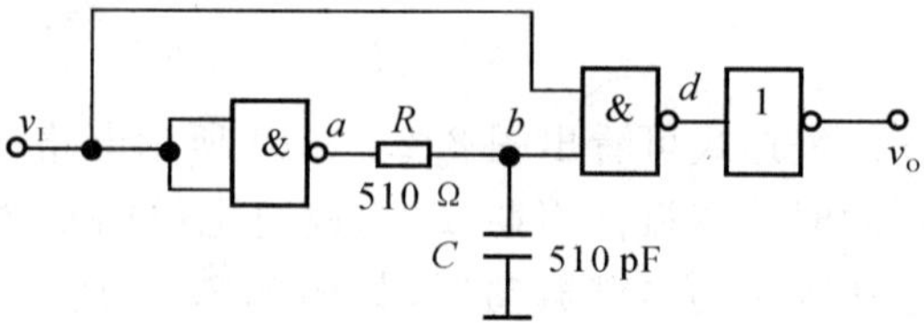

图 P8.2

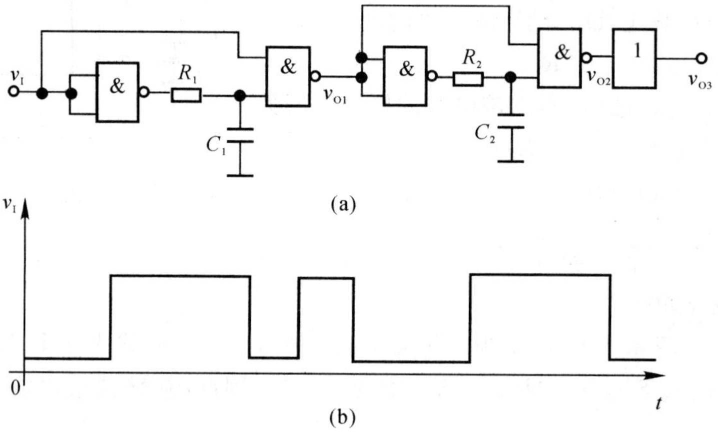

图 P8.3

4. 利用集成单稳态触发器 CT74121，要得到输出脉冲宽度等于 3 ms 的脉冲，外接电容 C 应为多少(假定内部电阻 R_{int}(2 kΩ) 为微分电阻)？

5. 设某零件加工过程中需要加热处理，先在 50℃ 的炉温下预热 3 s，停 2 s 后再送到 100 ℃ 的炉温下加热 10 s，加热完毕后要求报警。试用单稳态触发器 CT74121 实现以上控制。

6. 电路如图 P8.4 所示，已知石英晶体的振荡频率为 1 MHz。试画出 v_O 和 Q_3 的波形关系，并计算它们的频率。

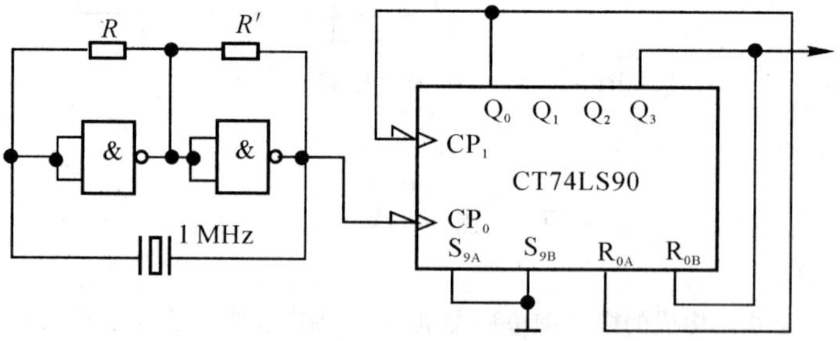

图 P8.4

7. 在使用555定时器组成的单稳态触发器（图8.2.12）时，对输入脉冲的宽度有无限制？当输入脉冲的低电平持续时间过长时，电路应作何修改？

8. 在图8.1.20(a)所示的环形振荡器电路中，试说明：

(1) R,C,R_S 各起什么作用？

(2) 为降低电路的振荡频率可以调节哪些参数？是加大还是减小？

(3) 若 $R=200\ \Omega, C=0.01\ \mu F$，求电路振荡频率为多少？

9. 用555定时器接成的施密特触发器电路如图8.2.10(a)所示，试问：

(1) 当 $V_{CC}=12$ V，而且没有外接控制电压时，V_{T^+}，V_{T^-} 及 ΔV_T 各为多少伏？

(2) 当 $V_{CC}=9$ V，控制电压 $V_{CO}=5$ V时，V_{T^+}，V_{T^-} 及 ΔV_T 各为多少伏？

10. 在图8.2.14(a)所示电路中，若 $R_1=R_2=5.1\ k\Omega$，$C=0.01\ \mu F, V_{CC}=12$ V，试计算电路的振荡频率。

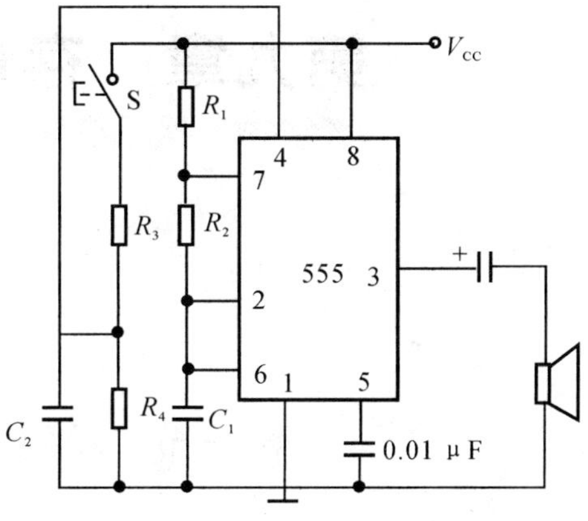

图 P8.5

11. 试用555定时器设计一个多谐振荡器，要求输出脉冲的振荡频率为20 kHz，占空比等于75%。

12. 图P8.5所示为电子门铃电路，试根据555定时器的功能分析它的工作原理（图中S为门铃按钮）。

13. 图P8.6所示为用555定时器接成的延迟报警器。当开关S断开后，经过一定的延迟时间 t_d 后喇叭开始发出声音。如果在延迟时间内将S重新闭合，喇叭不会发出声音。在图中给定的参数下，试求延迟时间 t_d 以及喇叭发出声音的频率。

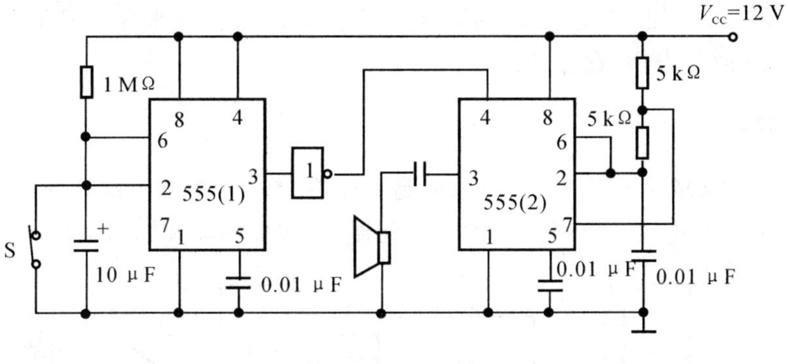

图 P8.6

第九章　存储器和可编程器件

第一节　随机存取存储器（RAM）

随机存取存储器（RAM）是电子计算机的重要组成部分，它能够存储数据、指令、中间结果等信息。随机存取是指存储器中任意一个存储单元都能以随机次序迅速地存入（写入）信息或取出（读出）信息。随机存取存储器具有记忆功能，故属于时序逻辑电路。

根据器件类型，RAM 分为双极型和 MOS 型两种。双极型 RAM 工作速度高，但制造工艺复杂，成本高、功耗大、集成度低，主要用于高速工作场合。MOS 型 RAM 又分为静态 MOS 和动态 MOS 两种，制造工艺简单、成本低、功耗小、集成度高，但工作速度比双极型 RAM 低。目前大容量 RAM 都采用 MOS 型存储器。

RAM 的优点是读写方便、使用灵活；其缺点是当电源切断时，原来存于 RAM 的信息便会丢失，故称为挥发性（或易失性）存储器。

一、RAM 的结构

图 9.1.1 所示是 RAM 的结构图，它的主体是一个存储单元矩阵。此外还有地址译码器和读写电路两大部分。其中读写电路是由读写控制器、片选控制器和输出缓冲器等组成。

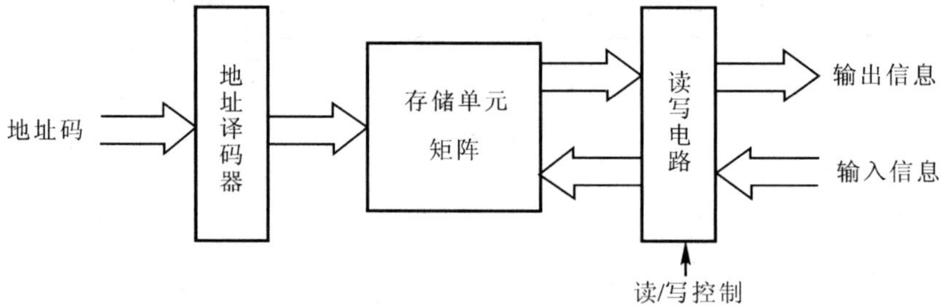

图 9.1.1　RAM 的基本结构图

存储单元矩阵是由许多个排成阵列形式的存储单元（简称单元）组成，每个存储单元可以存放一位二进制数码或一位二元代码。存储单元的总数决定了存储器的容量。通常，将存储矩阵排列成若干行和若干列。例如一个矩阵有 32 行、32 列，那么它有 32×32＝1 024 个存储单元。

地址译码器的作用是对外部输入的地址码进行译码，以便惟一地选择存储矩阵中的一个

（或一组）存储单元。读写电路再对被选中的存储单元进行读出或写入操作。

存储器设有片选控制电路，使得只有该片存储器被选中时，才可进行读出或写入操作。输出缓冲器常采用三态输出电路，这样可以将几片存储器的输出并联，以扩充存储的字数，组成更大的存储体。另外三态输出使得存储器与数据总线的连接也很方便。

二、RAM 的存储单元

RAM 的存储单元分为静态存储单元和动态存储单元两大类。我们主要讨论 MOS 型存储单元是如何进行信息的写入、记忆和读出的。

1. *六管静态 MOS 型存储单元*

图 9.1.2 所示为六管静态 MOS 存储单元电路。T_1，T_2 和 T_3，T_4 两个反相器交叉耦合构成触发器。当地址线 x_i 和 y_i 均为高电平时，T_5，T_6 和 T_7，T_8 均导通，则该单元被选中。若此时 $R/\overline{W}=1$，则三态门 G_1，G_2 被禁止，三态门 G_3 工作，该单元的存储数据 Q 经数据线通过三态门 G_3，由 I/O 输出数据；若此时 $R/\overline{W}=0$，则三态门 G_1，G_2 工作，三态门 G_3 被禁止，I/O 输入数据经 G_1，G_2 写入到存储单元 Q 和 $\overline{Q}$ 端。

当读写操作结束后，地址线 x_i 和 y_i 均为低电平，T_5，T_6 和 T_7，T_8 均截止，存储单元被隔离因而保持存入的信息。

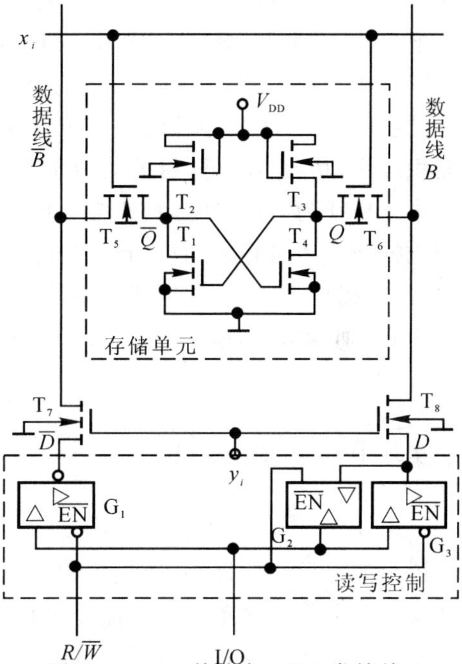

图 9.1.2　六管静态 MOS 存储单元

2. *动态存储单元*

图 9.1.3 (a) 所示为三管动态 MOS 存储单元电路。信号以电荷的形式存储在 T_2 管的栅极电容 C 之中，而 C 上的电压又控制 T_2 管的导通或截止。读和写的字线和位线是分开的，读字线控制 T_3 管，写字线控制 T_1 管。T_4 是同一列存储单元公用的刷新管（预充电管）。

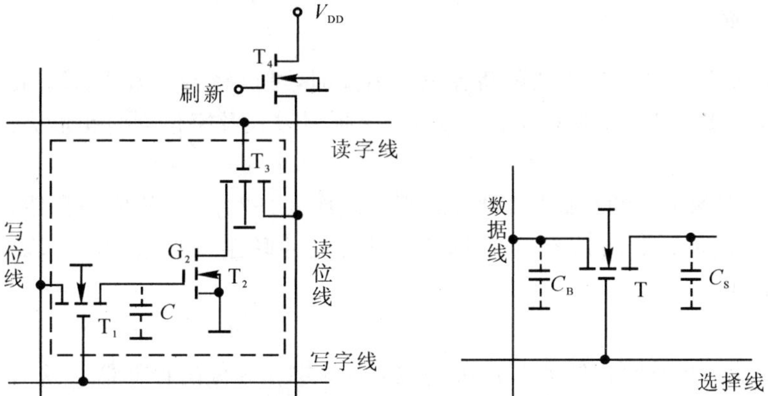

(a)　　(b)

图 9.1.3　动态 MOS 存储单元

(a) 三管动态 MOS 存储单元；(b) 单管动态 MOS 存储单元

进行读操作时，首先将读位线充电至高电平，然后令读字线为高电平，使 T_3 导通。如果电容 C 上充有电荷（即存储数据为1）且 C 上电压大于 T_2 管的开启电压，则 T_2 导通，数据线上的分布电容 C_B 经 T_3，T_2 放电至低电平。如果 C 上没有电荷（即存储数据为0），则 T_2 截止，读位线保持高电平。读位线的高、低电平经读出放大器放大后，送到输出端，即读出存储的数据。

进行写操作时，令写字线为高电平，于是 T_1 导通，输入数据加到写位线上，通过 T_1 存储到电容 C 上。因此输入数据被写入到存储单元。

由以上分析可见，在读出时，读出位线上的电压信号与电容 C 上的电压信号电位相反，而写入时位线上的电压信号与 C 上的电压信号电位相同。为了周期性地对存储单元刷新，就必须先把 C 上存储的电压信号读出，反相后再重新写入。

图 9.1.3 (b) 所示为单管动态存储单元电路。它只包含一个 MOS 管和一个电容 C_S。数据存储在电容 C_S 上。单管动态 MOS 存储单元是所有存储单元中结构最简单的一种，它占芯片面积最小，功耗也较低，目前大容量存储器都采用单管存储器。

当选择线为高电平时，则选中该单元。在进行写操作时，选择线为高电平，T 导通，数据线上的数据通过 T 被存入到 C_S 上。在进行读操作时，选择线为高电平，T 导通，C_S 通过 T 向数据线电容 C_B 提供电荷，使数据线获得读出的信号电平。设原来 C_S 上存有电荷，电压为 v_{C_S}，数据线电容 C_B 上无电荷，电压 $v_{C_B}=0$。则在执行读操作后，使数据线上电平为

$$v_B = \frac{C_S}{C_S + C_B} v_{C_S}$$

由于实际中 $C_B \gg C_S$，所以

$$v_B \approx \frac{C_S}{C_B} v_{C_S}$$

因此读出的电压信号极小，而且每读一次 C_S 上存储电荷就要少一些，造成所谓破坏性读出。这就要求在单管存储单元的存储器电路中，必须有一个高灵敏度的读出放大器以及在每列中要有一个再生放大器，以补偿读出破坏的数据。

综上所述，静态存储单元与动态存储单元相比，前者的优点是使用方便，不需定期刷新，后者的优点是元件少，功耗低，适合于构成大容量存储器。

三、RAM 的扩展

当使用一片 RAM 器件不能满足存储容量的需要时，可以将若干片 RAM 组合在一起，连接成一个容量更大的 RAM。通常有位扩展方式，字扩展方式及字位同时扩展方式。

1. 位扩展

例如，有 8 192 字 ×1 位的存储器芯片，需要扩展成 8 192 字 ×16 位的存储器。此时需要 16 片 8 192 字 ×1 位的芯片。将这 16 片存储器的地址码并联在一起，如图 9.1.4 (a) 所示。从而实现了位数的扩展。

2. 字扩展

用两片 2 048 字 ×8 位的存储器芯片可构成 4 096 字 ×8 位的存储器。这时，地址码的最高位 A_{11} 控制存储器的片选信号 $\overline{CS}$，以注定哪一片存储器工作，如图 9.1.4 (b) 所示。当 $A_{11}=0$ 时，$\overline{CS_0}=1$，$\overline{CS_1}=1$，选中片 1。当 $A_{11}=1$ 时，$\overline{CS_0}=1$，$\overline{CS_1}=0$，选中片 2。地址码的低位 $A_{10} \sim A_0$ 仍接存储器的地址码输入端。此外，将两片存储器的数据输入/输出端 I/O 1 ~ 8 并

联，便可实现字数的扩展。

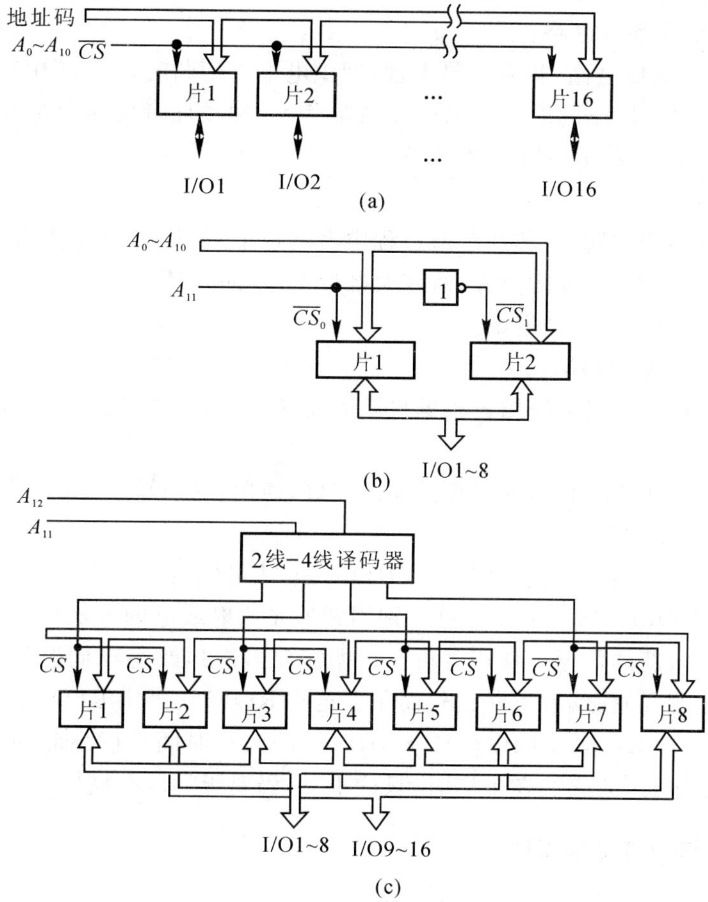

图 9.1.4　存储器容量的扩展

(a) 位扩展；(b) 字扩展；(c) 字位同时扩展

3. 字位同时扩展

例如，用 8 片 2 048 字 × 8 位的存储器芯片构成一个 8 192 字 × 16 位的存储器。此时，需要将字数和位数同时进行扩展，见图 9.1.4 (c)。地址码的高 2 位 A_{12}，A_{11} 经 2 线-4 线译码器的译码，输出 4 个信号去控制存储器的片选信号 $\overline{CS}$，8 片 2 048 字 × 8 位的存储器芯片分成 4 组，在每一组内进行 8 位到 16 位的字扩展，即构成 4 个 2 048 字 × 16 位的存储器。地址码的低位 A_{10} ~ A_0 送到各存储芯片的地址码输入端。数据输入 / 输出端 I/O 对应地并联在一起，构成 16 位输出。

第二节　只读存储器 (ROM)

一、ROM 的分类

在工作时，只读存储器 (ROM) 只能进行读出操作，而不能写入数据。将一个给定的地址码加到 ROM 的地址码输入端时，便可在它的输出端得到一个事先存入的确定数据。若把地址码视为自变量，输出的数据视为因变量，则 ROM 就相当于存储了一个组合逻辑电路的真值表，故 ROM 属于组合逻辑电路。

ROM 的优点是集成度高，具有不易失性，即供电电源切断时，ROM 中存储的信息不会丢失。因而 ROM 获得了广泛的应用。只读存储器存入数据的过程，称为对 ROM 进行编程。根据编程方式的不同，可将 ROM 分为三类：

1. 固定 ROM

这类 ROM 所存的数据，在芯片制造过程中就确定了，使用时只能读出，不能写入。它的优点是可靠性高、集成度高、价格便宜，适宜大批量生产；缺点是不能重写或改写。由于这种器件只能专用，用户需向生产厂家定做。

2. 可编程 ROM (PROM)

这类 ROM 所存的数据可按用户根据自己的要求写入，但是，只能写一次，此后，存储器只能读出，不能改写。

PROM 与固定 ROM 相比，其优点是灵活性好，通用性强；缺点是可靠性变差。

3. 可擦可编程 ROM

这类存储器有可抹编程只读存储器 EPROM、电抹可编程只读存储器 EEPROM 和电改写只读存储器 EAROM。这三种器件可分别用紫外光照射或电的方法擦除已写入数据，然后用电的方法重新写入新的数据。使用者可以根据需要多次地改写存储器的内容。目前，用于改写的编程设备已很便宜，编程方法也较简单。这类 ROM 比固定 ROM 和 PROM 的应用范围更为广泛。由于 EPROM，EEPROM，EAROM 的改写时间较读出时间长得多，改写又需要在专用的电路上进行，故它们在工作时，只读不写，仍属于只读存储器。

二、ROM 的结构与工作原理

1. 固定内容的只读存储器 (ROM)

图 9.2.1 (a) 所示为固定 ROM 的结构框图。它包括地址译码器、存储矩阵和读出放大、选择电路三部分。当地址译码器选中某一字后，该字的若干位同时读出。图 9.2.1 (b) 所示为具有两位地址输入和 4 位数据输出的 ROM 电路，它的存储单元全部使用了二极管。若把 ROM 视为一个组合逻辑电路，则地址译码器是一个与门构成的阵列，存储单元矩阵是一个或门构成的阵列。图中地址译码器输出 4 条字线($W_0=\overline{A}_1\overline{A}_0$，$W_1=\overline{A}_1A_0$，$W_2=A_1\overline{A}_0$，$W_3=A_1A_0$) 是 4 个与门的输出。二极管构成的存储单元矩阵，对应于每一个输出位 D_0，D_1，D_2，D_3 来说，二极管构成一个正逻辑或门，即 $D_0=W_0+W_2$，$D_1=W_1+W_2+W_3$，$D_2=W_0+W_2+W_3$，$D_3=W_1+W_3$，由输出为 D_0，D_1，D_2，D_3 的 4 个或门组成。地址 A_1A_0 和数据 D_3，D_2，D_1，D_0 之间的关系如表 9.2.1 所示。作为存储器，对应每一个地址码输出一个 4 位的字。在读数据时，令 $\overline{EN}=0$，若地址 $A_1A_0=00$ 时 ROM 输出 $D_3D_2D_1D_0=0101$；$A_1A_0=01$ 时，ROM 输出 $D_3D_2D_1D_0=1010$；$A_1A_0=10$ 时，ROM 输出 $D_3D_2D_1D_0=0111$；$A_1A_0=11$ 时，ROM 输出 $D_3D_2D_1D_0=1110$。

表 9.2.1　图 9.2.1(b) ROM 中的数据

地　址		数　据			
A_1	A_0	D_3	D_2	D_1	D_0
0	0	0	1	0	1
0	1	1	0	1	0
1	0	0	1	1	1
1	1	1	1	1	0

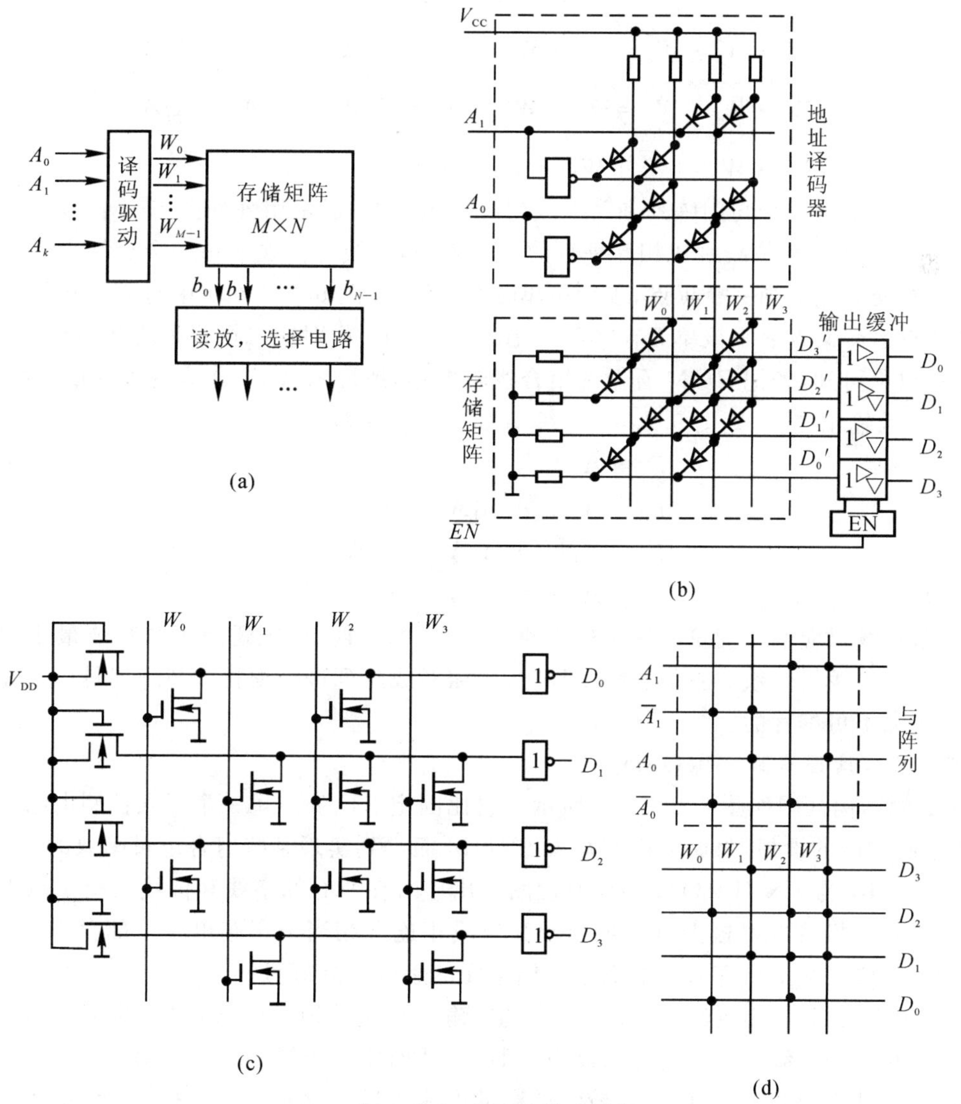

图 9.2.1　ROM 构成原理

(a) ROM 结构框图；(b) 二极管 ROM 结构；(c) MOS 管 ROM 结构；(d) ROM 阵列图

不难看出，字线 W 与位线 D' 的每个交叉点都是一个存储单元。交叉点处接有二极管时相当于存 1，没有接二极管时相当于存 0。交叉点的数目也就是存储单元数。通常直接用存储单元的数目表示存储器的存储量（或称容量），并写成“字数 × 位数”的形式。如图 9.2.1 所示，(a) 中 ROM 的存储量为 $M \times N$，(b) 中 ROM 的存储量为 4×4。

在使用 MOS 管制作 ROM 时，译码器、存储矩阵和输出电路全部都是用 MOS 管组成。图 9.2.1 (c) 所示为把图 9.2.1 (b) 中存储体中的二极管均换为 MOS 管。在图中字线和位线交叉点处有 MOS 管表示存 1，没有接 MOS 管相当于存 0。在地址译码输出字线 $W_0 \sim W_3$ 中某一字线被选中为高电平时，接在这条字线上的 MOS 管导通，所接位线为低电平，经输出反相后使数据线输出 $D_0 \sim D_3$ 为高电平，由图 9.2.1 (c) 可写出

$$D_0 = \overline{\overline{W}_0 \cdot \overline{W}_2} = W_0 + W_2 = \overline{A}_1\overline{A}_0 + A_1\overline{A}_0$$

$$D_1 = \overline{\overline{W}_1 \cdot \overline{W}_2 \cdot \overline{W}_3} = W_1 + W_2 + W_3 = \overline{A}_1 A_0 + A_1\overline{A}_0 + A_1 A_0$$

$$D_2 = \overline{\overline{W}_0 \cdot \overline{W}_2 \cdot \overline{W}_3} = W_0 + W_2 + W_3 = \overline{A}_1\overline{A}_0 + A_1\overline{A}_0 + A_1 A_0$$

$$D_3 = \overline{\overline{W}_1 \cdot \overline{W}_3} = W_1 + W_2 = \overline{A}_1 A_0 + A_1 A_0$$

由于 ROM 是由一个与门阵列和一个或门阵列组成的，通常用阵列图来表示，如图 9.2.1 (d) 所示，图中将字线和位线画成相互垂直的一个阵列，字线与位线的每一个交叉点对应一个存储单元。在交叉点上画一个黑点，表示该单元存“1”（在图 9.2.1 (b) 中对应二极管是接通的），不画黑点的交叉点表示该单元存“0”（在图 9.2.1 (b) 中对应二极管是断开的)。

由以上讨论可知，若把 ROM 看做一组合逻辑电路，地址码 A_1A_0 作为输入变量，输出 D_3，D_2，D_1，D_0 作为输出变量，则图 9.2.1 (b) 实现如下逻辑函数：

$$D_0 = \overline{A}_1\overline{A}_0 + A_1\overline{A}_0$$

$$D_1 = \overline{A}_1 A_0 + A_1\overline{A}_0 + A_1 A_0$$

$$D_2 = \overline{A}_1\overline{A}_0 + A_1\overline{A}_0 + A_1 A_0$$

$$D_3 = \overline{A}_1 A_0 + A_1 A_0$$

显然，每一条字线对应输入变量的一个最小项。因此，编程前，应把逻辑函数写成最小项之和的形式，或者列出逻辑函数的真值表。编程时，只需对或阵列进行编程。与阵列是一个完全译码器，是固定的不可编程的。

2. 可编程只读存储器 (PROM)

PMOS 的结构框图如图 9.2.2 (a) 所示。它比固定 ROM 多了一个写入控制电路。设计人员可以按照自己的设想，将所需内容写入 PROM 而得到实现某些组合逻辑函数的 ROM。

图 9.2.2 (b) 为 4×4PROM 结构原理图。出厂时在所有的字线和位线的交叉点上都制作了三极管，在三极管发射极上有一根熔丝和位线相连。相当于存储单元全部存入了 1。在写入数据时，只要设法把要存入 0 的那些存储单元的熔丝熔断好可。

为进行编程，首先找出要写入 0 的单元地址，输入相应的地址码，使相应的字线输出高电平。然后，在相应的位线上按规定加入高电压脉冲、从而使稳压管 D_Z 导通，写入放大器 A_W 的输出呈低电平、低内阻状态，这时就有较大的脉冲电流流过熔丝并将其熔断。这样就将 0 写入到对应的单元。在正常工作时读出放大器 A_R 输出的高电平不足以使 D_Z 导通。

PROM 一旦写入数据后就不能再改了。所以它一般只写一次，不能修改存储内容，使用不够灵活。

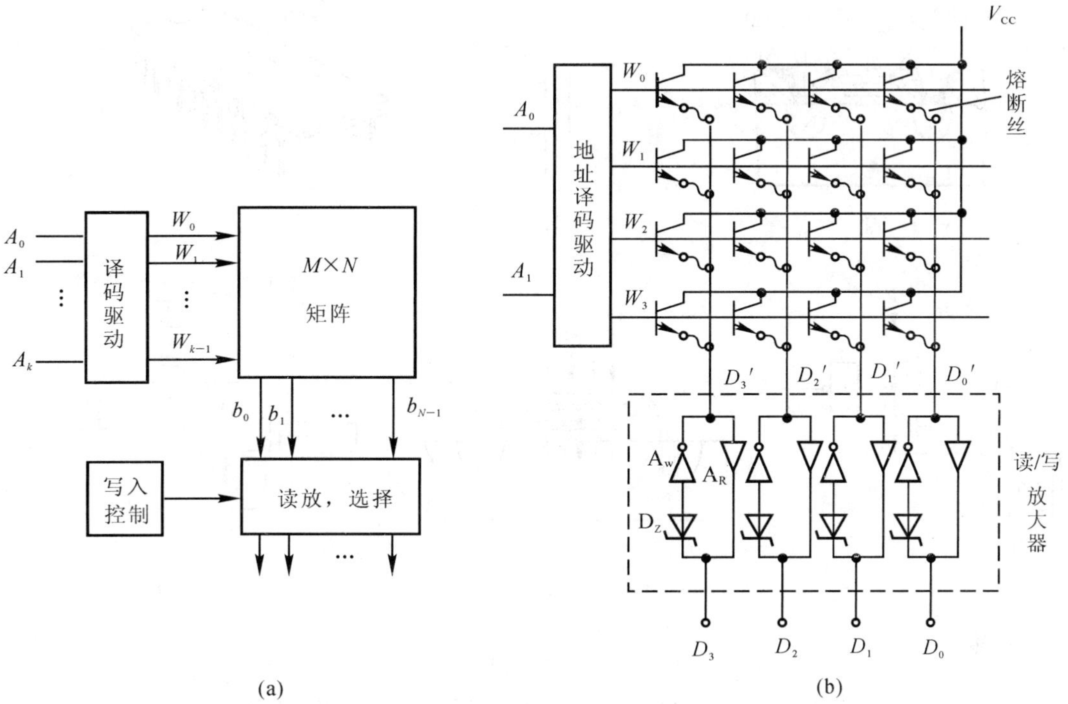

图 9.2.2 PROM 结构图及示例

(a) PROM 结构图；(b) PROM 结构原理图

3. 可抹编程只读存储器(EPROM)

可抹编程只读存储器 EPROM 是可以进行多次改写的，即可将存储器存储的信息抹去，再写入新的信息。这一特性，取决于 EPROM 的内部结构。现以浮栅雪崩注入型 MOS 管为存储单元的 EPROM 为例进行说明，其结构图如图 9.2.3 (a) 所示，图 9.2.3 (b) 是它的电路符号，它同普通的 NMOS 管很相似，但有 G_1 和 G_2 两个栅极，G_1 栅没有引出线，而是被包围在二氧化硅 (SiO_2) 之中，称为浮栅。G_2 为控制栅，它有引出线。若在漏极 D 端加上约几十伏的脉冲电压，使得沟道中的电场足够强，则会造成雪崩，产生很多高能量的电子。此时，若在 G_2 栅上加正压，形成方向与沟道垂直的电场，便可使沟道中的电子穿过氧化层而注入到 G_1 栅。于是 G_1 栅上积累了负电荷。由于 G_1 栅周围都是绝缘的二氧化硅，泄漏电流很小，所以一旦电子注入到 G_1 栅之后，就能保存相当长的时间(通常 G_1 栅的电荷十年才损失 30%)。

当 G_1 栅有电子积累时，该 MOS 管的开启电压变得很高，使得 G_2 栅为高电平时，该管仍不能导通，相当于存储了"0"；G_1 栅无电子积累时，MOS 管的开启电压较低，当 G_2 栅为高电平时，该管可以导通，相当于存储了"1"。图 9.2.3 (d) 所示为读出时的电路，它采用双重译码方式：x 地址译码器的输出 x_i 与 G_2 栅极相连，以决定 T_2 管是否选中；y 地址译码器的输出 y_i 与 T_1 管栅极相连，控制其数据是否读出。只有当 CS 片选信号为高电平，即该片选中时，方能读出。

这种器件上方有一个石英窗口(见图 9.2.3 (c))，以便用紫外光抹去信息。当用光子能量较高的紫外光照射 G_1 浮栅时，G_1 中电子获得足够能量，从而穿过氧化层回到衬底中(见图 9.2.3 (e))。这样可使浮栅上的电子消失，达到了抹去存储信息的目的，相当于存储器存了"全 1"。正常运用时，将石英窗用黑胶带封盖住。

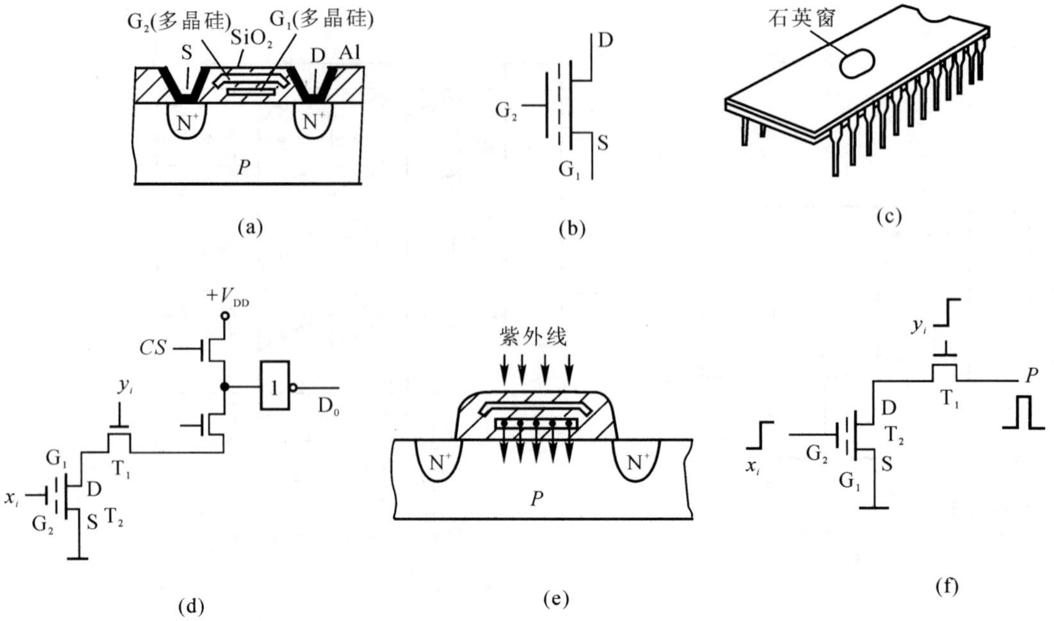

图 9.2.3 EPROM 存储器

(a) 浮栅雪崩注入型 MOS 管结构；(b) 电路符号；(c) 存储器外形图；
(d) 读出时的电路；(e) 光抹成全"1"；(f) 写 0 时的电路

这种 EPROM 出厂时为"全 1"状态，即 G_1 栅上无电子积累。使用者可根据需要写 0，写 0 时电路如图 9.2.3 (f) 所示。当 x_i 和 y_i 选择线为高电位时，P 端加 20 多伏的正脉冲，P 的正脉冲宽度为 0.1～1 ms（不可过宽，否则会将片子烧毁）。通常为了可靠地写 0，需要复写几十到几百次，保证 G_1 栅极积累足够多的电子。一般 EPROM 允许重写几百次。抹去时，用 40 W 紫外灯，相距 2 cm，照射几分钟。

4. 电抹可编程只读存储器 (EEPROM)

电抹可编程只读存储器 EEPROM 的存储单元是一个具有两个栅极的 NMOS 管（见图 9.2.4 (a) 和(b))：G_1 是控制栅，它是一个浮栅，无引出线；G_2 是抹去栅，它有引出线。在 G_1 栅极和漏极 D 之间有一小块面积的氧化层，其厚度极薄，仅 10～15 nm，可产生隧道效应，当 G_2 栅加 20 V 正脉冲 P_1 时（见图 9.2.4 (c)），通过隧道效应，电子由衬底注入到 G_1 浮栅，相当于存储了 1。利用此法可将存储器抹成"全 1"。

这种存储器在出厂时，存储内容为"全 1"状态。使用时，可根据要求把某些存储单元写"0"。写"0"电路如图 9.2.4 (d) 所示。漏极 D 加 20 V 正脉冲 P_2，G_2 栅接地，浮栅上电子通过隧道返回衬底，相当于写"0"。EEPROM 允许改写 10^2～10^4 次，改写（先抹后写）大约需 20 ms，数据可存储 5～20 a。

EEPROM 读出时的电路如图 9.2.4 (e) 所示，这时 G_2 栅加 3 V 电压，若 G_1 栅有电子积累，T_2 管不能导通，相当于存"1"；若 G_1 栅无电子积累，T_2 管导通，相当于存"0"。

5. 电改写只读存储器 (EAROM)

氧化硅场效应管 MNOS 可构成电改写只读存储器 (EAROM)。MNOS 结构如图 9.2.5 所示，它的栅极与衬底之间隔有两层介质：一层是氮化硅 (Si_3N_4)，一层是厚度只有 10 nm 的二氧化硅（SiO_2）。

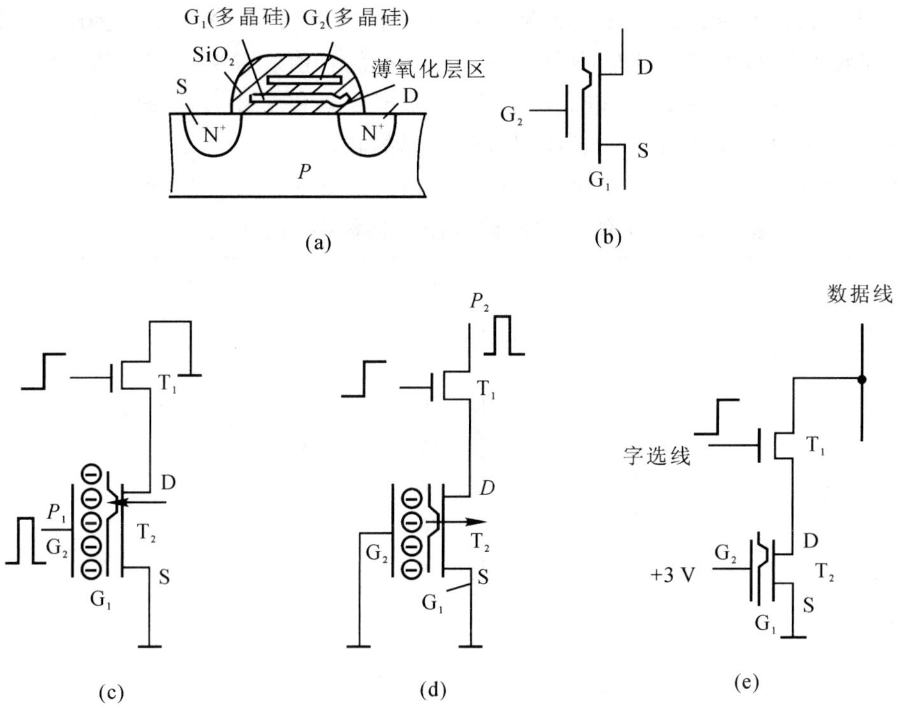

图 9.2.4　EEPROM 存储单元

(a) 结构图； (b) 电路符号； (c) 抹成全"1"； (d) 写 0 时电路； (e) 读出时的电路

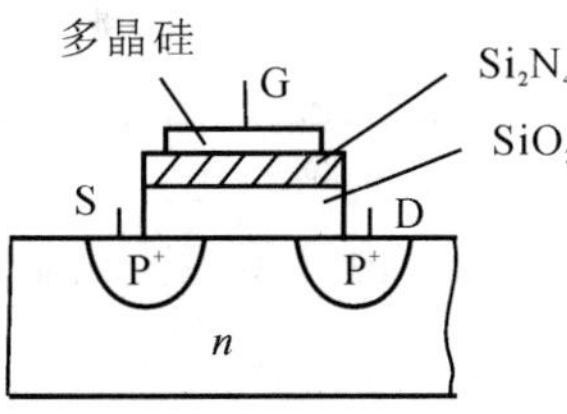

图 9.2.5　MNOS 结构图

如果在栅极上加一个正脉冲，由于隧道效应，电子由衬底穿过二氧化硅层，被氮化硅中的电子陷阱捕获，造成负电荷积累，使场效应管由增强型变为耗尽型；若在栅极上加一个负脉冲，则氮化硅中陷井积累正电荷，使器件的开启电压向更负的方向变化，器件不能开启。这两种状态分别对应了存"1"和存"0"。在读出时，栅极加适当的负读出脉冲：器件导通，读出为"1"；器件不能导通，读出为"0"。

尽管 EAROM 可以在使用的系统上编程，而不必像 EPROM 那样，需将器件从系统上取下，放到编程器上编程，但由于编程的时间比读出操作的时间长得多，故 EAROM 在工作时，只读不写，它仍属于只读存储器。

利用紫外线擦除 EPROM 时，其内容一次全部擦除。而 EAROM 既可以一次全部擦除，也可以逐字有选择地擦除。

三、ROM 应用举例

由 ROM 结构可以看出，其译码器输出了全部输入变量的最小项，而每一位数据的输出又都是这些最小项之和。因而任何形式的组合逻辑函数均能通过向 ROM 中写入相应的数据来实现。

1. 代码转换器

用ROM实现代码转换的方法是将欲转换的 m 位代码送到ROM的地址码输入端，通过ROM输出 n 位转换后的代码。显然，ROM按代码转换的真值表存储相应的值（0或1）便可实现各种代码之间的转换。例如，二进制码和格雷码；余3码和8421BCD码等。

例 9.2.1 用ROM实现4位二进制码到格雷码的转换。

解 （1）列出4位二进制码转换为格雷码的真值表。如表9.2.2所示。

表 9.2.2 4位二进制码转换为格雷码的真值表

B_3	B_2	B_1	B_0	G_3	G_2	G_1	G_0
0	0	0	0	0	0	0	0
0	0	0	1	0	0	0	1
0	0	1	0	0	0	1	1
0	0	1	1	0	0	1	0
0	1	0	0	0	1	1	0
0	1	0	1	0	1	1	1
0	1	1	0	0	1	0	1
0	1	1	1	0	1	0	0
1	0	0	0	1	1	0	0
1	0	0	1	1	1	0	1
1	0	1	0	1	1	1	1
1	0	1	1	1	1	1	0
1	1	0	0	1	0	1	0
1	1	0	1	1	0	1	1
1	1	1	0	1	0	0	1
1	1	1	1	1	0	0	0

（2）由真值表写出输出函数的最小项之和的表达式：

$$G_3 = \sum_m (8,9,10,11,12,13,14,15)$$

$$G_2 = \sum_m (4,5,6,7,8,9,10,11)$$

$$G_1 = \sum_m (2,3,4,5,10,11,12,13)$$

$$G_0 = \sum_m (1,2,5,6,9,10,13,14)$$

（3）根据最小项表达式画出4位二进制码转换为格雷码ROM的阵列图（如图9.2.6所示）。

（4）选用PROM来实现上述代码转换器，可先通过专用写入设备将表9.2.2所示的程序写入PROM。只要使片选信号 $\overline{CS}=0$，并令地址码 $A_3 \sim A_0 = B_3 \sim B_0$（$A_4$ 以上的高位地址置0），则PROM芯片的数据输出端 $O_3 \sim O_0 = G_3 \sim G_0$（转换结果）。

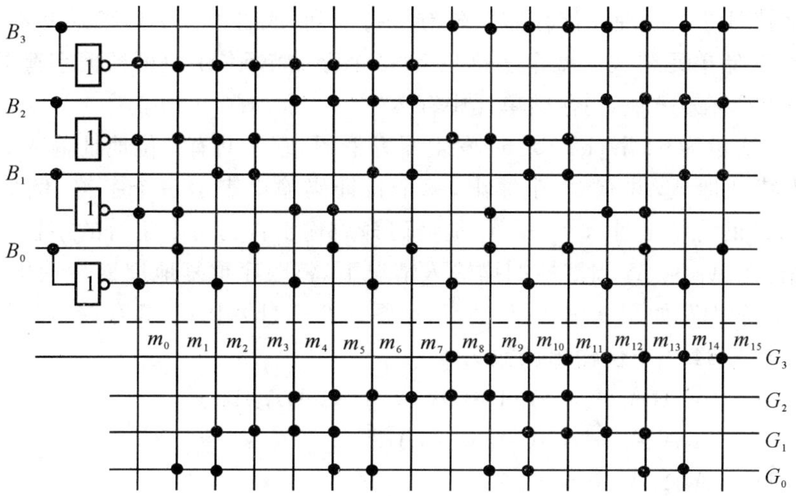

图 9.2.6　例 9.2.1ROM 的阵列图

2. 字符发生器

用ROM实现字符发生器的基本原理是：将字符的点阵预先存储在ROM中，然后顺序地给出地址码，从存储矩阵中逐行读出字符的点阵，并送入 CRT 显示器即可显示出字符。

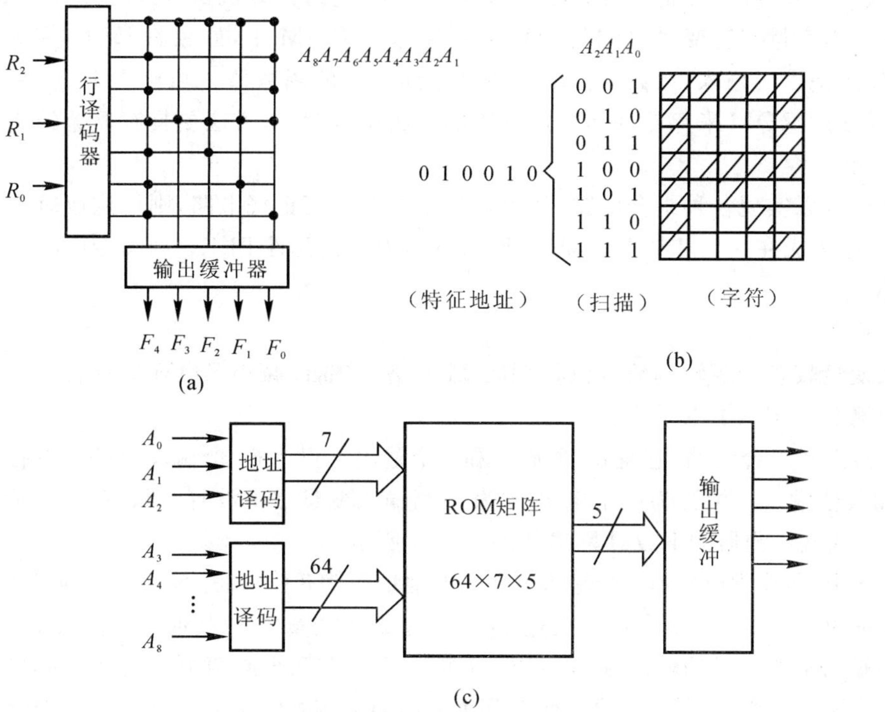

图 9.2.7　字符发生器原理框图

(a) 7×5 字符存储点阵；(b) 7×5 显示矩阵；(c) 64 字符（7×5 点阵）发生器框图

常用的字符发生器的字形规格有 9×7,7×7 和 7×5 三种。图 9.2.7 (a) 表示用 7×5 字符发生器存储字符"R"的原理。该存储矩阵有7行5列，或者说该ROM芯片有7个字，每个字有5位，由5个存储单元组成。整个字符只有35个存储单元，用户可根据字符的形状在某些存储单元中存入"1"，在另外一些存储单元中存入"0"。

图9.2.7(c)所示为64字符(7×5)发生器方框图，它一共有9位地址输入码，其中$A_3 \sim A_8$ 6位地址称为特征地址，共有64个输出，每个特征码输出表示一个字符，例如特征地址码010010是字符"R"的特征地址。$A_0 \sim A_2$地址码译码输出作为每个字符的字控制信号。每字存储的5位数据，在$A_0 \sim A_2$周期性扫描输入情况下，将顺序重复地周期性输出，驱动光点显示，这样就显示字符"R"，如图9.2.7(b)所示。图9.2.7(b)中7×5存储矩阵是总矩阵中的一个字符矩阵(即1/64)。5位输出函数为

$$D_4 = \overline{A}_2\overline{A}_1A_0 + \overline{A}_2A_1\overline{A}_0 + \overline{A}_2A_1A_0 + A_2\overline{A}_1\overline{A}_0 + A_2\overline{A}_1A_0 + A_2A_1\overline{A}_0 + A_2A_1A_0$$

$$D_3 = \overline{A}_2\overline{A}_1A_0 + A_2\overline{A}_1\overline{A}_0$$

$$D_2 = \overline{A}_2\overline{A}_1A_0 + A_2\overline{A}_1\overline{A}_0 + A_2\overline{A}_1A_0$$

$$D_1 = \overline{A}_2\overline{A}_1A_0 + A_2\overline{A}_1\overline{A}_0 + A_2A_1\overline{A}_0$$

$$D_0 = \overline{A}_2\overline{A}_1A_0 + \overline{A}_2A_1\overline{A}_0 + \overline{A}_2A_1A_0 + A_2\overline{A}_1\overline{A}_0 + A_2A_1A_0$$

3. 数学函数表

在计算机中，经常需要进行对数、指数、开方、三角函数等运算。实现这些运算可采用两种方法，一种是编写运算程序，并把运算程序存入ROM中，通过计算机执行该运算程序来实现；另一种方法是把因变量和自变量之间的函数关系存储在ROM中，好象查函数表一样，使用时，把自变量作为地址码输入，在数据输出端便可得到对应的函数值。相比之下，后一方法更为简便，特别是使用ROM来存储许多难以计算的超越函数时，该方法更具有显著的优越性。

4. 实现时序电路

利用ROM可以实现各种组合电路，如果再配上寄存器等记忆电路，则可构成时序电路。PROM和寄存器集成在一个芯片上的器件，称为可编程逻辑元件PLE。利用专门的编程器可对PLE进行编程。

5. ROM网络

对于输入变量较多的逻辑函数，可利用ROM网络实现，以减小ROM的总容量。下面通过一个判1检测器的实例予以说明。

判1检测器为一组合电路，它有64个输入和1个输出。仅当64个输入变量之中有一个输入变量为1，而其他输入变量皆为0时，输出才为1；当输入变量之中没有1，或者多于一个1时，输出都为0。实现该检测器的ROM网络如图9.2.8所示。

在图9.2.8中，每个ROM有8个输入变量(即地址码为8位)，2个输出端分别称为"＞1"和"＝1"，其容量为$2^8 \times 2$。当8个输入变量中，有1个输入变量为1，其他7个输入变量皆为0时，"＝1"输出端为1，"＞1"的输出端为0；当8个输入变量有两个或两个以上为1时，"＞1"输出端为1，"＝1"输出端为0；当8个输入变量都为0时，两个输出端"＝1"和"＞1"皆为0。

图9.2.8所示检测器第一级有8个ROM，它将64个输入变量分成8组，每组有8个输入变量。每组对应一个ROM，每组的8个输入变量送到ROM的8个地址码输入端。第一级8个ROM的"＝1"输出端分别接到第二级ROM的8位地址码输入端；第一级8个ROM的"＞1"输出端分别接到或门1的8个输入端。或门1的输出再同第二级ROM的"＞1"输出在或门2

中相或。显然，当 64 个输入变量中 1 的个数等于或大于 2 时，或门 2 输出为 1，输出 f 为 0；当 64 个输入变量中没有 1 时，输出 f 也为 0；只有 64 个输入变量中 1 的个数为 1 时，f 才为 1。

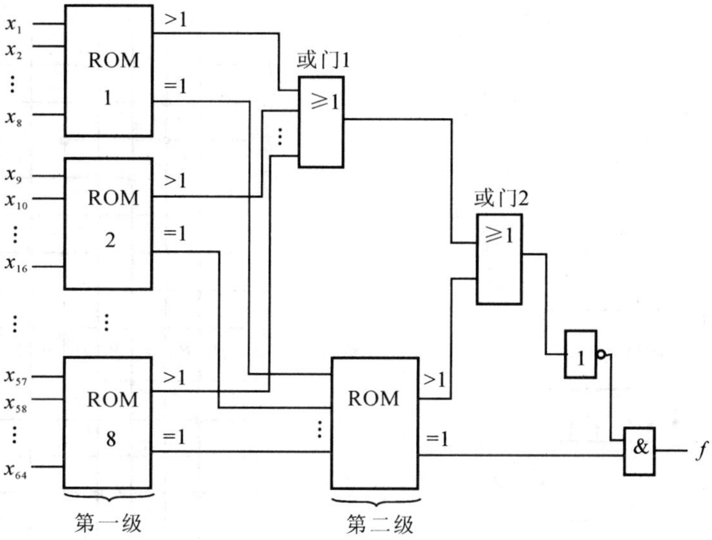

图 9.2.8 检测器

第三节 可编程逻辑阵列（*PLA*）

一、PLA 结构与工作原理

可编程逻辑阵列 PLA 和只读存储器 ROM 都属于组合逻辑电路，它们都有一个与阵列和一个或阵列，但 PLA 的与阵列和或阵列都是可编程的，而 ROM 中只有或阵列是可编程的，其与阵列（即地址译码器）是不可编程的。

用 ROM 实现逻辑函数时，ROM 是按真值表进行编程，也就是将逻辑函数表达式表示成最小项之和的形式。ROM 的译码器是全译码工作方式，且是固定结构形式，该译码器的每一个输出端对应了一个最小项，而且，不管这个最小项是否在逻辑函数表达式中出现，它均在存储矩阵（即或阵列）中占据一条字选择线。因而 ROM 的芯片面积较大。用 PLA 实现组合逻辑时，为了减小芯片面积，把逻辑表达式写成最简与或式的形式，使与阵列和或阵列都较简单。

二、用 PLA 实现组合逻辑电路

用PLA实现组合逻辑电路的方框图如图 9.3.1 所示。图中与ROM矩阵是用最简与或式中的与项构成，而或 ROM 矩阵是用与项之或来构成的。

例 9.3.1 用 PLA 实现 4 位二进制码向格雷码的转换。

解 （1）列出 4 位二进制码转换为格雷码的真值表，并进行化简。4 位二进制码转换为格雷码的真值表如表 9.2.2 所示，可用观察法进行化简得

$$G_3 = B_3$$

$$G_2 = B_3 \oplus B_2 = B_3\bar{B}_2 + \bar{B}_3 B_2$$
$$G_1 = B_2 \oplus B_1 = B_2\bar{B}_1 + \bar{B}_2 B_1$$
$$G_0 = B_1 \oplus B_0 = B_1\bar{B}_0 + \bar{B}_1 B_0$$

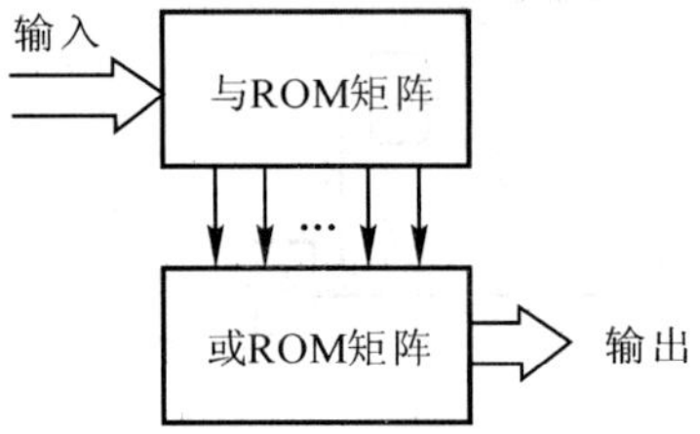

图 9.3.1　PLA 实现组合逻辑电路的框图

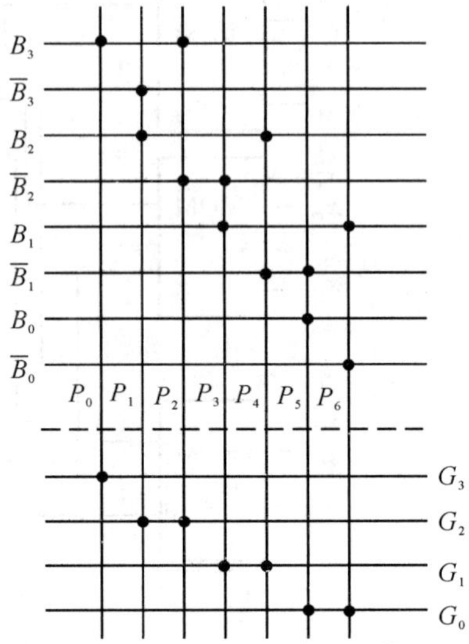

图 9.3.2　用 PLA 实现 4 位二进制码到格雷码的转换

(2) 根据最简与或式画出阵列图。上式共有 7 个与项，4 个或项，其阵列图如图 9.3.2 所示。与阵列的输出 $P_0 = B_3$，$P_1 = \bar{B}_3 B_2$，$P_2 = B_3\bar{B}_2$，$P_3 = \bar{B}_2 B_1$，$P_4 = B_2\bar{B}_1$，$P_5 = \bar{B}_1 B_0$，$P_6 = B_1\bar{B}_0$，再用或阵列就实现了 G_3，G_2，G_1，G_0 的函数输出。PLA 阵列与 ROM 阵列相比可以节省不少存储单元和译码矩阵。

本例中译码矩阵和存储矩阵共需 $7\times 8+7\times 4=84$ 个存储单元。由图 9.2.6 所示 ROM 阵列图可看出其译码矩阵和存储矩阵共需 $8\times 16+4\times 16=192$ 个存储单元。显然同一代码转换器用 PLA 实现可大大减小芯片面积。

三、用 PLA 实现时序逻辑电路

PLA 不仅可以实现任意组合逻辑电路，而且可以用来实现各种时序逻辑电路，我们称之为时序 PLA。

时序 PLA 具有时序逻辑电路的特点。它和组合 PLA 的不同在于除了具有与阵列及或阵列之外还有一个具有存储功能的触发器网络。这个网络中包含若干个触发器，它的输入接收或阵列及时钟脉冲的控制，其输出反馈到与阵列。时序 PLA 的结构框图如图 9.3.3 所示。图中 $x_1, x_2, \cdots, x_i$ 为外输入，$z_1, \cdots, z_j$ 为外输出，$w_1, \cdots, w_k$ 为内输出，作为触发器的输入。触发器的输出 $y_1, \cdots, y_l$ 反馈到与阵列作为时序电路的内输入。$\bar{R}_D$ 为触发器网络的清零脉冲。

例 9.3.2　用 PLA 实现 8421BCD 同步计数器及七段显示译码电路。

解　(1) 设计 8421BCD 同步计数器。8421BCD 同步计数器状态转换表如表 9.3.1 所示，根据同步时序电路的设计方法求出所用 4 个 D 触发器的激励函数

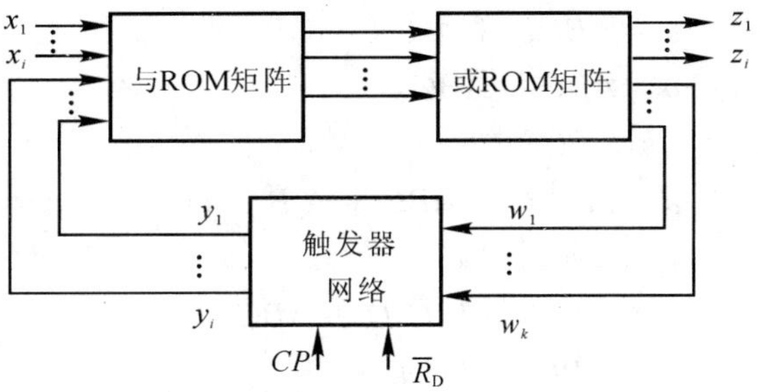

图 9.3.3　时序 PLA 框图

$$D_1 = \overline{Q}_1$$
$$D_2 = Q_1\overline{Q}_4Q_2 + \overline{Q}_1Q_2$$
$$D_3 = Q_1Q_2\overline{Q}_3 + \overline{Q}_1Q_3 + \overline{Q}_2Q_3$$
$$D_4 = Q_1Q_2Q_3\overline{Q}_4 + \overline{Q}_1Q_4$$

表 9.3.1　8421BCD 同步计数器状态转换表

Q_4	Q_3	Q_2	Q_1	Q_4^{n+1}	Q_3^{n+1}	Q_2^{n+1}	Q_1^{n+1}
0	0	0	0	0	0	0	1
0	0	0	1	0	0	1	0
0	0	1	0	0	0	1	1
0	0	1	1	0	1	0	0
0	1	0	0	0	1	0	1
0	1	0	1	0	1	1	0
0	1	1	0	0	1	1	1
0	1	1	1	1	0	0	0
1	0	0	0	1	0	0	1
1	0	0	1	0	0	0	0

表 9.3.2　8421BCD 七段显示译码真值表

D	C	B	A	a	b	c	d	e	f	g	显示
0	0	0	0	0	0	0	0	0	0	1	0
0	0	0	1	1	0	0	1	1	1	1	1
0	0	1	0	0	0	1	0	0	1	0	2
0	0	1	1	0	0	0	0	1	1	0	3
0	1	0	0	1	0	0	1	1	0	0	4
0	1	0	1	0	1	0	0	1	0	0	5
0	1	1	0	0	1	0	0	0	0	0	6
0	1	1	1	0	0	0	1	1	1	1	7
1	0	0	0	0	0	0	0	0	0	0	8
1	0	0	1	0	0	0	0	1	0	0	9

(2) 设计 8421BCD 七段显示译码电路。8421BCD 七段显示译码电路的真值表如表 9.3.2 所示。表中输出 0 表示该段亮，1 表示该段灭，通过各段卡诺图化简得到

$$a = A\overline{B}\overline{C}\overline{D} + \overline{A}\ \overline{B}\ C$$
$$b = A\overline{B}C + \overline{A}BC$$
$$c = \overline{A}B\overline{C}$$
$$d = \overline{A}\ \overline{B}\ C + ABC + A\ \overline{B}\ \overline{C}\ \overline{D}$$
$$e = A + \overline{A}\ \overline{B}\ C$$
$$f = AB + A\ \overline{B}\ \overline{C}\ \overline{D} + \overline{A}B\overline{C}$$
$$g = ABC + \overline{B}\ \overline{C}\ \overline{D}$$

由于 $DCBA$ 表示 8421BCD 同步计数器的输出，所以令 $DCBA = Q_4Q_3Q_2Q_1$，上式可改写为

$$a = \overline{Q}_4\overline{Q}_3\overline{Q}_2Q_1 + Q_3\overline{Q}_2\overline{Q}_1$$
$$b = Q_3\overline{Q}_2Q_1 + Q_3Q_2\overline{Q}_1$$
$$c = \overline{Q}_3Q_2\overline{Q}_1$$
$$d = Q_3\overline{Q}_2\overline{Q}_1 + Q_3Q_2Q_1 + \overline{Q}_4\overline{Q}_3\overline{Q}_2Q_1$$
$$e = Q_1 + Q_3\overline{Q}_2\overline{Q}_1$$
$$f = Q_2Q_1 + \overline{Q}_3Q_2\overline{Q}_1 + \overline{Q}_4\overline{Q}_3\overline{Q}_2Q_1$$
$$g = \overline{Q}_4\overline{Q}_3\overline{Q}_2 + Q_3Q_2Q_1$$

(3) 根据设计结果画出 PLA 阵列图。根据各级触发器的激励函数及七段译码输出方程，可作出 PLA 阵列图，如图 9.3.4 所示。

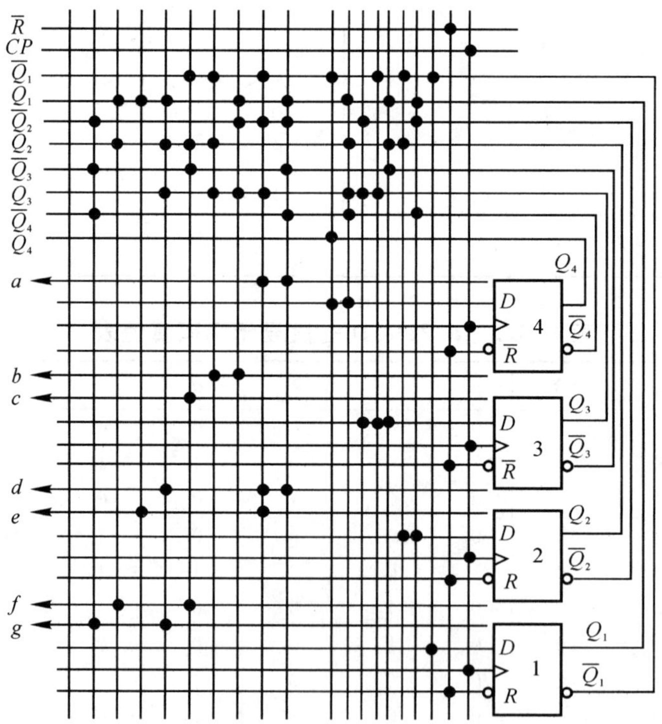

图 9.3.4　例 9.3.2 阵列图

第四节　通用阵列逻辑（*GAL*）

专用集成电路 ASIC，是 20 世纪 80 年代初期迅速发展起来的一种大规模集成电路。ASIC 又可分为三类，即门阵列、标准单元和可编程逻辑器件 PLD。

门阵列和标准单元电路都是由用户向芯片生产厂家定做，适于批量较大的产品中使用。

PLD 是由用户编程，用户可以配置的逻辑器件，它十分适宜于小批量生产的系统，或在系统开发研制过程中采用。因此在计算机硬件、自动化控制、智能仪表、数字系统等领域中得到广泛应用。它的应用和发展不仅简化了电路设计，降低了成本，提高了系统的可靠性和保密性，而且给数字系统设计方法带来了重大的变化。PLD 的基本框图如图 9.4.1 所示。它基本由输入缓冲、与功能、或功能、输出缓冲等 4 部分功能电路组成。根据阵列和输出结构的不同，PLD 可分为四种基本类型：PROM，PLA，PAL 和 GAL。它们的结构比较如表 9.4.1 所示。

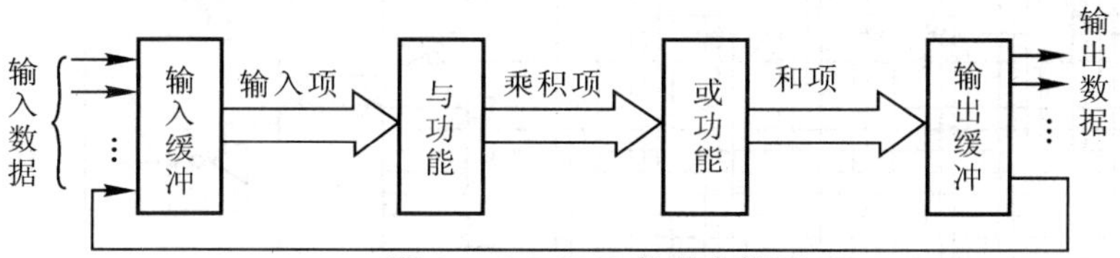

图 9.4.1　PLD 的基本框图

表 9.4.1　PLD 器件结构比较

器　件	阵　列		输　出
	与阵列	或阵列	
PROM	固定	可编程	三态缓冲
PLA	可编程	可编程	三态缓冲
PAL	可编程	固定	I/O，三态，寄存器
GAL	可编程	固定	用户定义

从表中可看出可编程只读存储器（PROM）中与阵列是固定的，或阵列是可编程的；在可编程逻辑阵列（PLA）中与阵列、或阵列均可编程；可编程阵列逻辑（PAL）中与阵列可编程，而或阵列是固定的，故它有多种输出和反馈结构，为逻辑设计带来了很大的灵活性，但它采用的是熔丝工艺，一旦编程后不能再改写，使用户感到不方便，此外还有应按不同的输出结构需要选用不同型号的 PAL 器件等诸多不便。

通用阵列逻辑 GAL 是 20 世纪 80 年代中期发展起来的新型逻辑芯片。它在结构上继承了 PAL 器件的“与或”结构，形成了一种新型的“输出逻辑宏单元”电路，为逻辑设计提供了很大的灵活性。在工艺上吸收了 EEPROM 的浮栅技术，并与 CMOS 静态 RAM 相结合，开拓了能长期保存数据的 E^2CMOS 技术，功耗较低。此外，GAL 器件还提供了电子标签、宏单元结构字等，从而使 GAL 器件具有可擦除、可重新编程、可重新组合结构的特点，数秒钟内即可完成芯片的擦除和编程过程，可反复改写，是新产品的研制开发中的理想器件。本节主要介绍 GAL 的基本原理及应用。

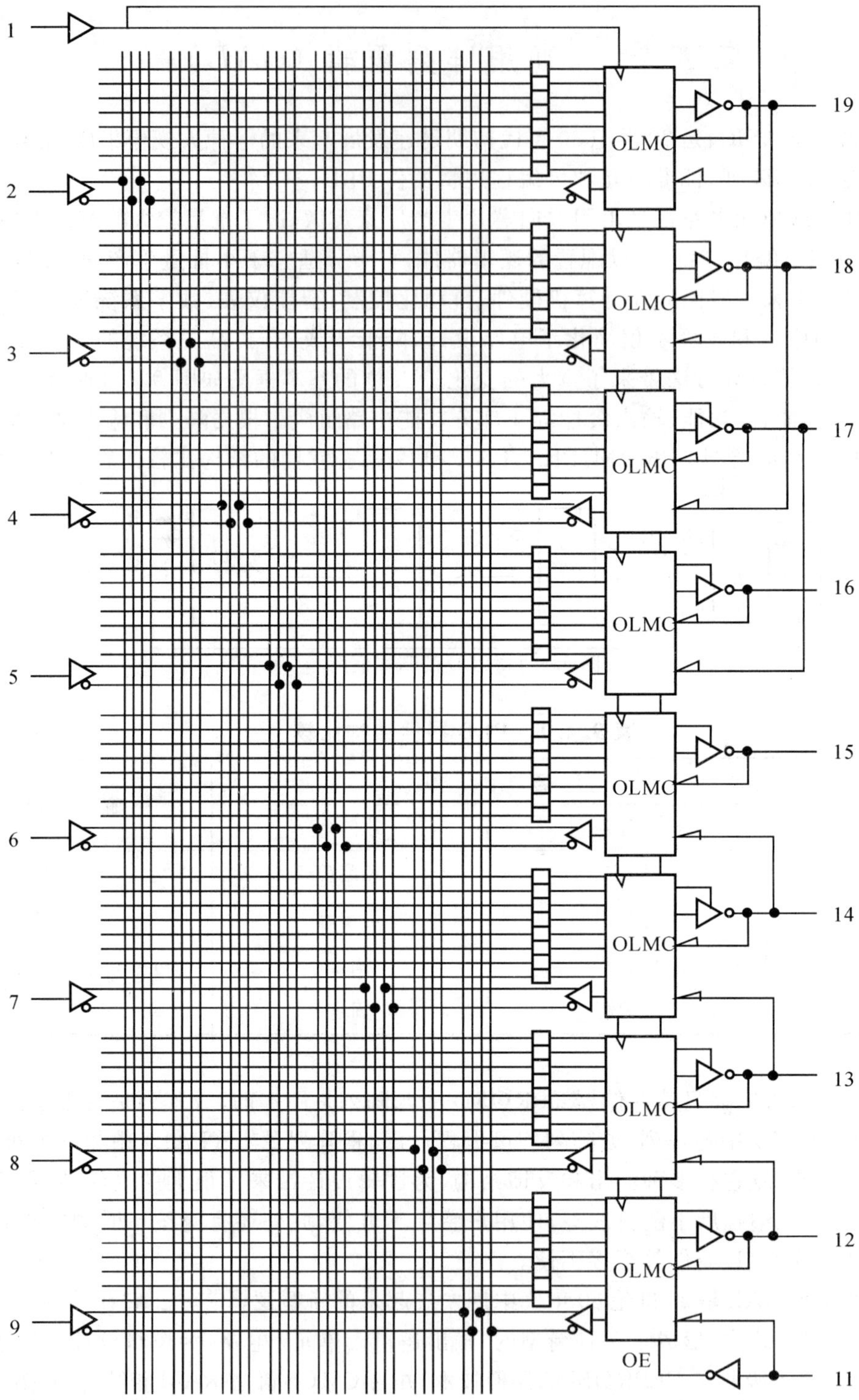

图 9.4.2　GAL16V8 逻辑图

一、GAL 器件的基本结构

以普通型 GAL 器件 GAL16V8 为例来说明 GAL 器件的基本结构及工作原理。

图 9.4.2 所示是 GAL16V8 的逻辑图。该图中有 8 个输入缓冲器，8 个输出缓冲器，8 个输出反馈 / 输入缓冲器，8 个输出逻辑宏单元 OLMC，与门阵列以及时钟，输出选通信号，输入缓冲器。与门阵列由 8 × 8 个与门构成，共形成 64 个乘积项。每个与门有 32 个输入端。在 GAL16V8 中除了 8 个引脚（2 ～ 9）固定作输入外，还可能有其他 8 个引脚配置成输入模式，因此它最多有 16 个引脚作为输入端，而输出端最多为 8 个。这也是芯片型号中两个数字的含义。

1. 输出逻辑宏单元 OLMC

OLMC 的内部结构如图 9.4.3 所示。每个 OLMC 包含或门阵列中一个或门。或门的每一个输入对应于一个乘积项（与门阵列中一个与门的输出），因此或门的输出为有关乘积项之和。图中异或门用于控制输出信号的极性，当 *XOR*（*n*）端为 1 时，异或门起反相器作用，否则同相输出。其中 *XOR*（*n*）对应于结构控制字中的一位，*n* 为引脚号。这样使器件具有极性可编程的功能，使 GAL 能实现粗看起来似乎不能实现的功能，例如要实现需要多于 8 个乘积项的功能。如：要求实现

$$O = A + B + C + D + E + F + G + H + I$$

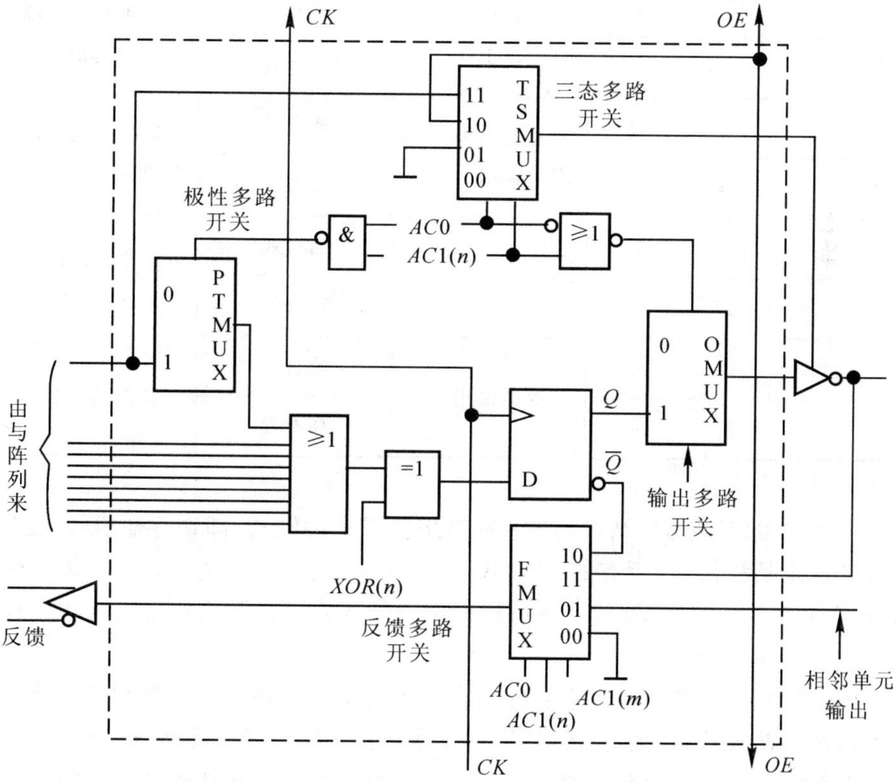

图 9.4.3 GAL 输出逻辑单元（OLMC）

这里有 9 个乘积项，而或门输入只有 8 个输入端，如果采用摩根定理，则

$$\overline{O}=\overline{A}\cdot\overline{B}\cdot\overline{C}\cdot\overline{D}\cdot\overline{E}\cdot\overline{F}\cdot\overline{G}\cdot\overline{H}\cdot\overline{I}$$

输出 $\overline{O}$ 只有一个乘积项，要得到 O，可利用输出端极性编程，对其或门输出求反即能得到。

图中 D 触发器或门的输出起记忆作用，使 GAL 器件适用于时序逻辑电路。

每个 OLMC 中有 4 个多路开关，极性多路开关 PTMUX 用于控制第一乘积项；三态多路开关 TSMUX 用于选择输出三态缓冲器的选择信号；反馈多路开关 FMUX 决定反馈信号的来源；输出多路开关 OMUX 用于选择输出信号是直接由组合电路输出还是经寄存器 (D 触发器) 输出。这些多路开关的状态，取决结构控制字中 *AC*0 和 *AC*1 (*n*) 位的值，这些可通过编程决定 (图 9.4.2 中 OLMC(19) 和 OLMC(12) 除外)。

表 9.4.2 列出了不同配置模式下有关控制信号与输出结构的配置关系。由图 9.4.3 看出，4 个多路开关处于不同状态时，OLMC 可能有不同的输出结构与之对应。用户可通过结构控制字确定 OLMC 的结构。

表 9.4.2　OLMC 输出配置控制

SYN	*AC*0	*AC*1 (*n*)	*XOR* (*n*)	配置功能	输出极性	备注
1	0	1		输入模式		1 脚和 11 脚为数据输入，三态门不通
1	0	0	0	所有输出为组合输出	低有效	1 脚和 11 脚为数据输入，三态门总是选通
1	0	0	1		高有效	
1	1	1	0	所有输出为组合输出	低有效	1 脚和 11 脚为数据输入，三态门选通信号为第一乘积项
1	1	1	1		高有效	
0	1	1	0	组合输出	低有效	1 脚为 *CK*，11 脚为 $\overline{OE}$，至少另有一个 OLMC 是寄存器输出
0	1	1	1		高有效	
0	1	0	0	寄存器输出	低有效	1 脚为 *CK*，11 脚为 $\overline{OE}$
0	1	0	1		高有效	

OLMC 可以配置成 5 种结构。这 5 种结构隶属三种模式，即寄存器模式、复合模式和简单模式。一旦选定某种模式，所有的 OLMC 都必须工作在这一模式下。在每一种工作模式下 OLMC 又可能有多种结构，软件工具可根据用户的逻辑设计及用户定义的管脚自动将 OLMC 配置成不同的结构。

(1) 寄存器模式。寄存器模式下的输出逻辑宏单元包括寄存器输出和组合输入 / 输出两种结构。若选用此模式，任何一个 OLMC 都可以独立配置成上述两种结构中的一种。

寄存器模式下的寄存器输出结构如图 9.4.4 (a) 所示。图中时钟 *CK* 和输出选值 *OE* 是公共的，分别连接到公共时钟引脚 *CK* (引脚 1) 和公共选通引脚 *OE* (16V8A 引脚 11)。

寄存器模式下的组合输入 / 输出结构如图 9.4.4 (b) 所示。

图 9.4.4（b）所示的 OLMC 中输出三态缓冲器受与阵列控制，可以编程为使能 / 禁止该三态缓冲器，从而确定 I/O 引脚的输入、输出功能。

工作在寄存器模式下的GAL器件有一特例，即所示的8个OLMC都配置成组合输入 / 输出结构，由于没有使用寄存器，该器件实现的是纯组合逻辑。在这种情况下，公共时钟引脚 *CK* 和公共选通引脚 *OE* 没有任何逻辑功能。

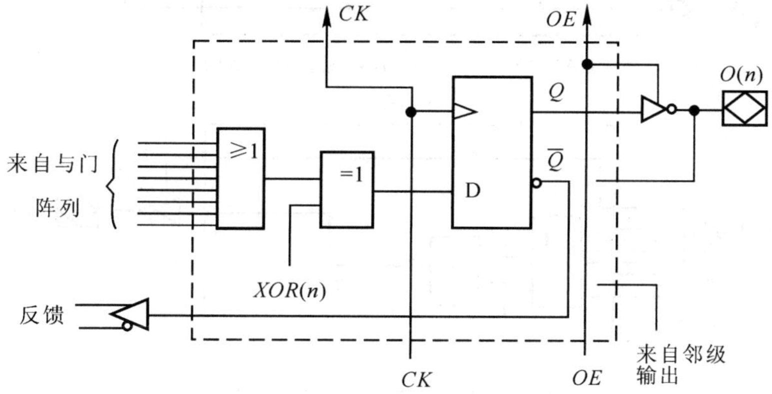

(a)

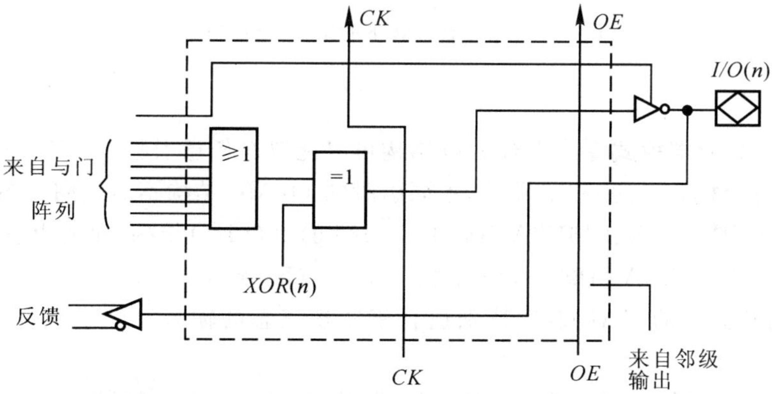

(b)

图 9.4.4

（a）寄存器输出结构；（b）寄存器模式下的组合 I/O 结构

工作在寄存器模式下的普通型GAL器件适合于实现计数器、移位寄存器等同步时序逻辑电路。

（2）复合模式。工作在复合模式下的GAL器件的OLMC只有一种结构，即组合输入 / 输出结构，如图 9.4.5 所示。这一结构与寄存器模式下的组合输入 / 输出结构有些相似，但二者还存在以下几点差异。

第一，工作在寄存器模式下的GAL器件必须有公共的时钟 *CK* 和公共的选通 *OE*，而工作在复合模式下的GAL器件没有公共的时钟和公共的选通，这两个引脚均作输入使用。

第二，工作在寄存器模式下的GAL器件可选择两种结构之一，而复合模式下的GAL器件只有一种选择。

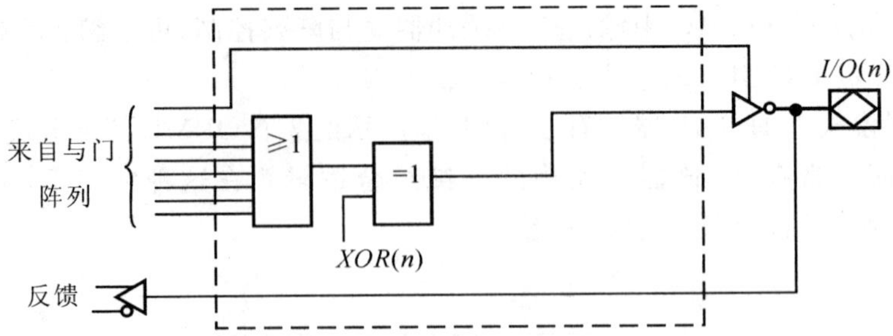

GAL16V8A引脚13～18可配置成此结构

(a)

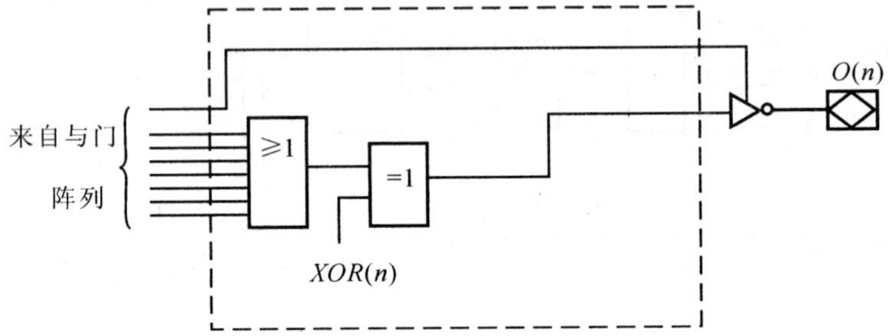

GAL16V8A引脚12，19可配置成此结构

(b)

图 9.4.5　复合模式下的组合 I/O 结构

第三，工作在寄存器模式下的组合 I/O 结构可以配置在任意引脚，其 OLMC 结构是完全相同的；工作在复合模式下的 GAL 器件，不同引脚的 OLMC 结构不尽相同。图 9.4.5 (a) 所示的是“中间输出引脚”(GAL16V8A 引脚 13 ～ 18) 的组合 I/O 结构，而两边引脚这时只能作专用输出使用 (GAL16V8A 引脚 12,19)，如图 9.4.5 (b) 所示。

工作在复合模式下的 GAL 器件特别适合于实现三态的输入 / 输出缓冲器等双向组合电路。

(3) 简单模式。工作在简单模式下的 GAL 器件，其各 OLMC 可以被配置成两种结构：专用输入结构和专用输出结构，如图 9.4.6 (a)，(b) 所示。

图中，两种结构的反馈结构并非直接从该单元反馈到阵列，而是通过相邻单元反馈的。从图 9.4.2GAL16V8A 逻辑图可以看出：“中间”两个输出逻辑宏单元，即 OLMC(15)，OLMC(16) 没有向相邻单元反馈的连线。因此这两个“中间”输出逻辑宏单元不能实现图 9.4.6 (a) 及(b) 所示带反馈的专用输出结构。

工作在简单模式下的 GAL 器件可以实现组合逻辑。此时 GAL16V8 的引脚 1 和 11 只能作为输入使用，无需公共的时钟引脚和公共选通引脚。

综上所述，普通型 GAL 器件有三种工作模式，它的 OLMC 共可设置成 5 种结构，故器件对复杂的逻辑设计有极大的灵活性。

2. 电子标签和加密单元

图 9.4.7 所示为 GAL16V8A 器件的输入行地址示意图。行地址 0 ～ 31 对应于与门阵列，每行包含 64 位。行地址 32 是电子标签。行地址 33 ～ 59 由制造商保留，用户不能用。行地址 60

是结构控制字，共有 82 位。行地址 61 只含 1 位，用于加密。行地址 62 为制造商保留。行地址 63 也只包含 1 位，用于整体擦除。

(GAL16V8A引脚15，16不能配置成此结构)

(a)

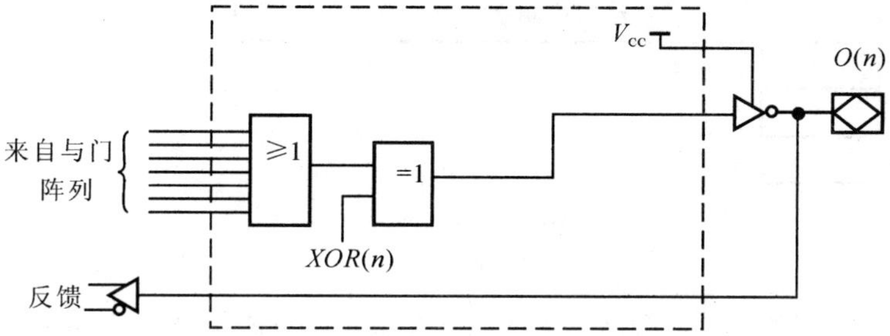

①带反馈(GAL16V8A引脚15，16不能配置成此结构)

(b)

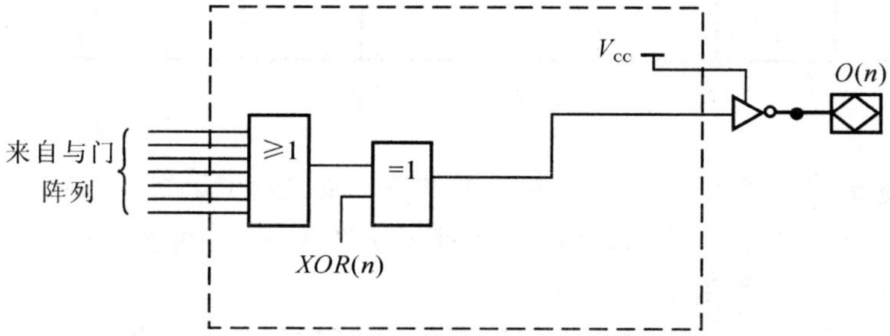

②无反馈 (GAL16V8A引脚15，16可配置成此结构)

(c)

图 9.4.6　简单模式

(a) 专用输入结构； (b) 带反馈专用输出结构； (c) 无反馈专用输出结构

对 GAL 编程时，是逐行进行的，被编程数据以串行方式进入一个 64 位移位寄存器，寄存器装满一行，就对门阵列写一行。

(1) 电子标签 *ES*。设计和调试一个复杂的电子系统，可能需要编程使用多片同类的但功能不同的 GAL 器件。从器件外表是难以区分这些功能各异的同类器件的。GAL 器件为用户提供的电子标签 *ES* 有效解决了这一问题。电子标签由一组 E^2CMOS 存储单元构成，它的行地址为 32，共 64 位。*ES* 存储的内容是由用户定义的任何信息，例如生产标识码，编程器识别码，模式识别码等，通过辨识这些信息，不仅能够识别 GAL 器件的结构和功能，而且还可得到系统研制者、编程器类型等用户进行记忆的信息，大大简化了 GAL 器件在编程、运输、装配、维护过程中的管理工作，图 9.4.8 所示为一个 *ES* 的定义方案。用 *ES* 替代普通标签可以利于产品质量的跟踪,提高产品质量和生产率。

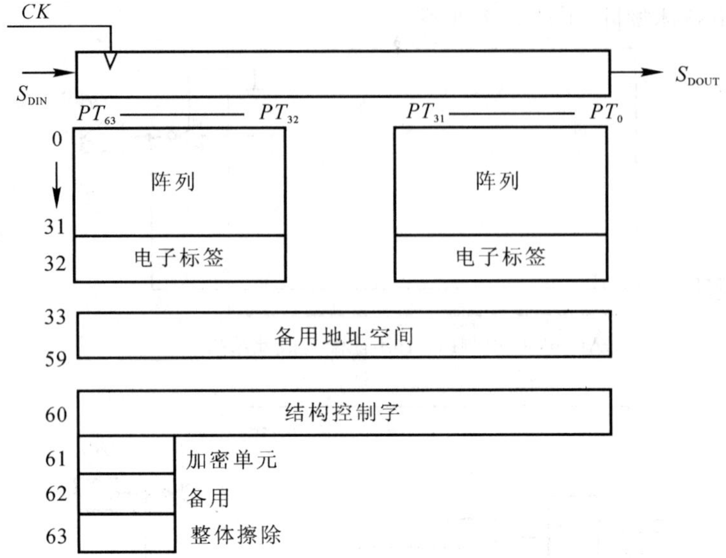

图 9.4.7　GAL16V8A 行地址示意图

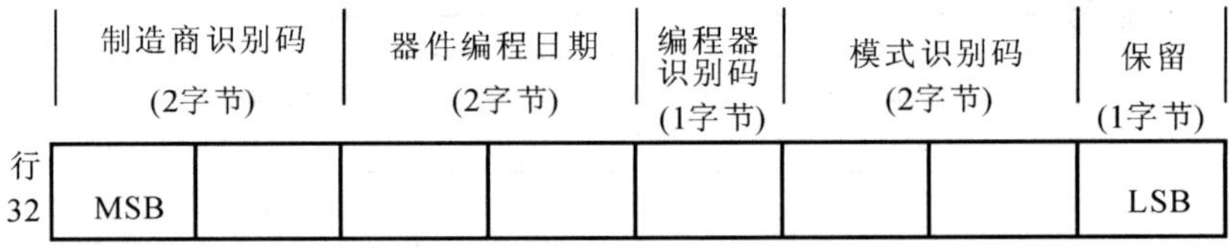

图 9.4.8　典型的 *ES* 字段定义

ES 除了可被反复编程使用外,还具有其他一些特点:如 *ES* 的编程不影响 GAL 器件的逻辑功能和输出结构;GAL 器件被加密后,其阵列数据无法读出,但却可读出电子标签的内容;器件被擦除后,电子标签也自动擦除。

一个设计完好的电子标签可以反映生产流程信息、设计软件版本信息、器件功能信息等内容。这些信息除了可代替人工粘贴的标签外,还可以提高产品质量跟踪能力,因此电子标签是 GAL 器件的重要特性之一。

(2) 加密单元。加密单元,行地址 61,只包含 1 位。这一位被编程后,就禁止对门阵列作进一步编程或验证,以防未获允许而抄袭电路设计。因此,一旦该单元被编程后,就无法测出原始的电路结构。这时用户只有通过电子标签了解有关信息。只有在门阵列整体擦除时才能把此单元擦除掉。

(3) 整体擦除。整体擦除,行地址 63,只包含一位。在编程周期中,对该行寻址并执行清除功能,就可实现对门阵列和结构控制字的整体擦除,同时也擦除了电子标签和加密单元,使得器件恢复到原始状态。

3. GAL 器件的输出缓冲器和输出三态缓冲器

所有 GAL 器件的输入端都设计成与 TTL 电平相兼容的高阻抗输入缓冲器。这些缓冲器要求的输入驱动电流大大低于双极型器件,驱动电路可以有很高的扇出系数,为了提高器件的抗干扰性和降低器件功耗,建议使用时应将所有未用的输入引脚和三态 I/O 引脚接至 V_{CC} 或地。实验经验证明，若不采用上述措施，很可能会导致逻辑出错以至降低系统的可靠性。

GAL 器件的输出均采用了三态缓冲器。

二、GAL 器件的特点

GAL 器件有以下特点。

(1) 采用电擦除工艺和高速编程方法，使编程改写变得方便、快速，整个芯片改写只需数秒钟，一个芯片可改写 100 次以上。

(2) 采用输出逻辑宏单元 OLMC，使得 GAL 器件对复杂逻辑门设计具有极大的灵活性。

(3) 采用 E^2CMOS 工艺，保证 GAL 的高速度和低功耗。存取速度为 12 ～ 40 ns，功耗为 90 mA 或 45 mA，编程数据可保存 20 a 以上。

(4) 可预置和加电复位全部寄存器，具有 100% 的功能可测试性。

(5) 具有电子标签(ES)，方便了文档管理，提高了生产效率。

(6) 具有加密单元，可防止抄袭电路的设计。

由于以上特点，采用 GAL 器件给系统设计提供了很大的灵活性，提高了系统的可靠性。

第五节　现场可编程门阵列（*FPGA*）

现场可编程门阵列（FPGA）是 20 世纪 80 年代后期发展起来的一种可编程的大规模集成器件。FPGA 具有保密性强、体积小、重量轻、可靠性高等专用集成电路 ASIC 的共同优点，是一种新型的 ASIC 产品。它除了具有门阵列的高速、高密度和 PLD 的现场可编程特性外，与普通集成电路以及门阵列等其他 ASIC 相比，又具有设计开发周期短，设计制造成本低，开发工具先进，标准产品无需测试、质量稳定和可实时在线校验等优点。它不但被应用于产品原型设计，还被用于产品的生产，当做门阵列等 ASIC 的设计验证工具，同时也在成为标准单元 ASIC 器件原型设计的最佳途径。近年来，在计算机逻辑运算与接口电路，数字化仪表、图像系统，数字通信等领域中 FPGA 已成为最热门的 ASIC 产品之一。

一、FPGA 的分类

不同厂家，不同型号的 FPGA 各有其结构特色，但就其基本结构来分析，大致有两种分类方法。

1. 按基本结构分类

(1) PAL 结构扩展型。PAL 结构扩展型是在 PAL 结构基础上加以改进和扩展，研制出的类似 PAL 结构和扩展型的 FPGA。PAL 是由可编程的“与阵列”和固定的“或阵列”构成的，它的输出乘积项数固定，互连方式不灵活，I/O 引脚与触发器数目少，应用开发不方便，芯片电路的资源利用率较低。针对 PAL 结构的缺点，FPGA 大幅度地增加了触发器的数目和 I/O 管脚数，并增设了灵活多变的可编程阵列，减少了每个输出的乘积项数，提高了资源利用率，并可用单一的“与非门”或者“或非门”阵列代替原 PAL 器件中的“与或”阵列，实现多级逻辑功能。这类 FPGA 无需用户布局布线，电路的延迟亦与连线无关。

(2) 标准门阵列逻辑单元型。这类 FPGA 的体系结构与门阵列相似。芯片四周是与管脚相连的 I/O 单元，中央是逻辑单元阵列，逻辑单元之间是互连阵列，这些资源都可由用户进行编程。该类 FPGA 的电路核心是组态的逻辑块，故而称其为逻辑单元型。其最大优点是：第一，通过对逻辑单元的编程，用户可确定每个逻辑单元所实现的功能；第二，通过编程互连资源，用户确定 I/O 单元之间、I/O 单元与逻辑单元之间、逻辑单元与逻辑单元之间的互连关系，从而实现复杂的逻辑功能；第三，由于这类 FPGA 有以逻辑单元或宏单元为核心的规则的阵列结构，适于采用 CMOS 工艺制造，所以兼有高集成度与高速度的双重优点。

2. 按编程次数分类

（1）一次编程型。一次编程型 FPGA 是指采用反熔丝技术的 FPGA。它的工艺技术决定了它体积小、集成度高、互连线特性阻抗和寄生电容较小，可以获得较高的速度等优点；另外它还有加密位、反拷贝、抗辐射、抗干扰、不需外接 PROM 或 EPROM 的特点，适合航天、军事、工业等各领域。缺点是只能一次编程，且需要专用的编程设备。

（2）重复编程型。重复编程型 FPGA 采用静态 RAM（SRAM）编程技术，是目前最流行的编程技术。SRAM 编程技术是把 FPGA 芯片中每个逻辑块的功能以及它们之间的互连模式由存储在芯片中的 SRAM 存储单元的构造数据决定。由于 SRAM 是易失性的，因此必须在每次加电时重新装入构造数据。SRAM 编程技术的最大优点是其无限次可重复快速编程能力和在线可重构系统能力，因此特别适合于产品样机设计，而且用户可以随时修改设计而不会增加芯片成本。SRAM 编程工艺的最大缺点是芯片体积较大。

二、FPGA 的结构和工作原理

1. 逻辑单元型 LCA 系列

因为 FPGA 的核心是由可组态的逻辑块 CLB 组成，所以称之为逻辑单元阵列 LCA。其电路结构有：内部是一个相交的二维可编程逻辑块阵列和固定互连线，CLB 像方块一样分布在芯片中央，外围是与管脚相连的输入输出块（IOB），如图 9.5.1 所示。它采用静态 RAM 技术，可重复编程。LCA 的性能一般可由电路的集成度和翻转频率来衡量。典型同步系统的时钟频率不超过翻转频率的 30% ～ 40%。

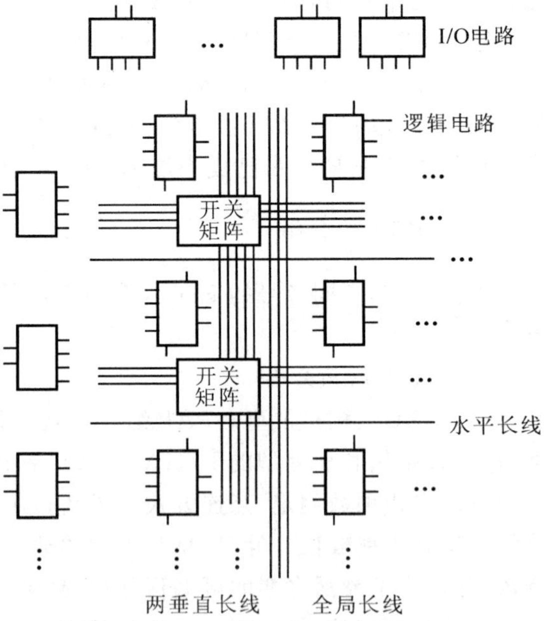

图 9.5.1　Xilinx 公司的 LCA 结构

美国 Xilinx 公司目前是世界上最大的逻辑单元型 FPGA 芯片生产厂家，其产品有三大系列：

（1）1985 年推出的第一代 LCA 产品 XC2000 系列。其 CLB 由组合函数发生器和一个存储单元组成。其函数发生器能实现 4 输入布尔方程，复杂度相当于 800 ～ 1 200 门。

（2）1987 年推出的第二代 LCA 产品 XC3000 系列。CLB 中的函数发生器允许输入的变量增多，存储单元增加到两个，复杂度相当于 1 300 ～ 10 000 门，系统时钟频率高达 80 MHz。

（3）1991 年推出的第三代产品 XC4000 系列。其逻辑块结构更加复杂，功能更加灵活，输入输出块的功能和互连性能增强，等效门达到 20 000 个，系统时钟频率高达 50 MHz。

2. FPGA 内部结构和工作原理

Xilinx 公司的 FPGA 芯片采用 CMOS 工艺，结构属于 LCA，可重复编程，在系统加电后或命令执行时，由 LCA 自动从片外 EPROM 中读入构造数据，也可以在操作系统环境下从磁盘文件加载。因此，LCA 不需要专用的编程器，特别适合于设计经常需要修改的应用环境。现以 XC3020 为例简要介绍其内部结构和工作原理。

FPGA (XC3020) 是由构造代码存储器和 IOB，CLB 和互连资源等三种可构造单元组成。其结构见图 9.5.2。

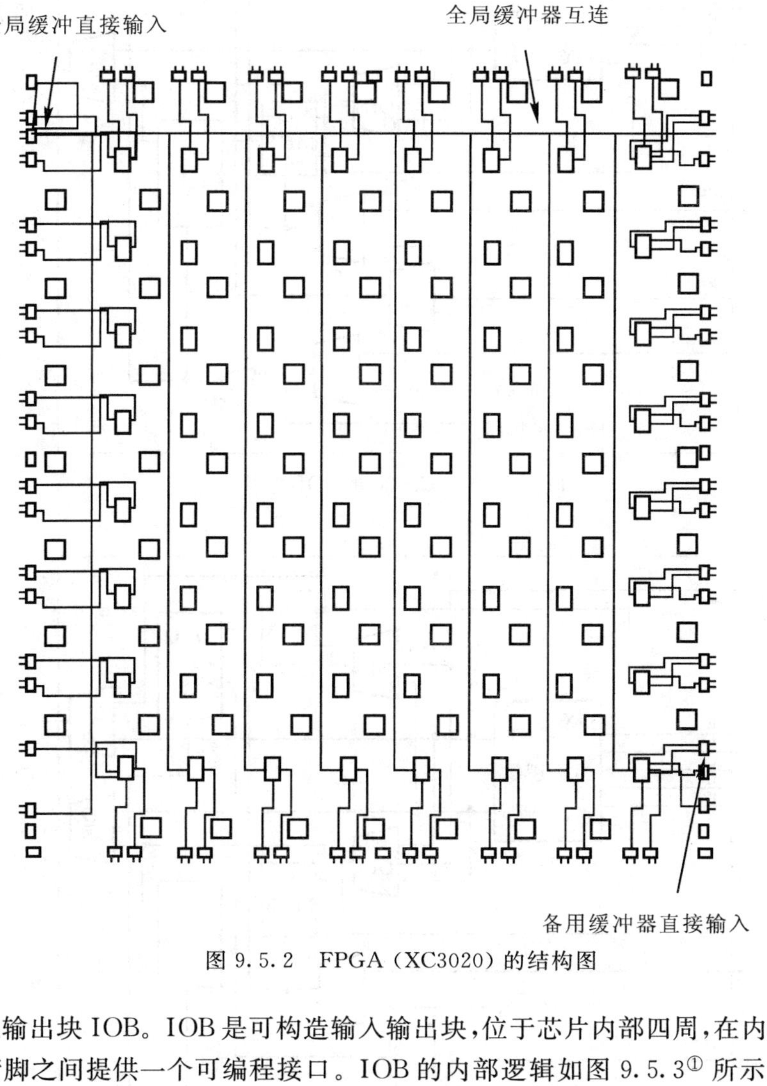

图 9.5.2　FPGA (XC3020) 的结构图

(1) 输入输出块 IOB。IOB 是可构造输入输出块，位于芯片内部四周，在内部逻辑阵列与外部芯片封装管脚之间提供一个可编程接口。IOB 的内部逻辑如图 9.5.3[①] 所示。可以看出 IOB 主要由逻辑门、触发器和控制单元组成。它可编程为输入、输出和双向 I/O 三种工作方式。处于输入组态时，外输入信号 (TTL 或 CMOS 电平) 经转换器转换成内部要求的逻辑电平后直接或通过输入缓冲器送入芯片内部；处于输出组态时，输出信号经过极性控制异或门、输出缓冲

① 图 9.5.3 ～ 图 9.5.5 取自器件说明书，图形符号为国外流行符号，读时请对照书后附录二。

寄存器（可跨越）和三态缓冲电路送至 I/O 端；处于双向模式时，由三态控制信号控制其方向。缓冲寄存器的时钟可在 CK1，CK2 中挑选，其极性也可选择，但 CK1 和 CK2 是芯片某一条边上的 IOB 共用的。

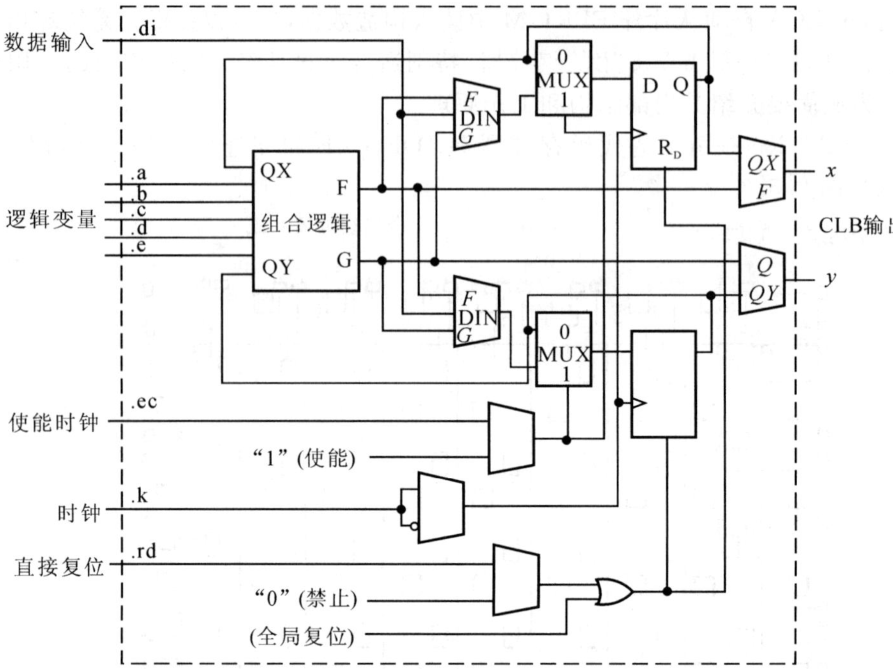

图 9.5.3　XC3020 的 IOB 结构

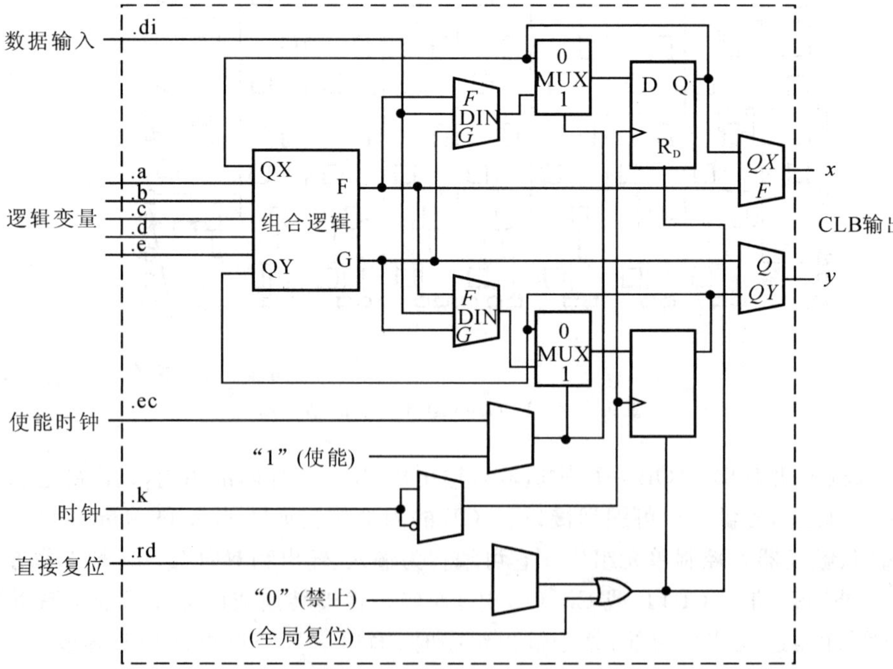

图 9.5.4　XC3020 的 CLB 结构

(2) 可组态逻辑块 CLB。CLB 是可组态逻辑块。它是组成 FPGA 的核心阵列，完成用户指定的逻辑功能。CLB 主要由组合逻辑、寄存器、选择器和控制单元组成，它的内部结构图如图 9.5.4 所示。

组合逻辑用一个方框表示，它有 A,B,C,D,E 五个外部输入和 QX,QY 两个触发器反馈输入，有 F 和 G 两个输出。该电路实际上是一个 5 变量输入的 PROM 系列，可以实现 5 变量的任意函数或两个 4 变量的任意函数。通过编程可以得到图 9.5.5 所示各种连接方式。从图中的连接可以看到 F,G 的输出对 QX,QY 而言是可以共享的。

CLB 中有两个触发器 QX,QY，它们的激励输入可以来自外部数据输入，也可以来自组合逻辑输出 F 和 G。其时钟由外部提供，极性可编程。触发器的输出可以送至相应的输出端，也可反馈到组合逻辑阵列。如该 CLB 用做组合电路，则可由组合逻辑阵列跨越触发器直接输出。

触发器的复位方式有外信号直接复位和芯片内部全局复位两种。输入 k 为公共时钟，极性可编程，ec 为时钟使能端，使能时钟为低电平时，触发器保持现态，不响应输入数据或 CLB 的组合函数输入。

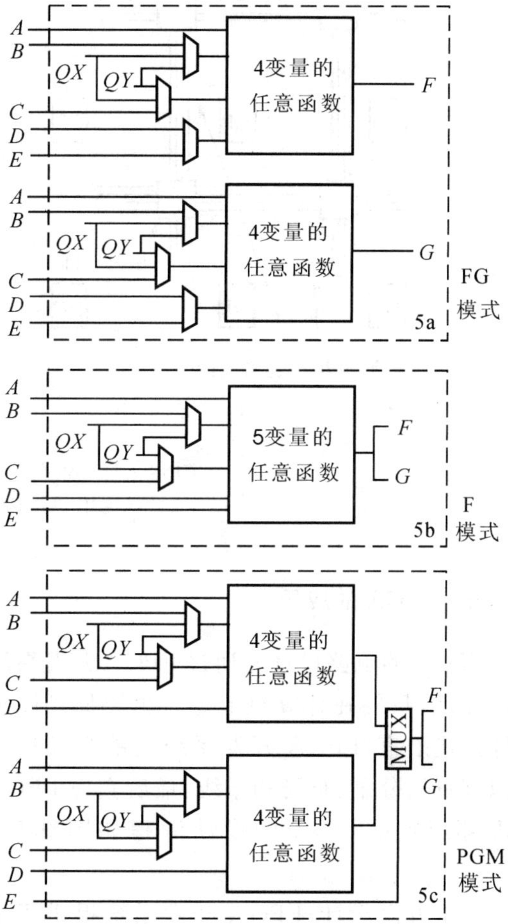

图 9.5.5　XC3020 的 CLB 连接方式

(3) 可编程互连资源。LCA 中的可编程互连资源提供布线通路，将 IOB 和 CLB 的输入和输出连接到逻辑网络上，实现系统的逻辑功能。块间互连资源由两层金属线段构成。开关晶体管形成了可编程互连点 PIP 和开关矩阵 SM，用以实现金属线段和块引脚的连接。

① 开关矩阵 SM：FPGA 中可编程互连 (PI) 中有一种通用连线，它们 5 根一排，整齐地铺设在 CLB 矩阵行与行、列与列之间的网格上，CLB 的输出可以通过就近的"通用 PI"送往其他 CLB 或 IOB。所谓开关矩阵 SM，就是这些通用 PI 交接处的转换控制逻辑，每边有 5 个连接点，它们之间有图 9.5.6 (b) 所示的 20 种转换方式，依靠 SM 的转换，可以将某 CLB 的输出以接力方式，用 PI 一段一段地传送到芯片的任一位置。

② 其他可编程互连 (PI)：FPGA 芯片上除了通用 PI 外，还有其他两种可编程连线：直接 PI 和长线 PI。直接 PI 是每个 CLB 与相邻的 4 个 CLB 之间及最外层 CLB 与相邻 IOB 间的互连，如图 9.5.7 所示。长线 PI 则是贯穿整个芯片的连接线，如图 9.5.8 所示。

这两种 PI 及通用 PI 与各 CLB，IOB 之间靠可编程开关连接，而这些开关的通断靠对应的可组态的存储器控制。可组态存储器是静态存储器 (SRAM)，具有高度的可靠性、抗干扰能力和综合可测能力，它们被置位后便不会变化。但一旦断电，该存储器中存储的关于开关通、断的信息便全部丧失。因此FPGA不能单独使用，必须配上一块EPROM，将所有编程信息保存在EPROM中，每次通电时，首先将EPROM中的编程信息传送到FPGA中的可组态存储器中，然后才能投入运行。

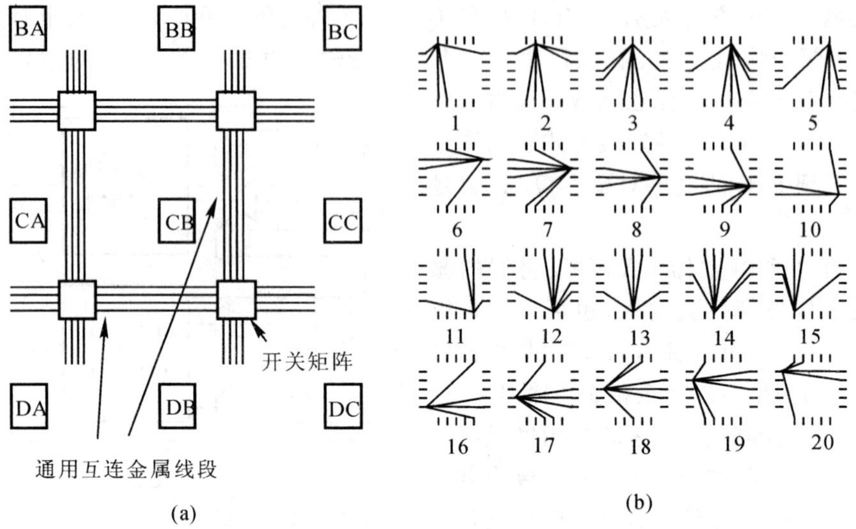

图 9.5.6 XC3020 的通用 PI 和 SM 结构

(a) 通用 PI 结构；(b) SM 转换方式

三、FPGA 的应用

FPGA 的电路设计是通过 FPGA 开发系统来实现的。用户无须了解 FPGA 的内部构造和工作原理，只要在计算机上输入电路原理图或硬件描述语言，FPGA 开发系统就能自动进行模拟、验证、分割、布局和布线，最后实现 FPGA 的内部配置。FPGA 的设计流程如图 9.5.9 所示。

为了方便设计，FPGA 开发系统提供了丰富的单元库和宏单元库，例如：基本逻辑单元库、74 系列宏单元库、CMOS 宏单元库等，并且还提供了基本器件系列中没有的单元，如 64 位全加器等。用户可以任意选用任何库中的任意单元去实现所需的逻辑功能。由于FPGA是一种大规模集成电路，集成度高，容量大，它可以将许多逻辑单元连接起来，在一片 FPGA 上实现复杂的逻辑功能，用单片实现一个系统。

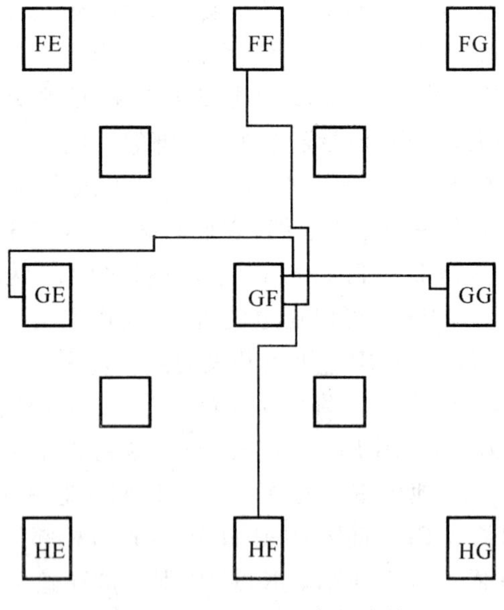

图 9.5.7 XC3020 中的直接 PI

通过以上讨论可以看出，FPGA 借助软件开发系统，实现了硬件设计的软件化，无须选购器件，无须组装系统，自动模拟代替了复杂的调试，全部操作都在计算机上进行，以一块芯片实现一个系统,它的设计简单,开发周期短,设计可靠性高。

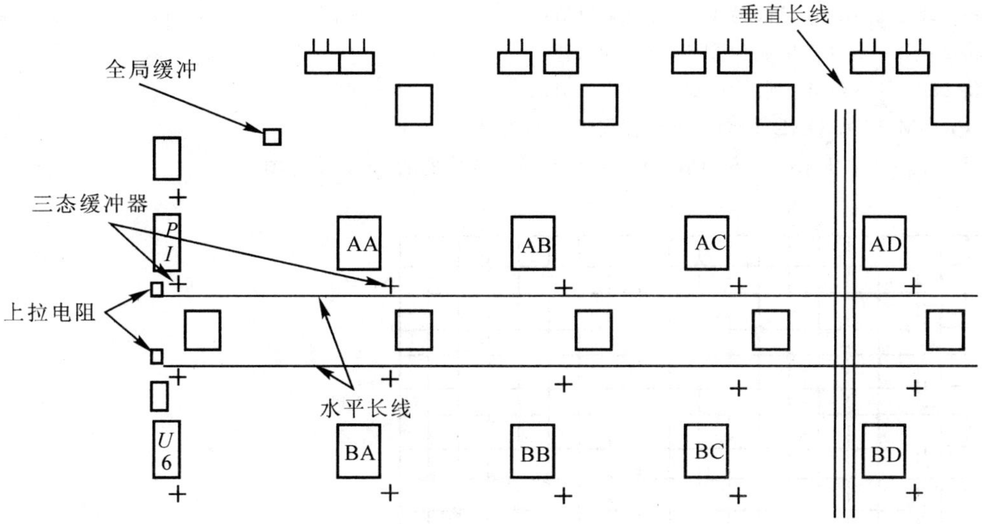

图 9.5.8 XC3020 中的长线 PI

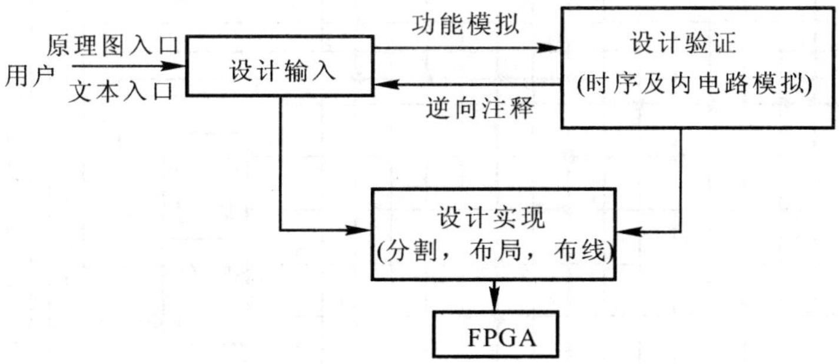

图 9.5.9 FPGA 设计流程图

习 题 九

1. 用 ROM 实现下列代码转换。

(1) 8421BCD 码转换成余 3 码;

(2) 余 3 码转换成 5421BCD 码。

2. 用 ROM 和 PLA 实现下列各输出函数。

$F_1 = \bar{A}BCD + A\bar{C}\bar{D} + \bar{B}CD$

$F_2 = A + B + C$

$F_3 = \bar{A}B + A\bar{B} + \bar{C}D + C\bar{D}$

$F_4 = (A + B + CD)(\bar{A} + B + \bar{C}D) + \bar{A}\bar{B}\bar{C}$

3. 用 PLA 重做题 1。

4. 用 PLA 实现全减器,画出阵列图。

5. 用组合 PLA 及 JK 触发器设计 5421BCD 码的二-十进制计数器及七段显示译码电路,画出阵列图。

6. 完成 ROM 的扩展。

(1) 将 256×1 ROM 扩展为 1 024×1 ROM;

(2) 将 256×1 ROM 扩展为 256×8 ROM;

(3) 将 256×1 ROM 扩展为 1 024×8 ROM。

7. 比较 PROM,PLA,GAL,FPGA 可编程器件各自的特点。

8. 试分析如图 P9.1 所示的可变模值,复位为 0 的同步计数器的 PLA 阵列图。

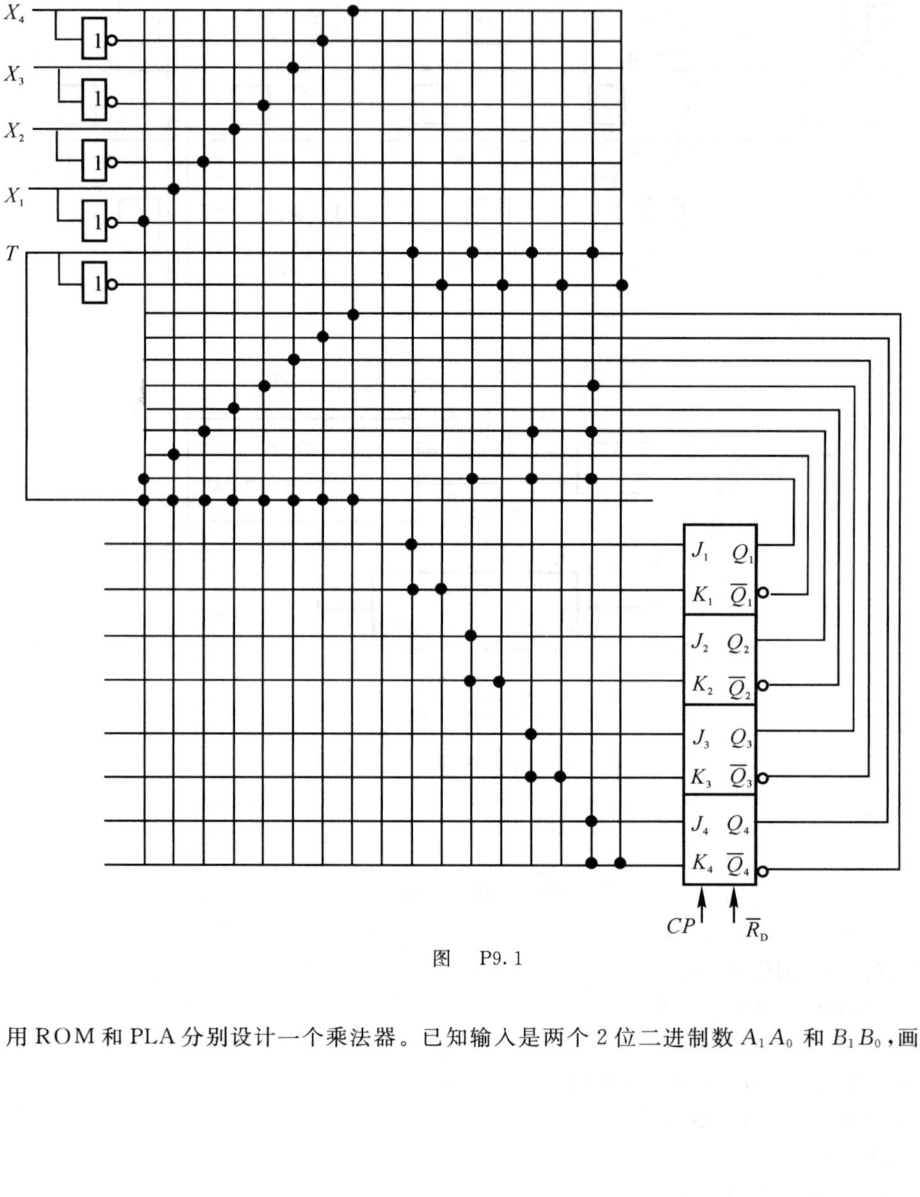

图 P9.1

9. 用 ROM 和 PLA 分别设计一个乘法器。已知输入是两个 2 位二进制数 A_1A_0 和 B_1B_0,画出阵列图。

第十章　在系统可编程技术及其器件的原理与应用

在系统可编程(In－System Programmable)技术是20世纪80年代末Lattice公司首先提出的一种先进的编程技术。所谓“在系统编程”是指对器件、电路板或整个电子系统的逻辑功能可随时进行修改或重构的能力。这种重构或修改可以在产品设计、制造过程中的每个环节，甚至在产品卖给用户之后进行。支持ISP技术的可编程逻辑器件称为在系统可编程逻辑器件。

在系统可编程逻辑器件不需要使用编程器，只需要通过计算机接口和编程电缆，直接在目标系统或印刷线路板上进行编程。可先装配、后编程。因此ISP技术有利于提高系统的可靠性，便于系统板的调试和维修。

第一节　在系统编程的基本原理

ISP技术是一种串行编程技术。下面以Lattice公司的ispLSI器件为例说明其编程原理。

ispLSI器件的编程结构如图10.1.1所示。器件的编程信息数据用E^2CMOS单元存储，E^2CMOS单元按行和列排成阵列，编程时通过行址和数据位对E^2CMOS单元寻址。

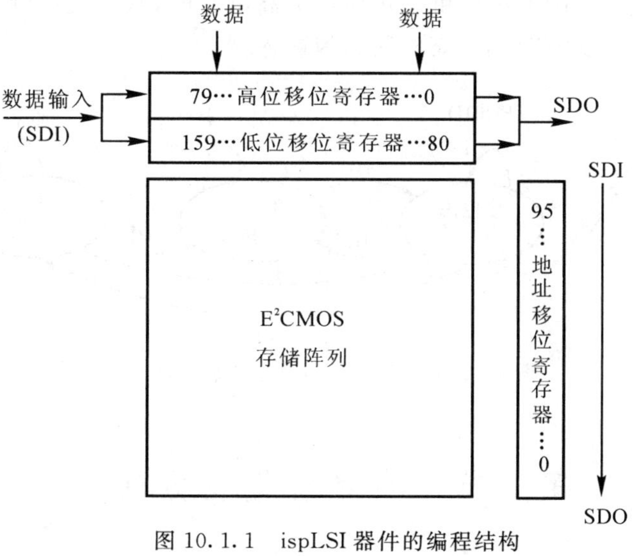

图10.1.1　ispLSI器件的编程结构

地址移位寄存器和数据移位寄存器完成编程的寻址和移位操作。这两种寄存器都按先入先出的方式工作。数据移位寄存器按低位字节和高位字节分开操作。

由于器件是插在目标系统中或线路板上进行编程，因此在系统编程的关键是编程时如何使芯片与外系统脱离。从图 10.1.2 所示的编程接口可以看到，计算机和 ispLSI 的编程接口有 5 根信号线，它们起到了传递编程信息的作用。其$\overline{\text{ispLSI}}$是编程使能信号。当$\overline{\text{ispLSI}}=1$时，器件为正常工作状态；当$\overline{\text{ispLSI}}=0$时，器件所有 I/O 端被置成高阻状态，因此割断了芯片与外电路的联系，避免了被编程芯片与外电路的相互影响。SDI 向串行移位寄存器提供编程数据和其他命令；SDO 为数据输出线；MODE 为编程状态机的控制线；SDI 同时为模式控制线，同 MODE 一起为编程状态机的控制线；SCLK 为串行时钟线。

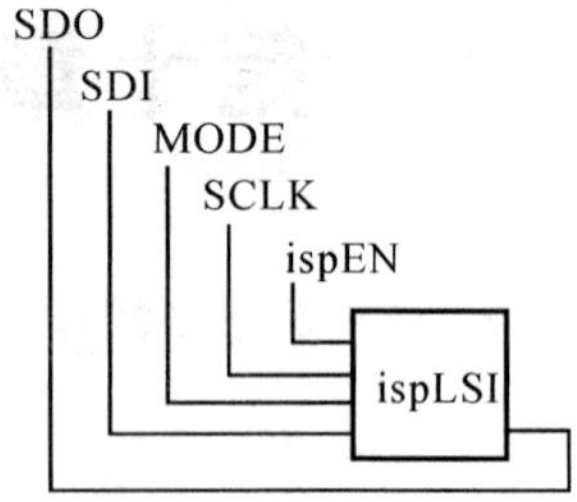

图 10.1.2　编程连接口

SDI 具有双重功能，首先是作为器件的串行移位寄存器的数据输入端；其次它与 MODE 一起作为编程状态机的控制信号。SDI 的功能受 MODE 控制。当 MODE 为低电平时，SDI 作为移位寄存器的串行输入端；当 MODE 为高电平时，SDI 为编程状态机的控制信号。

ISP 状态机共有三个状态：闲置态、移位态和执行态，其状态转换图如图 10.1.3 所示。

ispLSI 器件内部设有控制编程操作的时序逻辑电路，其状态受 MODE 和 SDI 信号的控制。器件进入 ISP 编程模式时，首先激活闲置态。在编程模式，器件空闲或读器件标识时(每种类型的 ISP 器件都有惟一的八位标识码 ID)，状态机处在闲置态。当 MODE 和 SDI 都为高电平，且 ISP 状态机处在时钟跳变沿时，状态转移到命令移位态。移位态主要是把指令装入状态机。在移位态下，当 MODE 处于低电平时，SCLK 将指令移进状态机。指令一装入状态机，状态机就转移到执行态，以执行指令，将 MODE 和 SDI 均置为高电平，状态机就从移位态转移到执行态。若需要使状态机从移位态转移到闲置态，则将 MODE 置为高电平，SDI 置为低电平。执行态主要使状态机执行在移位态已装入器件的指令。执行一个指令时，MODE 置为低电平，SDI 置为任意态。将 MODE 和 SDI 均置为高电平时，状态机回到移位态；将 MODE 置为高电平、将 SDI 置为低电平时，状态机回到闲置态。

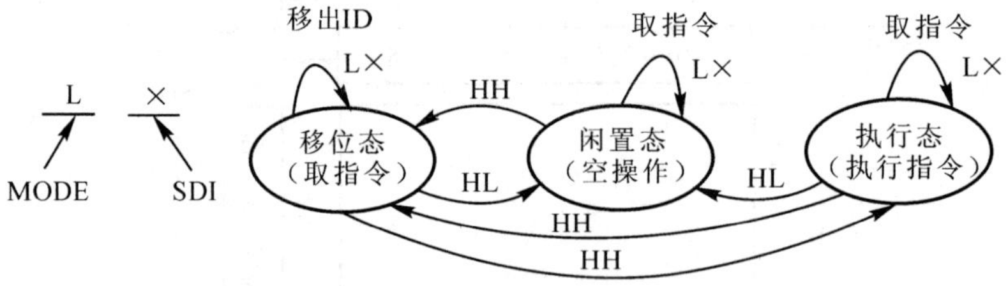

图 10.1.3　ISP 编程操作状态转换图

第二节　在系统编程方法

在系统可编程逻辑器件从编程元件上来分有两类：一类是非易失性元件的 E^2CMOS 结构

或快闪存储单元结构的可编程逻辑器件;另一类是易失性元件的 SRAM 结构的 FPGA 器件。FPGA 器件和 ispLSI 都可以实现系统重构。目前在系统编程的实现方法有以下三种。

1. 利用计算机接口和下载电缆对器件编程

图 10.2.1 所示是利用计算机并行口向用户目标板提供编程信号的电路。一种方法要在 ISP 器件的开发软件支持下进行。可利用并口的 ByteBlaster 并行下载。另一种方法是脱离 ISP 的开发环境,根据编程时序的要求,利用自己的软件向 ISP 器件写入编程数据。前者适应 Altera 公司的 CMOS 结构的 MAX 7000 系列器件或 SRAM 结构的 FLEX 系列器件。后者多适用于 SRAM 结构的 FPGA 器件。

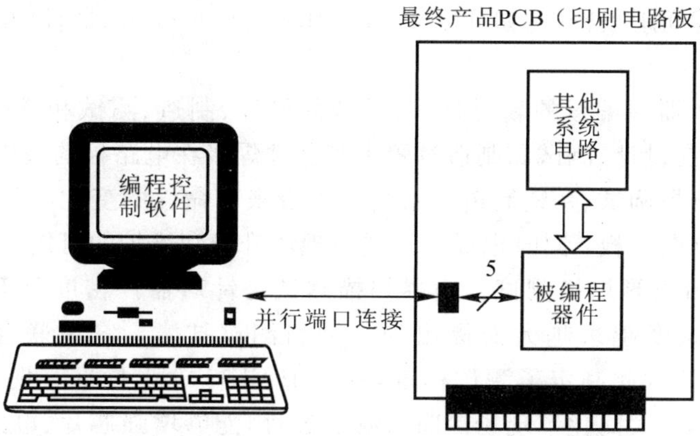

图 10.2.1 用计算机并行口进行 ISP 编程

2. 多芯片 ISP 编程

ISP 器件有一种特殊的串行编程方式,称为菊花链结构,如图 10.2.2 所示。其特点是各片共用一套 ISP 编程接口,每片的 SDI 输入端与前一片的 SDO 输出端相连,最前面一片的 SDI 端和最后一片的 SDO 端与 ISP 编程口相连,构成一个类似移位寄存器的链形结构。链中器件数可以很多,只要不超出接口的驱动能力即可。

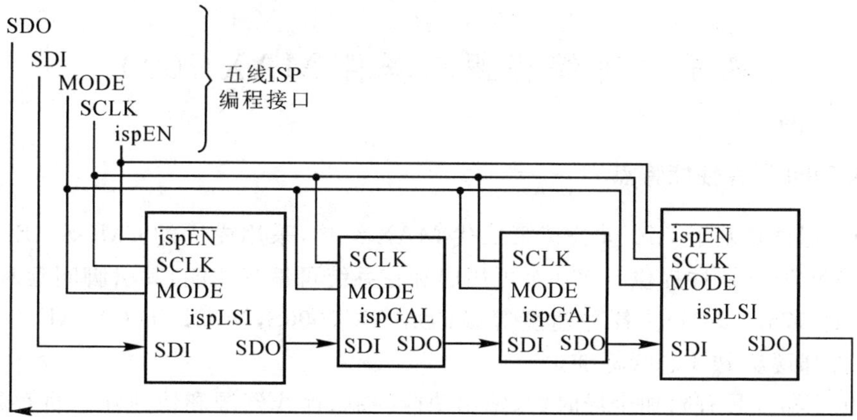

图 10.2.2 菊花链编程结构

3. 利用目标板上的单片机或微处理器对ISP器件编程

这种在系统编程方法是将编程数据存储在目标板上的EPROM中，当目标板通电时自动对ISP器件进行编程。编程的关键在于提供准确定时的ISP编程时钟。

此种编程方法多适用于易失性的SRAM结构的FPGA器件。

第三节　在系统编程技术的优越性

(1) ISP技术可以完全摆脱编程器，并且可解决传统可编程器件难以解决的问题。例如多个器件同时编程、管脚间距很密（例如TQFP的间隙不到0.6 mm）、器件的编程和管脚弯曲等问题。

(2) ISP技术开始了器件编程的新时代，对系统的设计、制造、测试和维护产生了重大影响。由于ISP器件允许在设计、测试和制造过程中和器件焊接在电路板的条件下重构系统，这种能力给样机设计、电路板调试、系统制造和系统升级带来革命性的变化。例如，它简化了生产流程，可免去重做印刷电路板，同时也提供了遥控现场升级和维护的可能。

(3) ISP器件可采用边界扫描测试。边界扫描测试是针对器件密度及I/O口数量的增加，信号注入和测试的难度越来越大而提出的一种新测试技术。它由联合测试活动组织(JTAG)提供，后由IEEE对此制定了测试标准，称为IEEE1149.1标准。现在已有多种ISP器件支持边界扫描技术，大大简化了现场诊断与测试过程，能够增强芯片、电路板甚至系统的可测试性。又因边界扫描测试串行通道和控制引脚还兼用做ISP编程，一套接口电路可供两用，使测试效率大大提高，生产总成本下降。

(4) 为今后系统重构提供了新思路。采用ISP技术，使系统内硬件像软件一样通过编程来配置，从而在电子系统内引入“软”硬件的全新概念。它不仅可以使电子系统的设计和产品性能的改进以及扩充变得十分简便，还使新一代电子系统有极强的灵活性和适应性。例如利用ispLSI可重复再配置的功能使单个硬件实现多任务、多功能的要求，从而使系统用较少的部件和硬件实现较多的功能。并能在多个系统功能之间动态地进行互换。因此ISP为系统重构的发展提供了新思路，被称为在最终用户产品中实现“设计的可再编程性”的时代已经到来。

第四节　可编程逻辑器件MAX 7000

一、MAX 7000器件性能特点

MAX 7000器件是基于Altera公司第二代MAX结构，采用先进的CMOS EEPROM技术制造的。MAX 7000器件提供5 000个可用门和在系统可编程功能，其引脚间延时达5 ns，计数器频率高达175.4 MHz。各种速度等级的MAX 7000S，MAX 7000A/AE/B和MAX 7000E系列器件都遵从PCI总线标准。

MAX 7000E器件具有附加全局时钟、输出使能控制、连线资源和快速输入寄存器及可编程的输出电压摆率控制等增强特性。MAX 7000S器件除了具备MAX 7000E的增强特性之外，还具有JTAG BST边界扫描测试、ISP在系统可编程和漏极开路输出控制等特性。

MAX 7000器件可100%兼容TTL，可以高密度地集成SSI(小规模集成)、MSI(中规模集

成)和 LSI(大规模集成)等器件的逻辑,也可以集成多种可编程逻辑器件,其范围从 PAL, GAL,220V10 一直到 MACH 和 PLSI 器件。MAX 7000 在速度、密度和 I/O 资源方面可与通用的掩膜式门阵列相媲美,可用做门阵列的样片设计。MAX 7000 有多种封装类型,包括 PLCC,PGA,PQFP,RQFP 和 TQFP 等。

MAX 7000 器件采用 CMOS EEPROM 单元实现逻辑功能。这种用户可编程结构可以容纳各种各样的、独立的组合逻辑和时序逻辑功能。在开发和调试阶段,可快速而有效地反复编程 MAX 7000 器件,并保证可编程、擦除 100 次以上。

MAX 7000 器件提供可编程的功耗/速度优化特性在允许设计者把一个或多个宏单元配置在 50%或更低的功耗下而仅增加了一个微小的延迟。MAX 7000 提供了一个能减小输出缓冲器电压摆率的配置项,以降低没有速度要求的信号状态切换时的瞬态噪声。除 44 脚的器件之外,所有的 MAX 7000 器件的输出驱动器均以配置在 3.3 V 或 5.0 V 电压下工作。MAX 7000 允许用于混合电压的系统中。

表 10.4.1 是 MAX7000 系列典型器件性能对照表。

表 10.4.1　MAX 7000 系列典型器件性能对照表

特　性	EPM7032 EPM7032S	EPM7064 EPM7064S	EPM7128S EPM7128E	EPM7192E EPM7192E	EPM7256S EPM7256E
器件门数	1 200	2 500	5 000	75 000	10 000
典型可用门	600	1 250	2 500	3 750	5 000
宏单元	32	64	128	192	256
逻辑阵列块	2	4	8	12	16
I/O 引脚数	36	68	100	124	164

二、MAX 7000 S/E 器件结构

MAX 7000 S/E 器件包括逻辑阵列块、宏单元、扩展乘积项(共享和并联),可编程连线阵列和 I/O 控制块五部分。MAX 7000 S/E 还含有四个专用输入,它们既可用做通用输入,也可作为每个宏单元和 I/O 引脚的高速、全局控制信号:时钟(clock)、清除(Clear)及两个输出使能(Output Enable)信号。MAX 7000 S/E 器件的结构如图 10.4.1 所示。

1. 逻辑阵列块

MAX 7000 S/E 器件主要由高性能的逻辑阵列模块(简称 LAB)以及它们之间的连线通道组成。如图 10.4.1 所示,每 16 个宏单元阵列组成一个 LAB,多个 LAB 通过可编程互连阵列(PIA)连接在一起。PIA 即全局总线,由所有的专用输入、I/O 引脚以及宏单元馈给信号。

每个 LAB 包括以下输入信号:

(1) 来自 PIA 的 36 个通用逻辑输入信号。

(2) 用于辅助寄存器功能的全局控制信号。

(3) 从 I/O 引脚到寄存器的直接输入信号。

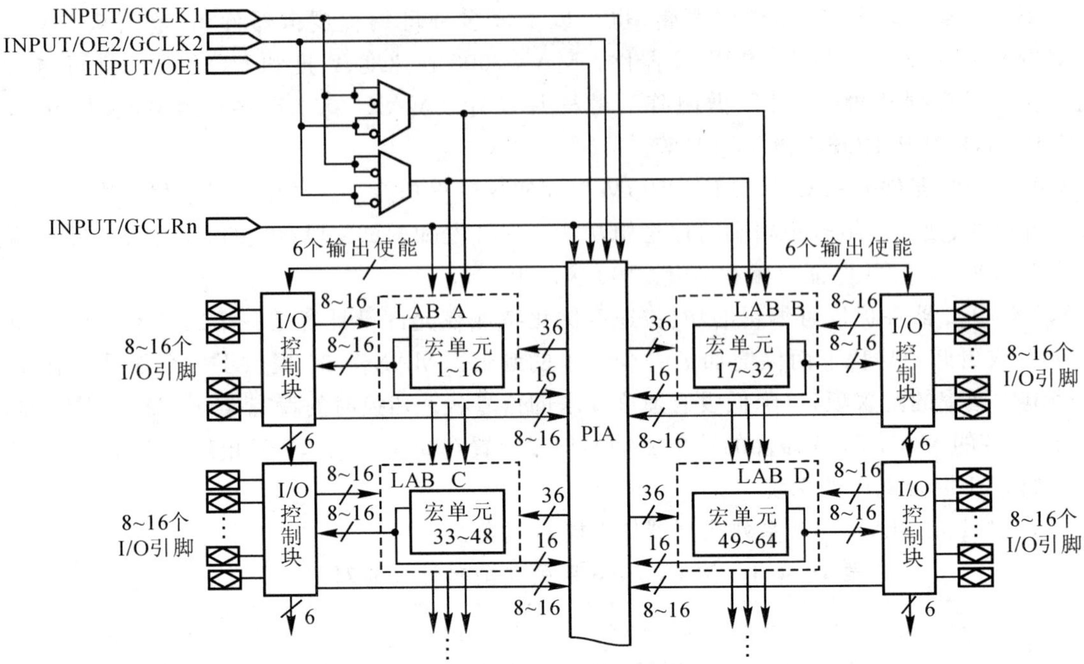

图 10.4.1　MAX7000S/E 器件结构

2. *宏单元*

器件的宏单元可以单独地配置成时序逻辑或组合逻辑工作方式。每个宏单元由逻辑阵列、乘积项选择矩阵和可编程寄存器等三个功能块组成。MAX 7000 S/E 器件的宏单元结构如图 10.4.2 所示。

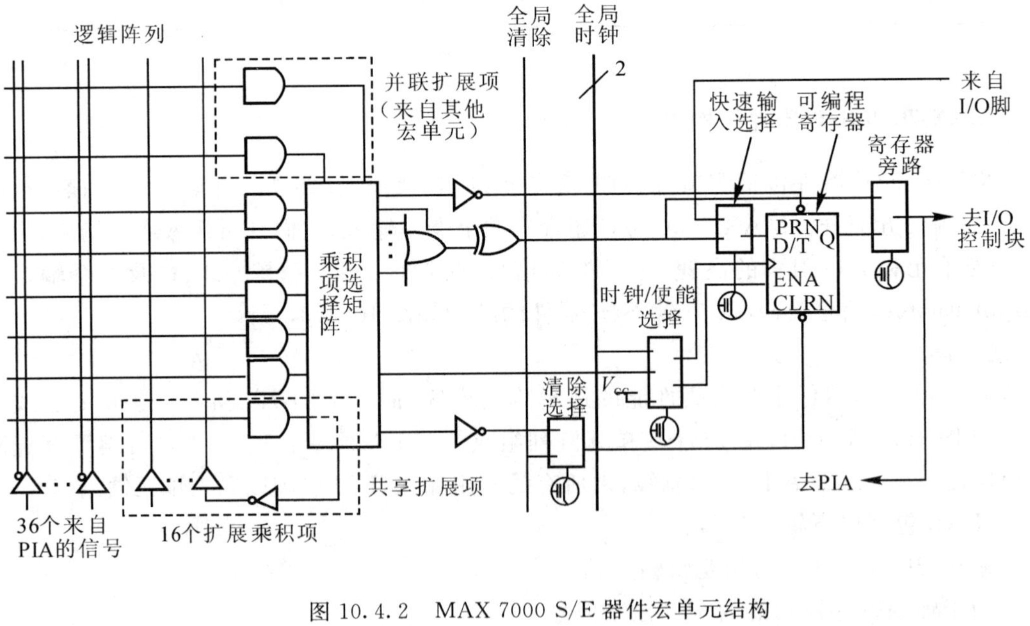

图 10.4.2　MAX 7000 S/E 器件宏单元结构

逻辑阵列用来实现组合逻辑，它为每个宏单元提供五个乘积项。乘积项选择矩阵把这些乘积项分配到“或”门和“异或门”作为基本逻辑输入，以实现组合逻辑功能；或者把这些乘积项作为宏单元的辅助输入实现寄存器清除、预置、时钟和时钟使能等控制功能。两种扩展乘积项可用来补充宏单元的逻辑资源。

(1) 共享扩展项：反馈到逻辑阵列的反向乘积项。

(2) 并联扩展项：供临近的宏单元中的乘积项。

根据设计的逻辑需要，Quartus 和 MAX+PLUSⅡ能自动地优化乘积分配。

作为触发器功能，每个宏单元寄存器可以单独编程为具有可编程时钟控制的 D,T,JK 或 RS 触发器的工作方式。每个宏单元寄存器也可以被旁路掉，以实现组合逻辑工作方式。在设计输入时，设计者指明所需的触发器类型，然后由 Quartus 和 MAX+PLUSⅡ为每一个触发器功能选择最有效的寄存器工作方式，以使设计所用资源最少。

每一个可编程寄存器时钟可配置成三种不同方式：

(1) 全局时钟：这种方式能实现从时钟到输出最快的性能。

(2) 带有高电平有效的时钟使能的全局时钟：这种方式为每个寄存器提供使能信号，仍能达到全局时钟的快速时钟到输出的性能。

(3) 乘积项时钟：在这种方式下，寄存器由来自隐埋的宏单元或 I/O 引脚的信号进行时钟控制。

图 10.4.1 所示的 MAX 7000 S/E 可有两个全局时钟信号，它们可以是专用引脚 GCLK1,GCLK2，也可以是 GCLK1,GCLK2 反相信号。

每个寄存器还支持异步清除和异步置位功能。如图 10.4.2 所示，由乘积项选择矩阵分配乘积项来控制这些操作。虽然乘积项驱动寄存器的置位和复位信号是高电平有效，但在逻辑阵列中将这些信号反相可得到低电平有效的控制。此外，每个寄存器的复位功能可以由低电平有效的、专用的全局复位引脚 GCLRn 信号来驱动。

所有 MAX 7000E 和 MAX 7000S 器件的 I/O 引脚都有一个宏单元寄存器的快速通道。这个专用通道可以旁路掉 PIA 和组合逻辑，直接驱动具有极快输入建立时间(2.5 ns)的输入 D 触发器。

3. 扩展乘积项

尽管大多数逻辑功能可以用每个宏单元中的五个乘积项实现，但对于更复杂的逻辑功能，需要用附加乘积项来实现。为了提供所需的逻辑资源，可以利用另外一个宏单元，但 MAX 7000 的结构也允许利用共享和并联扩展乘积项，作为附加的乘积项直接输送到该 LAB 的任一宏单元中。利用扩展乘积项可保证在逻辑综合时，用尽可能少的逻辑资源得到尽可能快的工作速度。

(1) 共享扩展项。每个 LAB 的 16 个共享扩展项。共享扩展项就是由每个宏单元提供一个未投入使用的乘积项，并将它们反相后反馈到逻辑阵列中，以便集中使用。每个共享扩展乘积项可被所在的 LAB 内任意或全部宏单元使用和共享，以实现复杂的逻辑功能。采用共享扩展项后会产生一个较短的延时 t_{SEXP}。图 10.4.3 展示了共享扩展项是如何被馈送到多个宏单元的。

(2) 并联扩展项。并联扩展项是宏单元中没有使用的乘积项，这些乘积项分配给相临的宏单元，以实现高速的、复杂的逻辑功能。并联扩展项允许多达 20 个乘积项直接馈送到宏单元的“或”逻辑中，其中五个乘积项由宏单元本身提供，另 15 个并联扩展项由该 LAB 中临近的宏单元提供。

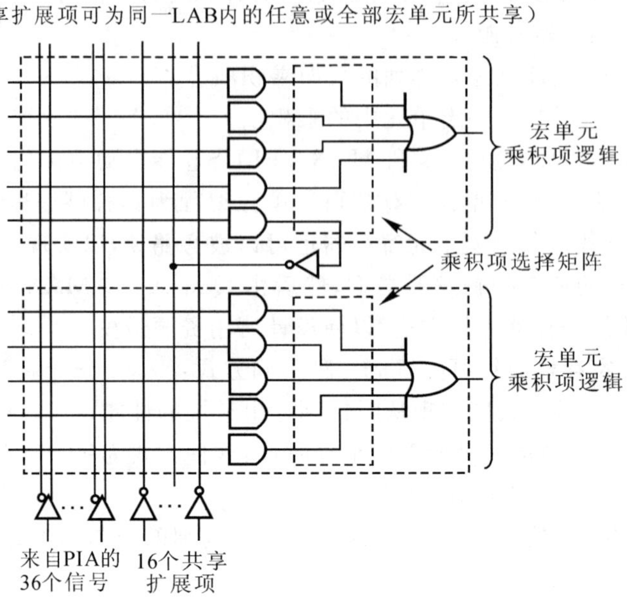

图 10.4.3　MAX 7000 S/E 器件共享扩展项

Quartus 和 MAX+PLUSⅡ编译器能够自动地分配并联扩展项，最后可将三组，每组最多五个并联扩展项分配给需要附加乘积项的宏单元。每组并联扩展项增加一个较短的延时 t_{PEXP}。例如若一个宏单元需要 14 个乘积项，编译器采用本宏单元里的五个专用乘积项，并分配给它二组并联扩展项（一组包括五个乘积项，另一组包括四个乘积项），所以总的延时增加了 $2t_{PEXP}$。

每个 LAB 由两组宏单元组成，每组含有八个宏单元（例如一组为 1 到 8，另一组为 9 到 16），这两组宏单元形成两个出借或借用并联扩展项的链。一个宏单元可从较小编号的宏单元中借用并联扩展项。例如，宏单元 8 能从宏单元 7，或从宏单元 7 和 6，或从宏单元 7，6 和 5 中借用并联扩展项。在含有 8 个宏单元的每个组内，最小编号的宏单元仅能出借并联扩展项，而最大编号的宏单元仅能借用并联扩展项，图 10.4.4 示出了并联扩展项是如何从邻近宏单元中借用，并出借给下一个宏单元的。

4. 可编程连线阵列（PIA）

通过在可编程连线阵列（PIA）上布线，把各个 LAB 相互连接而构成所需的逻辑。通过在 PIA 上布线，可把器件中任一信号源连接到其目的端。所有 MAX 7000 S/E 器件的专用输入、I/O 和宏单元输出均馈送到 PIA，PIA 再将这些信号送到这些器件内的各个地方。只有每个 LAB 所需的信号，才真正给它布置从 PIA 到该 LAB 的连线。图 10.4.5 示出了 PIA 信号是如何布线到 LAB 的。

图中 EEPROM 单元控制 2 输入“与”门的一个输入端，以选择驱动 LAB 的信号。

在掩膜或 FPGA 中，基于通道布线方案的延时是累加的、可变的和与路径有关的；而 MAX 7000 S/E 的 PIA 具有固定的延时。因此，PIA 消除了信号之间的延迟偏移，使得时间性能更容易预测。

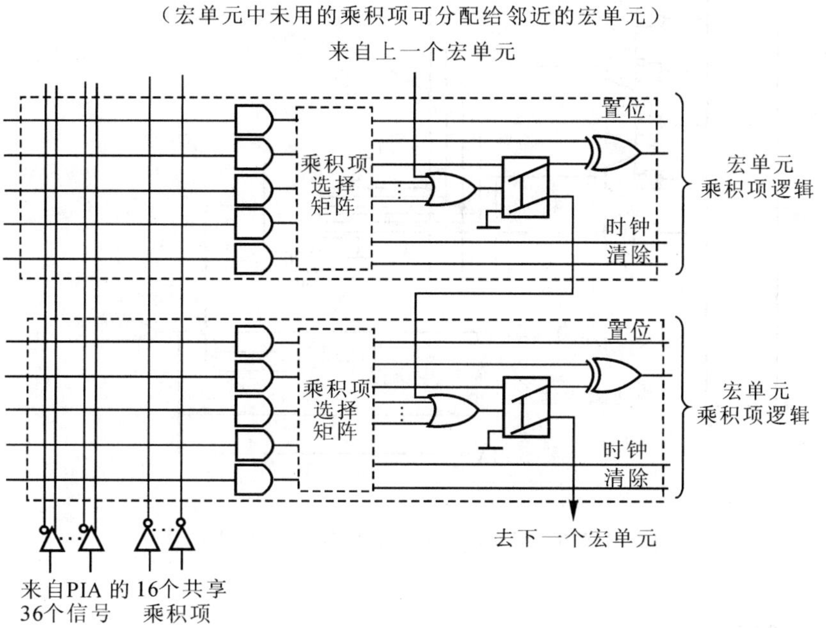

图 10.4.4　MAX 7000 S/E 器件并联扩展项

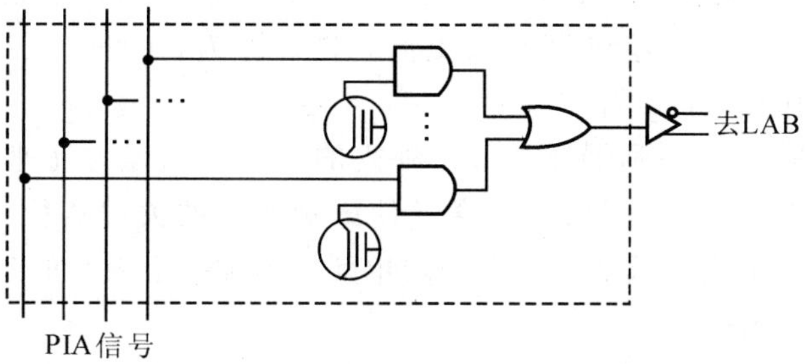

图 10.4.5　MAX 7000 器件 PIA 结构

5. I/O 控制块

I/O 控制块允许每个 I/O 引脚单独地配置为输入、输出和双向工作方式。所有 I/O 引脚都有一个三态缓冲器，它由全局输出使能信号中的一个控制，或把使能端直接连接到地或电源上。当三态缓冲器的控制端接地时，输出为高阻态。此时，I/O 引脚可用做专用输入引脚。当三态缓冲器的控制端接高电平(V_{CC})时，输出被使能（即有效），如图 10.4.6 所示。

MAX 7000 S/E 系列器件有 6 个全局输出使能信号，如图 10.4.6 所示，它们可以由以下信号同相或反相驱动：两个输出使能信号、一组 I/O 引脚的子集或一组宏单元。

MAX 7000 S/E 结构提供双 I/O 反馈，且宏单元和引脚的反馈是相互独立的。当 I/O 引脚被置成输入时，相关的宏单元可用于隐含逻辑。

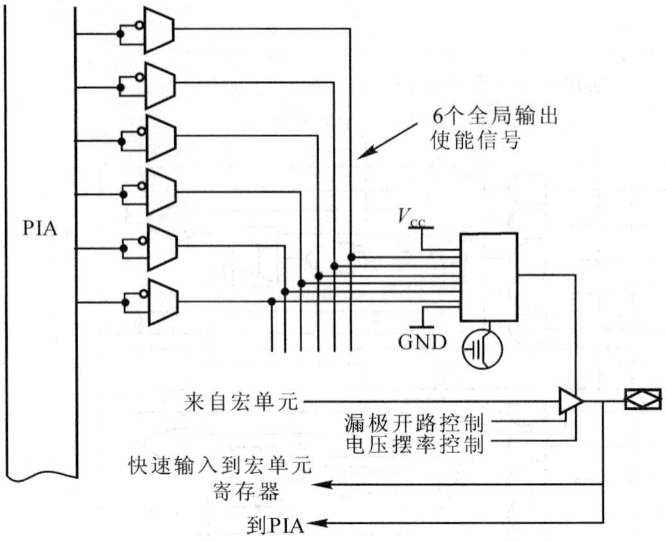

图 10.4.6　MAX 7000 S/E 器件 I/O 控制块

三、MAX 7000 器件特性设定

1. MAX 7000 速度/功耗配置

MAX 7000 器件提供省电工作模式，它可使用户定义的信号路径或整个器件工作在低功耗状态。这种特性可使总功耗下降到 50%或更低。这是因为，在许多逻辑应用中，所有门中只有小部分电路需要工作在最高频率。

设计者可以把 MAX 7000 系列器件中每个独立的宏单元编程为高速（打开 Turbo 位）或低速（关断 Turbo 位）工作模式。在设计中，通常使影响速度的关键路径工作在高速，而其他部分工作在低功耗状态。工作在低功耗状态的宏单元会附加一个微小的延时 t_{LAP}。

2. MAX7000 器件输出配置

MAX 7000 系列器件的输出可以根据系统的各种需求进行编程配置。

(1) 多电压 I/O 接口。MAX 7000 系列器件（除了 44 引脚的器件外）具有多电压接口的特性，即 MAX 7000 可以与不同电压电源的系统接口。所有封装中的 5 V 器件都可以将 I/O 设置在 3.3 V 或 5.0 V 下工作。这些器件设有 V_{CCINT} 和 V_{CCIO} 等两组 V_{CC} 引脚，它们分别用于内部电路和输入缓冲器及 I/O 输出缓冲器，如图 10.4.7 所示。

非 MAX 7000A 器件的 MAX 7000 系列器件的 V_{CCINT} 引脚必须始终接到 5.0 V 电源。在这个 V_{CCINT} 电平下，输入电压是 TTL 电平，并用 3.3 V 和 5.0 V 输入兼容。

根据输出要求，V_{CCIO} 引脚可连到 3.3 V 或 5.0 V 电源。

(2)漏极开路配置。MAX7000 S 系列器件每个 I/O 引脚都有一个类同于集电极开路输出控制的输出配置选项(Open-Drain)。MAX 7000S 系列器件可利用 Open-Drain 输出提供诸如中断和写允许等系统级信号。这些信号能够由任意一个器件所支持，也可同时由多个器件提供，并提供一个附加的“线或”。

(3)电压摆率控制(Slew-Rate)选项。MAX 7000 S/E 的每一个 I/O 引脚的输出缓冲器输出的电压摆率都可以调整，即可配置成低噪声方式或高速性能方式。较快的电压摆率能为高速系统提供高速转换速率，但它同时会给系统引入更大的噪声。低电压摆率能减少系统噪声，但同时也会产生 4～5 ns 的附加延迟。摆率控制连到 Turbo 位。当 Turbo 位接通时，电压摆率设置在快速状态。这种设置应当仅用在系统中影响速度的关键输出端，并有相应的抗噪声措施。当 Turbo 位断开时，电压摆率设置在低噪声状态，这将减少噪声的生成和地线上的毛刺。MAX 7000 S/E 的每一个 I/O 引脚都有一个专用的 EEPROM 位来控制电压摆率，它使得设计员能够指定引脚到外脚的电压摆率。

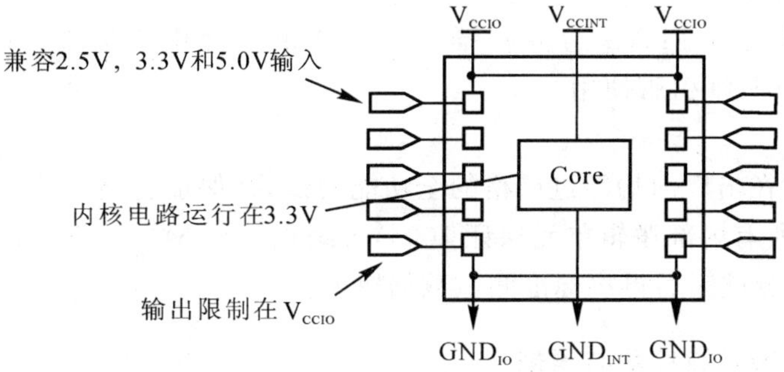

图 10.4.7　MAX 7000 S/E 多电压接口逻辑

四、MAX 7000 器件编程测试

1. *加密设计*

所有 MAX 7000 器件都有一个可编程加密位，可以对被编程到器件内的数据进行加密。在加密位被编程后，器件专利设计不能复制和读出。由于在 EEPROM 内的编程数据是看不见的，利用加密位可实现高级的设计加密。当对器件重新编程时，加密位和所有其他的编程数据均被擦除。

2. *在系统/在线编程*

MAX 7000S 器件通过一个四引脚的工业标准 JTAG 接口进行在系统编程(ISP)。ISP 支持在设计、开发、调试过程中对器件快速、有效地反复编程。MAX7000S 的结构内部能产生对 EEPROM 单元进行编程时所需的高电压，因此，在系统编程中仅需要单一的 5.0V 电压电源供电。在系统编程过程中，I/O 引脚处于三态并被上拉，以消除板上的冲突。上拉电阻通常为 50 kΩ。

ISP 简化了制作过程，它允许在编程前就把器件安装在带有标准 JTAG 编程插口的印刷电路板上。MAX 7000S 器件可通过编程工具下载的信息进行编程。把 MAX 7000S 器件预先装配在印制板上再进行编程，可以避免在编程时由于手持不当造成的对多引脚封装的损伤。当系统已经在现场运行时，还可对 MAX 7000S 器件重新编程。例如，可通过软件或调制解调器对产品进行现场升级。

在系统编程可以通过固定算法或自适应算法完成。自适应算法从被编程单元中读取信息，并依此调整后续编程步骤，以达到尽可能短的编程时间。

3. 使用外部硬件对器件编程

MAX 7000 器件可在基于 Windows 的 PC 上用 MAX+PLUSⅡ编程器、Altera 逻辑编程卡、主编程部件(MPU)及配置的适配器进行编程。MPU 执行连通性检验，以确保适配器和器件之间接触良好。

可以通过 MAX+PLUSⅡ软件以文本或波形形式的测试向量去测试已编程的 MAX7000 器件。为了加强对设计的验证，还可通过 MAX+PLUSⅡ执行功能测试，将其与仿真结果进行比较。

4. JTAG 边界扫描支持

MAX7000 器件支持 JTAG 边界扫描测试。如果设计中不需要 JTAG 接口，则可将 JTAG 引脚作为用户 I/O 引脚使用。

5. 常规测试

MAX7000 器件在出厂前均经过严格的全功能测试，并保证合格。每一个可编程的 EEPROM 位均可测试，所有内部逻辑单元保证 100%可编程。在 MAX 7000 器件制造过程中，采用了标准测试数据，测试完后再将标准测试数据擦掉。

五、MAX 7000 S/E 器件定时模型

MAX7000 的定时关系可用 MAX+PLUSⅡ软件、各种流行的工业标准 CAE 仿真器和定时分析器或用图 10.4.8 所示的定时模型等手段来分析。MAX 7000 器件有固定的内部延时，允许用户确定任何设计中最坏情况的延时。

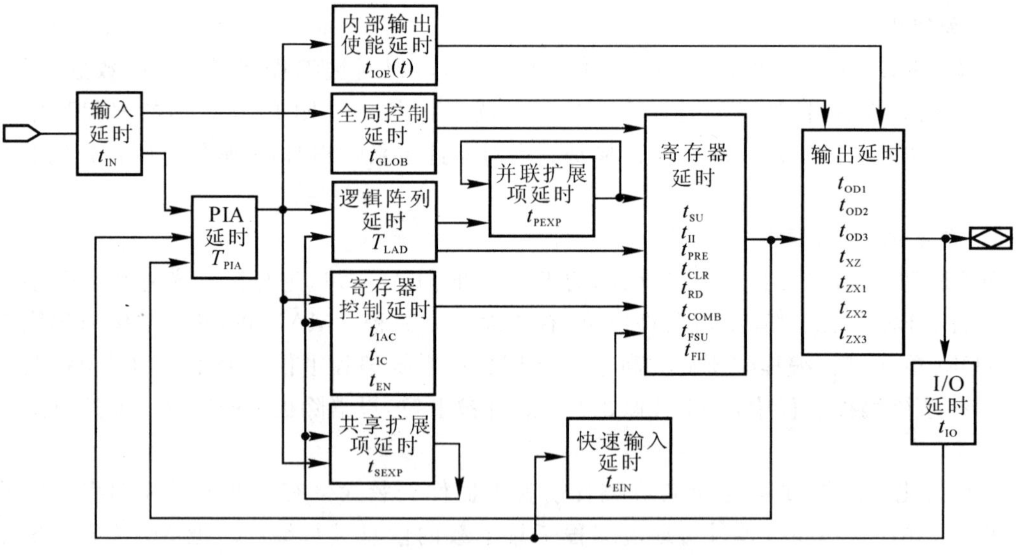

图 10.4.8　MAX 7000 S/E 器件定时模型

习 题 十

1. 简述在系统编程的基本原理。
2. 在系统编程实现的方法有几种？简述其原理。
3. ISP 技术的优越性是什么？
4. ISP 器件 MAX 7000 的性能特点是什么？
5. 简述 MAX 7000S/E 器件结构及特点。

第十一章　数/模和模/数转换电路

现在数字电子计算机已深入到科学技术和国民经济的各部门，而数/模与模/数转换电路是数字电子计算机和各用户之间不可缺少的接口部件。

自然界所存在的物理量，大量的是模拟量，如压力、流量、温度、速度、振幅、光通量等，它们是非电模拟量，这些模拟量不能送进数字计算机进行处理，必须先经过传感器将非电模拟量转换成模拟电信号，经过放大后送至模/数（A/D）转换电路，将模拟信号转换成数字信号。经过数字电子计算机分析处理后，其输出仍是数字信号，必须经过数/模（D/A）转换电路，将这些数字信号转换成模拟信号，才能送去控制执行元件。上述过程可用图 11.0.1 所示。

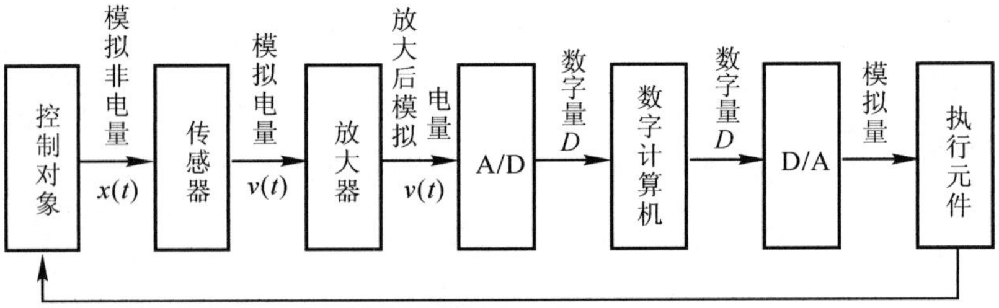

图 11.0.1　A/D，D/A 转换电路在数字系统中的应用

本章主要介绍数/模（D/A）转换电路和模/数（A/D）转换电路的基本工作原理。

第一节　数/模（D/A）转换器

一、D/A 转换器基本原理

将数字量转换为模拟量的电路称为数字/模拟转换器，简称 D/A 转换器。

D/A 转换器的框图如图 11.1.1 所示。输入为 n 位二进制数 $D=D_{n-1}D_{n-2}\cdots D_1D_0$，输出是与输入数字信号成正比的电压 v_O 或电流 i_O，输入与输出之间的关系为

$$v_O(i_O)=K\sum_{i=0}^{n-1}D_i2^i \tag{11.1.1}$$

式(11.1.1)中 K 为转换比例系数，$0\leqslant D_i\leqslant 1$。

D/A 转换器也可看做是一个译码器，它是将输入的二进制数字信号 D 转换成模拟信号，并以电压或电流的形式输出。

在图 11.1.1 所示的 D/A 转换器中，设 $K=1$，$n=3$，则输出 v_O 为

$$v_O = D_2 2^2 + D_1 2^1 + D_0 2^0$$

输入数字量与输出电压之间的关系可用表格或转换特性来表示，见表 11.1.1 和图 11.1.2。

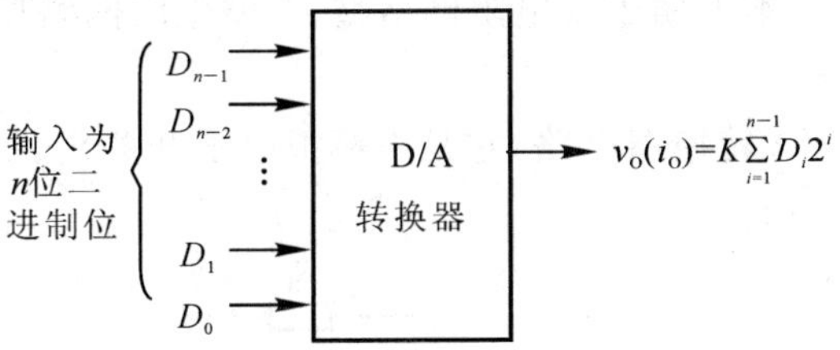

图 11.1.1　D/A 转换器框图

表　11.1.1

D_2	D_1	D_0	v_O/V
0	0	0	0
0	0	1	1
0	1	0	2
0	1	1	3
1	0	0	4
1	0	1	5
1	1	0	6
1	1	1	7

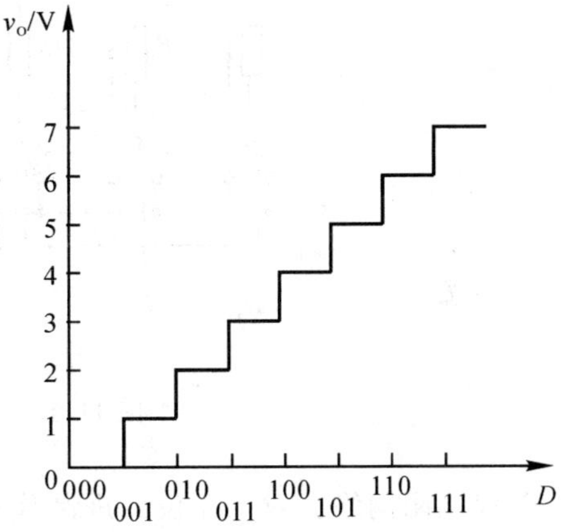

图 11.1.2　D/A 转换器转换特性

从表 11.1.1 和图 11.1.2 中可见，每一个二进制代码的数字信号，通过位数的计算，都可对应一个相应的十进制数值。应该指出，相邻两个数字信号转换出来的数值是不连续的，它们中间的差值由最低码位所代表的位权来决定。下面将会了解到，这是信息所能分解的最小量，即通常所称的量化级。对于 3 位二进制代码，该差值为

$$\frac{1}{2^3}\times 满值 = \frac{1}{2^3}\times 7\ \text{V} = 875\ \text{mV}$$

要使相邻两个数字信号转换输出的差值减小，只有增加数字信号的位数，例如

$n=3$　　$\frac{1}{2^3}\times 7\ \text{V} = 875\ \text{mV}$

$n=4$　　$\frac{1}{2^4}\times 7\ \text{V} = 437\ \text{mV}$

…

$n=10$　　$\frac{1}{2^{10}}\times 7\ \text{V} = 6.8\ \text{mV}$

$n=12$　　$\frac{1}{2^{12}}\times 7\ \text{V} = 1.7\ \text{mV}$

输入数字信号位数越多，输出模拟信号越接近连续模拟信号，转换的精度也就越高。

二、D/A 转换器电路

目前使用的 D/A 转换器，基本上属于权电阻网络型、T 型电阻网络型和权电流型三种。

1. 权电阻 D/A 转换器

图 11.1.3 所示为权电阻 D/A 转换器电路，它是由模拟电子开关 S_i、权电阻网络、基准电压 V_{REF} 及求和放大器组成。设 $n=4$。

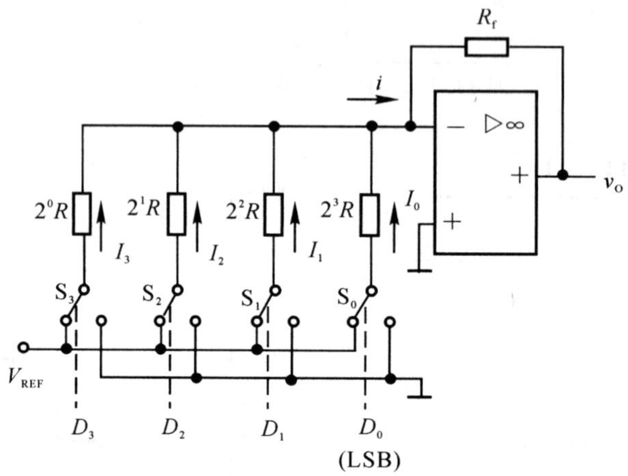

图 11.1.3　权电阻 D/A 转换器

(1) 权电阻网络。对于 4 位二进制代码，权电阻网络由 $2^0R, 2^1R, 2^2R, 2^3R$ 4 个权电阻组成。二进制代码的位权值越大，对应的权电阻值越小。

(2) 模拟电子开关。它受二进制数码 D_i 控制。D_3, D_2, D_1, D_0 控制相应的 S_3, S_2, S_1, S_0 4 个模拟开关。当 $D_i=1$ 时，S_i 将电阻网络中相应的权电阻 R_i 和基准电压源 V_{REF} 接通；当 $D_i=0$ 时，S_i 将相应的权电阻 R_i 接地。

(3) 求和放大器。求和放大器是由运放构成的反向放大器组成。它作为求和权电阻网络的缓冲器，使输出模拟电压 v_O 不受负载变化的影响。而且可以通过改变反馈电阻 R_f 的大小来调节转换系数。

下面对转换器输出模拟电压和输入数字信号之间的关系进行定量分析。

当 $D=1\ 000$ 时，模拟开关 S_3 接 V_{REF}，其余开关均接地，所以

$$I_3=\frac{V_{REF}}{2^0R}$$

当 $D=0100$ 时，模拟开关 S_2 接 V_{REF}，其余开关均接地，所以

$$I_2=\frac{V_{REF}}{2^1R}$$

当 $D=0010$ 时，模拟开关 S_1 接 V_{REF}，其余开关均接地，所以

$$I_2=\frac{V_{REF}}{2^2R}$$

当 $D=0001$ 时，模拟开关 S_0 接 V_{REF}，其余开关均接地，所以

$$I_0=\frac{V_{REF}}{2^3R}$$

当 $D=1111$ 时，根据叠加原理，求和放大器的总输入电流为

$$\begin{aligned}i=&I_3+I_2+I_1+I_0=\\&\frac{V_{\mathrm{REF}}}{2^0R}D_3+\frac{V_{\mathrm{REF}}}{2^1R}D_2+\frac{V_{\mathrm{REF}}}{2^2R}D_1+\frac{V_{\mathrm{REF}}}{2^3R}D_0=\\&\frac{V_{\mathrm{REF}}}{2^3R}(D_3 2^3+D_2 2^2+D_1 2^1+D_0 2^0)=\\&\frac{V_{\mathrm{REF}}}{2^3R}\sum_{i=0}^{3}D_i 2^i\end{aligned}\tag{11.1.2}$$

n 位的权电阻网络 D/A 转换器

$$i=\frac{V_{\mathrm{REF}}}{2^{n-1}R}\sum_{i=0}^{n-1}D_i 2^i\tag{11.1.3}$$

通过求和放大器，输出电压 v_{O} 为

$$\begin{aligned}v_{\mathrm{O}}=&-iR_{\mathrm{f}}=-\frac{V_{\mathrm{REF}}R_{\mathrm{f}}}{2^{n-1}R}\sum_{i=0}^{n-1}D_i 2^i=\\&-\frac{2R_{\mathrm{f}}}{R}\frac{V_{\mathrm{REF}}}{2^n}\sum_{i=0}^{n-1}D_i 2^i\end{aligned}\tag{11.1.4}$$

由式(11.1.4)可见，输出模拟电压 v_{O} 的大小与输入二进制数码的数值大小$[\sum_{i=0}^{n-1}D_i 2^i]$有关，并与量化级 $V_{\mathrm{REF}}/2^n$ 大小有关。

例如，设 4 位 D/A 转换器二进制数码 $D_3D_2D_1D_0=1101$，基准电压 $V_{\mathrm{REF}}=-8\ \mathrm{V}$，$R_{\mathrm{f}}=\frac{R}{2}$，则

$$\begin{aligned}v_{\mathrm{O}}=&-\frac{2R}{R_{\mathrm{f}}}\frac{V_{\mathrm{REF}}}{2^4}\sum_{i=0}^{3}D_i 2^i=\\&-1\times\frac{-8}{2^4}\times(1\times2^3+1\times2^2+0\times2^1+1\times2^0)=\\&\frac{8}{16}(8+4+1)=6.5\ \mathrm{V}\end{aligned}$$

这个电路的优点是结构比较简单，所用的电阻元件数很少。缺点是各个电阻的阻值相差较大，尤其是输入信号的位数较多时，问题更为突出。例如输入信号若为 8 位，如果取权电阻网络中最小的电阻值 $2^0R=10\ \mathrm{k\Omega}$，则最大的电阻将达到 $2^7R=1.28\ \mathrm{M\Omega}$，两者相差 128 倍，要想在极宽的阻值范围内保证每个电阻值都有很高的精度是十分困难的。为了克服这个缺点，通常采用 $R-2R$ T 形电阻网络的 D/A 转换器。

2. $R-2R$ T 形电阻网络 D/A 转换器

图 11.1.4 所示为 $R-2R$ T 形电阻网络 D/A 转换器电路，设 $n=4$，从图中可见 T 型电阻网络中仅有 R 和 $2R$ 两种阻值的电阻，为集成电路的设计和制作带来了很大的方便，这种转换器与权电阻 D/A 转换器的主要区别在于电阻求和网络的形式不同。

$R-2R$ T 形电阻网络的特点是，从任何一个节点，向左、向右、向下看进去的等效电阻均为 $2R$。当 $D_i=1$，其余各位输入均为 0 时，只有模拟开关 S_i 接基准电压，其余开关均接地，此时从第 i 个节点看进去的等效电路如图 11.1.5 所示。求出流进第 i 个节点的电流

$$I=\frac{V_{\mathrm{REF}}}{3R}$$

该电流 I 通过一个节点则二等分一次。

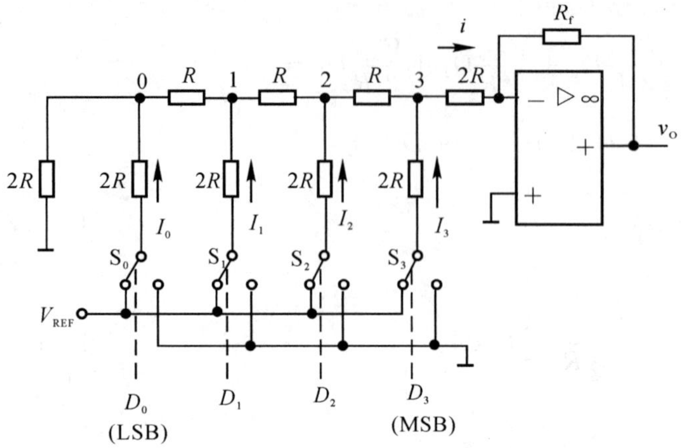

图 11.1.4 $R-2R$ T 形电阻网络 D/A 转换器

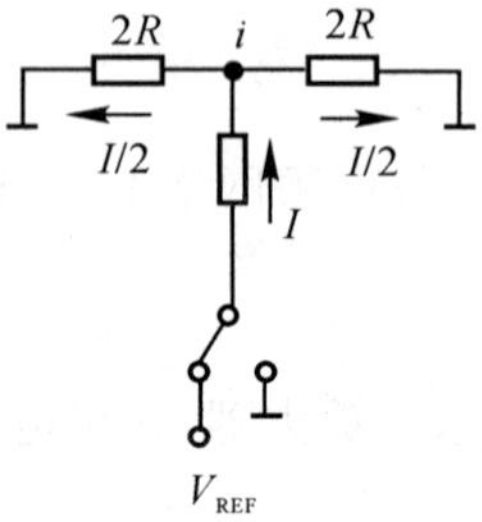

图 11.1.5 S_i 接 V_{REF}，其余开关接地时的等效电路

下面对转换器输出模拟电压和输入数字信号之间的关系进行定量分析。

当 $D=0001$ 时，模拟开关 S_0 接基准电压 V_{REF}，其余开关均接地，所以

$$I_O=\frac{V_{REF}}{3R}$$

该电流每通过一个节点二等分一次，到求和电路输入端时，由图 11.1.4 可见共通过 0，1，2，3 四个节点，此时

$$I_0=I_0'=\frac{V_{REF}}{3R}\frac{1}{2^4}$$

当 $D=0010$ 时，模拟开关 S_1 接基准电压 V_{REF}，其余开关均接地，所以

$$I_1=\frac{V_{REF}}{3R}$$

该电流流到求和电路输入端时，由图 11.1.4 可见共通过 1，2，3 三个节点，此时

$$I_1=I_1'=\frac{V_{REF}}{3R}\frac{1}{2^3}$$

当 $D=0100$ 时，模拟开关 S_2 接基准电压 V_{REF}，其余开关均接地，所以

$$I_2=\frac{V_{REF}}{3R}$$

该电流流到求和电路输入端时，由图 11.1.4 可见共通过 2，3 二个节点，此时

$$I_2=I_2'=\frac{V_{REF}}{3R}\frac{1}{2^2}$$

当 $D=1000$ 时，模拟开关 S_3 接基准电压 V_{REF}，其余开关均接地，所以

$$I_3=\frac{V_{REF}}{3R}$$

该电流流过求和电路输入端时，由图 11.1.4 可见只通过节点 3，所以此时

$$I_3=I_3'=\frac{V_{REF}}{3R}\frac{1}{2^1}$$

当 $D=1111$ 时，根据叠加原理，求和放大器的总输入电流为

$$
\begin{aligned}
i &= I'_0 + I'_1 + I'_2 + I'_3 = \\
&\frac{V_{\mathrm{REF}}}{3R}\frac{1}{2^4}D_0 + \frac{V_{\mathrm{REF}}}{3R}\frac{1}{2^3}D_1 + \frac{V_{\mathrm{REF}}}{3R}\frac{1}{2^2}D_2 + \frac{V_{\mathrm{REF}}}{3R}\frac{1}{2^1}D_3 = \\
&\frac{V_{\mathrm{REF}}}{3R}\left(\frac{1}{2^4}D_0 + \frac{1}{2^3}D_1 + \frac{1}{2^2}D_2 + \frac{1}{2^1}D_3\right) = \\
&\frac{V_{\mathrm{REF}}}{3R}\frac{1}{2^4}(D_3 2^3 + D_2 2^2 + D_1 2^1 + D_0 2^0) = \\
&\frac{V_{\mathrm{REF}}}{3R}\frac{1}{2^4}\sum_{i=0}^{3} D_i 2^i
\end{aligned}
\qquad (11.1.5)
$$

求和放大器的输出电压

$$
v_{\mathrm{O}} = -iR_{\mathrm{f}} = -\frac{V_{\mathrm{REF}}}{2^4}\frac{R_{\mathrm{f}}}{3R}\sum_{i=0}^{3} D_i 2^i
$$

n 位的 $R-2R$ T 形电阻网络 D/A 转换器的输出电压

$$
v_{\mathrm{O}} = -\frac{V_{\mathrm{REF}}}{2^n}\frac{R_{\mathrm{f}}}{3R}\sum_{i=0}^{n-1} D_i 2^i \qquad (11.1.6)
$$

$R-2R$ T 形电阻网络和权电阻网络相比，优点是电阻种类只有 R 和 $2R$ 两种，精度易保证，缺点是电阻数量较多。

此外，在动态过程中 T 型电阻网络相当于一根传输线，从 V_{REF} 加到各级电阻上开始到运算放大器的输入电流稳定地建立起来为止，需要一定的传输时间，因而在位数较多时将影响 D/A 转换器的工作速度。而且，由于各级电流信号到达运算放大器输入端的时间有先有后，还可能在输出端产生相当大的尖峰脉冲，如数字量由 1000 变为 0111，由于高位先到达运放输入端，低位后到达，则 1000 变为 0111 经过如下过程：1000 → 0000 → 0100 → 0110 → 0111，输出电压波形将产生如图 11.1.6 的尖峰脉冲。

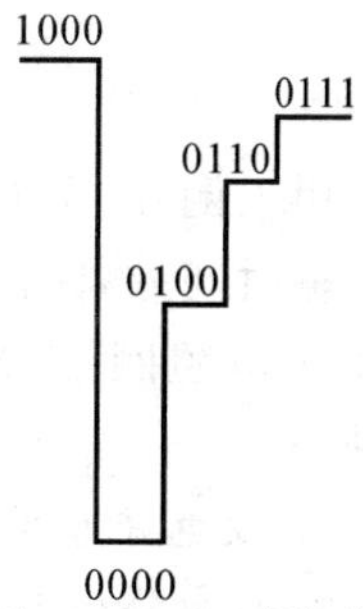

图 11.1.6　尖峰效应

为提高转换速度和减小输出端尖峰脉冲的有效方法是将图 11.1.4 所示电路改成倒 T 形电阻网络 D/A 转换电路，如图 11.1.7 所示。

由图可见，当输入数字信号的任何一位是 1 时，对应的开关便将电阻接到运算放大器的输入端。而当它是 0 时，将电阻接地。因此，不管输入信号是 1 还是 0，流过每个支路电阻的电流始终不变。当然，从基准电压输入端流过的总电流也是固定不变的，而且它的大小为

$$
I = \frac{V_{\mathrm{REF}}}{R}
$$

每条支路的电流分别为 $I_3 = \frac{I}{2}$，$I_2 = \frac{I}{2^2}$，$I_1 = \frac{I}{2^3}$，$I_0 = \frac{I}{2^4}$，所以流入运放输入端的总电流

$$
\begin{aligned}
i &= I_3 + I_2 + I_1 + I_0 = \\
&\frac{V_{\mathrm{REF}}}{R}\left(\frac{1}{2}D_3 + \frac{1}{2^2}D_2 + \frac{1}{2^3}D_1 + \frac{1}{2^4}D_0\right) = \\
&\frac{V_{\mathrm{REF}}}{R}\frac{1}{2^4}(D_3 2^3 + D_2 2^2 + D_1 2^1 + D_0 2^0) =
\end{aligned}
$$

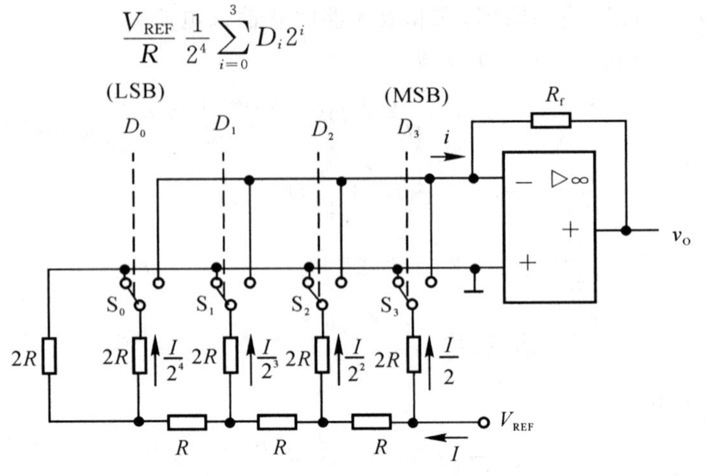

图 11.1.7　倒 T 形电阻网络 D/A 转换器

求和放大器的输出电压

$$v_O=-iR_f=-\frac{R_f}{R}\frac{V_{REF}}{2^4}\sum_{i=0}^{3}D_i2^i \tag{11.1.7}$$

n 位的倒 T 形电阻网络 D/A 转换器的输出电压

$$v_O=-\frac{R_f}{R}\frac{V_{REF}}{2^n}\sum_{i=0}^{n-1}D_i2^i \tag{11.1.8}$$

由于倒 T 形电阻网络 D/A 转换器中各支路电流直接流入了运放的输入端，它们之间不存在传输时间差，因而提高了转换速度并减小了动态过程中输出端可能出现的尖峰脉冲。所以倒 T 形电阻网络 D/A 转换器是目前使用的 D/A 转换器中速度较快的一种，也是用得最多的一种。

3. 权电流型 D/A 转换器

在前面分析 D/A 转换器的过程中，把模拟开关当做了理想开关，没有考虑它们的导通电阻和导通压降。而实际上这些开关都存在一定的导通电阻和导通压降，而且每个开关的情况又不完全相同。它们的存在无疑将引起转换误差，并影响转换精度。

解决这问题的一种方法就是采用图 11.1.8 所示的权电流 D/A 转换器。

在权电流 D/A 转换器中，用一组恒流源取代了图 11.1.7 所示的倒 T 形电阻网络。每个恒流源电流的大小依次为前一个的 1/2，和二进制输入代码对应的位的权成正比。由于采用了恒流源，每个支路电流的大小不再受开关内阻和压降的影响，从而降低了对开关电路的要求。

恒流源的电路结构经常使用图 11.1.9 所示的基本形式。只要在电路工作时保证 $-V_B$ 和 $-V_{REF}$ 稳定不变，则三极管的集电极电流 I_i 便可基本保持恒定。每个恒流源电流的大小由 R_{ei} 和 $-V_B$，$-V_{REF}$ 数值决定。

当输入数字量 $D_i=1$ 时，对应的开关 S_i 便将恒流源接至运放的输入端；当 $D_i=0$ 时，对应的 S_i 接地，因此输入总电流

$$i=\frac{I}{2}D_3+\frac{I}{2^2}D_2+\frac{I}{2^3}D_1+\frac{I}{2^4}D_0=$$

$$\frac{I}{2^4}(D_32^3+D_22^2+D_12^1+D_02^0)=\frac{I}{2^4}\sum_{i=0}^{3}D_i2^i$$

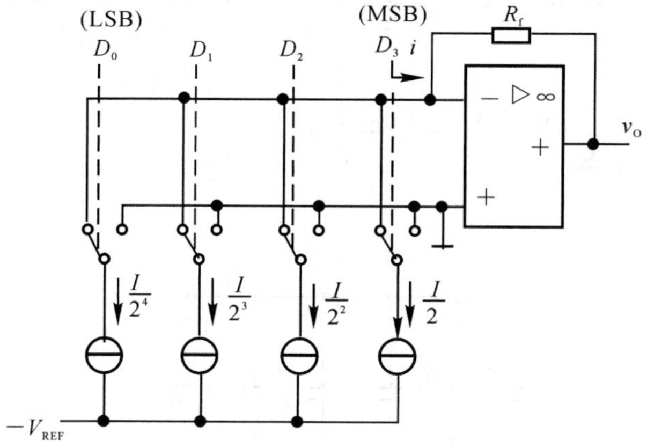

图 11.1.8　权电流 D/A 转换器

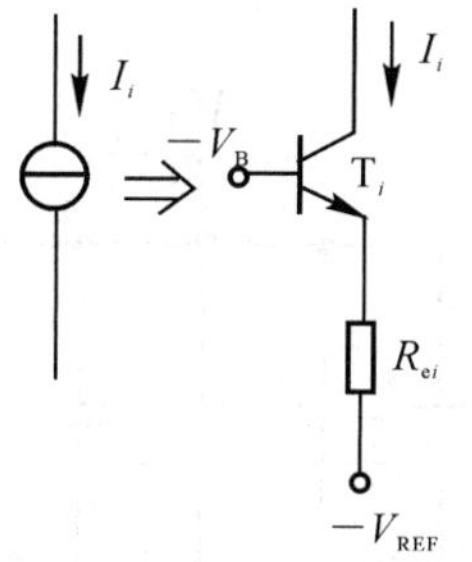

图 11.1.9　权电流 D/A 转换器中的恒流源

输出电压 v_O 为

$$v_O = \frac{I}{2^4} R_f \sum_{i=0}^{3} D_i 2^i$$

n 位的权电流 D/A 转换器输出电压 v_O 为

$$v_O = \frac{I}{2^n} R_f \sum_{i=0}^{n-1} D_i 2^i \tag{11.1.9}$$

即正比于输入数字量。

4. 权电容网络 D/A 转换器

在 MOS 集成电路中，制造电容比电阻更节省芯片面积，而且电容上没有有功功率损耗，所以常采用权电容网络构成 D/A 转换器。图 11.1.10 所示为权电容网络 D/A 转换器的电路图，设 $n=4$。

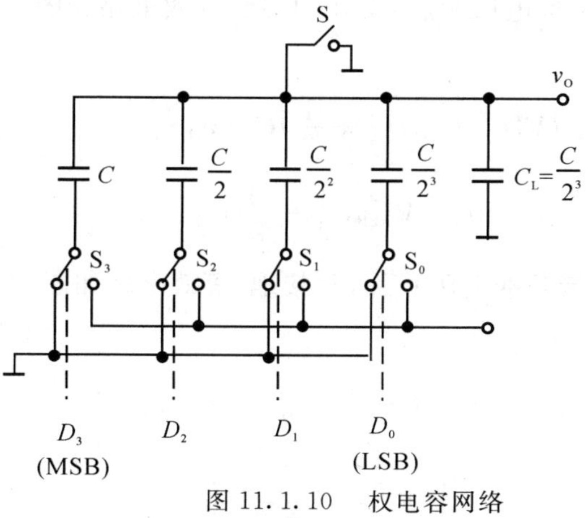

图 11.1.10　权电容网络

工作之前，开关 S，S_3，S_2，S_1，S_0 均接地，以消除各电容上剩余电荷的影响。这时 $v_O=0$。

工作时开关 S 断开，开关 S_3，S_2，S_1，S_0 根据输入的数字量 D_3，D_2，D_1，D_0 进行开关动作。按照电容 C_L 与其他各电容的分压关系，经计算可得输出电压 v_O。

当 $D=1\ 000$ 时，S_3 接基准电压 V_{REF}，其余开关均接地，图 11.1.10 的等效电路如图 11.1.11(a) 所示，这时输出电压 v_O 为

$$v_O=\frac{V_{REF}}{C+\frac{C}{2}+\frac{C}{2^2}+\frac{C}{2^3}+\frac{C}{2^3}}\left(\frac{C}{2}+\frac{C}{2^2}+\frac{C}{2^3}+\frac{C}{2^3}\right)=$$

$$\frac{V_{REF}}{2C}C=\frac{1}{2}V_{REF}$$

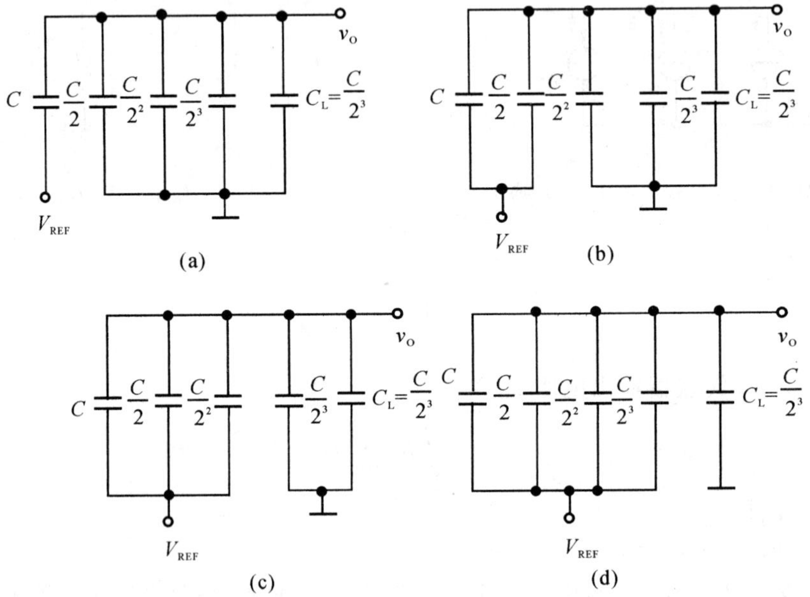

图 11.1.11　D_i 为不同值时等效电路

当 $D=1100$ 时，S_3，S_2 接基准电压 V_{REF}，S_1，S_0 接地，等效电路如图 11.1.11(b) 所示，这时的输出电压 v_O 为

$$(V_{REF}-v_O)\left(1+\frac{1}{2}\right)C=v_O\frac{C}{2}$$

$$v_O=V_{REF}\left(\frac{1}{2}+\frac{1}{2^2}\right)$$

当 $D=1110$ 时，S_3，S_2，S_1 接基准电压 V_{REF}，S_0 接地，等效电路如图 111.11(c) 所示，这时的输出电压 v_O 为

$$(V_{REF}-v_O)\left(1+\frac{1}{2}+\frac{1}{2^2}\right)C=v_O\frac{1}{2^2}C$$

$$v_O=V_{REF}\left(\frac{1}{2}+\frac{1}{2^2}+\frac{1}{2^3}\right)$$

当 $D=1111$ 时，S_3，S_2，S_1，S_0 均接基准电压 V_{REF}，等效电路如图 11.1.11(d) 所示，这时的输出电压 v_O 为

$$(V_{REF}-v_O)\left(1+\frac{1}{2}+\frac{1}{2^2}+\frac{1}{2^3}\right)C=v_O+\frac{1}{2^3}C$$

$$v_O = V_{REF}(\frac{1}{2} + \frac{1}{2^2} + \frac{1}{2^3} + \frac{1}{2^4})$$

也可将 v_O 写成如下形式

$$v_O = V_{REF}(D_3 \frac{1}{2} + D_2 \frac{1}{2^2} + D_1 \frac{1}{2^3} + D_0 \frac{1}{2^4}) = \frac{V_{REF}}{2^4}(D_3 2^3 + D_2 2^2 + D_1 2^1 + D_0 2^0) = \frac{V_{REF}}{2^4}\sum_{i=0}^{3} D_i 2^i$$

n 位的权电容网络 D/A 转换器的输出电压 v_O

$$v_O = \frac{V_{REF}}{2^n}\sum_{i=0}^{n-1} D_i 2^i \qquad (11.1.10)$$

v_O 正比于输入的数字量。

2. 树状开关网络 D/A 转换器

我们知道，MOS 管作为开关时，关断性能好，而且 MOS 开关的功耗较低，因而，可用 MOS 管构成的树状开关网络（如图 11.1.12 所示）来实现 D/A 转换。

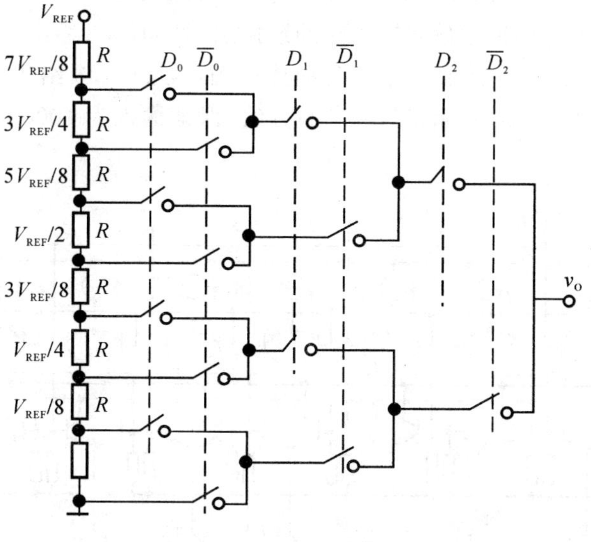

图 11.1.12　树状开关网络

图 11.1.12 所示树状开关网络 D/A 转换器由 8 个电阻和 14 个开关组成，各开关均由 MOS 管构成，每个开关受 D_2，D_1，D_0 3 位数码控制：输入 $D_i=1$ 时对应的开关接通，输入 $D_i=0$ 时，对应 $\overline{D}_i$ 的开关管接通。由图 11.1.12 可知：

当 $D=100$ 时，对应 D_2，$\overline{D}_1$，$\overline{D}_0$ 的开关接通，输出电压为

$$v_O = \frac{1}{2}V_{REF}$$

当 $D=010$ 时，对应 $\overline{D}_2$，D_1，$\overline{D}_0$ 的开关接通，输出电压 v_O 为

$$v_O = \frac{1}{4}V_{REF} = \frac{1}{2^2}V_{REF}$$

当 $D=001$ 时，对应 $\overline{D}_2$，$\overline{D}_1$，D_0 的开关接通，输出电压 v_O 为

$$v_O = \frac{1}{8}V_{REF} = \frac{1}{2^3}V_{REF}$$

利用叠加原理，当 $D=111$ 时

$$v_O = V_{REF}(\frac{1}{2}D_2 + \frac{1}{2^2}D_1 + \frac{1}{2^3}D_0) =$$

$$\frac{V_{REF}}{2^3}(D_2 2^2 + D_1 2^1 + D_0 2^0) = \frac{V_{REF}}{2^3}\sum_{i=0}^{2} D_i 2^i$$

因此对于 n 位树状开关网络来说，输出电压 v_O 为

$$v_O = \frac{V_{REF}}{2^n}\sum_{i=0}^{n-1} D_i 2^i \qquad (11.1.11)$$

三、集成的 D/A 转换器

集成的 D/A 转换器种类很多。DAC08 系列是通用的单片 8 位 D/A 转换器（见图 11.1.13(a)），它采用双极型工艺，工作速度较快。DAC08 是权电流型 D/A 转换器，高 4 位采用梯形网络形成加权电流，低 4 位利用发射结面积不同，形成加权电流。DAC08 有两条输出线 i_O 和 $\bar{i_O}$。图 11.1.13(b) 所示为单极性数字输入时的连接图，表 11.1.2 给出了它的输入输出转换关系。图 11.1.13 (c) 所示为双极性数字输入时的连接图，表 11.1.3 给出其转换关系。它是利用接偏压 +10 V，使输出 v_O 偏移"满值"一半的方法，保证输入为 10000000 时，v_O 为 0 V。

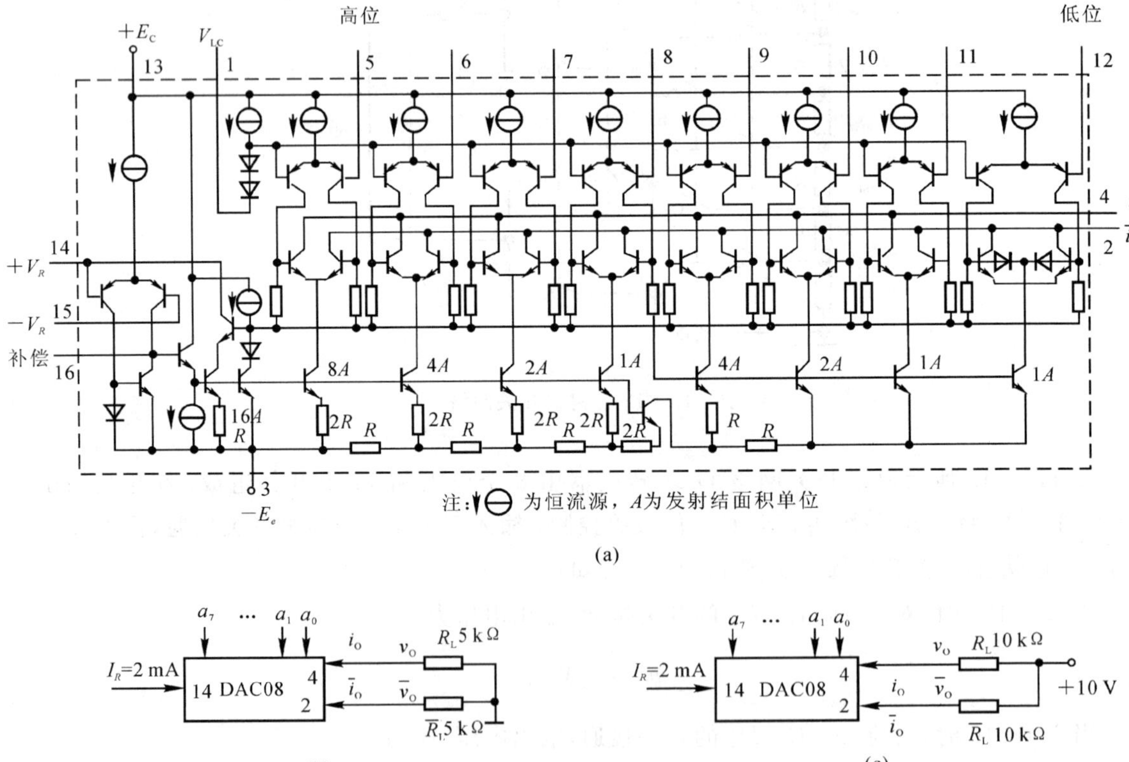

图 11.1.13　DAC08

(a) DAC08 原理图；(b) DAC08 单极性数字输入的连接图；(c) DAC08 双极性数字输入的连接图

表 11.1.2　图 11.1.13(b) 电路的输入输出关系

输　入								输　出			
a_7	a_6	a_5	a_4	a_3	a_2	a_1	a_0	i_O/mA	$\bar{i}_O$/mA	v_O/V	$\bar{v}_O$/V
1	1	1	1	1	1	1	1	1.992	0.000	−9.960	0.000
1	1	1	1	1	1	1	1	1.984	0.008	−9.920	−0.040
1	0	0	0	0	0	0	1	1.008	0.984	−5.040	−4.920
1	0	0	0	0	0	0	0	1.000	0.992	−5.000	−4.960
0	1	1	1	1	1	1	1	0.992	1.000	−4.960	−5.000
0	0	0	0	0	0	0	1	0.008	1.984	−0.040	−9.920
0	0	0	0	0	0	0	0	0.000	1.992	0.000	−9.960

表 11.1.3　图 11.1.13(c) 电路的输入输出关系

输　入								输　出	
a_7	a_6	a_5	a_4	a_3	a_2	a_1	a_0	v_O/V	$\bar{v}_O$/V
1	1	1	1	1	1	1	1	−9.920	+10.000
1	1	1	1	1	1	1	0	−9.840	+9.920
1	0	0	0	0	0	0	1	−0.080	+0.160
1	0	0	0	0	0	0	0	0.000	+0.080
0	1	1	1	1	1	1	1	+0.080	0.000
0	0	0	0	0	0	0	1	+9.920	−9.840
0	0	0	0	0	0	0	0	+10.000	−9.920

为了获得低阻输出，DAC08 可与运放配合使用，如图 11.1.14 所示，(a) 的输出 $v_O = i_O R_L$；(b) 的输出 $v_O = -i_O R_L$。

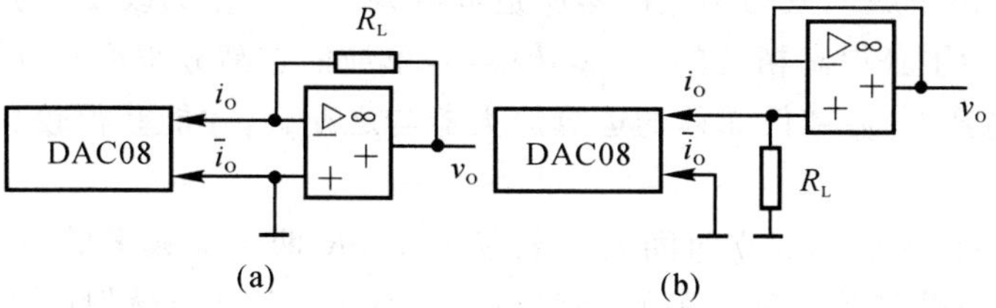

图 11.1.14　低阻输出的连接图

(a) 正向低阻输出；(b) 负向低阻输出

在图 11.1.13(b) 和(c) 中，基准电流 I_R 可用图 11.1.15 所示的方法实现，当与 TTL 电路相连时，$V_R = 10.000$ V，$R_R = 5.000$ kΩ，$R_{15} \approx R_R$，$C_c = 0.01$ μF。$E_e = -15 \sim -17$ V，

$E_c = 5$ V。

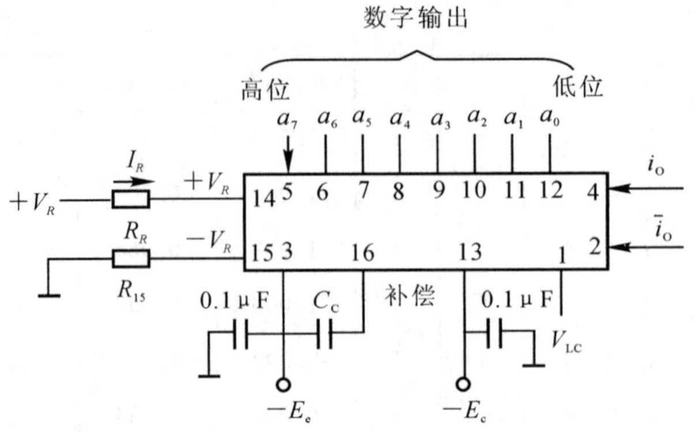

图 11.1.15　基准电流 I_R 的产生

四、D/A 转换器的转换精度与转换速度

1. 转换精度

在 D/A 转换器中通常用分辨率和转换误差来描述转换精度。

分辨率用输入二进制数码的位数给出。在分辨率为 n 位的 D/A 转换器中，输出电压能区分输入代码 2^n 个不同状态，给出 2^n 个不同等级的输出模拟电压。

此外，也可以用 D/A 转换器能分辨出来的最小输出电压与最大输出电压之比给出分辨率。例如，10 位 D/A 转换器的分辨率可以表示为

$$\frac{1}{2^{10}-1}=\frac{1}{1\ 023}\approx 0.001=0.1\%$$

由于 D/A 转换器中各元件参数的偏差，基准电压 V_{REF} 的波动和运算放大器的零点漂移等各种因素的影响，使得转换器实际所能达到的精度还与转换误差的大小有关，主要误差包括：

(1) 非线性误差。它是电子开关导通的电压降和电阻网络电阻值偏差产生的，常用满刻度的百分数表示。

(2) 比例系数误差。它是参考电压 V_{REF} 偏离标准值而引起的误差，也用满刻度的百分数表示。

(3) 漂移误差。由集成运放的零点漂移所造成的误差。增益的改变也会引起增益误差。

以上分析表明，为了获得高精度的 D/A 转换器，单纯依靠高分辨率器件是不够的，还必须有高稳定度的基准电压 V_{REF} 和低漂移的运算放大器与之配合，才能获得较高的转换精度。

2. 转换速度

D/A 转换器的转换速度用建立时间 t_s 和转换速率 SR 两个参数来描述。

(1) 建立时间 t_s。当转换器输入的数字量发生变化时，输出的模拟电压并不能瞬间变到新的稳定值，它有一个过渡过程。通常以大信号工作下（输入由全0变为全1，或由全1变为全0）输出电压达到某一规定值所需时间，定义为建立时间 t_s。目前在不包含运算放大器和参考电源的 D/A 转换器中，建立时间可达 0.1 μs 以下。在包含参考电源和运算放大器的 D/A 转换器中，建立时间也可达 1.5 μs。

(2) 转换速率 SR。转换速率 SR 用大信号工作状态下输出模拟电压的变化率表示。一般在

不包含参考电压源和运算放大器时，集成 D/A 转换器的转换速率可以做得比较高，所以在要求整个 D/A 转换器有较高的转换速率时，应选配转换速率较高的运算放大器。

D/A 转换器完成一次转换所需要的时间应包括建立时间和上升（或下降）时间两部分，其最大值为

$$T_{TR(max)}=t_s+V_{Omax}/SR$$

其中 $V_{O(max)}$ 为输出模拟电压的最大值。

五、D/A 转换器应用举例

1. 数字系统和模拟系统的接口

D/A 转换器的主要用途是作为数字系统和模拟系统之间的接口。例如，采用数控电源控制电动机转动，即计算机给出的数字量经过 D/A 转换器变成电压，再经功率放大提供给执行元件（电动机）一个可控的电源。

2. 波形产生器

(1) 锯齿波产生器。锯齿波产生器的电路框图如图 11.1.16 所示。在时钟脉冲 CP 的作用下，加法计数器从零开始计数，其输出的 n 位二进制数 D 加到 D/A 转换器输入端，使 D/A 转换器输出一个阶梯电压，再经过低通滤波器之后形成线性锯齿波。待计数器计满之后，自动回到全零状态，再开始产生下一个锯齿波。

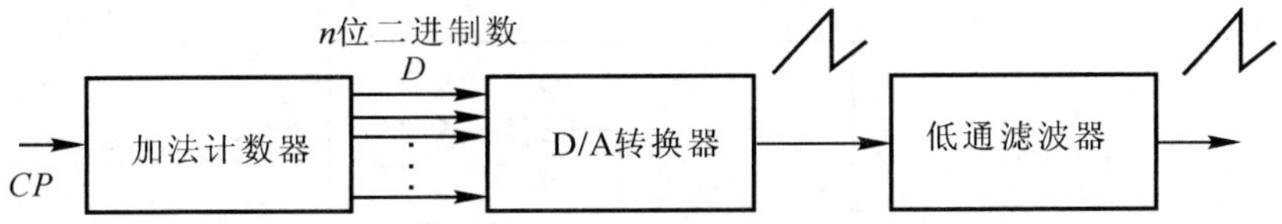

图 11.1.16 锯齿波产生器

(2) 任意波形的产生。把计数器的计数值作为地址码送到只读存储器的地址输入端，再把只读存储器的读出数据送到 D/A 转换器，从 D/A 转换器的输出端便可得到任意形状的波形。波形的形状取决于只读存储器存储的数据，改换存储不同数据的只读存储器便可得到不同形状的波形。

(3) 特殊形状波形的产生。专用信号发生器产生特殊形状的波形。例如：雷达模拟信号发生器可产生云雨、杂波和各种干扰的雷达回波信号。它可利用专门设计的数字系统通过软件编程的办法产生所要求的数字输出，再经过 D/A 转换器形成模拟信号输出。

3. 乘法器

从前面的分析可知 D/A 转换器的输出电压 v_O 与输入数字量 D 成正比，而且也与基准电压 V_{REF} 成正比。一般应用时，基准电压 V_{REF} 为恒定的直流电压，但若将基准电压 V_{REF} 用输入信号 v_I 替换，则 D/A 转换器的输出电压 v_O 便和输入数字量 D 与模拟信号 v_I 的乘积成正比。

图 11.1.17 所示为用倒 T 形电阻网络实现的 D 和 v_I 相乘的乘法器。

从式(11.1.7) 可知倒 T 形 D/A 转换器的输出电压 v_O 为

$$v_O=-iR_f=-\frac{R_f}{R}\frac{V_{REF}}{2^4}\sum_{i=0}^{3}D_i2^i$$

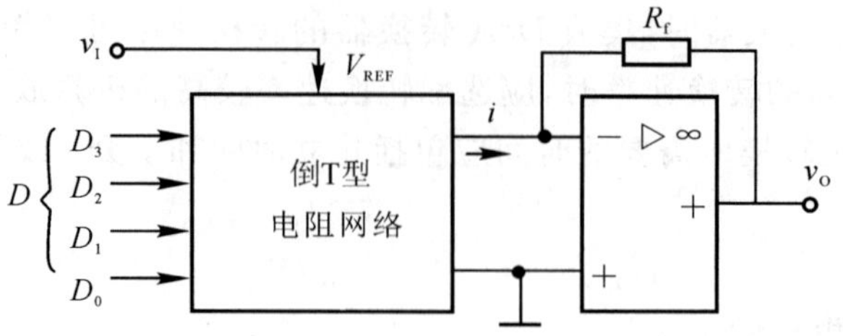

图 11.1.17 乘法器

图 11.1.17 中，$V_{REF}=v_I$，所以

$$v_O=-\frac{R_f}{R}\frac{v_I}{2^4}\sum_{i=0}^{3}D_i2^i=$$

$$\frac{R_f}{16R}v_I\sum_{i=0}^{3}D_i2^i=Kv_ID$$

式中 D 的取值为 $0\sim15$，$K=\frac{-R_f}{16R}$ 是一个常数。

4. 除法器

把 D/A 转换器作为运算放大器的反馈元件，便可构成除法器。图 11.1.18 给出了用倒 T 形电阻网络实现的模拟信号被数字 D 除的除法器

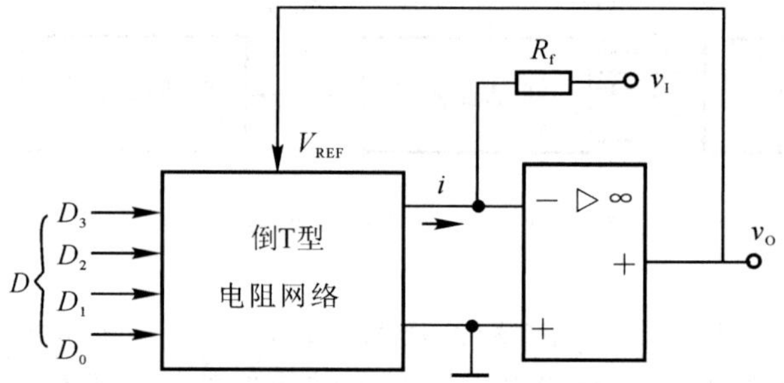

图 11.1.18 除法器

由图 11.1.18 可得

$$i=\frac{-v_I}{R_f}$$

而由式(11.1.7) 可知

$$i=\frac{V_{REF}}{2^4R}\sum_{i=0}^{3}D_i2^i$$

由图 11.1.18 可知 $V_{REF}=v_O$

$$i=\frac{v_O}{2^4R}\sum_{i=0}^{3}D_i2^i=-\frac{v_I}{R_f}$$

所以

$$v_O=-(\frac{16R}{R_f})\frac{v_I}{D}=K\frac{v_I}{D}$$

式中 D 取值范围为 $0 \sim 15$，$K = -\dfrac{16R}{R_f}$ 是一个常数。

5. 其他应用

模拟信号通过电压-频率转换器可以转换成重复频率与输入电压值成正比的输出信号，所以利用 D/A 转换器和电压-频率转换器可以实现数字-频率之间的转换。

第二节　模/数（A/D）转换器

A/D 转换器的任务就是将模拟信号转换为数字信号，其方框图如图 11.2.1 所示。输入 $v_A(t)$ 为时间上连续变化的模拟量，输出为 n 位二进制数。图中 V_{REF} 为基准电压。

一、A/D 转换的一般步骤

在 A/D 转换器中，输入的模拟信号在时间上是连续的，而输出的数字信号是离散量，所以进行转换时必须在一系列选定的瞬间对输入的模拟信号采样，然后再把这些采样值转换为输出的数字量。因此，一般 A/D 转换过程要经过采样、保持、量化、编码四个步骤完成。不过这些步骤有时是合并进行的。例如，采样和保持就利用一个电路连续完成，量化和编码也是转换过程中同时实现的，而且所用的时间又是保持时间的一部分。

1. 采样与保持

（1）采样。采样是将一个连续变化的模拟量转换为时间上断续（离散）的模拟量。或者说，采样就是把一个时间上连续的模拟量转换成一串脉冲，这些脉冲是等宽的。但其幅度取决于采样时输入的模拟量。如图 11.2.2 所示，图中 $f_I(t)$ 为输入模拟量，$S(t)$ 为采样脉冲，$f_O^*(t)$ 为采样输出信号。因此，采样电器实际上是一个受采样脉冲控制的电子开关，在 $S(t)$ 采样脉冲宽度 t_W 时间内，开关接通，此时输出 $f_O^*(t) = f_I(t)$；而在 $(T_S - t_W)$ 时间内，开关断开，输出 $f_O^*(t) = 0$。这样，电子开关在采样脉冲作用下周期性地动作。

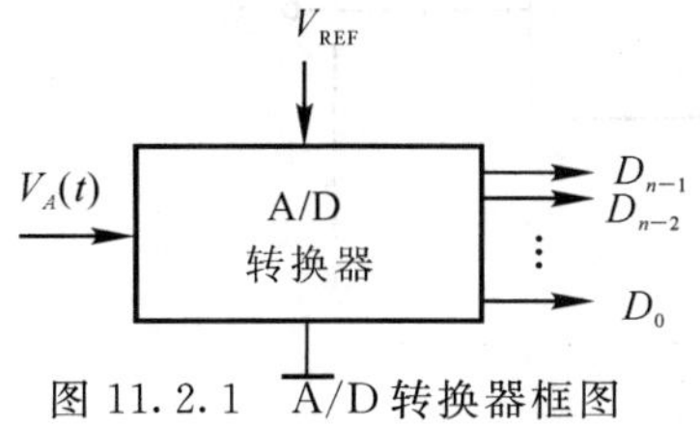

图 11.2.1　A/D 转换器框图

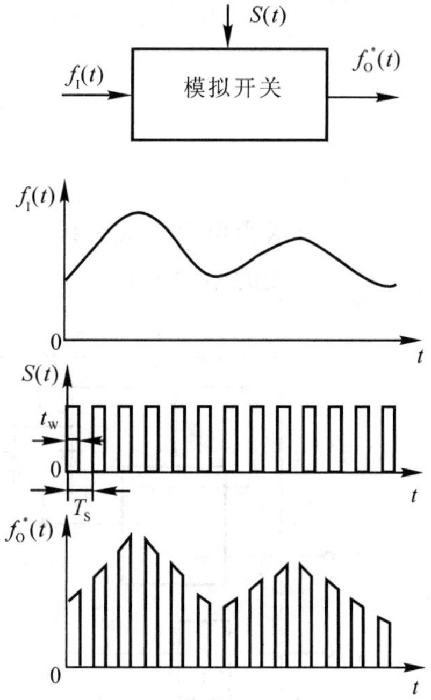

图 11.2.2　模拟信号采样

为了能正确地采样，输出信号 $f_O^*(t)$ 表示输入模拟量 $f_I(t)$，采样脉冲必须有足够高的频率。

为了保证能从采样信号恢复成原信号，必须满足

$$f_s \geqslant 2 f_{I\max} \tag{11.2.1}$$

式中 f_{Imax} 为输入信号 $f_{\mathrm{I}}(t)$ 中最高频分量的频率，式(11.2.1) 即所谓采样定理。

(2) 采样-保持电路。 通常采样脉冲的宽度 t_{W} 是很窄的，故采样输出是断续的窄脉冲。要把一个采样输出信号数字化，这就需要将采样输出所得到的瞬时模拟信号保持一段时间，这由采样-保持电路来完成。

图 11.2.3(a) 所示为常用的采样-保持电路。它是由采样开关、保持电容及缓冲放大器组成。用场效应管作为开关，在采样脉冲持续期 t_{W} 内，开关接通，输入模拟信号 v_{I} 经开关对电容 C 充电。假设 C 的充电时常数远远小于 t_{W}，则电容 C 上的电压在时间 t_{W} 内能跟随输入信号 v_{I} 变化，放大器的输出 v_{O} 也随 v_{I} 变化。当采样脉冲结束时，开关断开，若放大器的输入阻抗很大，电容的漏电可以忽略，则电容 C 上的电压可以保持到下一采样脉冲的到来。当下一采样脉冲到来时，v_{O} 又随 v_{I} 变化而变化。图 11.2.3 (b) 所示为采样-保持输出波形，其中曲线表示输入模拟信号。

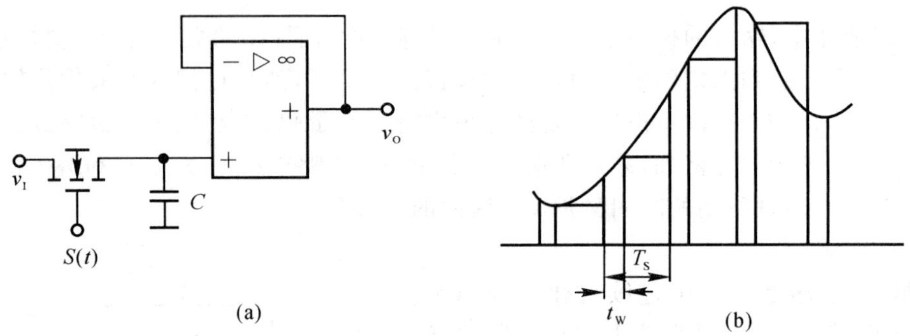

图 11.2.3 采样-保持

(a) 采样-保持电路； (b) 采样-保持信号

图 11.2.4 所示为单片集成采样-保持电路 LF198。其中 A_1 和 A_2 为两个运算放大器，S 为电子开关，L 为开关的驱动电路。

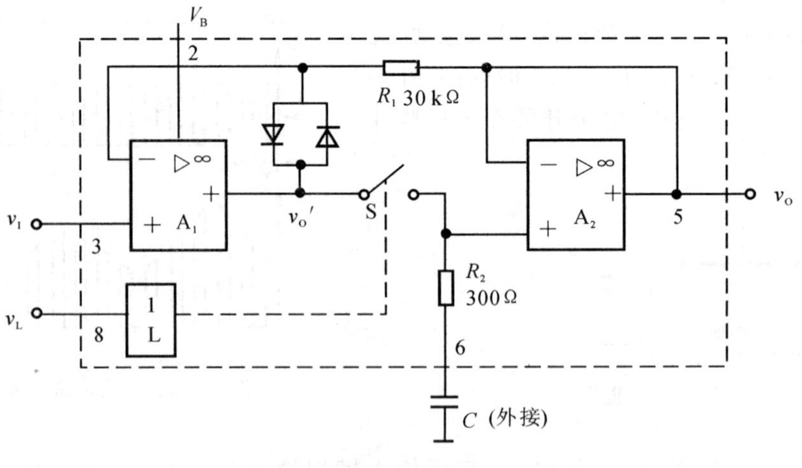

图 11.2.4 集成采样-保持电路 LF198

采样信号由 v_{L} 输入，模拟信号由 v_{I} 输入。当 $v_{\mathrm{L}}=1$ 时，开关 S 合上，A_1，A_2 均工作在电压

跟随器状态，所以 $v_O=v_O'=v_I$。此时经 R_2 对外接电容 C 充电，电容 C 上的电压稳定值也是 v_I。在采样信号结束时，$v_L=0$，S 断开，由于电容 C 上电压基本保持不变，所以输出电压 v_O 也基本保持不变。

通过偏置输入 v_B 端可以调整输出电压的零点，即 $v_I=0$ 时，$v_O=0$。

2. 量化与编码

如图 11.2.3 (b) 所示的采样-保持输出波形中，在采样脉冲 t_W 期间，$v_O=v_I$，在两次采样的间隔时间(T_S-t_W) 内，v_O 保持不变。(T_S-t_W) 这段时间供量化和编码。

数字信号不仅在时间上是离散的，而且数值大小的变化也是不连续的。也就是说，任何一个数字量的大小只能是某个规定的最小数量单位的整数倍。因此在 A/D 转换过程中，必须把采样-保持的电压化成某个最小单位的整数倍，这个过程称为量化过程，所取的最小单位叫做量化单位，用 Δ 表示。

把量化的结果用代码（一般是二进制，也可以是二-十进制）表示出来，称为编码。显然，编码输出的数字信号最低有效位的 1 代表的数量大小就等于 Δ。

由于模拟信号是连续的，那么它就不一定能被 Δ 整除，因此量化过程不可避免地会引入误差，这种误差称量化误差。显然，数字信号的位数越多，量化的误差就越小。例如十位二进制可把信号分为 $2^{10}=1\ 024$ 层，最小量化单位 $\Delta=\frac{1}{2^{10}}$，量化误差小于 0.1%。A/D 转换器的最小量化单位越小，所需电路元件的数量越多，每个元件的精度要求也越高，所以 A/D 转换器的量化误差大小应根据具体应用而定。

A/D 转换器有两种量化方法。图 11.2.5(a) 为只舍不入的方法，图 11.2.5(b) 为有舍有入的方法。假设把最小量化单位 Δ 记为 V_q，且采用三位二进制数表示，在只舍不入的方法中，输入模拟电压 v_I 与输出二进制编码之间的关系如表 11.2.1 所示。从图 11.2.5(a) 和表 11.2.1 可看出：$0\leqslant v_I\leqslant V_q$ 时，均用 000 表示；$V_q\leqslant v_I<2V_q$ 时，均用 001 表示，显然最大量化误差为 V_q。

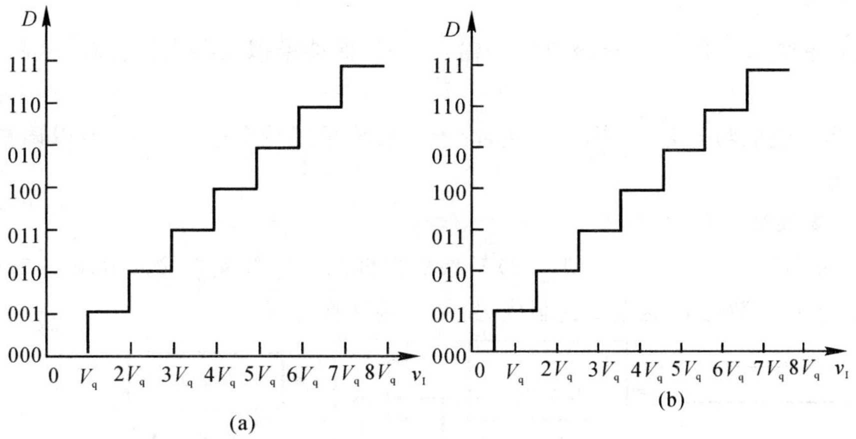

图 11.2.5　电平量化的两种方法

(a) 只舍不入法；(b) 有舍有入法

在有舍有入的方法中，输入模拟电压 v_I 与输出二进制编码之间的关系如表 11.2.2所示。

从图 11.2.5(b)和表 11.2.2 可看出：当 $0 \leqslant v_I < 0.5V_q$ 时，均用 000 表示；当 $0.5V_q \leqslant v_I < 1.5V_q$ 时，均用 001 表示；等等。这样每个二进制代码所代表的模拟电压值为它所对应模拟电压范围的中点，所以其最大量化误差为 $\pm \frac{1}{2}V_q$。显然，这种量化方法的量化误差比前一种要小。

表 11.2.1 只舍不入量化方法的输入-输出关系

输入	输出编码
$0 \leqslant v_I < V_q$	0 0 0
$V_q \leqslant v_I < 2V_q$	0 0 1
$2V_q \leqslant v_I < 3V_q$	0 1 0
$3V_q \leqslant v_I < 4V_q$	0 1 1
$4V_q \leqslant v_I < 5V_q$	1 0 0
$5V_q \leqslant v_I < 6V_q$	1 0 1
$6V_q \leqslant v_I < 7V_q$	1 1 0
$7V_q \leqslant v_I < 8V_q$	1 1 1

表 11.2.2 有舍有入量化方法的输入-输出关系

输入	输出编码
$0 \leqslant v_I < 0.5V_q$	0 0 0
$0.5V_q \leqslant v_I < 1.5V_q$	0 0 1
$1.5V_q \leqslant v_I < 2.5V_q$	0 1 0
$2.5V_q \leqslant v_I < 3.5V_q$	0 1 1
$3.5V_q \leqslant v_I < 4.5V_q$	1 0 0
$4.5V_q \leqslant v_I < 5.5V_q$	1 0 1
$5.5V_q \leqslant v_I < 6.5V_q$	1 1 0
$6.5V_q \leqslant v_I < 7.5V_q$	1 1 1

二、A/D 转换器电路

A/D 转换器电路一般可分为两大类。一种是间接法，一种是直接法。

间接法：将采样-保持的模拟信号先转换为时间 T 或频率 f，然后再将中间量 T 或 f 转换成数字量。由于通常采用频率恒定的时钟脉冲通过计数器来实现转换，因此，也称为计数式方法。

这种方法的特点是，工作速度低，但精度可以做得较高，对干扰抑制能力强，一般在测量仪表中运用得较多。

直接法：主要通过 2^n 个量化级电压与输入采样-保持模拟信号进行比较，从而直接转换成数字量。

这种转换方法的特点是，工作速度快，由于一般均采用数字电路构成，所以调整方便，但精度比间接法低。

1. V－T 变换型 A/D 转换器

图 11.2.6 所示为 V－T 变换型 A/D 转换器方框图。它首先将输入电压 v_I 转换成时间间隔 T，然后再通过计数器转换成二进制代码，是间接转换方式。

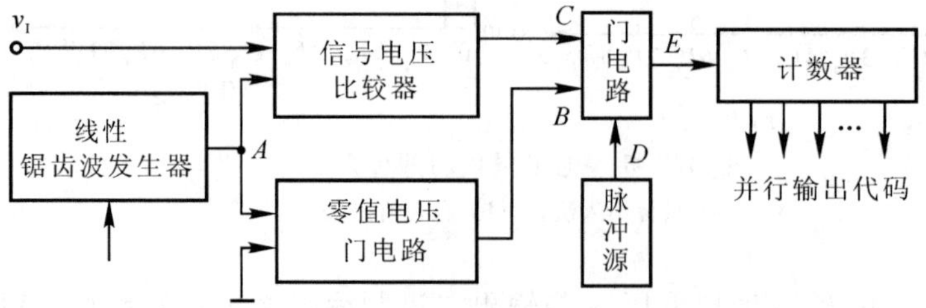

图 11.2.6 V－T 变换型 A/D 转换器方框图

图 11.2.7 所示为图 11.2.6 电路的工作波形。在启动信号作用下，触发式线性锯齿波发生器就以一定的斜率产生一个线性良好的锯齿波，如图 11.2.7 中 v_A 波形所示。锯齿电压分别送到信号电压比较器和零值电压比较器中，分别与输入的采样-保持信号 v_I 及零电平进行比较。当锯齿电压 $v_A < 0$ 时，零值电压比较器输出 $v_B = 0$；当 $v_A \geqslant 0$ 时，输出 $v_B = 1$。当锯齿电压 $v_A < v_I$ 时，信号电压比较器输出 $v_C = 1$；当 $v_A \geqslant v_I$ 时，输出 $v_C = 0$。

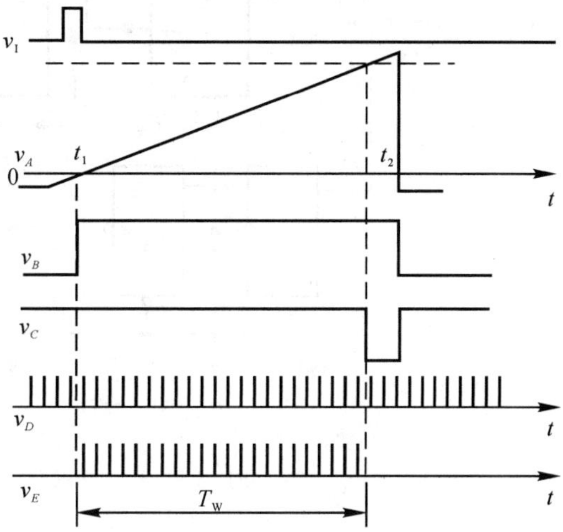

图 11.2.7　图 11.2.6 电路工作波形

由图 11.2.7 可知，在 $t < t_1$ 时。由于 $v_A < 0$，则 $v_B = 0$，封锁了门电路，计数器不工作。在 $t = t_1$ 时，$v_A \geqslant 0$，$v_B = 1$，且此时 $v_A < v_I$，$v_C = 1$，因此打开了门电路，计数脉冲作用于计数器，计数器加法计数。经过一段时间 T_W 后，到 $t = t_2$，这时由于 $v_A \geqslant v_I$，使 $v_C = 0$，又封锁了门电路，于是计数器停止计数。

假设锯齿电压波的斜率为 K（即 v/t），计数器脉冲源频率为 f_{CP}，周期为 T_{CP}，在 T_W 时间内记录了 M 个脉冲，因此有下列关系

$$
\begin{aligned}
v_I &= KT_W \\
T_W &= MT_{CP} \\
M &= \frac{v_I}{KT_{CP}}
\end{aligned}
\tag{11.2.1}
$$

由 $M = v_I / KT_{CP}$ 可见，计数脉冲的数目 M 与输入信号 v_I 成正比。计数器输出的状态为记录了 M 个计数脉冲的二进制数码，这就是输入信号 v_I 的数字量代码。

这种 A/D 转换器脉冲源频率越高，T_{CP} 越小，M 值就越大，表示 M 的二进制代码位数也就越多，精度就越高。这种转换器的精度还取决于斜坡电压的线性和电压比较器的灵敏度。

2. 双积分式 A/D 转换器

双积分 A/D 转换器又称双斜率 A/D 转换器，它是 V－T 型 A/D 转换器的另一种形式。图 11.2.8 所示为双积分 A/D 转换器的原理电路。它的基本工作原理是，将输入采样-保持电压变换成与其平均值成正比的时间间隔，然后再利用基准时钟脉冲通过计数器将此时间隔变换成数字量。

双积分 A/D 转换器由下列几个主要部分组成。

积分器：它是由运算放大器 A 和 RC 积分网络组成，这是转换器的核心。它的输入端接开关 S，开关 S 受触发器 FF_n 的状态 Q_n 控制。当 $Q_n = 0$ 时，S 接输入电压 v_I，积分器对输入信号 v_I 积分；当 $Q_n = 1$ 时，S 接基准电压 V_{REF}，$V_{REF} = -V_R$，积分器对 $-V_R$ 进行积分。因此，积分器进行两次相反的积分。积分器输出 v_B 接零值比较器。

零值比较器：当积分器输出 $v_B > 0$ 时，比较器输出 $v_C = 0$，封锁与门；当 $v_B \leqslant 0$ 时，比较器输出 $v_C = 1$，打开与门。

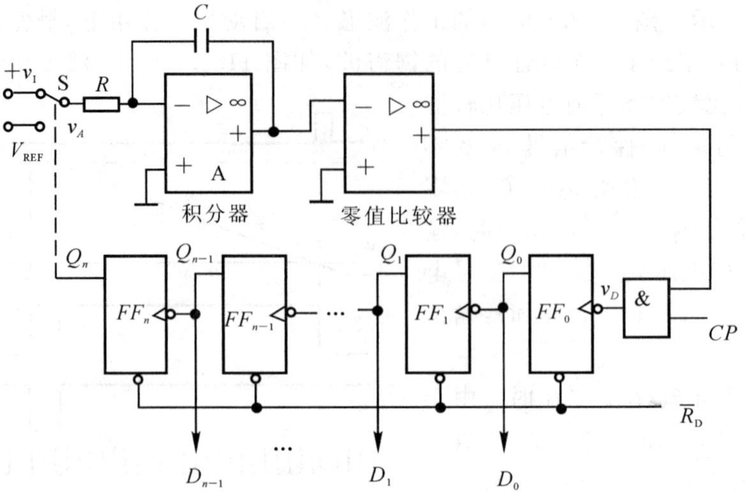

图 11.2.8　双积分 A/D 转换器方框图

时钟控制与门：与门有两个输入端，一端接零值比较器输出，一端接标准时钟脉冲源。

计数器和定时电路：它由 $n+1$ 个触发器构成。$FF_0 \sim FF_{n-1}$ 构成 n 位二进制计数器。计数器在启动脉冲作用下，全部触发器置 0，由于 FF_n 输出 $Q_n=0$，使开关 S 接 v_I，同时 n 位二进制计数器进行计数。当计数器输入 2^n 个计数脉冲后，触发器 $FF_0 \sim FF_{n-1}$ 状态由 11…1 回到 00…0，Q_{n-1} 输出触发 FF_n，使 Q_n 由 0 变为 1，发出定时控制信号，使开关 S 接到基准电源 V_{REF}。$FF_0 \sim FF_{n-1}$ 又开始从 0 计数，将与输入模拟信号的平均值成正比的时间间隔转换成数字量。

下面以正极性 v_I 为例，定量说明其工作情况。工作波形如图 11.2.9 所示。其工作过程可分为两个阶段：

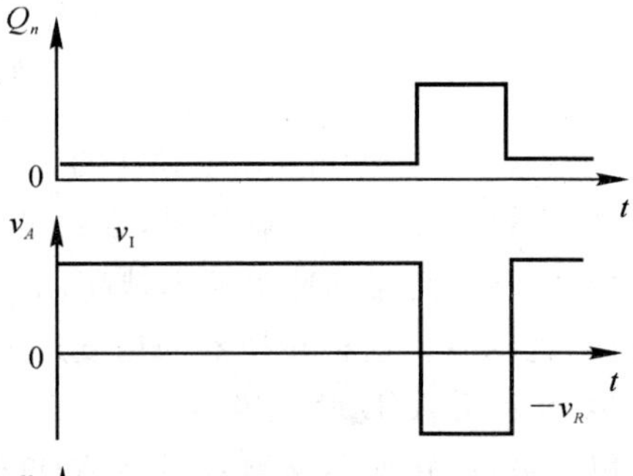

图 11.2.9　图 11.2.8 电路工作波形

(1) 采样阶段。在启动脉冲作用下，将全部触发器置 0。由于 $Q_n=0$，使开关 S 与输入信号 v_I 相连，A/D 转换开始。v_I 加到积分器输入端后，积分器对 v_I 进行积分，输出为

$$v_B = -\frac{1}{RC}\int_0^t v_I \, dt$$

由于 $v_B < 0$，零值比较器输出 $v_C=1$，CP 通过与门加到计数器，n 位二进制数从 0 开始计数，一直计到 2^n 个输入脉冲后，有

$$t = T_1 = 2^n T_{CP}$$

触发器 $FF_0 \sim FF_{n-1}$ 又全部返回到 0，而 FF_n 触发器由 0 翻转到 1。由于 $Q_n=1$，使开关 S 转换至基准电源 V_{REF}，至此，采样结束。此时，

$$v_B = v_{B0} = -\frac{T_1}{RC}v_I = -\frac{2^n T_{CP}}{RC}v_I$$

其中 T_{CP} 为标准时钟脉冲周期。

(2) 比较阶段。开关转换至 V_{REF} 后，积分器对 V_{REF} 进行积分，设 $V_{REF}=-V_R$。则

$$v_B=v_{B0}-\frac{1}{RC}\int_{T_1}^{t}(-V_R)\mathrm{d}t=$$

$$-\frac{2^n T_{CP}}{RC}v_I+\frac{V_R}{RC}(t-T_1)=$$

$$-\frac{2^n T_{CP}v_I}{RC}+\frac{V_R}{RC}T_2$$

当 v_B 逐步上升至 $v_B\geqslant 0$ 时，零值电压比较器输出 $v_C=0$，封锁了与门，计数器停止计数。假设此时计数器记录了 M 个脉冲，则

$$T_2=t-T_1=MT_{CP}$$

代入 v_B 可求得

$$v_B=-\frac{2^n T_{CP}}{RC}v_I+\frac{V_R}{RC}MT_{CP}=0$$

$$M=\frac{2^n}{V_R}v_I \tag{11.2.2}$$

由式(11.2.2)可见，计数器记录的脉冲数 M 与输入电压 v_I 成正比，计数器记录 M 个计数脉冲后的状态就表示了 v_I 的数字量二进制代码，这样实现了 A/D 转换。

双积分式 A/D 转换器具有较多的优点。首先，转换结果与积分时常数 RC 无关，从而消除了由于积分非线性带来的误差。其次，由于输入信号的积分时间 $T_1=2^n T_{CP}$ 较长且是固定值，而 $T_2=MT_{CP}=\frac{2^n}{V_R}v_I T_{CP}=\frac{v_I}{V_R}T_1$，表明反向积分时间 T_2 与输入信号 v_I 成正比。由于经过两次积分，所以对称性干扰，元件误差及延迟等因素均自动对消掉了，所以抗干扰能力较强。此外，这种转换器不必采用高稳定度的时钟脉冲源，它只要求时钟源在一个转换周期（T_1+T_2）时间内保持稳定即可。因此这种转换器广泛应用于要求精度较高而转换速度要求不高的仪器、仪表中。

最后应指出，在图 11.2.8 中只画出了双积分 A/D 转换器的主要基本环节，它还有其他一些控制电路。例如，启动脉冲产生电路；在一次转换结束后，第二次转换之前，积分电容放电使积分器归零的电路；输入信号电压极性的判别电路等。

3. V－F 变换型 A/D 转换器

图 11.2.10 所示为 V－F 变换型 A/D 转换器原理电路。它包括积分器、比较器、单稳态触发器以及计数器等。输入信号 v_I 加到积分器的输入端。

假定开始时，积分器输出 $v_O=0$，开关 S 是打开的，积分器对输入信号 v_I 进行积分，输出 v_O 为一负向锯齿波，即

$$v_O=-\frac{1}{RC}\int v_I\mathrm{d}t$$

显然，v_I 的电压越高，锯齿波的斜率越大。当锯齿波电压降到 $-V_{REF}$ 时，比较器动作，触发单稳态触发器，单稳态输出的正脉冲 v_S（见图 11.2.11）把开关 S 接通，积分器的电容 C 放电。单稳态正脉冲过后，S 又断开，积分器又开始工作，电容 C 充电。显然，锯齿波的扫描速率 K 为

$$K=-\frac{i_C}{C}=-\frac{v_I}{RC}$$

其扫描期为$\frac{-V_{REF}}{K}=RCV_{REF}/v_I$。若扫描期比休止期长得多,则锯齿波的重复周期$T$近似等于其扫描期,锯齿波的重复频率 f 为

$$f=\frac{1}{T}=\frac{1}{RC}\frac{v_I}{V_{REF}}$$

从图 11.2.11 可看出,单稳态触发器的输出 v_S 的频率应和锯齿波的重复频率一样。即表明 v_S 输出脉冲的频率与输入模拟信号 v_I 成正比。

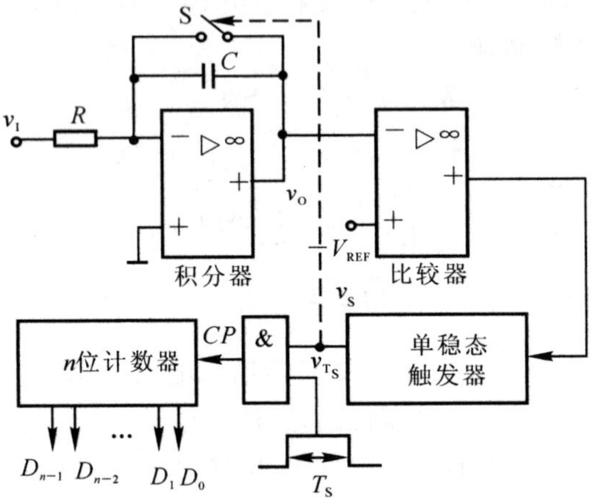

图 11.2.10　V－F 变换型 A/D 转换器

如果在规定时间 T_S 内对 v_S 输出的脉冲进行计数,则记录下的脉冲数

$$M=\frac{T_S}{T}=\frac{T_S v_I}{RC\ V_{REF}}$$

计数器输出的代码即为与 v_I 成正比的二进制代码。

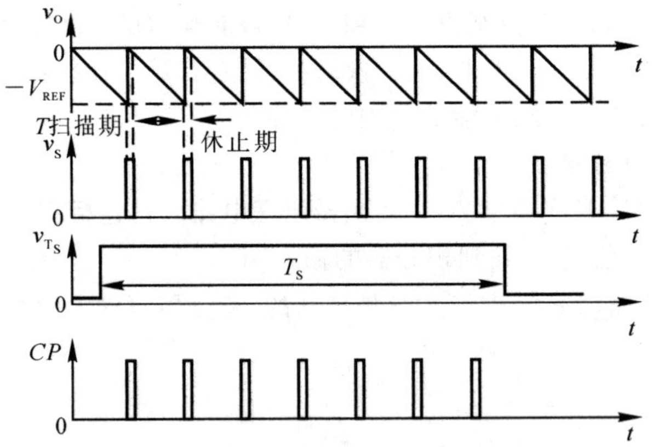

图 11.2.11　图 11.2.10 所示电路工作波形

应该注意的是为保证休止期电容C放电完毕,单稳态触发器输出的正脉冲要足够宽;为满足扫描期比休止期长得多的要求,单稳态输出的正脉冲应足够窄。所以对单稳态触发器输出的

正脉冲宽度应综合考虑。

这种 V－F 变换型 A/D 转换器也采用了积分器，所以也同样具有抗干扰能力较强的优点。此外，转换输出的频率与输入信号 v_I 成正比，这种调频信号具有较强抗干扰能力，易于传输和检出，因此非常适合在遥控、遥测系统中应用。

4. 计数斜坡式 A/D 转换器

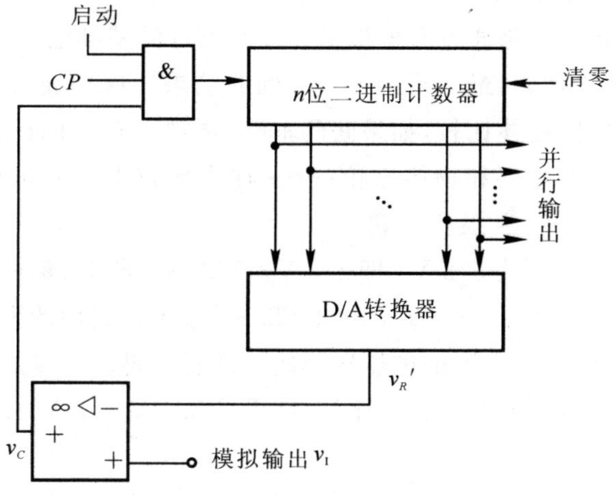

(a)

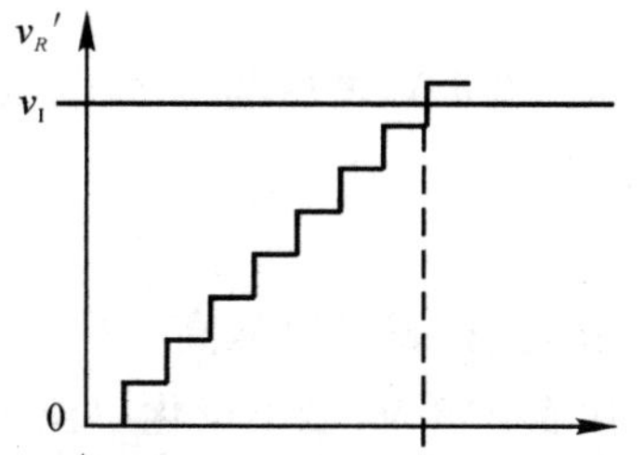

(b)

图 11.2.12　计数斜坡式 A/D 转换器

(a) 方框图；(b) 波形图

计数斜坡式 A/D 转换器的方框图如图 11.2.12(a) 所示。它由 n 位二进制计数器、D/A 转换器和电压比较器组成。D/A 转换器接收 n 位二进制计数器输出的数字信号，产生一个基准的阶梯电压 v_R'，这个阶梯电压 v_R' 和输入信号 v_I 加到电压比较器进行比较。当 D/A 转换器输出的基准电压 V_R' 小于 v_I 时，电压比较器输出 $v_C=1$，CP 脉冲可加入计数器，计数器继续计数，当 D/A 转换器输出的阶梯电压大于或等于 v_I 时，电压比较器输出 $v_C=0$，与门关闭，CP 脉冲不能加入，计数器停止计数，此时计数器的输出即为输入信号 v_I 的数字量代码。图 11.2.12(b) 所示为 D/A 转换器输出的阶梯电压及比较器的输出波形。

这种 A/D 转换器的精度主要取决于比较器和 D/A 转换器的性能，它是直接转换方式最简单的一种电路，也是转换速度最慢的一种，它的最大转换时间为 $(2^n-1)T_{CP}$，T_{CP} 为时钟脉冲的周期。

5. 逐次逼近型 A/D 转换器

逐次逼近型 A/D 转换器是通过对模拟量和逐次逼近的基准电压的不断比较，从高位到低位逐位地产生对应的数字代码，最后得到比较准确的结果。这和通常用天平称物体重量的方法类似，先用最大的砝码同物体比较，如果砝码不够，再加上较大的砝码，如果砝码太重，则去掉最大的砝码，再用较大的砝码和物体比较；…… 逐次比较下去便可得到物体的重量。测量电压亦可如此。

设有十个基准电压，分别为 5/2 V（即 2.5 V），$5/2^2$ V（即 1.25 V），$5/2^3$ V（即 0.625 V），$5/2^4$ V（即 0.312 5 V），…，$5/2^{10}$ V（即 0.004 882 812 5 V），它们的大小呈二进制关系。满值为 5 V。现在讨论如何把一个 3 V 的电压转换成二进制数码。

第一步，先用 2.5 V 电压和 3 V 电压比较，结果是 2.5 V < 3 V，于是把 2.5 V 电压保留下来，并记上“1”。

第二步，在 2.5 V 电压上再加 1.25 V 后与 3 V 电压比较，结果 (2.5 + 1.25) V > 3 V，把 1.25 V 去掉，记为“10”。

第三步，在 2.5 V 电压上增加 0.625 V 之后与 3 V 电压比较，结果 (2.5+0.625) V > 3 V，把 0.625 V 去掉，记为“100”。

第四步，在 2.5 V 电压上增加 0.312 5 V 之后与 3 V 电压比较，结果 (2.5 + 0.312 5) < 3 V，保留 0.312 5 V，记为“1001”。

……

依此类推，一直试到 $5/2^{10}$ V 为止，这样就可以从高位向低位逐位地转换成二进制数，结果为“1001100110”。其中最高位“1”代表 2.5 V，最小量化单位为 $5/2^{10}$ = 0.004 882 812 5 V。

按照上述原理构成 4 位逐次逼近型 A/D 转换器原理方框图，如图 11.2.13 所示。它由下列几部分组成。

D/A 转换器：它的作用是按不同的输入数码，产生一组数值不同的参考电压 v_R'，送到电压比较器与输入信号 v_I 进行比较。D/A 转换器输出参考电压 v_R' 与输入数码 $Q_D \sim Q_A$ 之间的关系如表 11.2.3 所示。

电压比较器：它是将输入信号 v_I 和 D/A 转换器输出参考电压 v_R' 进行比较，当 $v_R' < v_I$ 时，$F=1$；当 $v_R' \geqslant v_I$ 时，输出 $F=0$。

时序分配器：它的作用是产生比较用的节拍脉冲。通常用环形计数器构成，在 CP 作用下产生 $CP_0 \sim CP_4$ 的节拍脉冲，其波形图如图 11.2.14 所示。

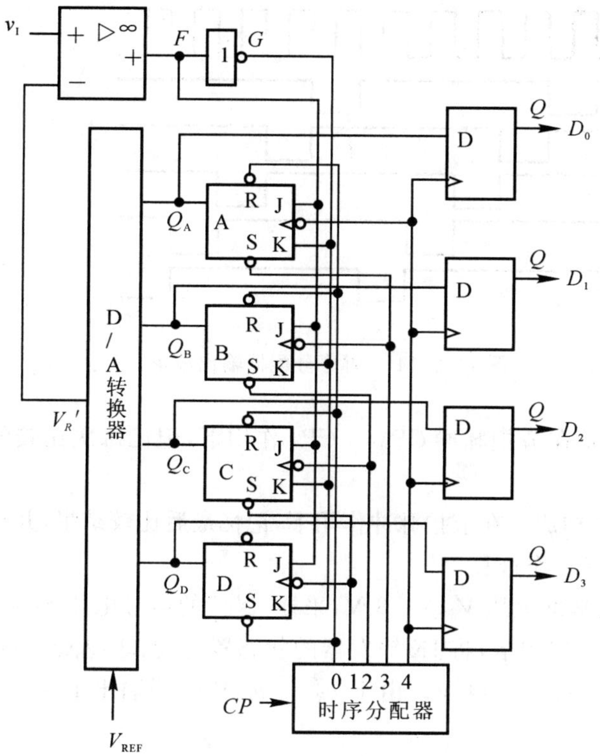

图 11.2.13 4 位逐次逼次型 A/D 转换器

表 11.2.3 D/A 转换器输出

Q_D	Q_C	Q_B	Q_A	v_R'
0	0	0	0	0
0	0	0	1	$(1/16)V_{REF}$
0	0	1	0	$(2/16)V_{REF}$
0	0	1	1	$(3/16)V_{REF}$
0	1	0	0	$(4/16)V_{REF}$
0	1	0	1	$(5/16)V_{REF}$
0	1	1	0	$(6/16)V_{REF}$
0	1	1	1	$(7/16)V_{REF}$
1	0	0	0	$(8/16)V_{REF}$
1	0	0	1	$(9/16)V_{REF}$
1	0	1	0	$(10/16)V_{REF}$
1	0	1	1	$(11/16)V_{REF}$
1	1	0	0	$(12/16)V_{REF}$
1	1	0	1	$(13/16)V_{REF}$
1	1	1	0	$(14/16)V_{REF}$
1	1	1	1	$(15/16)V_{REF}$

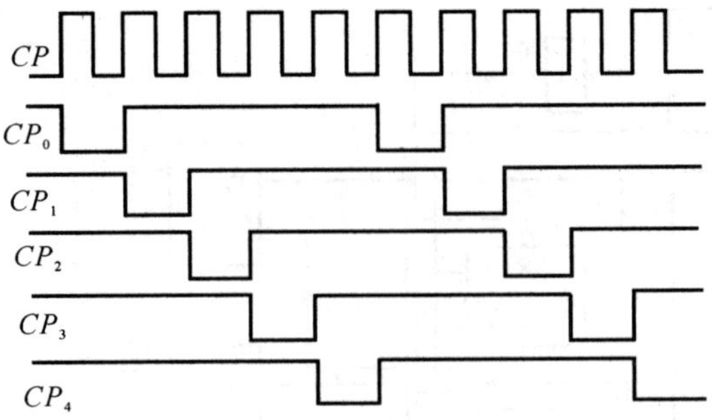

图 11.2.14　时序分配器输出波形

JK 触发器：其作用是在节拍脉冲 $CP_0 \sim CP_4$ 作用下，记忆每次比较的结果，并向 D/A 转换器提供输入数码。

寄存器：由 D 触发器构成。在节拍脉冲作用下，记忆最后比较结果，并行输出二进制代码。

现以一实例来说明其工作过程。

假设 D/A 转换器的基准电压 $V_{REF}=8$ V，采样-保持的信号电压 $v_I=6.55$ V。

首先在节拍脉冲 CP_0 作用下，将 JK 触发器的状态置为 $Q_DQ_CQ_BQ_A=1000$，则 D/A 转换器输出参考电压 $v_R'=(8/16)V_{REF}=4$ V。由于 $v_R'<v_I$，比较器输出 $F=1$，反相器 $G=0$，这样，各级触发器的 $J=1$，$K=0$。

在节拍脉冲 CP_1 的作用下，其下跳沿触发 JK 触发器 D，使 $Q_D=1$，同时 CP_1 使触发器 C 置 1。这样，在 CP_1 作用后，JK 触发器的状态 $Q_DQ_CQ_BQ_A=1100$。D/A 转换器输出的参考电压 $v_R'=(12/16)V_{REF}=6$ V。由于 $v_R'<v_I$，比较器输出 $F=1$，$G=0$。所以，各级触发器的 $J=1$，$K=0$。

在节拍脉冲 CP_2 作用下，其下跳沿触发 JK 触发器 C，使 $Q_C=1$，同时 CP_2 使触发器 B 置 1。这样，在 CP_2 作用后，JK 触发器的状态 $Q_DQ_CQ_BQ_A=1110$。D/A 转换器输出参考电压 $v_R'=(14/16)V_{REF}=7$ V。由于 $V_R'>v_I$，比较器输出 $F=0$，$G=1$。这样各级触发器的 $J=0$，$K=1$。

在节拍脉冲 CP_3 作用下，其下跳沿触发 JK 触发器 B，使 $Q_B=0$，同时 CP_3 使触发器 A 置 1。这样，在 CP_3 作用后，JK 触发器的状态 $Q_DQ_CQ_BQ_A=1101$。D/A 转换器输出参考电压 $v_R'=(13/16)V_{REF}=6.5$ V。由于 $v_R'<v_I$，比较器输出 $F=1$，$G=0$。这样各级触发器的 $J=1$，$K=0$。

在 CP_3 作用结束后，CP_4 节拍脉冲到来。CP_4 的下跳沿触发 JK 触发器 A，使 $Q_A=1$，JK 触发器的状态为 $Q_DQ_CQ_BQ_A=1101$，CP_4 节拍脉冲的上升沿将 JK 触发器的 1101 状态存入到寄存器中。寄存器的输出 $D_3D_2D_1D_0=1101$，即为输入模拟信号 $v_I=6.55$ V 的二进制代码。

逐次逼近型 A/D 转换器完成一次转换所需的节拍脉冲数为 $(n+1)$，其中 n 为二进制代码的位数，所以完成一次转换所需的时间为 $(n+1)T_{CP}$，其中 T_{CP} 为时钟脉冲周期。因此，转换时间随着代码位数 n 的增加而增大。这种转换器转换速度比间接式及计数斜坡直接式都要快。通常在需要速度快，精度有一定要求的情况下，采用逐次逼近型 A/D 转换器。

6. 并联型 A/D 转换器

图 11.2.15 所示为 3 位并联型 A/D 转换器原理电路图，它是直接式 A/D 转换器中转换速度最快的一种。

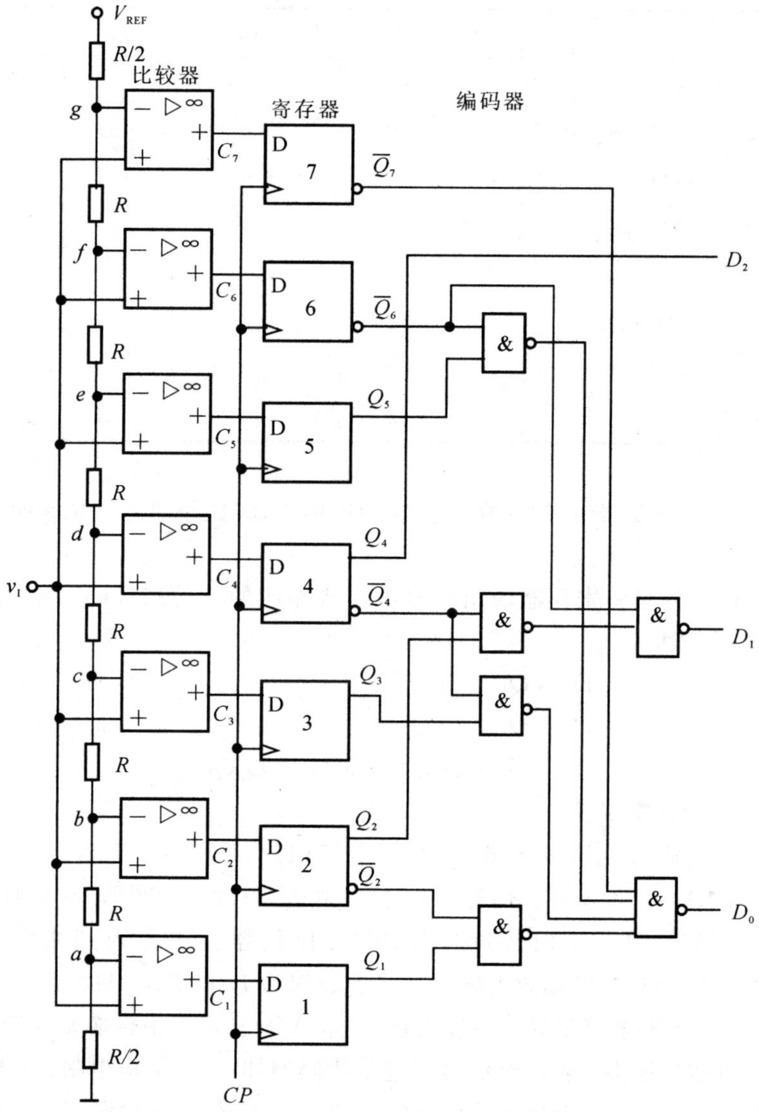

图 11.2.15　并联型 A/D 转换器

它由下列几部分组成。

电阻分压器：它由 8 个电阻串联组成，产生不同数值的参考电压，分别送到各个比较器。由图 11.2.15 可知，各点参考电压分别为：$V_a=(1/14)V_{REF}$；$V_b=(3/14)V_{REF}$；$V_c=(5/14)V_{REF}$；$V_d=(7/14)V_{REF}$；$V_e=(9/14)V_{REF}$；$V_f=(11/14)V_{REF}$；$V_g=(13/14)V_{REF}$。

电压比较器：三位数码 A/D 转换器共有 7 个电压比较器，每个电压比较器一端接不同的参考电压 V_R'，一端接输入信号 v_I。如前所述，若电压比较器 $V_R'>v_I$，则输出 $C=0$；若 $V_R'\leqslant v_I$，则比较器输出 $C=1$。因此，在不同输入信号 v_I 时，各比较器的输出如表 11.2.4 左半部分所示。

表 11.2.4　图 11.2.15 所示 A/D 转换器代码输出

v_I	C_7	C_6	C_5	C_4	C_3	C_2	C_1	D_2	D_1	D_0
$0 \leqslant v_I \leqslant (1/14)V_{REF}$	0	0	0	0	0	0	0	0	0	0
$(1/14)V_{REF} \leqslant v_I \leqslant (3/14)V_{REF}$	0	0	0	0	0	0	1	0	0	1
$(3/14)V_{REF} \leqslant v_I \leqslant (5/14)V_{REF}$	0	0	0	0	0	1	1	0	1	0
$(5/14)V_{REF} \leqslant v_I \leqslant (7/14)V_{REF}$	0	0	0	0	1	1	1	0	1	1
$(7/14)V_{REF} \leqslant v_I \leqslant (9/14)V_{REF}$	0	0	0	1	1	1	1	1	0	0
$(9/14)V_{REF} \leqslant v_I \leqslant (11/14)V_{REF}$	0	0	1	1	1	1	1	1	0	1
$(11/14)V_{REF} \leqslant v_I \leqslant (13/14)V_{REF}$	0	1	1	1	1	1	1	1	1	0
$(13/14)V_{REF} \leqslant v_I \leqslant V_{REF}$	1	1	1	1	1	1	1	1	1	1

寄存器：由 7 个 D 触发器组成，它在时钟脉冲作用下，将比较器的结果暂时寄存于寄存器中，供编码用。

编码网络：它的作用是将寄存器输出信号编译成相应的二进制代码。根据表 11.2.4 可写出编码网络的逻辑表达式

$$D_2 = Q_4$$
$$D_1 = Q_6 + \bar{Q}_4 Q_2$$
$$D_0 = Q_7 + \bar{Q}_6 Q_5 + \bar{Q}_4 Q_3 + \bar{Q}_2 Q_1$$

现举一例说明其工作情况。

假设 $V_{REF} = 8$ V，输入电压 $v_I = 6.55$ V。由于 $(11/14)V_{REF} = 6.28$ V，$(13/14)V_{REF} = 7.42$ V，因此 $(11/14)V_{REF} < v_I < (13/14)V_{REF}$，由表 11.2.4 可见，各级比较器输出为 $C_7C_6C_5C_4C_3C_2C_1 = 0111111$。在时钟脉冲作用下，比较器输出存入到相应的寄存器，使 $Q_7Q_6Q_5Q_4Q_3Q_2Q_1 = 0111111$，经编码器输出二进制代码为 $D_2D_1D_0 = 110$。

综上所述，并联型 A/D 转换器转换速度很快，它是 A/D 转换器中转换速度最快的一种。但这种转换器所需硬件数目很多。若需要输出二进制代码增加一位，分压电阻、电压比较器、寄存器的硬件数目近似增加一倍。一般要求输出 n 位二进制代码，需 2^n 个电阻，$(2^n - 1)$ 个电压比较器，$(2^n - 1)$ 个 D 触发器以及复杂的编码网络。这种转换器适用于高速度、低精度要求的场合。

7. 串并型 A/D 转换器

若需要一个高速的 6 位 A/D 转换器，采用并联型 A/D 转换器，则需要 63 个电压比较器，63 个 D 触发器及复杂的编码网络。可将两个 3 位并联型 A/D 转换器串接起来，构成一个高速的 6 位 A/D 转换器，如图 11.2.16 所示。

图 11.2.16 中的两个 3 位并联型 A/D 转换器电路和图 11.2.15 所示电路相同。基准电压 $V_{REF2} = \frac{1}{8} V_{REF1}$。采样-保持模拟信号电压 v_I 加到高 3 位并联型 A/D 转换器输入端，在时钟 CP_1 作用下，高 3 位并联型 A/D 转换器完成 3 位数字代码的转换。高 3 位输出的二进制信号加至 3 位 D/A 转换器，转换成对应的模拟电压，与经过延迟后同一模拟输入信号 v_I 相减，其差值加到低 3 位 A/D 转换器，经 CP_2 时钟的作用，完成对差值的 A/D 转换，输出低 3 位数字信号。

高 3 位和低 3 位数字信号在时钟 CP_3 作用下，同时存入 6 位寄存器，从而实现 6 位 A/D 转换。

现举例说明其工作过程。

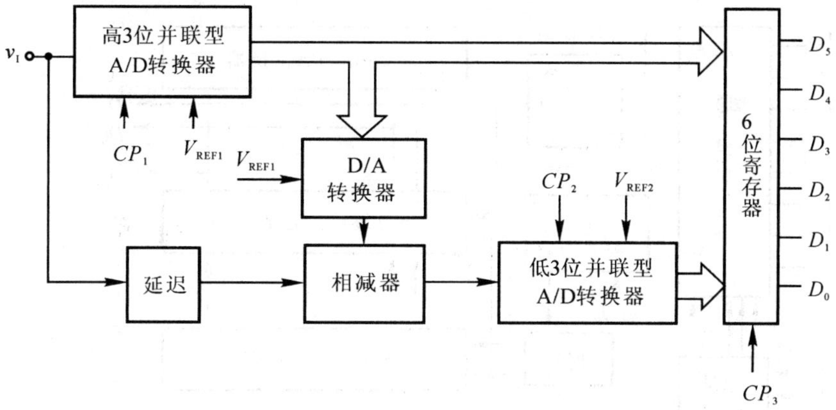

图 11.2.16　串并型 A/D 转换器

假设 $V_{REF1}=8$ V，$V_{REF2}=1$ V，输入采样-保持模拟电压 $v_I=6.55$ V。

根据表 11.2.4 可以得出，在 CP_1 节拍脉冲作用下，高 3 位 A/D 转换器的输出二进制代码为 $D_2D_1D_0=110$，110 数码加到 D/A 转换器。若 D/A 转换器是倒 T 形 D/A 转换器，则根据式(11.1.8) 可以求出 D/A 转换器输出的模拟电压为 6 V。经相减器相减后，输出差值为 0.55 V。0.55 V 加到低 3 位 A/D 转换器，由于 $V_{REF2}=1$ V，所以 $(7/14)V_{REF} < 0.55\ \text{V} < (9/14)V_{REF2}$，由表 11.2.4 可看出在 CP_2 时钟的作用下，低 3 位 A/D 转换器输出的二进制代码 $D_2D_1D_0=100$。最后，在 CP_2 时钟作用下，将高 3 位 A/D 转换器输出的代码与低 3 位 A/D 转换器输出的代码同时存入到 6 位寄存器，从而得到 6 位二进制的代码，输出为 110100。完成对模拟信号 v_I 的 A/D 转换。

采用串并型 A/D 转换器，所需硬件数目比并联型要少，而转换速度也是比较快的，所以也得到广泛应用。

三、集成 A/D 转换器

集成 A/D 转换器的类型很多，现以应用比较广泛的逐次逼近型 A/D 转换器为例进行介绍。

图 11.2.17(a) 所示为 AD0890 8 位逐次逼近型 A/D 转换器方框图。

AD0890 主要是由 256R 电阻网络和开关树构成的 D/A 转换器、8 位逐次逼近寄存器、8 位移位寄存器、比较器及时序控制电路组成。

256R D/A 转换器由 256 个电阻构成的分压器和模拟开关树组成，如图 11.2.17(b) 所示。模拟开关受 8 位逐次逼近寄存器的输出状态控制。在寄存器的 $2^8=256$ 种不同状态下，分别产生 256 个参考电压 V_R'，送到比较器与模拟输入电压 v_I 进行比较。v_I 是 8 通道模拟开关的输出，该开关受输入地址 $A_2A_1A_0$ 的控制，选择 $V_{I0}\sim V_{I7}$ 8 个输入信号中的任意一个进行 A/D 转换，AD0890 具有三态输出，易于与微处理器连接。

比较器是 A/D 转换器的主要部分，它最终决定整个转换器的精度。在 AD0890 中为了克服漂移的影响，采用了斩波式比较器电路。它首先把直流输入信号转换成交流信号，经过高增益交流放大后，再恢复成直流电平信号。这样有利于提高转换器精度。

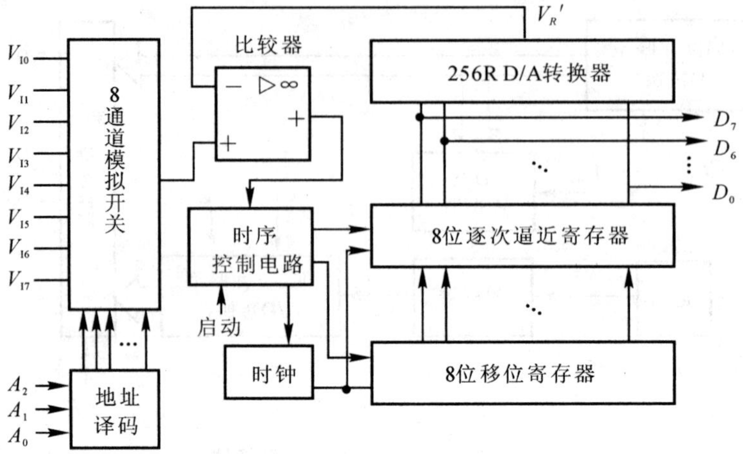

(a)

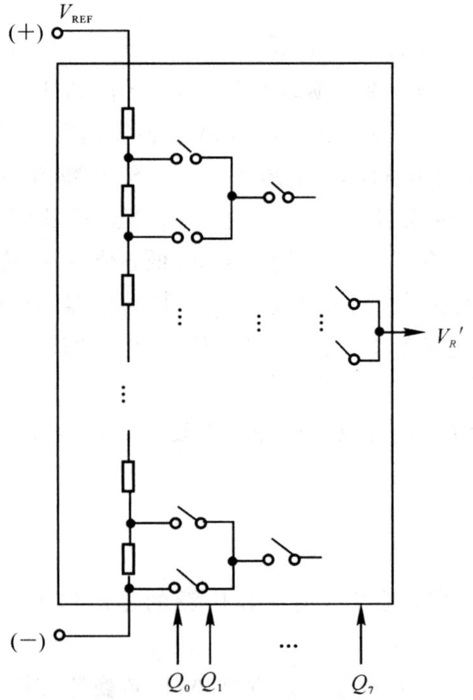

(b)

图 11.2.17　8 位逐次逼近型 A/D 转换器

(a) 方框图；(b) 256R D/A 转换器

在逐次逼近型转换器中，n 位转换需要 n 位迭次逼近。在启动脉冲上升沿作用时，将 8 位寄存器复 0，在启动脉冲下降沿开始进行转换。如果正在进行转换中，接到新的启动脉冲，则原来的转换过程中止，重新开始转换。在一次转换周期结束时，逻辑时序控制电路中产生转换结束输出信号，输出一个脉冲。如果将转换结束输出信号接到启动信号输入，可以使转换过程不停地进行。

四、A/D 转换器的转换精度与转换速度

在单片集成 A/D 转换器中用分辨率和转换误差来描述转换精度。

分辨率以输出二进制或十进制数字的位数表示，它说明 A/D 转换器对输入信号的分辨能力。n 位二进制数输出的 A/D 转换器应能区分输入模拟电压信号的 2^n 个不同等级。例如 A/D 转换器的输出为 10 位，最大输入信号为 5 V，则转换器的输出应能区分出输入电压信号 $(5/2^{10})$ V = 4.88 mV 的差异。

转换误差通常以相对误差的形式给出，它表示 A/D 转换器实际输出的数字量和理想输出数字量之间的差别，并用最低有效位的倍数表示。例如给出相对误差 $\leqslant \frac{1}{2}$LSB，这就表明实际输出的数字量和理论上应得到的输出数字量之间的误差不大于最低位的 1/2。

A/D 转换器的速度主要取决于转换电路的类型，不同类型 A/D 转换器的转换速度相差很大。

并联型 A/D 转换器的转换速度最高，8 位输出的单片集成 A/D 转换器转换时间可以缩短至 50 ns 之内。逐次逼近型 A/D 转换器次之，8 位输出的单片集成 A/D 转换器的最短转换时间只有 400 ns，多数在 10 ~ 50 μs 之间。间接 A/D 转换器的转换速度要低得多，例如，双积分型单片集成 A/D 转换器的转换时间大都在几十毫秒至数百毫秒之间。

习　题　十一

1. 在图 11.1.3 所示的权电阻 D/A 转换器中，$R_0 = 2^3R = 80\ \mathrm{k\Omega}$，$R_f = 5\ \mathrm{k\Omega}$，则 $R_1 = 2^2R$，$R_2 = 2^1R$，$R_3 = 2^0R$，各应选择多大数值？若 $V_{REF} = 5$ V，输入的二进制数码 $D_3D_2D_1D_0 = 1111$，求输出电压 v_O。

2. 在图 11.1.4 T 形电阻网络 D/A 转换器中，$v_{REF} = 5$ V，$R_f = 30\ \mathrm{k\Omega}$，$R = 10\ \mathrm{k\Omega}$，求对应输入 4 位二进制数码为 0101，0110，及 1101 的输出电压 v_O。

3. 在 T 形电阻网络 D/A 转换器中，若 $n = 10$，当 $D_9 = D_7 = 1$，其余位均为 0，在输出端测得电压 $v_O = 3.125$ V，求该 D/A 转换器的基准电压 V_{REF}，设电路中 $R_f = 3R$。

4. 已知某 D/A 转换电路最小分辨电压 $v_{LSB} = 5$ mV，最大满刻度输出电压 $v_m = 10$ V，试求该电路输入数字量的位数 n 应是多少。

5. 试比较直接式 A/D 转换器和间接式 A/D 转换器的优缺点。

6. 在图 11.2.7 所示 V-T 型 A/D 转换器中，设锯齿波电压的正程时间为 1 000 μs 时输入模拟电压为 5 V，要求输出显示 3 位十进制数字，试确定计数器时钟脉冲的频率。

7. 某双积分 A/D 转换器中计数器由四片十进制集成计数器组成，它的最大计数容量 $D = (5\ 000)_{10}$，计数脉冲的频率 $f_{CP} = 25$ kHz，积分器 $R = 100\ \mathrm{k\Omega}$，$C = 1\ \mu\mathrm{F}$，输入电压范围为 $v_I = 0 \sim 5$ V。试求：

(1) 第一次积分的时间 T_1；

(2) 积分器的最大输出 $|v_{Omax}|$；

(3) 当 $V_{REF} = |10|$ V，若计数器的计数值 $M = (1\ 740)_{10}$ 时，表示输入电压 v_I 为多大？

8. 试分析双积分型 A/D 转换器与 V-F 型 A/D 转换器的特点。

9. 在图 11.2.13 所示的逐次逼近型 A/D 转换器中，若要求输出 8 位二进制数码，试说明输入电压为 20.5 V 时，输出 8 位二进制数码是多少？假设 D/A 转换器输出电压的阶梯是 0.1 V。

10. 计数斜坡式 A/D 转换器方框图如图 11.2.12(a) 所示。若计数器为 8 位二进制加法计数器，时钟 CP 的

频率 $f = 100$ kHz。

(1) 试问完成一次最长的 A/D 转换所需时间为多少?

(2) 若已知该图中 8 位 D/A 转换器的最高输出电压 $v_{Omax} = 9.18$ V,当 $v_I = 5.410$ V 时,电路的输出状态 $D = D_7D_6D_5D_4D_3D_2D_1D_0$ 是什么?完成这次转换所需时间是多少?

附　　录

附录一　电气用图形符号——二进制逻辑单元（GB4728.12—85）简介

一、符号的构成

《电气用图形符号——二进制逻辑单元》（GB4728.12—85）是由国家标准局颁布的用于绘制二进制逻辑单元电路的符号标准。

该项标准规定，所有二进制逻辑单元的图形符号皆由方框（或方框的组合）和标注其上的各种限定性符号组成。对方框的长宽比没有限制。限定性符号在方框上的标注位置应符合图 F1 中的规定。图中的××表示总限定符号，* 表示与输入、输出有关的限定符号。标注在方框外的字母和其他字符不是逻辑单元符号的组成部分，仅用于对输入端或输出端的补充说明。

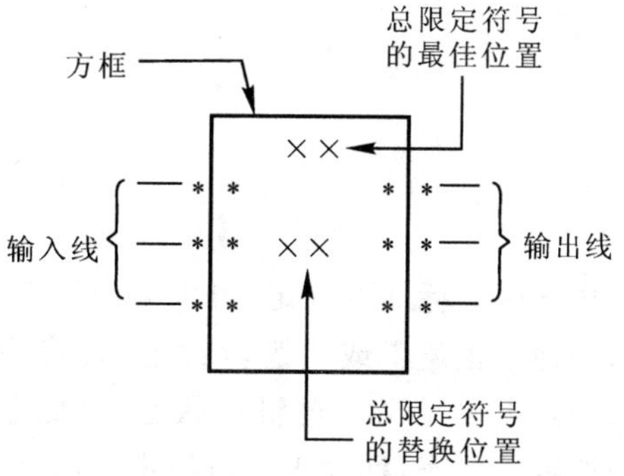

图　F1

为了节省图形所占的篇幅，除了图在 F1 所示的方框外，还可以使用公共控制框和公共输出单元框。图 F2(a) 中给出了公共控制框的画法。在图 F2(b) 所示的例子中，当 a 端不加任何限定符号时，该图表示输入信号 a 同时加到每个受控的阵列单元上（每个阵列单元的逻辑功能应加注限定符号予以说明）。

图 F3(a) 是公共输出单元框的画法。在图 F3(b) 所示的例子中，表示 b,c 和 d 同时加到了公共输出单元框上（公共输出单元的逻辑功能应另加注限定符号加以说明）。

二、逻辑约定

因为在二进制逻辑电路中是以高、低电平表示两个不同的逻辑状态的，所以需要规定高电平(H)、低电平(L) 和逻辑状态 1,0 之间的对应关系，这就是所谓逻辑约定。

这里首先有内部逻辑状态和外部逻辑状态之分。凡是符号方框内部输入端和输出端的逻辑状态称为内部逻辑状态，而符号方框外部输入端和输出端的逻辑状态统称为外部逻辑状态，如图 F4 所示。

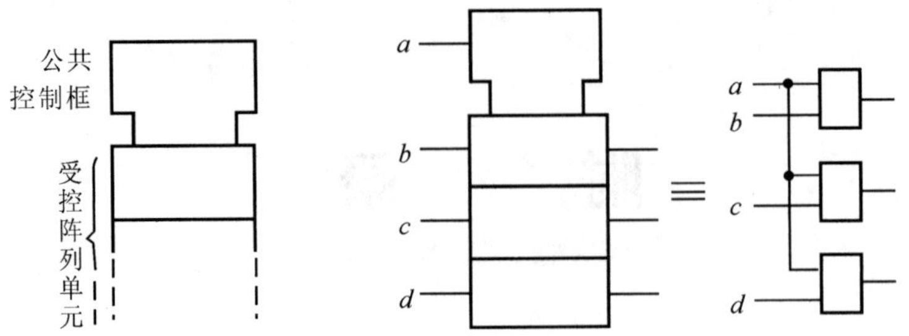

图　F2

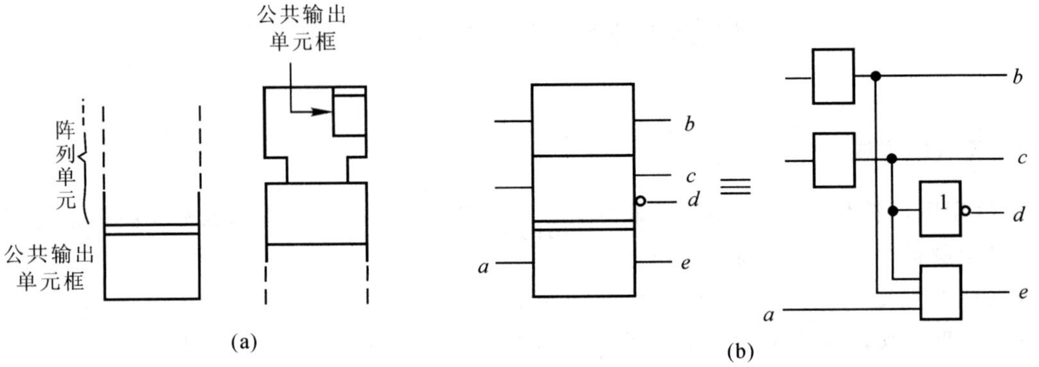

图　F3

根据这一标准的规定，可以采用以下两种体系进行逻辑约定。

一种是正逻辑或负逻辑约定，若将输入和输出的高电平定义为逻辑 1 状态，将低电平定义为逻辑 0 状态，称为正逻辑约定。反之，若将输入和输出的高电平定义为逻辑 0 状态，将低电平定义为逻辑 1 状态，则称为负逻辑约定。在这种逻辑约定下，允许在符号框外的输入端和输出端上使用逻辑非(°)符号。

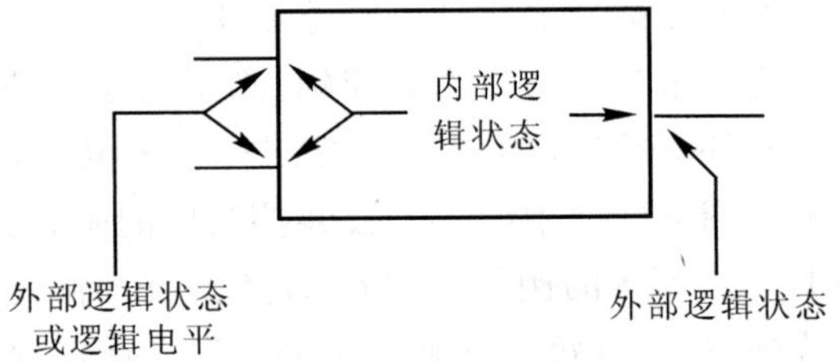

图　F4

另一种体系是极性指示符逻辑约定。这种体系规定，当输入端或输出端上有极性指示符时，外部的逻辑高电平(H)与内部的逻辑 0 状态对应，外部的逻辑低电平(L)与内部的逻辑 1 状态对应。反之，若输入端或输出端上没有极性指示符，则外部的逻辑高电平与内部的逻辑 1 状态对应，外部的逻辑低电平与内部的逻辑 0 状态对应。极性指示符的画法如图 F5 所示。

需要特别指出的是，无论采用哪一种约定体系，在符号框内只存在内部逻辑状态，不存在逻辑电平的概念。而在采用极性指示符约定体系中，方框外只存在外部逻辑电平（H 或 L），而不存在外部逻辑状态的概念。在同一张逻辑图中，不能同时采用两种逻辑约定方法。

(信息流从左到右)　　(信息流从右到左)

图　F5

三、各种限定性符号

由于所有逻辑单元符号的外形都是方框或方框的组合，所以图形本身已失去了表示逻辑功能的能力，这就必须加注各种限定性符号来说明逻辑功能。限定性符号的名目繁多，现分类简单介绍如下。

1. 总限定符号

总限定符号用来表示逻辑单元总的逻辑功能。这里所说的逻辑功能是指符号框内部输入与输出之间的逻辑关系。表 F1 中列出了若干常用的总限定符号及其表示的逻辑功能。

表 F1　常用的总限定符号

符　号	说　　明	符　号	说　　明
&	与	MUX	多路选择
$\geqslant 1$	或	DX	多路分配
$=1$	异或	X/Y	编码、代码转换
$=$	逻辑恒等(所有输入状态相同时，输出才为 1 状态)	I = 0	触发器的初始状态为 0
$\geqslant m$	逻辑门槛(只有输入 1 的数目 $\geqslant m$ 时，输出才为 1 状态)	I = 1	触发器的初始状态为 1
$=m$	等于 m(只有输入 1 的数目等于 m 时，输出才为 1 状态)	1⎍	不可重复触发的单稳态电路
$>n/2$	多数(只有多数输入与 1 时，输出才为 1 状态)	⎍	可重复触发的单稳态电路
$2k$	偶数(输入 1 的数目为偶数时，输出为 1 状态)	G ⎍⎍	非稳态电路
$2k+1$	奇数(输入 1 的数目为奇数时，输出为 1 状态)	1G ⎍⎍	同步启动的非稳态电路
1	缓冲(输出无专门放大)	G! ⎍⎍	完成最后一个脉冲后停止的非稳态电路

续表

符　号	说　　明	符　号	说　　明
▷	缓冲放大／驱动		同步启动，完成最后一个脉冲后停止的非稳态电路
	滞回特性	SRGm	*m* 位的移位寄存
*◇	分布连接、点功能、线功能	CTRm	循环长度为 2^m 的计数
Σ	加法运算	CTRDIVm	循环长度为 *m* 的计数
P－Q	减法运算	ROM* *	只读存储
Π	乘法运算	PROM* *	可编程只读存储
COMP	数值比较	RAM* *	随机存储
ALU	算术逻辑单元	TTL/MOS	由 TTL 到 MOS 的电平转换
CPG	先行(超前)进位	ECL/TTL	由 ECL 到 TTL 的电平转换

* 用说明单元逻辑功能的总限定符号代替。

* 用存储器的“字数×位数”代替。

2. 与输入、输出有关的限定符号

这一类限定符号用来描述某个输入端或输出端的具体功能和特点。常用的符号和它们的功能见表 F2。

表 F2　与输入、输出有关的限定符号

符　号	说　　明	符　号	说　　明
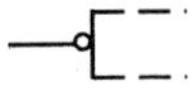	逻辑非，示在输入端	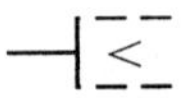	数值比较器的“小于”输入
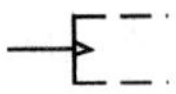	动态输入(内部 1 状态与外部从 0 到 1 的转换过程对应，其他时间内部逻辑状态为 0)	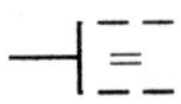	数值比较器的“等于”输入
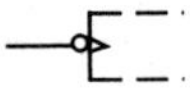	带逻辑非的动态输入(内部 1 状态与外部从 1 到 0 的转换过程对应，其余时间内部逻辑状态为 0)	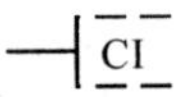	运算单元的进位输入
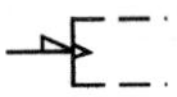	带极性指示符的动态输入(内部 1 状态与外部电平从 *H* 到 *L* 的转换过程对应，其余时间内部逻辑状态为 0)	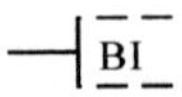	运算单元的借位输入
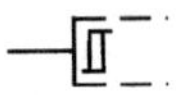	具有滞回特性的输入／双向门槛输入	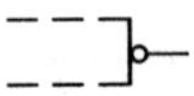	逻辑非，在输出端表示

续表

符　号	说　　明	符　号	说　　明
EN	使能输入	┐	延迟输出
R	存储单元的 *R* 输入	◇	开路输出（例如开集电极，开发射极，开漏极，开源极）
S	存储单元的 *S* 输入	◇	*H* 型开路输出（输出高电平时为低输出内阻）
J	存储单元的 *J* 输入	◇	*L* 型开路输出（输出低电平时为低输出内阻）
K	存储单元的 *K* 输入	◇	无源下拉输出（与 H 型开路输出相似，但不需要附加外部元件或电路）
D	存储单元的 *D* 输入	◇	无源上拉输出（与 L 型开路输出相似，但不需要附加外部元件或电路）
T	存储单元的 *T* 输入	▽	三态输出
E	扩展输入	E	扩展输出
→m	移位输入，从左到右或从顶到底	*>*	数值比较器的“大于”输出（* 号由相比较的两个操作数代替）
←m	移位输入，从右到左或从底到顶	*<*	数值比较器的“小于”输出（* 号的含意同上）
+m	正计数输入（每次本输入内部为 1 状态，单元的计数按 *m* 为单位增加一次）	*=*	数值比较器的“等于”输出（* 号的含意同上）
−m	逆计数输入（每次本输入内部为 1 状态，单元的计数按 *m* 为单位减少一次）	CO	运算单元的进位输出
>	数值比较器的“大于”输入	BO	运算单元的借位输出

3. 内部连接符号

为了缩小图形所占的幅面，可以将相邻单元的方框邻接画出，如图 F6 所示。

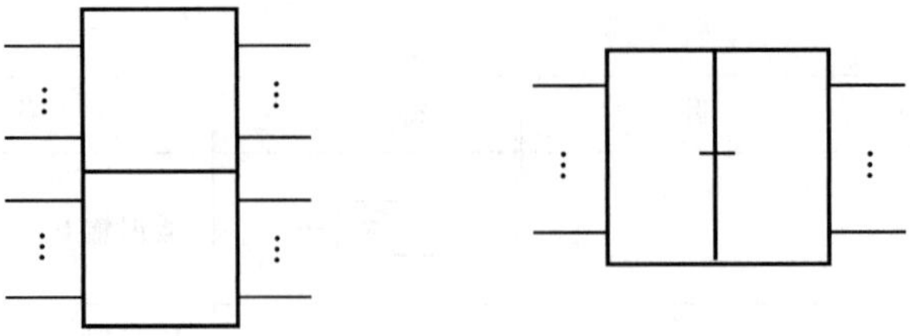

(a) (b)

图 F6

当各邻接单元方框之间的公共线是沿着信息流的方向时，这些单元之间没有逻辑连接，如图 F6(a) 所示。如果两个邻接方框的公共线垂直于信息流方向，则它们之间至少有一种逻辑连接，图 F6(b) 就属于这种情况。表 F3 示出了内部连接的几种常见情况。

表 F3 内部连接符号

符 号	说 明	符 号	说 明
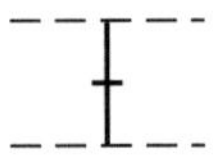	内部连接(右边单元输入端的内部逻辑状态与左边单元输出的内部逻辑状态相对应)	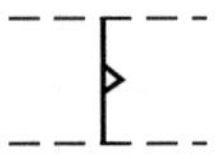	具有动态特性的内部连接
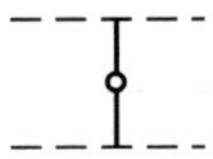	具有逻辑非的内部连接(右边单元输入端的内部逻辑状态与左边单元输出的内部逻辑状态的补状态相对应)	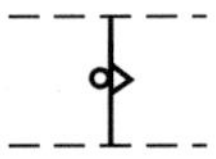	具有逻辑非和动态特性的内部连接

4. 非逻辑连接和信息流指示符号

当逻辑图中出现非逻辑信号（例如 A/D 转换电路中输入的模拟信号）时，用信号线上的“×”表示其性质不是逻辑信号。

此外，还规定信息流的方向原则上是从左到右、从上到下。如果不符合这个规定或信息流方向不明显时，应在信号线上标出指示信息流方向的箭头，如表 F4 中所示。

表 F4 非逻辑连接和信息流指示符号

符 号	说 明
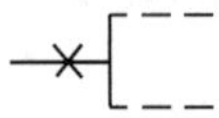	非逻辑连接，示出在左边
	单向信息流
	双向信息流

四、关联标注法

如果单纯地使用上面介绍的各种限定符号，有时还不能充分说明逻辑单元的各输入之间、各输出之间以及各输入与各输出之间的关系。为了解决这个问题，规定了关联标注法。

关联标注法中采用了“影响的”和“受影响的”两个术语，用以表示信号之间“影响”和“受影响”的关系。

为了便于理解关联标注法，首先讨论一下图 F7 中的例子。这是一个有附加控制端的 T 触发器。输入信号 b 是否有效，受到输入信号 a 的影响。只有 $a=1$ 时，b 端输入的脉冲上升沿才能使触发器翻转，而 $a=0$ 时，b 端的输入不起作用。因此，a 和 b 是两个有关联的输入，a 是“影响输入”，b 是“受影响输入”。在图 F7 中用加在标识符 T 前面的 1 表示受 $EN1$ 的影响。

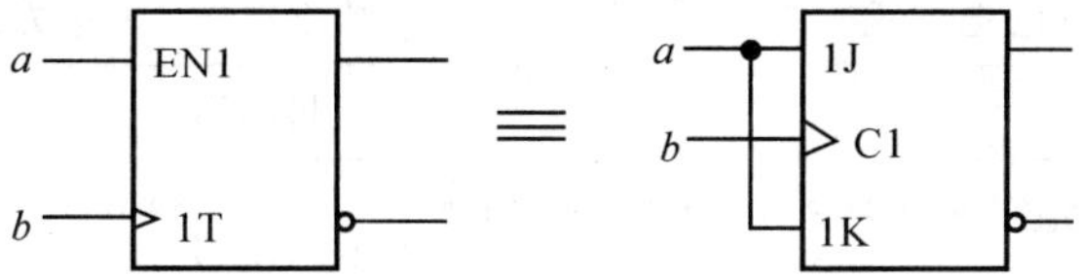

图　F7

1. 关联标注法的规则

(1) 用一个表示关联性质的字母和后跟的标识序号来标记“影响输入（或输出）”。

(2) 用与“影响输入（或输出）”相同的标识序号来标记“受影响的输入（或输出）”。

如果“受影响输出（或输出）”另有其他标记，则应在这个标记前面加上“影响输入（或输出）”的标识序号。

(3) 若一个输入或输出受两个以上“影响输入（或输出）”的影响时，则这些“影响输入（或输出）”的标记序号均应出现在“受影响输入（或输出）”的标记之前，并以逗号隔开。

(4) 如果是用“影响输入（或输出）”内部逻辑状态的补状态去影响“受影响输入（或输出）”时，应在“受影响输入（或输出）”的标识符号上加一个横线。

2. 关联类型

与关联、或关联和非关联用来注明输入和输出、输入之间、输出之间的逻辑关系。

互连关联用来表明一个输入或输出把其逻辑状态强加到另一个或多个输入和 / 或输出上。

控制关联用来标识时序单元的定时输入或时钟输入，以及表明受它控制的输入。

置位关联和复位关联用来规定当 R 输入和 S 输入处在它们的内部 1 状态时，RS 双稳态单元的内部逻辑状态。

使能关联用来标识使能输入及表明由它控制的输入和 / 或输出（例如哪些输出呈现高阻状态）。

方式关联用来标识选择单元操作方式的输入，及表明取决于该方式的输入和 / 或输出。

地址关联用来标识存储器的地址输入。

表 F5 中列出了各种关联使用的字母以及关联性质。

表 F5　关联类型

关联类型	字母	“影响输入”对“受影响输入/输出”的影响	
		“影响输入”为 1 状态时	“影响输入”为 0 状态时
地址	A	允许动作（已选地址）	禁止动作（未选地址）
控制	C	允许动作	禁止动作
使能	EN	允许动作	禁止“受影响输入”动作 置开路和三态输出在外部为高阻抗状态 置其他输出在 0 状态
与	G	允许动作	置 0 状态
方式	M	允许动作（已选方式）	禁止动作（未选方式）
非	N	求补状态	不起作用
复位	R	“受影响输出”恢复到 $S=0, R=1$ 时的状态	不起作用
置位	S	“受影响输出”恢复到 $S=1, R=0$ 时的状态	不起作用
或	V	置 1 状态	允许动作
互连	Z	置 1 状态	置 0 状态

五、常用器件符号例示

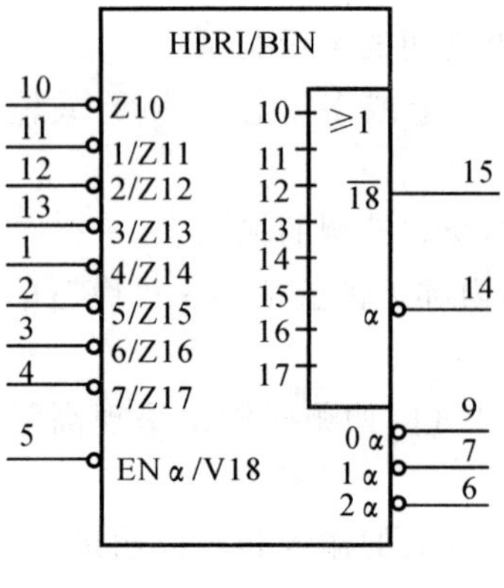

图 F8　8 线-3 线优先编码器
（74LS148）

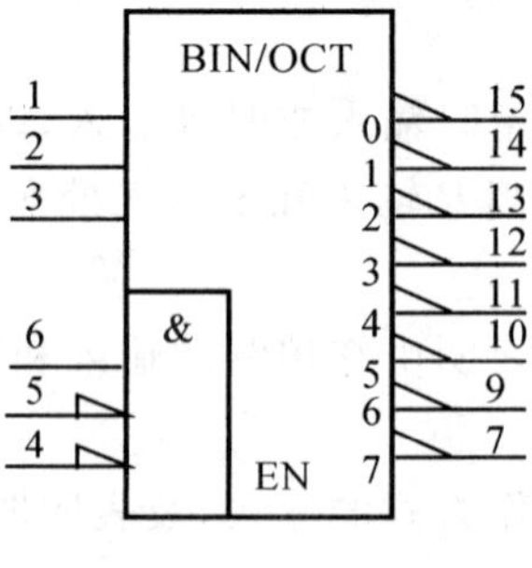

图 F9　3 线-8 线译码器
（74LS148）

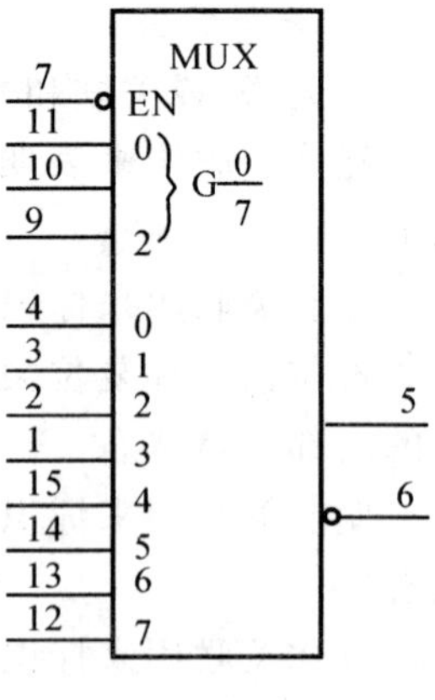

图 F10　8 选 1 数据选择器
（74LS151）

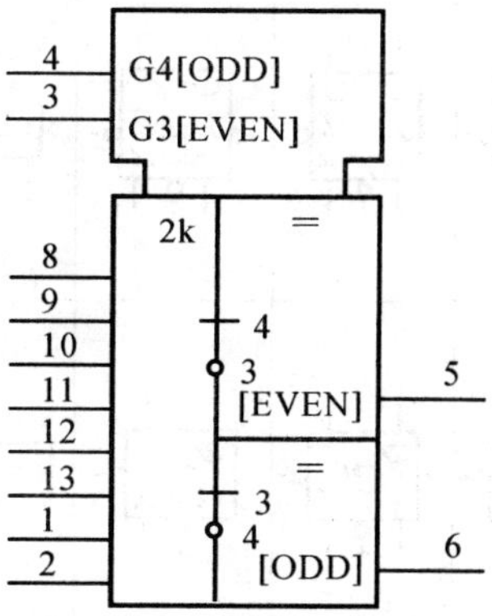

图 F11　8 位奇偶校验器 / 产生器　(74180)

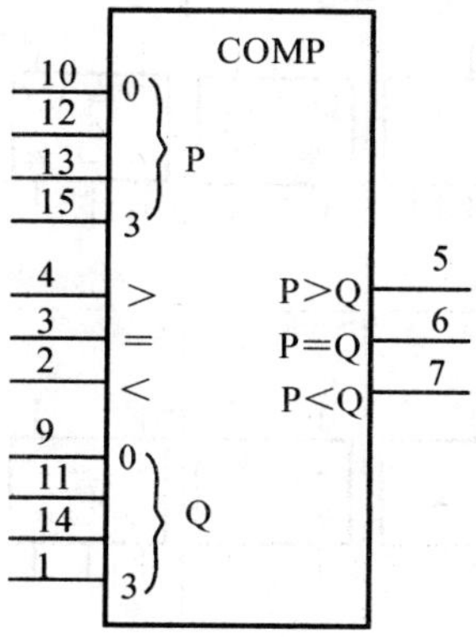

图 F12　4 位数值比较器(74LS85)

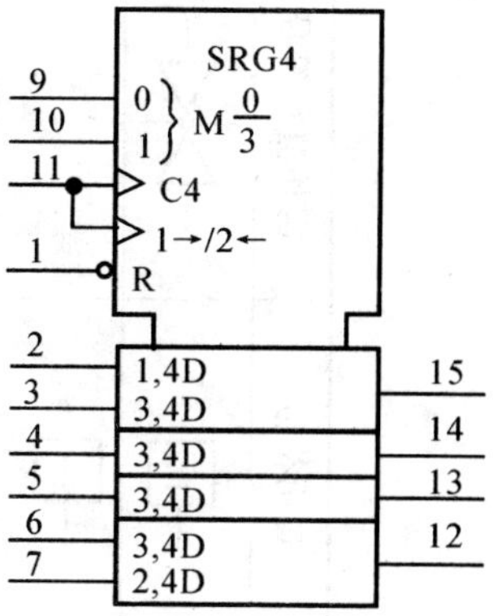

图 F13　4 位双向移位寄存器(74LS194)

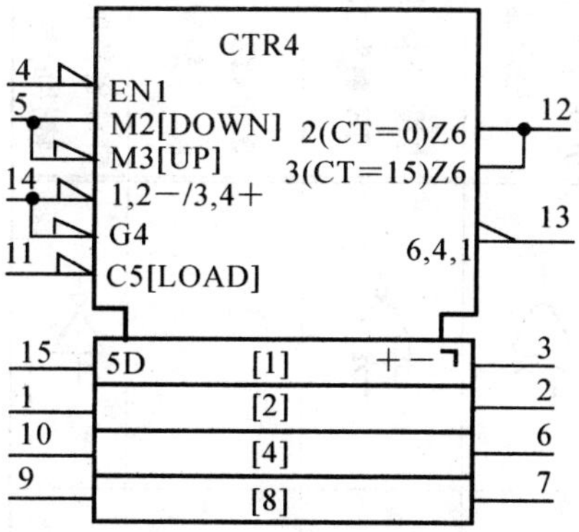

图 F14　4 位同步二进制加 / 减计数器(74LS191)

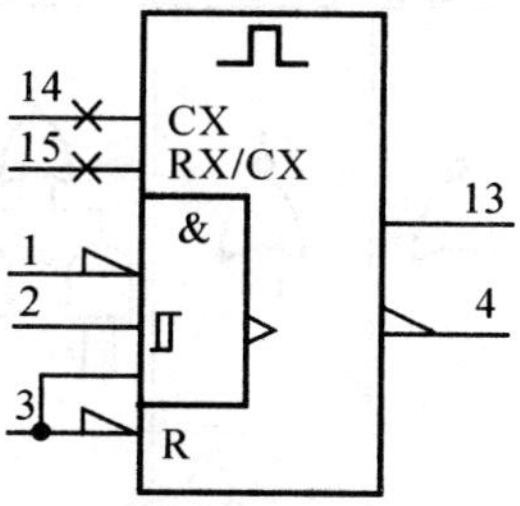

图 F15　可重复触发的单稳态触发器(74LS123)

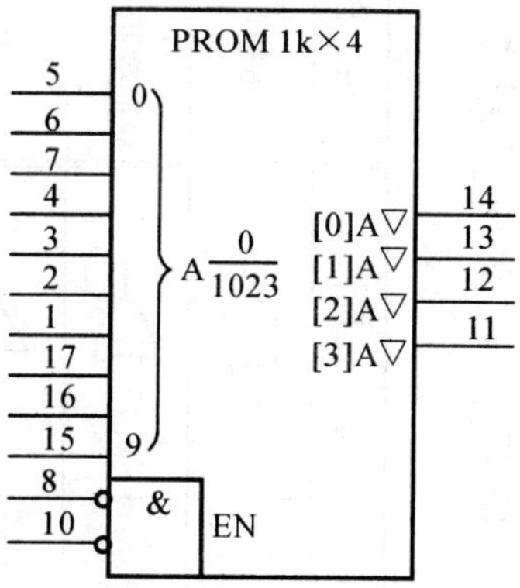

图 F16　1 k × 4 PROM(INTEL3625)

附录二 常用逻辑符号对照表

名 称	国标符号	曾用符号	国外流行符号	名 称	国标符号	曾用符号	国外流行符号
与门	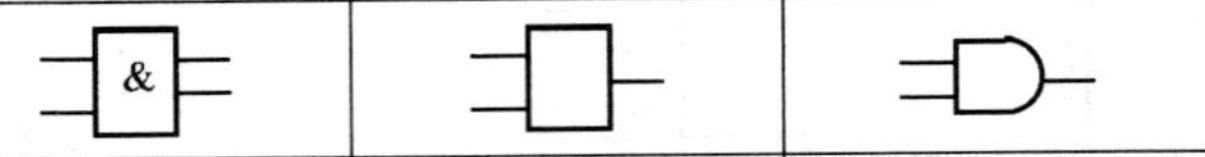			传输门	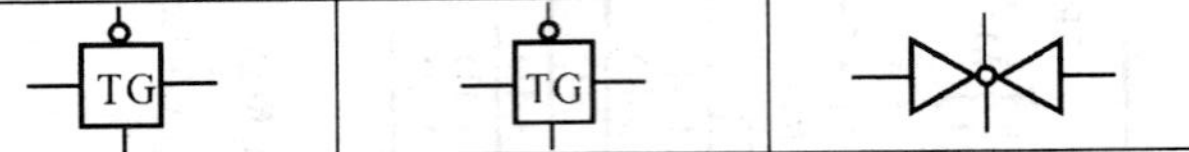		
或门	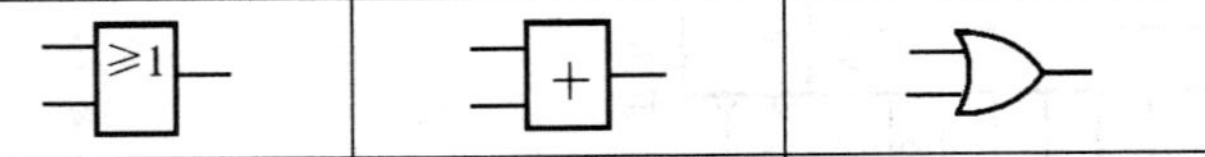			双向模拟开关	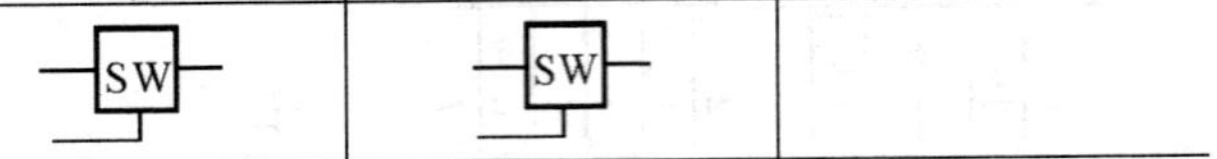		
非门	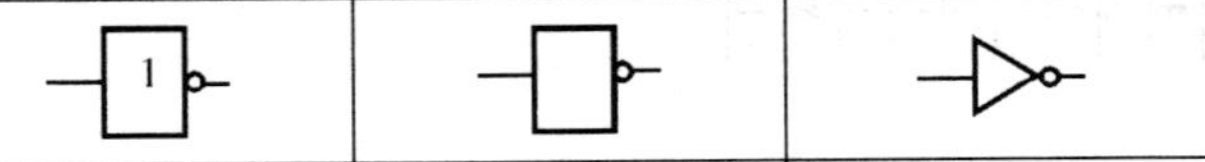			半加器	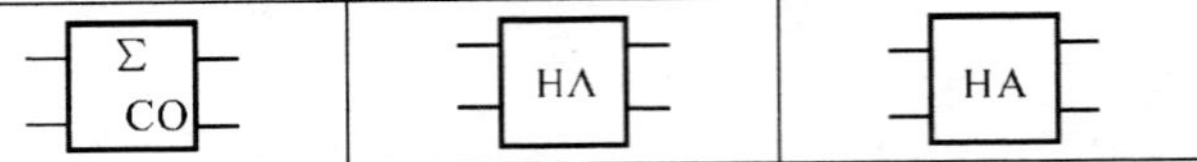		
与非门	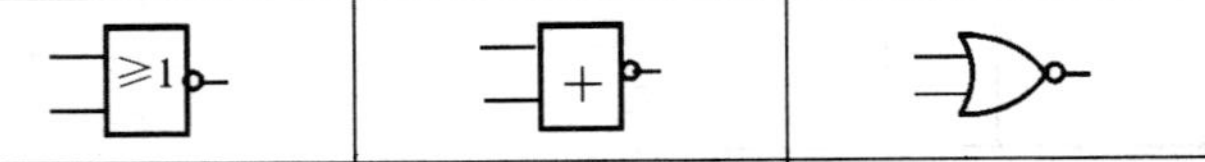			全加器	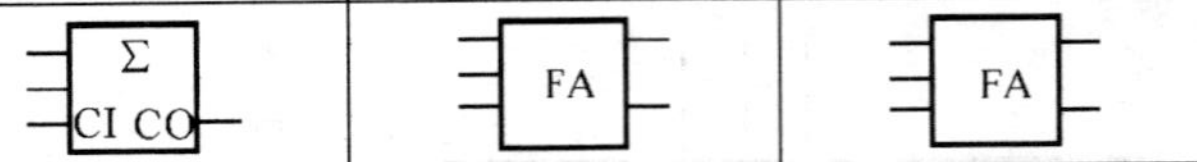		
或非门	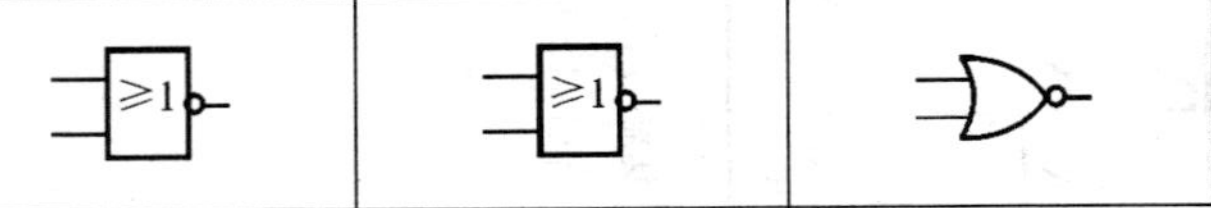			基本 RS 触发器	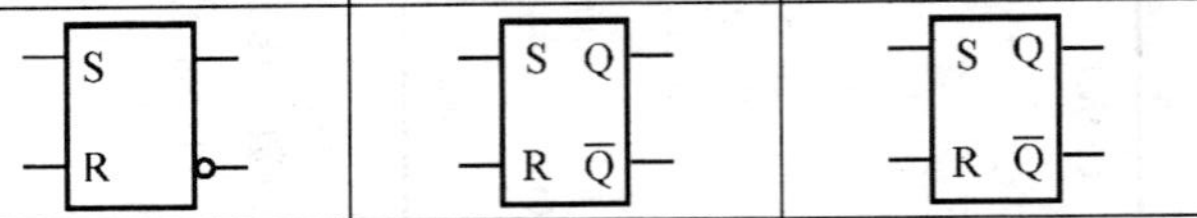		
与或非门	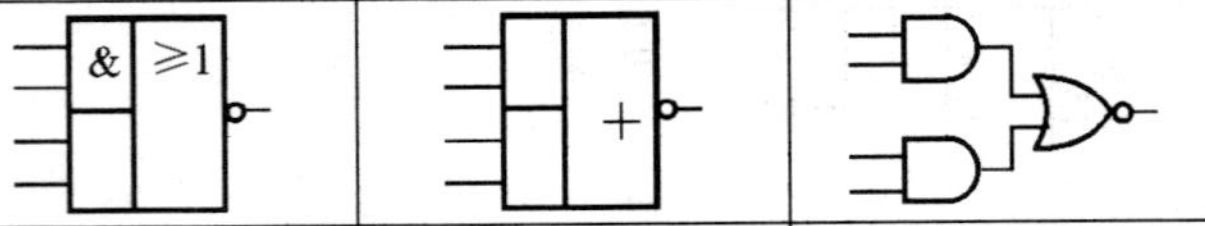			同步 RS 触发器	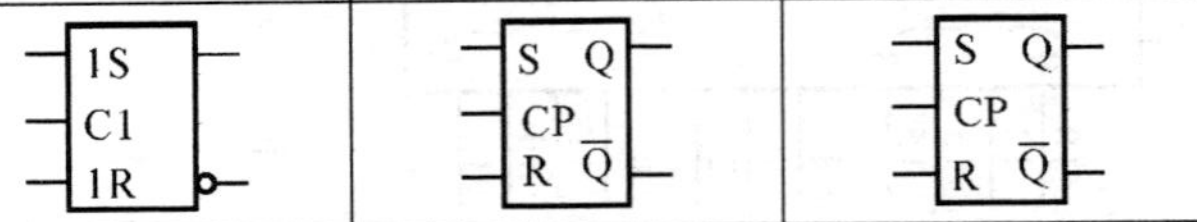		
异或门	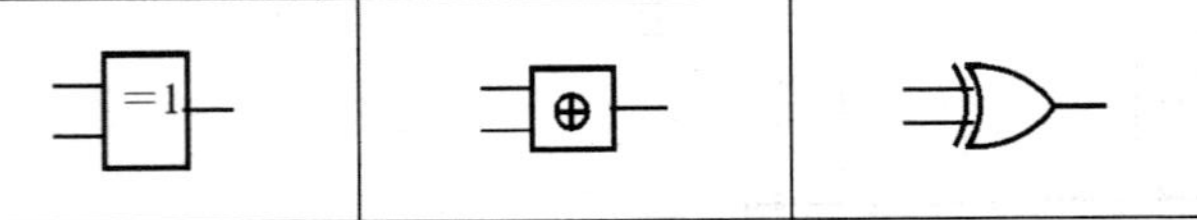			边沿（上升沿）D 触发器	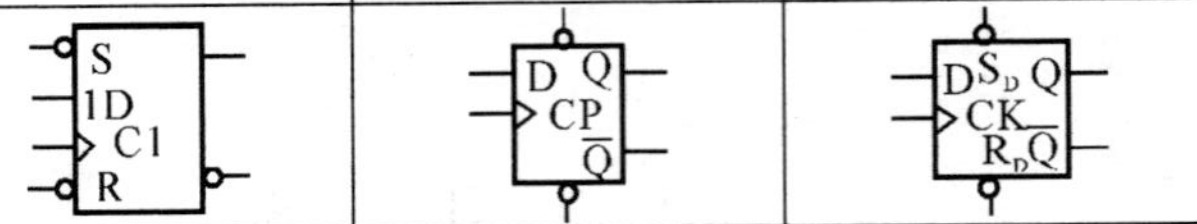		
同或门	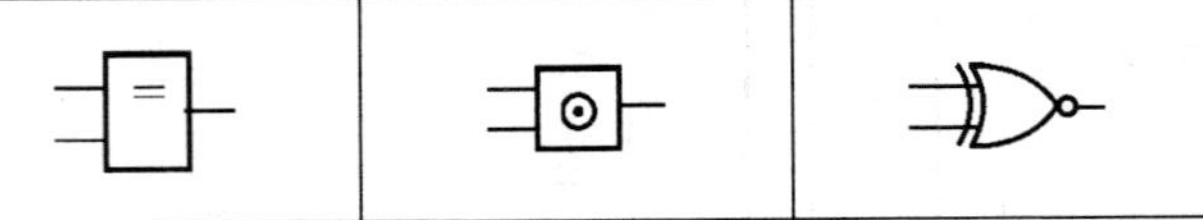			边沿（下降沿）JK 触发器	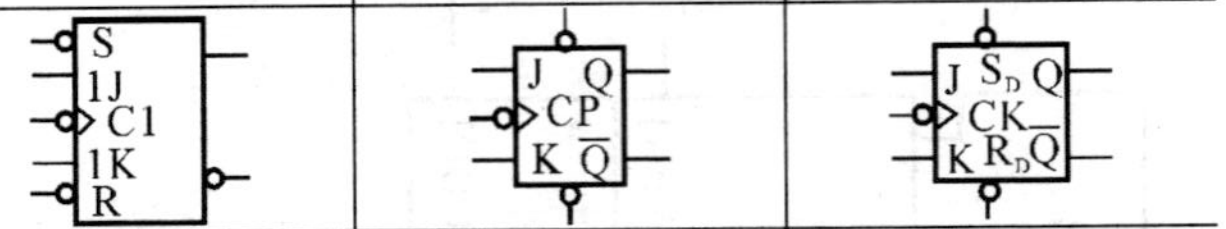		
集电极开路的与门	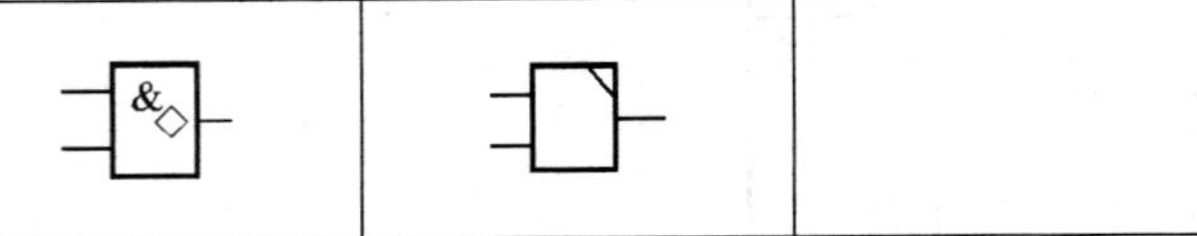			脉冲触发（主从）JK 触发器	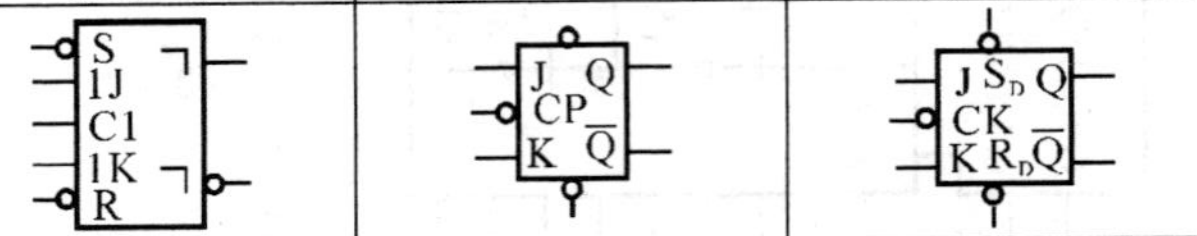		
三态输出的非门	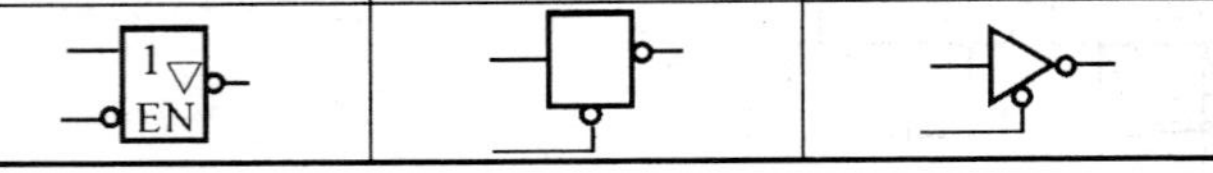			带施密特触发特性的与门	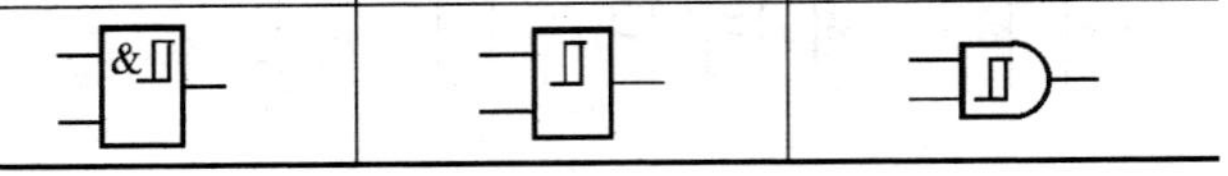		

附录三　国产半导体集成电路型号命名法（GB3430—82）

本标准适用于按半导体集成电路系列和品种的国家标准所生产的半导体集成电路（以下简称器件）。

一、型号的组成

器件的型号由五部分组成，其五个组成部分的符号及意义如表 F6 所示。

表 F6　符号意义

第零部分		第一部分		第二部分	第三部分		第四部分	
用字母表示器件符号的国家标准		用字母表示器件的类型		用阿拉伯数字和字母表示器件的系列和品种代号	用字母表示器件的工作温度范围		用字母表示器件的封装形式	
符号	意　义	符号	意　义		符号	意　义	符号	意　义
C	中国制造	T	TTL		C	0～70℃	W	陶瓷扁平
		H	HTL		E	−40～85℃	B	塑料扁平
			ECL		R	−55～85℃	F	全密封扁平
		C	CMOS		M	−55～125℃	D	陶瓷直插
		F	线性放大器		⋮	⋮	P	塑料直插
		D	音响、电视电路				J	黑陶瓷扁平
		W	稳压器				K	金属菱形
		J	接口电路				T	金属圆形
		B	非线性电路				⋮	⋮
		M	存储器					
		μ	微型电路					
		⋮	⋮					

二、例示

例 1　肖特基 TTL 双 4 位输入与非门

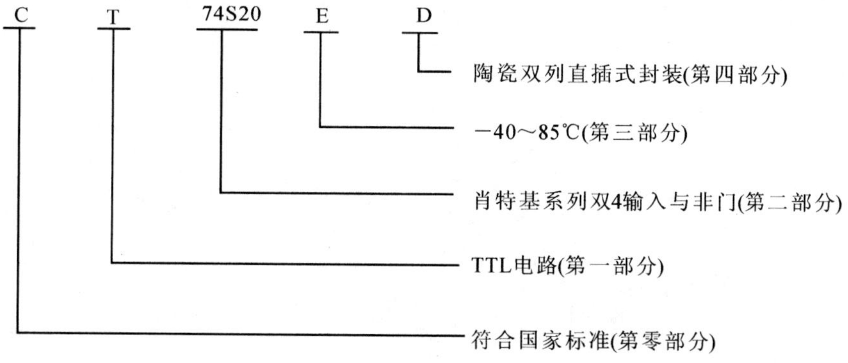

例 2　CMOS 8 选 1 数据选择器（三态输出）

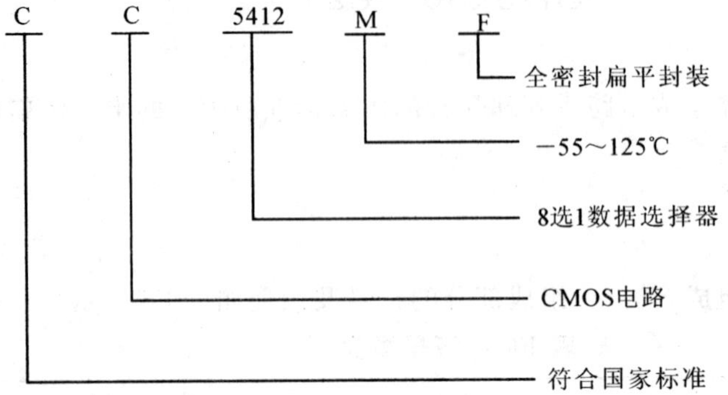

例 3　通用运算放大器

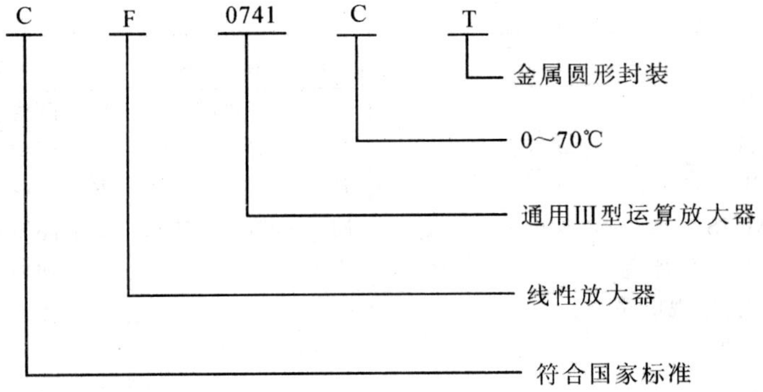

参考文献

1 王毓银．脉冲与数字电路．北京：高等教育出版社，1992

2 刘宝琴．数字电路与系统．北京：清华大学出版社，1993

3 江晓安．数字电子技术．西安：西安电子科技大学出版社，1993

4 阎石．数字电子技术基础．北京：高等教育出版社，1996

5 蒋大宗等．数字逻辑．北京：电子工业出版社，1984

6 沈嗣昌．数字系统设计基础．北京：航空工业出版社，1987

7 赵曙光等．可编程逻辑器件原理、开发与应用．西安：西安电子科技大学出版社，2001

8 李红滨．新型数字逻辑器GAL．西安：西安电子科技大学出版社，1992

9 高德远等．Xilinx现场可编程门阵列及其应用．西安：西北工业大学出版社，1996